U0369262

湿地植物

重金属吸收及耐性机理研究

杨俊兴 著

郑州大学出版社

图书在版编目(CIP)数据

湿地植物重金属吸收及耐性机理研究 / 杨俊兴著. -- 郑州：郑州大学出版社，2023.11

ISBN 978-7-5645-7725-4

Ⅰ.①湿… Ⅱ.①杨… Ⅲ.①沼泽化地 - 植物 - 作用 - 土壤污染 - 重金属污染 - 生态恢复 - 研究 Ⅳ.①X53

中国国家版本馆 CIP 数据核字(2023)第 177938 号

湿地植物重金属吸收及耐性机理研究
SHIDI ZHIWU ZHONGJINSHU XISHOU JI NAIXING JILI YANJIU

策划编辑	崔 勇		封面设计	王 微
责任编辑	崔 勇 王 媛		版式设计	苏永生
责任校对	杨飞飞		责任监制	李瑞卿

出版发行	郑州大学出版社		地 址	郑州市大学路 40 号(450052)
出 版 人	孙保营		网 址	http://www.zzup.cn
经 销	全国新华书店		发行电话	0371-66966070
印 刷	广东虎彩云印刷有限公司			
开 本	787 mm×1 092 mm 1 / 16		彩 页	8
印 张	23.5		字 数	582 千字
版 次	2023 年 11 月第 1 版		印 次	2023 年 11 月第 1 次印刷

书 号	ISBN 978-7-5645-7725-4		定 价	188.00 元

本书如有印装质量问题，请与本社联系调换。

妫水河入库湿地

官厅水库八号桥湿地

永定河"五湖一线"工程

宛平湖

晓月湖

园博湖

莲石湖　门城湖

▲ 永定河"五湖一线"工程示意图

◄ 南昌市鱼尾洲公园/土人设计

▲ 南昌市鱼尾洲公园/土人设计

▲ 科普教育区

▲ 观光体验区

▲ 游客休息区

▲ 动植物栖息地

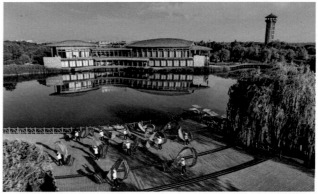

▲ 引导健康生活

▲ 小微湿地内的物种实景

▲ 小微湿地内的物种实景

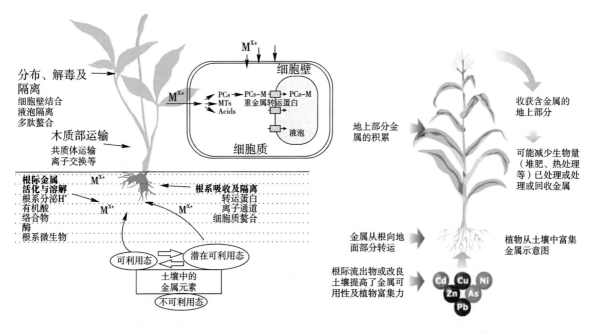

▲ 土壤重金属污染的植物修复原理

多金属污染土壤修复模式

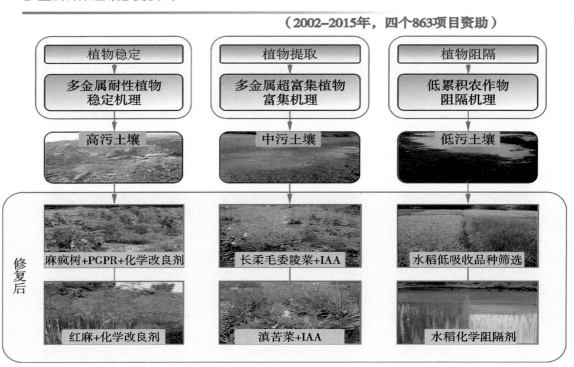

▲ 多金属污染土壤修复模式

▲ 凤塘河主河道（修复前）　　　　　　　▲ 凤塘河主河道（修复后）

▲ 红树林恢复前后对比图

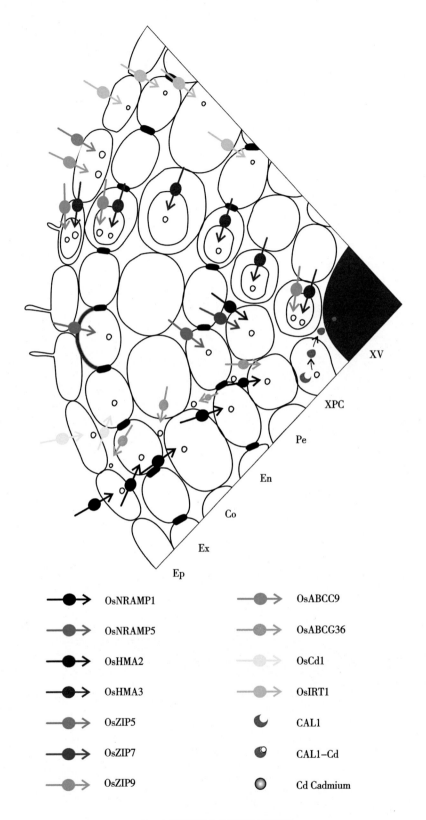

XV

XPC

Pe

En

Co

Ex

Ep

OsNRAMP1		OsABCC9
OsNRAMP5		OsABCG36
OsHMA2		OsCd1
OsHMA3		OsIRT1
OsZIP5		CAL1
OsZIP7		CAL1−Cd
OsZIP9		Cd Cadmium

▲ 水稻根部Cd的吸收和转运

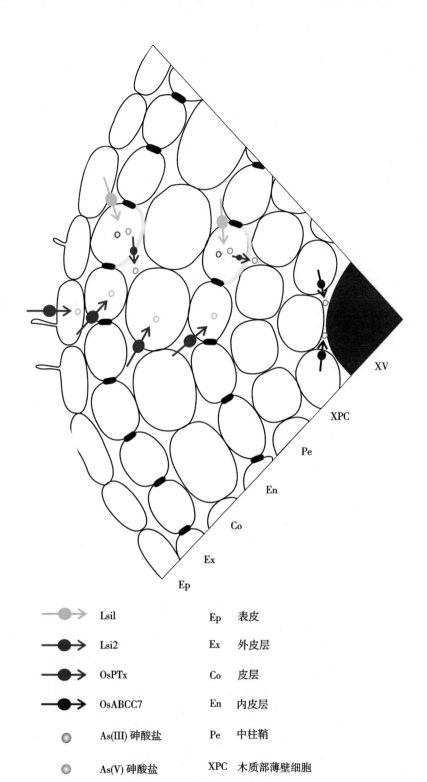

图例		组织	
Lsi1	Ep	表皮
Lsi2	Ex	外皮层
OsPTx	Co	皮层
OsABCC7	En	内皮层
As(III) 砷酸盐	Pe	中柱鞘
As(V) 砷酸盐	XPC	木质部薄壁细胞
DMA/MMA	XV	木质部导管

水稻根部 As 的吸收和转运

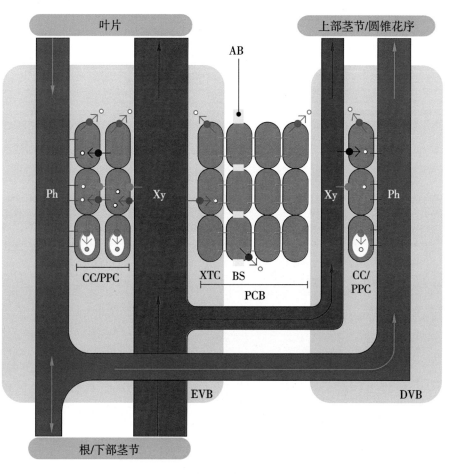

叶片

上部茎节/圆锥花序

AB

Ph Xy Xy Ph

CC/PPC XTC BS CC/PPC

PCB

EVB DVB

根/下部茎节

———→ 韧皮部导管　　　　Ph 韧皮部

———→ 木质部导管　　　　Xy 木质部

———● → Os LCT1　　　　BS 维管束鞘

———● → Os HMA2　　　　AB 质外体屏障

———● → Os ZIP7　　　　CC 伴胞细胞

———● → Os CCX2　　　　EVB 扩大维管束

———● → Lsi2　　　　DVB 分散维管束

———● → Os ABCC1　　　　PPC 韧皮部薄壁细胞

○ Cd　　　　PCB 薄壁细胞桥

○ AsI(III) 砷酸盐　　　　XTC 木质部转移细胞

▲ 水稻茎节中 Cd、As 的转运

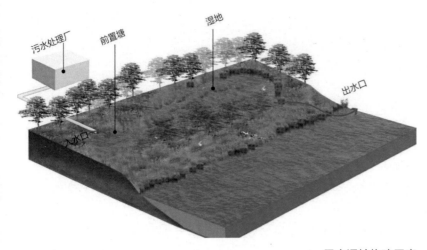

污水处理厂　前置塘　湿地　出水口　入水口

▲ 尾水湿地构建示意

▲ 河口湿地构建示意

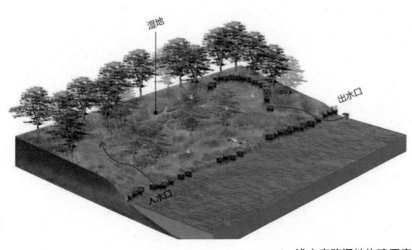

湿地　出水口　入水口

▲ 浅水旁路湿地构建示意

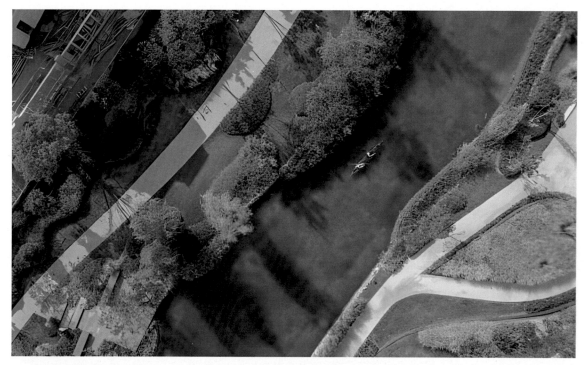

▲ 浅水旁路湿地构建示意

▲ 西川生态修复景观设计/翰祥景观

▲ 昆明云海1号微湿地公园/园点景观

▲ 昆明云海1号微湿地公园

▲ 温榆河公园

▲ 延庆野鸭湖湿地自然保护区

▲ 南海子湿地

▲ 防城港石角红树林

前　言

近年来，世界各国特别是发展中国家在大力发展工农业生产、城市化、军事等活动的同时对周边环境土壤和水体造成了不容忽视的污染，对全球环境安全造成一定风险。本书由环境科学领域从事湿地植物治理重金属污染的科研工作人员撰写，探讨了利用湿地植物修复技术的特点及应用范围，涉及环境科学、植物学、土壤学和生态学等学科，并强调人工湿地植物修复工程应用的实践效果，对最新的研究进展进行了跟踪。

全书共 12 章。第 1 章，主要介绍了土壤重金属污染及植物修复技术的特点及优势；第 2 章，主要介绍了人工湿地技术在重金属污染土壤及水体方面的应用，并探讨了湿地植物的主要特征及其在人工湿地中的作用；第 3 章，主要介绍了湿地植物的重金属吸收特征；第 4 章，主要介绍了湿地植物的重金属耐性；第 5 章，主要介绍了红树植物重金属吸收及耐性机制；第 6 章，主要介绍了水稻重金属的吸收及耐性；第 7 章，主要介绍了不同湿地植物根部渗氧及孔隙度特征比较；第 8 章，主要介绍了湿地植物铅锌耐性与其根部渗氧和孔隙度关系；第 9 章，介绍了不同水分处理对湿地植物重金属吸收的影响，主要在淹水和非淹水条件下对湿地植物铅锌的积累和转运的影响因素进行了讨论；第 10 章，介绍了湿地植物通气组织对其根际环境的影响，主要从根部渗氧对其根际 pH 值、Eh、铁的氧化及铅锌化学形态的影响开展讨论；第 11 章，主要介绍了不同湿地植物铅锌的累积及其体内主要功能酶抗氧化酶的响应；第 12 章，主要对湿地植物重金属耐性机制进行了综合讨论。

本书论述了湿地植物修复技术的概念、原理及其技术应用范围，每一章重点介绍基于湿地植物本身特点开展的植物修复技术研究及进展。作者根据在植物修复领域的实践经验，提出了系统的观点，值得环境科学领域相关研究人员，特别是致力于人工湿地技术应用土壤和水体污染治理方面的研究人员和工程师阅读。

杨俊兴，副研究员
（中国科学院地理科学与资源研究所）
Yang Junxing, Associate Professor

目 录

第1章

土壤重金属污染及植物修复技术

1.1 土壤重金属污染

1.1.1 我国土壤重金属污染整体概况

重金属是指相对密度大于 4.0 且工业上常用的、对生物体有毒性的金属元素。如汞、镉、铅、铜和铬等。砷、硒是非金属元素,但是它们的毒性及某些性质与重金属相似,所以将砷、硒列入重金属污染物范围内。随着经济全球化的迅速发展,含重金属的污染物通过各种途径进入土壤,造成土壤严重污染。土壤重金属污染可导致农作物产量和质量下降,并可通过食物链危害人类健康,甚至导致大气和水环境质量进一步恶化,因此引起世界各国的广泛重视。目前,世界各国土壤存在不同程度的重金属污染。全世界平均每年排放汞(Hg)约 15 万吨、铜(Cu)340 万吨、铅(Pb)500 万吨、锰(Mn)1 500 万吨、镍(Ni)100 万吨。

当前,我国区域农业环境恶化现象十分严重。据统计,1980 年我国工业三废污染耕地面积 266.7 万 hm^2,1988 年增加到 666.7 万 hm^2,1992 年增加到 11 300 万 hm^2(张从,2000)。特别是金属矿山的开采、冶炼、重金属尾矿、冶炼废渣和矿渣堆放等可以被酸溶出且含重金属离子的矿山酸性废水,随着矿山排水和降雨使之带入水环境(如河流等)或直接进入土壤,直接或间接地造成土壤重金属污染。1989 年我国有色冶金工业向环境中排放重金属 Hg 56 t,Cd 88 t,As 173 t,Pb 226 t(孟祥和,2000)。目前,全国遭受不同程度污染的耕地面积已接近 2 000 万 hm^2,约占耕地面积的 1/5。我国每年因重金属污染导致的粮食减产超过 1 000 万吨,被重金属污染的粮食多达 1 200 万吨,合计经济损失至少 200 亿元(韦朝阳,2001)。当前我国大多数城市近郊土壤都受到了不同程度的污染,其中 Cd 污染较普遍,污染面积近 1 000 万 hm^2,其次是 Pb、Zn、Cu、Hg 等;有许多地方粮食、蔬菜、水果等食物中 Cd、Cr、As、Pb 等重金属含量超标和接近临界值。其中,多数是由于工业污水灌溉造成的(徐应明,2003)。

从中国土壤资源状况看,到 2000 年年底中国人均耕地仅为 0.1 hm^2,而且随着今后中国经济社会的发展如生态退耕、农业结构调整及自然灾害损毁等,土壤资源将进一步减少,因而如何有效地控制及治理土壤重金属污染,改良土壤质量,将成为生态环境保护

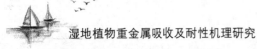

工作中十分重要的一项内容。

1.1.2 湿地重金属污染物分布特征

　　湿地作为水陆过渡带,具有巨大的环境调节功能和生态效益,与森林、海洋一起并称为全球三大生态系统,在防洪抗旱、调节气候、降解污染物、美化环境、提供生产生活资料等方面具有其他系统不可替代的作用,被誉为"地球之肾"(吕宪国等,2002)。湿地具有拦截和过滤污染物质、稳定比邻生态系统、净化污染水体等生态功能,同时也是相对脆弱的地带,被认为是流域生态学研究和流域可持续发展应密切关注的地带。

　　随着环境科学的不断发展,湿地重金属污染已成为国内外湿地环境污染的一项重要研究内容。Pb、Cd、Hg、Zn、Cu 等重金属元素和 As、Se 等类金属元素是城市和工业发展过程中产生的典型"污染元素",这些元素在湿地环境研究中越来越多地受到关注。本节对于近年来重金属污染物在湿地中的分布特征、污染评价和植物修复等方面进行深入研究。

　　目前,国内对于湿地重金属污染物的分布特征研究工作报道较多,主要包括对湖泊湿地、河流湿地、滨海湿地重金属污染情况的研究报道。

1.1.2.1 湖泊湿地重金属污染分布

　　目前,国内对于湖泊湿地重金属污染研究比较多也比较系统的是弓晓峰和简敏菲团队及其所在的"鄱阳湖环境与资源利用"教育部重点实验室。弓晓峰等(2006a)采用 Tessier 法对鄱阳湖湿地土壤中 Cu、Zn、Pb、Cd 的形态以及重金属形态与植物富集的相关性进行了研究。研究表明,湿地土壤中 Cu、Zn、Pb 主要以有机结合态和残渣态为主,水溶态和交换态含量很少。Cd 的水溶态、交换态和铁氧化物态较其他元素高。弓晓峰等(2007)还对鄱阳湖湿地土壤中的 Hg 含量进行测定,运用地积累指数法进行分析评价。除土壤外,他们还对鄱阳湖丰、枯水期沉积物中重金属含量以及各污染物的潜在生态危害程度进行了分析(弓晓峰等,2006b)。利用地积累指数法和潜在生态风险指数法对鄱阳湖底泥中的重金属污染进行了综合的评价分析,研究发现,湖底底泥已经受到不同程度的重金属污染,污染存在地区和时间差异。简敏菲等(2010)对于不同时段鄱阳湖典型湿地底泥沉积物和湖滩草洲表土沉积物中 Cu、Zn、Pb、Cd 等重金属的含量与分布特征进行了分析,发现该区域重金属污染表现出一定程度的复合污染。简敏菲等(2010)同时对于不同时段的鄱阳湖水生植物进行了重金属分析。研究表明,水生植物对重金属元素的吸收与积累能够反映环境中的重金属污染水平,不同植物对各种重金属的吸收富集具有相对一致性,即 Zn>Cu>Pb>Cd;多数水生植物的重金属综合污染指数枯水期高于丰水期;大部分水生植物根部的重金属含量比茎、叶等部分高,反映了重金属元素在植物不同部位细胞体内的迁移特性。植物的重金属富集水平与其生长环境的重金属浓度相关性明显。对湖区主要水生动物重金属含量研究表明,水生动物样品中具有较高的重金属含量。

　　芦宝良等(2012)对青海湖黑马河湿地土壤中重金属 Cu、Zn、Pb、Cr 的空间分布特征进行了研究,得到了重金属在湿地土壤中的空间分布特征。在垂直湖岸的水平方向上,4 种重金属在湿地高水位带和陆相带含量较高,在湿地水陆过渡带含量较低。在土壤剖面方向上,各重金属元素表现出不同的分布特征:随深度变化有明显的淋溶和积聚趋势,含量沿土层剖面纵深分布的特征是先增加后减少,呈显著的表面聚集现象。湿地表层土壤的对比结果显示研究区内土壤环境质量良好。

吴攀碧等(2010)分析了扎龙湿地湖泊表层沉积物重金属 Cu、Zn、Cr、Pb、Cd、Ni、As 的含量,采用相关分析和潜在生态危害指数法对污染状况进行了研究。结果表明,重金属元素含量间存在显著正相关,有机质与 Cu、Cr、Cd 含量间存在显著正相关,pH 值与重金属含量的相关性不显著,各种重金属元素总体潜在生态风险程度低。苏丹等(2012)选取扎龙湿地南山湖为研究区,分析了 NSH_2 沉积岩芯中 Hg、Cd、Pb、Cr、As、Mn、Ag、Cu、Co、Fe、Zn 等 11 种重金属元素总量的垂向分布特征,结合颗粒组成指标,采用主成分分析的方法并辅以 $^{210}Ph_{ex}$ 测年数据,研究了自 1829 年以来该湖区沉积物重金属元素污染特征、来源及污染历史。研究表明,南山湖重金属污染具有一定的潜在风险,在当地湖泊湿地污染治理中应予以足够的重视。李枫等(2007)对扎龙湿地水体重金属沿食物链的生物积累进行分析发现,重金属的含量随食物链等级的升高而积累放大,重金属经食物链产生的生物积累放大效应已经对食物链最高营养等级的鸟类生存构成了威胁。

孙清展等(2012)发现仙鹤湖主要是 Pb、Cd、As、Fe、Mn、Mo、V、Ba 超标,湖水中重金属污染强度总体上是湖外围>内湖;不同重金属间存在相关性,说明某些元素污染源可能相同;用 Hakanson 潜在生态危害指数法评价了其生态危害,由潜在生态风险评价结果得出,仙鹤湖的湖水已具极强生态危害。

李一兵等(2012)分析发现贵州草海湿地国家级自然保护区土壤超标元素是 Cd、Zn、Ni,其次是 As、Cr、Pb。通过土壤污染物分担率和内梅罗综合污染指数总体与分区评价草海盆地型湿地重金属污染,反映出接近污染源区域和水流通道地段重金属污染加重。

李如忠等(2009)基于污染风险评价系统多种不确定性共存的特点,采用盲数理论描述和表征重金属污染风险评价模型的各项参数,在对采自巢湖塘西河河口湿地 24 个表层沉积物柱状样中 Cu、Zn、Pb、Cd、Cr 等指标分析测试的基础上,采用 Matlab 工具软件编制的潜在生态风险指数盲数评价模型程序,对巢湖塘西河河口湿地重金属污染风险进行定量评估。

张曼胤等(2007)发现衡水湖湿地底泥中的 Hg 为该湿地底泥中主要富集的重金属元素。用地积累指数、某种重金属的潜在生态危害系数和多种重金属的潜在生态风险指数评价了各个采样点的污染程度和潜在生态风险。Hg 为高风险元素,底泥中重金属污染主要以 Hg 为主,衡水湖湖内大部分地区的潜在生态风险相对较低。

1.1.2.2 河流湿地重金属污染分布

敖亮等(2012)调查了三门峡库区河流湿地沉积物中重金属的含量和赋存形态,通过污染指数评价了沉积物的生态潜在风险,通过表层重金属可交换态与碳酸盐结合态的质量分数评价其释放风险。研究表明,三门峡库区支流污染物排放引起重金属累积,三门峡流域下游沉积物生态风险增加。

邵学新等(2007)测试和研究了杭州西溪湿地土壤中 Cu、Zn、Pb、Cd、Hg、As、Cr 的含量与分布特征,采用内梅罗综合污染指数和 Hakanson 潜在生态危害指数法对湿地土壤重金属污染环境质量和潜在生态风险进行了评价。此外,邵学新等(2009)还对杭州西溪湿地不同水体干扰和沉积过程干扰类型的底泥重金属进行了研究。

1.1.2.3 滨海湿地重金属污染分布

杨程程等(2010)对辽河三角洲滨海湿地土壤中重金属的分布特征进行调查分析。在土壤重金属垂直分布上,不同重金属分布规律不同。在土壤重金属水平分布上,由沿海向内陆表层土壤重金属逐渐增加。

近年来,对黄河三角洲滨海湿地重金属研究逐渐增加。刘志杰等(2012)对黄河三角洲滨海湿地表层沉积物重金属含量变化区域分布特征进行了分析,探讨了沉积环境对重金属分布的影响,采用 Hakanson 潜在生态风险指数法综合评价了黄河三角洲滨海湿地沉积物中重金属污染状况和潜在风险程度。研究发现,黄河三角洲滨海湿地重金属分布存在区域差异,重金属区域分布受水动力条件的影响显著,黏土含量对重金属的富集和分布也起到一定控制作用,黄河三角洲滨海湿地表层沉积物质量状况良好。针对河流入海口新生湿地土壤的质量,于君宝等(2011)主要对黄河三角洲新生滨海湿地从黄河岸边至盐滩不同植物带上 12 种金属元素(Na、Mg、Ca、Al、Cr、Pb、Sr、Co、Ga、V、Ni、Ti)的空间分布特征进行了分析。凌敏等(2010)则对黄河三角洲柽柳林场湿地进行了土样采集,分析了土壤中 Cu、Zn、Cr、Mn 的含量,并研究了重金属的分布特征。

此外,已有研究对胶州湾湿地(马洪瑞等,2011)、珠江口淇澳岛滨海湿地(王爱军等,2011)、闽江口塔礁洲湿地(蔡海洋等,2011)、江苏盐城原生盐沼湿地(左平等,2010)沉积物中的重金属分布特征等进行了分析。在以上研究中,不同人员分别对不同地区湿地的表土、沉积物、水生生物等重金属的含量、形态和存在形式等进行了研究,得到了重金属污染的分布特征,发现了某些污染重金属之间存在相关性。他们采用不同的数据分析方法或者评价方法,对该区域的重金属的污染情况和生态风险进行了分析评价,对污染情况有了清晰的认识。

1.2 植物修复技术

1.2.1 植物修复技术概述

目前,重金属污染土壤的治理方法有客土法、石灰改良法、化学淋洗法等,这些方法在污染土壤的改良和治理方面虽然具有一定的理论意义,但在实际应用上往往都存在某些局限。如:加入土壤改良剂的沉淀法虽然在一定时期内可以降低土壤溶液中重金属离子的溶解度,但同时却会导致某些土壤营养元素的沉淀;淋洗法会同时造成营养元素的淋失;客土法虽效果较好,但费用昂贵,难以大面积工程推广(Kham et al.,2000)。相对于这些传统的治理方法,近年来兴起的植物修复技术在治理土壤重金属污染上有很好的应用前景。

广义的植物修复技术是对一种利用自然生长植物或者遗传工程培育植物修复金属污染土壤环境的技术总称。其原理是通过植物系统及其根际微生物群落来移除、挥发或稳定土壤环境污染物。与传统的物理、化学技术相比,该技术具有技术和经济上的双重优势,主要体现在:一是应用范围广,在清除土壤中重金属污染物的同时,也可清除土壤周围大气、水体中的污染物;二是污染物在原地去除,使成本大大降低,而且还可从产生的富含金属的植物体中回收贵重金属,取得直接的经济效益;三是植物本身对环境的净化和美化作用,更易被社会所接受;四是植物修复过程也是土壤有机质含量和土壤肥力增加的过程,被修复过的土壤适合多种农作物的生长。正因其技术和经济上优于常规方法技术,植物修复被如今被迅速且广泛接受,正在全球应用和发展。根据其作用过程和机制,金属污染土壤的植物修复技术可归成3种类型:植物提取、植物挥发和植物稳定。

(1)植物提取　即利用重金属超积累植物从土壤中吸取金属污染物或者利用高生物量同螯合剂诱导法来吸取重金属,随后收割地上部并进行集中处理,连续种植该植物,达到降低或去除土壤重金属污染的目的。目前,已发现有400多种超积累重金属植物,积累 Cr、Co、Ni、Cu、Pb 的量一般在 0.1% 以上,Mn、Zn 可达到 1% 以上(Baker et al. ,2000)。这些已发现的超富集植物大都是陆生的。目前湿地生的重金属超积累植物还未见统计。

(2)植物挥发　其机制是利用植物根系吸收金属,将其转化为气态物质挥发到大气中,以降低土壤污染。目前研究较多的是 Hg 和 Se。一些湿地植物可清除土壤中的 Se,其中单质 Se 占75%,挥发态 Se 占20% ~25%(韩润平,2000)。

(3)植物稳定　利用耐重金属植物来降低重金属的活性,从而减少重金属被淋洗到地下水或通过空气扩散进一步污染环境的可能性。植物稳定主要有两种机制:一是根系直接的阻挡作用。湿地植物的根系常形成网状,能够有效保护污染的土壤不受侵蚀,减少土壤迁移造成污染物扩散。二是根系通过一些生物化学作用,改变根系分布范围内土壤的微环境,促进污染物从溶解态向固定态或低毒形态转化(钟哲科,2001)。湿地植物根系的强氧化能力在重金属稳定中起着很重要的作用。湿地植物具有发达的通气组织,具有向根际释放氧气和氧化物质的能力,使根际氧化还原电位高于土体,大量的 Fe^{2+} 被氧化为 Fe^{3+},促进了氢氧根与金属离子形成沉淀。金属氢氧化物会继续结合 As、Zn 等重金属,降低其在根际的浓度。

目前,重金属污染土壤的植物提取作为一种新兴的、高效的生物修复技术已被科学家与政府部门认可和选用,并逐步走向商业化。但植物提取修复技术自身的一些不足,很大程度上限制了植物修复技术的发展。这些不足之处主要表现在:①目前最具有推广价值的超积累植物植株矮小、生物量低、生长缓慢和生活周期长,因而修复效益低,且不易于机械化操作,这是目前限制超富集植物大规模应用于植物修复的最重要因素;②重金属超富集植物是在重金属胁迫环境下长期诱导、驯化的一种适应性突变体,往往生长缓慢、生物量低,且常常受到杂草的竞争性威胁,且多为野生型稀有植物,对生物气候条件的要求比较严格,区域性分布较强,严格的适生性使成功引种受到严重限制;③超富集植物对重金属具有一定的选择性,即一种植物通常只能吸收一种或两种重金属,对土壤中共存的其他金属忍耐能力差,从而限制了植物修复技术在复合污染土壤治理方面的应用。此外,植物提取效率常受土壤中重金属低生物有效性的限制。针对这些不足,国内外科学工作者进行各种尝试,在改良植物提取技术的同时,也发展了一些其他的重金属污染植物修复技术,如人工湿地技术的应用等。

1.2.2　湿地重金属污染植物修复技术

研究表明,湿地中的很多植物都对重金属具有吸收、代谢和累积作用,植物对重金属

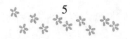

的富集能力在很大程度上决定了湿地的净化能力和植物的配置原则。不同科属的湿地植物对重金属的富集能力不同,孙黎等(2009)进行了统计分析。不同湿地可根据不同的地域特点和不同季节,适当引种一些重金属富集能力较强的植物。选用本土植物进行重金属富集,可降低引进外来植物的费用,还可避免外来生物的入侵。如外来植物凤眼莲、互米花草等,虽然净化能力较强,但是生长速度和繁殖速度较快,因此在大面积湿地引进种植时应慎重,避免形成生物入侵,难以控制。

国内研究人员对于一些湿地本土常见植物的重金属富集能力进行了研究。李鸣等(2008)利用野外采样系统分析法,对鄱阳湖湿地22种杂草植物富集 Cu、Zn、Cd、Pb 的能力进行了研究。结果发现,灰化苔草对 Pb 的富集能力强;飞廉和小窃衣对 Zn 的富集系数和转移系数都大于1,且叶部 Zn 含量大;南荻、一年蓬、飞廉和鼠曲草具有重金属 Cd 富集植物的基本特征。以上6种植物都可以作为鄱阳湖湿地重金属污染修复植物的选择对象。李梦婕等(2011)对黄河兰州银滩湿地5种植物及其生长土壤中 Cu、Pb、Zn 的含量进行分析,发现金叶女贞、芦苇和红豆草对重金属的富集能力较强。董萌等(2011)针对洞庭湖湿地土壤 Cd 严重污染的现状,对湖区滨岸带8种优势植物的 Cd 富集特征及其修复效果进行了分析。结果表明,蒌蒿、南艾蒿、芦苇和南荻对 Cd 表现出显著的富集特征,对 Cd 污染的修复效果好。李瑞玲等(2010)发现芦竹、灯芯草、芦苇3种植物对 Cu、Pb、Zn、Cd 等4种有毒重金属元素均具有抗性。袁华茂等(2011)研究发现胶州湾东北部滨海湿地碱蓬对 Cu、Zn、Cr、Pb、V、Ni 的富集效果较为显著。

以上研究均是对湿地中本土生长的植物的重金属富集能力进行分析,经过筛选从而得到适合本地生长且重金属富集能力较强的富集植物。方法可行性较高,但是目前用于分析的植物标本数量相对较少,研究工作有待进一步展开。

对国内湿地(主要是湖泊、河流和滨海湿地)重金属污染的研究情况进行了介绍,对湿地重金属污染的空间分布特征、存在形式和形态进行了分析。从目前研究结果看,国内湿地重金属污染情况不是很严重,但也不容乐观;重金属污染存在一定的空间变化规律;从评价方法看,地累积指数法和 Hakanson 潜在生态风险指数法是使用最多的污染评价方法。就湿地重金属污染的植物修复而言,从湿地本土生长的植物中筛选富集能力强的修复植物不失为一个好的方法。

湿地是被地表水或地下水、盐水或淡水淹没(或饱和)的区域,这些区域适合在饱和土壤条件下生活的植被(Metcalfe et al.,2018)。它们有独特的植被(水生植物),并且能适应独特的含水土壤。湿地存在于每个气候带(从极地到热带地区),包括沼泽、泥炭地、红树林、河流、湖泊、三角洲和漫滩。作为生态系统的重要组成部分,城市湿地提供许多重要服务,如水净化、过滤、营养物质保留、防洪、地下水补给,以及为各种物种提供栖息地(Boyer et al.,2004;Rana et al.,2016)。它们在调节大气的生物地球化学循环(碳、氮和硫循环)方面发挥着重要作用。随着人口增加和工业化,在人类活动影响下,湿地覆盖的总面积大幅减少(Hansson et al.,2005)。湿地是金属的"汇",因为它们存在沉积和吸附污染物等过程。由于有机物、Fe^{2+} 和黏土的存在,湿地中溶解和颗粒形式的金属减少。此外,碳酸盐、磷酸盐和 Fe/Mn 氧化物也会促进金属的固定化。

湿地的经济价值取决于它的功能。湿地功能不一定具有经济价值,价值来源于对湿

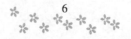

地商品和服务的需求。湿地的使用价值是指人类对湿地商品和服务的间接或直接利用。然而,湿地的非使用价值与从维护单个物种或整个湿地等资源中获得的利益有关(Turner et al.,2000)。它的用途是独立的,取决于湿地的基本结构及其发挥的功能。

湿地的多样性取决于它们的形成方法、地理位置和海拔高度。进出湿地系统的水流是由其集水区的气候和配置驱动的。该系统的存储容量受景观和地质的调节。这种水文循环影响气体在水中扩散的速率,营养物质的氧化还原状态及其溶解度,从而会影响水的盐度。这些因素表明了湿地中维持的动植物多样性,物种的多样性以及组成,反过来又调节着湿地中营养物质和污染物的循环(Gupta et al.,2020)。

城市污水代表了社区的废水产生量。在将废水排入天然水流之前,对其进行不同程度的处理(见表1-1)。

表 1-1　不同水平的废水处理(Metcalf et al.,2003)

处理水平	描述
初步处理	去除可能妨碍各种处理过程操作和维护的成分,如布、棍子、漂浮物、砂砾、油脂
一级处理	从废水中去除部分悬浮固体和有机物
进一步一级处理	通过化学添加和过滤来增强对废水中悬浮固体和有机物的去除
二级处理	去除可生物降解的有机物和悬浮固体,消毒
二级营养物质去除	去除可生物降解的有机物、悬浮固体和营养物质(氮、磷或两者兼有)
三级处理	去除残留悬浮固体(二次处理后),通常通过颗粒介质过滤或微孔筛。消毒也是一种三级处理,营养物去除
高级处理	当各种水再利用时,去除正常生物处理后残留的溶解和悬浮物质

1.2.2.1　植物修复:一项绿色修复技术

植物修复是指利用植物去除、破坏或隔离土壤、水和空气等介质的有害污染物(Prasad,2003;Rana et al.,2018a)。植物修复包括使用各种技术来减少、降解或固定环境中人为来源的有害物质,目的是通过使用植物来修复受污染的场地和废水处理(Mukhopadhyay et al.,2010)。植物修复正在不同的分散式废水处理系统中使用,如人工湿地,用于有效处理城市和各种工业废水(Daverey et al.,2019)。

植物修复通过各种过程进行:植物提取、根过滤、植物稳定、植物降解和植物挥发。污染物的修复可以单独进行,也可以通过这些过程组合进行(Ali et al.,2013)。植物修复被广泛用于处理多种污染物,如金属、杀虫剂、石油碳氢化合物、炸药和放射性核素(McCutcheon et al.,2003)。植物修复克服了传统废水处理方法的缺点,是一种太阳能驱动、成本效益高、非侵入性和环境友好的技术。

1.2.2.2　拉姆萨尔自然湿地保护公约

《拉姆萨尔自然湿地保护公约》简称《拉姆萨尔公约》是一项政府之间的条约,它为保护和合理利用湿地及其资源提供了国家行动和国际合作的框架。1971 年 2 月 2 日,在伊朗拉姆萨尔地区,18 个国家签署了这项引人注目的条约。它是第一个在全球范围内保护自然资源的现代文书。在国际层面上签署这项条约的原因:①许多湿地共享国际边界,大气中的水循环是真正的国际化;②在湿地孵化的鱼类,属于两个或两个以上的国家;③候鸟会跨越国际边界休息、觅食和繁殖;④国际需要来提供技术和财政援助,保护发展中国家湿地。截至2016年,《拉姆萨尔公约》已经包含了2 266个具有国际重要性的地点。湿地数量最多的国家是英国,有170个湿地,湿地覆盖面积最大的国家是玻利维亚,面积超过140 000 km²。签署本条约的国家承诺:①努力明智地利用本条约所保护的湿地;②将合适的湿地列入《国际重要湿地名录》(拉姆萨尔湿地名录),并确保对其进行有效管理;③在跨界湿地、共享湿地系统和共享物种方面进行合作。在印度,已经有26个湿地被指定为拉姆萨尔湿地。

1.2.2.3 自然湿地中的植物群

大型植物指的是一种大植物在湿地或湖泊和溪流的沿岸地区占主导地位。湖泊、河流和沼泽包括两种类型的大型植物:自由漂浮的和有根的(见图1-1)。

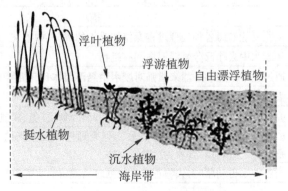

图1-1 湿地沿岸地区发现的不同类型的大型植物

(由美国明尼苏达州自然资源部提供)

有根的大型植物将海岸线划分为不同的区域,有助于从沉积物和水柱中去除营养物质。从浅水到深水,有三种不同类型的植物:①浮叶植物,其叶子从湿地底部附近的植物部分生长到漂浮于水面;②挺水植物,其全部或部分营养性和有性生殖部位都在水面以上;③沉水植物,其植物的所有部分都在水下,需要靠水来支撑。湿地中常见的一些大型植物列表(见表1-2)。

表1-2 湿地中常见的一些大型植物列表

学名	科	通用名称
浮叶植物		
饭包草	鸭跖草	Benghal dayflower,tropical spiderwort
沼菊	菊科	Water spinach,watercress
水鳖	水鳖科	—

续表1-2

学名	科	通用名称
蕹菜	旋花科	Water spinach, water convolvulus
大藻	天南星科	Water cabbage, water lettuce
美洲槐叶苹	槐叶苹科	Eared watermoss, butterfly fern
人厌槐叶苹	槐叶苹科	Giant salvinia
槐叶苹	槐叶苹科	Floating fern, floating moss
欧菱	千屈菜科	Buffalo nut, devil pod
挺水植物		
黄菊花草	莼菜科	Aquarium plant
芋	天南星科	Taro
野生风车草	莎草科	Umbrella papyrus, umbrella sedge
黄香附 睡莲科植物芡	莎草科睡莲目	Hufa sedge, nut grass Fox nut, gorgon nut
李氏禾	禾本科	Southern cutgrass, club head cutgrass
箭叶雨久花	雨久花科	—
硕大蔗草	莎草科	Bulrush, deer grass
宽叶香蒲	香蒲科	Broad-leaf cattail
蒲草	香蒲科	Narrow-leaf cattail
沉水植物		
水盾草	莼菜科	Carolina fanwort, fish grass
伊乐藻	水鳖科	Canadian waterweed or pondweed
黑藻	水鳖科	Waterthyme, hydrilla
草茨藻	水鳖科	Rice-field water-nymph
龙舌草	水鳖科	Duck-lettuce
菹草	眼子菜科	Curled pondweed, curly-leaf pondweed
川蔓藻	川蔓藻科	Beaked tasselweed, widgeon grass
狸藻	狸藻科	Greater bladderwort, common bladderwort
苦草	水鳖科	Wild celery, water celery

1.2.2.4　天然湿地的生物地球化学循环

（1）碳循环　湿地作为天然碳汇,是最大的碳生物库之一,在推动全球碳循环方面发挥着至关重要的作用(Mitra et al.,2005)。湿地仅占陆地和淡水面积的 6%～8%,但它们贡献了全球碳库的 12%(Mitschet al.,2007)。湿地中的碳以植物生物量碳、溶解碳、颗粒碳、微生物生物量碳以及 CH_4 和 CO_2 等气体产物的形式存在。湿地中的碳平衡取决于有机物产生的碳输入和有机物分解、甲烷产生等的碳输出。湿地中碳的储存取决于其地形、景观、形态、水文状况、植被、温度和 pH 值、土壤的盐度和湿度。

产生甲烷的不同途径:①扩散,CH_4 通过土壤和水传输到大气;②植物介导,通过通气组织在大气和植物根之间直接运输气体;③气泡,随着时间的推移,由于积聚的压力,土壤中的 CH_4 会释放出来。(DelSontro et al.,2016)。

生活在温暖潮湿条件下的微生物对 O_2 的消耗超过了其从大气中的扩散,从而将湿地看做厌氧发酵平台。属于古菌的两种细菌(甲烷氧化菌和产甲烷菌)在全球碳预算中发挥着重要作用。产甲烷菌是在没有替代电子受体(Fe^{3+}、NO_3^- 和 SO_4^{2-})的情况下,利用 CO_2 作为能源来降解有机物的专性微生物。CO_2 的还原是用分子 H_2 进行的,或通过乙酸甲烷生成的发酵进行的,乙酸盐和 H_2-CO_2 发酵为 CH_4 和 CO_2,如下所示。使用各种传统技术和新技术,如基因转录物的测定、基于 DNA 的稳定同位素探测(SIP)、定量 PCR(Q-PCR)、焦磷酸测序,可以对包括湿地在内的水生环境中的活性甲烷菌进行定量(Deng et al.,2016)。

$$CO_2 + 4H_2 \longrightarrow CH_4 + 2H_2O$$
$$HC_3-COOH \longrightarrow CH_4 + CO_2$$

湿地中的甲烷通量是甲烷氧化菌和产甲烷菌相对活动的作用。甲烷通量还取决于其他几个因素,如该地区的地下水位、温度、植物群落组成和基质可用性(Yun et al.,2015)。根际腐烂植物体中的有机物和根系分泌物增加了产甲烷菌的基质库。此外,湿地中生长的植物的通气组织将 O_2 转移到根际,增加了甲烷氧化菌对 CH_4 的氧化(Whalen,2005)。好氧甲烷氧化菌可以 CH_4 为原料进行碳和能源的利用。

湿地系统中的有机物含量受到生物降解、光化学氧化、沉积、挥发和吸附等过程的影响。其中一些机制是通过微生物或植物腐烂积累自然有机物。此外,有机物积累是微生物群落的潜在能源。溶解性有机物将通过好氧细菌和厌氧细菌的异养吸收以及紫外线进行降解。几位学者报道了藻类、森林植被、湿地植物材料、微生物群和土壤中溶解性有机物的转化。在植物生长活跃、天气温和的月份,植物分泌物中更占主导地位的是溶解性有机物。

(2)氮循环 包括无机化合物转化为有机化合物,有机化合物转化为无机化合物两种形式。细菌(氨化菌)将有机结合的氮转化为氨,这一过程被称为氨化(Vymazal,2007)。氨化的最适温度和 pH 值分别为 40~60 ℃ 和 6.5~8.5。氨化过程包括土层的氧化和还原脱氨,如下所示:

氨基酸 → 亚氨基酸 → 酮酸 → NH_3(氧化脱氨)
氨基酸 → 饱和酸 → NH_3(还原脱氨)

化能营养细菌(硝化菌)在反应序列中用亚硝酸盐作为中间体将铵氧化为硝酸盐,该反应被称为硝化。硝化是一个两步过程,其中第一步是由严格的(严格需氧)化能营养细菌(如亚硝化单胞菌)将铵氮氧化为亚硝态氮。第二步是通过兼性化能自养菌将亚硝态氮氧化为硝态氮,如维氏硝化杆菌和硝化球菌。

$$NH_4^+ + 1.5O_2 \rightarrow NO_2^- + 2H^+ + H_2O$$

$$NO_2^- + 0.5O_2 \rightarrow NO_3^-$$

$$NH_4^- + 2O_2 \rightarrow NO_3^- + 2H^+ + H_2O$$

O_2 耗尽后,硝酸盐的还原通过两个过程进行:硝酸盐氨化,其中硝酸盐被硝酸氨化细菌(如芽孢杆菌)还原为 NH_4^+(Mania et al. ,2014);反硝化作用,反硝化细菌(如嗜酸菌、固氮菌、慢生根瘤菌、苍白杆菌、副球菌、假单胞菌、中根瘤菌、剑菌和陶厄氏菌)通过中间体亚硝酸盐、一氧化氮和一氧化二氮(Song et al. ,2000),将硝酸盐还原为 N_2 或 N_2O。

微生物脱氮是从废水中去除硝态氮的主要机制和长期机制,尤其是当人工湿地系统受到高硝酸盐负荷时(Lin et al. ,2002)。在人工湿地中,氮的转化直接或间接取决于湿地床的温度、土壤物质类型、操作策略和氧化还原条件。固氮菌如共生放线菌和非共生异养细菌在固氮酶存在下将气态 N_2 转化为氨。在厌氧氨氧化过程中,自养细菌以亚硝酸盐为电子受体将氨转化为 N_2。除了传统的湿地(天然/人工)氮转化机制外,也有一些新型生物氮转化技术受到关注,如亚硝酸盐完全自养脱氮(CANON)、单反应器亚硝酸盐高活性氨去除同时部分硝化、厌氧氨氧化和脱氮(Chang et al. ,2013)。

(3)硫循环　湿地中存在的硫酸盐还原菌(SRB)是严格的厌氧菌,对低温敏感,可以利用 1 mol 硫酸盐产生 1 mol 硫化物。

$$SO_4^{2-} + 2CH_2O + 2H^+ \longrightarrow H_2S + 2H_2O + 2CO_2$$

在人工湿地中,硫动力学取决于生物和非生物因素,如 SRB 的存在、有机物的可利用性、金属硫化物的沉淀(Wu et al. ,2013)。SRB 在缺氧区产生的硫化物被输送到有氧区,然后可以通过生物途径氧化成多硫化物、元素硫、硫代硫酸盐、四硫酸盐或硫酸盐,这一点从硫化物可以看出,元素硫通过化能自养微生物利用电子受体(如氧或硝酸盐)被氧化。此外,在人工湿地的一些微小区域,不产氧的光合细菌可能与硫化物氧化和 CO_2 减少有关。然而,生成的元素硫可以通过硫还原细菌再次转化成硫化物。

参考文献

ALI H, KHAN E, SAJAD M A, 2013. Phytoremediation of heavy metals–concepts and applications[J]. Chemosphere, 91(7):869–881.

BAKER A J M, MCGRATH S P, REEVES R D, et al, 2000. Metal hyperaccumulator plants: a review of the ecology and physiology of a biological resource for phytoremediation of metal–polluted soils[C]. Terry N and Banuelos G (Eds.)Phytoremediation of Contaminated Soil and Water. Lewis Publ. , Boca Raton, Florida, USA. 85–107.

BOYER T, POLASKY S, 2004. Valuing urban wetlands: a review of non–market valuation studies[J]. Wetlands, 24(4):744–755.

CHANG X, LI D, LIANG Y, et al, 2013. Performance of a completely autotrophic nitrogen removal over nitrite process for treating wastewater with different substrates at ambient temperature[J]. J Environ Sci, 25(4):688–697.

DAVEREY A, PANDEY D, VERMA P, et al, 2019. Recent advances in energy efficient biological treatment of municipal wastewater[J]. Bioresource Technology Reports, 7.

DELSONTRO T, BOUTET L, ST-PIERRE A, et al, 2016. Methane ebullition and diffusion from northern ponds and lakes regulated by the interaction between temperature and system productivity[J]. Limnology and Oceanography, 61(S1): S62-S77.

DENG S, WANG C, DE PHILIPPIS R, et al, 2016. Use of quantitative PCR with the chloroplast gene rps4 to determine moss abundance in the early succession stage of biological soil crusts[J]. Biology and Fertility of Soils, 52(5): 595-599.

GUPTA G, KHAN J, UPADHYAY A K, et al, 2020. Wetland as a sustainable reservoir of ecosystem services: prospects of threat and conservation[C]//Restoration of Wetland Ecosystem: A Trajectory Towards a Sustainable Environment, Springer, Singapore.

HANSSON L A, BRONMARK C, NILSSON P A, et al, 2005. Conflicting demands on wetland ecosystem services: nutrient retention, biodiversity or both? [J]. Freshwater Biology, 50 (4): 705-714.

KHAM A G, KNEK C, CHAUDHRY T M, 2000. Role of plants, mycorhizae and phytochelators in heavy metal contaminated land remediation[J]. Chemosphere, 41(1-2): 197-207.

LIN Y F, JING S R, WANG T W, et al, 2002. Effects of macrophytes and external carbon sources on nitrate removal from groundwater in constructed wetlands[J]. Environ Pollut, 119 (3): 413-420.

MANIA D, HEYLEN K, SPANNING R J, et al, 2014. The nitrate-ammonifying and nosZ-carrying bacterium Bacillus vireti is a potent source and sink for nitric and nitrous oxide under high nitrate conditions[J]. Environmental Microbiology, 16(10): 3196-3210.

MCCUTCHEON S C, SCHNOOR J L, 2003. Overview of phytotransformation and control of wastes[C]//Phytoremediation. Wiley, New Jersey, 3-58.

METCALFE C D, NAGABHATLA N, FITZGERALD S K, 2018. Multifunctional wetlands: pollution abatement by natural and constructed wetlands[C]// Multifunctional wetlands. Springer, Cham, 1-14.

MITRA S, WASSMANN R, VLEK P L G, 2005. An appraisal of global wetland area and its organic carbon stock[J]. Curr Sci, 88: 25-35.

MITSCH W J, GOSSELINK J G, 2007. Wetlands, 4th edn[M]. John Wiley & Sons, New York.

MUKHOPADHYAY S, MAITI S K, 2010. Phytoremediation of metal enriched mine waste: a review[J]. Glob J Environ Res, 4(3): 135-150.

PRASAD M N V, 2003. Phytoremediation of metal-polluted ecosystems: hype for commercialization[J]. Russ J Plant Physiol, 50(5): 686-701.

RANA V, MAITI S K, JAGADEVAN S, 2016. Ecological risk assessment of metals contamination in the sediments of natural urban wetlands in dry tropical climate[J]. Bull Environ Contam Toxicol, 97(3): 407-412.

RANA V, MAITI S K, 2018a. Metal accumulation strategies of emergent plants in natural wetland ecosystems contaminated with coke-oven effluent[J]. Bull Environ Contam Toxicol,

101(1):55-60.

SONG B, PALLERONI N J, HAGGBLOM M M, 2000. Isolation and characterization of diverse halobenzoate-degrading denitrifying bacteria from soils and sediments[J]. Applied and environmental microbiology, 66(8):3446-3453.

TURNER R K, VAN DEN BERGH J C, SODERQVIST T, et al, 2000. Ecological-economic analysis of wetlands: scientific integration formanagement and policy[J]. Ecological Economics, 35(1):7-23.

VYMAZAL J, 2007. Removal of nutrients in various types of constructed wetlands[J]. Sci Total Environ, 380(1-3):48-65.

WHALEN S C, 2005. Biogeochemistry of methane exchange between natural wetlands and the atmosphere[J]. Environ Eng Sci, 22(1):73-94.

WU S, KUSCHK P, WIESSNER A, et al, 2013. Sulphur transformations in constructed wetlands for wastewater treatment: a review[J]. Ecol Eng, 52:278-289.

YUN J, ZHANG H, DENG Y, et al, 2015. Aerobic methanotroph diversity in Sanjiang Wetland Northeast China[J]. Microb Ecol, 69(3):567-576.

敖亮,单保庆,张洪,等,2012. 三门峡库区河流湿地沉积物重金属赋存形态和风险评价[J]. 环境科学,33(4):1776-1781.

蔡海洋,曾六福,方妙真,等,2011. 闽江口塔礁洲湿地重金属的分布特征[J]. 福建农林大学学报:自然科学版,40(3):285-289.

董萌,赵运林,库文珍,等,2011. 洞庭湖湿地8种优势植物对镉的富集特征[J]. 生态学杂志,30(12):2783-2789.

弓晓峰,陈春丽,周文斌,等,2006b. 鄱阳湖底泥中重金属污染现状评价[J]. 环境科学,4:732-736.

弓晓峰,黄志中,张静,等,2006a. 鄱阳湖湿地土壤中 Cu、Zn、Pb 和 Cd 的形态研究[J]. 农业环境科学学报,25(2):388-392.

弓晓峰,尹丽,崔秀丽,2007. 鄱阳湖湿地汞污染的评价研究[J]. 农业环境科学学报,4:1250-1252.

韩润平,2000. 用植物消除土壤中的重金属[J]. 江苏环境科技,13(1):28-29.

简敏菲,鲁顺保,朱笃,2010. 鄱阳湖典型湿地表土沉积物中重金属污染的分布特征[J]. 土壤通报,41(4):981-984.

李枫,张微微,刘广平,2007. 扎龙湿地水体重金属沿食物链的生物累积分析[J]. 东北林业大学学报,35(1):44-46.

李梦婕,江韬,魏世强,2011. 兰州银滩湿地5种植物对重金属吸附能力的分析[J]. 环境科学与技术,34(8):109-114.

李鸣,吴结春,李丽琴,2008. 鄱阳湖湿地22种植物重金属富集能力分析[J]. 农业环境科学学报,27(6):2413-2418.

李如忠,石勇,2009. 巢湖塘西河河口湿地重金属污染风险不确定性评价[J]. 环境科学研究,22(10):1156-1163.

李瑞玲,李倦生,姚运先,2010.3 种挺水湿地植物对重金属的抗性及吸收累积研究[J].湖南农业科学,17:60-63.

李一兵,彭熙,黄仁海,2012.草海湿地保护区土壤重金属及其污染评价[J].贵州科学,30(3):57-62.

凌敏,刘汝海,王艳,等,2010.黄河三角洲柽柳林场湿地土壤重金属空间分布特征及生态学意义[J].海洋湖沼通报,4:41-46.

刘志杰,李培英,张晓龙,等,2012.黄河三角洲滨海湿地表层沉积物重金属区域分布及生态风险评价[J].环境科学,33(4):1182-1188.

芦宝良,陈克龙,曹生奎,等,2012.青海湖典型湿地土壤重金属空间分布特征[J].水土保持研究,19(3):190-194.

吕宪国,2002.湿地科学研究进展及研究方向[J].中国科学院院刊,3:170-172.

马洪瑞,陈聚法,崔毅,等,2011.胶州湾湿地海域水体和表层沉积物环境质量评价[J].应用生态学报,22(10):2749-2756.

邵学新,吴明,蒋科毅,等,2009.西溪国家湿地公园底泥重金属污染风险评价[J].林业科学研究,22(6):801-806.

邵学新,吴明,蒋科毅,2007.西溪湿地土壤重金属分布特征及其生态风险评价[J].湿地科学,5(3):253-259.

苏丹,臧淑英,叶华香,等,2012.扎龙湿地南山湖沉积岩芯重金属污染特征及来源判别[J].环境科学,33(6):1816-1822.

孙黎,余李新,王思麒,等,2009.湿地植物对去除重金属污染的研究[J].北方园艺,12:125-129.

孙清展,臧淑英,孙丽,等,2012.仙鹤湖重金属污染及其潜在生态风险分析[J].中国农学通报,28(2):261-266.

王爱军,叶翔,李团结,等,2011.近百年来珠江口淇澳岛滨海湿地沉积物重金属累积及生态危害评价[J].环境科学,32(5):1306-1314.

韦朝阳,陈同斌,2002.重金属污染植物修复技术的研究与应用现状[J].地球科学进展,17(6):833-839.

吴攀碧,解启来,卜艳蕊,等,2010.扎龙湿地湖泊表层沉积物重金属污染评价[J].华南农业大学学报,31(3):24-27.

徐应明,李军幸,2003.新型功能膜材料对污染土壤铅汞镉钝化作用研究[J].农业环境科学学报,22(1):86-89.

杨程程,依艳丽,吕久俊,等,2010.辽河三角洲湿地重金属在土壤及植被中的分布特征[J].安徽农业科学,38(20):10852-10855.

于君宝,董洪芳,王慧彬,等,2011.黄河三角洲新生湿地土壤金属元素空间分布特征[J].湿地科学,9(4):297-303.

孟祥和,胡国飞,2000.重金属废水处理[M].北京:北京化学工业出版社:9-12.

袁华茂,李学刚,李宁,等,2011.碱蓬(suaeda salsa)对胶州湾滨海湿地重金属的富集与迁移作用[J].海洋与湖沼,42(5):676-683.

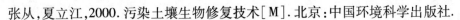

张从,夏立江,2000.污染土壤生物修复技术[M].北京:中国环境科学出版社.

张曼胤,崔丽娟,盛连喜,等,2007.衡水湖湿地底泥重金属污染及潜在生态风险评价[J].湿地科学,5(4):362-369.

钟哲科,高智慧,2001.植物对环境的修理机理及其应用前景[J].世界林业研究,14(3):23-28.

左平,赵善道,赵雪琴,等,2010.江苏盐城原生盐沼湿地表层沉积物中的重金属分布特征[J].海洋通报,29(4):372-377.

第 2 章

湿地植物在治理重金属污染中的作用

修复植物的选择非常重要。所选植物应可以快速生长,并具有较高的吸收有机/无机污染物的能力。不同种、不同品种、不同基因型的植物去除污染物的能力不同。主要由两个关键因素决定,即植物地上部重金属浓度和地上部生物量。在进行植物修复时,除了考虑超积累能力外,光合作用速率和植物生长速度也是需要考虑的主要因素(Badar et al.,2012;Srivastava et al.,2016)。理想的修复植物应该具备以下特征(Ali et al.,2013):①高生长率;②地上部生物量较高;③根系发达,分布广且分根较多;④积累更多目标重金属(富集系数>1);⑤重金属由根向地上部转运(转运系数>1);⑥对目标重金属毒性作用的耐受性;⑦适应当前的环境和气候条件;⑧抗病虫害;⑨易于种植和收获;⑩排斥食草动物,避免造成食物链中其他生物污染。

修复植物具有耐受性、指示性、排斥性或超累积性的特点。尽管它们对环境污染都有一定的耐受机制,但研究显示它们所涉及的机制存在遗传上的差异(Bert et al.,2003)。

超富集植物在正常的生长和繁殖过程中,地上部会吸收大量金属或类金属等有毒物质(Baker et al.,2002)。植物被认定为"超富集植物"所必须具备的金属或类金属浓度取决于不同的金属或类金属种类。Baker 和 Brooks(1989)定义了植物中超富集金属的阈值浓度,其中 As 和 Cd 为 100 $\mu g \cdot g^{-1}$(DW),Ni、Cu、Co、Pb 为 1 000 $\mu g \cdot g^{-1}$(DW),Zn 和 Mn 为 10 000 $\mu g \cdot g^{-1}$(DW)。超富集植物的元素定义浓度通常比非超富集植物中的浓度高出一个数量级。这些植物已经进化出了在有毒金属条件下抵抗、耐受或正常生长的生物机制。但是,过度的重金属积累对大多数植物仍然是有毒性的(Etim,2012)。

重金属离子的分布和积累模式因不同植物部位和植物种类而异。重金属 Zn 和 Cd 在凤眼莲和大藻根部的积累量较高,而 Cu 在大藻叶片中积累量较高。植物的自身性质、不同的金属富集和防御机制是不同部位产生差异的主要原因。据文献报道,不同植物物种具有独特的生理生化行为以及重金属富集能力,将重金属有效地分隔在细胞壁、液泡或细胞质的其他特定部分中,使它们远离细胞中的活性代谢位点(Memon et al.,2009)。

尽管目前在大约 45 个不同的科中发现了超积累植物,但多数植物的修复能力并不能胜任修复严重污染的生态系统(Ali et al.,2013)。生物技术可用于研发具有更好修复特性的植物,例如复合重金属富集能力等(McIntyre,2001;Eapen et al.,2005;Ali et al.,2013)。这些进展有望改善植物修复技术的修复效率,提高其用于修复高度污染场地土壤的适用性。

2.1　湿地植物种类及适应湿地的重要特征

2.1.1　湿地植物种类

大型水生植物不仅可以将污染物直接吸收到其组织中,而且还可以作为净化反应的催化剂,增加根区的环境多样性和促进各种化学和生物化学反应,从而增强净化作用(Vymazal,2002)。它们在积累重金属的潜力方面存在显著差异(Wolterbeek et al.,2002)。通过选择合适的植物种类,可以大大提高重金属的去除率。植物在植物修复中发挥着直接作用,它们与沉积物中微生物的相互作用可以提高湿地植物吸收重金属的效率。

大型水生植物大致分为挺水型、浮水型和沉水型。这三类植物具有不同的植物修复能力。与挺水型和沉水型植物相比,大型浮水植物具有更高的生物富集因子和重金属迁移能力,它们被归类为高效的植物修复植物(Ndeda et al.,2014)。像水葫芦、大藻、浮萍、香蒲、香根草和芦苇这样的植物具有从水生系统中去除重金属的能力,许多研究人员对其进行了详细研究,并已成功用于处理含有不同类型污染物的废水(Dipu et al.,2011a,b;Girija et al.,2011;Akhtar et al.,2017)。

目前已有许多关于水生大型植物去除污染水中有毒金属的论文(Sarma,2011;Ali et al.,2013;Mishra et al.,2017)。以下综述了大多数优势水生大型植物的植物修复能力及其在环境修复中的应用。

2.1.1.1　凤眼莲

凤眼莲(见图2-1)俗称水葫芦,原产于南美洲,是一种入侵性多年生大型水生植物,属雨久花科。凤眼莲有圆形发亮的绿色叶片、发达的纤维状根系和紫色花朵,营养繁殖。凤眼莲的快速生长呈现出两相矛盾的影响:一方面,被认为是影响水体中船只自由航行的有害杂草(Malik,2007);另一方面,被认为是一种有效的修复植物,可从受污染的生态系统中去除有毒金属(Ebel et al.,2007;Rai,2016)。近年来,将凤眼莲作

图2-1　凤眼莲

为水生生态系统中重金属去除的生物指示植物,已经得到证实(Priya et al.,2014)。研究发现,凤眼莲干物质中含有 5.2% N、0.22% P、2.3% K、0.36% Ca、280 mg·kg^{-1} Fe、45 mg·kg^{-1} Zn、2 mg·kg^{-1}Cu 和 332 mg·kg^{-1} Mn(Koutika et al.,2015)。叶面积大、根系丰富、生存能力强和栖息地固定等特征均有利于凤眼莲积累重金属。

凤眼莲增殖率高,生物量产量高,对重金属的耐性较高(Malar et al.,2015;Melignani et al.,2015),被认为是一种有效的修复植物。它对重金属的高提取量,可能是与其发达的根系有关。因其能够净化无机营养物质、有毒金属以及持久性有机污染物,凤眼莲又被认为是一种多功能的修复植物(Mishra et al.,2017)。

凤眼莲对 Pb、Cu、Zn、Hg、Cd、Cr、Mn 等重金属均有较好的提取能力。根系和地上部都会从土壤、沉积物和水等生长介质中去除金属(Thampatti et al.,2014)。已有研究报

道凤眼莲对不同重金属的植物修复潜力,包含 Hg(Skinner et al.,2007),Cu、Pb、Zn、Cd
(Rana et al.,2011),As(Islam et al., 2013),Pb(Sukumaran,2013),Cu、Hg(Mishra et al.,
2013),Cd、Ni、Fe、Mn(Khankhane et al.,2014),Fe、Cu(Ndimele et al.,2014),Cu(Preetha
et al.,2014),Ni、Cr(Musdek et al.,2015),Zn、Cr(Swarnalata et al.,2015),Fe(Thampatti et
al.,2016),Mo、Pb、Ba(Romanova et al.,2016)。

　　从植物修复的角度来看,凤眼莲是一种很有应用前景的植物物种,可用于修复受低
水平 Zn、Cr、Cu、Cd、Pb、Ag、Ni 污染的自然水体或废水(Rezania et al.,2015a;Prasad et
al.,2016;Priyanka et al.,2017)。它成功地去除了受污染的艾哈迈达巴德地区恒河的
Cd、Ni、Fe,并且在雨季期间积累量最高(Bais et al.,2015)。

　　凤眼莲的重金属去除能力已被广泛用于水体、排水和废水的清洁,以及受污染的人
工湿地。它已被广泛应用于造纸工业废水 Pb、Zn 的去除(Verma et al.,2005);废水中的
Cr、Cu(Lissy et al.,2011)和 Fe(Jayawera et al.,2008)的去除;排水(Hammad,2011)和工
业废水(Yapoga et al.,2013)中的 Zn、Cu、Ni 的去除;堆肥水中的 Fe、Mn、Zn、Cu、Cd、Ni、
Cr、Pb 的去除(Singh et al.,2013);Kuttanad 湿地的 Fe、Al、Cd、Pb 的去除(Kau,2009;
Thampatti et al.,2014),Cd(Ajayi et al.,2012;Rai et al.,2014)的去除;淡水湖中的 Fe、
Al、Cd、Pb 的去除(Meera,2017);纺织、制药和冶金工业废水中的 Cu 的去除(Mokhtar et
al.,2011)。它可以有效地用于水产养殖废水的处理(Akinbile et al.,2012)。

　　凤眼莲去除水体中不同重金属的能力不同。Liao 和 Chang(2004)将凤眼莲的重金属
去除能力排序为 Cu>Zn>Ni>Pb>Cd。根据 Shabana 和 Mohamed(2005)的研究,处理 1 L
含 1500 mg·L^{-1}污染的废水需要 30 g(DW)的凤眼莲根持续处理 24 h。Padmapriya 和
Murugesan(2012)发现在使用凤眼莲去除水溶液中重金属的研究中,Langmuir 和
Freundlich 模型非常适合所有金属离子的生物吸附。Swain 等(2014)表示,凤眼莲用于处
理受 Cu、Cd 等多金属离子污染的水非常有效,其中 Cu 主要在地上部积累,而 Cd 则在根
部积累。水生植物吸收的金属大约有 73%~98% 积累在根部,其中近三分之一至二分之
一吸附在根部表面(Newete et al., 2016)。

　　很多研究人员报道了植物的解毒机制(Mishra et al.,2009)。凤眼莲和其他大型水生
植物的金属吸收能力受到一些生物因素和非生物因素的影响,这些因素包括植物种类和
不同器官、季节、pH 值、金属浓度和暴露时间(Tokunaga et al.,1976)。Jayaweera 等
(2008)报道,凤眼莲对 Fe 表现出较高的植物修复效率,Fe 的去除主要是由于根过滤和
Fe(OH)$_3$ 和 Fe$_2$O$_3$ 的化学沉淀。此外,他们在凤眼莲中观察到了一个关键机制,即 Fe 会
间歇地主动流出到生长介质中,以控制 Fe 造成的植物毒性。Kularatine 等(2009)研究了
凤眼莲对 Mn 的去除机制,发现 Mn 的溶解度较高,植物提取是 Mn 去除主要原因,化学沉
淀机制并不存在。

　　Li 等(2015)试图了解凤眼莲在镉胁迫下的分子变化机制,并发现凤眼莲的生理和代
谢蛋白在镉胁迫时受到影响。然而,类似蛋白被诱导保留相应的功能,凤眼莲可以比大
藻更快地恢复生物量。此外,一些抗应激蛋白如热休克蛋白(HSPs)和氨基酸(如脯氨
酸)等参与生理和代谢蛋白的保护和修复,抗氧化酶显著去除了镉暴露期间植物体内形
成的过量活性氧。

凤眼莲既可以作为水生植物,也可以加工制作为干燥根、活性炭、植物灰分、酸/碱处理过的植物以及生物炭等材料,用来吸附废水中的污染物。水溶液中的污染物在特定 pH 值下通过与生物吸附剂表面上的官能团(如醇、酮、醛和其他基团)结合,发生沉淀作用(Ofomaja et al., 2007),吸附过程受 pH 值、生物量、污染物浓度和温度的影响。

由于凤眼莲纤维素含量高,含有氨基($-NH_2$)、羧基($-COOH$)、羟基($-OH$)、巯基($-SH$)等官能团,因此其对重金属的耐受性和亲和力高(Patel, 2012)。它还含有多种化学物质,如氨基酸(包括谷氨酸、亮氨酸、赖氨酸、蛋氨酸、色氨酸、酪氨酸和缬氨酸)和黄酮类化合物(包括芹菜素、杜鹃花苷、黄杨醇、棉子素、山奈酚、木犀草素、定向素和曲蛋白),这些都有利于重金属的吸收(Nyananyo et al., 2007),凤眼莲已被广泛用于重金属污染水体的植物修复。

较高的生长速度、污染物吸收效率、较低的成本和可再生性,使凤眼莲成为废水植物修复的理想植物之一和人工湿地中最常用的植物之一。它的生长速度快,可通过根系吸附、浓缩和代谢降解大量污染物。与其他植物相比,凤眼莲的外来入侵性难以控制和从水体中根除,使它的生长对人工湿地的功能造成一定影响,还会对航行和灌溉造成严重影响。因此,在进行植物修复的同时,还应采取措施控制凤眼莲的过度繁殖。

凤眼莲可耐受干旱条件,可在潮湿的沉积物中存活数月(Center et al.,2002)。但凤眼莲生长受到盐分含量的限制,因此在盐水入侵的地区,它的生长会受到抑制(Jafari, 2010)。

2.1.1.2　大藻

大藻(见图 2-2)又称水白菜,是天南星科的一种自由漂浮的多年生大型水生植物。广泛分布于亚洲、非洲和美洲的热带和亚热带地区。大藻中存在的生物碱、单宁、黄酮类化合物和酚类化合物等活性成分可有效用于医学、兽医学(Lata, 2010)和植物修复(Kandukuri et al., 2009)。它能够去除水中的多种重金属(Farnese et al., 2014),通常用于湿地系统的植物修复。

图 2-2　大藻

大藻是一种很好的 Pb、Cd、Cr、Co 的提取植物。许多研究人员报道了大藻对重金属的植物修复能力,即 Cr、Cu、Fe、Mn、Ni、Pb、Zn(Lu et al., 2011),Cd、Pb(Vesely et al., 2011),Cu、Cr(Irfan et al., 2015),Cr、Pb(Zhou et al., 2013),Cd(Das et al., 2014),Pb(Ⅱ)(Volf et al., 2014),Hg、Cd、Mn、Ag、Pb、Zn(Ugya et al., 2015)。

大藻根的金属积累量大约是叶的 4 倍,很显然,金属通过根系向地上部的转运速率缓慢。采用大藻对印度 Kuttanad 酸性硫酸盐土壤中 Al 进行修复研究表明,它可以在不影响正常生存及生物量的情况下,提取高浓度的 Al(高达 1000 $mg \cdot kg^{-1}$)。但超过 1000 $mg \cdot kg^{-1}$ 时,它会出现毒害症状。根部积累的 Al 含量比地上部多。Meera(2016)也报道了大藻对 Al 的提取和积累能力,发现 Al 主要积累在根部。

Sanità 等(2007)报道了大藻对铬的植物提取能力,并发现抗氧化剂丙二醛、抗氧化酶、超氧化物歧化酶和过氧化物酶的活性随着 Cr 浓度的增加而增加。Tewari 等(2008)研究发现用于去除重金属的大藻中抗氧化酶、过氧化物酶、超氧化物歧化酶和脂质氧化水平增加。

大藻被称为受污染水生环境中砷的生物指示剂,因为它对 As 浓度的增加表现出形态学、解剖学和生理学的变化(Farnese et al. , 2013, 2014),而在更高浓度的其他金属下并没有产生这种症状,在较低浓度下较为明显。

2.1.1.3 浮萍

图2-3 浮萍

浮萍(见图2-3)是一种小型、自由漂浮的水生植物,属天南星科,由浮萍属、紫萍属、芜萍属、泥萍属和斑萍属五个属组成。所有天南星科植物都有微小扁平的、叶片状的椭圆形到圆形的"复叶",直径约1 mm ~ 1 cm。有些浮萍在开放水域中形成类似根的结构,这些结构用来稳定植物和获得营养物质。浮萍经常在富营养化的沟渠和池塘中形成密集的漂浮垫。其植物修复能力取决于生长条件、污染物的类型及其浓度。

浮萍繁殖率高,易于培养,并且能够通过叶片吸收多种金属,非常适合重金属的植物修复(Patel et al. , 2017)。它能有效去除受污染水中的 Cd、Se、Cu(Naghipour et al. , 2015;Bokhari et al. ,2016),Pb、Cr(Uciincii et al. ,2013),Se、As 和稀土金属(Forni et al. , 2016),浮萍可以积累较高浓度金属。在实验室研究中发现,浮萍可以有效去除低浓度的 Cd(Wang et al. ,2002),Fe、Cu(Rai,2007)。它是 Cd、Pb(Verma et al. ,2015)以及 Fe、Mn、Zn、Co(Amare et al. ,2017)的超富集植物。

2.1.1.4 黄花蔺

图2-4 黄花蔺

黄花蔺(见图2-4)是一种多年生草本挺水植物,原产于墨西哥,广泛分布于亚洲南部和东南部,属泽泻科。丛生生长,叶片呈三角形,茎中空,三瓣黄色花。快速的生长速度、巨大的生物量和易于培养等特点是促进黄花蔺修复重金属/有毒金属的有利因素。因其具有更高的生物富集系数、转运系数,更高的相对生长速率和生物量,以及易于培养等优势,常被用作过滤水中低水平镉污染的一种大型水生植物。黄花蔺还可通过减少河道宽度来改变水体的水文状况,从而限制水流并形成截沙坑。

黄花蔺对去除受污染水体和水产养殖废水中的 Hg(Marrugo-Negrete et al. ,2017;Hui et al. ,2017),Fe、Mn(Kamarudzaman et al. ,2012),Pb、Cd(Rijal et al. ,2016)有广阔的应用前景。

黄花蔺已被成功证实通过植物提取、植物积累和根过滤等机制在污染物的植物修复中发挥重要作用。根据一级动力学,植物对金属的吸收随着暴露时间的增加而增加。黄花蔺作为修复植物,其主要功能部位是根,金属主要积累于根部(Wardani et al. , 2017)。

2.1.1.5　黑藻

黑藻(见图 2-5)是一种沉水的、有根的水生植物,属水鳖科。可在各种淡水栖息地生长,通常群居,在水面上形成密集、交织的垫子。大约 20% 的植物生物量集中在上部 10 cm 处。黑藻具有非常广泛的生态范围,在高有机物含量的沉积物中生长状态最好,而且能耐受高达 33% 的中等盐度海水。黑藻在贫营养和富营养的水中均能很好地生长,甚至能耐受高度污染的未处理过的污水。

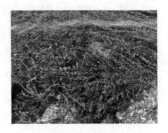

图 2-5　黑藻

黑藻有效地去除了污水中的 Pb、K、Na、Zn、Pb(Ⅱ)、Fe、Cd、Mg、Cu、Ca 等金属(Kameswaran et al.,2017)。Denny 和 Wilkins(1987)报道了重金属的植物提取中,黑藻的枝条提取更有效,吸附过程遵循一级动力学。

黑藻是铬污染的生物指示剂(Gupta et al.,2011)。黑藻去除溶液中的 Cd、Cr,并积累在叶片和根部。低浓度时去除率较高,随着金属浓度的增加而降低。长期暴露于金属环境下,会对叶绿素合成造成不利影响,这表明较高的金属浓度会抑制光合作用。在形态学上,黑藻生长没有受到影响,但用溶液处理后出现了深棕色和斑点,这可能是金属毒性的早期表征(Phukan et al.,2015)。

Hassan 等(2016)报道了黑藻对 Pb 的植物提取能力。黑藻的根会比茎和叶积累更多的 Pb。即使是其非活体的生物质也可以通过物理吸附有效地从含有非常低浓度 Pb(Ⅱ)的水溶液中去除 Pb(Ⅱ)。Thampatti 和 Beena(2014)发现黑藻是酸性硫酸盐湿地生态系统中 Fe、Zn、Al、Cu 的良好提取植物。

2.1.1.6　鸭舌草

鸭舌草(见图 2-6)是一种水生挺水杂草,通常被视为一年生草本植物,广泛分布于淡水地区,属雨久花科。但在持续淹水的条件下,它可能表现为多年生,有长披针形到卵圆形的叶子和蓝色到白色两性花。鸭舌草是稻田里常见的杂草,若稻田中鸭舌草过剩,会大大降低水稻产量。鸭舌草生长迅速、生物量高、根系密集,是清除水体和土壤中污染物的理想植物。

图 2-6　鸭舌草

鸭舌草因对 Cr、Cd、Cu 的植物修复潜力而闻名,其的所有部位,即叶子、茎和根,都被鉴定为能够积累 Cu、Cr、Cd 的潜在器官,鸭舌草的根系具有较高的金属积累潜力(Talukdar et al.,2015)。可见,鸭舌草是一种很有前景的修复砷污染场地的植物,能够在其地上部和根部积累 Fe、Al、Pb。

2.1.1.7　莲

莲(见图 2-7)是一种多年生挺水水生植物,常见于浅水区,属莲科。长叶柄的大盾形叶子漂浮在水面上,而根则固定在水体底部。整株植物具有药用价值,花具有非常高的观赏价值。

图 2-7　莲

莲的一些部位会积累重金属或有毒金属,从而减轻受污染环境对其生长的毒性影响。Meera(2017)报道了莲对 Fe、Al、Pb、Cd 的植物富集潜力。金属主要积聚在其根部。同时有研究发现,Mn 富集在叶片中,Na 富集在叶柄中,Fe 和 Al 富集在根茎中,都没有表现出任何毒性症状(Obando,2012)。经证实,莲可以减少污染物对湿地生态系统的危害,能积累 Cu、Cr、Pb、As、Cd(Hamidian et al.,2016)等金属。Mishra 等(2009)和 Kamal(2011)报道了莲对 Cd 的植物提取潜力;Ashraf 等(2013)、Meera 和 Thampatti(2016)以及 Rajoo 等(2017)报道了莲对 Sn、As、Cu 的植物提取潜力。

2.1.1.8 延药睡莲

延药睡莲(见图 2-8)原产于亚洲南部和东部,属睡莲科。它是一种日间开花的植物,根和茎以及部分叶片都沉水,而另一些叶片则略高于水面。它的叶子很大,圆形,下面颜色较深。花呈紫色或蓝色,常被用作观赏植物。淹没在水中的叶片、叶柄和根状茎表皮细胞积累金属。积聚的金属被固定在表皮细胞中,从而减少金属转运,提高植物耐受性。

图 2-8 延药睡莲

Shuaibu 和 Nasiru(2011)提到延药睡莲对 Zn、Pb 具有选择性累积能力。Meera(2017)也发现延药睡莲对 Fe、Al、Cd 的植物提取作用,这三种金属主要积累于根部,且三种金属的转运系数均小于 1。

2.1.1.9 欧菱

欧菱(见图 2-9)是一年生浮水水生草本植物,属千屈菜科,生活在自然湿地。

欧菱对 Mn 具有植物修复潜力,这与欧菱漂浮的叶片中螯合酚类物质的诱导有关。欧菱叶子中富含酚类化合物,其中包括花青素,有利于降低金属毒性(Hale et al.,2001)。欧菱对 Mn 耐受,且具有超富集 Mn 的特性。欧菱除了众所周知的在果实内富集 Mn 的能力外,还在幼小漂浮叶片的特定组织内表现出独特的 Mn 生物累积作用。

图 2-9 欧菱

研究发现,欧菱可以改善来自活性污泥处理厂的城市污水的物理、化学和生物特性。用欧菱处理废水发现,Cd、Cu、Fe、Mn、Zn 主要积累在叶片,而 Cr、Pb 主要积累在根部(Kumar et al.,2018)。Cu、Cd 主要积累在欧菱的根、茎和果实中,还有大量的金属积累在根部和枝条中。因 Cd、Cu 都转移到了可食用的果实中,存在污染食物链的风险,食用这些果实可能对人类健康造成危害(Bauddh et al.,2015)。

2.1.1.10 硕大蔍草

硕大蔍草(见图 2-10)是一种多年生热带水生植物,属莎草科,原产于东南亚,广泛分布于热带和亚热带。硕大蔍草是一种潜在的 Pb 超富集植物(Marbaniang et al.,2014)。Tangahu 等(2010)在研究中发现,在 Pb 浓度为 200 mg · L^{-1} 的情况下,硕大蔍草的存活率为 100%;在 Pb 浓度为

图 2-10 硕大蔍草

350 mg·L⁻¹ 的情况下暴露7周,结束时硕大藨草存活率为66.7%。随着 Pb 浓度的增加,硕大藨草的存活率明显降低。Tangahu 等(2013)通过研究,认为硕大藨草可用于处理生活污水(Jinadasa et al.,2006)。

2.1.1.11　假马齿苋

假马齿苋(见图2-11)是一种无芳香的草本植物,属车前科。其叶片肉质多汁,长圆状倒披针形,4~6 mm 厚,在茎上相对排列;花小,是辐射对称的,白色,有四到五片花瓣,可扦插繁殖。假马齿苋在水中生长能力强,甚至可以在低盐度的条件下生长,是一种受欢迎的观赏性水草。

通过分析从印度喀拉拉邦不同污染地区采集的自然生长植物中的 As、Cd、Cr、Cu、Fe、Hg、Mn、Ni、Pb、Zn 含量,发现假

图2-11　假马齿苋

马齿苋具有积累金属的潜力。在人工添加了微量 $HgCl_2$ 和 $CdCl_2$ 的霍格兰培养基(Hoagland 营养液)中培养假马齿苋,发现其对 Cd 的生物累积潜力大于 Hg。Hg、Cd 的吸收和转运与生长介质中金属的生物可利用度以及生长期有关。酸性条件增强了 Hg、Cd 的积累,而碱性条件显著降低了 Hg、Cd 的积累(Hussain et al.,2011)。

Thampatti 等(2007)也揭示了假马齿苋对 Fe、Al、Zn、Cd 的植物修复潜力。Fe、Zn 主要积累在根部,Cd、Zn 积累在地上部。随着土壤中上述金属含量的增加,植物对金属的提取作用也会增强。同时,假马齿苋具有很高的药用价值,也是许多 Ayurvedic 制剂的重要成分。

2.1.1.12　积雪草

积雪草(见图2-12)是一种多年生草本植物,原产于亚洲的湿地,属伞形科。可用作烹饪蔬菜和中草药。它对水中的生物和化学污染物特别敏感,可能会吸收这些污染物。

Fe、Al、Zn、Cd 积累在积雪草地上部和根部,Fe、Zn 主要积累在根部,Cd、Zn 积累在地上部。随着土壤中上述金属含量的增加,植物对金属的提取作用也会增强(Thampatti et al.,2014)。

图2-12　积雪草

2.1.1.13　芦苇

芦苇(见图2-13)是一种大型挺水水生植物,属禾本科,广泛分布于热带和温带的湖泊、河流和咸水水域。芦苇可承受极端的环境,包括重金属等有毒污染物的存在条件,可耐受高达45 g·L⁻¹ 的盐度(Cooper et al.,1996)。

芦苇可作为一种生物监测器来评估环境的污染程度(Bonanno et al.,2010),植物各部位吸收的金属含量与水体和沉积物中金属浓度呈正相关。根中的金属积累速率最高,

图2-13　芦苇

叶中最低,这表明金属在植物内的转运系数较低。

由于芦苇木质素和纤维素含量高,使得它可从水溶液中吸附更多重金属离子。芦苇

可耐受 Zn、Pb、Cd 等重金属(Bragato et al. ,2006),可用于 As 的植物修复过程。芦苇重金属积累量由高到低的顺序为根>茎>叶(Ghassemzadeh et al. ,2008)。芦苇是 Cr、Fe、Mn、Ni、Pb、Zn 的富集植物,在与香蒲和莎草的实验室比较研究中,芦苇富集效果较优,其对 Fe 的累积量最高(Chandra et al. ,2011)。

2.1.1.14 满江红

图 2-14 满江红

满江红(见图 2-14)是一种漂浮的水生漂浮植物,属槐叶苹科,可以生长在各种淡水和废水中。满江红有固定氮的蓝藻项圈藻作为共生体。不同种类的满江红如小叶萍、羽叶满江红和细叶满江红等,均可用于处理 Cr 污染废水。即使在含 Cr 10 μg·mL^{-1} 条件下,它们也能生长良好。金属积累量在 5 000 ~ 15 000 μg·g^{-1}(Arora et al. ,2006)。细胞壁中存在的果胶有助于与重金属结合,利于植物修复(Cohen-Shoel et al. ,2002)。

因满江红具有积累 Cu、Cr、Ni、Hg、Zn 等重金属的能力(Rai,2008;Rai et al. ,2009;Akinbile et al. ,2016),使得其能够用于植物修复。羽叶满江红可以去除废水中的 Hg、Cd。植物螯合素合成酶在重金属的解毒中发挥着关键作用,尤其是植物对 Cd 的吸收过程,同时也提高了植物的耐受性(Liu et al. ,2012)。细叶满江红是 Fe、Mn、Zn、Cu 的超富集植物(Amare et al. ,2017)。

2.1.1.15 芋头

图 2-15 芋头

芋头(见图 2-15)是一种多年生大型挺水植物,原产于东南亚,属天南星科。芋头是一种半淹水植物,常见于沼泽地区,能长到 1 ~ 1.5 m 高,叶片如大象耳朵。芋头生长迅猛,是一种侵略性水生杂草,其高生长潜力使它能够用于植物修复。芋头是一种很好的 Pb、Cd 提取植物,在修复低浓度 Pb、Cd 污染水体方面非常有效(Madera et al. ,2015)。富集的金属与根细胞结合,导致向叶片的转运减少。随着金属浓度和暴露时间的增加,芋头的生物量和叶绿素含量减少。芋头的地上部积累 Zn 的量可超过 10 000 mg·kg^{-1},且转运系数大于 1,证实了芋头是 Zn 超富集植物(Chayapan et al. ,2015)。

芋头具有对 Cu、Pb、Mn、Fe、Zn 的植物固定潜力(Mohotti et al. ,2016)。Madera Parra 等(2015)、Khatun 等(2016)和 Meera(2017)对芋头的修复潜力也给出了类似的结果。芋头在净化水产养殖废水方面非常有效,能够将 Fe、Cd、P 的浓度降低 50% 以上,并能在生物富集系数大于 1 的情况下积累 Al、Fe、Cd(Hui et al. ,2017)。

2.1.1.16 光头稗

图 2-16 光头稗

光头稗(见图 2-16)是一种挺水水生杂草,原产于印度,广泛分布于热带和亚热带地区,属禾本科,其茎扁平有毛,叶细长互生,花两性,聚在一起会形成顶生穗状花序或圆锥花序,无柄,紫色或棕色,花瓣不可见。Kumar 等(2008)报道了光头稗对 Cd、Co、Cu、Ni、Pb、Zn 的植物提取潜力。它被认为是 Cd、Cr、Pb 等有毒污染物的潜在修复剂。

2.1.1.17　蕹菜

蕹菜(见图 2-17)是一种一年生或多年生蔓生藤蔓植物,原产于亚洲,现分布于热带地区,属旋花科。蕹菜可生长在泥地上或漂浮在水面上,茎分节,中空,在节上生根,叶片呈卵圆形,光滑,与长叶柄互生,在水中生长时,肉质多汁。

图 2-17　蕹菜

蕹菜可用于去除污染生态系统中的 Cd、Co、Cu、Ni、Zn、Pb、Fe、Cr(Kumar et al.,2008)。Mohotti 等(2016)证明了蕹菜对 Cu、Mn 的植物提取潜力。基于棕榈油厂废水中的营养物去除率达 99%,证实了蕹菜对工业废水净化的适用性(Md Saat et al.,2017)。

2.1.1.18　金银莲花

金银莲花(见图 2-18)是一种多年生或一年生草本植物,有漂浮的叶子,属睡菜科。金银莲花常出现在各种淡水湿地类型中,包括湖泊、潟湖、沼泽以及缓流小溪和河流的边缘(Calvert et al.,2014)。Meera(2017)提到金银莲花是 Fe、Al、Cd、Pb 的提取植物,金属主要积累在根部。

图 2-18　金银莲花

2.1.1.19　人厌槐叶苹

人厌槐叶苹(见图 2-19)也被称为槐叶萍,是一种自由漂浮的水生蕨类植物,原产于巴西东南部,属槐叶苹科。其标志特征是茂密垫子状叶片,叶片三片一轮,有两片漂浮在水面上和一片沉于水中。人厌槐叶苹相关农业和生态用途已经被证实。

Elankumaran 等(2003)以及 Preetha 和 Kaladevi(2014)证明了人厌槐叶苹对 Cu 的生物吸附潜力。人厌槐叶苹可有效地去除污染水中的 Fe,还具有去除废水中重金属、无机营养

图 2-19　人厌槐叶苹

物等污染物的能力。人厌槐叶苹高生物量、高吸附能力和高金属去除潜力的特性,使其成为一种在植物修复技术中具有巨大应用潜力的水生蕨类植物。

金属吸收模式因植物物种和金属种类而异,但人厌槐叶苹的重金属去除和区隔化主要是某些营养元素和螯合剂发挥作用,其次是环境条件影响。人厌槐叶苹对 Cd 的吸收是通过生物吸收模式进行的,而对 Cr、Pb 的吸收则是物理吸附模式。

人厌槐叶苹生物质的金属去除能力高,主要归因于其具有高的比表面积($264\ m^2\cdot g^{-1}$),表面同时具有丰富的碳水化合物(48.50%)和羧基($0.95\ mmol\cdot g^{-1}$)(Sanchez-Galvan et al.,2008)。表面存在较高浓度的脂质和碳水化合物充当阳离子交换基团,通过离子交换反应促进金属吸附。干生物质对重金属的吸附也遵循 Langmuir 等温线。蛋白质作为重要的配体原子,在金属吸附中也发挥着重要作用。金属去除的动力学表现出一阶速率,并且平衡数据非常符合 Langmuir 和 Freundlich 等温线。

许多大型水生植物具有超积累和植物修复能力。在今后的研究中,需要识别这些植物,并且了解评估它们的植物修复能力。与其使用单一物种,不如使用水生大型植物群落来净化修复生态系统。Farid 等(2014)观察到,使用一系列水生植物的循环植物修复比单一物种更有效。

2.1.2 湿地植物适应特征

湿生植物长期生长在淹水或渍水条件下,而淹水的土壤通常具有厌氧性、氧分压低、氧化还原电位低等特点。湿地土壤中还有存在较高浓度的还原性物质如 Fe^{2+}、Mn^{2+}、H_2S、CH_4 和 NO_2 等,同时还有可溶性的有机化合物和由微生物活动产生的乙酸及无氧代谢产生的乙醇都会对植物产生毒害作用。湿地植物与旱生植物之间最大的不同是前者有能力生存在渍水土壤中,这主要归结于它们已经进化和发展了一系列特征去适应缺氧的生存环境。

目前,主要有两种策略解释湿地植物如何适应湿地环境,一是代谢适应策略,二是结构适应策略。代谢适应策略强调有机酸的产生和避免乙醇及其他潜在的植物毒害物质的积累,而结构适应策略强调通气组织和渗氧的作用(Visser et al. ,2003)。在许多草本湿地植物的根和茎中存在一个强大的氧气运输系统——通气组织、皮孔和不定根,这些结构使得湿地植物能够运输所需的氧到达根部,维持有氧呼吸和氧化根际中的植物毒性元素。其他一些植物(包括两栖类和陆生植物)在缺氧环境中也分化产生或加速通气组织的发育。一般认为通气组织有两类,即裂生性和溶生性两种,这两种通气组织有时同时出现在同一植物中,但溶生性的通常出现在根内,裂生性的常出现在叶片内。通气组织与根际的其他物质交换表现在植物向根际释放氧气,并可通过通气组织向根际环境排泄一些对植物有害的代谢废气如 CH_4、CO_2 等。另外,湿地植物叶片中的通气组织可显著减少光子扩散的阻力,从而对叶绿体的光合速率产生影响。

另外,植物体内发达的通气组织也减少了内部组织的耗氧量,使得氧气能输送到较远距离的植物地下部分。这些被输送到湿地植物根部的氧气除了供根部呼吸外,还有一部分渗到根际周围的土壤中,这部分氧气被称为渗氧(radial oxygen loss, ROL)。由于湿地植物具有这样的特性,许多学者认为输送氧气的通气组织系统是湿地植物有能力生存于湿地缺氧土壤中的一个决定性因素(Colmer,2003a;Pezeshki,2001)。大量研究证实湿地植物在渗氧的同时,也通过对根部的结构进行调整,来对根部的渗氧量进行限制,即根部存在着限制渗氧的屏障(Visser et al. ,2003;McDonald et al. ,2002)。

如果对淹水敏感的高地植物的根系被淹没,氧的供应迅速下降,根系的有氧代谢将停止,同时会减弱细胞的能量状态,减少几乎所有的代谢相关活动,例如细胞增长和分裂以及营养吸收等活动。甚至当细胞代谢转向无氧糖酵解时,三磷酸腺苷(ATP)生产也会降低。酵解的有毒代谢终产物可能积聚,引起细胞质酸中毒,最终导致细胞死亡。线粒体结构的病态变化紧随缺氧症发生,包括膨胀、嵴的减少和透明基质的产生。线粒体和其他细胞器的完全破坏会在 24 h 内发生。缺氧会改变根的化学环境,如铁、锰和硫的可获得性,从而可能使这些物质在根系累积到致毒水平。另外,如果敏感的植物处于海洋环境中,它们将遭受渗透冲击和盐毒性。

2.1.2.1　对缺氧的适应

相对于淹水敏感的植物,耐淹种(水生植物)由于其具有相应的结构以及生理适应性特征,使其能够适应湿地土壤的缺氧环境。

(1)通气组织　实际上,几乎所有的水生植物都有复杂的结构(形态)适应机制来避免根缺氧。对淹水的生理反应是通过生长到有氧环境中或使氧气更自由地渗透到无氧区来增加对植物的氧供应。初生植物对淹水的反应对策是在根和茎中形成充气空间,使得氧可以从植物的地上部分向根系扩散。这使得水生植物根细胞不再依赖于从周围土壤中扩散而来的氧。水生植物通气组织不同于一般的植物孔隙,它通常占体积的 2% ~ 7% ,而湿地植物根体积的 60% 以上含有空隙。充气空间的形成,或者是通过根皮层细胞成熟时的分裂,或者是通过部分皮层细胞崩溃,产生海绵状通气组织。充气空间不一定连续贯穿于茎和根中。

给根供氧的通气组织的作用在很多植物物种中得到了证实。如耐涝的沼生千里光的根呼吸只有 50% 受根缺氧限制,而对淹水敏感的习见千里光,几乎完全受缺氧条件限制。耐受性物种中更大的孔隙率是造成这种区别的主要因素。研究最广泛的耐淹植物是水稻,生长在持续淹水环境中的水稻比未淹水植物具有更大的根部孔隙率,以维持根组织中的氧浓度。

激素的变化,特别是细胞低氧组织中激素的浓度,诱发结构适应性。乙烯的产生由淹水条件激发。乙烯在淹水组织中迅速累积,因为其在水中的扩散率大约比在空气中慢 1 000 倍。乙烯诱发许多植物的皮质细胞中纤维素酶的活性,接下来使细胞质壁分离和分解。不是只有细胞低氧组织才有乙烯的影响,已有证据表明在细胞低氧的组织中产生的乙烯前体扩散到好氧组织中,被转化成乙烯,并改变那些在有氧带的植物的反应。

(2)孔隙度　大多数湿地植物根部都有比较发达的空气空间,并与茎和叶的空气空间相连,根部空气空间的体积与根部体积之比称之为孔隙度。不同种植物,同一植物的不同生态型(或品种)之间根的孔隙度都存在较大的差异,这种差异可能取决于根部细胞的排列方式(Colmer,2003a)。通常湿地植物(指生长在潮湿到浸水土壤中的植物)根部的孔隙度(30% ~60%)>中生植物(指既能忍耐潮湿又能忍耐干旱土壤条件的植物)>旱生植物(通常指生长在干旱土壤条件的植物,孔隙度<10%)(Colmer,2003a)。

不同植物的孔隙度之间的差异可以是由先天情况造成的。在湿地植物中,单子叶植物的孔隙度通常高于双子叶植物。同种植物的孔隙度也可以由于外界条件的不同而造成差异。浸水的无氧条件能诱导湿地植物和中间型植物根的孔隙度显著提高(如水稻生长在充气的培养液中,其不定根的孔隙度是 20% ~26% ,而生长在缺氧的琼脂培养液中孔隙度为 29% ~41%)(见表 2-1)。

并且,有研究表明气体在植物体内扩散或运输的效能与根的长度成反比,与根的孔隙度成正比(Colmer,2003b)。此外,孔隙度较高的植物容易形成较深的根系,具有较强的耐浸水能力。另外,湿地植物根部的孔隙度也与周围土壤环境的氧化还原强度有一定的关系。有实验发现湿地植物根的孔隙度随着周围土壤氧化还原电势(Eh)的降低而升高,也有实验发现湿地植物孔隙度不受 Eh 的影响(Pezeshki et al. ,2001)。由此可见,对湿地植物的孔隙度与周围环境 Eh 变化之间的关系需要进一步深入研究。

表2-1　生长在氧气充足和缺氧条件下湿地植物和非湿地植物根部孔隙度（Colmer,2003a）

植物物种	根系类型	孔隙度	
		对照条件	缺氧条件
单子叶非湿地植物			
小麦	不定根	3%～6%	13%～22%
大麦	不定根	7%	16%
玉蜀黍	不定根	4%	13%
紫羊茅	完整根	1%	2%
双子叶非湿地植物			
蚕豆	完整根	2%	4%
豌豆	完整根	1%	4%
油菜	完整根	3%	3%
车轴草	完整根	7%	11%
单子叶湿地植物			
水稻	不定根	15%～30%	32%～45%
长苞香蒲	不定根	10%～13%	28%～34%
芦苇	不定根	43%	52%
灯芯草	不定根	31%～40%	36%～45%
褐鞘苔草	不定根	10%	22%
双子叶湿地植物			
酸模	不定根	15%～30%	32%～45%
沿海车前	完整根	8%	22%
焰毛茛	完整根	9%～11%	30%～37%
水生植物物种（自然栖息地）			
大叶藻	不定根和根状茎		22%～32%
喜盐草	不定根		15%

（3）渗氧　湿地植物的渗氧可以将根际周围的还原性土壤氧化从而提高了土壤的氧化还原电位。

不同的植物种间的渗氧有很大的差别。Kludze等（1996）对大克拉莎和长苞香蒲的渗氧量测定，发现后者的渗氧量是前者的两倍多。在氧化还原强度为-250 mV$<$Eh$<$$-150$ mV的条件下，对宽叶香蒲、灯芯草、芦苇和鸢尾四种湿地植物的渗氧量的测定，发现渗氧量最高的是宽叶香蒲，其次是芦苇、灯芯草和鸢尾。

由于测量所采样用的方法不同或者是培养条件的不同，对同一种植物的渗氧量测定

也会得到不同的结果。如对香蒲属的植物渗氧的测定,就发现几种不同的结果:0.4 ~ 1.4 $\mu mol\ O_2\ root^{-1}[1] \cdot h^{-1}$(Bedford et al. ,1991);0.1 ~ 0.8 $\mu mol\ O_2\ g\ D.\ W.\ root^{-1} \cdot h^{-1}$(Kludze et al. ,1996);200 $\mu mol\ O_2\ root^{-1} \cdot h^{-1}$(Jespersen et al. ,1998)。这其中的原因也可能是实验所采用的不同时期的苗所导致的。

由此可见,在进行植物的渗氧测量时,不仅要考虑到植物本身的参数如根部生物量和地上部分的生物量以及根部周围的参数如氧化还原状况,而且还要考虑植物周围的环境参数如温度、湿度和光照对测量结果造成的影响。

总的来说,沉水植物由于通气组织没有挺水植物的发达,导致其对根际周围的氧化能力要低于挺水植物。Wigand 等(1997)对两种放氧能力不同的湿地植物研究发现,放氧较高的美洲苦草根际 Eh 要显著高于黑藻根际 Eh。湿地植物根部不同部位放氧的速率是不同的。有研究证实了一些耐淹植物能够减少植物根部的放氧从而能够将更多的氧气输送到根尖(Visser et al. ,2003;Colmer,2003b)。

湿地植物的渗氧与植物体内氧的浓度、根系生物量的大小、根的通透性和根际土壤对氧的需求量等有关。湿地植物的渗氧速率的快慢主要有以下三个因素决定:①地上部分和根的通气组织是否发达;②根的呼吸强度的强弱;③根的基部是否有防止渗氧的屏障。另外,除了这些影响因素外,外界环境的影响也比较重要。有研究发现浸水缺氧的条件可以使得许多植物发生渗氧。有实验证实水稻的渗氧随着土壤氧化还原强度(Eh)的降低而升高。有研究发现植物毒素(如有机酸)可以减少植物的渗氧。还受一些其他因素的影响,如根部周围土壤的需氧量,根的生物量以及根部对氧气输送时受到的阻力等。此外,影响放氧能力的因素还可能是由于不同湿地植物之间的株高、根长、根的表皮木栓化程度等有所不同导致的。

由此可见,一方面不同植物具有不同的渗氧能力,另一方面,植物的渗氧具有一定的可塑性的,植物渗氧量的高低由自身的生长状况和外界环境以及植物和周围环境相互作用来共同决定的(Peter et al. ,2005)。

利用圆筒状铂电极法测定渗氧,发现渗氧在同一根中的不同部位也是不一样的。这种由于渗氧率在根中空间分布的不同就形成了不同的渗氧方式。渗氧方式主要分为三种:根的基部只有非常低的渗氧率,根的不同区域的渗氧率是相似的,根基部的渗氧率明显高于根尖(Colmer,2003a)。

研究发现,除了发达的通气组织外,较为耐浸的湿地植物通常趋向于减少氧气从根基部渗出(通常被认为是根基部区域存在一个不透性的渗氧屏障所导致的),从而促进氧扩散到根际而氧化根尖区域(McDonald et al. ,2002),进而促进氧扩散到根际而氧化根的关键位点,使得根尖周围形成一个有氧的根际环境(氧化根际)(Colmer,2003a;Visser et al. ,2003)。这些特征使得湿地植物的根尖能够得到更多的氧气,从而更耐浸水的环境。

(4)渗氧屏障　研究发现单子叶湿地植物根部的渗氧屏障较双子叶湿地植物根部的渗氧屏障更为完整。

---

① root,根,下同。

有些湿地植物根部渗氧的屏障是先天的。有实验发现:芦苇无论是生长在充氧还是缺氧的条件下,根部的外皮层都会发生木栓化(Soukup et al.,2002),从而对渗氧造成限制。湿地植物的根部渗氧屏障也可以通过缺氧浸水的条件诱导而产生。有研究证实:水稻生长在浸水缺氧的条件下,不定根的基部可以诱导出减少渗氧的屏障(Colmer et al.,2003a)。

渗氧屏障现象同样可以发生在非湿地植物的根部。在对浸水敏感的玉米的研究中,浸水缺氧的条件可以诱导出玉米根部的渗氧屏障(Enstone et al.,2005)。而且更有研究发现玉米在浸水缺氧条件下根部皮层的发育有着一定的协调性,玉米根部外皮层的木栓层加厚,但内皮层的木栓层却减少,这种结构上的调整可以使得氧气更容易扩散到根的中柱(Enstone et al.,2005)。

湿地植物根部表层有软木脂和木质素累积现象,这种累积起着渗氧屏障的作用。有研究显示:芦苇根部对渗氧的屏障是在根部的外皮层(Armstrong et al.,2001)。亚马逊湿地平原的几种湿地木本植物根部对渗氧的屏障在根部的外皮层,而且外皮层木栓化的程度与根部渗氧有极大的相关性,而外皮层细胞壁木质素的含量则与根部渗氧相关不大,渗氧屏障对水分的吸收影响不大(De Simone et al.,2003)。

一些外界环境胁迫的刺激如有机物也可以使湿地植物根部表层的软木脂和木质素累积,这种累积同样可以使植物根部的放氧减少。对水稻和芦苇的研究发现有机酸同样可以诱导出根部的渗氧屏障(Armstrong et al.,2001)。有研究发现硫化物可以对水稻诱导出根部渗氧屏障(Armstrong et al.,2005)。

另外,一些外界刺激如重金属胁迫也可以使湿地植物根部表层的软木脂和木质素累积,使得植物能够缓解对胁迫的威胁。

综上所述,植物根部的渗氧和渗氧屏障是协调的,在浸水缺氧的条件下,根基部的渗氧屏障被诱导出来,使得氧气从地上部分能够运送到根的末端,这样更有利于根在缺氧环境中发育,而且渗氧屏障会阻止一些有毒的物质进入根内,起到一定的防御作用。

渗氧的发生会氧化浸水土壤中的湿地植物根际,导致根际土壤化学性质的明显变化,如营养的可利用性、潜在毒性和还原性物质的浓度如铁和锰的氧化和沉淀、硫的氧化及微生物种群如氮化和去氮化等都会明显受到渗氧的影响。这样,渗氧可以提高植物根部周围的异养呼吸和有机物的矿化,可以使得植物更能适应湿地环境。

渗氧可以使湿地植物根部表面沉积一些铁、锰氢氧化物,可以减少植物吸收过多的铁和锰。湿地植物对铁的耐性不仅有种间差异,而且和形成根表铁氧化物的能力成正相关,这样就表明湿地植物根部渗氧有利于避免过多铁的毒害。湿地植物渗氧可以使得根际比非根际富集更多的 Fe、Zn、As,这样对湿地系统重金属迁移有着一定的影响。

淹水条件有利于降低土壤中的重金属的移动性。一些重金属如 Cd、Pb、Zn 在淹水条件下容易和土壤中的硫化氢形成难溶的金属硫化物,这样就降低了重金属的移动性。

湿地植物由于根部渗氧导致根际环境不同于非根际,从而导致根际土壤重金属发生一些变化。有一些研究发现湿地植物根际土壤重金属移动性要高于非根际。发现红树植物海榄雌根部放氧,导致其根际金属硫化物减少,而可交换态的重金属浓度增加。宽叶香蒲能够增加根际孔隙水中的锌的浓度。有研究报道发现与非根际土壤相比,伴随着根际土壤 Eh 的增加,可溶性铁的浓度也增加。导致湿地植物根际重金属移动性增加的原因可能是在根际氧化的同时,pH 值也随着降低,这样会导致一些难溶的重金属转化成离子态,从而增加重金属移动性(Jacob et al.,2003)。

另外一些研究则发现湿地植物渗氧氧化根际土壤铁,同时形成的铁氧化物吸附其他重金属,这样就降低了根际土壤重金属的移动性。一些重(类)金属如 Zn、As 等和铁氧化物有着较高的亲和力,很容易被吸附在根际土壤的铁氧化物和根表的铁氧化物上。这样湿地植物根部渗氧则使其根际和根表像一个吸附重金属的库,非根际土壤中的重金属则是提供重金属的源。

Wright 等(1999)发现湿地植物甜茅属对其根际重金属移动性影响很小,可能和其有较弱的放氧能力有关。此外,湿地植物对根际重金属移动性的影响不仅和其放氧能力有关,还与土壤的理化性质有关。

(5)特殊器官　除促进通气组织生成外,缺氧也会促进不定根的形成。在缺氧区域耐淹植物可以产生不定根,这些根可以在缺氧环境中正常发挥作用。另一个由淹水诱发的反应是水生和半水生植物如荇菜和落羽杉快速的茎伸长。

而在热带和亚热带海岸带的红树林通常在拱形支柱根支撑下生长。在高潮位以上,这些支柱根有无数的小孔隙(又称皮孔),其下部为长而多孔的、内部充气的淹没的根。这些埋入缺氧淤泥的根中,氧浓度可保持在 15%～18%,但是如果皮孔被堵塞,氧气浓度会在两天之内降到 2% 或更少。而一种海榄雌属的红树植物会产生数以千计的气生根,高 20～30 cm,直径 1 cm,海绵状并且布满皮孔。它们从主根系伸到淤泥外,在低潮时暴露。淹没的主根系中氧的浓度随潮周期的变化而变化,通常在低潮时升高,在被没时降低,反映了气生根周期性出露的特点。

(6)增压气流　Dacey(1981)首先描述了一种独特有趣的适应性,它能增加欧亚萍蓬草的氧气供应。后来证实其他浮叶植物也存在这种类似的适应性,即增压气体从表面流动到根周。Brix 等(1992)在西南澳大利亚检验了 14 种沉水植物,发现其中 8 种有显著的气体流(0.2～>10 $cm^3 \cdot min^{-1} \cdot culm^{-1}$[①])如表 2-2 所示。如此多样的植物中得出的结果表明,内部的增压和增压气流可能在许多水生植物中是非常常见的。而进一步研究的结果表明,湿度诱导的压力是气流的主要驱动力。这些植物产生的压力与它们在湿地中的淹水深度基本一致。空气进入地上叶子的内部充气空间,在由温度梯度和水蒸发压力产生的轻压(200～$1\ 300$ Pa)的推动下行。老叶子通常失去支持压力梯度的能力,所有从根部流回充满了根呼吸产生的二氧化碳和甲烷的气流都会流经老叶子。

---

① culm,茎、杆,下同。

表 2-2　澳大利亚 13 种湿地植物和一种高地植物的茎和叶中的增压气流

种类	N	ΔP_s/Pa	流动率/(cm$^3 \cdot$ min$^{-1} \cdot$ culm^{-1})
潜在的深水植物			
芦苇	12	573±54	5.3±0.4^b
东方香蒲	8	1 070±120	4.4±0.3^b
南方香蒲	6	780±140	3.4±0.4^b
临界深度(<1 m)植物			
巨灯芯草	11	222±24	1.2±0.1^c
枯状莎荠	10	1 080±86	0.85±0.02
水葱	9	1 310±124	0.29±0.05
节状波美草	16	494±58	0.23±0.06
极浅水和湿润土壤植物			
总苞莎草	11	903±234	0.33±0.09^c
美人蕉属一种	5	27±5	0.06±0.01
乳突狐尾藻	6	68±12	0.04±0.01
红鳞扁莎	8	111±34	0.02±0.01
黄花水龙	5	57±1	<0.01
中蕙草	15	2±31	<0.01
非典型湿地植物			
芦竹	6	1±10	<0.01

注:a.水深指这些植物在其他研究中能生长的潜在深度和植物大小;ΔP_s 指在植物茎中的静态压力差异。植物按照气体流动率递减的顺序列出;数字表示平均值±标准差。b.不得不去除小样本或叶子以使气体流动率在测定范围内。c.气体流动通过分离的茎测量。d.在浅水中生长的匍匐和漂浮植物。

许多学者在沼泽树木研究中描绘了相同的过程特别是欧洲桤木,它是欧洲漫滩森林和流域温带森林的主要树种。洪水耐受种的树苗和休眠状态(无叶)的树木当受到太阳光或白炽光的照射时,与在黑暗中的植物相比,显示出更强的从地上嫩枝到根的气体运输。这种现象为"增压气流"或"热渗透"气流。当外部环境空气与植物皮层组织的内部气体间隙之间的温度梯度建立起来时,这种现象就会发生。另一个要求是外部和内部之间的穿透分隔,这种分隔是由于在系统中孔隙直径等于或小于气体分子的"自由通道的平均宽度"。在桤木中,皮孔中的皮层组织形成了这种分隔。当茎表面被太阳光略微加热,气体分子在植物细胞间空隙的平均自由通道宽度增加,防止分子在皮孔中通过渗透梯度散失。然而,温度较低的分子仍可扩散进植物体。这形成内部压力梯度推动气体沿着植物从茎流到根。桤木中这种"热力泵"给根部传送氧不如发达的通气组织有效。例如,在淹水土壤中生长两个月的桤木幼苗传氧率是生长在透气土壤中幼苗的 8 倍,这一差别是由于在淹水环境下通气组织和皮孔的形成。相比较而言,热力-渗透作用(在没有淹水的情况下)可以将气体传输率提高 4 倍。在有叶的树中,热力泵也不像在无叶的树中那么活跃。因此,对于在淹水土壤中的移植树苗和在休眠期的落叶树木,提高根部通气性的适应性似乎最为有效。

(7)氧化根周　中度缺氧的时候,许多湿地植物到根的氧扩散量显然很大,不仅可以供应根,还会扩散出来,给邻近的缺氧土壤充氧,产生有氧根周。通过电子显微镜扫描法配合 X 射线微量分析,在互花米草根周围发现的褐色沉积物是由铁和锰沉积物组成,这些沉积物是当根周的氧与分解的含铁离子土壤接触时产生的。在根周 Fe^{2+}、Mn^{2+} 等离子趋向于被氧化和沉淀,其毒性也被有效地解除。与之相类似,红树林的支柱根或呼吸根存在的情况下,土壤中的氧化还原电位比附近光泥滩土壤高,孔隙水硫化物浓度比光泥滩中低 3～5 倍,这说明氧从红树林的根扩散到土壤中。有氧根周的存在,是识别湿地的重要方法。在植物的根死去很久以后,氧化态铁离子(Fe^{3+})沉积形成的红色和橙色残留纹理仍保留在很多矿物土壤中,这是水生植物在该土壤中生长过的标志,同时,它们也是作为湿生土壤存在的一种指示。

(8)水的摄取　植物对厌氧环境不耐受的典型表现是减少水的摄取,即使水充足的情况下也是如此,这可能是根代谢全面降低的反应。水摄取减少导致与干旱条件相同的症状:气孔关闭,吸收二氧化碳减少,蒸发作用的减少以及萎蔫。气孔的关闭受植物激素脱落酸调节,根部淹水导致叶片组织中植物激素脱落酸的浓度提高。浓度提高可能是由于叶脱落酸向淹水根部的输出减少。这些反应的适应性好处可能和干旱胁迫的植物一样减少水分损失,同时减小对细胞质的损害。一般情况下,光合作用机制相应变弱。

(9)营养吸收　受缺氧影响的最简单的过程是植物对土壤中营养的吸收。土壤中许多营养物质的可利用性受缺氧环境的影响。尽管一些研究表明大多数耐淹种的营养吸收没有呈现出变化,但是也有研究证明充足的氧是营养吸收所必需的,如水培的欧洲桤木在缺氧条件下,氮、磷和磷酸盐吸收分别减少到有氧条件下的 20%、30% 和 70%。

(10)呼吸作用　根充气空间的存在不是向根进行有效氧传输的充分条件。如果氧在到达代谢最活跃的根尖之前从皮层泄漏到周围沉积物中,那么这些氧对植物几乎没有价值。Smits 等(1990)报道了几种植物不同的氧泄漏形式,其中一些显示氧在整个根长度上泄漏,其他则只从顶点 1 cm 左右的范围泄漏。

只有 1/50 的内陆沼泽植物根周围形成的有氧根周和河滨植物一样好,表明根系氧的可利用性在内陆受到限制。这种限制可能与内陆更加缺氧的条件有关,它对通气组织的能力提出了更高的要求。

在缺氧条件下,植物组织进行厌氧呼吸。在大多数植物中,丙酮酸(糖酵解的终产物)被脱去羧基生成乙醛,乙醛被还原成乙醇。这两种化合物对植物组织都具有潜在的毒性。耐淹植物一般具有减小这种毒性的适应性。例如,在厌氧条件下,花米草根中的乙醇脱氢酶(ADH)的活性显著提高,ADH 是催化乙醛还原成乙醇的诱导酶,其酶活性的增长意味着向厌氧呼吸的转化,而使乙醛无法在根组织中过度积聚。但是通常乙醇也没有积聚,尽管其产量被显著促进。如水稻在厌氧生活过程中,乙醇会从水稻根部散逸,从而防止乙醇的累积而引发的毒性。米草属植物可能也会出现这种情况。另一种减少乙醇产量的代谢策略是将其转变为无毒的有机酸。提出苹果酸的积累可能是湿地植物的特性,但是苹果酸盐的积累过程很难解释,部分原因是苹果酸盐是一些代谢途径的一种中间产物。

缺氧植物遇到的代谢问题是缺少通过三磷酸腺苷(ATP)形成和利用的正常能量代谢进行的电子受体。在这个过程中的代谢瓶颈通常是接受电子的辅酶烟酰胺腺嘌呤二核苷酸(NAD),NAD 在乙醛代谢的氧化过程中被还原,然后在线粒体中被分子氧重新氧化产生生物能量载体 ATP。在氧缺乏的时候,还原的 NAD(NADH)积累并挤满代谢系统,妨碍 ATP 产生。如前所述,在发酵过程中,乙醛取代氧,再次氧化已还原的 NAD。苹果酸通过三羧酸循环有同样的行为。这样,只要 NADH 被重新氧化成氧化态,糖酵解就能发生。另一个途径,嘧啶核苷的氧化可能是维管束植物中 NADH 氧化的主要途径,这使发酵途径给根提供了稳定的能量来源,但是这是新陈代谢效率较低的途径。烟酰胺腺嘌呤二核苷酸磷酸(NADP)在油脂合成程中起到和 NAD 相同的作用。还原的 NADP 在乙酰辅酶 A 向脂肪酸合成过程中被氧化,并可在氧化戊糖磷酸代谢过程中再生,提供代谢媒介,氧化 NADP 合成更多的脂肪酸,这个循环不需要氧。在一些植物物种中,观察到脂肪酸在细胞低氧条件下累积,而这种油脂合成仍可能继续。这具有显著的适应性意义,特别是对在水中和其他缺氧环境中的种子的萌发和生长。

有关代谢和形态特征的种间差异反映了湿地植物性状的遗传基础。许多大型水生植物根中 ADH 同工酶的数量和乙醇产量呈正相关。有学者提出高的酶多态性在缺氧细胞沉积中提供选择性优势。同样在耐淹的稗属植物中,在有氧土壤中不存在的 ADH 同工酶,在缺氧件下被诱导出来。尽管有这些例子,但是有关淹水耐受性适应机制的同工酶遗传差异的证据还不清楚。

2.1.2.2　对盐的适应

在细胞水平上,植物应对盐的行为和细菌很相似,它们的适应策略基本相同。然而,维管束植物也发展出利用它们的复杂结构形成的适应性,包括阻止和控制盐进入的屏障和专门用来排泄盐的器官。它主要由专门的细胞承担相应的功能,而使其余的细胞能在合适的环境中活动。普遍认为根皮层的充气空间最易受根周环境的影响,其内皮层形成阻止土壤溶液向上运动的第一层屏障。在高盐环境中的植物,根一般比叶子有更高的盐浓度,证实了这一点。对耐盐植物的 X 射线微量分析显示,在根中从靠外部的皮层通过内皮层到中柱,钠离子浓度降低,钾离子浓度升高。皮层的内部细胞和中柱的通道细胞似乎都阻碍钠离子传输,而钾离子可以自由通过。对钾离子的选择性(或对钠离子的排斥)在细菌中也常见。在红树属的海榄雌中,阻止盐侵入植物非原质体的第一级障碍位于根周皮和外皮层,以保护根皮层不受高浓度盐的影响。共质体的吸收仅限于末端的三四级根,而大型侧根的主要作用是传输和支撑。

由于根原质体能过滤盐,许多盐地植物的汁液几乎是纯水。红树属、假红树属和海桑属的植物几乎将盐完全排除,它们汁液的 NaCl 浓度仅为 15 $mg \cdot mL^{-1}$(海水 NaCl 浓度约为 35 $mg \cdot mL^{-1}$)。在压力作用下,从这些植物叶片中流出的液体,几乎就是蒸馏水。它们的根和叶细胞膜都起着过滤器的作用。为了持水,叶子细胞质必须比细胞液有更高的渗透压。对于红树植物,50% ~ 70% 的渗透压来自钠离子和氯离子,其他的大部分可能是有机物质。

　　而在不同生长期,植物体中盐含量和分布也会有所不同。如红树植物桐花树,种苗在母树上的胎生过程是一个低盐化过程,而种苗胎生的孕育环境——宿存果皮是一个盐分累积提高的高盐环境,以利于种苗在胎生过程中对盐分的抗性锻炼;胎生种苗在脱离母树后,在林地生长发育的初生苗阶段是一个大量吸收和累积盐分的过程。林地初生小苗的胚轴部位有吸纳累积的大量盐分,以利于抗盐适应。成年母树各部位中,叶片的氯和钠含量均高于幼苗,而其他部位则低于幼苗,母树根系吸收的盐分大量累积于树冠顶部,有利于盐分从叶片泌盐盐腺排出体外(赵胡等,2004)。

　　一些不会排除根部的盐或者过滤盐的植物,具有排泄器官。例如,许多盐沼湿地的禾本科植物的叶子覆盖着由叶片中的特殊盐腺排泄的结晶盐粒。这些盐腺不是被动地起作用,相反,它们有选择地从叶片维管束组织中去除特定的离子。如在米草中,排泄物中含钠比钾更多。盐排除和盐排泄这两种机制,保护植物的嫩芽和叶片细胞不受高浓度盐的影响,并可能维持一价和二价阳离子之间,以及钠和钾之间理想的离子平衡。同时,耐盐植物细胞的渗透浓度必须维持足够高的水平,以保证从根周围吸收水。细胞内无机盐浓度低的地方有机化合物构成剩余的渗透剂。

2.1.2.3　光合作用的适应特征

　　许多植物在湿地中和其他胁迫环境,特别是干旱胁迫环境中的共同适应特征是光合作用的 C_4 途径。C_4 途径 CO_2 固定的初产物是 C_4 化合物(草醋酸),C_3 植物和 C_4 植物的差异如表2-3所示(在 C_3 植物中 CO_2 合成的最初化合物是三碳化合物,磷酸甘油酸)。C_3 植物比 C_4 植物更常见。尽管水是湿地的普遍特征,在咸水湿地生境中的植物和干旱地区的植物一样,有很多水的可利用性问题。在湿地中,伴随着水吸收,大量的溶解性盐流向根,水吸收必须由植物调节,这有能量损失。而减少水损失(蒸发)的机制提供了适应性有利条件。对 C_3 植物而言,要吸收 CO_2 进行光合作用,它的气孔必须打开,如果它们在白天的明亮时刻打开,水损失就过多。而通过 C_4 途径固定碳的 C_4 植物能比其植物更有效地利用 CO_2。它们能在黑暗中固定 CO_2,能从大气中吸收 CO_2,直至其浓度降低到 $20 \text{ mL} \cdot \text{m}^{-3}$ 以下(相比 C_3 植物为 $30 \sim 80 \text{ mL} \cdot \text{m}^{-3}$)。它通过利用磷酸烯醇式丙酮酸(PEP)作为 CO_2 受体取代通常途径的1,5-二磷酸核酮糖受体,PEP 对 CO_2 有很高的亲和力。另外,通过这一羧化作用形成的苹果酸无毒,并能被储存在细胞中直到被脱羧,释放出的 CO_2 通过正常的 C_3 途径固定。PEP 的产生和 C_4 代谢使重复利用细胞呼吸产生的 CO_2 成为可能。另外,通过 C_4 途径进行光合作用的植物具有较低的光呼吸速率,即使在太阳光强较高情况下也能较充分地利用。这种差异使 C_4 植物在碳固定以及单位固碳耗水方面都比 C_3 植物更高效(见表2-3)。常见的被子植物中,通过 C_4 途径进行光合作用的如芦苇、互花米草、唐氏米草和洋野黍等。

表2-3 C_3和C_4植物光合作用各方面的比较

光合作用特征	C_3植物	C_4植物
最初CO_2固定酶	PEP碳酸酵素	RuBP碳酸酵素
最初羧化作用的位置	叶肉	维管束鞘
净CO_2固定的理论能量需求 CO_2:ATP:NADPH	1:3:2	1:5:2
CO_2补偿浓度/(mL·m^{-3})	30~70	0~10
蒸发率/(g 蒸发的H_2O/干重)[a]	450~950	250~350
CO_2固定的适宜日温/℃	15~25	30~47
提高光强度净光合作用的反应	在全日照的1/4~1/2饱和	与全日照成比例或在全日照饱和
年净光合作用的最大速率/(mg·dm^{-2})[b]	15~40	40~80
日最大生长速率/(g·m^{-2})	19.5	30.3
年干物质产量/(g·m^{-2})	2 200	3 860

注:a.指每克生物干重蒸发的水量(g);b.指每平方分米叶表面上每小时产生的CO_2的毫克数。

2.1.2.4 植物整体策略

许多植物种子通过生活史适应性进化出避让或逃避策略,常见的如:通过推迟或提前开花,使种子产生在非洪涝的季节;产生有浮力的种子,一直漂浮直到落于高处无淹水的地面;在果实仍附着在树上时,种子就萌发(胎萌),如红树林;大规模持久稳固的种子库的产生;在长期淹水情况下仍能存活的块茎根和种子的产生。在部分湿地中,淹水主要发生在冬季和早春,此时树木在休眠,相比活跃生长期不易受缺氧的影响。

2.2 湿地植物在人工湿地技术中的作用

2.2.1 人工湿地技术概述

人工湿地是20世纪70年代蓬勃兴起的处理污水的方式,它的原理主要是利用湿地中基质、湿地植物和微生物之间的相互作用,通过一系列物理的、化学的以及生物的途径来净化污水(梁威,2000)。1953年,德国Max Planck研究所Seidel博士在研究中发现芦苇能去除污水中大量有机物和无机物。Seidel与Kickuth合作并由Kickuth于1972年提出了"根区理论",该理论的提出掀起了人工湿地研究与应用的热潮,标志着人工湿地作为独具特色的新型污水处理技术正式进入水污染控制领域。

早期的人工湿地主要应用于处理城市生活污水或二级污水处理厂出水。目前,利用人工湿地处理污水是一种新兴的方式,国内外在人工湿地处理重金属废水和生活污水方面已有较多的研究报道和实例(Cheng et al.,2002;崔理华等,2002;吴振斌等,2003;Scholz,2003;张雨葵等,2006)。20 世纪 80 年代中期中山大学在广东韶关凡口铅锌矿建造了以宽叶香蒲为优势植物的人工湿地净化矿山金属废水,宽叶香蒲是能净化含锌、镉等重金属废水的优良草本植物,而且在中国资源丰富,南北分布广泛,经 5 年多的监测结果表明,废水通过该系统后水质明显改善,pH 值从 8.03 下降到 7.74,废水中 Pb 去除率为 90%,Zn、Cd 去除率为 84%,其他重金属如 Cu、Fe、Al 等也都有不同程度的降低(阳承胜等,2002)。

有研究发现藻类植物和草本植物对重金属都有很好的富集能力,藻类植物净化重金属废水的能力,主要表现在对重金属的吸附力。褐藻对 Au 的吸收量达 400 mg·kg^{-1},一定条件下绿藻对 Cu、Pb、La、Cd、Hg 等重金属离子的去除率达 80% ~ 90%,草本植物中的凤眼莲对 Co、Zn 的吸收率分别高达 97% 和 80%,且能较长时间保持在植物体内(韩志萍等,2002)。

由此可见,植物在人工湿地中处理重金属废水中起着非常重要的作用,一方面它可吸收并积累离子态的重金属,茎以上部分随植物的收割最终从湿地中去除;另外,还可以促进污水中营养物质的循环和再利用,同时还能绿化土地,改善区域气候,促进生态环境的良性循环。水生维管束植物有 33 科、124 属、1 000 余种。按生态类型,可分为湿生植物、挺水植物、浮叶植物、漂浮植物和沉水植物。按生活类型,湿地植物可分为乔木、灌木和草本(多年生或一年生)。人工湿地大多利用草本植物(尤其是挺水植物)来净化污水,如被普遍采用的芦苇、宽叶香蒲和灯芯草等(Bankston et al.,2002;陈章和等;2007),而利用乔木、灌木作为人工湿地植物的报道很少,这主要是适应湿地环境的乔木、灌木不多。但也有一些乔木树种,如两栖榕、白千层和茶树、池杉、水翁和红树林部分树种如秋茄、桐花树和白骨壤作为湿地树种,都表现出对污染物较好的净化效果(陈桂珠等,2000;靖元孝等,2003)。按功能类型,湿地植物又可分为 C$_3$ 植物和 C$_4$ 植物。绝大多数的人工湿地植物为 C$_3$ 植物,仅少数为 C$_4$ 植物,如香根草、纸莎草和宽叶多脉莎草。

根据《拉姆萨尔湿地公约》分类系统,人工湿地有如下几种分类:

(1)养殖池塘:如虾塘,鱼塘。

(2)池塘:包括灌溉池塘,小水塘等,面积通常小于 8 hm^2。

(3)灌溉土地:包括灌渠和水稻田。

(4)季节性泛滥的农田:包括集约化管理或放牧的湿草地或牧场。

(5)盐业用地:包括盐生洼地,盐田等。

(6)蓄水用地:包括水库、河堰、水坝、库区,面积通常大于 8 hm^2。

(7)低洼地:包括砾石、砖块、泥土洼地,矿区池塘。

(8)废水处理区:包括污水处理场、沉淀池、氧化塘等。

(9)运河和灌渠、水沟等。

(10)人工的喀斯特和其他地下水文系统。

人工湿地首先必须具备湿地特征——水饱和(或)淹浅水、耐湿或水生植物、水成土。上面所列的人工湿地都是已有较长的发展历史,如鱼塘、盐田等都在古代既已产生,并沿用至今。但是,随着人们对湿地生态服务的认识,将会有越来越多的人工湿地类型产生。

虽然目前可能还无法预测到未来会产生什么新的人工湿地类型,但是可以肯定的是,人工湿地将是人们为了达到或满足某种需要所构建的湿地生态系统,可以是基于一个退化的湿地生态系统,也可以基于其他生态系统类型,但必须通过生态工程来满足湿地的三个特征。在人工湿地的构建过程中,人为加入的辅助功能将用于改变湿地生态系统的结构,包括群落组成和无机环境,通过生态系统的自我组织能力、自我维持能力、自我更新能力来形成一个较为稳定的湿地生态系统,如果设计合理,该生态系统所体现的生态服务将满足人们在构建初期的预想。

湿地已经被认为是地球上生态服务最高的生态系统之一,其主要表现在涵养水源、洪水调控功能,保护土壤功能,固定二氧化碳和释放氧气功能,污染物降解功能,生物栖息地功能等。人工湿地的产生和发展与其生态服务密切相关,因此,对人工湿地的分类基于其提供的生态服务更合适些。

2.2.1.1 工程湿地

工程湿地——基于污染物降解功能的人工湿地是目前被广为接受的人工湿地的狭义定义,尤其是在美国。这类人工湿地通常用于处理生活污水、雨水径流、小型工矿企业的废水、农田排水等。虽然自然湿地也具有很高的污染物降解功能,但是,经过缜密设计和科学管理的人工湿地不仅具有可控的空间范围,并且在功能上发挥更加稳定,可以保护地下水和周边的自然湿地环境,确保污水在流经人工湿地后已经完全满足直接排放到自然水体或湿地中的水质要求。

工程湿地中,水位、沉积物类型和植被都可受到调控,并以无渗透功能的隔离装置与周围的自然环境隔开,以防止突然变化的污水负荷对自然环境的影响。

植物在工程湿地中的作用:吸收水体中的营养物质并转化为可去除的生物量形式,形成根区系统为微生物提供生境,向根系输送氧气以便在根区形成复杂的好氧和厌氧条件等。因此,植物对水质净化具有重要的作用,但是微生物也是最直接的贡献者之一。目前经常用于工程湿地的植物种类包括挺水植物如莎草科、灯芯草科、禾本科(米草属、芦苇属)等,此外,还有凤眼莲、浮萍等漂浮植物。所选的湿地植物通常以浮床或单优群落的方式种植,防止不同物种对光、水分、营养物质等资源产生种间竞争,也防止植物通过分泌次生化合物干扰和抑制其他物种的生长。研究发现,宽叶香蒲、水葱、通泉草等植物残体如果不及时清理,则会腐烂产生次生化合物抑制周围芦苇的生长和繁殖。由于沉水植物对水体透明度要求较高,且不易打捞,因此较少用于负荷高的工程湿地中,但是,如果与草食性鱼类搭配的话,可用于工程湿地的末端即靠近出水口的湿地单元内。

工程湿地的基底在构建初期就进行分层设计。一般来说,尽可能采用排水良好的颗粒物,并且通过不同直径颗粒物的搭配来满足耗氧环境与厌氧环境的条件。

滞水时间,即水淹条件是关系到工程湿地净水效果的关键因素。工程湿地可模仿自然湿地进行潜流湿地或自由表面流湿地的设计,但是,必须保持一定的滞水时间,否则难以满足各降解过程的需要。水流的方向也必须加以考虑,原则是应该让水尽可能与根区接触,但要避免产生"短路"现象。

工程湿地由于造价低、运行方便、具有环境友好性等特点,被许多污水处理厂采纳作为三级水处理措施。

2.2.1.2　生产型人工湿地

物质生产是湿地的重要生态服务。人们很早就知道在浅塘中栽种荷花可收获莲子,开垦水田可进行稻谷生产,海边的基围则能提供丰富的渔产品。在平原地区,当禽畜饲养还处于粗放型阶段时,鱼类是人们主要的蛋白质来源。虽然 Costanza 等(1997)给出了湿地的物质生产价值,但是它掩盖了地区间的差异,尤其是贫富地区间的巨大差异,对于经济落后的地区,人们对湿地的物质生产功能的依赖性远远高于经济发达地区。我国是世界上稻田面积最大的国家,稻米生产是我国十多亿人口的主要粮食来源,稻田除了提供粮食外,还季节性地提供各种渔产品,因此,稻田是我国的一类古老而重要的人工湿地类型。

农耕时代,生产型人工湿地同时兼有生物栖息地的功能,生产的强度和密度都较低,太阳能在物质生产的能源需求中占据了优势份额。进入石油时代,这类湿地对人工辅助的依赖性越来越大,具体表现在化肥和农药的使用量不断增加、基因改良在内的人工育种的普遍性、机械化播种和收割、除草剂/杀虫剂的使用等。这些措施极大促进了产量的上升,但是也造成了广泛的土壤和水体污染。未被作物吸收的营养物质随着地表水和地下水进入邻近水体,环境水体中 N、P 含量不断增高,诱发了水华、赤潮、氧亏等生态危机。如果将与这些生态危机有关的费用消耗计算在内的话,现今的生产型人工湿地很难说具有较传统类型更高的生态服务。

2.2.1.3　景观湿地

任何一个自然生态系统都具有很高的景观价值,包括为生物提供栖息地(并间接为人类提供观赏美感)和直接为人们提供娱乐、休闲场所。湿地由于介于水体和陆地之间,具有很高的生物多样性,因此,其景观功能更加显著。

恢复湿地的景观价值也是人工湿地的构建目标之一。目前主要有以下两种方式:

针对湿地水鸟(涉禽、游禽以及以湿地植被为主要栖息地的攀禽等)栖息地的湿地恢复与重建,包括保留其赖以筑巢或取食的植物群落、维持底栖和水生动物群落等。由于栖息地是为水鸟而建,因此应该充分调查水鸟对栖息地的要求,裸地和小片的明水面有时看起来很不起眼,但可能是多种水鸟趋向选择的小生境。

城市内的景观湿地更多的是为人们提供一个直观的可体验的自然生境。它通常建立在废墟或废弃河道上,其生物群落和无机环境完全为人工构建。但是,构建良好的景观湿地除了满足视觉美感的要求外,生态过程同样重要——需要保持水流流速,防止静水在夏季成为孑孓滋生地,以及藻类爆发形成水华,此外,城市内的景观湿地通常与自然河道没有直接的联通,因此需要通过人工添加物种的方式来构建一个相对完整的水生动物群落,并尽可能使之自我维持。

2.2.1.4　其他人工湿地

诚如前面所述,人工湿地还在不断地快速发展过程中。湿地在特定背景中发挥的作用还有很多,比如丘陵地带的坑塘水库能在洪季缓解洪水的灾害,在枯季为人们提供淡水资源,而河口地区的水库则在洪季是蓄积淡水,防止枯季咸潮对河口地区淡水供应的影响。对于这些人工湿地,植栽并不是主要的考虑因素,但是它们在水系中的功能和潜在风险将随着技术的不断发展而日益受到人们的重视。

当然,也有一些人工湿地处于消失的过程中,比如我国农村曾经很普遍的水塘,在没有自来水供应的时候,人们通常在上游取水,在下游用水,水塘周边栽种茭白、甘蔗、芦苇等湿地植物,当雨季时,暴雨径流通过水塘进入附近的河流,因此兼有淡水供应和调蓄功能。但是,随着自来水的普及,人们对这类水塘的依赖性越来越小,在很多村落,这类湿地已经仅用于排放污水,湿地生物群落也普遍退化。这类人工湿地的恢复和重建应该从生态和文化的角度在地区的规划设计中加以考虑。

2.2.2 工程湿地的营造

随着社会经济的发展,人口数量的剧增,污水的排放量日益增多。进入 21 世纪以来,人们更注重生活质量的提高,无论是政府还是个人都认识到水污染问题的严重性,这就需要找到一条解决该问题的有效途径。

工程湿地是处理自然废水的一种不错的选择。工程湿地指由人工建造的、可控制的和工程化的湿地系统,其设计和建造是通过对湿地自然生态系统中的物理、化学和生物作用的优化组合来进行废水处理。工程湿地废水处理技术是 20 世纪七八十年代发展起来的一种污水生态处理技术,一般由人工基质和生长在其上的水生植物(如芦苇、香蒲等)组成,是一个独特的土(基质)-植物-微生物生态系统。当污水通过系统时,其中污染物质和营养物质被系统吸收、转化或分解;从而使水质得到净化。当模拟创造一个自然湿地后,它便代表了一个人造生态系统,并不属于当地区域的原始湿地资源,因此废水排入这种湿地相对来说更能被人接受。

2.2.2.1 工程湿地的起源与发展

采用工程湿地净化废水始于 20 世纪 50 年代德国的马普研究所,该研究所的 Seidel 博士用大型挺水植物做了很多试验。尤其是欧水葱,试验发现它们能帮助减少大量无机物和有机物以及细菌。另外,她在试验中还发现在废水中生长的植物发生了许多生理和形态上的变化以提高自身的适应能力。20 世纪 60 年代末,Seidel 与 Kickuth 合作并由 Kickuth 于 1972 年提出根区理论,掀起工程湿地处理废水的研究热潮。

在 20 世纪 70 年代早期有两项研究激起了人们对运用工程湿地来管理水质量的兴趣。其中的一项研究来自美国密歇根大学水资源研究所,他们对密歇根的泥炭地进行了考察,研究湿地处理废水的能力。在霍顿湖的富饶沼泽进行每日一个约 380 m^3 的二次处理污水的引导操作,结果当废水从释放点流经湿地时,导致了废水中氨氮含量的锐减和磷的溶解,而惰性物质如氯化物并没有发生变化。1978 年日流量增加到约 5 000 m^3,所流经区域也增大,基本上当地处理厂的废水都流了进来。数据表明,经过 22 年的流动,虽然废水在泥炭地的影响面积从 23 hm^2 增加到 77 hm^2,但湿地在去除无机氮和总磷的效果上是非常好的。

在 20 世纪 70 年代早期的另一个主要研究中,为了考察自然湿地管理水质量的情况,来自佛罗里达大学的一支研究队伍,他们将二次处理的污水以约 2.5 cm 每周的速率灌入位于中北部佛罗里达州的一些柏树沼泽中。5 年研究数据显示:湿地过滤了来自废水的营养物、重金属、微生物和病毒,另外柏树的生产率也提高了。

从 1976 年起,工程湿地废水处理系统由试验阶段进入应用阶段。威斯康星州奥什科什大学的 Sloey、Fetter 和 Spangler 建造了数个工程湿地废水处理点,最后还撰写了用人工沼泽处理系统取代将腐烂物排放到田中的可行性论证报告。

　　随着研究的深入,寒冷气候条件下工程湿地的功能成为一个引起广泛关注的问题。1979 年,在加拿大安大略省 Listowel 安置了相应的试验器,并获得了 1980—1984 年期间连续监测的数据。该试验放置了 5 个在尺寸、结构、深度、承载力和滞留时间上都不相同并且相互隔离的沼泽地或处理单元,在寒冷的气候条件下,全年注入经一级和二级处理后的废水。处理单元表面的冰层厚度约 10 cm,整个冬天废水在冰层下不断流动。单元废水的深度维持在至少 30.5 cm,以保证冰下的水有 20.3 cm,这样相对可以延长废水的滞留时间。监测分析的结果发现,即使是在一年中最寒冷的季节里,处理单元中种植的唯一水生植物香蒲虽然功能有所降低,但在整个冬季里并没有完全休眠,仍能保证系统的正常运转,达到处理水质的要求。

　　上述 Listowel 的试验结果还表明:当日进水率为 200 $m^3 \cdot hm^{-2}$ 时,水力滞留时间约为 7 d 时可获得最佳处理效果,另外狭长结构的单元具有明显的处理优势,因此 Listowel 建议处理单元的长宽比至少在 10:1。但另外一些研究推荐了与此不同的单元结构比例,建议降低长宽比以减少狭长入口对废水产生的阻碍。

　　基于 Listowel 的试验结果,人们在安大略省佩里港建立了一个大规模的工程湿地废水处理系统,并于 1986 年投入运行。处理设施组成包括改进后的稳定塘,目的是测试整个沼泽处理系统的运行状况和条件,评价已选择的预处理方案的可行性。已采用的预处理工艺是先让废水流入一个兼氧性的反应池(3 hm^2)中滞留 30 d,不断投入明矾以降低磷的含量。这个处理系统是用来处理拥有居民 4 000 人、年平均日流量为 1 500 m^3 的社区生活污水。处理系统共建立两块平行运行的沼泽地,第一块沼泽地面积为 1.9 hm^2,第二块沼泽地面积为 3.9 hm^2,实行连续监测。

　　20 世纪 80 年代中期,田纳西流域管理局(TVA)在湿地生态学家 Hammer 博士领导下,完成了一系列湿地处理系统的建设项目,在拓展人工废水处理湿地方面成为美国的领头人。这些工程项目包括肯塔基州各个小镇的废水处理系统,日处理能力在 455 ~ 2 273 m^3。德国、丹麦、奥地利、比利时、荷兰等国家相继建立了大量的芦苇床系统,主要用于小城镇的污水处理。20 世纪 80 年代末和 90 年代初在英美相继召开了工程湿地研讨会,提出许多关于此方法的净化机制和处理系统参考设计规范及数据。1996 年在奥地利召开的第 4 届国际研讨会标志着工程湿地系统作为独特的废水处理技术进入水污染控制领域。

　　近 20 年来,工程湿地净化系统在欧美得到广泛应用。全欧洲已有 1 万多处、北美有近 2 万处工程湿地污水处理系统。北美 2/3 的湿地是自由表面流湿地,其中一半是自然湿地,其余为人工自由表面流湿地。在欧洲应用较多的则是地下潜流系统,特别是在一些东欧国家应用较广。在系统中种植有芦苇、菖蒲、香蒲等湿地植物,为了保证潜流,绝大多数系统采用砾石作为填料。欧洲采用此类系统趋向于对近 1 000 人口当量的乡村级社区进行二级处理,北美则趋向于对人口较多的地区进行高级处理,在澳大利亚和南非,则用于处理各类废水。美国现有 800 多处工程湿地工程用于处理市政、工业和农业废水。在丹麦、德国、英国等国家,至少有 200 处工程湿地废水系统(主要为地下潜流系统)在运行。新西兰有 80 多处工程湿地系统投入使用。美国东部的 400 多个废水排放点是通过工程湿地系统处理后再进入地下水、河口、河流和湖泊的。在密歇根、威斯康星、佛罗里达、俄勒冈、田纳西州等地区,通过湿地系统处理了大量的城市和工业废水、城市雨水、农业径流水、酸性矿坑水、固体废物填埋场的滤液等,其目标是维持上述水资源 100%再利用。如美国佛罗里达州奥兰多地区的一个工程湿地系统,连续 8 年净化该电区水回收公司的废水;加利福尼亚的 Custine 和 Arcata 湿地,主要处理地表径流水,已运行 10 多年;宾夕法尼亚州有 10 多个人工废水处理湿地;南达科他州虽然有 4 个月冰雪覆盖期,仍建造了 3 个工程湿地工程,并计划发展 20~30 个。另外,亚洲、澳洲和拉丁美洲也在越来越多地建造工程湿地污水处理系统并投入运行,广泛用于处理生活污水和各种工农业废水。

目前,工程湿地处理技术在发达国家已被成功地用来处理各类水体,包括日常生活污水、家畜与家禽的废水、尾矿排出液、工业污水、农业废水、垃圾渗出液、城市暴雨径流等。研究表明,城市污水在 3~5 h 内流过 200 多公顷的沼泽湿地后,硝酸盐即可减少 63%,磷减少 57%;2 hm^2 湿地可净化 200 hm^2 农田径流中过剩的氮和磷。在美国佛罗里达州,城镇废水经过柏树沼泽后,98% 的氮和 97% 的磷被吸收和净化。

我国用工程湿地处理污水发展较晚,直到"七五"期间才开始起步。首例采用工程湿地处理污水的研究工作始于 1987 年,由天津市生态环境保护研究所建设的占地 6 hm^2 的日处理规模为 1 400 m^3 的芦苇湿地工程。1989 年建成了北京昌平自由水面工程湿地,日处理量为 500 kg 的生活污水和工业废水,处理效果良好,优于传统的二级处理工艺。20 世纪 90 年代又在深圳建了白泥坑工程湿地示范工程。此后,国家环境保护局与中国科学院各单位相继采用工程湿地处理污水进行过一系列试验,对工程湿地的构建与净化功能进行了阐述。总体情况,工程湿地处理污水技术目前在我国仍处于起步阶段,主要还是机制性的研究,应用上相对迟缓,应用实例也少。

2.2.2.2 工程湿地的类型

按水流方式、主要植物类型以及所处理的废水类型,人工废水处理湿地可以划分为不同的类型。

(1)水流方式划分 根据废水在工程湿地中的流动方式,可以把工程湿地划分为两大类型,一种是表面流工程湿地,另一种是潜流工程湿地。

表面流工程湿地和自然湿地相类似,湿地的水面高于土壤面,废水从湿地土壤层表面流动(一般在 11~16 cm),氧的来源主要通过水体表面扩散。这种类型的工程湿地具有投资少、操作简单、运行费用低等优点;缺点是占地面积大,水力负荷低,去污能力有限,受气候影响较大,北方地区冬季表面会结冰,夏季会滋生蚊蝇,散发臭味。

潜流工程湿地系统中,污水在湿地床的表面下流动,利用填料表面生长的生物膜、植物根系及表层土和填料的截留作用净化废水,植物传输给系统氧气,在这些系统中,水流经过一个多孔渗水的媒介,通常是沙砾或沙子,用来支撑一或两排排列紧密的大型植物。

目前已建成的工程湿地中,潜流型工程湿地占相当大比例。随着经验的逐步积累,技术的不断成熟,潜流式工程湿地污水处理系统的规模也越来越大。

如在美国洛杉矶 Denham Springs 潜流式工程湿地面积达 6.15 hm², 日处理污水量达 6 550 t。同传统的污水处理工艺不同, 潜流式工程湿地的效费比基本不受规模影响, 如果当地缺乏大片土地, 潜流人工式湿地污水处理系统也可以化整为零, 将小块的荒地、绿化用地利用起来, 在净化废水的同时起到绿化城市、提供野生动物栖息地的作用。费用方面, 由于潜流式工程湿地技术无需曝气、投加药剂和回流污泥, 也没有剩余污泥产生, 因而可大大节省运行费用, 通常只需消耗少量电能用于提升进水水位(如果水位无需提升则无此项费用), 处理费用一般不会超过 0.10 元/吨。据专家估计, 潜流式工程湿地的工程建设投资约为城市污水处理厂的 2/3, 运行管理费则可以低达其 1/10。同时, 在设计建造潜流式工程湿地时可因地制宜, 充分发挥其生态景观作用, 在国外, 许多别墅区居民都利用自己的花园绿地建立小型的潜流式工程湿地污水处理系统, 日处理量仅为几百升; 运用潜流式工程湿地技术来处理河流湖泊沿岸分散的污染源既简便易行, 又能避免破坏河岸景观, 如果能够充分利用地形, 其运行费用甚至可能接近于零。

根据废水在湿地中流动的方向不同可将潜流湿地系统分为水平潜流工程湿地和垂直潜流工程湿地。其中水平潜流工程湿地因污水从一端水平流过填料床而得名。它由一个或几个填料床组成, 床体充填基质。与表面流工程湿地相比, 水平潜流工程湿地的水力负荷和污染负荷大, 对 BOD、COD、TSS、重金属等污染指标去除效果好, 尤其适用于市政生活污水处理, 有数据表明, 用潜流式工程湿地来处理生活污水一般出水的 COD 能达到 30 mg·L⁻¹ 以下, BOD 能达到 10 mg·L⁻¹ 以下, 可以达到地面水三级标准。有关潜流式工程湿地对二级污水处理厂出水试验的研究表明, 以二级污水处理厂出水作为原水的条件下, 潜流式工程湿地对 BOD 的去除率可达 85% ~ 95%, COD 去除率可达 80% 以上, 处理出水中 BOD 的浓度在 5 mg·L⁻¹ 左右, 且很少有恶臭和滋生蚊蝇等现象。它的缺点是控制相对复杂, 脱氮、除磷的效果不如垂直流工程湿地; 垂直潜流工程湿地中, 污水从湿地表面纵向流向填料床的底部, 床体处于不饱和状态, 氧气可通过大气扩散和植物传输进入工程湿地系统, 该系统的硝化能力高于水平潜流湿地, 可用于处理氨氮含量较高的废水。其缺点是对有机物的去除能力不如水平潜流工程湿地系统, 落干/淹水时间较长, 控制相对复杂。

潜流工程湿地主要由三部分组成: 基质、植物和布水系统。目前工程湿地系统可利用的基质主要有土壤、碎石、砾石、煤块、细砂、粗砂、煤渣、多孔介质(LECA)、硅灰石和工业废弃物中的一种或几种组合的混合物。基质一方面为植物和微生物生长提供介质, 另一方面通过沉积、过滤和吸附等作用直接去除污染物。目前潜流型工程湿地中使用的植物主要有芦苇、香蒲、灯芯草等, 这些植物可增加湿地基质的亲水性, 此外还能与周围环境的原生动物、微生物等形成各种小环境, 将氧气传输至根区, 形成特殊的根际微生态环境, 这一微生态环境具有很强的净化废水的能力。在美国, 大约 40% 的潜流型湿地只种植香蒲属植物, 欧洲国家则多数种植芦苇, 也有一些系统种植了多种组合植物。布水系统主要是将进水按一定方式均匀分布在处理系统中, 并且保证不发生短流和堵塞, 在潜流型工程湿地处理系统中多采用穿孔管布水系统。

(2)按植物类型划分　废水处理湿地还可以按照它的植被类型来分类, 可分为四种类型:

①浮水大型植物系统　以浮水植物为主,如凤眼莲、浮萍等,植物繁殖能力强,可通过光合作用由根系向水体放氧,可通过植物吸收有效去除氮、磷及重金属等污染物;漂浮植物目前主要用于氮和磷的去除和提高稳定塘的效率。

②挺水大型植物系统　以挺水植物为主,如芦苇、宽叶香蒲等,植物根系发达,可通过根系向基质送氧,使基质中形成多个好氧、兼性厌氧、厌氧小区,有利于多种微生物繁殖,便于污染物的多途径降解。目前工程湿地主要指挺水植物系统。

③沉水大型植物系统　以沉水植物为主,该系统还处于试验阶段,主要用于初级处理与二级处理后的精处理。

④有林湿地系统　潜流工程湿地仅有挺水植物,而表面流工程湿地通常是有林湿地、挺水、漂浮、沉水这几种植物系统的组合,例如日本渡良濑蓄水池的工程湿地,人工植被从陆地到水面依次为杞柳—芦苇、荻、类头状花序薹草—菰、宽叶香蒲—荇菜、菱,通过吸附、沉淀及吸收作用,去除水中的氮、磷及浮游植物,达到对水体进行自然净化的目的。目前工程湿地主要指挺水植物系统。

(3)按废水类型划分　工程湿地也经常按所处理的废水类型来分类。工程湿地多是用来处理城镇废水的,另外还用来处理尾矿排出液、农村和城市的面源污染,牲畜粪水、垃圾渗出液、城市暴雨径流、水产业废水及工业废水等。

①城镇废水人工处理湿地　研究表明,城镇污水在 3~5 h 内流过 200 多公顷的沼泽湿地后,硝酸盐即可减少63%,磷减少57%。在美国佛罗里达州,城镇废水经过柏树沼泽后,98%的氮和97%的磷被吸收和净化。在欧洲,大多数潜流工程湿地的发展是为了取代去除 BOD、悬浮的固体以及无机氮的初级和次级处理系统。目前,在欧洲已建成几百个人工潜流湿地处理系统用于处理城镇废水,尤其是在英国和丹麦。用工程湿地处理废水,在控制有机物(BOD)、悬浮沉淀物和营养物上是最有效的,但控制重金属和其他有毒物质上却很有争议,这并不是因为这些化学物质在湿地中没有被留下来,而是担心这些物质会聚集于湿地下层以及湿地动物群中。

②尾矿排出液人工处理湿地　工程湿地经常被用来处理尾矿排出液。尾矿排出液偏酸性并且含有高浓度铁、硫酸盐、铝和重金属,是世界上很多煤矿地区的一个主要的水污染问题,而工程湿地是一个可行的处理方法。在 20 世纪 80 年代,在美国东部建造了140 多个工程湿地系统来处理尾矿排出液,这些系统最主要的目标一般是为了除去废水中铁,避免它释放到下游,但对减少硫酸盐的含量和缓和强酸性条件也有很好的效果。随着研究的不断深入,尾矿排出液工程湿地已经发展了一些设计标准,如 1995 年,Stark和 William 设计了一种工程湿地,能增强铁的去除效率,并降低废水酸性,但这些标准在不同的地区是不通用的,无法被广泛接受。事实上,当尾矿排出液含铁量达到85% ~90%,或 pH<4 时,工程湿地的处理效果较差。此外,从工程湿地出来的污水并不总是达标。然而,在没有其他选择的情况下,用工程湿地来处理尾矿排出液,相对于用昂贵的化学处理方法或任凭污染排放来说,仍然是一种低成本选择。

③城市雨水和面源污染人工处理湿地　控制雨水和面源污染物被认为是湿地生态工程的一个有效应用。和城镇废水不同,雨水和面源污染物是季节性的,通常是不定时发生的,另外还存在质的变化,它取决于季节和最近的土地使用情况。

城市地面透水性差,易引起暴雨径流,且城市污染使雨水水质复杂,因此可在市区低地处建立工程湿地用以净化雨水,从而减少雨水对城市河、湖的面源污染。在佛罗里达、华盛顿、英格兰等城市地区,已建造多处工程湿地来收集暴雨径流。其中美国佛罗里达州南部的"永乐(Everglades)沼泽地营养物去除(ENR)工程"是用来处理暴雨径流的最大的工程湿地之一,它占地 1 545 hm²,在三年多时间里去除了82%的磷和55%的总氮。但若工程湿地建设不当,用于处理暴雨径流有时会有适得其反的效果,如当暴雨引起的洪流快速流过工程湿地时,不仅不能降低其中的营养物,甚至有时会导致营养物的净释放。

在澳大利亚东南部、西班牙、伊利诺伊州东北部、佛罗里达州、俄亥俄州、瑞典等地区,许多工程湿地用来处理农业面源污染。

④垃圾渗出液人工处理湿地　垃圾渗出液的水质是多变的,但总体上都含有高浓度氨氮和高的化学需氧量。一般对垃圾渗出液的处理方法有喷射冲洗、物理/化学处理、生物处理以及导入废水处理厂,用工程湿地处理近年来的一项应用。1999 年,Mulamootil 等根据加拿大、美国、欧洲诸国等用工程湿地处理垃圾渗出液写出了一份总结报告。

⑤农业废水人工处理湿地　除了农业面源污染物外,在世界许多地方,随着牲畜加工业的发展,带来的水污染问题日益突出。动物饲养场废水中的有机物、有机氮、氨氮、磷和排泄物中大肠杆菌的浓度远远超过了大多数城镇废水的浓度。在美国东部,有两处工程湿地来处理奶制品生产车间的废水,其中在康涅狄格湿地中氨氮大量增长,而在马里兰的湿地中硝酸盐中氮的含量增长了80%,但两块湿地处理出水中的大多数污染物显著减少了(见表2-4)。除了处理牲畜粪水外,工程湿地也用来处理水产业废水,如泰国的虾塘和英国的罗非鱼鱼塘。

表2-4　2个用于处理奶牛生产厂废水的湿地的浓度和效果

项目	康涅狄格(Newman et al.,2000)		马里兰(Schaafsma et al.,2000)	
	进流	出流	进流	出流
面积/m²	400		1 160	
周流量/m³	18.8		—	
滞留时间/d	41		—	
BOD/(mg·L⁻¹)	2 680	611	1 914	59
总氮/(mg·L⁻¹)	103	74	170	13
氨氮/(mg·L⁻¹)	8	52	72	32
硝酸盐氮/(mg·L⁻¹)	0.3	0.1	505	10.0
总磷/(mg·L⁻¹)	26	14	53	2.2
TSS/(mg·L⁻¹)	1 284	130	1 645	65
大肠杆菌(#/100 mL)	557 000	13 700	—	—

2.2.2.3　工程湿地的设计与实施

(1)净化机制　工程湿地处理废水的净化机制十分复杂,至今仍不完全清楚。一般认为,工程湿地成熟以后,可以通过沉降、过滤、化学沉淀和吸附、微生物反应和植物吸收等反应过程除去 BOD、COD、SS、N、P、痕量金属、痕量有机物和病原体等污染物,即综合了物理、化学、生物的三种作用,该过程受自然能量如太阳光、风和雨的控制(见图 2-20)。

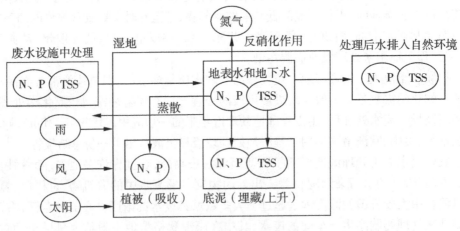

图 2-20　工程湿地净化机制

物理作用:首先是沉降,通过重力作用对可沉淀固体、胶质固体、BOD、氮、磷、重金属、难溶有机物、细菌及病毒发生作用;其次是过滤作用,当污水通过湿地的填充介质、植物根系或鱼类时得到过滤;最后是吸附作用,通过粒子间的相互作用力对胶质固体发生作用。化学作用:首先是化学沉淀,主要是磷和重金属与其他难溶组分的共同沉降;其次是吸附,即介质表面或植物表皮对磷、重金属、难溶有机物的吸附;最后是分解作用,通过紫外线辐射、氧化、还原等化学反应对稳定性较差的组分发生作用。生物化学作用:首先是微生物代谢,通过悬浮的、水质的或植物上的细菌,以及细菌的硝化与反硝化作用和以微生物为媒介的氧化反应,对级分的胶体、BOD、氮、难溶有机物、细菌和病毒等发生作用,不过植物根系的排泄物有可能对某些有机体是有害的;其次是植物吸收,在适宜的条件下,植物对氮、磷、重金属及难溶有机物有显著的吸收作用;最后是自然死亡,主要是细菌和病毒在不适应的环境中自然衰竭和死亡。

据最新研究表明,成熟的工程湿地系统中的填料表面及植物根系生长着生物相较为丰富的生物膜,废水流经湿地床时,大量的悬浮固体被填料和植物根系截留,其他污染物则通过生物膜的生物降解与植物的吸收等作用而被去除;湿地床中植物的光合作用及植物茎、根系对氧的输送和传递,使根系周围的微环境依次呈现好氧、缺氧及厌氧状态,保证了废水中氮、磷不仅能被植物及微生物作为营养成分直接吸收,还可以通过硝化、反硝化作用及微生物的过量积累作用从废水中去除,即具有有机物、氮磷去除所需的环境;最后,通过对湿地床中填料的定期更换或栽种植物的收割,而最终使污染物从系统中去除。

1)对有机物的去除　工程湿地的显著特点之一就是具有较强的有机物去除能力。

一方面,废水中的不溶性有机物通过湿地床中填料的截留作用而被去除,并可为部分兼性或厌氧微生物所利用;另一方面,废水中的溶解性污染物则通过植物根系及填料表面生物膜的吸附,吸收及生物代谢作用而被降解去除,即湿地床的有机物去除是物理的截留沉淀和生物的吸收降解作用的结果。北京市环境保护科学研究院的试验表明,废水中的不溶性 BOD_5 和 COD 可在进水的 5 m 内通过截留和沉淀作用而被快速去除,而 SS 则可在进水的 10 m 内去除 90% 左右;此外,据国内对城市污水的有关研究表明:在进水浓度不高的情况下,湿地系统对 BOD_5 和 COD 的去除率分别可达 85% ~95% 和 80% 以上,处理出水的 BOD_5 浓度可在 10 mg·L^{-1} 左右。废水中大部分有机物的最终归宿是被异养微生物转化为微生物体及 CO_2 和 H_2O,这些新生的有机体可以通过填料定期更换最终从系统中去除。

2)对氮、磷的去除　工程湿地在污水除氮过程中有其明显的优势。有研究表明,湿地系统平均可以除去 86% ~98% 的氨氮,大约 99% 的亚硝态氮,约 82% ~99% 的硝态氮和 95% ~98% 的总无机氮。氮的去除机制和反应过程十分复杂,主要原因是氮存在形式的多样性,包括有机氮、氨氮、亚硝态氮及硝态氮,它们之间通过氧化还原而相互转化。目前有关氮的去除机制,从反应过程来说,学术界较为一致的认识是氨化作用和复合的硝化反硝化作用。这三个重要的过程一般可以同时发生在工程湿地系统中,但其发生的程度却有所不同。如前所述,湿地植物根毛的输氧及传递特性,使其中连续呈现好氧、缺氧及厌氧状态,相当于许多串联或并联的 A^3/O 处理单元,使硝化作用和反硝化作用可在湿地系统中同时进行,硝化作用只改变氮的形式(将 NH_4-N 转化为 NO_2-N 和 NO_3-N),反硝化作用才可使氮以 N_2 和 N_2O 形式从系统中根本去除。反硝化作用是系统最有效的除氮途径,即进入系统的氧化态氮越少,系统总氮的去除效果越有效。其次是硝化作用,此过程需要有一定的溶解氧水平对于 1.0 mg·L^{-1} 的氨氮,当系统中溶解氧大于 4.6 mg·L^{-1} 时硝化过程才能顺利进行。但也有研究表明氮的去除主要通过废固体物的沉积作用而进行,去除率是进水氮量的 57.6%,其次是反硝化作用,约占 40.9%。除此之外,挥发作用、填料吸附和植物摄取也是氮去除所涉及的过程。但挥发、填料吸附和植物摄取的氮量十分有限。

湿地对磷的去除是植物吸收、微生物去除及物理化学作用三方面共同作用的结果。废水中无机磷在植物吸收及同化作用下可变成植物的 ATP、DNA 和 RNA 等有机成分,通过植物的收割而去除。物理化学作用包括填料对磷的吸附以及填料与磷酸根离子的化学反应,这种作用对无机磷的去除会因填料的不同而有差别。由于石灰石及含铁质填料中 Ca 和 Fe 可与 PO_4^{3-} 反应而沉淀去除 PO_4^{3-},因而它们是除磷效果较好的填料。含钙质或铁质的地下水渗入人工湿地也有利于磷的去除。微生物对磷的去除包括它们对磷的正常同化和对磷的过量积累。在一般二级污水处理系统中,当进水磷含量为 10 mg·L^{-1} 时,微生物对磷的同化吸收去除仅是进水总磷量的 4.5% ~19%,所以,微生物除磷主要是通过强化后对磷的过量积累来完成的。上述三种作用对磷的去除能力是不同的,一般以植物对磷的吸收作用为主,这与芦苇等快速且长期生长的挺水植物对磷的需求量密切相关。

(2)设计原理　工程湿地被设计用于去除可溶性和固体有机物、TSS、氮、磷、重金属、烃类和一些予以优先考虑去除的污染物,以及病原菌和病毒,其设计需要特别注重流域、水文学、集水区地形学、化学负荷、土壤以及植被等。

1)流域　当构建一个工程湿地时,应该既考虑其在流域中的作用,也考虑其在地区更广的生态系统背景中的作用。这些作用包括对地表水和地下水潜在的水质影响(物理的、化学的、生物的、热力的);周围和上游的土地利用;与野生生物迁移和候鸟迁徙路径有关的湿地的位置;引入非本土动植物物种的潜在威胁;当地居民对其流域内构建湿地适宜性的理解。只要可能,人工湿地工程应该在以群落为基础的流域规划背景中设计。

2)水文学　水文学是湿地设计中最重要的变量。只要建立合适的水文条件,化学和生物学条件就会相应发展起来。水文条件,依次取决于气候、水的流速、河流的季节性模式、潮汐(对于沿海湿地)以及可能的地下水影响。水文不会像系统中的生物成分那样自我调节,不恰当的水文条件会导致工程湿地的失败。水文条件包括积水期与深度变化、季节和年际波动、水力负荷速率及持留时间等参量。

a. 积水期与深度变化　工程湿地的最基础设计参量之一是积水期与水深度随时间的变化,具有季节性水深度波动变化的湿地对生物多样性和生物地球化学过程有着最大的潜力。在工程湿地的启动阶段,需要低水位来避免破坏新长出的挺水植物,然而连续的淹水对于漂浮植物和沉水植物却是必需的。如果湿地植物是从种子发芽开始生长的,精确阶段性的水位降低是必需的。植物的建立启动阶段可能会花2~3年,而形成一个充足的沉积物过滤层可能还会在其后再花2~3年时间。

b. 季节和年际波动　暴雨和季节性的洪水很少直接影响人工废水处理湿地,但是它们能显著地影响面源径流从而控制湿地。一个变动的水位可以促进有机沉淀物的氧化并能在某些情况下,将一个系统的化学物质保持力复原到更高水平。在农村大多数注入湿地的磷会被吸收到沉淀物中,所以当外界冲刷因素最大时——即在暴雨和冬天及早春,而植被覆盖较低时,会导致高含量磷的加载。一个好的湿地设计应该利用这些波动来完善系统。水文条件季节性变动基本有一定规律,但年际间变化却经常是不确定的,罕见的和非周期性的洪水和干旱对湿地生物布局是很重要的。

c. 水力负荷速率　水力负荷速率可定义为

$$q = \frac{Q}{A} \tag{2-1}$$

其中,q 为进流水力负荷速率(HLR),时间×面积/体积=覆盖在处理地的洪水深度/时间,$m \cdot d^{-1}$ 或 $m \cdot a^{-1}$;Q 为流速,$m \cdot d^{-1}$ 或 $m \cdot a^{-1}$;A 为湿地表面积,m^2。

1990年,Knight总结了几十个用于废水处理的工程湿地,发现水力负荷速率范围为 $0.7 \sim 5$ cm $\cdot d^{-1}$,他推荐表面流工程湿地水力负荷速率范围为 $2.5 \sim 5$ cm $\cdot d^{-1}$,潜流工程湿地水力负荷速率范围为 $6 \sim 8$ cm $\cdot d^{-1}$。对于处理尾矿排出液的工程湿地,1989年,Watson 等推荐的水力负荷速率为 2.9 cm $\cdot d^{-1}$,而 Fennessy 和 Mitsch 推荐的速率为 5 cm $\cdot d^{-1}$。已有的水负荷率方面的研究对于用来控制面源污染物和暴雨径流的工程湿地来说具有限制性,但是目前还很少有研究来确定这类工程湿地的最适宜水力负荷速率。

d. 持留时间　持留时间计算公式为

$$t = \frac{VP}{Q} \tag{2-2}$$

其中，t 为理论保留时间；V 为湿地池的容积＝表流湿地的装水容积＝废水作为潜流流经的介质的量；P 为多孔介质（如潜流湿地的沙子和沙砾）；Q 为经过湿地的流速，$m^3 \cdot d^{-1}$，$Q = \frac{Q_i + Q_o}{2}$，Q_i 是进流，Q_o 是出流。

对于城镇废水的处理，最适宜的持留时间（或理论上的滞留时间）范围为 5 ~ 14 d。佛罗里达的湿地规章要求湿地永久性池塘的容积大小必须足以提供至少 14 d 的水滞留期。1987 年，Brown 提议佛罗里达的河岸工程湿地废水处理系统的持留期在干旱季节为 21 d，在潮湿季节多于 7 d。Fennessy 等（1994）对于处理尾矿排除液的湿地推荐了一个最小 1 d 的滞留期，若要更有效地去除铁则需更长持留期。

事实上，要计算持留期或理论上的滞留时间并不现实，因为当水流经湿地时，有时会有发生短流和无效的水外泄，而且并不是所有的废水都能在某一时间流入，在同一时间流出。在一些地区，水会通过捷径流过湿地，在另一些地区，水会在死水区域停留比理论滞留期值更多的时间。因此，在设计人工废水处理湿地时不可过度依赖理论滞留期。

3）集水区地形学　在设计湿地时，需要考虑集水区的地形。美国佛罗里达州对奥兰多沿海地区的规章中要求浅滩要有一个较小的 6∶1 倾斜度、10∶1 的倾斜度或者更平一些则更好。平整的沿海区域能使挺水植物适宜生长的面积最大化，因而使更多的湿地植物生长更快，形成物种更丰富的植物群落。在湿地设计中，植物需要有向"上坡"移动的空间，以防由于水流比预计更大或需增强处理能力。用于处理径流的人工潜流湿地建议其从入口到出口的底部斜面的倾斜度小 1%，而对表面流湿地来说，这个倾斜度为 0.5% 或者更小。

提供多种多样的深浅区域是最适宜的。深水区（>50 cm）对于挺水植物太深了，但能为鱼提供栖息地，可增加湿地持留沉淀物的容量，如果除氮是主要目的，深水区还能提高硝化作用作为接下来的反硝化作用的序幕，及提供使水流能被再分配的低速率区域。浅水区（<50 cm）为某些化学反应，例如反硝化作用提供了最大土壤水接触，并能容纳更多种类的挺水维管束植物。

在湿地设计中，可建立深浅不同的湿地单元，串联或并联排列，为创造不同栖息地或不同目标发挥功能。

4）化学负荷　水流注入湿地，可能会携带一些有益物质，也可能带来对湿地功能有害的化学物质。在农业集水区，这种进流包括诸如氮和磷之类的营养物，还有一些沉淀物和杀虫剂；城市地区的湿地除了上述化学物质外，还有油类和盐类等其他一些污染物。当废水流入工程湿地后，会带来高浓度的营养物、有机物（BOD）和悬浮固体。若注入湿地的化学物质超过它的负荷能力，不仅起不到净化作用，还会成为化学物质的源。

表 2-5 显示的是许多人工废水处理湿地的化学负荷数据的平均值。潜流湿地有较高的硝酸氮平均持留量，是由于这类湿地有较高的硝酸氮负荷率，而非吸收硝酸氮的能

力更强。由表 2-5 可以看出,表面流湿地的硝酸氮的持留百分比远远高于潜流湿地,部分原因是后者有较高的负荷率。

表2-5　人工废水湿地的营养物和沉淀物去除速率和效率

湿地类型参量	年负荷/$(g \cdot m^{-2})$	年持留/$(g \cdot m^{-2})$	持留百分比
表面流工程湿地			
硝酸盐+硝酸氮	29	13	44.4%
总氮	277	126	45.6%
总磷	4.7 ~ 56	2.1 ~ 45	46% ~ 80%
悬浮固体	107 ~ 6 520	65 ~ 5 570	61% ~ 98%
潜流工程湿地			
硝酸盐+硝酸氮	5 767	547	9.4%
总氮	1 058	569	53.8%
总磷	131 ~ 631	11 ~ 540	8% ~ 89%
悬浮固体	1 500 ~ 5 880	1 100 ~ 4 930	49% ~ 89%

　　除了营养物、悬浮物和有机物,湿地对铁、镉、锰、铬、铜、铅、汞、镍、锌等金属也有一定的净化能力。金属通常容易被湿地泥土或生物区或以上两者所吸附。一个在佛罗里达州的个案研究,当雨水流过一个 0.4 hm^2 的湿地时,Pb 减少了 83%,Zn 减少了 70%,固体颗粒物减少了 55%。

　　5) 基质/土壤　基质对于工程湿地功能的发挥至关重要。土壤或基质必须有足够低的渗透性来维持滞水和饱和土壤。基质可以滞留某些化学物质,还可为参与化学物质转换的微观和宏观植物和动物群提供栖息地。基质的有机物含有量、质地深度与分层等在湿地设计中至为重要。

　　a. 有机物含量　土壤的有机物含量对于湿地滞留化学物质具有重要性。矿质土通常比有机土有更低的阳离子交换能力;前者被各种各样的金属阳离子支配,后者则被更多的氢离子所支配。因此有机土能够通过离子交换除去一些污染物(例如某些金属),还能够通过提供反硝化作用所需要的能源和厌氧条件来帮助除氮。但在大多数工程湿地的建造中,会避免使用有机土,因为有机土营养含量低,会造成较低的 pH 值,并且常常无法满足有根水生植物的生长需要。

　　b. 土壤质地　在表面流工程湿地系统中,常用黏土来防止水渗透入地下水中,但它同时也会限制植物根和根状茎的穿透以及会使水无法渗透到植物根系中。在这种情况下,壤土就更好些。虽然沙土通常营养含量低,但它可以使水更容易达到植物根系。使用当地土壤用于底层,再在上面盖上不具渗透性的黏土或斑脱土来防止渗透,这常是最佳的设计。

　　在潜流工程湿地系统中,水流离表层 15 ~ 30 cm,穿越土壤或岩石、沙砾、沙土等。通常会将砾石加到潜流湿地的底层(砂砾床)来维持相对高渗透性,以允许水渗透进微生物活动频繁的植物根部。

c.基质的深度和分层　基质的深度对于尾矿排出液处理湿地来说是一个重要的设计考虑,尤其是潜流工程湿地系统。如果我们不想废水向下渗透,那么所有的工程湿地应该在合适的深度拥有足够的黏土层。例如:一个湿地中用来控制暴雨溢流的分层基质,它从下到上依次由下列物质构成:1.9 cm 石灰石共 60 cm、2 mm 的碎石灰石共 30 m (增加 pH 值并利于吸附重金属和磷酸盐)、60 cm 中等粗糙程度的沙作为过滤器,以及 50 cm 的有机土。通常潜流工程湿地基质深度是 60 cm,基质适合深度应该足以支持植物根系。

d.营养物　虽然支持水生植物生长的基质营养条件的明确标准还不清楚,但是有机土、壤土或沙土的低营养水平影响植物最初的生长。虽然在某些情况下,肥料对种植植物和促进生长是必需的,但还是应该尽量避免,因为湿地可能会因此而成为营养物质的汇。在工程湿地建立初期,植物生长需要施肥时,可以使用慢释型颗粒状和药片状肥料。

6)植被　建造人工废水处理湿地的主要目标是为了改善水质量,相应的植物选择为了促进这个目标的实现。另外,废水处理湿地的水中含有更高浓度的化学物质,会限制湿地中存活植物的数量。

理论上,多数水生植物都能用于废水处理湿地中。经验告诉我们,只有相对较少的植物能生存于富营养、高有机物、高悬浮物的废水处理湿地中,这些植物有香蒲、芦苇、灯芯草等。芦苇是全世界潜流湿地的首选植物,但在北美许多地区却不推荐使用,因为它在淡水和盐沼中生长太迅速了。当水深超过 30 cm,挺水植物难以生长。一些美丽的生根浮叶植物如莲、睡莲等,难以在废水处理湿地中存活,在富营养条件下,它们极易被浮萍和丝藻类侵占。适合于人工废水处理湿地的植物种类是很多的,不过目前的研究还较少。

(3)设计目标　在工程湿地设计前,必须明确废水处理的目标。设计者首先要清楚所设计的湿地所排入的是哪种废水,废水量多少,要去除的主要成分是什么,是固体悬浮物,还是有机化合物、无机营养物,并由此确定工程湿地类型、基质、植物等;其次,还要考虑处理后的出水处置或回用的情况,如出水用于干旱地区的蒸发,或者用于土地灌溉、动植物栖息地等,这种情况下一般出水标准较低,营养物尤其是氮等还可以成为有用资源;若出水要排放到河流、湖泊、海洋或者地下河,那出水标准就相应较高。

(4)设计步骤　工程湿地系统前处理一般为化粪池、沉淀池、沉砂池,以去除污水中一部分的 SS、COD 和 BOD_5,以减轻对工程湿地系统的冲击负荷和水力影响。

如前面设计原理和目标中所提到的内容,工程湿地的设计步骤如下:

1)选址　考察地质、地貌、水文、自然资源、人文资源、有关法律及公众意见。应因地制宜,尽量选择有一定自然坡度的洼地或经济价值不高的荒地,一方面减少土石方工程、利于排水、降低投资,另一方面防止对周围环境产生影响。

2)确定系统组合形式　根据场地特征、处理要求和所处理污水的性质来确定。主要组合方式有单一式、并联式、串联式、综合式。

3)确定水力负荷　根据文献或经验而定。

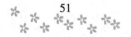

4)选择植物湿地植物包括挺水植物、沉水植物和浮水植物。植物为微生物提供了良好的根区环境和附着介质。工程湿地中的植物一般选取处理性能好、成活率高、抗污能力强且具有一定美学和经济价值的水生植物,目前常用的有芦苇、灯芯草、香蒲等。

5)计算表面积

$$A_s = \frac{Q}{a} \tag{2-3}$$

其中,A_s为表面积;Q为进水流量;a为水力负荷。

6)确定长宽比 一般表面流湿地长宽比10∶1或更大;潜流湿地根据达西定律

$$Q = K_s \times A \times S \tag{2-4}$$

其中,S为水力坡度;A为湿地床横截面积;K_s为潜流渗透系数。

或厄刚公式

$$A_s = 5.2Q\left[\ln(S_o - S_e)\right] \tag{2-5}$$

其中,S_o为进水BOD浓度;S_e为出水BOD浓度;A_s为湿地床表面积。

7)结构设计

a.进出水系统的布置 湿地床的进水系统应保证配水的均匀性,一般采用多孔管和三角堰等配水装置。进水管应比湿地床高出0.5 m。湿地的出水系统一般根据对床中水位调节的要求,出水区末端的砾石填料层的底部设置穿孔集水管,并设置旋转弯头和控制阀门以调节床内的水位。

b.填料的使用 工程湿地中的填料在为植物和微生物提供生长介质的同时,还能通过沉淀、过滤和吸附等作用直接去除污染物。进水配水区和出水集水区填料粒径一般在40~80 mm分布于整个床宽,美国EPA建议处理区填料径为20~30 mm,此外填料还应考虑便于取材、经济适用等因素。填料深度一般为30~70 cm。

c.潜流式湿地床的水位控制 当接纳最大设计流量时,进水端不能出现壅水现象;当接纳最小流量时,出水端不能出现填料床面的淹没现象;有利于植物生长,床中水面浸没植物根系的深度应尽可能均匀。

8)编制施工计划。

9)修改设计 根据出现的问题对设计进行相应的修改。

10)施工。

11)试运行。

12)竣工交付使用。

2.2.2.4 工程湿地营造后的管理

(1)植物收割 流经废水处理湿地的水体中的营养物质被基质截获、释放到空气中(如N)或者进入植物的根系、茎、叶中。除非在一个生长季节里多次地收割目标植物,否则通过收割植物的方法并不能从系统中去除大量的化学物质,如营养物质。例如,在生长季节对芦苇分别在营养物质含量处于峰值时和生长末期进行两次收割,才能去除最大量的氮和磷。植物收割也可作为一种必要的手段去控制蚊子滋生、使水流更流畅、改变水在洼地的滞留时间等。

(2)野生生物管理 从系统设计的美学角度出发,湿地处理系统中野生生物与多样

性需要受到相应的保护与维持。表面流湿地野生生物管理要求,要把握引进有益生物和控制有害生物之间的平衡,而不是彻底消灭有害生物。事实上,尽管大部分动物对湿地是有益的,但也不乏一些不利于工程湿地成功运行的动物,特别是一些啮齿类动物,会破坏堤坝、消耗有益的挺水植物。一些以底泥为食的动物如鲤鱼、泥鳅等,会破坏湿地植物的根系以及扰动湿地底部沉积物,导致出水悬浮物增加。水禽也带来类似的系统麻烦问题,且它们的排泄物给工程湿地的运行带来了新的难题。对于水禽,可以通过控制自由水面的面积来进行调控,不过应以湿地的污水处理工艺要求为准。

从工程湿地处理系统本身的功能出发,这个问题目前仍有争论。但根据生态学原理,不管怎样,在湿地处理系统设计、建造时,考虑引进有益生物和控制有害生物之间的生态平衡,应该是一个正确的方向。而且,湿地野生生物的控制要因地制宜,要考虑其地理位置、污染物种类、湿地设计和管理要求等各种因素。

(3)蚊蝇控制　蚊蝇的大量生长,是湿地处理系统面临的另一个生态学问题。蚊蝇是湿地生态食物网中的一环,是湿地生态系统的一部分,不过,通常情况下,我们认为蚊蝇是湿地中,尤其是工程湿地系统中的有害因素。有研究指出,系统湿地植被生长本身有助于蚊蝇滋长,尤其是高大的挺水植物成熟后,易于弯曲在水面上形成利于蚊蝇滋生同时不利于捕食蚊卵动物活动的环境条件。由于蚊蝇会传染疾病,必须加以控制。在工程湿地的规划、建设和运行过程中,适当的考虑一些控制蚊蝇的方法,是非常有必要的。资料表明,杀虫剂是目前消灭湿地处理系统蚊蝇的实用技术。例如,美国发现了一种细菌,试验表明,含有这种菌的杀虫剂有可能消灭氧化塘中的大部分蚊子。浓缩菌制剂施用到水体中后,可迅速释放孢子及蛋白质晶体到水面,一经吸收,细菌立即进入蚊卵组织内部迅速繁殖,导致蚊卵 2 d 内死亡。不过,植被密集的地方杀虫剂施用比较麻烦。

从生态学原理出发,可通过改变湿地的水文条件或利用化学或生物控制方法去抑制蚊子幼虫的发育来控制建设湿地中的蚊子。引入捕食蚊蝇的动物如食蚊鱼可控制蚊子的滋生,蝙蝠或其他鸟类也很有效。控制水深,尤其是在蚊蝇产卵的季节,调控好水位,使之有利于食蚊鱼捕食蚊蝇幼虫。根据生态设计的思想,在处理系统设计时,水道侧壁要保持较大坡度,以减少浅层水体的面积,同时增大水流流速,减少死水的形成,从而有利于蚊蝇控制。此外,也可利用喷水系统来控制蚊蝇,只是与湿地自然处理的宗旨有所偏离。

控制蚊蝇滋生的另一个重要的方法是加强对湿地植物的管理,尤其是对植株较高的植物,植株生长到一定高度后易于伏倒,形成利于蚊蝇生长的小生境。因此,在水边种植低矮的植株并且每年进行收割,有利于蚊蝇控制。

(4)扰动管理　具有季节性和低频率的扰动,在频率和数量级上无法确定但又必须对其有所反映。设计和规划湿地时,应该考虑到最坏的扰动条件,并且要权衡功能和持续效用的平衡。必须认识到湿地设计不是一门精确科学,并且扰动在一定程度上可以改变原来的湿地。如果一块废水处理湿地能够继续体现设计目的中的主要功能,即可以净化水质,则物种组成和湿地形态的改变与否并不是很重要。

(5)病原体传播　因为许多废水处理湿地是专门为处理人、畜废水而建造,所以应该采用有效的卫生工程技术尽量减少人在病原体中的暴露。废水处理湿地是一个富含生

物的系统,微生物的活动是其发挥功能的一个主要方面。测量城镇废水处理湿地中的指示生物如总大肠杆菌数应该作为监测工作中的一部分,附近的水井也应该抽样检查。

(6)水位控制　表面流湿地的水位是改善水质和湿地中植物定居的关键,水生植物在水太多或太少时都会受到胁迫。30 cm的水深对于许多用于废水处理湿地的草本大型植物而言是最适的。当有林湿地用作处理系统时,虽然有些植物如落羽杉可以忍受长时间的水淹,但绝大多数却仅仅能在潮湿的土壤中生存。

水位对植被的综合影响正是它本身对废水处理的影响。高水位可增强对与沉降和类似过程相联系的磷的处理效果,并且可减少再悬浮、延长保持时间。浅水位则使得沉积物颗粒间距更小及悬浮于水面上,在生长季节经常导致水体处于厌氧或近于厌氧的状态。低水位可以促进反硝化作用而减少硝态氮。

(7)底质疏浚　在工程湿地的管理中很少用到这种技术。是否采用该技术取决于湿地是否采用了填充的沉积物,因为替换填充物会缩短湿地的使用寿命,还取决于是否将沉积物聚集看作是与要在湿地中实现的某种目的相冲突。底质疏浚运行费用高,并且不可在工程湿地的生命周期中多次运用。该方法在移出沉积物时也将种子库及已生根的植株带出了湿地。对工程湿地进行疏浚需要一个调整的许可证,即便疏浚的目的是提升湿地的功能。最好的方法是将沉积物积累看作是湿地动态中的一个自然部分,并且设计出使其对工程湿地效率影响最小的处理系统。

2.2.3　人工湿地植物配置路线优化

2.2.3.1　人工湿地植物配置的思路与方法

(1)规范/指南中对人工湿地植物配置的要求　目前,我国发布的部分规范/指南已对人工湿地植物配置的要求进行了表述(见表2-6)。各规范/指南对人工湿地植物配置的表述较为一致,即可选择由一种或多种植物作为优势种进行配置,同时考虑植物的多样性和景观效果,并根据不同植物净化特性、生长周期、景观效果、环境条件等进行空间布置,从而使人工湿地达到良好的营养盐净化功能,维持稳定的湿地生态系统和持续的观赏价值。

表2-6　我国相关规范/指南中对人工湿地植物配置的要求(唐炳然等,2022)

发布年份	规范名称	发布部门	植物配置要求
2021	《人工湿地水质净化技术指南》(环办水体函〔2021〕173号)	生态环境部	可选择一种或多种植物作为优势种搭配栽种,增加植物的多样性和景观效果;根据水深合理配置挺水植物、浮水植物和沉水植物,并根据季节合理配置不同生长期的水生植物

续表 2-6

发布年份	规范名称	发布部门	植物配置要求
2017	CJJ/T 54—2017《污水自然处理工程技术规程》	住房和城乡建设部	人工湿地的植物可由一种或几种植物搭配构成,配置时应根据植物去除污染物的特性、生长周期、景观效果和环境条件等因素,合理配置植物种类
2010	HJ 2005—2010《人工湿地污水处理工程技术规范》	原环境保护部	可选择一种或多种植物作为优势种搭配栽种,增加植物的多样性并具有景观效果
2020	DB41/T 1947—2020《污水处理厂尾水人工湿地工程技术规范》	河南省生态环境厅、河南省市场监督管理局	人工湿地的植物可由一种或几种植物搭配构成,应根据植物去除污染物的特性、生长周期、景观效果等因素合理配置,增加人工湿地的多样性、经济性和景观性
2019	DB/T 29—259—2019《天津市人工湿地污水处理技术规程》	天津市住房和城乡建设委员会	可由一种或几种植物配置构成,应根据植物去除污染物的特性、生长周期、景观效果等因素合理配置,增加湿地的多样性、经济型和景观性
2018	DB37/T 3394—2018《人工湿地水质净化工程技术指南》	山东省质量技术监督局	应根据人工湿地水深合理配置挺水植物、浮叶植物和沉水植物,并根据季节合理配置不同生长期的水生植物
2016	DB11/T 1376—2016《农村生活污水人工湿地处理工程技术规范》	北京市质量技术监督局	可选择多品种植物分区搭配种植,强调植物的多样性及景观效果
2015	《浙江省生活污水人工湿地处理工程技术规程》	浙江省环保产业协会	可由一种或几种植物搭配构成,配置时根据植物的耐污特性、生长周期、景观效果、环境条件等因素确定其品种和空间分布

　　(2)人工湿地植物配置的技术路线　以人工湿地达到良好的营养盐净化功能、维持稳定的湿地生态系统和持续的观赏价值三方面目标作为设计原则,参考已有规范/指南中关于植物配置的表述,提出人工湿地植物配置技术路线,如图 2-21 所示。该技术路线包括:①单物种确定。指确定一种承担营养盐净化功能的主要功能水生植物。②组合搭配。指确定主要功能水生植物的搭配植物,以保证配置的植物组合具有高效的营养盐去除功能。③系统搭建。指根据环境条件或净化对象需求进一步补充不同生活型或冬季生长的水生植物。如构建挺水—漂浮/浮叶—沉水植物系统,以确保人工湿地具有稳定的生态系统;构建多季节生长的植物组合,以解决冬季人工湿地水生植物大部分枯萎的缺陷,保证人工湿地在全年都具有稳定的净化功能。④景观配置。指丰富不同花色、花期、植株高度的水生植物,以确保植物配置具有持续的观赏价值。⑤空间配置。从营养

盐去除效果、景观观赏功能、系统多样性和抗水力冲刷等角度,根据不同植物的特性进行空间配置,以达到高效的营养盐净化功能,并促进湿地生态系统稳定性与持续的观赏价值。

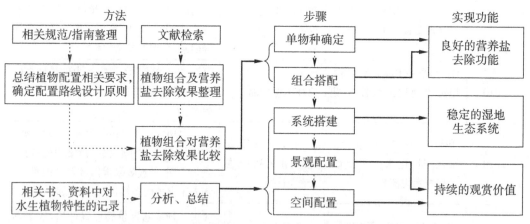

图 2-21　人工湿地植物配置的技术路线(唐炳然等,2022)

　　(3)人工湿地植物配置的方法　根据植物配置的技术路线,采用文献检索分析方法进行单物种确定和组合搭配。在中国知网数据库中使用"水生植物"和"净化"两个词以"和"逻辑进行主题检索,筛选出其中研究植物组合对营养盐去除的文献,共检索到210篇文献,整理归纳文献中用于水质净化研究的水生植物组合,得到465个植物组合。对筛选出的465个植物组合从地区分布、组合数量、组合特性,以及其对应的总氮(TN)、总磷(TP)和氨氮(NH_4^+-N)去除效果进行比较分析,并将水体营养盐指标按照 TN(0 ~ 10 mg·L^{-1}、10 ~ 30 mg·L^{-1}、30 ~ 50 mg·L^{-1})、TP(0 ~ 1 mg·L^{-1}、1 ~ 3 mg·L^{-1}、3 ~ 5 mg·L^{-1})和 NH_4^+-N(0 ~ 5 mg·L^{-1}、5 ~ 30 mg·L^{-1}、30 ~ 50 mg·L^{-1})进行分组,通过比较植物组合对营养盐的每日去除率[(最高去除率/首次达到最高去除率时的天数)×100%],筛选出在不同水质浓度梯度中优于平均去除效果的植物组合,将其作为候选的植物配置清单。

　　在植物配置技术路线中,通过归纳《中国湿地物图鉴》(王辰等,2011)与《水体植物景观》(周厚高等,2019)中对不同水生植物特性的记录,结合人工湿地植物配置设计原则,确定系统搭建、景观配置和空间配置的具体内容。

2.2.3.2　人工湿地植物配置的具体内容与流程

　　(1)配置内容

　　1)单物种确定　在工程实际应用中,对于表流人工湿地来讲,挺水植物是最为广泛使用的植物类型;对于潜流人工湿地,其水面位于填料以下的工艺特征使其在水生植物选择时仅能选择挺水植物,因此国内相关规范/指南中对于潜流人工湿地以推荐挺水植物为主(张翔等,2020)。已有研究表明,相比于仅有漂浮植物或沉水植物的人工湿地,种植挺水植物的人工湿地具有更好的氮、磷去除效果(俞波等,2018)。收集的465个植物组合数据中,用于营养盐去除且包含挺水植物的组合数高达274个,远超其他类型的水生植物。挺水植物具有较高的氮、磷去除效果,因此挺水植物往往是研究者在进行水生植物组合时的优选植物。根据上述工程实际应用和文献分析结果,在单物种确定时,应首先确保选择 1 种挺水植物作为主要功能植物来承担主要的净化功能。作为承担净化功能的优势物种,应满足去污能力强和气候适应能力强的要求。因此通过对 465 个植物组合进行分析,确定可选用的挺水植物清单,即主要功能植物可选用清单。从出现次数来看,菖蒲、美人蕉、芦苇、香蒲、鸢尾 5 种水生植物由于其高效的净化能力在植物组合中出现次数较高,包含这 5 种挺水植物的植物组合占所有挺水植物组合的 86.50%。从所应用的地理位置来看(见表 2-7),5 种挺水植物均可在《人工湿地水质净化技术指南》中划分的寒冷地区、夏热冬冷地区、夏热冬暖地区与温和地区广泛使用,说明其均可广泛应用于我国南北方不同气候条件的人工湿地中。因此,从科学研究和气候适应角度,这 5 种挺水植物均可承担人工湿地中的营养盐去除功能,可作为主要功能植物入选单物种确定的配置清单。

表 2-7　相关文献中主要挺水植物覆盖的气候分区(唐炳然等,2022)

气候分区	平均气温	菖蒲	美人蕉	芦苇	香蒲	鸢尾
严寒地区	1 月,≤-10 ℃;7 月,≤25 ℃	*	—	* *	*	—
寒冷地区	1 月,-10~0 ℃;7 月,18~28 ℃	* * *	* * *	* * *	* * *	* *
夏热冬冷地区	1 月,0~10 ℃;7 月,25~30 ℃	* * *	* *	* *	* *	* * *
夏热冬暖地区	1 月,>10 ℃;7 月,25~29 ℃	* *	* * *	* *	* * *	* * *
温和地区	1 月,0~13 ℃;7 月,18~25 ℃	* *	* * *	* *	* *	* *

注:* * * 表示出现次数≥10;* * 表示出现次数为 5~10;* 表示出现次数<5;—表示未出现。

2)组合搭配　组合搭配的作用是在单物种确定的基础上,使人工湿地植物配置实现高效的净化功能。包含 5 种主要功能植物的植物组合中,以由 2 种或 3 种不同植物组成的植物组合居多,其分别占 51.48% 和 31.65%(见表 2-8),由 4 种或 5 种不同植物组成的植物组合出现的次数非常少。因此在组合搭配时,应在确定了 1 种挺水植物作为主要功能植物的基础上,形成由 2 种或 3 种不同植物组成的植物组合,配置的植物种类不宜过多。

表2-8　5种主要功能植物的不同植物组合数量(唐炳然等,2022)

功能植物	2 种植物	3 种植物	4 种植物	5 种植物	合计
菖蒲	32	13	10	3	58
美人蕉	24	21	6	3	54
芦苇	29	17	4	0	50
香蒲	23	12	4	0	39
鸢尾	14	12	6	4	36
合计	122	75	30	10	237

5 种已确定的主要功能植物的常见搭配植物见表 2-9(仅出现 1 次的组合未列举)。由表 2-9 可知,在人工湿地植物对营养盐去除的研究中,最为常见的挺水植物搭配有菖蒲+香蒲、菖蒲+美人蕉、美人蕉+香蒲、美人蕉+梭鱼草、香蒲+芦苇等,5 种主要功能植物之间的搭配组合高达 62 种。因此,组合搭配时建议考虑挺水植物组合即可。

表2-9　5种主要功能植物的常见搭配植物(唐炳然等,2022)

功能植物	与主要功能植物搭配的植物出现的次数
菖蒲	香蒲(13 次)、美人蕉(12 次)、水葱(7 次)、再力花(6 次)、旱伞草(6 次)、鸢尾(7 次)、千屈菜(4 次)、茭白(4 次)、灯芯草(3 次)、芦苇(3 次)
美人蕉	菖蒲(12 次)、梭鱼草(9 次)、再力花(7 次)、水葱(6 次)、香蒲(5 次)、鸢尾(5 次)、芦苇(3 次)、茭白(3 次)、千屈菜(3 次)
芦苇	香蒲(9 次)、薄荷(6 次)、水葱(5 次)、梭鱼草(4 次)、芦竹(4 次)、灯芯草(4 次)、美人蕉(3 次)、鸢尾(3 次)、茭白(3 次)、菖蒲(3 次)、再力花(2 次)、千屈菜(2 次)
香蒲	菖蒲(13 次)、芦苇(9 次)、美人蕉(5 次)、再力花(3 次)、鸢尾(2 次)、水葱(2 次)、茭白(2 次)
鸢尾	菖蒲(7 次)、美人蕉(5 次)、水葱(5 次)、再力花(4 次)、灯芯草(4 次)、梭鱼草(3 次)、芦苇(3 次)、香蒲(2 次)

根据以上分析,进一步筛选出包含 5 种主要功能植物且植物种类数为 2 或 3 的植物组合,分别在进水 TN 浓度为 0～10 mg·L⁻¹、10～30 mg·L⁻¹ 和 30～50 mg·L⁻¹,TP 浓度为 0～1 mg·L⁻¹、1～3 mg·L⁻¹ 和 3～5 mg·L⁻¹,NH_4^+-N 浓度为 0～5 mg·L⁻¹、5～30 mg·L⁻¹ 和 30～50 mg·L⁻¹ 时,对不同植物组合的 TN、TP 与 NH_4^+-N 日去除率进行比较,结果如图 2-22 所示。

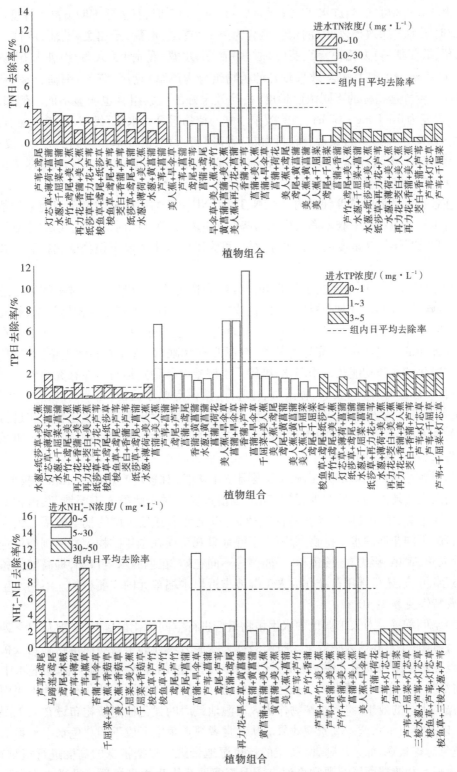

图 2-22　不同进水浓度下主要挺水植物组合对不同营养盐的日去除率

（唐炳然等，2022）

由图 2-22 可知,当进水 TN 浓度为 $0 \sim 10 \ mg \cdot L^{-1}$ 时,日去除率明显高于梯度内平均值(此时认为去除效果较好)的植物组合为芦苇+鸢尾、水葱+千屈菜+菖蒲、芦竹+鸢尾+美人蕉、纸莎草+再力花+芦苇、茭白+香蒲+芦苇、水葱+薄荷+美人蕉;当进水 NH_4^+-N 浓度为 $0 \sim 5 \ mg \cdot L^{-1}$ 时,去除效果较好的植物组合为芦苇+鸢尾、芦苇+薄荷、芦苇+蔗草。针对同一营养盐指标的不同浓度梯度,去除效果好的植物组合也明显不同。例如,当进水 TP 浓度为 $0 \sim 1 \ mg \cdot L^{-1}$ 时,去除效果较好的植物组合为水葱+纸莎草+美人蕉、灯芯草+薄荷+菖蒲、水葱+千屈菜+菖蒲、再力花+香蒲+美人蕉、纸莎草+再力花+芦苇、梭鱼草+鸢尾+纸莎草、水葱+薄荷+美人蕉,而当进水 TP 浓度为 $1 \sim 3 \ mg \cdot L^{-1}$ 时,去除效果较好的为菖蒲+美人蕉、美人蕉+旱伞草、菖蒲+旱伞草、香蒲+芦苇。

在各进水营养盐浓度梯度内,对 TN、TP 和 NH_4^+-N 的去除能力高于组内平均值的植物组合可作为植物配置技术路线中组合搭配的选择清单。同时,上述植物组合对不同进水 TN、TP 和 NH_4^+-N 浓度的每日去除效果,可为不同进水水质下植物的选择和配置提供参考。

3)系统搭建 在主要功能植物和高效组合搭配确定的基础上,对植物组合进行补充,以构建稳定的人工湿地系统。系统搭建的主要目的:①丰富水生植物类型,补充漂浮植物、浮叶植物和沉水植物,以提高人工湿地生态系统在抗虫害、抗气候变化以及在营养盐去除方面的稳定性;②补充冬季植物,包括夏季休眠、耐寒性好的水生植物,避免人工湿地的净化和景观功能在冬季弱化,维持人工湿地全年稳定运行。在补充不同类型水生植物时,可以选择浮萍、大薸、香菇草、槐叶萍、紫萍等漂浮植物,睡莲、芡实、菱、水鳖、荇菜、王莲等浮叶植物,狐尾藻、苦草、黑藻、金鱼藻、菹草、伊乐藻等沉水植物。在进行冬季植物的补充时,可选择补充旱伞草、鸢尾、灯芯草等耐寒性较好的植物,或菹草、伊乐藻等冬季生长、夏季休眠的植物。

4)景观配置 一般的人工湿地多强调净化功能,对景观配置的要求相对较低,但对位于公园内等地方的人工湿地,景观功能也很重要。对于此类人工湿地,其植物配置应包含不同色彩、植株高度与观赏特性的植物,以呈现丰富且协调的视觉效果。景观配置注重搭配不同花期的水生植物,保障人工湿地景观功能在全年的稳定性。例如可选择水葱、美人蕉、鸢尾、再力花、梭鱼草、千屈菜等不同花期、花色的水生植物,提高整体植物配置的观赏价值,还可选用荷花作为人工湿地靠近出水端单元的主要植物。不同水生植物的景观特性见表 2-10。

5)空间配置 对人工湿地中水生植物组合进行空间优化配置时,主要从以下四个方面进行考虑:①营养盐去除效果。将污染物去除能力较强的主要功能植物和高效植物组合布设在人工湿地的进水端,以充分利用其对营养盐的高效去除能力降低进水中污染物;将浮叶植物布设在藻类易生长区域,以达到通过营养盐吸收/转化和遮挡光照而达到抑制藻类生长的效果;将沉水植物作为人工湿地最后的强化稳定植物布设在人工湿地出水端,以提高出水水质。②景观效果。从观赏者视觉角度形成不同花色水生植物成群点缀、花色对称景观,如大片睡莲、荷花的特色湿地景观。根据植株的高度进行植物布置,避免出现互相遮挡而影响观赏价值。③人工湿地系统生物多样性。沿进水方向形成挺水—漂浮—浮叶—沉水的复合布置,实现依照污染物浓度的梯度变化而构建的稳定人工湿地生态系统。④抗水力冲刷能力。可在进水单元布置根茎粗壮(如芦苇、茭白)、深根散生(如菖蒲、香蒲、水葱、荆三棱、水莎草)和深根丛生(如旱伞草、纸莎草)类抗冲刷植物,以防止出现水生植物倒伏情况。

表 2-10　人工湿地中常用水生植物的景观特性(唐炳然等,2022)

植物类型	植物名称	花期	花色	植物高度/mm	观赏特性
挺水植物	水葱	6~9月	橘黄色	80~200	茎秆密集直立,通直无叶,花密生
	美人蕉	3~12月	红色、黄色	100~200	叶茂花繁,可点缀景观
	鸢尾	4~5月	蓝紫色	30~50	叶片青翠,花型大而齐
	再力花	4~10月	紫色	200~300	紫色圆锥花序挺立半空,叶片青绿
	梭鱼草	6~7月	紫色	40~70	蓝色小花组成花穗,株丛繁茂紧凑
	纸莎草	6~7月	紫色	150~300	苞叶针状密集,伞形花序
	荷花	6~9月	白色、粉红色	30~50	高大色艳,叶片青绿
	千屈菜	7~8月	紫色	60~120	花朵细小量多,聚成花序色彩醒目
浮叶植物	芡实	7~8月	紫色	—	叶片碧绿且有皱褶,花色艳丽
	睡莲	6~8月	白色	—	花单生,叶圆形,体态舒展
	荇菜	4~10月	黄色	—	伞形花序
漂浮植物	菱	5~10月	白色	—	叶片美观繁茂,开白色小花

(2)配置流程　提出人工湿地水生植物配置流程如图 2-23 所示。图 2-23 中,根据图 2-22 筛选出的植物组合的日去除率,提出了不同植物组合预估的污染物日去除率范围,供配置时参考。由图 2-23 可知,进行人工湿地植物配置时,可先根据待处理水体的 TN、TP 或 NH_4^+-N 浓度,根据清单进行单物种确定和组合搭配,确定主要功能植物与高效植物组合,保障人工湿地的净化能力;再进行系统搭建与景观配置,使植物配置具备构建稳定生态系统的能力;同时增强人工湿地植物系统的抗环境变化能力与美学价值;最后根据工程实际情况,通过空间配置,最大化实现植物配置的多种功能。在植物配置全阶段,均需考虑植物的气候适应性,人工湿地所在地气候可参考《人工湿地水质净化技术指南》。

在不同的地方规范/指南中,对人工湿地中水生植物的栽种密度要求存在地区差异,因此在按此路线完成植物配置后,推荐参照《人工湿地水质净化技术指南》与 HJ 2005—2010《人工湿地污水处理工程技术规范》中推荐的栽种密度,即挺水植物宜为 9~25 株·m⁻²,浮水植物宜为 1~9 株·m⁻²,沉水植物宜为 16~36 株·m⁻²。对于植物组合中不同植物的种植面积,需根据湿地实际情况,并结合配置路线中景观配置和空间配置来确定,同时需保证主要功能植物组合在栽种面积上占大部分。关于表面流人工湿地中水深对植物栽种的影响,推荐参考《人工湿地水质净化技术指南》中对其植物栽种时水位的控制要求,即植物栽种后的运行初期,挺水植物种植区域水深大于 10 cm,不超过

30 cm;浮水植物和沉水植物种植区域水深不应超过水体透明度,一般建议不超过 50 cm。结合参考相关技术指南与规范,按照该路线可更高效地发挥水生植物在人工湿地中的营养盐去除功能,保障构建更为稳定的生态系统,形成持续的景观观赏价值。

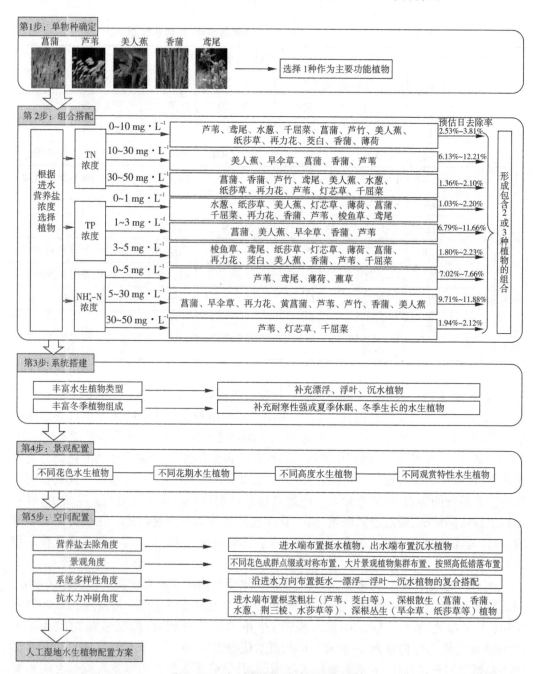

图 2-23 人工湿地水生植物配置流程

(唐炳然等,2022)

以上人工湿地植物配置技术路线符合并拓展了以往研究中提出的植物配置原则,如在符合净化能力强原则(梁雪等,2012),抗热、抗冻配置原则(李盈盈等,2007)的同时,充分考虑到了冬季低温对人工湿地的负面影响;在符合美学与生态并存原则(李冰伦等,2020)的基础上,延伸出按照花期、花色、植株高低以及植物观赏特性进行景观配置,不局限于以往仅区分观叶或观花植物的配置方式(皇甫嘉弘等,2021);丰富了以往研究中提出的空间尺度配置原则,不局限于美学尺度上的空间配置,而是进一步从营养盐去除、景观观赏功能角度、系统多样性和抗水力冲刷角度进行空间布置。

2.2.3.3　人工湿地植物配置技术路线优化展望

(1)人工湿地植物配置中乡土种的发掘　在文献检索分析过程中发现,目前国内人工湿地中所用水生植物具有很高的通用性,例如芦苇、美人蕉、菖蒲等(见表 2-9),即使在全球尺度中,芦苇和菖蒲也是人工湿地修复中较常用的水生植物(Vymazal,2013)。这些通用的水生植物适用于国内多样的气候地区和水环境情况。我国不同地区人工湿地相关标准/指南中均主要推荐种植芦苇、香蒲、菖蒲等通用水生植物(见表 2-9)。以上情况会导致在进行现有人工湿地植物配置时,仅有少数的通用水生植物被应用,从而忽略对不同地区乡土植物的发掘应用。未来人工湿地的植物配置,应在科学性配置的技术路线指导下,从现有的几种通用水生植物简单搭配转向对人工湿地所在地区乡土植物种类的发掘。在人工湿地植物配置中选用乡土植物具有以下优势:①乡土植物对当地环境的适宜性能确保人工湿地的正常运行;②选用多种乡土物种可增强人工湿地的景观功能,减少因少数几种通用植物配置造成的与自然环境在视觉景观上的突兀;③可以丰富人工湿地植物的选择范围,实现因地制宜的植物配置路线。

(2)柔性人工湿地的构建　2003 年之后,我国人工湿地对水污染治理能力的增长率已显著高于传统污水厂(Zhang et al.,2012)。目前人工湿地工艺单元外形单调、植物种类单一、占地面积大(Prade et al.,2021)等问题突显,导致其在景观方面与周围自然环境难以协调共存,因此,设计者应转变理念,构建更符合"山水林田湖草沙生命共同体"理念的柔性人工湿地。例如将大面积矩形人工湿地改造为符合周边地形与原有植被的阶梯人工湿地或小微湿地,通过种植乡土植物或修改"方型"的构筑物边缘设计,则可构建与自然环境更为和谐的新型柔性人工湿地。在梯级人工湿地中,可根据梯级湿地中污水营养盐浓度梯度变化,有针对性地进行单元内植物配置,进而在提高污染物净化效果的同时避免植物种类的单一化。柔性人工湿地的构建,是将人工湿地融入自然环境的途径,且可使人工湿地进一步发挥水质净化和景观功能。

(3)人工湿地植物配置流程逻辑展望　目前,对于不同种类水生植物在营养盐去除方面的协同效应,尤其是不同植物群落对功能微生物的作用机理尚不清楚(Marchand et al.,2010)。未来,随着深入研究植物协同效应的作用机理以及整合更多关于人工湿地中水生植物应用的运行报告、不同植物组合净化效果的文献研究和相关标准规范,以及在不同定位(不以净化水质为目的的人工湿地,而是以湿地系统恢复为目的的人为干预下的近自然人工湿地),不同功能、光照、温度、水深或水质情况下的人工湿地的研究成果,能更丰富和规范化现有的植物配置逻辑与路线。提出人工湿地植物配置流程逻辑展望如图 2-24 所示。未来,随着人工湿地理念上的由"大"变"小"的转变、近自然柔性人工湿地的进一步发展以及生态浮岛、稳定塘和水下森林等技术中水生植物作用机理的研究突破，人工湿地将由"灰色建筑"成为兼具高效净化与景观功能的"绿色建筑"，融入生态环境的一部分。

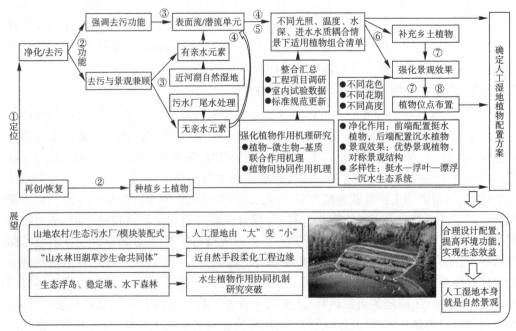

图 2-24　人工湿地植物配置流程逻辑展望
(唐炳然等, 2022)

（4）水生植物配置技术路线优化　本研究提出的人工湿地植物配置的技术路线是以已有常用水生植物组合去除污染物研究文献的数据为基础总结归纳而得，旨在细化和规范化目前人工湿地设计中的水生植物配置。该技术路线除了人工湿地外，还可为生态浮岛、稳定塘的植物配置应用提供一定参考，且可根据新的相关营养盐去除研究成果进行数据补充，以实现植物配置的进一步优化。该植物配置技术路线也存在一定不足：①技术路线更关注表面流人工湿地的植物配置，而缺少对潜流人工湿地的考虑。例如技术路线中沉水植物、漂浮植物、浮叶植物无法应用于垂直潜流人工湿地。②因文献数据量过少，水生植物初始栽种密度、栽种高度无法体现在植物配置方案的技术路线中。③主要考虑水生植物配置对氮、磷营养盐的去除效果，并未针对重金属（Marchand et al., 2010）去除效果强的植物进行配置。④所采用的文献数据主要为实验室数据，缺乏实际工程中的原位监测数据。随着相关研究的丰富以及未来水生态工程信息的公开，还可进一步细化人工湿地水生植物配置技术路线中的设计参数，以更高效地发挥水生植物在人工湿地中的作用和功能。

2.3 人工湿地技术在去除土壤和水体中重金属中的应用

2.3.1 农田湿地灌溉污染生态修复案例

2.3.1.1 区域概况

修复区位于上海市松江区新浜镇的西侧,地处太湖流域碟形洼地的底部,地势低平,河道成网,以种植水稻为主。项目区总面积708.45 hm²,涉及陈堵村、许家草村、林建村、南杨村4个行政村共1 127户。白牛乡贤片区位于项目区内,属林建村,占地达5万余平方米,片区南侧为总面积约42 000 m²的白牛塘水系,现由7个养殖塘由北向南依次排列组成。中部为水稻田种植区域,是撤村复耕之地,北侧含部分整治后未拆除的农村宅基地。

2.3.1.2 存在的问题分析

(1)水系污染严重,自净能力较差 片区水体总体表现为淤泥层厚,水色缺乏自然,表面漂浮少量油污。局部水体因流动性极低形成死水,有轻度臭味。造成水质差的原因主要有如下两个方面:①面源污染严重。主要是农田中的泥沙、营养盐、农药及其他污染物,在降水或灌溉过程中,通过农田地表径流、土壤中流、农田排水和地下渗漏,进入水体而造成的外源污染;同时水体底泥污染、鱼类饲料过度投放及水生动物排泄物等内源污染也是不可忽视的因素。②自净能力较差。水系内水生生物群落结构单一,物种多样性低,生态系统自我调节能力与自净能力较差。

(2)农田效益不佳,蛙类多样性较低 农田湿地内农用地布局较为规整,成网格状肌理,以稻田为主,但稻田产量不高,景观效益欠佳。目前,田内仅发现泽陆蛙、中华蟾蜍、饰纹姬蛙、黑斑侧褶蛙、金线侧褶蛙5种蛙类,物种多样性较低,且种群数量较少。

(3)道路坑洼不平,道林成分单一 田内道路坑洼不平,片区路面主要以水泥硬化路面及不平整土路为主,缺乏自然美感。道林组成单一、结构简单,仅分布有少量水杉、构树,林下缺乏灌木与草本层配置,植物多样性较低。

(4)农民脱离生产,乡村活力不足 片区处于上海远郊农村,在城市辐射作用和吸纳机制影响下,人口和资源逐渐往城市单向流动,农民脱离生产,身份非农化,大量劳动力资源投入城市而非改变乡村面貌,导致了村庄发展的相对停滞。村庄演变成退养之地,主要为老年人生活休闲和居家养老场所,老龄化、空心化现象严重,乡村活力不足。

2.3.1.3 污染阻隔工程概况

根据示范区农田污染调查结果,综合考虑各种水处理技术的适用范围和经济技术可行性,并结合研究区地质、水文和农业种植制度,最终确定采用人工湿地技术治理农田灌溉水污染。在示范区内,选取现有废弃池塘,在其周围建设水闸和水泵以形成封闭水域,将上游灌溉水引入其中,利用水域内种植的各类水生植物来净化农田灌溉水中的污染物质,从而形成表面流人工强化湿地。人工湿地运行后,将治理前后灌溉水中污染物指标以及清污灌区作物产量做对比,综合评价灌溉水污染的修复效果。

（1）工程背景　人工湿地位于研究区农业灌溉水引水入口处，面积约 1.8 万 m^2，主要由水稻田、废弃鱼塘和部分河滩湿地组成。其上游莲柄港由上洞江、下洞江、南洋和北洋等河网组成，河网流域面积 485.0 km^2，港道全长 141.9 km，其中主港道长 29.8 km，有效库容为 5 000 万 m^3。因构成的莲柄港的河流港汊大多受流域内生活污水和养殖废水的面源污染，因此从莲柄港引入到人工湿地的水中有机污染物含量超标，农业灌溉水源受到有机污染。

（2）设计进出水水质　根据农田灌溉水的污染特点、《地表水环境质量标准》GB 3838—2002 和《农田灌溉水质标准》GB 5084—2005 中基本控制项目，选定 SS、COD 和氨氮为主因子进行工程设计。日处理灌溉水量为 5 000 $m^3 \cdot d^{-1}$，设计进水 SS 为 130 $mg \cdot L^{-1}$、COD 为 86 $mg \cdot L^{-1}$、氨氮为 3.5 $mg \cdot L^{-1}$，出水水质的 SS 达到《农田灌溉水质标准》GB 5084—2005 要求，即 SS $\leq$ 80 $mg \cdot L^{-1}$，COD 和氨氮达到《地表水环境质量标准》GB 3838—2002 V类水质要求，即 COD $\leq$ 40 $mg \cdot L^{-1}$、氨氮 $\leq$ 2 $mg \cdot L^{-1}$。

2.3.1.4　工程设计

设计思路：在项目区山顶村现有的池塘中建设水闸和水泵形成封闭的人工湿地，将上游稻田灌溉水引入人工湿地中，利用在湿地内种植的各类水生植物来净化稻田灌溉水中的污染物质。

设计目的：利用人工湿地净化含有有机污染物（COD）农田灌溉水，防止污水灌溉造成农田土壤污染。

设计原则：重点是对农田周围湿地生态系统的人工重建，特别是在与陆地生态系统物质能量交换频繁的河流入口处开展人工生态系统的重建。

（1）工艺流程　根据上游河道的形状及废弃鱼塘的地质特征，确定人工湿地的工艺方案为多级表面流人工强化湿地系统（见图 2-25）。由莲柄港的上游来水，经湿地入口水闸拦截后，由引水渠导流引入配水区，使污染灌溉水均匀分布到初沉净化区，经短暂停留后，污水由重力流依次经过挺水植物净化区、挺水与浮叶植物净化区和沉水植物净化区，完成污染物的去除后，由尾端集水渠汇集到出水导流区，经水泵抽提，引入事先划定的清水灌区。

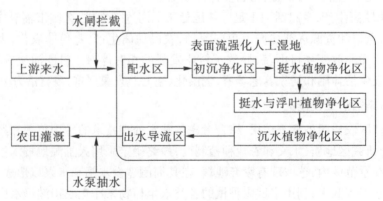

图 2-25　人工湿地工艺流程

（2）主要设计单元

1）水闸　为调控湿地进出水，建有单孔水闸 2 座，其中 1 座为拦截上游来水，另 1 座为引水口。水闸设计闸前水深 1.2 m，水闸闸孔净宽均为 1.2 m，闸底高程 1.6 m，水闸高为 3.0 m，闸槽深 0.1 m，水闸采用 C25 钢筋砼闸门，高 1.4 m，厚 0.1 m，启闭台采用 C25 钢筋砼，启闭机采用 2.5T 手摇螺杆启闭机。

通过水闸拦截，可抬高河水水位，形成河道蓄水塘，可有效减缓水速，通过物理沉淀作用去除部分悬浮物质，并由河道内水生植物对污水进行预充氧。高水位的污水通过重力流，由引水渠进入配水区，引水渠采用梯形土渠形式，长度约为 50 m，坡度为 0.02%。

2）配水区和初沉净化区　为使污水均匀分布，多级表面流人工强化湿地系统的首个单元为面积 603.88 m² 的配水区，该区采用混凝土堰溢流布水，可有效地调节水质和水量，使污水均匀、缓慢地流到初沉净化区，该区呈狭长形，面积为 587.05 m²，进一步减缓水流速度，使大部分可沉降 SS 通过湿地系统中物理沉降作用去除，而部分胶体状 SS 则通过与池底沙粒、淤泥的吸附、滞留、过滤作用得以去除。

3）多级表面流人工强化湿地　依据灌溉水水量大、污染物浓度低且随季节变化较大的特点，考虑到研究区环境及耕作条件，采用多级表面流人工强化湿地净化农田灌溉水。湿地呈不规则形，以现有的池塘堤岸为边界，分为 3 级串联运行。湿地有效面积占总面积的 82.4%，设计运行参数以水力负荷 0.35 m³·m⁻²·d⁻¹ 为限制性参数进行计算。

2.3.1.5　人工湿地设计

利用不同植物种类对水生生活的适应性状不同，吸收水体中的特定污染物质；不同植物种类构成的生物群落共同作用，提高系统的稳定能力和自净化能力。灌溉水处理系统和示范区示意，见二维码。

灌溉水处理系统和示范区示意

2.3.1.6　设计工艺参数

根据因地制宜、经济效益、生物多样性和景观协调的原则选择湿地植物，依托现有地形，人工湿地采用三级植物处理工艺，以芦苇、香蒲、荷花等挺水植物作为污水处理的主要植物，并辅之以浮叶植物构成完整的生态群落，最后在尾段采用沉水植物净化处理，进一步提高出水水质。由此，通过挺水植物区、挺水与浮叶植物区和沉水植物区的优化配置，构建了一个具有生物多样性、水质净化能力和景观效果的人工湿地生态系统。人工湿地设计运行参数见表 2-11、表 2-12。

表 2-11　人工湿地设计参数

项目	配水区	初沉区	挺水植物区	挺水与浮叶植物区	沉水植物区	出水导流区
面积/m²	603.88	587.05	9 327.14	3 418.61	2 089.74	315.08
水生植物	无	无	芦苇和香蒲	香蒲和荷花	黑藻	无

表2-12　人工湿地运行参数

项目	湿地面积/m²	蓄水量/m³	理论水力停留时间/d	COD日去除负荷/(g·m⁻²)	氨氮日去除负荷/(g·m⁻²)
数值	16 341.5	18 200.0	2.5	28.89	1.179

第一级挺水植物区。芦苇区是该系统净化污水的最主要的区域，区域内芦苇和香蒲的间距为30 cm左右，共种植芦苇和香蒲各1 400株。该系统利用湿地的自净能力将大部分污染物去除，表现在：悬浮颗粒的沉降；溶解营养物质，扩散并进行沉积；有机物矿质化；营养物质被微生物和植物吸收。

第二级挺水与浮叶植物区。可采用许多池塘均能发现的香蒲和荷花，它们具有很强的生长适宜性。区内香蒲和荷花的间距为40 cm左右，共种植香蒲500株、荷花700株。浮水植物对污水起到粗滤作用。浮水植物的光合作用很强烈，产生大量的氧气，提高湖水中氧气的含量，为芦苇区的去污净化作用提供丰富的氧气。此外，还有阻滞水中漂浮物，吸附水中悬浮颗粒的作用。

第三级沉水植物区。利用黑藻对水源做最后的净化处理，对系统也起到缓冲调节作用。区内黑藻播种总量为12 kg左右，种植水位应控制在30~50 cm。黑藻可以增强湿地容积，增加系统滞留时间，提高湿地承载负荷，滤去悬浮物大颗粒，增加水中氧气量。

2.3.1.7　湿地工程设计图

原鱼塘中间存在废弃土堆，为了增加湿地容量予以清除，并对鱼塘适当清淤挖深，清理部分边坡等，新开挖的边坡一般不陡于1.0~1.5；预计开挖土方5 500 m³，并外运至临近废弃鱼塘回填；塘底设计高程1.6 m，蓄水设计高程2.8 m，蓄水面积15 151.6 m²，蓄水量18 200 m²。湿地工程设计，见二维码。

湿地工程设计与人工湿地示意

2.3.1.8　人工湿地运行效果

人工湿地中植物的培植引种已于2010年完成，湿地工程建设于2011年年底竣工并投入运行。根据工程设计，农田灌溉水的SS、COD、氨氮由湿地入口处的130 mg·L⁻¹、86 mg·L⁻¹、3.5 mg·L⁻¹，降至12 mg·L⁻¹、35 mg·L⁻¹和1.8 mg·L⁻¹，处理率达91%、59%、49%，出水达到《农田灌溉水质标准》GB 5084—2005和《地表水环境质量标准》GB 3838—2002 V类水质要求。

人工湿地工程在注重水质净化效果的同时，充分考虑到经济效益和生态效益，使用净化水灌溉的清水灌区中，水稻年产量达8 250 kg·hm⁻²，高于对照污水灌区1 250 kg·hm⁻²；当地农户积极利用湿地中轮叶黑藻等饲用水生植物，发展养鱼、养蟹等副业，并将收获的芦苇、香蒲等经济作物进一步加工，增加其附加值。统计数据表明：工程实施后，当地农民的年均农业收入由以前的6 400元增加到7 500元，其中粮食收入占77.6%。此外，湿地建成运行后，系统内的物种多样性明显提高，由滨水植物、挺水植物、浮叶植物、沉水植物及水中的动物、浮游微生物等组成的多层次立体生态网络，其系统协调稳定，环境优美怡人。

2.3.1.9　生态化农田整治

（1）田——生态沟渠与生物通道设计　以提高田间水体自净能力,保障田间物种多样性为出发点,设计生态沟渠与生物通道,形成生态保育与水质改善功能相耦合的复合型农田生态系统。

1）生态沟渠　在农田周边建设生态沟渠,在沟底铺设多孔水泥板与碎石,后期种植牧草、水芹等植物,并在渠道中分段设置节制闸,减缓水流的速度,增加滞留时间,增加植物对养分的利用时间,也提高水体的自净能力,并起到给微小动物提供栖息地的作用。

2）生物通道　依托土地整治工程,在生态沟渠靠农田区域侧,搭建生态阶梯——两栖类动物生态通道（见图 2-26）,通过阶梯深度、坡度等指数的合理设置,保证青蛙能通过自身力量进出沟渠,有利于蛙类的迁移、栖息与繁育。

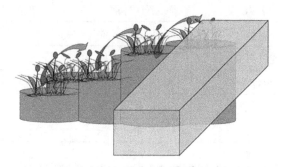

图 2-26　生态阶梯————两栖类动物通道

（2）水——充分利用清洁能源,全面提升自净能力

1）节能环保工程——太阳能提升泵站　在白牛水贤片区北侧,建太阳能提升泵站,用于将灌溉排水沟渠内水或界河内水提升输送至白牛塘水系片区内,用于循环或补水。

①设计供电 4.4 kW 太阳能电池组（含发电机及充放电控制系统）1 套,占地面积约 200 m²,白天 8 h 供电,夜间蓄电池 4 h 供电;水泵组最大取水量 100 m³/h,采用井式取水,水源为灌溉排水沟与界河。另外,考虑到连续阴雨天泵站使用的可能性与便捷性,设置备用电源,以保证泵站正常取水功能。

②池塘——四级净化体系设计与水生生态系统重建　通过物理过滤与生态系统自净相结合的方法,设计水体四级净化系统,构建完整的水生生态系统,水质净化、生态系统修复的同时,提升水体的景观美学价值与经济效益。

a. 水流组织设计。利用灌溉泵站,将农田排水提至白牛塘,白牛塘是一个水质四级净化区域（4 个池塘）,农田排水通过由北向南折流,一级一级过滤、净化,至末端再将水用于农田灌溉。水流组织设计示意,见二维码。

水流组织
设计示意

b. 生态系统构建与修复。遵循生态原理,通过构建完整的水生植物-水生动物-微生物共生体系,借鉴各生物间及生物与环境因子间的相互作用,降解、固定或转移污染物和营养物,提高水体生态系统的自净能力;通过建立复杂的食物链与食物网,提升生态系统的稳定性。

第一,建立多层级的水生植物群落结构。利用植物能够吸收水中无机盐类的性质,针对水体的不同部位,向水体中导入不同生活型的水生植物(见表 2-13),如挺水植物(茭白、香菇草、旱伞草等)、沉水植物(金鱼藻、苦草等)、浮水植物(睡莲)见二维码,以促进水中悬浮物、污染质的沉降、吸收、转化、积累与降低水中悬浮物和营养盐的浓度和量,从而抑制与减少浮游藻类生产量,减少底泥的再悬浮,提高水的透明度,改善水质,同时水生植物群落的形成也为水生动物和昆虫提供栖居地。

水生植物平面布置示意

表 2-13　水生植物投放种类及其数量

序号	类别	名称	型号/规格	单位	数量	备注
1	沉水植物	苦草	16 丛,每丛 5 株	m²	8 330	
2		轮叶黑藻	16 丛,每丛 5 株	m²	780	
3		金鱼藻	16 丛,每丛 5 株	m²	500	
4		篦齿眼子菜	16 丛,每丛 5 株	m²	500	
5		伊乐藻	16 丛,每丛 5 株	m²	790	
6	浮水植物	睡莲	6 株	m²	600	
7	挺水植物	荷花	6 株	m²	1 530	经济作物
8		茭白	6 株	m²	300	经济作物
9		菱角	6 株	m²	250	经济作物
10		慈姑	6 株	m²	490	经济作物
11		鸢尾	6 株	m²	150	
12		旱伞草	6 株	m²	100	
13		千屈菜	6 株	m²	100	
14		香菇草	6 株	m²	100	
15		水葱	6 株	m²	100	

第二,合理投放滤食性鱼类与底栖动物。根据生态系统食物链和能量金字塔理论,合理构建以土著鱼类为主的具有不同生态位的特色鱼类群落,利用滤食性鱼类,如鲢鱼、鳙鱼等可以有效地去除水体中绿藻类物质,使水体的透明度增加;还有底栖动物,如蚌类、螺类等可以有效地去除水中悬浮的藻类及有机碎屑,提高河水的透明度,同时分泌促絮凝物质,使湖水中悬浮物质絮凝,促使水体变清等。建立多层次、按程序、定量投放鱼、虾、蟹、贝螺等水生动物技术体系,加速自净和有机质分解,减少水体沉积率,稳固底泥理化性质,净化水质的同时,鱼类也会产生经济产出。

第三,充分重视有益微生物群落的作用。使用有益菌(主要是分解有机物、去除氨氮、抑制藻类的光合细菌、硝化菌、芽孢杆菌等)和微小动物(大型溞、轮虫等),构建包含"生产者–消费者–分解者"的完整生态系统生物组分结构,连接食物链网的各个环节,结合应用定期回收割除和收获等方法,将水中的无机 P 和 N 盐类等营养物质迁移、转化并输出,以达到改善和控制水质的目的,最终使水系成为具自净能力、可自循环、具有生命力的水生生态系统,有利于长期有效地控制藻类和维持生态系统的健康。

(3)路——交通穿行、休闲游憩与生态保育功能兼顾 平整片区道路,按照不同功能特点,设计生产路、田间路与游憩步道 3 种主要道路类型。同时,在田间设计生态沟渠与生物通道,提高田间水质净化能力,加强蛙类的生态保育。

1)生产路 宽 2 m,以节约工程成本、低碳循环利用、凸显乡土特色为出发点,主要设计碎石路与青砖路两种形式。①青砖路。通过人工拆除项目区内砖瓦式房屋,回收利用青砖、青瓦等建筑材料,用以铺建道路路面。②碎石路。循环利用项目区房屋拆除留下来的碎状石块,铺设以碎石、素土等材质的路面。

2)田间路 宽 4 m,以便于车辆通行,发挥海绵体作用为出发点,将田间路中央 1 m 段设计为土质,两边则铺设水泥,一方面有效减少过往车辆对原土质道路的破坏,另一方面,保留中部道路的自然风貌,保留道路部分渗水功能。

3)游憩步道 宽 1.5 m,以减少人为干扰、保护物种多样性、发挥景观美化功能为出发点,结合生态技术和特殊处理手法,在池塘中央,铺设架空的木质栈道,以减少对水体动植物生境的破坏;合理设计栈道曲度,曲径通幽,野趣十足,增强其景观美化功能。

4)生态沟渠 在田埂周边建设生态沟渠,在沟底铺设多孔水泥板与碎石,后期种植牧草、水芹等植物,并在渠道中分段设置节制闸,减缓水流的速度,增加滞留时间,增加植物对养分的利用时间,也提高水体的自净能力,并起到给微小动物提供栖息地的作用。

5)生态通道 依托土地整治工程,在生态沟渠靠农田区域侧,搭建生态阶梯——两栖类动物生态通道,通过阶梯深度、坡度等指数的合理设置,保证青蛙能通过自身力量进出沟渠,有利于蛙类的迁移、栖息与繁育。

(4)林——搭配季相变化树种,构建多层次植物群落 将农民搬迁后自留地上的桃树、柳树、石榴树等本土树种移植至水系、道路两侧,降低成本,循环利用,同时由于本土物种在原始生态系统生态位中的作用已经固定化,利用它们也能有效地维护生态平衡。种植水杉、香樟等本土常见乔木,搭配乌桕、银杏、合欢、美国红枫等观赏性强、外貌具季相变化的树种,并合理配备本土灌木、草本物种,构建"乔–灌–草"多层次的植物群落,增强林地的观赏性,提升植物多样性、丰富本土野生动物的栖息生境。

2.3.2 大型人工湿地在京津冀河道水质提升、景观改善中的保障作用

2.3.2.1 大型人工湿地功能分析

湿地的定义非常广泛。按照《国际湿地公约》的定义,湿地指不论其为天然或人工、长久或暂时之沼泽地、湿原、泥炭地或水域地带,带有静止或流动,或为淡水、半咸水或咸水水体者,包括低潮时水深不超过 6 m 的水域。而人工湿地的定义非常局限,仅指一个土地处理系统。美国鱼类和野生生物保护机构于 1979 年在"美国的湿地深水栖息地的分类"给出了一个容忍度非常高的定义:陆地和水域的交汇处,水位接近或处于地表面,

或有浅层积水,至少有一个或几个如下特征:至少周期性地以水生植物为植物优势种;底层土主要是湿土;在每年的生长季节,底层有时被水淹没。

重新定义湿地:此处主要指城市污水厂退水的大系统,对象一般是3万吨以上,主要是10万吨、20万吨,污染或微污染河道的大型人工湿地,以水质改善达到河湖环境质量标准为目标,通过湿地建设同时起到提升景观效果、为市民提供休闲场所的作用。

总结上述湿地的定义和功能,可以看出大型湿地主要有以下功能:

(1)处理污水,改善水质 水专项中的典型案例:天津滨海工业带尾水人工湿地(临港湿地二期),其北与临港湿地一期接壤,总占地面积约为183 hm^2。为有效修复湿地生态功能,保护鸟类栖息地,维护生态多样性,二期工程按照国家湿地公园要求进行建设。公园以水处理为主题,兼具景观效果,分为科普宣教区、人工湿地区和原生湿地鸟类保护区,曾获天津科技一等奖,是国内唯一一座大型工业园区内生态湿地公园。此外,与一期相比,二期能进一步处理工业区溢流的雨水,避免工业园区内因空气中有害物质运输造成的雨水污染对周边环境的影响。

该湿地直接处理工业尾水,尾水首先经临港一期湿地,接着出水与园区初期雨水进入临港二期湿地处理,并最终排入渤海。人工湿地区主要通过潜流湿地、表流湿地中基质、植物和微生物的共同作用,有效去除氮、磷污染物,改善水质、净化水体。集配水渠均用碎石作为填料,湿地植被种植土层约为20 cm,以挺水植物芦苇为主。

(2)营造区域湿地,调节地表径流 现代社会由于城市路面硬化,高楼林立,无法滞留雨水。2014年2月,习近平总书记在北京考察,来到他小时候居住过的玉泉山地区,指出了北京河水断流、地下水超采等生态系统退化问题,提出要保护水文化,看得见山、看得见水、记得住乡愁。

而北京过去是什么样呢?直到新中国成立前,北京市整个水系统仍是由元朝郭守敬设计,把昌平白浮泉的水及沿途共拦截11处泉水,汇聚为积水潭,成为大运河的端头,再往东流向通州汇入北运河。白浮泉是通惠河的源头,到新中国成立初期仍可浇灌300余亩水稻田。1959年8月,水利部门勘测出白浮泉水的日流量为20多吨。这么小的水量,加上北京的地表径流,就保持了在新中国成立初期的"水乡北京",并为约660万的常驻人口供水。所以,有限的水资源维持一个地方的水系和湿地结构是完全可能的。

基于以上分析,若污水厂数万吨的流量,通过水质提升,能否支撑一个区域的水生态系统的重构?经过测算,北方地区,假设水源为污水和雨水,并考虑100倍的径流面积:对于乡村:500吨/日水量可维持4 hm^{2}湿地的蒸发、渗透量(年平均5 m),如果与雨水径流管理相结合可以维系近2~30 hm^{2}的湿地(年平均蒸发、渗透量10 m)。针对城市:5万吨的水量可维持400 hm^{2}湿地的蒸发量,如果与区域雨水径流管理相结合,可以维系近30 km^{2}的湿地群。也就是说,目前尽快排掉的污水径流、雨水径流的管理方式,使得整个城市、农村都是干涸的。

(3)生物多样性保持的作用 人工湿地对生物多样性的保持是非常有效的。以天津临港湿地二期为例,该湿地除作为科普宣教区和人工湿地区,还包含原生湿地鸟类保护区的功能。原生湿地鸟类保护区在湿地的南部,主要以现状水鸟栖息地为核心区。针对不同种类水鸟栖息时对水深的要求,进行地形塑造,打造人工岛屿,建设富有梯度的、适合各类型水鸟栖息的保护区。营造深水区和岛屿、芦苇带 3 种斑块镶嵌体,提升湿地保育生态异质性。为水鸟提供多样的觅食地,营建大面积无植被或稀疏低矮植被覆盖的浅滩作为觅食地基质。同时在湿地周边种植缓冲林,与外部区域隔开,避免水鸟遭受干扰,为提高水鸟栖息地质量。

(4)提升旅游资源,提升景观效果　湿地群的建设不仅能够保障水质安全,同时也能拓展绿色生态空间,打造沿河景观。湿地群的建设需要结合区域内自然环境及成型空间,修复或延续生态功能,创造出适合动植物生存及充满旺盛生命力的绿色生态廊道。

目前,围绕京津冀水专项最重要的一条河道——永定河 5 个生态节点建设了湿地群(见图 2-27)。其中,八号桥湿地和妫水河湿地有效改善了官厅水库的入库水质。北京的新首钢五湖一线建成,极大改善了永定河的生态环境,形成水面 180 hm^2,绿化 300 hm^2。

妫水河入库湿地

官厅水库八号桥湿地

图 2-27　永定河"五湖一线"工程示意图

现在,在世博会官厅水库,百里画廊、新首钢的五湖一线分别形成了一个景观群,今后在北京南机场也会形成大的湿地景观。宛平湖、晓月湖、园博湖、莲石湖、门城湖,就是所谓的"五湖一线",已经成为夏季北京市民重要的休闲地。这些湿地不仅仅处理污水,同时也对景观提升和旅游资源提升起到了非常好的作用。

2.3.2.2　京津冀应用大型湿地案例研究

由于排放标准和水环境质量标准存在着巨大的差距,这个差距如果仅靠采用技术力量或者手段来弥补,往往会存在技术上和经济上的困难。河北白洋淀-大清河流域把湿地引入到标准里,将之作为污水处理厂的一个延伸环节。考虑污水处理厂和生态措施相结合,出水达到更高的水质标准。在河流、湖泊流域达标上确实有很多有效的手段,例如,提高标准、综合利用规划、总量控制、生态流量等。

此处介绍的案例主要针对城市污水厂的退水大系统,一般 3 万吨以上,主要是 10 万吨、20 万吨,污染或微污染河道的大型人工湿地,以水质改善达到河湖环境质量标准为目标,通过湿地建设同时起到提升景观效果、为市民提供休闲场所的作用。

在大型河道里,湿地起到的作用和方式不尽相同,以京津冀应用大型湿地案例进行介绍。主要包括以下 5 种湿地案例:河道水质提升大型自然景观构建型湿地——官厅八号桥湿地案例;大型河道型自然湿地改善河道水质——永定河宣化段梯级湿地案例;大型旁路人工湿地保障城市退水断面达标——龙河湿地案例;大型近自然人工湿地提升城市退水水质——白洋淀河口水质案例;垂直复合型潜流湿地Ⅲ类水质保障——妫水河三里河湿地。

(1)官厅水库-改善河道水质,打造自然景观 官厅水库八号桥湿地位于河北省怀来县永定河入库口,项目用地为永定河大秦铁路——八号水文站段 3.5 km 入库滩地,总面积 211 hm²。工程定位为兼具自然景观特色的水质净化湿地,主要净化永定河上游来水。水库进入北京之前,水质在Ⅳ类到Ⅲ类水之间,这几年水污染问题有所缓解。北京市政府决定在官厅水库入库口建设一个河道型湿地,全部河道水经过它进行处理。净化河水规模为 26 万 m³·d⁻¹,每年可处理 0.95 亿 m³,表流湿地面积为 156 hm²。设计目标是净化处理规模下消减污染物 30%。处理以后能稳定达到Ⅲ类水的目标。然而在这之前,由于是河道型的湿地,干涸期间老百姓就在河道里种地,会施用大量的化肥、农药,来水以后回到水库,影响了河道的水质。

湿地建设划分为三个区域:

1)溪流形式湿地(Ⅰ区) 通过疏挖若干溪流,通过勾连、交互形成交错的线条式湿地,形成条带状湿地特征。湿地浅水区种植水生植物,主要为挺水植物,深水区种植水生植物,主要为沉水植物,这部分对氮、磷有一定的去除。

2)岛屿型湿地(Ⅱ区) 利用现状田埂及局部地形改造,形成水面、小岛、湿地的分散式湿地景观特征。包括:主湖区、鱼鳞湿地、生物塘和连通溪流,在当地是非常好的景观资源。

3)单元型湿地(Ⅲ区) 利用现状场地内西侧中部鱼塘,疏挖形成配水生物稳定塘,分成了非常多的格,功能性更强。

这样的三个湿地串联运行来,保证了运行效果。从处理效果上来看,也是非常明显的。氮磷的处理率超过了 30%,高的时候总氮去除率可以达到将近 50%。水质改善、生态改善和景观改善非常明显。在植物搭配、营造大面积的大地景观上也做了相关设计,效果非常好。

保证官厅入库河水水质是水专项和我国水环境保护的一个非常重要的标志性成就。由于 20 世纪 70 年代官厅水库的污染,我国建立的第一个环境保护机构就是官厅环保办公室,这也是国务院成立的第一个环保机构。后来官厅水库由于污染问题退出了城市水源地。经过多年的治理,现在官厅水库被重新定位为城市备用水源地。通过湿地和其他措施结合治理的方式,官厅水库水质如能恢复到Ⅲ类水,则可以与死河、污染河变到鱼类回游的泰晤士河相媲美。因此,北京市政府把官厅水库治理列入国家一号工程。

(2)龙河-改善城市退水,保障断面达标 2017 年廊坊面临限批,两个主要的开发区水质不达标,都是劣Ⅴ类水,此外城市内的黑臭河道也比较多。结合水专项要求,在河道边建设旁路湿地,处理龙河城市污水处理厂 3 万吨退水。同时,在湿地前面建设了一个预处理的泵站,从河道上经过湿地。

当时的设计要求已经达到了Ⅴ类水以上的要求。从 2018 年 10 月建成到 2020 年,水质主要指标达到了Ⅳ类水的水质要求,龙河不光摘掉了劣Ⅴ类水的帽子,也建成了一个湿地公园,从而协助廊坊解除了限批的要求。

(3)白洋淀-北方最大人工湿地,改善城市退水 由于白洋淀区域范围大,雄安新区定位规格高,白洋淀的水质改善问题比较突出。白洋淀的污染情况主要是两个城市的退水对白洋淀水质造成了一些污染,以及沿途部分区域污染。一是保定大概 30 万吨的水,二是高阳大概 20 万吨的水,其他的河道(共 56 条河道)基本支流都没有水。

净化措施从两条入流河道开始。最主要的负荷是承接保定的退水,涉及 6 300 亩的湿地。孝义河河口湿地水质净化工程占地 3 165 余亩。两个湿地的规模是北方最大的人工湿地,完全是近自然的恢复湿地。采用"前置沉淀生态塘+水平潜流湿地+多级表流湿地+沉水植物塘"工艺,前面是前置的预处理(包括储存,相当于前置库等等的处理);中间是水平浅流湿地,是主要功能型湿地,水生植物系统对氮磷的去除。

针对白洋淀水面面积较大,能否采用水面自净方式的问题。从整体的模拟结果来看,功能型的湿地对特定污染物去除的设计是必要的。如果不经过特定的设计,水体自身有一定的自净效果,但是定量控制污染是不可能的。

两个湿地对恢复白洋淀整个淀区的水面相得益彰,保证了白洋淀的水质。白洋淀几个考核断面的水质在Ⅲ类到Ⅳ类水之间,效果非常理想。

(4)妫水河-复合型湿地,Ⅲ类水质保障 妫水河世园会是官厅水库永定河的支流,直接入官厅水库。北京全实行Ⅰ级 B,但是延庆执行Ⅰ级 A,因为当地对功能区的要求是Ⅲ类水。打造湿地型河流,形成延庆北部休闲观景区,同时兼顾防洪要求。采用的方法是河道本身形成了城区的内循环,即循环湿地,然后对河道进行改造。最后入湿地之前加了一个旁路的辅流湿地来保证达到要求。沿着整个三里河河道在城区建了 20 多个不同类型的净化设施,在 11 km 河道里,水生植物总面积有十几块。

2.3.3 白洋淀入淀河道-湿地缓冲区-退耕还淀梯级生态修复系统

白洋淀水质提升、生态修复主要面临三方面挑战:入淀水少、水脏、湿地生态功能持续严重退化。白洋淀上游基本没有天然径流,入淀河流来水主要为上游污水处理厂尾水,长期高负荷污染导致上游河流自净能力丧失,且沿程存在各种垃圾、养殖、生活等污染物排入,导致入淀水质较差。藻苲淀湿地和马棚淀湿地内源污染物累积多、农药化肥累积以及农村面源污染输入风险高,调水后淹没区的陆地污染物输入将进一步影响水质。白洋淀生态空间单一,入淀湿地沼泽化、农田化明显,湿地面积逐年递减、生物多样性破坏严重、生态结构和功能不断退化,难以保障白洋淀淀区水质。

白洋淀由大小不等的 143 个淀泊和 3 700 多条沟壕组成,主淀区上游藻苲淀严重沼泽化、马棚淀完全农田化。上游府河和孝义河来水均直接沿藻苲淀和马棚淀淀边河道流入主淀区,后者没有任何的生态环境作用。针对水十条和雄安新区总体规划的生态环境保护要求,开展白洋淀上游河道和湿地生态修复和水质净化研究,针对三方面问题提出了针对性的解决思路:河道水质提升—缓冲区污染削减—近自然湿地与退耕还湿湿地生态修复,整体形成了从上游河道到入淀湿地缓冲区,再到藻苲淀和马棚淀湿地的梯级生态修复和水质净化技术体系,关键控制环节全覆盖,以保证进入白洋淀主淀区的水质提升。

2.3.3.1 入淀河道水质提升技术

针对入淀河河流污染重、河流自净能力弱,急需修复河道生态系统,增强自净能力。

针对府河和孝义河上游来水主要是污水处理厂尾水的情况,开展府河和孝义河新区段河道多功能耦合生态修复技术研究,构建河道净化-河流生态修复集成技术(见图2-28)。探索天然降雨不足河道的底泥环保清淤、河道生态斑块构建、河道生态修复、岸边环境综合整治等技术,提高河道的水质净化作用。

底泥 评价河道水质和底泥特征确定河道底泥合理清楚范围和深度

河道 开发生态斑块复合生态浮岛河道湿地修复技术

河岸 筛选因地制宜的格宾石笼雷诺护垫和松木桩护岸

图2-28 入淀河道水质提升技术

首先对府河和孝义河河水和沉积物的污染状况进行研究;以入淀河流断面水质目标为约束条件,分析府河和孝义河新区段的水环境容量;提出水污染总量控制主要的对策与措施。

在此基础上,结合生态学"斑块-廊道-基质"重塑河道的概念,在合适条件下,构建河道生态斑块修复系统;设计复合式生态浮岛,利用植物吸收、基质吸附以及微生物作用,同时引入硫自养反硝化原理,达到比较好的氮磷去除效果;根据府河和孝义河河道条件,在适宜区域建设河道内湿地生态系统。

岸边综合整治方面,主要选用格宾石笼/雷诺护垫和松木桩等进行生态护岸建设。

2.3.3.2 入淀湿地缓冲区污染削减技术

针对来水水质差、负荷波动大,构建入淀湿地缓冲区削减污染(见图2-29)。

湿地缓冲区设置 根据污染物特征设置污染削减功能单元
生态塘 错流湿地 植物塘

污染物 去除基于湿地基质选择微生物和水生生态系统构建的强化污染物去除技术

图2-29 入淀湿地缓冲区污染削减技术

针对府河和孝义河污染严重、暴雨期存在污染负荷急剧增加等问题,在藻苲淀和马棚淀上游建设湿地缓冲区,减少上游来水对下游近自然湿地的冲击。

依据入淀口周边地形地貌以及土地利用现状,确定湿地缓冲区的设计形态;提出强化去除上游来水中悬浮物、有机物、氮、磷等的湿地缓冲区处理工艺单元配置,构建生物降解、植物吸收和基质拦截为主的污染物净化系统,促进污染物高效去除。

湿地缓冲区采用生态塘-潜流湿地-植物塘的配置。其中,生态滞留塘初步削减颗粒污染物;功能湿地系统通过高氮磷去除效率的基质(沸石和钢渣,并辅以碎石)、水生植物和微生物系统强化污染去除;植物塘系统趋近于自然湿地生态系统,水生生物系统构建立足于白洋淀乡土植物和底栖动物。

自然湿地生态系统示意

2.3.3.3　近自然湿地生态修复和水质净化技术

针对入淀湿地不具备水质净化和生态功能,通过近自然修复和重构(见图2-30),逐步过渡形成良好的自然湿地生态系统。见二维码。

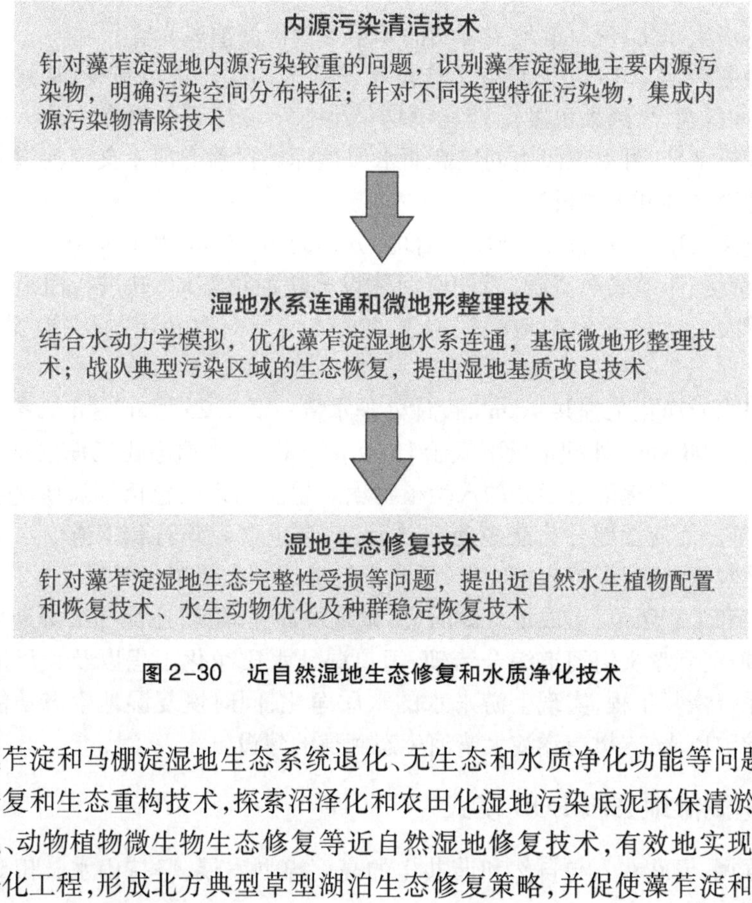

内源污染清洁技术

针对藻苲淀湿地内源污染较重的问题,识别藻苲淀湿地主要内源污染物,明确污染空间分布特征;针对不同类型特征污染物,集成内源污染物清除技术

湿地水系连通和微地形整理技术

结合水动力学模拟,优化藻苲淀湿地水系连通,基底微地形整理技术;战队典型污染区域的生态恢复,提出湿地基质改良技术

湿地生态修复技术

针对藻苲淀湿地生态完整性受损等问题,提出近自然水生植物配置和恢复技术、水生动物优化及种群稳定恢复技术

图 2-30　近自然湿地生态修复和水质净化技术

针对藻苲淀和马棚淀湿地生态系统退化、无生态和水质净化功能等问题,通过近自然的生态修复和生态重构技术,探索沼泽化和农田化湿地污染底泥环保清淤、水系连通、水动力优化、动物植物微生物生态修复等近自然湿地修复技术,有效地实现经济入淀湿地的水质净化工程,形成北方典型草型湖泊生态修复策略,并促使藻苲淀和马棚淀逐步过渡形成良好的自然湿地生态系统。

第一,根据污染源及污染空间,进行合理的湿地污染清除。

藻苲淀和马棚淀底泥和土壤的污染评价表明,该地区全氮处于丰富和极丰富水平,全磷处在中等水平;湿地恢复后,氮和磷均有一定程度释放,甚至可使上覆水水质大大超过地表水 V 类标准,部分区域需要一定程度的污染清除。

第二,结合水动力优化,改善湿地水系连通状况。

根据藻苲淀地形,通过 Delft3D 模拟,优化府河上游来水引入到藻苲淀的路径,实现水系连通;通过深潭-浅滩-沟渠-生态岛等的生态景观设计,进行马棚淀湿地空间格局重新规划、优化和生态改建;模拟了藻苲淀和马棚淀内的水动力过程和污染物去除效果;通过基底微地形整理和立地条件改善,促进了水流过程优化、生态系统恢复和污染物削减。

第三,生态修复主要通过近自然水生生物的配置、优化和恢复。

根据白洋淀的自然特征,以芦苇为主的挺水植物,以穗花狐尾藻、金鱼藻以及轮叶黑藻为主的沉水植物,作为藻苲淀和马棚淀湿地生态修复的最优植物组合,并辅以底栖动物投放,形成稳定的湿地食物链;为保证水位波动和低温条件下污染物去除效果,可以考虑适当投加功能菌。

2.3.3.4　技术应用与预期

上游来水水质净化,恢复湿地生态功能和苇海台田淀泊风光。

河北省委省政府 2019 年的重点工作是雄安新区的生态环境建设,从河道的生态修复,到湿地缓冲区建设,到大尺度湿地建设均是生态环境建设的重点工作。这三项生态环境工程的有机结合,可以保障南刘庄断面水质达标。目前府河孝义河河道和湿地缓冲区的示范工程都已经开工建设。

府河和孝义河新区段河道综合环境治理,分别为 16.3 km 和 6.4 km,包括河道的疏通工程、垃圾清运、河道底泥清淤,另外府河建设七块河道湿地,并进行河道生态修复和河岸带生态修复。七块河道湿地根据河道的具体情况配置相应的植物、微生物、动物系统。

府河河口水质净化工程共 4 km^2,设计处理水量不低于 25 万 m$^3 \cdot$ d^{-1},孝义河河口水质净化工程共 1.98 km^2,处理水量不低于 15 万 m$^3 \cdot$ d^{-1}。水质净化工程主要包括前置的生态塘、重点的潜流湿地以及后续的水生植物塘。生态塘系统包括好氧塘、生态塘、人工水草、生态岛等。潜流湿地分为众多处理单元,填料主要为碎石和钢渣。水生植物塘遵从近自然湿地规律,设置了沉水植物塘、浮叶植物塘、荷塘、苇海台田等。

通过研究和工程示范,形成了入淀河道-湿地缓冲区-退耕还淀梯级湿地生态修复技术体系,实施府河和孝义河河道综合治理、河口湿地水质净化工程以及大尺度藻苲淀和马棚淀生态系统恢复工程,实现上游来水的水质净化,同时恢复湿地生态功能和白洋淀的苇海台田淀泊风光,支撑白洋淀大清河生态廊道的建设。

2.3.4　九里湖湿地公园 EOD 模式

二十大强调,要站在人与自然和谐共生的高度谋划发展,坚持山水林田湖草沙一体化保护和系统治理。

九里湖湿地公园是江苏省徐州市首个国家级湿地公园,九里湖原先是采煤塌陷地,之所以能与云龙湖一起,让徐州形成了"南有云龙湖、北有九里湖"的格局,并荣获"中国人居环境范例奖",得益于江苏省"探索环境修复+开发建设 EOD 新模式"的举措,让昔日采煤塌陷区变国家湿地公园。

生态环境导向的开发模式(Ecology-Oriented-Development,简称 EOD 模式),以生态保护和环境治理为基础,以特色产业运营为支撑,以区域综合开发为载体,采取产业链延伸、联合经营、组合开发等方式,推动收益性差的生态环境治理项目与收益较好的关联产业有效融合,统筹推进,一体化实施,将生态环境治理带来的经济价值内部化,是一种创新性的项目组织实施方式,已广泛应用于废弃矿山修复、农业农村综合开发、水环境综合治理、重点流域治理等领域。

2.3.4.1　时代背景

EOD 模式时代背景如图 2-31 所示。

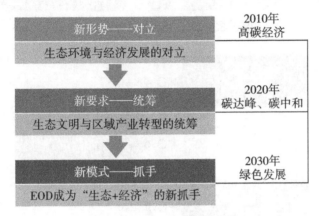

图 2-31　EOD 模式时代背景

2.3.4.2　核心要义

EOD 模式的核心要义如图 2-32 所示。

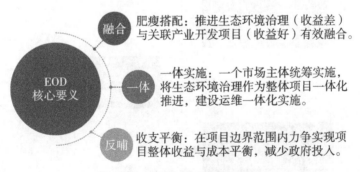

图 2-32　EOD 模式的核心要义

2.3.4.3　落地模式

EOD 模式的落地模式主要包括 PPP 模式、ABO 模式以及生态综合治理片区开发模式,如图 2-33 所示。

2.3.4.4　金融政策支持

《生态环保金融支持项目储备库入库指南(试行)》提出建立生态环保金融支持项目储备库,项目申报从 9 个方面进行了规范(见图 2-34)。

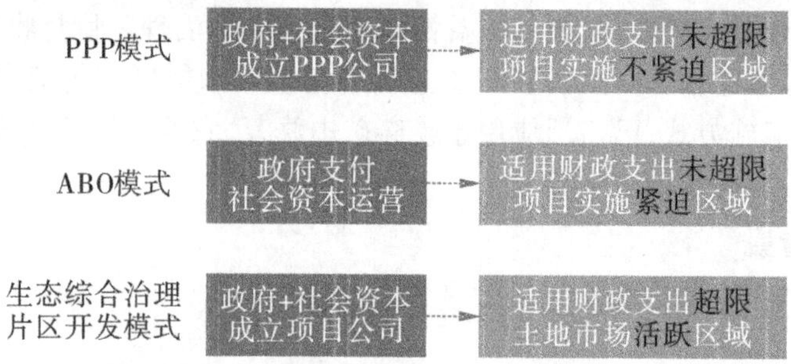

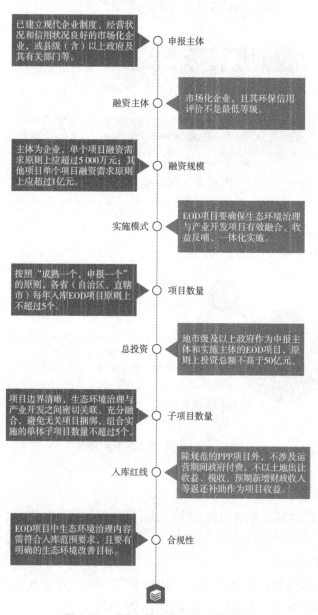

PPP模式　政府+社会资本成立PPP公司　适用财政支出未超限项目实施不紧迫区域

ABO模式　政府支付社会资本运营　适用财政支出未超限项目实施紧迫区域

生态综合治理片区开发模式　政府+社会资本成立项目公司　适用财政支出超限土地市场活跃区域

图2-33　EOD模式的三种落地模式

申报主体　已建立现代企业制度、经营状况和信用状况良好的市场化企业，或县级（含）以上政府及其有关部门等。

融资主体　市场化企业，且其环保信用评价不是最低等级。

融资规模　主体为企业，单个项目融资需求原则上应超过5 000万元；其他项目单个项目融资需求原则上应超过1亿元。

实施模式　EOD项目要确保生态环境治理与产业开发项目有效融合、收益反哺、一体化实施。

项目数量　按照"成熟一个，申报一个"的原则，各省（自治区、直辖市）每年入库EOD项目原则上不超过5个。

总投资　地市级及以上政府作为申报主体和实施主体的EOD项目，原则上投资总额不高于50亿元。

子项目数量　项目边界清晰，生态环境治理与产业开发之间密切关联，充分融合，避免无关项目捆绑，组合实施的单体项目数量不超过5个。

入库红线　除规范的PPP项目外，不涉及运营期间政府付费，不以土地出让收益、税收、预期新增财政收入等返还补助作为项目收益。

合规性　EOD项目中生态环境治理内容需符合入库范围要求，且要有明确的生态环境改善目标。

图2-34　EOD模式的金融政策支持

2.3.4.5　典型案例

前面提到的九里湖湿地公园,就是江苏省徐州市采煤塌陷区综合治理项目治理成果,是 EOD 模式的典型实践。

江苏省徐州市采煤塌陷区综合治理项目通过"挖深填浅、分层剥离、交错回填"等技术改造塌陷区,恢复土地生态调节功能,同时建起湿地公园景观,规划污水厂、交通路线、幼儿园、医院等配套设施,打造了集康养、休闲旅游、电子商务、高端住宅于一体的现代生态新城,实现从"一城煤灰半城土"到"一城青山半城湖"。

项目采取"基本农田再造、采煤塌陷地复垦、生态环境修复、湿地景观开发"四位一体的修复方案,对 26 万亩采煤塌陷区实施生态修复,使塌陷区变成了耕地、湖泊和 4A 级风景区。创新实施宕口修复和荒山绿化方案,对于宕口、矿坑、裸岩和断崖,因地制宜地开展绿化造林、岩壁造景地质保护,使 90% 的宕口成为各具特色的公园。

昔日采煤塌陷区,今朝湿地好风光。如今,九里湖湿地公园现已成为国家级湿地公园,获"中国人居环境范例奖";潘安湖湿地公园被评为国家水利风景区、国家湿地公园、国家生态旅游示范区;珠山宕口遗址公园也成了全国首个宕口遗址公园。

2.3.5　湿地公园建设守护生态底线——南昌市鱼尾洲公园

到 2022 年 11 月为止,我国已经有多达 901 个生态湿地公园,但仍有部分项目存在一定弊端:

(1)毫无根据地设计,盲目跟风。在过去,由于国内没有太多成功生态湿地的建设经验,导致一部分项目出现跟风现象,盲目设计,完全没有起到保护湿地及恢复生态系统的作用,让原本脆弱的生态环境再遭重击。

(2)景观质量及地域特征,令人担忧。目前,仍有不少地方的湿地公园布局混乱,同样的内容反反复复,且千篇一律,几乎没有丝毫区域特色,重形式却忽略了湿地公园的核心内容。

(3)大量引入外来植物,影响生态。还有一部分湿地公园项目,为了追求景观效果,不惜大量引入外来物种,严重破坏了区域内的生态平衡,同时也缺乏对本土植物的挖掘,缺乏特色,甚至出现城市化现象。

也正因这些规划埋下的"雷",导致如今部分生态湿地公园未能达到标准。

在规划时,要以自然环境为前提对公园进行设计和改造,用最低的成本和最少的手段,来达到最理想的效果。见二维码。

公园设计需要符合当地的经济、社会发展现状,并结合当地的风俗习惯进行设计,打造独特的亮点(见图 2-35)。

鱼尾洲公园/

土人设计

图 2-35　南昌市鱼尾洲公园/土人设计

还要合理利用自然资源,维护生态平衡,并保留自然景色,让湿地公园的自然景观更加突出。

在功能分区上,一般会分为 4 个区域:

第一个就是核心区,这里主要是动植物的生存栖息地(见图 2-36),一般需要进行围挡,并加强管理。

图 2-36　湿地公园作为动植物栖息地

第二个就是科普区,主要让游客尽可能了解湿地公园的文化知识,以及本土特色动植物的科普(见图 2-37)。一般包括动植物认知园、自然探索园、湿地教育文化园等。

图 2-37　湿地公园科普教育功能

第三个是观光体验区,顾名思义就是为游客提供观光和体验服务的区域(见图 2-38)。一般有生态农庄、自然采摘园、农田景观等,让游客更好地感受生态自然所带来的乐趣。

图 2-38　湿地公园观光体验区

　　第四个是游客中心区,主要为游客提供休闲养生服务,让他们在游览过程中感到疲惫时,能稍作休息,并为他们提供吃喝玩乐,既丰富了游客的体验,还能为园区增收(见图 2-39)。

图 2-39　湿地公园中游客休息区

　　在道路系统上,生态湿地公园需要有 2 个及以上出入口和 1 个较大的停车场。

　　园区主干道宽度要 ≥3 m,次干道要 ≥2 m,且尽量采用柏油路的形式。道路两侧须有观光和休闲设施,以满足游客观赏、停留、休憩的需求(见图 2-40)。

图 2-40　西川生态修复景观设计/翰祥景观

　　在植物设计上,你不仅需要考虑植物的多样性,也要考虑其生长环境要求及不同植物组合的美观度。

　　陆地植物一般需要考虑枝繁叶茂、生态效益良好的植物进行配置(见图 2-41)。

图 2-41　昆明云海 1 号微湿地公园/园点景观

　　而在主要景观节点上,需要选择姿态优美的造型植物或开花植物,以供游客观赏(见图 2-42)。

图 2-42　昆明云海 1 号微湿地公园/园点景观

如果是较为空旷的区域,则需要考虑冠幅较大的乔木,以便为游客提供树荫(见图 2-43)。

图 2-43　昆明云海 1 号微湿地公园/园点景观

水生植物则从水边植物、浅水区植物、深水区植物三个方面去考虑。

水边植物比较讲究构图上的美感,常为丛植、片植或散植于水边,形成错落有致的植物倒影(见图 2-44)。

图 2-44　西川生态修复景观设计/翰祥景观

浅水区植物一般为叶形宽大的挺水和浮叶植物。配置时需注意在水面中的比例大小,与周边景观是否协调。见二维码。

深水区植物主要考虑其净化功能,一般由沉水植物与漂浮植物组合搭配,保证观赏性与生态性(见图2-45)。

西川生态修复景观设计和深浅水区植物示意

图2-45 西川生态修复景观/翰祥景观

在水系设计中,需要考虑的主要是湿地公园的用水、排水系统,见二维码。要最大程度地运用循环水,减少水资源的浪费(见图2-46)。

西川生态修复用水、排水系统设计示意

图2-46 西川生态修复/翰祥景观

在进行生态湿地公园设计时,我们应充分考虑各种湿地生物的不同习性、特征,以建设出功能健全、生态结构合理、生物丰富多样的湿地公园,达到人与自然的和谐统一。

2.3.6 小湿地大生态——北京小微湿地保护修复示范建设项目实践

小微湿地设计是在较小范围内,依据昆虫、鱼类、两栖和爬行类以及鸟类等湿地动植物生存所需的栖息地条件,构建结构比较完整并具有一定自我维持能力,能够发挥水质净化、蓄滞径流、生物多样性保护、景观游憩和科普宣教等功能的小型湿地生态系统。作为城市湿地系统的有机组成部分,小微湿地在保护修复、建设管理以及合理利用等方面,与城市大型湿地具有同样重要的作用和意义。加强小微湿地保护修复与建设,是落实生态文明观的重要途径。

2.3.6.1 项目背景

北京市人民政府于2018年印发《北京市湿地保护修复工作方案》(京政办字〔2018〕3

号），以进一步加大本市湿地保护修复力度，全面提升湿地生态质量，并对本市湿地保护修复的总体目标、主要任务和保障措施提出了具体要求。

2.3.6.2 项目与城市的位置关系图

北京小微湿地保护修复示范建设项目旨在利用城市有限的水资源，营造适宜生物栖息的多样生境，提高生物多样性，促进人与自然和谐共生。在北京市园林绿化局的组织协调下，北京景观园林设计有限公司设计团队详细踏查比选了城区和郊区多个地块，综合考虑周边建设条件、通达程度、生态基底环境、场地维护条件等因素，最终确定选址为北京亚运村。项目与城市的位置关系及项目周边环境分析，见二维码。

项目与城市的位置关系及项目周边环境分析

该地块位于北京北四环亚运村中心地区，南邻国际会议中心、五洲大酒店、五洲皇冠国际酒店，东接北辰时代大厦，西侧距离国家体育场鸟巢850 m。项目所处的亚运村中心花园占地面积 52 000 m²，是首都国际交往空间下的一处重要的生态园林，其中核心区小微湿地建设面积 4 100 m²。

北京小微湿地保护修复示范建设项目推动了区域国际交流的文化服务功能，加快小微型湿地示范项目的落地实施。借由项目的建成和示范带动，以点带面，使小微型湿地保护修复工程在北京全市有条件的区域内得到有效推广，以点带面，将生物多样性保护作为出发点，发挥更大的综合效益，让城市生态更具活力。

2.3.6.3 生境修复

北京小微湿地保护修复示范建设项目应用"生态踏脚石"理论，以湿地生态功能为前提，以湿地自然景观为特色，营造并维持动物栖息地环境，开展科普教育宣传，结合雨水的高效收集与合理利用，加强湿地生态保护修复力度，充分发挥小微湿地的生态和景观效益，创造人居环境舒适典雅的生态景观，旨在为北京市未来小微湿地的保护建设和合理利用起到示范和引领作用。

（1）生境营造 小微湿地所处区域建设前杂草丛生、植被单一，与周边绿地环境不融合。现状中心为石滩，景象粗犷，土壤裸露，每逢雨季来临时积水严重，同时场地植物层次较为单一，生态效益不佳（见图2-47）。

图2-47 小微湿地建设前景象

在有限的场地空间内,通过蜜源食源植物配置、山石驳岸的塑造、植物岛的构建,包括乔灌木、地被植物、水生植物、山石、卵石以及水体,营造出水域生境、陆地生境等,并形成多重微生境,包括生态岛、驳岸、草坡、灌丛等。见二维码。

小微湿地生境模式示意

(2)栖息地布局　小微湿地的一个重要功能是为城市里的小动物们提供一个庇护场所,所营造的陆生生境(乔木生境、灌草生境)为鸟类动物提供栖息地,驳岸生境(山石驳岸、浅滩生境)为蛙类、涉禽类动物提供栖息地,水体生境(湿生植物、生态岛、水体)为昆虫类、鱼类、禽类提供栖息地(见表2-14)。

表2-14　栖息地类型及指示物种

序号	栖息地类型	目标物种类型	指示物种
1	景石洞穴	蛙类	青蛙、蟾蜍
2	地被花卉、水生植物	昆虫类	蜻蜓、蝴蝶、蜜蜂
3	水体	鱼类	鲤鱼、小鲫鱼、麦穗
4	高大乔木	鸟类	麻雀、喜鹊、灰喜鹊
5	绿岛	禽类	野鸭

多种类型的生境为不同的动物营造适宜的栖息地。植物作为生产者(湿生植物、灌木、乔木)为昆虫类动物提供食物,昆虫类动物作为初级消费者为蛙类、鱼类提供食物,蛙类、鱼类作为次级消费者为高级消费者鸟类、禽类提供食物,以上所有的消费者产生的排泄物通过微生物的分解为植物提供养分,从而构建了稳定的生态系统(见图2-48、图2-49)。

图2-48　小微湿地内的指示物种实景

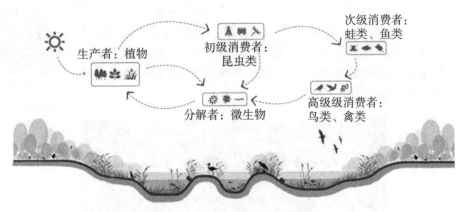

图 2-49　生境与生物关系示意图

（3）特色植物配置　小微湿地中新植芦苇、千屈菜、水葱、睡莲、金鱼藻等 10 余种湿生植物，新植元宝枫、海棠、山楂、金银木等浆果类、坚果类、蜜源类植物 20 余种，为小动物提供食物。同时，为保证湿地水体长期清澈，采用食藻虫引导水生态修复技术。应用食藻虫处理水域蓝绿藻污染，与水体内的鱼类、沉水植物、挺水植物共同建立"食藻虫——水下森林"的共生生态环境，使水域得到净化，并建立水体良性生态循环系统，使水体具备自净能力，长期保持清澈状态；同时还可以建立以沉水植物为主导的四季常青的水下自然景观（见图 2-50）。

图 2-50　小微湿地植物配置

2.3.6.4　空间重塑

（1）空间组织　小微湿地三面环绕地形植被，南侧与开敞草坪隔山相望，位于南北轴线上重要区域，属于园中之园。空间设计通过运用中国传统园林山形水系的手法，结合雨水收集及水体净化技术、植被恢复等一系列技术手段，从西向东，起承转合，保护修复小微湿地的生态环境，为周边居民营造了休闲游憩和生态科普的亲水空间。见二维码。

（2）平面布局 维持原有铺装和道路位置，梳理湿地轮廓，水面适当收放。区域西侧与草坡结合叠山理水，营造山石瀑布；东侧适当扩大水面，种植水生植物和观赏草，形成生态岛；东西之间的过渡地带设置景石、种植造型树、营造动物栖息地，最终形成集雨水收集、生态栖息、观赏休闲于一体的小微湿地（见图2-51）。

小微湿地及
其周边空间
结构

图2-51 小微湿地平面图

在铺装设计、驳岸构建、植物配置等方面充分融合传统园林造园手法，体现中式园林文化特色，并结合湿地水体外形，实现传统与现代设计相结合。

2.3.6.5 效益评价

小微湿地为人们提供了一个便捷的认知自然的过程。从雨水调蓄、净化水质，到气候调节、生态修复，从营造生境、保护野生动物栖息地，到丰富景观、满足不同人群多样化需求，小微湿地的保护建设作用举重若轻。

（1）生态效益 小微湿地建成后生态效益的显著变化。首先，群居的野鸭在种植岛上落户，并在两年内孵化出30只以上的小鸭；不同种类型的微生境景观的构建吸引来鸟类、蛙类、昆虫类等野生动物；植物配置有效调节周边环境小气候，起到增湿、降温的作用；丰富的湿生植物和水体循环系统有效保障了水质，小微湿地已经具备了消纳雨水径流的能力，减弱雨水对周边环境的危害（见图2-52）。

图2-52 小微湿地生态效益

（2）经济效益 通过地形梳理和节水保水措施,最大化地收集利用雨水,打造生态节约型园林和低维护园林景观。同时,小微湿地营建及花园整体景观品质的提升,将提高项目所在区域的环境品质及吸引力,提升周边居民以及使用者的幸福感、获得感,进而带动区域国际、国内会展经济的良性发展(见图 2-53)。

图 2-53 生态节约型园林

（3）社会效益 小微湿地的营建也有效地提升了中心花园的绿色生态空间品质,大幅度地提高了公众的参与性。市民喜闻乐见,投喂野鸭和鱼类,近距离观赏野生动物,儿童在城市里便可以亲近自然,实现科普认知。此外,项目受到新华社瞭望东方周刊、北京卫视、北京日报、学习强国等多家媒体的报道和宣传,见二维码。

小微湿地综合效益展示

2.3.6.6 要点解析

（1）运用"生态踏脚石"理论进行选址 对于小微湿地的选址需科学规划,与城市的绿地系统相辅相成。通过应用"生态踏脚石"理论,使得小微湿地作为动物迁徙的中间站,具有占地小、使用率高、便于推广的特点,与周边社区公园、城市公园等不同尺度的绿地斑块进行了系统性的连接。本次小微湿地为城市野生动物提供良好的踏脚石,野鸭们在此栖息和孵化,并可以迁徙至周边奥林匹克森林公园等大型斑块;同时,加设有益于人类休息的踏脚石(小斑块),增加大型斑块之间的连接度,并可提升市民在大型斑块之间的活动频率。在城市空间布局上连点成网,充分发挥其生态效益(见图 2-54)。

图2-54 "生态踏脚石"理论

(2)生境营造与生物多样性保护 丰富的动植物的保护与引进就成为小微湿地的一大关键。不同类型自然动植物的分类展示需要有相关的园林景观相结合,如不同类型的水体环境、驳岸场地等,形成植物、鸟类、鱼类和其他生物相对稳定的生物链,保持整个动植物、微生物系统的平衡和稳定发展(见图2-55)。

图2-55 生物多样性保护

(3)引导健康生活 从健康视角看,小微湿地中诸如山石、水体、树木、花卉等要素创造了人与自然接触的机会,其生态园林空间通过嗅觉、视觉、听觉等多样的感官方式,让人接触具有生命或类似生命形式的自然环境。尤其是在当下,给人带来了生理上和心理上与城市室内环境不一样的感受(见图2-56)。

图2-56　生态湿地引导健康生活

（4）全过程管理　项目是科研、设计、施工、监测一体化的过程，进行全过程管理，包括图纸及现场设计、投资估算、材料检验、施工工艺、效益评价多方面工作。由于现场环境较为复杂，设计应结合周边环境，并融入自然，因此有部分内容的设计是在现场根据具体环境完成的，尤其是植物造景和山石布置（见图2-57）。

图2-57　生态湿地引导健康生活

生态没有地界。作为《北京市湿地保护修复工作方案》的首个课题任务的先期启动工程，北京小微湿地保护修复示范建设项目仅是开端和一次尝试，后续还需要合理利用北京市有限的水资源，营造近自然水系，为在城市生活的小动物提供更多适宜栖息的庇护场所和落脚地，缓解热岛效应，为居民提供亲近大自然的场所，从而提高生物多样性，进一步实现人与自然的和谐共生。

2.3.7　北京推进河湖湿地保护修复

2月2日是世界湿地日,北京多举措推进河湖湿地保护。2023年,北京市水务系统将继续开展全市功能性湿地监测,先期对120个功能性湿地展开全面监测。

作为"地球之肾"和"生物超市",湿地具有丰富的陆生和水生动植物资源,能生产大量的食物,几乎孕育着淡水生物群落和部分盐生生物群落,是天然的物种基因库。同时,湿地也是萎缩、丧失和退化速度最快的生态系统之一。在北京,河湖湿地正在被迅速保护起来,生态环境日益改善。

2022年,大大小小的鸟儿齐聚温榆河公园。2023年来温榆河越冬的鸟类数量和种类都非常喜人,国家二级保护动物鸳鸯最多时一次性监测到了84只。此外,还有斑头秋沙鸭、普通秋沙鸭、赤麻鸭、绿头鸭、大麻鳽、苍鹭等多种水鸟,这些野生动物都需要自然的湿地岸带提供庇护所(见图2-58)。

图2-58　温榆河公园

优越的湿地环境不仅给鸟儿们提供了"歇歇脚"的地方,还创造了让它们"留下来"的条件。吴岚介绍,2022年11月在温榆河流域发现的5只疣鼻天鹅幼鸟,因为食源丰富、生境适宜,在温榆河常住了下来。

与此同时,近期温榆河鸟调监测还发现了北京罕见的一种鸟——苍头燕雀,这是一种主要分布在欧洲的鸟类。

温榆河公园位于两河交汇处,公园规划总水域面积350 hm²,其中生态沟渠、湖泊、湿地200 hm²。公园在规划建设过程中,着力修复现状水系,建设多样湿地生境,利用既有沟渠、坑塘等。同时规划五条净水廊道,串联十处生态湿地,上游来水经滩涂、河道湿地自然净化,规划整体水质可达到Ⅳ类,局部优于Ⅳ类。

北京官厅水库八号桥湿地,两岸乔灌木高低错落,芦苇、香蒲等水生植物点缀其间,上千只灰鹤在浅滩处结伴越冬。作为永定河进入北京的最后一道关卡,官厅水库八号桥湿地囊括了溪流湿地、森林湿地、湖泊湿地、岛屿湿地、鱼鳞湿地、田园湿地和生物塘湿地等形态各异的湿地。经湿地净化后的永定河水变为潺潺碧波,再缓缓流入官厅水库。

　　"水流过湿地后净化效果显著,可达到地表水Ⅲ—Ⅳ类,总氮、氨氮等污染物去除率达到了40%~70%。"官厅水库管理处永定河库岸管理所所长孙谦介绍,2019年八号桥湿地建成运行后,官厅水库的水生态环境明显好转,加上此前建成的黑土洼湿地和2018年投入使用的妫水河湿地,官厅水库的入库水质持续改善。

　　湿地保护的效果如何,鸟儿说了算。近年来官厅水库库区鸟类数量不断增加,种类愈加丰富,天鹅、灰鹤等大批水鸟飞临驻足,除此之外还监测到彩鹮、半蹼鹬等北京地区记录较少的鸟类,大美湿地正在成为鸟儿的生态乐园(见图2-59)。

图2-59　北京延庆野鸭湖湿地自然保护区

　　2021年10月,北京市7部门联合印发《北京市湿地保护发展规划(2021—2035年)》(以下简称《规划》),《规划》明确了两个阶段性目标:到2025年,全市湿地保护率不低于70%,小微湿地修复数量不少于50个,到2035年,湿地保护率不低于80%,小微湿地修复数量不少于100个。

　　同时,《规划》提出,要在全市构建"一核三横四纵"的湿地总体布局,"一核"即中心城区湿地群,"三横"指"妫水河"湿地带、"沙河"湿地带、"凉水河"湿地带,"四纵"指"潮河-泃河""温榆河-北运河""清水河-永定河""大石河-拒马河"四大湿地带。通过改善湿地景观,增加市民亲水、体验自然的休闲空间和场所,提升首都城市的宜居水平。

　　北京市水务局水质水生态监测中心生态科负责人刘波介绍,自2021年起,北京市水务系统针对市级湿地目录中的46个湿地展开年度健康监测,2021年监测结果显示,水体达到健康水平的湿地有43个,其中9个河流型湿地全部达到健康水平。

　　2023年,北京市水务系统将继续深化开展全市功能性湿地监测工作,先期对120个功能性湿地展开全面监测。功能性湿地的监测将在湿地水生态健康状况监测的基础上,进一步对湿地的整体功能和价值进行评估,为未来湿地科学管理、修复养护等提供本底性技术支撑。

2.3.8 以栖息地修复为导向的湿地公园设计方法——以云南省保山市青华海湿地为例

湿地公园设计需要保护湿地的生态系统并进行科学修复,但在实践中,湿地修复的相关生态原理经常未能有效表达在设计方案中,导致湿地修复的生态效益——尤其是生物多样性及栖息地效益并不显著。本部分内容简述了水淹、肥力等影响湿地生态系统的主导因子,梳理了湿地生态系统修复的基本原理,采用了以湿地鸟类作为指示物种的湿地评价方法。总结了一套以栖息地修复为导向,以水文设计为基础的湿地公园规划设计方法,期望实现生态学基本原理在空间层面的转译,来指导景观设计师实现生态设计的有效落地。此方法包括 7 个步骤:目标物种选择及目标设定—生境类型设计及空间布局—地形营造—水位设计—植物群落构建—低干预的景观设计—预留让自然做功的空间。文中以云南省保山市青华湿地为例,介绍了在每一个步骤中落实以栖息地修复为导向的生态系统修复设计方法。

基于自然的解决方案(Nature-Based Solutions,以下简称 NBS)理念于 2002 年被首次提出,后被世界银行在 2008 年《生物多样性、气候变化和适应:世界银行投资中基于自然的解决方案》(MacKinnon et al.,2008)的报告中使用,现已受到世界范围的广泛关注。栖息地修复是 NBS 之一,主要目的是修复生态系统及保护物种多样性(Cohen-Shacham et al.,2016)。

湿地公园的主要设计目标是提升场地的生物多样性(即生态系统服务),并据此总结出了一套以水文修复为手段、以栖息地修复为导向的湿地公园设计方法。

景观设计师在方案设计时,需要相对量化的设计参数支持,包括水面积大小、水深、深水区-浅水区比例、植物群落中各种植物的占比等信息。然而,生态学者的现有研究成果通常为定性描述或统计分析,缺少空间尺度上的详细量化信息,导致这些研究成果对于实践的指导性不强。本部分内容旨在探索一种将复杂的生态原理向景观设计师进行简明化、定量化的转译方式,从而更好地促进多专业融合,最大程度地提升湿地修复项目的生态效益。

2.3.8.1 湿地栖息地影响因子

在《湿地生态学:原理与保护》一书中,湿地生态学家保罗·凯迪详细总结了湿地设计的理论体系。凯迪将湿地的定义简化为"水淹导致土壤以无氧过程为主,从而迫使生物(特别是有根植物)对水淹产生适应的生态系统"(Keddy,2010;Keddy,2018)。水淹是湿地产生的原因,其导致土壤氧气浓度下降,迫使生物必须同时耐受水淹的直接影响及无氧环境产生的次级影响(Keddy,2010)。凯迪认为影响湿地的因素主要为水淹、肥力、干扰、竞争、食植和埋藏(Keddy,2010;Keddy,2018)。2017 年,凯迪又将湿地影响因子简化为 5 个,即水淹、肥力、干扰、竞争及其他因子,其中水淹及肥力的影响最为显著(Keddy,2010)。这一理论对于湿地的可持续修复实践具有重要借鉴意义。

水淹因子主要包括水淹时长、水淹周期及水淹深度。凯迪发现根据水淹深度及水淹周期的不同,植物群落会有所不同,甚至 25 cm 的水深变化也会对植物群落的物种组成产生很大影响(Keddy,2018)。在考虑水淹时长和水深时,要为不同的植物预留非淹没期,以便植物补充氧气。肥力因子主要是指湿地中的营养物质含量,尤其是氮和磷的含量。氮含量是湿地植物生长的主要考量指标。一般来说,营养物质越多,生物量越大,但是植物的多样性会随之减少(Keddy,2018;Keddy,2017)。乔斯·T·A·费霍文等发现适合植物生长的氮磷比例为 14∶1 到 16∶1 之间(Verhoeven et al.,1996),这与阿尔弗雷德·C·雷得费尔得于 1934 年提出的 Redfield 值一致,即浮游植物生长对碳、氮、磷的粒子数需求比例为 106∶16∶1 (Redfield et al.,1933)。其他各湿地影响因子均会对湿地设计及后期管理和维护产生较大影响,同样需要设计者予以重视(Redfield et al.,1933),基于篇幅,笔者不在此详细展开。同时,设计师也需要借鉴其他专业的相关研究成果,如滨岸带的成带现象(Keddy,2018)、底栖动物的密度及其与水深的关系(Van,2012;Van,1978)、自然湿地及修复湿地的种子库物种密度等(Keddy,2018;Keddy,2017;Van,2012;Van,1978),指导自己的湿地设计实践。

2.3.8.2　以栖息地修复为导向的湿地生态系统设计

生态系统修复通常需要经历环境修复、修复管理、维护管理三个阶段,本部分主要阐述如何通过以栖息地修复为导向的设计手段营造湿地生态系统的物理化学环境,以为后续的环境修复提供基础条件。以栖息地修复为导向的湿地设计方法是一种基于生物视角的现代循证设计方法,其基本思路是根据地带性规律、生态演替及生态位原理选择适宜的湿地指示生物,构造种群适宜的栖息地系统,对水文、植被与生物进行同步修复,最终将生态系统修复到一定的功能水平。栖息地修复的目标是"建造一个由特定的植物物种组成,且能够为特定的动物物种提供生境的湿地"(Keddy,2010;Keddy,2018)。设计师通过研究场地特征及周边类似区域内的动植物物种,确定期望重新引入的物种,包括关键物种。但是,由于待修复的湿地往往是生态退化型湿地,因而修复目标可以场地的历史资料或周边的健康湿地案例为参照。在多数情况下,难以在短期内完全修复到历史或自然状态,比较现实的修复目标是建立一个具备自然系统要素的过渡生态系统(Keddy,2018),再通过自然演替逐渐修复至近自然的生态系统。

评价生态修复是否成功,有指示物种法、指标体系法(Zhou et al.,2018)、定量生态排序法及利用参照湿地进行类比等方法(Keddy,2018)。虽然指示物种在生态修复上是有效的衡量标准并已广泛被研究人员所接受,但指示物种的选择没有绝对的标准,应取决于实际的空间尺度(Siddig et al.,2016)。在较小的空间尺度下(如池塘),植物和无脊椎动物可以起到指示作用;而在大空间尺度下(如自然保护区),较大生物体的指示作用更强;在介于两者之间的空间尺度下,鸟类则被证明能够对环境变化做出响应(出现频率、密度和繁殖率等对生态环境敏感),有着广泛的食性和适当的营养级水平,且鸟类便于通过鸟鸣进行识别和监测,是良好的生态系统修复评价指标,已被广泛用作河滨、湿地和陆地生境的指示物种(Keddy,2017)。

在设计阶段不需要,也不可能就每个影响因素进行设计,因此需要运用一种简化的、有代表性的设计方法。鉴于水淹为湿地的主要影响因子之一,笔者以水深为主要指标,并总结出了以栖息地修复为导向的 7 个重要设计步骤:①目标物种选择及目标设定;②生境类型设计及空间布局;③地形营造;④水位设计;⑤植物群落构建;⑥低干预的景观设计;⑦预留自然做功空间。

2.3.8.3 设计案例:青华海湿地生态修复设计

青华海国家湿地公园位于云南省保山市隆阳区,主要组成包括北庙湖、东河和青华海湿地三个组成部分(见二维码)。青华海湿地可分为西湖(61 hm²)、东湖(101 hm²)和青华湿地(313 hm²)三个部分,其中西湖、东湖为已修复湿地,但人工化特点较为明显;青华湿地古时为湖泊湿地,20 世纪 50 年代以来因围垦而不断萎缩,现状为低洼农田。

青华海国家
湿地公园和
青华海湿地
区位示意

(1)目标物种选择及目标设定 根据对云南西部其他湖泊湿地[如剑湖(Li et al.,2000)、拉市海(Li et al.,2000;Hu et al.,2018)、泸沽湖(Li et al.,2015)和洱海(Zhang et al.,2018a)]及贵州的草海等湖泊湿地(Li et al.,2014)的鸟类群落调查研究,该区域湿地鸟类总体上以雁鸭类、鸊鷉类、秧鸡类为主(Wang et al.,2007)。案例范围内的调研结果显示,记录到鸟类约 170 种,其中湿地鸟类 55 种,优势种类包括鸊鷉目和雁鸭目的各种野鸭、鹳形目的各种鹭鸟、鹤形目秧鸡科的白骨顶等,这与区域内其他湖泊湿地的鸟类群落情况一致。另外,每年春秋两季均有黑鹳、灰鹤等大型珍稀候鸟迁徙经过保山盆地,远期的青华海湿地也将有望为这些珍稀物种提供良好的栖息地。因此,青华海湿地设计的指示物种需要涵盖雁鸭类、鸊鷉类、秧鸡类等游禽,鹭类涉禽,以及区域珍稀湿地候鸟。

青华海湿地最终选取了 6 种典型的湿地鸟类为指示物种(见表 2-15),分别是赤麻鸭、绿头鸭、小鸊鷉、白骨顶、白鹭和灰鹤。

表 2-15 青华湿地公园生态修复设计案例选取的指示物种

稀有程度	目标类群	指示物种	类型		生境偏好			设计指导意义
					水深偏好	植被偏好	筑巢环境偏好	
区域常见湿地鸟类	雁鸭类	赤麻鸭	候鸟	游禽	0.5～2 m	莎草科植物,如光叶眼子菜	沙洲或黏土性质的洞穴	确定适宜的水深参数、重点栖息地类型、重点植被类型等
		绿头鸭	候鸟	游禽	0.5～1 m	河岸植被覆盖,茂密的挺水植物	近水地面植被里,树桩或灌木丛中	
	鸊鷉类	小鸊鷉	留鸟	游禽	0.5～1 m	挺水植物、藻类和沉水植物	挺水植被、淹没的树枝或灌木中	
	秧鸡类	白骨顶	候鸟	游禽	0.2～1.0 m	挺水植物和沉水植物	挺水植物、灌木丛中,树桩或树杈上	
	鹭类	白鹭	留鸟	涉禽	0.1～0.15 m	裸滩	湿地周边林地	
区域珍稀湿地鸟类	鹤类	灰鹤	候鸟	涉禽	≤0.5 m	莎草和芦苇	干扰较小的沼泽、石楠丛、莎草草甸的水中	

设计团队分别对这些鸟类的栖息地进行了详细研究（Zhang et al. ,2018b；Bilal et al. ,2013；Quan et al. ,2001；Wang et al. ,2001；Chang et al. ,1997；Luo et al. ,2013；The Royal Society for the Protection of Birds），为设计提供参数依据。根据指示物种的栖息地偏好，再结合青华湿地历史资料，以及当地水资源总量、水环境条件、现状地形等要素，最终确定以近自然浅水草型湖泊湿地生态系统作为生态修复的总体目标，其典型特征为水深较浅，拥有丰富的挺水和沉水植物，可提供大量的开阔浅水和浅滩环境。

（2）生境类型设计及空间布局　首先，根据目标物种确定核心栖息地类型及主导因素，并清晰界定或描述相关参数条件。例如，赤麻鸭、绿头鸭等游禽类候鸟栖息地的理想水深为 1 m 左右，休憩环境偏向于在裸露泥滩、砾石滩、沙滩或草地开阔环境；而白鹭等典型涉禽类则更喜好水深小于 0.3 m 的浅沼，其筑巢环境偏好人类干扰较少的密林（Wang et al. , 2001）（见二维码）。

青华海湿地
典型鸟类
栖息地

其次，在典型栖息地规模方面，鉴于青华湿地修复后要为大量游禽类候鸟提供越冬栖息地，因而将超过 50% 的水域规划为浅水栖息地（水深 0.5～1.5 m）；深水生境（水深 1.5～4 m）不超过总体水面的 20%，以为大型游禽类提供栖息地（Campbell et al. ,2005）；而作为涉禽类的栖息地，近岸浅滩和浅沼栖息地占总水域面积的比例不低于 25%，但在空间上呈现周期性变化。为了确定供湿地鸟类筑巢繁衍的岛屿生境的总体面积，设计综合考虑了填挖方量和生态功能需求等因素，并根据岛屿的大小分为草滩绿洲、稀树灌丛岛屿及密林岛屿。

再次，在栖息地的空间布局方面，设计模拟自然的湖泊湿地格局，设置了多样化的动植物生境空间。例如，近岸浅滩生境分布在岸线及岛屿岸线周边；选择不规则的岛屿形态，形成更多样的岛屿微生境。

（3）地形营造　地形是湿地生态系统修复的空间载体，是植被空间分异的主要自然约束因子（Keddy,2010）。典型的湿地地形包括浅滩、湾型岸带、生境岛、开敞水面、急流带和滞水带等类型（Cui et al. ,2011）。在地形设计的过程当中应当避免过于均一化，多样化的水底微地形可以丰富水深和水温分布的多样性，从而增强湿地生态系统的稳定性（Keddy,2010；Keddy,2018）。岛屿位置在综合考虑水土保持需求和保证最小填挖方量的前提下，尽量自然化地随机分布（见二维码）。

青华海湿地
地形改造与
微地形设计

驳岸坡度是影响生物多样性的重要因素，应根据实际场地情况，设计尽可能多样化的自然驳岸。生态缓坡坡度设计缓于 1∶6；在部分空间充足的区段，岸线采用了 1∶16 的坡度设计。

（4）水位设计　在湿地水位方面，项目团队重点考虑了短时间周期（约 3～5 d）内的水位变化和季节性水位变化。湿地枯水和丰水季节的水位变化幅度约为 0.5 m，具体水位可在公园运营后依据生态效益反馈进行调整。在夏季丰水期，湿地承担着排洪蓄涝的功能，水位上升使得大量的浅沼、浅水及深水栖息地要进行依次转换，在此期间不耐长时间水淹的植物种类也将被自然淘汰；通过水闸系统控制的水位变化，可实现短持续时间内周期性水位小幅度缓慢转换，水位下降时裸露出的滩涂将为涉禽鸟类提供良好的觅食空间,水位上升时浅水环境的增加则为游禽鸟类提供了更多的栖息地。

(5)植物群落构建 据实际调查,目前整个青华海国家湿地公园区域内野生维管束植物约 480 种,这为规划设计提供了丰富的乡土植物资源库。参考地带性植被特征,设计师与生态学者共同设计了四大植被群落类型:①大型岛屿上的滇西高原典型的半湿润常绿阔叶林,主要包括元江栲群落、滇青冈群落、滇石栎群落;②中小型岛屿上的稀树草丛;③滨水边缘的暖性湿草丛及地带性的湖泊湿地植物群落,主要包括四脉金茅群落、刺芒野古草草丛群落、李氏禾-燕子花群落、海南马塘-云南莎草群落、野菱群落、菰群落、慈姑群落、菖蒲群落;④湖岸密林(见二维码)。

青华海湿地植被群落类型和栖息地修复方式

在半湿润常绿阔叶林群落设计上,本项目选取地带性的顶级植物群落类型作为目标植物群落。在造林模式上,本项目使用了宫胁造林法(Wang et al.,2002),即利用群落演替的自然规律实行高密度、多种类的造林方法。此法适用于以生态栖息地修复为目的的岛屿、半岛等区域。林地生态系统与湿地生态系统之间会产生各类的能量流、信息流、物质流,形成复合的生态系统。设计团队根据成带学原理,将湿地植物依据水深梯度依次分布。也就是说,湿地植物实际上在水位和水深设计条件确定之后,就已经确定了其大致的类型和空间布局。暖性湿草丛植被分布在季节性水淹的低洼地或滨水地带,这类草丛会存在相当长的时间(几年到数十年不等),从管理的角度可把它们看作永久植物群落。

(6)低干扰的景观设计 在以栖息地修复为导向的设计过程中,重点关注目标物种对人类干扰的敏感度,耐受距离是对干扰敏感度的一个量化指标。湿地鸟类对人类干扰的耐受距离分为警戒距离、惊飞距离、缓冲距离和安全距离,通常选择惊飞距离作为设计参数。惊飞距离越远,说明对人类干扰越敏感,如涉禽类惊飞距离一般为 15 m 左右,游禽类惊飞距离一般为 10 m 左右;而其他已经适应人类干扰的鸟类,如树麻雀、喜鹊等,惊飞距离可以近至 5 m 以内(Bao et al.,2019;Bao,2018)。另外,鸟类的惊飞距离还与环境隐蔽程度、隔离程度、人为投食等因素有关(Li et al.,2019;Fang et al.,2017)。在景观设施空间布局(包括主要园路、游船路线的布设)当中,参考目标物种的惊飞距离参数,设置距离核心栖息地的缓冲距离,减少湿地公园内游客对鸟类生境的干扰;岛屿栖息地由于水面的隔离性较强,鸟类的惊飞距离会相对变短,在景观游憩区域可采取小型岛屿的形式。在空间狭小的亲水步道边缘可增加植物遮蔽度,也可以缩短惊飞距离,降低干扰程度。

(7)预留让自然做功的空间 从零开始的自然做功一般需要相对较长的时间(参考湿地案例需要 8 年左右),利用表层土壤的种子库(包含了大量地表植被群落的种子、营养体等植物繁殖体)(Keddy,2018),在预留的自然修复空间中,通过人工引入参考湿地的表层土壤,可以加快自然做功效率(Keddy,2018,Peng et al.,2017)。

此次设计采取了人工修复和自然修复相结合的措施(图 2-59)。首先,预留自然修复空间,主要市民游憩区域以人工种植为主、自然修复为辅;在以生态栖息功能为主的生态修复区,则以自然修复为主、人工种植为辅。其次,在地形整理初期,收集表层土壤(表层 20 cm 的土壤层)作为表层土壤种子库,以在生态系统修复空间中进行回用。

湿地生态系统修复要求景观设计师将生态原理转化为恰当的设计语言。笔者在多年实践过程中致力于思考如何将生态学原理转化为景观设计语言,并总结出一套包含 7 个步骤的湿地公园设计方法,其核心指导思想是理解自然界的科学规律,并创造条件让自然做功。通过结合青华海湿地生态系统修复设计案例,笔者对这一方法进行了具体说明。为了评价生态修复的绩效,需要定期对项目中所选的影响因子(包括水深、水质、动植物种类及数量)进行监测,并制定适应性管理或调整措施。项目有望在 3~8 年后实现生态系统的近自然状态。

河湖生态缓冲带
保护修复技术指南

中华人民共和国
湿地保护法

⇨ 参考文献

AJAYI T O,OGUNBAYO A O,2012. Achieving environmental sustainability in wastewater treatment by phytoremediation with water hyacinth (*Eichhornia crassipes*) [J]. J Sustain Develop,5(7):80-90.

AKHTAR A B T, YASAR A, ALI R, et al,2017. Phytoremediation using aquatic macrophytes[J]. In: Ansari AA, Gill SS, Gill R, Lanza G, Newman L (eds) Phytoremediation management of environmental contaminants, vol 5. Springer, Switzerland,259-276.

AKINBILE C O, GUNRIND T A, MAN H C, et al,2016. Phytoremediation of domestic wastewaters in free water surface constructed wetlands using Azolla pinnata[J]. Int J Phytorem,18(1):54-61.

AKINBILE C O, YUSOFF M S,2012. Water hyacinth (*Eichhornia crassipes*) and lettuce (*Pistia stratiotes*) effectiveness in aquaculture wastewater treatment in Malaysia[J]. Int J Phytorem,14:201-211.

ALI H, KHAN E, SAJAD M A,2013. Phytoremediation of heavy metals-concepts and applications[J]. Chemosphere,91:869-881.

AMARE E, KEBEDE F, BERIHU T,2018. Field based investigation on phytoremediation potentials of *Lemna minor* and *Azolla filiculoides* in tropical, semiarid regions: case of Ethiopia [J]. International Journal Of Phytoremediation,20(10):965-972.

ARMSTRONG J, ARMSTRONG W,2001. Rice and Phragmites: effects of organic acids on growth, root permeability, and radial oxygen loss to the rhizospher[J]. American Journal of Botany,88(8):1359-1370.

ARMSTRONG J, ARMSTRONG W,2005. Rice: sulfide-induced barriers to root radial oxygen Loss, Fe^{2+} and water uptake, and lateral root emergence[J]. Annals of Botany,96(4):222-232.

ARORA A,SAXENA S,SHARMA D K,2006. Tolerance and phytoaccumulation of chromium by three Azolla species[J]. World J Microbiol Biotechnol,22(2):97-100.

ASHRAF M A,MAAH J M,YUSOFF I,2013. Evaluation of natural phytoremediation process occurring at ex-tin mining catchment[J]. Chiang Mai J Sci,40(2):198-213.

BADAR N,FAWZY M,AL-QAHTANI K M,2012. Phytoremediation:an ecological solution to heavy metal polluted soil and evaluation of plant removal ability[J]. World Appl Sci J, 16(9):1292-1301.

BAIS SS,LAWRENCE K,NIGAM V,2015. Analysis of heavy metals removal by *Eichhornia crassipes* (mart.) Solms[J]. World J Pharm Pharm Sci,4:732-739.

BAKER A J M,BROOKS R R,1989. Terrestrial higher plants which hyperaccumulate metallic elements-a review of their distribution,ecology and phytochemistry[J]. Biorecovery,1: 81-126.

BAKER A J M,WHITING S N,2002. In search of the holy grail-a further step in understanding metal hyperaccumulation[J]. New Phytol,155:1-7.

BANKSTON J L,2002. Degradation of trichtoroethytene in wetland icrocsms containing broad-leaved cattail and eastern cottonwood[J]. Water Research,36:539-546.

BAO M,2018. Tolerance Distances of Common Birds to Human Disturbance in Urban Areas (Master's thesis)[D]. Aunhui University,Hefei.

BAO M,YANG S,YANG Y,et al,2019. Tolerance distance of common birds to human disturbances in urban areas[J]. Journal of Biology,36(1):55-59.

BAUDDH S K,SINGH R,SINGH R P,2015. The suitability of Trapa natans for phytoremediation of inorganic contaminants from the aquatic ecosystems[J]. Ecol Eng,83:39-42.

BEDFORD B L,BOULDIN D R,BELIVEAU B D,1991. Net oxygen and carbon-dioxide balances in solutions bathing roots of wetland plants[J]. Journal of Ecology,79:943-959.

BERT V,MEERTS P,SAUMITOU-LAPRADE P,et al,2003. Genetic basis of Cd tolerance and hyperaccumulation in Arabidopsis halleri[J]. Plant Soil,249:9-18.

BILAL S,RAIS M,ANWAR M,et al,2013. Habitat association of Little Grebe (*Tachybaptus ruficollis*) at Kallar Kahar Lake,Pakistan[J]. Journal of King Saud University-Science,25 (3),267-270.

BOKHARI S H,AHMAD I,HASSAN M M,et al,2016. Phytoremediation potential of *Lemna minor* L. for heavy metals[J]. International Journal of Phytoremediation,18:25-32.

BONANNO G,GIUDICE R L,2010. Heavy metal bioaccumulation by the organs of Phragmites australis (common reed) and their potential use as contamination indicators[J]. Ecological Indicators,10:639-645.

BRAGATO C,BRIX H,MALAGOLI M,2006. Accumulation of nutrients and heavy metals in *Phragmites australis* (Cav.) Trin. ex Steudel and *Bolboschoenus maritimus* (L.) Palla in a constructed wetland of the Venice lagoon watershed[J]. Environmental pollution,144:967-975.

BRIX H,SORRELL B K,ORR P T,1992. Internal pressurization and convective gas flow in some emergent freshwater macrophytes[J]. Limnology and Oceanography,37(7):1420-1433.

CALVERT G, LIESSMANN L, 2014. Wetland plants of the Townsville-Burdekin flood plain[D]. Lower Burdekin Landcare Association Inc,Ayr.

CAMPBELL C S,OGDEN M,2005. Constructed Wetlands in the Sustainable Landscape (X. Wu,Tran.)[D]. Beijing:China Forestry Publishing House.

CENTER TD,HILL MP,CORDO H,2002. Water hyacinth. In:V an Driesche R,Blossey B,Hoddle M,Lyon S,Reardon R(eds) Biological control of invasive plants in the Eastern United States,4[J]. USDA Forest Service Publication FHTET,Washington,DC,4-64.

CHANDRA R,YADAV S,2011. Phytoremediation of Cd,Cr,Cu,Mn,Fe,Ni,Pb and Zn from aqueous solution using Phragmites cummunis,Typha angustifolia and Cyperus esculentus [J]. Int J Phytorem,13(6):580-591.

CHANG J,YU D,LIU Y,1997. Preliminary Study on Ecology of Ruddy Shelduck in Winter[J]. Chinese Journal of Zoology,32(6):31-34.

CHAYAPAN P,KRUATRACHUE M,MEETAM M,2015. Phytoremediation potential of Cd and Zn by wetland plants,*Colacasia esculenta* L. Schott；*Cyperus malaccensis* Lam. and *Typha angustifolia* L. grown in hydroponics[J]. J Environ Biol,36(5):1179-1183.

CHENG S,GROSSE W,KARRENBROCK F,et al,2002. Efficiency of constructed wetlands in decontamination of water polluted by heavy metals[J]. Ecological Engineering,18:317-325.

COHEN-SHACHAM E,WALTERS G,JANZEN C,2016. Nature-based Solutions to address global societal challenges[D]. Gland,Switzerland:IUCN.

COHEN-SHOEL N,ILZYCER D,GILATH I,2002. The involvement of pectin in Sr^{2+} biosorption by Azolla[J]. Water Air Soil Pollut,135(4):195-205.

COLMER T D,2003b. Aerenchyma and an inducible barrier to radial oxygen loss facilitate root aeration in upland,paddy and deepwater rice (*Oryza sativa* L.)[J]. Annals of Botany,91:301-309.

COLMER T D,2003a. Long-distance transport of gases in plants:a perspective on internal aeration and radial oxygen loss from roots[J]. Plant,Cell and Environment,26:17-36.

COOPER P F,JOB G D,GREEN M B,1996. Reed beds and constructed wetlands for wastewater treatment[D]. WRC Publications,Medmenham,UK.

COSTANZA R,ARGE R,GROOT R,1997. The value of the world's ecosystem services and natural capital[J]. Nature,387:253-260.

CUI L,ZHAO X,LI W,2011. Process in Wetland Terrain Restoration Reaearch[J]. World Forestry Reseach,24(2):15-19.

DACEY J W H,1981. Pressurized ventilation in the yellow waterlily[J]. Ecology,62:1137-1147.

DAS S,GOSWAMI S,TALUKDAR A,2014. A study on cadmium phytoremediation potential of water lettuce,*Pistia stratiotes* L[J]. Bull Environ Contam Toxicol,92(2):169-174.

DE S O,HAASE K,MULLER E,2003. Apoplasmic barriers and oxygen transport properties of hypodermal cell walls in roots from four Amazonian tree species[J]. Plant Physiology, 132:206-217.

DENNY H,WILKINS D,1987. Zinc tolerance in Betula spp. II. Microanalytical studies of zinc uptake into root tissues[J]. New Phytol,106:525-534.

DIPU S,KUMAR A A,THANGA V S G,2011a. Phytoremediation of dairy effluent by constructed wetland technology[J]. Environmentalist,31:263-278

EAPEN S,DSOUZA S F,2005. Prospects of genetic engineering of plants for phytoremediation of toxic metals[J]. Biotechnology Advances,23:97-114.

EBEL M,EVANGELOU M W H,SCHAEFFER A,2007. Cyanide phytoremediation by water hyacinths (*Eichhornia crassipes*)[J]. Chemosphere,66:816-823.

ELANKUMARAN R, RAJ M B, MADHYASTHA M N, 2003. Biosorption of copper from contaminated water by *Hydrilla verticillata* Casp. and *Salvinia* sp. Green Pages[J]. Environmental News Sources.

ENSTONE D E,PETERSON C A,2005. Suberin lamella development in maize seedling roots grown in aerated and stagnant conditions[J]. Plant,Cell and Environment,28(4):444-455.

ETIM E E,2012. Phytoremediation and its mechanisms:a review[J]. Int J Environ Bioenergy,2(3):120-136.

FANG X,ZOU Y,DING C,2017. Factors Affecting Flight Initiation Distance in Birds[J]. Chinese Journal of Zoology,52(5):897-910.

FARID M,IRSHAD M,FAWAD M,2014. Effect of cyclic phytoremediation with different wetland plants on municipal wastewater[J]. Int J Phytorem,16:572-581.

FARNESE F S,OLIVEIRA J A,GUSMAN G S,2014. Effects of adding nitroprusside on arsenic stressed response of *Pistia stratiotes* L. under hydroponic conditions[J]. Int J Phytorem, 16(2):123-137.

FARNESE F S,OLIVEIRA J A,LIMA F S,2013. Evaluation of the potential of *Pistia stratiotes* L. (water lettuce) for bioindication and phytoremediation of aquatic environments contaminated with arsenic[J]. Braz J Biol,74(3):103-112.

FORNI C,TOMMASI F,2016. Duckweed:a tool for ecotoxicology and a candidate for phytoremediation[J]. Curr Biotechnol,5(1):2-10.

GHASSEMZADEH F,YOUSEFZADEH H,ARBAB-ZAVAR M H,2008. Arsenic phytoremediation by Phragmites australis:green technology[J]. Int J Environ Stud,65:587-594.

GIRIJA N,PILLAI S S,KOSHY M,2011. Potential of vetiver for phytoremediation of waste in retting area[J]. Ecoscan,1:267-273.

GUPTA K,GAUMAT S,MISHRA K,2011. Chromium accumulation in submerged aquatic plants treated with tannery effluent at Kanpur,India[J]. J Environ Biol,32(5):591-597.

HALE K L,MCGRATH S,LOMB E,2001. Molybdenum sequestration in brassica:a role for anthocyanins[J]. Plant Physiol,126:1391-1402.

HAMIDIAN A H,NOROUZNIA H,MIRZAEI R,2016. Phytoremediation efficiency of Nelumbo nucifera in removing heavy metals (Cu,Cr,Pb,As and Cd) from water of Anzali wetland [J]. J Ecol Nat Environ,69(3):633-643.

HAMMAD D M,2011. Cu,Ni and Zn phytoremediation and translocation by water hyacinth plant at different aquatic environments[J]. Aust J Basic Appl Sci,5:11-12.

HASSAN N A,ABDUL-HAMEED M,AL-KUBAISI A A,2016. Phytoremediation of lead by Hydrilla verticellata Lab[J]. Work. Int J Curr Microbiol App Sci,5(6):271-278.

HU X,LI Z,LI L,2018. Dynamics and Influencing Factors of Waterfowl in Winter in Lashi Sea Wetland of Yunnan During 2013-2016[J]. Journal of Ecology and Rural Environment,34 (5):419-425.

HUI A J,HIZAR N H,RONG L M,2017. Phytoremediation of aquaculture wastewater by Colocasia esculenta,Pistia stratiotes,and Limnocharis flava[J]. J Trop Resour Sustain Sci,5: 93-97.

HUSSAIN K,ABDUSSALAM A K,RATHEESH C P,2011. Heavy metal accumulation potential and medicinal property of Bacopa monnieri—a paradox[J]. J Stress Physio Biochem,7: 39-50.

IRFAN S,2015. Phytoremediation of heavy metals using macrophyte culture[J]. J Int Sci Public,9:476-485.

ISLAM S,ZAMAN W U,RAHMAN M,2013. Phytoaccumulation of arsenic from arsenic contami-nated soils by *Eichhornia crassipes* L. ,*Echinochloa crusgalli* L. and *Monochoria hastata* L. in Bangladesh[J]. Int J Environ Protect,3(4):17-27.

JACOB D L,OTTE M L,2003. Conflicting processes in the wetland plant rhizosphere:metal retention or mobilization[J]. Water,Air and Soil Pollution,3:91-104.

JAFARI N,2010. Ecological and socio-economic utilization of water hyacinth (*Eichhornia crassipes* Mart Solms)[J]. J Appl Sci Environ Manag,14:43-49.

JAYAWEERA M W,KASTURIARACHCHI J C,KULARATNE R K,2008. Contribution of water hyacinth (*Eichhornia crassipes* (Mart.) Solms) grown under different nutrient conditions to Fe-removal mechanisms in constructed wetlands[J]. J Environ Manag,87(3):450-460.

JESPERSEN D N,SORRELL K S,BRIX H,1998. Growth and root oxygen release by Typha latifolia and its effects on sediment methanogenesis[J]. Aquatic Botany,61:165-180.

JINADASA K B S,TANAKA N,MOWJOOD M I M,2006. Effectiveness of Scirpus grossus in treatment of domestic wastes in a constructed wetland[J]. J Freshwater Ecol,21(4):603-612.

KAMAL K,2011. Evaluation of aquatic pollution and identification of phytoremediators in Vellayani Lake[C]. M. Sc. (Ag) thesis,Kerala Agricultural University,Thrissur,India.

KAMARUDZAMAN A N, AZIZ R A, JALIL M F A, 2012. Removal of heavy metals from landfill leachate using horizontal and vertical subsurface flow constructed wetland planted with Limnocharis flava[J]. Int J Civil Environ Eng, 11:73-79.

KAMESWARAN S, VATSALA T M, 2017. Efficacy of bioaccumulation of heavy metals by aquatic plant Hydrilla verticillata Royle[J]. Int J Sci Res, 6(9):535-538.

KANDUKURI V, VINAYASAGAR J G, SURYAM A, 2009. Biomolecular and phytochemical analyses of three aquatic angiosperms[J]. Afr J Microb Res, 3(8):418-421.

KAU, 2009. Bioremediation of inorganic contaminants of rice based wetland ecosystems of Kuttanad, Kerala[C]. Final report of the ICAR Adhoc Project, Kerala Agricultural University, Thrissur, Kerala, India.

KEDDY P A, 2010. Wetland Ecology:Principles and Conservation (Second Edition)[D]. New York:Cambridge University Press.

KEDDY P A, 2018. Wetland Ecology:Principles and Conservation (Second Edition) (Z. Lan, L. Li, & R. Shen, Trans.)[D]. Beijing:Higher Education Press.

KEDDY P A, 2017. Five Causal Factors:A General Framework for Wetland Science and Restoration[M/OL]. Retrieved from https://drpaulkeddy. com/talks video/five-causal-factors-a-general-framework-for-wetlandscience-and-restoration/

KHANKHANE P J, SUSHILKUMAR, BISEN H S, 2014. Heavy metal extracting potential of common aquatic weeds[J]. Indian J Weed Sci, 46(4):361-363.

KHATUN A, PAL S, MUKHERJEE A K, 2016. Evaluation of metal contamination and phytoremediation potential of aquatic macrophytes of east Kolkata Wetlands, India[J]. Environ Health Toxicol, 31:1-7.

KLUDZE H K, DE LAUNE R D, 1996. Soil redox intensity effects on oxygen exchange and growth of cattail and sawgrass[J]. Soil Science Society of America Journal, 60:616-621.

KOUTIKA L S, RAINEY H J, 2015. A review of the invasive, biological and beneficial characteristics of aquatic species Eichhornia Crassipes and Salvinia molesta[J]. Appl Ecol Environ Res, 13:263-275.

KULARATINE R K, KASTURIARACHCHI J C, MANATUNGE J M, 2009. Mechanisms of man-ganese removal from wastewaters in constructed wetlands comprising water hyacinth (*Eichhornia crassipes* (Mart.) Solms) grown under different nutrient conditions[J]. Water Environ Res, 81(2):165-172.

KUMAR N J I, SONI H, KUMAR R N, 2008. Macrophytes in phytoremediation of heavy metal contaminated water and sediments in Pariyej community reserve, Gujarat, India[J]. Turk J Fish Aquat Sci, 8(2):193-200.

KUMAR V, CHOPRA A K, 2018. Phytoremediation potential of water caltrop (*Trapa natans* L.) using municipal wastewater of the activated sludge process-based municipal wastewater treatment plant[J]. Environ Technol, 39(1):12-23.

LATA N, 2010. Preliminary phytochemical screening of Eichhornia crassipes:the world's worst aquatic weed[J]. J Pharm Res,3(6):1240-1242.

LI X,ZHOU Y,YANG Y,2015. Physiological and proteomics analyses reveal the mechanism of Eichhornia crassipes tolerance to high – concentration cadmium stress compared with Pistia stratiotes[J]. PLoS One,10(4):e012430.

LI C,NING Z,CHEN Y,2000. The Changes of Waterfowl Gathering in Plateau Wetland of Lashi Sea,Yunnan Province[J]. Territory and Natural Resources Study,(3):58-61.

LI F,LIU W,LI Z,2014. Numbers of wintering waterbirds and their changes over the past 20 years at Caohai Sea,Guizhou Province[J]. Zoological Research,35(S1):85-91.

LI J,LAN Y,TANG Y,2019. Study on the flush distance of birds and the influencing factors[J]. Journal of Green Science and Technology,22:68-69.

LI L,YANG G,2015. Analysis and Investigation on Wintering Waterfowl of Yunnan Lugu Lake[J]. Forest Inventory and Planning,40(2):74-78.

LIAO S W,CHANG W L,2004. Heavy metal phytoremediation by water hyacinth at constructed wetlands in Taiwan[J]. J Aquat Plant Manag,42:60-68.

LISSY P N M,MADHU G,2011. Removal of heavy metals from waste water using water hyacinth[J]. ACEEE Int J Trans Urban Dev,1:48-52.

LIU Z,GU C,CHEN F,2012. Heterologous expression of a Nelumbo nucifera phytochelatin synthase gene enhances cadmium tolerance in Arabidopsis thaliana[J]. Appl Biochem Biotechnol,166(3):722-734.

LU Q,HI Z L,GRATES D A,2011. Uptake and distribution of metals by water lettuce (*Pistia stratiotes* L.)[J]. Environ Sci Pollut Res,18(6):978-986.

Luo Z,Zhang W,Hou Y,2013. Seasonal Dynamics and Habitat Selection of Ruddy Shelduck (Tadorna ferruginea) (Anseriformes:Anatidae) in Alpine Wetland Ecosystem of Southwest China[J]. Acta Zoologica Bulgarica,65(4):469-478.

MacKinnon K,Sobrevila C,Hickey V,2008. Biodiversity,Climate Change and Adaptation:Nature-based Solution from the World Bank Portfolio[M/OL]. Retrieved from https://openknowledge. worldbank. org/bitstream/handle/10986/6216/467260WP0REPLA1sity1Sept020081final. pdf;sequence=1

MADERA-PARRA C A,PENA-SALAMANCA E J,PENA M R,2015. Phytoremediation of landfill leachate with Colocasia esculenta,Gynerum sagittatum and Heliconia psittacorum in constructed wetlands[J]. Int J Phytorem,17(1-6):16-24.

MALAR S,SAHI S V,FAVAS P J C,2015. Mercury heavy-metal-induced physiochem-ical changes and genotoxic alterations in water hyacinths (*Eichhornia crassipes* Mart.)[J]. Environ Sci Pollut Res,22:4597-4608.

MALIK A,2007. Environmental challenge vis a vis opportunity:the case of water hyacinth [J]. Environ Int,33:122-138.

MARBANIANG D,CHATURVEDI S S,2014. Aquatic macrophytes as a tool for phytoremediation of heavy metals. In:Choudhuri H (ed) Biology,biotechnology and sustainable development[J]. Research India Publications, New Delhi, India, 62-85.

MARCHAND L, MENCH M, JACOB D L, et al, 2010. Metal and metalloid removal in constructed wetlands, with emphasis on the importance of plants and standardized measurements: a review[J]. Environmental Pollution, 158(12): 3447-3461.

MARRUGO-NEGRETE J, ENAMORADO-MONTES G, DURANGO-HERNáNDEZ J, 2017. Removal of mercury from gold mine effluents using Limnocharis flava in constructed wetlands[J]. Chemosphere, 167: 188-192.

MCDONALD M P, GALWEY N W, COLMER T D, 2002. Similarity and diversity in adventitious root anatomy as related to root aeration among a range of wetland and dryland grass species[J]. Plant, Cell and Environment, 25: 441-451.

MCINTYRE T, 2001. Phytorem: a global CD-ROM database of aquatic and terrestrial plants that sequester, accumulate, or hyperaccumulate heavy metals[D]. Environment, Canada, Hull, Quebec.

MD SAAT S K, ZAMAN N Q, 2017. Suitability of Ipomoea aquatica for the treatment of effluent from palm oil mill[J]. J Built Environ Technol Eng, 2: 39-44.

MEERA A V, THAMPATTI K C M, 2016. Nelumbo nucifera as an ideal macrophyte for phytoremediation of toxic metals in contaminated wetlands[J]. Adv Life Sci, 5(9): 3562-3565.

MEERA A V, 2017. Phytoremediation of inorganic contaminants in Vellayani wetland ecosystem[D]. Ph. D. (Ag) thesis, Kerala Agricultural University, Thrissur, India.

MELIGNANI E, DE CABO L I, FAGGI A M, 2015. Copper uptake by Eichhornia crassipes exposed at high level concentrations[J]. Environ Sci Pollut Res, 22: 8307-8315.

MEMON A R, SCHRODER P, 2009. Implications of metal accumulation mechanisms to phytoremediation[J]. Environ Sci Pollut Res Int, 16: 162-175.

MISHRA K, TRIPATHI B D, 2008. Concurrent removal and accumulation of heavy metals by the three aquatic macrophytes[J]. Bioresour Technol, 99: 7091-7097.

MISHRA S, MAITI A, 2017. The efficiency of Eichhornia crassipes in the removal of organic and inorganic pollutants from wastewater: a review[J]. Environmental Science & Pollution Research, 24(9): 7921-7937.

MISHRA S, MOHANTY M, PRADHAN C, 2013. Physico-chemical assessment of paper mill effluent and its heavy metal remediation using aquatic macrophytes—a case study at JK paper mill, Rayagada, India[J]. Environ Monit Assess, 185: 4347-435.

MISHRA V, PATHAK V, TRIPATHI B, 2009. Accumulation of cadmium and copper from aqueous solutions using Indian lotus (Nelumbo nucifera)[J]. AMBIO J Human Environ, 38(2): 110-115.

MISHRA V K, TRIPATHI B D, 2009. Accumulation of chromium and zinc from aqueous solutions using water hyacinth (Eichhornia crassipes)[J]. J Hazard Mater, 164: 1059-1063.

MOHOTTI A J, GEEGANAGE K T, MOHOTTI K M, 2016. Phytoremedial potentials of

Ipomea aquatica and Colocasia esculenta in soils contaminated with heavy metals through automobile painting, repairing and service centre[J]. Sri Lankan J Biol, 1(1): 27-37.

MOKHTAR H, MORAD N, FIZRI F F A, 2011. Hyperaccumulation of copper by two species of aquatic plants[J]. In: International conference on environment science and engineering, vol 8. IPCBEE, IACSIT Press, Singapore, 115-118.

MUSDEK W N A W, SABULLAH M K, JURI N M, 2015. Screening of aquatic plants for potential phytoremediation of heavy metal contaminated water[J]. Bioremediation Sci Technol Res, 3(1): 6-10.

NAGHIPOUR D, TAGHAVI K, SEDAGHATHOOR S, 2015. Study of the efficiency of duckweed (*Lemna minor*) in removing of heavy metals in aqueous solutions[J]. J Wetland Eco Biol, 23: 91.

NDEDA L A, MANOHAR S, 2014. Bio concentration factor and translocation ability of heavy metals within different habitats of hydrophytes in Nairobi Dam, Kenya[J]. IOSR J Environ Sci Toxicol Food Technol, 8(5): 42-45.

NDIMELE P R, KUMULU-JOHNSON C A, CHUKWUKA K S, 2014. Phytoremediation of iron (Fe) and copper (Cu) by water hyacinth (*Eichhornia crassipes* (Mart.) Solms)[J]. Trends Appl Sci Res, 9(9): 485-493.

NEWETE S W, BYRNE M J, 2016. The capacity of aquatic macrophytes for phytoremediation and their disposal with specific reference to water hyacinth[J]. Environ Sci Pollut Res, 23(11): 10630-10643.

NYANANYO B L, GIJO A, OGAMBA E N, 2007. The physicochemistry and distribution of water hyacinth (*Eichhornia crassipes*) on the river Nun in the Niger Delta[J]. J Appl Sci Environ Manag, 11: 133-137.

Obando W S O, 2012. Evaluation of sacred lotus (Nelumbo nucifera Gaertn.) as an alternative crop for phyto-remediation[J]. Ph. D. thesis, Auburn University, Auburn, Alabama, 193.

OFOMAJA A E, HO Y S, 2007. Equilibrium sorption of anionic dye from aqueous solution by palm kernel fibre as sorbent[J]. J Dyes Pigm, 74: 60-66.

PADMAPRIYA G, MURUGESAN A G, 2012. Phytoremediation of various heavy metals (Cu, Pb and Hg) from aqueous solution using water hyacinth and its toxicity on plants[J]. Int J Environ Biol, 2: 97-103.

PARDE D, PATWA A, SHUKLA A, et al, 2021. A review of constructed wetland on type, treatment and technology of wastewater[J]. Environmental Technology & Innovation, 21: 101261.

PATEL D K, KANUNGO V K, 2017. Phytoremediation potential of duckweed (*Lemna minor* L.: a tiny aquatic plant) in the removal of pollutants from domestic wastewater with special reference to nutrients[J]. Bioscan, 5: 355-358.

PATEL S, 2012. Threats, management and envisaged utilizations of aquatic weed Eichhornia crassipes:an overview[J]. Rev Environ Sci Biotechnol,11:249-259.

PENG S,HU X,2017. Ecological planning and design led by natural forces—Taking Wuxi Taihu Lake Ecological Expo Park conceptual planning as an example[J]. Journal of Green Science and Technology,1:56-60.

PETER M B,MARLEEN K,CHRIS B,2005. Radial oxygen loss,a plastic property of dune slack plant species[J]. Plant and Soil,271:351-364.

PEZESHKI S R,2001. Wetland plant responses to soil flooding[J]. Environmental and Experimental Botany,46:299-312.

PHUKAN P,PHUKAN R,PHUKAN S N,2015. Heavy metal uptake capacity of Hydrilla verticillata:a commonly available aquatic plant[J]. Int Res J Environ Sci,4(3):35-40.

PRASAD B,MAITI D,2016. Comparative study of metal uptake by Eichhornia crassipes growing in ponds from mining and non mining areas—a field study[J]. Bioremed J,20:144-215.

PREETHA S S,KALADEVI V,2014. Phytoremediation of heavy metals using aquatic macrophytes[J]. World J Environ Biosci,3(1):34-41.

PRIYA E S,SELVAN P S,2014. Water hyacinth (*Eichhornia crassipes*)—an efficient and economic adsorbent for textile effluent treatment—a review[J]. Arab J Chem,10:S3548-S3558.

PRIYANKA S,SHINDE O,SARKAR S,2017. Phytoremediation of industrial mines wastewater using water hyacinth[J]. Int J Phytorem,19:87-96.

QUAN R,WEN X,YANG X,2001. Habitat use by wintering ruddy shelduck at Lashihai Lake,Lijiang,China[J]. Waterbirds:The International Journal of Waterbird Biology,24(3):402-406.

RAI P K,PANDA L L,2014. Dust capturing potential and air pollution tolerance index (APTI) of some road side tree vegetation in Aizawl,Mizoram,India:an Indo-Burma hot spot region[J]. Air Qual Atmos Health,7:93-101.

RAI P K,TRIPATHI B D,2009. Comparative assessment of Azolla pinnata and V allisneria spiralis in Hg removal from G. B. Pant Sagar of Singrauli industrial region,India[J]. Environ Monit Assess,148:75-84.

RAI P K,2016. Eichhornia crassipes as a potential phytoremediation agent and an important bioresource for Asia Pacific region[J]. Environ Skeptics Critics,5:12.

RAI P K,2008. Phytoremediation of Hg and Cd from industrial effluents using an aquatic free floating macrophyte Azolla pinnata[J]. Int J Phytorem,10(5):430-439.

RAI P K,2007. Wastewater management through biomass of Azolla pinnata:an ecosustainable approach[J]. Ambio,36:426-428.

RAJOO K S,ISMAIL A,KARAM D S,2011. Phytoremediation studies on arsenic contaminated soils in Malaysia[J]. J Adv Chem Sci,2017,3(3):490-493.

RANA S,JANA J,BAG S K,2011. Performance of constructed wetlands in the reduction

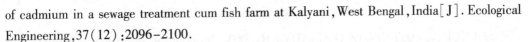

of cadmium in a sewage treatment cum fish farm at Kalyani, West Bengal, India[J]. Ecological Engineering,37(12):2096-2100.

REDFIELD A C,1933. On the proportions of organic derivations in sea water and their relation to the composition of plankton[J]. In James Johnstone Memorial Volume,177-192.

REZANIA S,PONRAJ M,DIN M F M,2015a. The diverse applications of water hyacinth with main focus on sustainable energy and production for new era: an overview[J]. Renew Sust Energy Rev,41:943-954.

RIJAL M,AMIN M,ROHMANC F,2016. Pistia stratiotes and Limnocharis Flava as phytoremediation heavy metals lead and cadmium in the Arbes Ambon[J]. Int J Sci Basic Appl Res,27(2):182-188.

ROMANOVA T E,SHUVAEVA O V,BELCHENKO L A,2016. Phytoextraction of trace elements by water hyacinth in contaminated area of gold mine tailing[J]. Int J Phytorem,18: 190-194.

SANCHEZ-GALVAN G,MONROY O,GóMEZ G,2008. Assessment of the hyperaccumulating lead capacity of Salvinia minima using bioadsorption and intracellular accumulation factors[J]. Water Air Soil Pollut,194:77-90.

SANITà D T L, VURRO E, ROSSI L, 2007. Different compensatory mechanisms in two metal-accumulating aquatic macrophytes exposed to acute cadmium stress in outdoor artificial lakes[J]. Chemosphere,68(4):769-780.

SARMA H,2011. Metal hyperaccumulation in plants: a review focusing on phytoremediation technology[J]. J Environ Sci Technol,4:118-138.

SCHOLZ M,2003. Performance predictions of mature experimental constructed wetlands which treat urban water receiving high loads of lead and copper[J]. Water Research,37(6): 1270-1277.

SHABANA Y M,MOHAMED Z A,2005. Integrated control of water hyacinth with a mycoherbicide and a phenylpropanoid pathway inhibitor[J]. Biocontrol Sci Technol,15:659-669.

SHUAIBU U O A,NASIRU A S,2011. Phytoremediation of trace metals in Shadawanka stream of Bauchi metropolis,Nigeria[J]. Univ J Environ Res Technol,1(2):176-181.

SIDDIG A A H,ELLISON A M,OCHS A,2016. How do ecologists select and use indicator species to monitor ecological change? Insights from 14 years of publication in Ecological Indicators[J]. Ecological Indicators,60:223-230.

SINGH J,KALAMDHAD A S,2013. Assessment of bioavailability and leachability of heavy metals during rotary drum composting of green waste (water hyacinth)[J]. Ecol Eng, 52:59-69.

SKINNER K,WRIGHT N,PORTER-GOFF E,2007. Mercury uptake and accumulation by four species of aquatic plants[J]. Environ Pollut,145:234-237.

SMITS A J M,LAAN P,THEIR R H,1990. Root aerenchyma,oxygen leakage patterns and alcohol fermentation ability of the roots of some nymphaeid and isoetid macrophytes in relation to the sediment type of their habitat[J]. Aquatic Botany,38:3-17.

SOUKUP A,VOTRUBOVá O,ČíŽKOVá H,2002. Development of anatomical structure of roots of Phragmites australis[J]. New Phytologist,153(2):277-287.

SRIVASTAVA J K,CHANDRA H,KARLA S J,2016. Plant microbe interaction in aquatic systems and their role in the management of water quality:a review[J]. Appl Water Sci,7(3): 1079-1090.

SUKUMARAN D,2013. Phytoremediation of heavy metals from industrial effluent using constructed wetland technology[J]. Appl Ecol Environ Sci,1(5):92-97.

SWAIN G,ADHIKARI S,MOHANTY P,2014. Phytoremediation of copper and cadmium from water using water hyacinth,Eichhornia crassipes[J]. Int J Agric Sci Technol,2(1):1-7.

SWARNALATHA K,RADHAKRISHNAN B,2015. Studies on removal of zinc and chromium from aqueous solutions using water hyacinth[J]. Pollution,1(2):193-202.

TALUKDAR T,TALUKDAR D,2015. Heavy metal accumulation as phytoremediation potential of aquatic macrophyte,Monochoria vaginalis（Burm. F.）K. Presl Ex Kunth[J]. International Journal of Applied Sciences and Biotechnology,3(1):9-15.

TANGAHU B V,ABDULLAH S R S,BASRI H,2010. Range finding test of lead（Pb）on Scirpus grossus and measurement of plant wet-dry weight as preliminary study of phytotoxicity [J]. In:Regional engineering postgraduate conference（EPC）,110-117.

TANGAHU B V,ABDULLAH S R S,BASRI B,2013. Phytoremediation of wastewater containing lead（Pb）in pilot reed bed using Scirpus grossus[J]. Int J Phytorem,15(7):663-676.

TEWARI A,SINGH R,SINGH N K,2008. Amelioration of municipal sludge by *Pistia stratiotes* L.:role of antioxidant enzymes in detoxification of metals[J]. Bioresour Technol,99: 8715-8721.

THAMPATTI K C M,BEENA V I,USHA P B,2016. Aquatic macrophytes for phytomining of iron from rice based acid sulphate wetland ecosystems of Kuttanad[J]. J Indian Soc Coast Agric Res,34(2):1-6.

THAMPATTI K C M,BEENA V I,2014. Restoration of degraded coastal agroecosystem through phytoremediation[J]. J Indian Soc Coastal Agric Res,32(2):11-16.

THAMPATTI K C M,USHA P B,BEENA V I,2007. Aquatic macrophytes for biomonitoring and phytoremediation of toxic metals in wetlands of Kuttanad[J]. In:Ambat B,Vinod TR, Ravindran KV,Sabu T,Nambudripad KD（eds）Third Kerala environment congress 2007. Wetland resource of Kerala,vol 3. Centre for Environment and Development,Thiruvananthapuram, Kerala,India,261-265.

The Royal Society for the Protection of Birds.（n. d.）. Land Management for Wildlife: Common Crane[M/OL]. Retrieved from http://www. norfolkcranes. co. uk/documents/ Craneadvisorysheet. pdf

TOKUNAGA K,FURUTA N,MORIMOTO M,1976. Accumulation of cadmium in Eichhornia crassipes Solms[J]. J Hyg Chem,22:234-239.

UCIINCII E,TUNCA E,FIKIRDESICI S,2013. Phytoremediation of Cu,Cr and Pb mixtures by Lemna minor[J]. Bull Environ Contam Toxicol,91:600-604.

UGYA A Y,IMAM T,TAHIR S M,2015. The use of Pistia stratiotes to remove some heavy metals from Romi stream:a case study of Kaduna refinery and petrochemical company polluted stream[J]. OSR J Environ Sci Food Technol,9(1):48-51.

VERMA V K,GUPTA R K,RAI J P N,2005. Biosorption of Pb and Zn from pulp and paper industry effluent by water hyacinth (*Eichhornia crassipes*)[J]. J Sci Ind Res,64:778-781.

Van der Valk,A. G,2012. The Biology of Freshwater Wetlands (Second Edition)[D]. New York:Oxford University Press Inc.

VAN D V A G,DAVIS C B,1978. The Role of Seed Banks in the Vegetation Dynamics of Prairie Glacial Marshes[J]. Ecology,59(2):322-325.

VERHOEVEN J T A,KOERSELMAN W,MEULEMAN A F M,1996. Nitrogen- or phosphorus-limited growth in herbaceous, wet vegetation:relations with atmospheric inputs and management regimes[J]. Trees,11(12):494-497.

VERMA R,SUTHAR S,2015. Lead and cadmium removal from water using duckweed—*Lemna gibba* L. impact of pH and initial metal load[J]. Alexandria Eng J,54(4):1297-1304.

VESELY T,TLUSTOS P,SZAKOVA J,2011. The use of water lettuce (*Pistia Stratiotes* L.) for rhizofiltration of a highly polluted solution by cadmium and lead[J]. Int J Phytorem,13(9):859-872.

VISSER E J W,VOESENEK L,VARTAPETIAN B B,2003. Flooding and plant growth[J]. Annals of Botany,91(2):107-109.

VOLF I,RAKOTO N G,BULGARIU L,2014. Valorization of Pistia stratiotes biomass as biosorbent for lead(II) ions removal from aqueous media[J]. Sep Sci Technol,50(10):1577-1586.

VYMAZAL J,2013. Emergent plants used in free water surface constructed wetlands:a review[J]. Ecological Engineering,61:582-592.

VYMAZAL J,2002. The use of sub-surface constructed wetlands for wastewater treatment in the Czech Republic:10 years experience[J]. Ecol Eng,18:633-646.

WANG Q,CUI Y,DONG Y,2002. Phytoremediation of polluted waters:potentials and prospects of wetland plants[J]. Acta Biotechnol,22:199-208.

WANG Q,LV X,2007. Applications of Birds in Wetland Ecosystem Monitoring and Evaluation[J]. Wetland Science,5(3):274-281.

WANG S,YI S,BAO F,2001. Observation on the Ecology and Reproduction Habit of Egret ta[J]. Journal of Anhui Agrotechnical Teachers College,15(1):29-31.

WARDANI N P,ELSAFIRA A,PRIMADANI G,2017. Heavy metal phytoremediation agents in industrial wastewater treatment using Limnocharis flava callus[J]. In:5th AASIC 2017,26-27.

WIGAND C, STEVENSON J C, CORNWELL J C, 1997. Effects of different submersed macrophytes on sediment biogeochemistry[J]. Aquatic Botany,56:233-244.

WOLTERBEEK H T,VAN DER MEER A J,2002. Transport rate of arsenic,cadmium,copper and zinc in *Potamogeton pectinatu*s L.:radiotracer experiments with 76As,109,115Cd,64Cu and 65,69mZn[J]. Sci Total Environ,287(1-2):13-30.

WRIGHT D J,OTTE M L,1999. Wetland plant effects on the biogeochemistry of metals beyond the rhizosphere[J]. Biology and Environment:Proceedings of the Royal Irish Academy, 99B (1):3-10.

YAPOGA S,OSSEY Y B,KOUAM E V,2013. Phytoremediation of zinc,cadmium,copper and chrome from industrial wastewater by Eichhornia Crassipes[J]. Int J Conserve Sci,4:81-86.

ZHANG T,XU D,HE F,et al,2012. Application of constructed wetland for water pollution control in China during 1990-2010[J]. Ecological Engineering,47:189-197.

ZHANG S, WANG R, SHEN J, 2018a. Potential Relationship of Wintering Waterbirds Community Composition and Water-level Fluctuation in Erhai Lake[J]. Asian Journal of Ecotoxicology,13(4):143-148.

ZHANG W,LIU T,CHENG K,2018b. Declining water depth delayed the breeding time of Fulica atra,not human disturbance[J]. Plos One,13(8):1-12.

ZHOU Y Q,LI S Y,SHI Y D,2013. Phytoremediation of chromium and lead using water lettuce (*Pistia stratiotes* L.)[J]. Appl Mech Mater,401-403:2071-2075.

Zhou J,Wan R,2018. Advances in methods of wetland ecosystem health evaluation[J]. Ecological Science,37(6):209-216.

陈桂珠,陈桂葵,谭凤仪,2000.白骨壤模拟湿地系统对污水的净化效应[J].海洋环境科学,19(4):24-26.

陈章和,陈芳,刘誩诚,等,2007.测定潜流人工湿地根系生物量的新方法[J].生态学报,27(2):667-673.

崔理华,朱夕珍,骆世明,等,2002.垂直流人工湿地系统对污水磷的净化效果[J].环境工程学报,7(3):13-17.

韩志萍,张建梅,2002.植物整治技术在重金属废水处理中的应用[J].环境科学与技术,25(3):46-48.

皇甫嘉弘,2021.宁波社区公园水生植物水质净化效益及景观优化研究[D].杭州:浙江农林大学.

靖元孝,杨丹菁,陈章和,2003.两栖榕在人工湿地的生长特性及其对污水的净化效果[J].生态学报,23(3):614-619.

李冰伦,王文杰,胡远满,等,2020.基于景观生态学的湿地公园空间优化配置方案:以北京琉璃河湿地公园为例[J].环境工程技术学报,10(1):25-31.

李盈盈,邢晓伟,2007.人工湿地植物配置的技术与应用[J].安徽农学通报,13(15):49-50.

梁威,吴振斌,2000.人工湿地对污水中氮磷的去除机制研究进展[J].环境科学动态,3:32-37.

梁雪,贺锋,徐栋,等,2012.人工湿地植物的功能与选择[J].水生态学杂志,33(1):131-138.

唐炳然,蔡然,王瑞霖,等,2022.基于文献分析的我国人工湿地植物配置路线优化[J].环境工程技术学报,12(3):905-915.

王辰,王英伟,2022.中国湿地植物图鉴[M].重庆:重庆大学出版社.

吴振斌,邱东茹,贺锋,等,2003.沉水植物重建对富营养水体氮磷营养水平的影响[J].应用生态学报,14(8):1351-1353.

阳承胜,蓝崇钰,束文圣,2002.重金属在宽叶香蒲人工湿地系统中的分布与积累[J].水处理技术,28(2):101-104.

俞波,黄荣振,何圣兵,2018.不同植物类型表面流湿地处理低污染河水的效能研究[C]//《环境工程》2018年全国学术年会论文集.北京:《环境工程》编委会:301-304.

张翔,李子富,周晓琴,等,2020.我国人工湿地标准中潜流湿地设计分析[J].中国给水排水,36(18):24-31.

张雨葵,杨扬,刘涛,2006.人工湿地植物的选择及湿地植物对污染河水的净化能力[J].农业环境科学学报,25(5):1318-1323.

赵胡,郑文教,孙娟,等,2004.红树植物桐花树生长发育过程的元素动态与抗盐适应性[J].海洋科学,28(9):1-5.

第3章

湿地植物的重金属吸收特征

在全球范围内水生植物系统的重金属污染普遍存在。近年来人口的快速增长以及大规模的工业化和城市化加剧了生物圈的重金属污染，这些重金属可以通过植物进入人类和动物体内，从而导致更严重的环境威胁。湿地独特的地理位置使其更容易受到重金属污染。传统的修复治理方法，如碱性预沉淀、离子交换柱、电化学处理、混凝、过滤和膜处理技术，虽然一些优点，但经济效益低，并且可能会对水生生态系统产生不利影响。植物修复是一种利用绿色植物来转移、容纳或转化污染物且经济效益高的技术，可作为潜在方法替代现有废水和受污染生态系统处理技术(Heckenroth et al.，2016)。植物修复技术利用植物和相关土壤微生物来降低环境中污染物的浓度或毒性效应，成本经济、高效、新颖、生态友好、太阳能驱动，公众认可度很高(Ali et al.，2013；Ansari et al.，2016)。植物修复技术也可以作为化工厂的"绿色清洁"修复产品(Malik et al.，2015)，修复期间对环境需求较小，并且能避免对环境产生二次污染。大型水生植物在植物修复领域显示出巨大潜力(Mishra et al.，2016；Akhtar et al.，2017)，可以通过将重金属提取并转运到植物空中部分，或于植物系统中将重金属灭活，来有效去除湿地中的重金属(Hearth et al.，2015；Akinbile et al.，2016；Akhtar et al.，2017)。

植物修复技术是基于超积累植物发展起来的，这些植物物种具有非常高的遗传特性，可以将大量特定重金属从土壤和水中去除，积聚于植物部分。吸收的金属从超积累植物根部通过细胞液，最后在液泡或细胞膜中沉淀，不会影响植物的生长。因此，这些植物物种被广泛用于环境清洁。

植物修复技术，特别是湿地生态系统的植物修复技术已经发展到了一个阶段，即基于污染物化学、地质粒度分布和地层以及成本制定特定场地的解决方案。过去三十年进行的研究已经确定了几种具有良好修复能力的植物，并且正在探索其在植物修复和植物冶金方面的应用。借用分子工具有助于理解植物修复的机制。为了充分发挥其潜力，需要全面了解重金属在不同环境下如何通过植物膜吸收、运输和交换以及分布、耐受性、敏感性等(Arunakumara，2011)。本章讨论了水生植物吸收重金属的机制、适宜的植物修复剂以及植物修复重金属的实际应用进展。

3.1 湿地植物对重金属的吸收、转运和累积

大部分湿地植物如挺水植物来说，是通过根来吸收重金属的。而一些沉水植物则是

通过茎叶和根共同来吸收重金属。不同种湿地植物对同一金属,以及同种植物对不同的金属的转运能力均是不同的。我国的近 10 种香蒲植物中,长苞香蒲和水烛等大型种类具有粗壮的根系和发达的不定根,比小香蒲($T.\ minima$)等小型的种类有较强的净化能力(成水平等,2002)。

有研究发现一些湿地植物如浮萍和水葫芦能富集超过 0.5% 干重的重金属,它们富集 Cd 和 Cu 的浓度范围分别是 Cd 6 000 ~ 13 000 mg · kg^{-1} 和 Cu 6 000 ~ 7 000 mg · kg^{-1},这些浓度已经超过其正常浓度的 1 000 倍(Zhu et al.,1999)。

另外,一些湿地植物能够在体内同时富集几种重金属而且对生长没有表现出抑制作用,如三裂蟛蜞菊和水蓼的根部能够同时富集 148 mg · kg^{-1} Cd 和 95 mg · kg^{-1} Cu(Qian et al.,1999)。

当重金属从湿地植物根部向地上部分转运后,一般是分布在茎部和叶中。但是当重金属从根表向根部木质部的导管的转移过程中,内皮层和木栓化的凯氏带会起到一定的阻止作用。研究表明大多数湿地植物对重金属的分布一般是将大量的重金属固定在根部(Stoltz et al.,2002)。

但是影响重金属从根部向地上部分转移的因素是比较多的。除种间差异之外,还受一些环境因素的影响,如土壤的 pH 值、温度和盐度等(Fitzgerald et al.,2003;Fritioff et al.,2005)。Fitzgerald 等(2003)研究发现 Cu 主要集中分布在双子叶植物和单子叶植物的根部,而 Pb 则集中在单子叶植物的根部和双子叶植物的地上部分。同时 Fitzgerald 等(2003)还发现在低盐度时 Pb 主要分布在柳叶紫菀的根部,在高盐度时 Pb 则向地上部分转移。

不同的重金属在植物体内的转运也是不同的。如 Zn 和 Cu 则是较为容易的在植物体内转运,而 Pb 则较难在植物体内转运,这可能与前者是植物必需的元素,后者是非必需的元素有关。将植物的"地上部分的重金属浓度与地下部分的重金属浓度的比值"作为转运系数,为比较不同植物对同一重金属的转运能力提供了一种较好的方法。

植物作为人工湿地系统的重要组成部分,在废水处理过程中有非常重要的作用。一方面,植物可以直接吸收、利用废水中的有机物,供其自身的生长发育,吸收并积累离子态的重金属,使得废水中各种污染物浓度降低;另一方面,植物的合理配置还具有一定的生态美学与经济价值。在人工湿地净化污水的过程中,植物的作用可以归纳如下:直接吸收、利用污水中的营养物质,吸附和富集重金属和一些有毒、有害物质;为根区好氧微生物输送氧气;增强和维持介质的水力传输。

人工湿地最初是用来处理城市生活污水或二级污水处理厂的出水,如今应用人工湿地处理含重金属的特种废水的研究也日益增多。

在国外,应用人工湿地处理含重金属的废水已有大量研究和较多的实例。例如,位于美国萨凡纳河场地的人工湿地于 2001 年开始运行,该人工湿地面积约 777 km^2,被用来处理工艺技术设施废水中的铜污染,进出水中的铜质量浓度分别为 31 μg · L^{-1} 和 9 μg · L^{-1},该人工湿地对废水中铜的去除率高达 70.9%(Nuruzzaman et al.,2014)。在实验室中,建立人工湿地模型种植黄花蔺,用以处理垃圾渗滤液中的重金属 Fe 和 Mn,将垃圾渗滤液稀释至原来浓度的 25% 后,以 0.029 m^3 · d^{-1} 的流量,停留时间 24.1 h 和 9 h

的条件下,铁和锰的去除效率分别为 99.2% ~ 91.5% 和 99.8% ~ 94.7%(Ain et al. ,2011)。在接纳马来西亚西海岸炼油厂污水的潟湖中,种植了大面积水葫芦,用以处理油脂、酚类、硫化物和重金属,结果表明,其对 Cd、Cu、Pb、Ni、Zn、As、Hg、Cr(Ⅲ)的处理效果都十分理想(Ismail et al. ,2009)。

在国内,应用种植了宽叶香蒲的人工湿地系统,处理广东省韶关市凡口铅锌矿选矿废水,原废水含有高浓度的有害金属 Pb(11.5 mg·L^{-1})、Zn(14.5 mg·L^{-1})、Cd(0.05 mg·L^{-1}),历时 10 年的监测结果表明,该人工湿地系统能有效地净化铅锌矿废水,经人工湿地处理后,出水口的水质明显改善,其对 Pb、Zn、Cd 的净化率分别达到 99.0%、97.3% 和 94.9%(招文锐等,2001)。

但是,无论在理论研究中还是在实际应用中,学者们都发现植物对重金属离子的吸收量仅占水体中重金属去除总量的很少部分(谭学军等,2008),植物直接通过吸收去除的水体污染物一般不及总污染物的 5%。虽然植物对直接去除污水中的污染物的贡献相对较小,但是,植物是人工湿地系统必要组成成分,筛选抗逆性强的湿地植物,是构建用以处理含低浓度重金属废水的人工湿地系统的必要环节;在改善和增强植物—微生物—填料复合结构功能中,植物根系的吸附、过滤和改变周围环境的作用是不可替代的。

3.1.1 能富集重金属的湿地植物

多种湿地植物都对废水中的重金属有很强的富集能力(见表 3-1)。藻类植物净化重金属废水的能力,主要表现为对重金属的吸附力,石莼对 Cu、Pb、La、Cd、Hg 重金属离子的去除率达到 80% ~ 90%;马尾藻和鼠尾藻通过吸附重金属,同样具有很强的去除重金属的能力,它们对 Cu、Zn、Pb、Hg 的去除率都大于 70%(韩志萍等,2002);金鱼藻对 Cu^{2+}的吸附在 20 min 内达到平衡,其最大吸附量为 7.79 mg·g^{-1}(曾阿妍等,2005);香蒲能净化高浓度含铅废水,在铅质量浓度为 50 mg·L^{-1}的含铅废水中,香蒲中铅的富集量为 132.2 mg,富集系数为 2.64(林芳芳等,2014);浮萍能有效富集 Zn、Fe、Mn,芦苇能有效富集 Pb、Mn、Cr,而宽叶香蒲和黑三棱是吸收富集 Pb 和 Zn 的较适宜植物种类(窦磊等,2006);凤眼莲对 Zn^{2+}和 Cd^{2+}有较高的去除率(陈明利等,2008);芦竹、灯芯草和芦苇对 Cu、Pb、Zn、Cd 有很好的去除效果(李瑞玲等,2010)。浮萍和水葫芦能富集超过其 0.5% 干质量的重金属,它们富集 Cd 和 Cu 的质量比分别是 6 000 ~ 13 000 mg·kg^{-1}和 6 000 ~ 7 000 mg·kg^{-1},超过其正常质量比的 1 000 倍,水力停留时间为 7 d 时,芦苇对污水中的 Pb 和 Cd 的去除率分别为 90.2% 和 86.4%,梭鱼草对 Pb 和 Cd 的去除率分别为 89.7% 和 86.0%(韦菊阳等,2013)。

表 3-1　湿地植物对废水中的 5 种重金属的富集质量比和富集系数

植物名称	富集质量比(mg·kg⁻¹)/富集系数				
	Zn	Pb	Cu	Mn	Cd
芦苇	75.69/12.61	1 196.13/32.9	168.4/0.42	47.67/0.11	4 620/77
香蒲	60.66/10.11	440.4/8.8	32.06/7.31	87.14/0.20	
鸭跖草		1 119.54/22.39	1 034/67.32		1.79/0.45
凤眼莲	6 944.51/1 388.9	7 767/776.7	0.49/17.6		1 990.1/3 980.2
水蕹菜	6 246.51/1 249.3				1 785.5/3 571
梭鱼草		69/32.86	248.23/152.27		40/66.67
水葱	81.63/90.7	2 072.88/414.58	750.21/375.1	1 812.53/362.5	10 074.2/167.9
菖蒲	110.24/122.49	26.03/95.45	244.57/59.02	2 818.27/105.28	14 759.3/245.9
芦竹	370.27/0.93	387.06/2.42	174.90/0.44		14.37/1.84
灯芯草	978.34/1.22	481.81/3.01	1 175.06/2.94		28.2/3.53
喜旱莲子草	86.52/14.43	15.52/15.37	49.54/5.5	475.74/1.08	1.74/0.44
狐尾藻	78/1 350	7/124	14/338		0.27/548
金鱼藻	33/759	3.1/58	5/148		0.11/1 094
黑藻	46/1 170	8.4/142	7.2/173		0.46/580
茭白	88.51/14.75	22.22/22	69.14/7.68	144.37/0.33	1.57/0.4
慈姑	95.9/15.98	37.07/32.25	46.91/5.22	401.95/0.92	3.21/0.81
浮萍	70.15/11.69	19.35/19.16	74.25/8.25	68.3/0.16	2.02/0.51
美人蕉	140.97/156.63		40.02/500.25	9 419.35/351.86	5.33/2.01
再力花	109.99/122/21		63.81/797.62	7 512.16/280.62	7.7/2.9
小眼子菜	38/1 404	6.1/93	9.8/161		0.15/38
风车草	51/1.1	5.8/8.4	11.30/0.37		0.26/0.31

3.1.2　根系吸附作用

在人工湿地系统中,植物去除重金属的机制主要为植物根系通过分泌某些代谢产物来改变根际环境,从而对废水中的重金属产生活化、钝化或改变重金属离子价态和降低毒性的作用;植物直接吸收、转运离子态的重金属,使重金属在植物地上部分中得以积累,通过收获植物地上部分来去除重金属。

基质中重金属的生物可利用性和植物提取量主要受金属含量、pH 值、矿物质成分的氧化状态、氧化还原电位、阳离子交换量、有机质含量和根际其他元素的影响。植物根际是一个复杂而动态变化的微环境,其中微生物与根结合形成了独特的根际微环境,具有降低有害废弃物毒性的潜力,并且它们的相互作用可以通过质子(Ghosh et al.,2005)、有机酸、金属螯合物(Ryan et al.,2001)、根表铁膜(Devez et al.,2009)、植物螯合素、氨基酸和酶的分泌(Abou-Shanab et al.,2006)以及微生物辅助来提高根际金属的生物利用度(Khan et al.,2000)。

但是,目前还没有任何植物可以处理溶液中高浓度的有毒金属。因此,可通过对植物的修复及耐受能力进行提升,以应对极端情况的出现。

根部吸收金属有两种途径:质外体途径,这是一个快速的过程;紧随其后的共质体途径,相比之下较为缓慢。质外体途径通过物理和化学吸附作用以及离子交换过程进行。细胞内金属的吸收和转运以共质体方式进行的(Sune et al.,2007)。可溶性金属可以穿过根内胚层细胞的质膜进入根共质体,或者通过细胞之间的间隙进入根质外体。其中一些金属转运到细胞中,而另一些金属则被保留在质外体中或与细胞壁物质结合。运输系统和细胞内高亲和力结合位点(通道蛋白、H^+偶联载体蛋白等)介导和驱动金属离子通过二级转运蛋白(通道蛋白质、H^+S^-偶联载体蛋白等)穿过质膜进入共质体(Chaney et al.,2007)。质膜内侧的膜电位为负值,在根表皮细胞中可能超过-200 mV,为通过二级转运蛋白吸收阳离子提供了强大的驱动力。在植物体内部,大多数金属通常形成碳酸盐、硫酸盐或磷酸盐沉淀,并固定在胞外和胞内隔室中。除金属离子作为非阳离子金属螯合物形式运输,质外体运输受到细胞壁高阳离子交换能力的限制。

植物一般是通过生物吸附和表面吸附作用,去除废水中的重金属元素,湿地系统中的一部分重金属可以通过植物根际分泌物与重金属离子的物理、化学反应来去除。湿地植物根系是一个动态的微环境,水和营养物质在根系被摄取,同时植物根系不断分泌氧、糖、有机酸、氨基酸、酶、内源激素和一些次生代谢产物(王水良等,2010)。植物根系分泌物中的有机酸具有重金属解毒作用。研究发现,植物根系在质量浓度 $10 \sim 50 \ \mu mol \cdot L^{-1}$ 的 Al 胁迫下,根尖柠檬酸合成酶活性增加,分泌大量柠檬酸,形成柠檬酸-Al 的螯合物,以解除铝毒(汪瑾,2003)。实验证明,水稻根系中积累的 Cr 含量与根际 pH 值以及草酸、苹果酸、柠檬酸的分泌密切相关,根际 pH 值增大,促使根系草酸、苹果酸、柠檬酸分泌增多,水稻根系的 Cr 积累量增加(Zeng et al.,2008)。

湿地植物在进化过程中产生了一系列适应浸水环境的特征。许多湿地植物有发达的通气组织,植物通过根系释放一部分氧气到根际,在植物根区的还原态介质中形成氧化态的微环境,使湿地床的氧化还原电位提高,这种现象称为根的泌氧作用。有研究发现,重金属积累能力强(积累量高)的湿地植物,其根系泌氧能力较强,使水体中有充足的溶解氧,根区周围、水体和底泥中的氧化还原电位较高,土壤和水体中的重金属氧化态含量高,其溶解性和移动性增强,促进了湿地植物对重金属的吸收(李光辉等,2010);对空心莲子草、鸭跖草、茭白等植物的研究发现,水体溶解氧质量浓度与重金属积累量间呈正相关,这说明这些植物根系的泌氧作用在相当大的程度上影响着其对重金属的吸收能力(李光辉等,2010)。

湿地植物的根系泌氧使得根际微环境处于相对氧化的状态,还原性的 Fe 和 Mn 被氧化,在根表形成红棕色的铁锰氧化物胶膜。铁氧化物胶膜(铁膜)普遍存在于湿地植物的根表,且外界环境可以影响根表铁膜的形成(刘文菊等,2008)。植物根表铁膜影响了重金属的迁移和转化,土壤中形成的铁锰氧化物及其水合氧化物表面很少或没有永久性电荷,其电荷来源于表面基团对质子的吸附解吸,从而决定了铁氧化物对土壤中重金属阳离子和某些阴离子具有吸附作用(刘文菊等,2005)。根表铁膜对二价重金属阳离子 Cd^{2+}、Pb^{2+}、Hg^{2+}、Zn^{2+} 有强烈的吸附作用,并改变了这些元素在固液两相中的分配比例,从而影响了其在介质中的移动性和生物有效性(Trivedi et al.,2000)。研究表明,柳叶紫菀根表铁膜可以通过氧化还原作用改变介质中 As 的存在形态,将毒性很强的 As(Ⅲ)转化为毒性较弱的 As(V),这是柳叶紫菀去除 As 毒害的一个重要机制。铁膜能在一定程度上促进 Pb 向水稻根内的转运,水稻根表铁膜 Pb 质量比范围为 $0.16 \sim 12.1 \ \text{g} \cdot \text{kg}^{-1}$,铁膜可促进植物对 Zn 的吸收。通过添加 $FeSO_4$,增加了灯芯草、茭白和美人蕉 3 种湿地植物根表铁膜的含量后,3 种湿地植物积累锌的总量平均增加了 21%(徐德福等,2009)。

植物根系分泌物能改变植物根际周围微生物群落的组成和结构,对土壤生态系统产生深刻影响,并对其他作物的生长产生促进作用(王延平等,2010;杜刚等,2013;边玉等,2014)。有些微生物在生长过程中改变重金属形态与价态,活化重金属的功能,可以增强植物对重金属的吸收(孙瑞波等,2011)。植物根际微生物的代谢可以把一些大分子化合物转化为小分子化合物,这些转化产物如有机酸、铁载体和生物表面活性剂等对植物根际的重金属有显著的活化作用,微生物分泌的螯合物还可以与植物体内重金属结合,改变重金属在植物体内的存在形态(Sheng et al.,2008),促进重金属向植物地上部分转运。在人工湿地系统中,引入抗性微生物菌种,通过根际微生物,强化植物功能,将提升含重金属的废水处理效果,因此,植物根系的吸附、过滤及其分泌物在改善和增强植物-微生物-填料复合结构功能中具有十分重要的作用。

3.1.3　植物对重金属的吸收与转运

人工湿地系统中的植物各部分的重金属含量研究发现,植物根部的重金属含量远高于茎和叶。在研究香蒲、芦苇和鸭跖草对 Pb 的抗性时发现,3 种植物根部的 Pb 的富集量远远大于叶和茎(林芳芳等,2014)。在实验室中,在流动和静止溶液中,研究甜柚、水葱和大米草对 Pb、Zn、Cu、Cr 的积累,结果表明,3 种植物的地下组织明显比地表组织对 4 种重金属的积累量更高(Jeff et al.,2006)。

大部分重金属离子是通过金属转运蛋白进入植物根细胞的,并在植物体内进一步转运至液泡储存(孙瑞莲等,2005)。植物对重金属的吸收和转运是一个复杂的过程,具有分子生物学机制。重金属转运蛋白在整个调控过程中发挥着至关重要的作用,参与了吸收、螯合、区室化和代谢利用等关键步骤(金枫等,2010)。近年来,众多研究揭示并鉴定了植物细胞内多种重金属转运蛋白:吸收蛋白和排出蛋白两大类。吸收蛋白主要有 YSL 蛋白家族(Briat et al.,2007;Marie et al.,2005;Koike et al.,2004;Ueno et al.,2009)、锌铁蛋白(ZIP)家族(Sichul et al.,2009;Elsbeth et al.,2008)和天然抗性巨噬细胞蛋白(Nramps)家族(Fulekar et al.,2009)等。植物吸收蛋白的主要功能是吸收环境中的重金属并转运至细胞质,吸收蛋白主要存在于植物根部细胞;排出蛋白包括 P_{1B} 型 ATPases、CDF 蛋白家族(Anne et al.,2005;Rebecca et al.,2005)等,其功能是将重金属排出细胞质,或运载至液泡,在植物耐受重金属胁迫中起到积极的防御作用。

重金属离子通过质膜是植物吸收和积累重金属的第一步,细胞壁是保护细胞原生质体不受重金属毒害的第一道屏障(Fan et al.,2011)。锌铁蛋白家族存在于多数真核细胞中,参与 Fe、Zn、Mn、Cd 的运输(鲁家米等,2007),锌铁蛋白家族 IRT1(Pence et al.,2000)为铁离子转运蛋白,能够高效率地转运 Fe^{2+}、Cd^{2+}、Zn^{2+}。研究表明,天然抗性巨噬细胞蛋白家族中的 At Nramp3 和 At Nramp4 能够帮助有运输缺陷的酵母吸收 Fe^{2+} 和 Mn^{2+},并增加了对 Cd 的积累和敏感性,这两类转运蛋白及其他可以诱导型转运蛋白为毒性重金属离子进入根部提供了有效路径。重金属主要与根皮层细胞壁结合,这可以看作是植物解毒的一种形态生理学机制,用低代谢活动将金属限制在细胞区室(Thomine et al.,2000)。植物内皮层将中柱和皮层隔开,内皮层的一个重要特点是凯氏带的出现,凯氏带是一种整合的结构而不只是简单的细胞壁加厚,它的木栓质沉积延伸到胞间层(Grebe et al.,2011)。凯氏带可以作为一种不可渗透的屏障阻止质外体离子从皮层进入中柱(Julien et al.,2012),因此,溶质必须经过原生质体进入,这样就能调节水分和各种溶质的运输。

湿地植物在吸收重金属离子的过程中,重金属离子从植物根向茎的转运对其地上部分的积累量是十分重要的,受到多种因素的影响。研究发现,铁螯合物烟胺和组氨酸等游离氨基酸可以作为这些重金属伴侣,在重金属长距离运输中发挥着重要作用,检测拟南芥发现,烟胺合成酶(NAS)在植物根和茎都高效表达;采用转基因手段使 NAS 在烟草和拟南芥中过表达,发现其茎的镍含量有所提高(姚银安等,2008)。研究发现,重金属(如 Cd)不仅优先与巯基基团结合,也与 N 和 O 配体结合,因此,半胱氨酸和其他含巯基化合物(如植物螯合肽、谷胱甘肽等)、各种有机酸(如柠檬酸)和木质部汁液的其他氨基酸可能对 Cd 转运到地上部的过程起重要作用(Saathoff et al.,2011)。对油菜木质部汁液中主要无机、有机阴离子(氯离子、硝酸盐、苹果酸、硫酸盐、磷酸盐和柠檬酸盐)进行测定,分析阴离子与镉浓度的关系发现,溪口花籽木质部汁液中较低的磷酸盐浓度可能与木质部 Cd 的高效转运相关,木质部汁液中的苹果酸盐可能参与 Cd 的长距离运输(Wei et al.,2007)。蒸腾作用可作为重金属离子转运的驱动力(Uraguchi et al.,2009)。在人工气候箱中,通过调节环境的温度和湿度,使植物产生不同的蒸腾作用,研究了在不同蒸腾作用下番茄的幼苗对重金属 Cd 和 Pb 的吸收积累规律,发现高蒸腾作用下植株 Cd 和 Pb 含量比低蒸腾作用下分别增加了 1.47～1.73 倍和 1.25～1.75 倍(张永志等,2009)。

在转运蛋白方面,日本的一个研究小组在水稻中发现了一个控制 Cd 向水稻地上部分转运的基因 Os HMA3,对这个基因进行过度表达或抑制表达可以完全改变水稻籽粒中 Cd 的累积量;水稻 Os HMA9 也是 P_{1B} 型 ATPases 家族的一员,它的表达被高浓度的 Cu、Zn、Cd 所诱导,Os HMA9 能将 Cu、Zn、Pb 泵出细胞(Sichul et al.,2007)。Tc HMA4 蛋白C 末端含有许多可能与重金属结合的 His 和 Cys,在重金属到木质部的转运中起重要作用(Ashot et al.,2004)。HMA2 和 HMA4 对 Zn 从根到地上部的转移是必不可少的,它们也能转运 Cd(Chong et al.,2009)。At HMA4 集中在细胞膜上并在根的维管束周围表达。异源 At HAM4 的过度表达能促进转基因植物根在含 Zn、Cd 和 Co 的溶液中生长。在 At HMA4 缺失突变体植株中,根到地上部 Zn 和 Cd 的转移量降低,可见 At HMA4 对金属转运到木质部起重要作用(Frédéric et al.,2004)。CDF 蛋白家族成员 MTP1 因子对于 Zn^{2+}

的长距离运输可能也起到一定的作用,对拟南芥的 MTP1 缺失突变体的分析表明,其叶片 Zn^{2+} 浓度较野生型大幅度降低(姚银安等,2008)。

向地上部的转运会受木质部装载过程的控制,木质部装载可以通过阳离子-质子反转运、阳离子-ATP 酶或离子通道进行。苹果酸盐、柠檬酸盐和组氨酸会参与木质部转运。

金属一旦被植物吸收,含金属细胞液从根部向地上部分的移动就会受到根部压力和蒸腾作用的控制(Robinson et al.,2003)。有效的金属转移到地上部的过程需要径向共质体通道和向木质部的主动装载(Clemens,2006;Xing et al.,2008)。金属一旦进入木质部,木质部液体的流动会将其输送到叶片,并且再次穿过膜,进入叶片细胞。金属富集的细胞类型会因超积累植物物种而异。

为了更有效地通过木质部,金属需通过膜泵或通道的作用穿过膜。大多数有毒金属被认为通过输送基本元素的泵和通道穿过膜。植物通过增强对必需元素的特异性或将有毒金属泵出植物而存活(Hall,2002)。

近年来已鉴定出几种阳离子转运蛋白,其中大多数是在铁锌调控转运蛋白 ZIP(ZRT,IRT 样蛋白)、nramp(天然抗性相关巨噬细胞蛋白)、ysl(黄色条纹样转运蛋白)、nas(烟酰胺合成酶),sams(Sadenosyl 甲硫氨酸合成酶),fer[铁蛋白-Fe(Ⅲ)结合蛋白],cdf(阳离子扩散促进剂),hma(重金属 ATP 酶)和 ireg(铁调节转运蛋白)家族(Kramer 2007;Memon and Schroder,2009)。

3.1.4 金属离子的分布、解毒与隔离

大多数金属富集的最后一步是将金属从细胞中分离出来。金属一旦被转移到地上部细胞中,它们就被储存在如质外体、表皮、叶肉、细胞壁、液泡中,在这些部位,金属不会对细胞内的重要生理生化进程造成破坏。在 Ni、Zn、Cd 超富集植物中,细胞壁起着重要作用。液泡通常被认为是植物细胞中金属的主要储存场所。液泡中金属的区隔化是某些金属超富集植物的重要耐受机制。

在非常高的细胞内金属浓度下,植物催化氧化还原反应,并将这些金属离子转化为毒性较小的金属离子。对于具有不同氧化态的金属,如 As 和 Cr,这种情况非常明显。植物在金属吸收和运输过程中,可以通过与低分子量有机化合物络合而解毒。有毒元素的不同氧化状态在植物中具有不同的吸收、运输或毒性特征。植物内源化合物对金属的螯合作用也会因不同的氧化态产生不同的效应。柠檬酸、苹果酸和草酸参与了不同的金属耐受、木质部运输以及液泡金属固存过程(Shah et al.,2007)。

植物金属硫蛋白(metallothioneins,MTs)和植物螯合肽(phytochelatins,PCs)中有两种主要的重金属螯合肽,它们参与金属富集和耐受过程。植物金属硫蛋白和植物螯合肽中富含半胱氨酸巯基,它们在细胞质中以非常稳定的复合物形式螯合重金属离子,随后进入到液泡中(Cobbett et al.,2002)。植物螯合肽是由谷胱甘肽衍生酶促合成肽,其结合金属并且是植物中金属解毒系统的主要部分(Fulekar et al.,2009)。

植物金属硫蛋白是基因编码的低分子量金属结合蛋白,可以保护植物免受有毒金属离子的影响(Fulekar et al.,2009;Jabeen et al.,2009;Sheoran et al.,2011)。许多螯合剂

使用硫醇基作为配体,并且有研究证实硫生物合成途径对超富集功能和植物修复策略至关重要。氧化应激是植物重金属积累最常见的影响之一,超富集植物抗氧化能力的增强使其能够耐受更高浓度的金属。

天然螯合剂(植物金属硫蛋白、植物螯合肽和有机酸)的过度表达,不仅促进了金属离子进入植物细胞,还促进了通过木质部的转运(Wu et al.,2010)。谷胱甘肽和植物螯合肽基因的修饰或过度表达有助于增加植物中重金属积累和耐受性(Seth,2012)。参与植物中重金属跨膜转运和固存的生物分子鉴定、分离和表征的研究还在进行中。此类分子研究的进展将大大有助于提高我们对植物中金属吸收、转运和耐受的完整机制的理解,进而有助于增强植物修复的效率。

3.1.5　基因工程在提升植物修复能力中的应用

近年来发现的重金属超富集植物种类有所增多,但仍然有许多局限性。随着分子生物学技术水平的提升,使得基因工程技术日趋完善。植物对重金属吸收、转运由多种基因协同控制,所以利用转基因技术提升植物对重金属的吸收、转运成为可能。

从动物器官中分离出的金属硫蛋白(metallothionein,MT)基因转移到蓝藻时,提高了蓝藻对 Cd^{2+} 的结合去除能力,其主要是利用毒性金属离子与半胱氨酸的巯基结合,转变为无害的蛋白结合形式,使植物机体对有毒金属离子表现出耐性。

从细菌中分离出来的 mer A 基因编码 Hg^{2+} 还原酶和 mer B 基因编码有机汞裂解酶已经被学者转移到植物中,用来提高植物对 Hg 的处理,mer B 基因编码使得汞离子从 2 价变为 0 价,降低了毒性,并从植物中挥发(Oscar et al.,2009)。将 mer A 基因编码转移到水稻中,发现转基因水稻对 $HgCl_2$ 的抗性为 250 $\mu mol \cdot L^{-1}$,而普通水稻仅为 150 $\mu mol \cdot L^{-1}$(Andrew et al.,2003)。研究转 mer A 基因金盏菊的污染处理时发现,植株能去除土壤中 84% 的 $HgCl_2$,植株内转运能力提高了 2 倍,大部分 Hg^{2+} 转运到叶片中,通过酶的作用还原为没有毒性的 0 价汞离子,并挥发到空气中,因此植物体内富集的 Hg 含量较少,仅为非转基因植株的 20%(张雷等,2015)。用 OASTL 基因 Atcys-3AcDNA 构建表达载体,通过转基因技术转化到野生型拟南芥中,其中转基因株系 10–10Cys 和 GSH 含量明显提高,并表现对 Cd 胁迫具有很强的耐性,研究同时发现,转基因株系 10–10 对 Cd 具有很强的累积能力,且吸收的 Cd 主要累积在叶片的毛状体部位(Dominguez et al.,2004)。

超富集植物在细胞和分子水平上表现出一系列特殊机制,涉及植物稳态、解毒和对金属胁迫的耐受性等(Hall,2002)。植物根系对金属的吸收、从根部到地上部的转运、与螯合分子的络合以及进入液泡的分隔是富集金属至关重要的四个过程(Hall,2002;McGrath et al.,2003)。

超富集植物将进入细胞质基质的金属立即排除、络合或灭活,从而保护细胞内的催化活性蛋白和结构蛋白,抵御金属毒性(Shah et al.,2007)。重金属胁迫导致光合色素(叶绿素 a 和叶绿素 b)的减少、新蛋白质的合成或现有蛋白质的降解,但会激活涉及抗坏血酸–谷胱甘肽循环的防御机制。

植物通过根部吸收重金属,沉水植物除根部外也通过叶片吸收重金属。当植物暴露于多种金属的环境中时,不同金属会产生协同作用或拮抗作用,这与重金属对膜转运蛋白、金属酶、金属硫蛋白或其他对金属敏感的靶分子结合位点的竞争有关。水生植物凤眼莲和大藻在多金属溶液的植物修复过程中,植物富集能力增强,并且其对多金属的吸收能力具有协同效应。此外,金属的生物可利用态含量也是决定植物提取的重要因素(Vamerali et al.,2010)。金属的有效性和移动性也受到根际微生物和根系分泌物的影响。

3.2　湿地植物对重金属的吸收和土壤重金属浓度的关系

关于湿地植物对重金属的吸收和其土壤重金属浓度之间的相关性的研究有大量的报道,但是这些研究结果发现二者的相关性较低(Cardwell et al.,2002)。导致以上二者相关性较低的原因可能是这些研究只是从土壤重金属总的重金属浓度去考虑的,而忽略了土壤有效态的重金属浓度,因为土壤有效态的重金属也是影响植物吸收重金属的一个重要因素。土壤重金属的有效性一般是取决于重金属的化学形态和土壤的物理和化学性质。

此外,土壤 pH 值和氧化还原电位(Eh)的变化也会影响湿地植物对重金属的吸收。pH 值和氧化还原电位会影响 Pb、Cd、Hg 在盐生沼泽植物体内的累积。较低的 pH 值会导致更多的重金属转化为离子态,从而更容易被植物的根吸收。土壤重金属移动性在 Eh 为 -150 ~ 200 mV 的范围是最强的。有研究发现水稻在吸收 Pb 的同时伴随着根际土壤 pH 值和 Eh 的降低,而在吸收 Cd 的时候,pH 值降低,Eh 升高。Gambrell(1994)研究发现一些湿地植物在渍水条件下(Eh 较低)对 Cd 的吸收要低于非渍水条件(Eh 较高)。但是也有不同的研究结果。Ye 等(1998a)则发现芦苇在渍水条件下对 Pb、Zn、Cd 的吸收要快于非渍水条件。

除了以上因素外,还有一些因素影响湿地植物对重金属的吸收,如土壤颗粒大小、盐度、有机质含量、矿物质组成等。

3.3　湿地植物根际重金属移动性研究

3.3.1　湿地植物根系形态与重金属吸收、积累和耐性的关系

根系形态包括总根长、根表面积、根直径、根体积、根毛的数量和长度等参数(Huang et al.,2015)。植物根系构型是根系在生长介质中的空间造型和分布,是根的不同部位生长动态差异的结果,它决定了根系对土壤空间的利用能力(Kellermeier et al.,2014)。湿地植物的根系形态是影响重金属吸收的一个重要因素。在重金属胁迫下,良好的根系形态有利于植物从土壤中有效吸收利用水和养分,是植物适应胁迫的直接特征(Galvan-Ampudia et al.,2011)。

高浓度重金属胁迫会使湿地植物生长受阻(Chiao et al.,2019),但某些低浓度重金属可促进植物生长。任伟等(2019)发现,香蒲在土壤 As 浓度为 100 ~ 150 mg·kg^{-1} 时根系生长优于对照组,但 As 浓度为 400 mg·kg^{-1} 时根系生长受到抑制。已有研究报道了多

种湿地植物的根系形态对重金属胁迫的响应(见表3-2),重金属胁迫会减少湿地植物的侧根数量、根长、根表面积和根体积等。

表3-2 湿地植物的根系形态在重金属胁迫下的响应(谢换换等,2021)

湿地植物	胁迫元素	胁迫浓度	根长	根直径	根体积	根表面积	侧根数量
水稻	Cd	$1 \sim 100 \ \mu mol \cdot L^{-1}$	降低	—	降低	降低	—
		$10 \ \mu mol \cdot L^{-1}$	降低	增大	降低	降低	
风花菜	Cd	$2.5 \sim 40 \ mg \cdot L^{-1}$	降低	降低	降低	降低	
沼生蓼菜	Cd	$2.5 \sim 40 \ mg \cdot L^{-1}$	降低	降低	降低	降低	
香根草	Zn	$2 \sim 10 \ mg \cdot L^{-1}$	降低	—	—	—	
苏柳	Cu	$20 \sim 300 \ \mu mol \cdot L^{-1}$	降低	降低	降低	降低	降低
	Pb	$400 \sim 1600 \ mg \cdot kg^{-1}$	降低	降低	降低	降低	—
垂柳	Cu	$20 \sim 300 \ \mu mol \cdot L^{-1}$	降低	降低	降低	降低	降低
	Pb	$800 \sim 1600 \ mg \cdot kg^{-1}$	降低	不变	降低	降低	—
秋茄	Cu	$100 \sim 200 \ mg \cdot L^{-1}$	降低				降低

根系形态的可塑性在湿地植物吸收和积累重金属的过程中起着重要作用。湿地植物通过减少根表面积、根尖数量和根长,降低了根表面的活性位点,从而减少根系对重金属的吸收。重金属敏感型的湿地植物根系纤细柔软,而耐重金属的植物根系较粗(Deng et al.,2009)。细根可能有助于 Cd 从根系转移至地上部,而粗根能够将 Cd 保留在根组织中,从而减少 Cd 向地上部转移。不定根数量多的香根草生态型比不定根数量少的生态型积累了更多的 Cd(Phusantisampan et al.,2016)。具有较小根表面积和根体积的沼生蓼菜地上部积累了较少的 Cd,且转运率较低(Wei et al.,2012)。此外,有研究表明,Cd 低积累的水稻品种倾向于在单位根表面积上生长出较少的根尖(Huang et al.,2019)。减少根的比表面积可降低水稻对 As 的吸收(Deng et al.,2010)。通过诱导水稻根的生长,增加细根表面积、根尖数量和根系体积,促进了其根系对 Cd 的吸收,增加 Cd 在幼苗根系和茎部的积累(Ge et al.,2016)。

根系构型也会影响湿地植物对重金属的吸收。重金属在不同土壤深度中的分布不同。研究表明表层土壤比底层土中 Cd 含量高,水稻茎部 Cd 浓度与根重、根冠数成正相关,与根长成负相关。根系构型特别是高冠根数和浅根与水稻吸收较多 Cd 有关(Meeinkuirt et al.,2019)。对水稻根系构型的调控为提高水稻重金属耐受性和减少重金属积累提供了可能的途径。然而,尽管我们对水稻根系构型发育的理解取得了较大进展,但这些过程背后的发育机制仍在很大程度上是未知的。

3.3.2 湿地植物的根质外体屏障与其对重金属吸收和耐性的关系

根系是植物吸收水分和养分的主要器官,土壤中的离子进入根部后,通过质外体途径和共质体途径的共同作用运输到木质部,然后再向地上部转运(Lux et al.,2010)。植物根质外体途径主要受根质外体屏障的调控和影响。质外体屏障是指根中内、外皮层初生壁的凯氏带,或次生壁栓质化和木质化形成的屏障性结构。其结构特点主要包括它的形成位点、厚度、木质素和栓质素的含量与组分。质外体屏障对水、O_2、离子的透过性较低,可有效地阻挡质外体途径中质外体流及其携带的各种离子(包括 Na^+、重金属离子)的运输(图 3-1),对植物受到的多种外界环境胁迫具有广谱性的缓解效应(Pollard et al.,2008)。质外体屏障具有可塑性,其在受到盐和重金属胁迫时会迅速应答发育,增加其功能成分(如木质素和栓质素)的合成,形成较靠近根尖以及较厚的质外体屏障,以此增强抗胁迫能力(Ranathunge et al.,2011;刘清泉等,2014;Qi et al.,2020)。

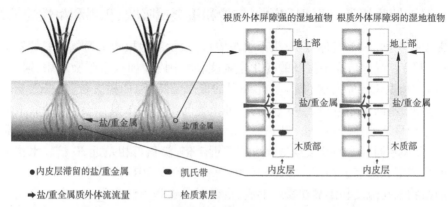

图 3-1　湿地植物根质外体屏障对盐/重金属运输的影响
(谢换换等,2021)

　　根对有毒重金属的排斥和截留作用是湿地植物在重金属胁迫下最基本和保守的耐性策略(Deng et al.,2004)。根质外体屏障限制湿地植物根对重金属离子的吸收及转运方面已有大量研究。最新研究发现,Cd 低积累水稻品种比 Cd 高积累水稻品种形成了较靠近根尖且较厚的质外体屏障,且在 Cd 胁迫下,低积累品种根中栓质素和木质素含量与增长速率显著高于高积累品种(Qi et al.,2020)。Qi 等(2020)研究发现,水稻根质外体屏障中,主要是依靠内皮层将 Cd 阻截在根部,限制 Cd 向木质部的转运,从而减少 Cd 向地上部的运输与积累。抑制水稻蒸腾作用可减弱质外体流流量,从而减少了 Cd 从根向茎的转移(Ge et al.,2016)。水稻根质外体屏障也能抑制水稻对汞(Hg)的吸收和向地上部的转运(Wang et al.,2015),向 Hg 污染的土壤添加硒(Se)可促进根内皮层的质外体屏障的形成,从而显著降低总汞和甲基汞在米粒中的积累(Wang et al.,2014)。Cd 诱导芦苇根的木质素沉积,将 Cd 滞留在根部,减少 Cd 向地上部的转运(Ederli et al.,2004)。香蒲根部的凯氏带阻碍 Zn、Mn、Cu 从质外体向共质体的转运(Qian et al.,2015)。

　　在木本湿地植物中,红树的质外体屏障能有效延缓重金属进入根部,减少重金属进入中柱进而向上运输,从而提高红树对多种重金属元素的耐性。研究发现,有较强质外体屏障的红树树种对 Zn、Fe、S 有较高的共耐性(Cheng et al.,2012a),并能将较多的 Pb 截留在根中外围部分,减少对 Pb 的吸收和积累(Cheng et al.,2015)。红树植物根的外皮

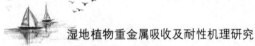

层中沉积的木质素和栓质素的量与其对重金属(Pb、Zn、Cu)的耐性指数成显著正相关(Cheng et al.,2014a)。盐可诱导红树根外皮层内的木质化,从而加强对重金属(Pb、Zn、Cu)的耐性,但缺氮会减少根的木质化,从而增加重金属毒性(Cheng et al.,2012b)。Li等(2019)研究发现,红树植物桐花树根中内皮层次生凯氏带在阻滞 Cd 的吸收和转运中发挥重要作用。在不同的柳树品系中,Cd 高耐性的柳树品系倾向于形成较接近根尖、强度较高的质外体屏障(Lux et al.,2004),通过上调与细胞壁上的胼胝质沉积和细胞壁增厚相关的基因来应对 Cd 胁迫(Yang et al.,2015)。然而,这些调节功能是一定限度的。当植物暴露于较高的重金属浓度时,也会有一定量的重金属进入根组织并转运到叶片,干扰正常的生理生化活动,最终导致整个植株生长受到抑制(Cheng et al.,2010)。

3.3.3　湿地植物根通气组织和泌氧与盐和重金属吸收、积累和耐性的关系

通常以孔隙度(根部气体体积/根部组织体积)表示湿地植物根通气组织的发达程度(Colmer,2003)。湿地植物根泌氧的变化主要受植物因素(如根系呼吸作用、通气组织、泌氧屏障等)和生长环境因素的影响,此外根的形态学特征,如根直径、侧根数量也会影响泌氧。另外,不同湿地植物之间以及同一种植物的不同生态型/基因型之间,根的孔隙度和泌氧存在显著差异(Li et al.,2011)。Li 等(2011)对 18 种湿地植物的孔隙度和泌氧进行研究,发现不同植物的孔隙度最高可相差近 7 倍,泌氧可相差近 30 倍。水稻不同基因型间的孔隙度和泌氧也存在显著差异(Mei et al.,2009,2012,2020)。

湿地植物根孔隙度和泌氧在铁膜形成、重金属吸收和耐性方面起着重要作用。泌氧可直接或通过维持根际区域好氧微生物活动间接氧化 Fe^{2+} 和 Mn^{2+},形成铁膜,铁膜能够吸附重金属,从而降低了土壤中重金属的生物有效性(Li et al.,2011),见图3-2。有研究发现,在 18 种草本湿地植物中具有较高孔隙度和泌氧的物种趋于形成较多的铁膜,较多 As、Zn 吸附和沉积在根表,进而降低 As、Zn 的吸收和转运率(Li et al.,2011;Yang et al.,2014)。Yang 等(2010)发现,具有不同泌氧率的 4 种草本湿地植物在淹水条件下对根际土壤中 Pb 和 Zn 的生物有效性有显著影响,具有最高泌氧的小婆婆纳对根际土壤中 Zn 有效态的降低最大。不同水稻基因型根孔隙度和泌氧与籽粒中总 As 浓度和无机 As 浓度、籽粒中 Cd 浓度成负相关(Mei et al.,2009,2020;Wu et al.,2011,2012)。泌氧诱导形成的铁膜会促进 Pb、Cd、As 在水稻根表面的沉积(Wu et al.,2012;Cheng et al.,2014b;Mei et al.,2020)。Cd 低积累水稻基因型倾向于发育出较大的根孔隙度和较高的泌氧率(Wang et al.,2011;Mei et al.,2020)。然而,泌氧的发生还可能增加根际土壤中重金属的移动性。在淹水条件下,重金属(如 Cd^{2+}、Pb^{2+}、Zn^{2+})离子易和土壤中的 H_2S 形成难溶的金属硫化物,从而降低重金属的移动性。植物根部泌氧导致其根际金属硫化物减少,重金属的生物有效性增加(杨俊兴等,2014)。

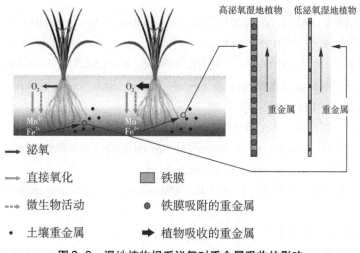

图 3-2 湿地植物根系泌氧对重金属吸收的影响
（谢换换等，2021）

在重金属胁迫下，湿地植物根系泌氧减少，泌氧的减少有助于根际保持适度还原条件，使大多数重金属与硫结合，降低重金属的有效性。Wu 等（2013）发现，水稻在 As 胁迫下，根部泌氧显著降低。Zn 胁迫显著降低了桐花树、红海榄、木榄这 3 种红树植物的根部泌氧，泌氧的减少有助于根际重金属（如 Zn）生物有效性降低（Cheng et al.，2010）。Cheng 等（2012a）研究发现，红树植物根基部泌氧降低百分比与其对 Fe、S、Zn 耐性能力呈正相关。红树暴露于高盐环境时，质外体屏障的加强减少了全根的泌氧总量和根际氧化，使得红树林沉积物中的大多数重金属与硫结合，形成稳定的非生物毒性螯合物（Cheng et al.，2012b）。由此可见，泌氧对根际土壤中重金属有效性的影响是复杂的。

参考文献

ABOU-SHANAB R A I，ANGLE J S，CHANEY R L，2006. Bacterial inoculants affecting nickel uptake by Alyssum murale from low，moderate and high Ni soils[J]. Soil Biol Biochem，38：2882-2889.

AIN N K，ROSLAILI A A，MOHD F A，2011. Removal of Heavy Metals from Landfill Leachate Using Horizontal and Vertical Subsurface Flow Constructed Wetland Planted with Limnocharis flava[J]. International Journal of Civil & Environmental Engineering，11（5）：85-91.

AKHTAR A B T，YASAR A，ALI R，2017. Phytoremediation using aquatic macrophytes[J]. In：Ansari AA，Gill SS，Gill R，Lanza G，Newman L （eds） Phytoremediation management of environmental contaminants，vol 5. Springer，Switzerland，259-276.

AKINBILE C O，GUNRIND T A，MAN H C，2016. Phytoremediation of domestic wastewaters in free water surface constructed wetlands using Azolla pinnata[J]. Int J Phytorem，

18(1):54-61.

ALI H,KHAN E,SAJAD M A,2013. Phytoremediation of heavy metals—concepts and applications[J]. Chemosphere,91:869-881.

ANDREW C P H,CLAYTON L R,TEHRYUNG K,et al,2003. Toward detoxifying mercury-polluted aquatic sediments with rice genetically engineered for mercury resistance[J]. Environ Toxicol Chem,22(12):2940-2947.

ANNE-GARLONN D F,KATRIN V,ASTRID S,et al,2005. Arabidopsis thaliana MTP1 is a Zn transporter in the vacuolar membrane which mediates Zn detoxification and drives leaf Zn accumulation[J]. FEBS Letters,579(19):4165-4174.

ANSARI A A, GILL S S, GILL R, 2016. Phytoremediation management of environmental contaminants,vol 4.

ARUNAKUMARA K K I U,2011. Use of crop plants for removal of heavy metals[J]. In: Khan MS,Zaidi A,Goel R,Musarrat J (eds) Biomanagement of metal contaminated soils. Springer,New York,439-457.

ASHOT P,LEON K,2004. Identification of *Thlaspi caerulescens* genes that may be involved in heavy metal hyper accumulation and tolerance:Characterization of a novel heavy mental transporting ATPase[J]. Plant Physiology,136(3):3814-3823.

BRIAT J F,CURIE C,GAYMARD F,2007. Iron utilization and metabolism in plants[J]. Current Opinion in Plant Biology,10(3):276-282.

CARDWELL A J,HAWKER D W,GREENWAY M,2002. Metal accumulation in aquatic macrophytes from southeast Queensland,Australia[J]. Chemosphere,48:653-663.

CHANEY R L,ANGLE J S,BROADHURST C L,2007. Improved under-standing of hyperaccumulation yields commercial phytoextraction and phytomining technologies[J]. J Environ Qual,36:1429-1443.

CHENG H,CHEN D,TAM N F Y,et al,2012a. Interactions among Fe^{2+},S^{2-},and Zn^{2+} tolerance,root anatomy,and radial oxygen loss in mangrove plants[J]. Journal of Experimental Botany,63:2619-2630.

CHENG H,JIANG Z Y,LIU Y,et al,2014a. Metal (Pb,Zn and Cu) uptake and tolerance by mangroves in relation to root anatomy and lignification/suberization[J]. Tree Physiology, 34:646-656.

CHENG H,LIU Y,TAM N F Y,et al,2010. The role of radial oxygen loss and root anatomy on zinc uptake and tolerance in mangrove seedlings[J]. Environmental Pollution,158: 1189-1196.

CHENG H,WANG M Y,WONG M H,et al,2014b. Does radial oxygen loss and iron plaque formation on roots alter Cd and Pb uptake and distribution in rice plant tissues[J]. Plant and Soil,375:137-148.

CHENG H,WANG Y,LIU Y,et al,2015. Pb uptake and tolerance in the two selected mangroves with different root lignification and suberization[J]. Ecotoxicology,24:1650-

74.

FRéDéRIC V,ANTOINE G,PASCALINE A,et al,2004. Overexpression of AtHMA4 enhances root-to-shoot translocation of zinc and cadmiumand plant metal tolerance[J]. FEBS Letters,576(3):306-312.

FRITIOFF A,KAUTSKY L,GREGER M,2005. Influence of temperature and salinity on heavy metal uptake by submersed plants[J]. Environmental Pollution,133:265-274.

FULEKAR M H,SINGH A,BHADURI A M,2009. Genetic engineering strategies for enhancing phytoremediation of heavy metals[J]. African Journal of Biotechnology,8(4):529.

FULEKAR M,SINGH A,BHADURI A M,2009. Genetic engineering strategies for enhancing phytoreme-diation of heavy metals[J]. Afr J Biotechnol,8:529-535.

GALVAN-AMPUDIA C S,TESTERINK C,2011. Salt stress signals shape the plant root [J]. Current Opinion in Plant Biology,14:296-302.

GAMBRELL R P,1994. Trace and toxic metals in wetland plants-a review[J]. Journal of Environmental Quality,23:883-891.

GE L,CANG L,YANG J,et al,2016. Effects of root morphology and leaf transpiration on Cd uptake and translocation in rice under different growth temperature[J]. Environmental Science and Pollution Research,23:24205-24214.

GHOSH M,SINGH S P,2005. A review on phytoremediation of heavy metals and utilization of it's by products[J]. Appl Ecol Environ Res,3:1-18.

GREBE M,2011. Plant biology: unveiling the Casparian strip[J]. Nature,473(7347): 294-295.

HALL J L,2002. Cellular mechanisms for heavy metal detoxification and tolerance[J]. J Exp Bot,53:1-11.

HEARTH I,VITHANAGE M. Phytoremediation in constructed wetlands[J]. In: Ansari AA,Gill SS,Gill R,Lanza GR,Newman L (eds) Phytoremediation,management of environmental contaminants,2015,vol 2. Springer,Switzerland,243-263.

HECKENROTH A,RABIER J,THIERRY D,2016. Selection of native plants with phytoremediation potential for highly contaminated Mediterranean soil restoration: tools for a non-destructive and integrative approach[J]. J Environ Manag,30:1-14.

HUANG B,XIN J,DAI H,et al,2015. Root morphological responses of three hot pepper cultivars to Cd exposure and their correlations with Cd accumulation[J]. Environmental Science and Pollution Research,22:1151-1159.

HUANG L,LI W C,TAM N F Y,et al,2019. Effects of root morphology and anatomy on cadmium uptake and translocation in rice (Oryza sativa L.)[J]. Journal of Environmental Sciences,75:296-306.

ISMAIL Z,BEDDRI A M,2009. Potential of water hyacinth as a removal agent for heavy metals from petroleum refinery effluents[J]. Water,Air,and Soil Pollution,199(1):57-65.

JABEEN R,AHMAD A,IQBAL M,2009. Phytoremediation of heavy metals: physiological and molecular mechanisms[J]. Bot Rev,75:339-364.

JEFF W,MIKI H,DAVID B,et al,2006. Laboratory study of heavy metal phytoremediation by three wetland macrophytes[J]. International Journal of Phytoremediation,8(3):245-259.

JULIEN A,DANIELE R,NIKO G,et al,2012. The endodermis-development and differentiation of the plant's inner skin[J]. Protoplasma,249(3):433-443.

KELLERMEIER F,ARMENGAUD P,SEDITAS T J,et al,2014. Analysis of the root system architecture of Arabidopsis provides a quantitative readout of crosstalk between nutritional signals[J]. Plant Cell,26:1480-1496.

KHAN A G,KUEK C,CHAUDHRY T M,2000. Role of plants,mycorrhizae and phytochelators in heavy metals contaminated land remediation[J]. Chemosphere,41:197-207.

KOIKE S,INOUE H,MIZUNO D,et al,2004. OsYSL2 is a rice metal nicotianamine transporter that is regulated by iron and expressed in the phloem[J]. The Plant Journal,39(3):415-424.

KRAMER U,2007. Transition metal transport[J]. FEBS Lett,581(12):2263-2272.

LI H,YE Z H,WEI Z J,et al. 2011. Root porosity and radial oxygen loss related to arsenic tolerance and uptake in wetland plants[J]. Environmental Pollution,159:30-37.

LI J,YU J,DU D,et al,2019. Analysis of anatomical changes and cadmium distribution in *Aegiceras corniculatum* (L.) Blanco roots under cadmium stress[J]. Marine Pollution Bulletin,149:110536.

LUX A,MARTINKA M,VACULIK M,et al,2010. Root responses to cadmium in the rhizosphere:A review[J]. Journal of Experimental Botany,62:21-37.

MALIK B,PIRZADAH T B,TAHIR I,2015. Recent trends and approaches in phytoremediation[J]. In:Hakeem KR,Sabir M,Öztürk M,Mermut R (eds) Soil remediation and plants. Academic Press Inc. ,Cambridge,131-146.

MARIE L J,ADAM S,STéPHANE M,et al,2005. A loss of function mutation in AtYSL1 reveals its role in iron and nicotianamine seed loading[J]. The Plant Journal,44(5):769-782.

MCGRATH S P,ZHAO F J,2003. Phytoextraction of metals and metalloids from contaminated soils[J]. Curr Opin Biotechnol,14(3):277-282.

MEEINKUIRT W,PHUSANTISAMPAN T,SAENGWILAI P,2019. Root system architecture influencing cadmium accumulation in rice (*Oryza sativa* L.)[J]. International Journal of Phytoremediation,21:19-26.

MEI X Q,LI Q S,WANG H L,et al,2020. Effects of cultivars,water regimes,and growth stages on cadmium accumulation in rice with different radial oxygen loss[J]. Plant and Soil,453:529-543.

MEI X Q,WONG M H,YANG Y,et al,2012. The effects of radial oxygen loss on arsenic tolerance and uptake in rice and on its rhizosphere[J]. Environmental Pollution,165:109-117.

MEI X Q,YE Z H,WONG M H,2009. The relationship of root porosity and radial oxygen loss on arsenic tolerance and uptake in rice grains and straw[J]. Environmental Pollution,157: 2550-2557.

MEMON A R,SCHRODER P,2009. Implications of metal accumulation mechanisms to phytoremedia-tion[J]. Environ Sci Pollut Res Int,16:162-175.

MISHRA V K,SHUKLA R,2016. Aquatic macrophytes for the removal of heavy metals from coal mining effluent[J]. In:Ansari AA,Gill SS,Gill R,Lanza GR,Newman L(eds) Phytoremediation management of environmental contaminants,vol 4. Springer,Switzerland,143-156.

NURUZZAMAN M,RU Z,HONG Z C,et al,2014. Plant pleiotropic drug resistance transporters:Transport mechanism,gene expression,and function[J]. Journal of Integrative Plant Biology,56(8):729-740.

OSCAR N R,HENRY D,2009. Genetic engineering to enhance mercury phytoremediation [J]. Curr Opin Biotechnol,20(2):213-219.

PENCE N S,LARSEN P B,STEPHEN D,et al,2000. The molecular physiology of heavy metal transport in the Zn/Cd hyper accumulator Thlaspi caerulescens[J]. Proceeding of the National Academy of Sciences,97(9):4956-4960.

PHUSANTISAMPAN T,MEEINKUIRT W,SAENGWILAI P,et al,2016. Phytostabilization potential of two ecotypes of Vetiveriazizanioides in cadmium-contaminated soils:Greenhouse and field experiments[J]. Environmental Science and Pollution Research,23:20027-20038.

POLLARD M,BEISSON F,LI Y,et al,2008. Building lipid barriers:Biosynthesis of cutin and suberin[J]. Trends in Plant Science,13:236-246.

QI X L,TAM N F Y,LI W C,et al,2020. The role of root apoplastic barriers in cadmium translocation and accumulation incultivars of rice (Oryza sativa L.) with different Cd-accumulating characteristics[J]. Environmental Pollution,264:114736.

QIAN J H,ZAYED A,ZHU Y L,1999. Phytoaccumulation of trace elements by wetland plants:III. Uptake and accumulation of ten trace elements by twelve plant species[J]. Journal of Environmental Quality,28:1448-1455.

QIAN Y,FENG H,GALLAGHER F J,et al,2015. Synchrotron study of metal localization in Typha latifolia L. root sections[J]. Journal of Synchrotron Radiation,22:1459-1468.

RANATHUNGE K,LIN J,STEUDLE E,et al,2011. Stagnant deoxygenated growth enhances root suberization and lignifications,but differentially affects water and NaCl permeabilities in rice (Oryza sativa L.) roots[J]. Plant,Cell and Environment,34:1223-1240.

REBECCA F M,ALESSANDRA F,PEDRO S C F D R,et al,2005. The plant P_{1B} type ATPase AtHM A4 transports Zn and Cd and plays a role in detoxification of transition metals supplied at elevated levels[J]. FEBS Letters,579(3):783-791.

ROBINSON B,FERNANDEZ J E,MADEJON P,2003. Phytoextraction:an assessment of biogeochemical and economic viability[J]. Plant Soil,249:117-125.

RYAN P R, DELHAIZE E, JONES D L, 2001. Function and mechanism of organic anion exudation from plant roots[J]. Annu Rev Plant Physiol Plant Mol Biol, 52:527-560.

SAATHOFF A J, AHNER B, SPANSWICK R M, et al, 2011. Detection of phytochelatin in the xylem sap of Brassica napus[J]. Environmental Engineering Science, 28(2):103-111.

SETH C S, 2012. A review on mechanisms of plant tolerance and role of transgenic plants in environmental clean-up[J]. Bot Rev, 78:32-62.

SHAH K, NONGKYNRIH J M, 2007. Metal hyperaccumulation and bioremediation[J]. Biol Planta, 51:616-634.

SHENG X F, XIA J J, JIANG C Y, et al, 2008. Characterization of heavy etal-resistant endophytic bacteria from rape (*Brassica napus*) roots and their potential in promoting the growth and lead accumulation of rape[J]. Environmental Pollution, 156(3):164-170.

SHEORAN V, SHEORAN A S, POONIA P, 2011. Role of hyperaccumulators in phytoextraction of metals from contaminated mining sites: a review[J]. Crit Rev Environ Sci Technol, 41(2):68-214.

SICHUL L, GYNHEUNG A, 2009. Over expression of OsIRT1 leads to increased iron and zinc accumulations in rice[J]. Plant, Cell & Environment, 32(4):408-416.

SICHUL L, YU Y K, YOUNGSOOK L, et al, 2007. Rice P1B-type heavy-mental ATPase, OsHMA9, is a metal efflux protein[J]. Plant Physiology, 145(3):831-842.

STOLTZ E, GREGER M, 2002. Accumulation properties of As, Cd, Cu, Pb and Zn by four wetland plant species growing on submerged mine tailings[J]. Environmental and Experimental Botany, 47:271-280.

SUNE N, SANCHEZ G, CAFFARATTI S, 2007. Cadmium and chromium removal kinetics from solution by two aquatic macrophytes[J]. Environ Pollut, 145:467-473.

THOMINE S, WANG R C, WARD J M, et al, 2000. Cadmium and iron transport by members of a plant metal transporter family in Arabidopsis with homology to Nramp genes[J]. Proceedings of the National Academy of Sciences, 97(9):4991-4996.

TRIVEDI P, LISAA, 2000. Modeling Cd and Zn sorption to hydrous metal oxides[J]. Environ Sci Technol, 34(11):2216-2223.

UENO D, YAMAJI N, MA J F, et al, 2009. Further characterization of ferric-Phytosiderophore transporters ZmYS1 and HvYS1 in maize and barley[J]. Journal of Experimental Botany, 60(12):3513-3520.

URAGUCHI S, MORI S, KURAMATA M, et al, 2009. Root-to-shoot Cd translocation via the xylem is the major process determining shoot and grain cadmium accumulation in rice[J]. Journal of Experimental Botany, 60(9):2677-2688.

VAMERALI T, BANDIERA M, MOSCA G, 2010. Field crops for phytoremediation of metal contaminated land: a review[J]. Environ Chem Lett, 8(1):1-17.

WANG M Y, CHEN A K, WONG M H, et al, 2011. Cadmium accumulation in and tolerance of rice (*Oryza sativa* L.) varieties with different rates of radial oxygen loss[J]. Environmental Pollution,159:1730-1736.

WANG X,TAM N F Y,FU S,et al,2014. Selenium addition alters mercury uptake,bio-availability in the rhizosphere and root anatomy of rice (*Oryza sativa*) [J]. Annals of Botany,114:271-278.

WANG X,TAM N F Y,HE H,et al,2015. The role of root anatomy,organic acids and iron plaque on mercury accumulation in rice[J]. Plant and Soil,394:301-313.

WEI S,LI Y,ZHAN J,et al,2012. Tolerant mechanisms of Rorippa globosa (Turcz.) Thell. hyperaccumulating Cd explored from root morphology[J]. Bioresource Technology,118:455-459.

WEI Z,JONATHAN W W,FASHUI H,et al,2007. Determination of inorganic and organic anions in xylem saps of two contrasting oil seed rape (*Brassica juncea* L.) varieties:Roles of anions in long-distance transport of cadmium[J]. Microchemical Journal,86(1):53-59.

WU C,LI H,YE Z H,et al,2013. Effects of As levels on radial oxygen loss and As speciation in rice[J]. Environmental Science and Pollution Research,20:8334-8341.

WU C,YE Z H,LI H,et al,2012. Do radial oxygen loss affect iron plaque formation and arsenic accumulation and speciation in rice[J]. Journal of Experimental Botany,63:2961-2970.

WU C,YE Z H,SHU W S,et al,2011. Arsenic accumulation and speciation in rice are affected by root aeration and variation of genotypes[J]. Journal of Experimental Botany,62:2889-2898.

WU G,KANG H,ZHANG X,2010. A critical review on the bio-removal of hazardous heavy metals from contaminated soils:issues,progress,eco-environmental concerns and opportunities[J]. J Hazard Mater,174:1-8.

XING J P,JIANG R F,UENO D,2008. V ariation in root to shoot translocation of cadmium and zinc among different accessions of the hyperaccumulators Thlaspi caerulescens and Thlaspi praecox[J]. New Phytol,178(2):315-325.

YANG J X,LI K,ZHENG W,et al,2015. Characterization of early transcriptional responses to cadmium in the root and leaf of Cd-resistant Salix matsudana Koidz[J]. BMC Genomics,16:705.

YANG J X,MA Z,YE Z H,et al,2010. Heavy metal (Pb,Zn) uptake and chemical changes in rhizosphere soils of four wetland plants with different radial oxygen loss[J]. Journal of Environmental Sciences,22:696-702.

YANG J X,TAM N F,YE Z H,2014. Root porosity,radial oxygen loss and iron plaque on roots of wetland plants in relation to zinc tolerance and accumulation[J]. Plant and Soil,374:815-828.

YE Z H,WONG M H,BAKER A J M,1998a. Comparison of biomass and metal uptake between two populations of Phragmites austrlis grown in flooded and dry conditions[J]. Annals of Botany,82:83-87.

ZENG F,SONG C,MIAOY,et al,2008. Changes of organic acid exudation and rhizosphere pH in rice plants under chromium stress[J]. Environmental Pollution,115(2):284-289.

ZHU D,SCHWAB A P,BANKS M K,1999. Heavy metal leaching from mine tailings as affected by plants[J]. Journal of Environmental Quality,28:1727-1732.

边玉,阎百兴,欧洋,2014. 人工湿地微生物研究方法进展[J]. 湿地科学,12(2):235-242.

曾阿妍,颜昌宙,金相灿,等,2005. 金鱼藻对 Cu^{2+} 的生物吸附特征[J]. 中国环境科学,25(6):691-694.

陈明利,张艳丽,吴晓芙,等,2008. 人工湿地植物处理含重金属生活废水的实验研究[J]. 环境科学与技术,31(12):164-168.

成水平,吴振斌,况琪军,2002. 人工湿地植物研究[J]. 湖泊科学,14(2):179-184.

窦磊,周永章,蔡立梅,等,2006. 酸矿水中重金属人工湿地处理机理研究[J]. 环境科学与技术,29(11):109-111,121.

杜刚,黄磊,高旭,等,2013. 人工湿地中微生物数量与污染物去除的关系[J]. 湿地科学,11(1):13-20.

韩志萍,张建梅,2002. 植物整治技术在重金属废水处理中的应用[J]. 环境科学与技术,25(3):46-48.

金枫,王翠,林海建,等,2010. 植物重金属转运蛋白研究进展[J]. 应用生态学报,21(7):1875-1882.

李光辉,何长欢,刘建国,2010. 不同湿地植物的根系泌氧作用与重金属吸收[J]. 水资源保护,26(1):17-20.

李瑞玲,李倦生,姚运先,等,2010. 3 种挺水湿地植物对重金属的抗性及吸收累积研究[J]. 湖南农业科学,(17):60-63.

林芳芳,丛鑫,黄锦楼,等,2014. 人工湿地植物对重金属铅的抗性[J]. 环境工程学报,8(6):2329-2334.

刘清泉,陈亚华,沈振国,等,2014. 细胞壁在植物重金属耐性中的作用[J]. 植物生理学报,50(5):605-611.

刘文菊,胡莹,朱永官,等,2008. 磷饥饿诱导水稻根表铁膜形成机理初探[J]. 植物营养与肥料学报,14(1):22-27.

刘文菊,朱永官,2005. 湿地植物根表的铁锰氧化物膜[J]. 生态学报,25(2):358-363.

鲁家米,刘延盛,周晓阳,2007. 植物重金属转运蛋白及其在植物修复中的应用[J]. 中国生态农业学报,15(1):195-200.

任伟,倪大伟,刘云根,等,2019. 砷污染生境下挺水植物香蒲对砷的积累与迁移特性[J]. 环境科学研究,32(5):848-856.

孙瑞波,盛下放,李娅,等,2011. 南京栖霞重金属污染区植物富集重属污染区植物富集重金属效应及其根际微生物特性分析[J]. 土壤学报,48(5):1013-1019.

孙瑞莲,周启星,2005. 高等植物重金属耐性与超积累特性及其分子机理研究[J]. 植物生态学报,29(3):397-404.

谭学军,唐利,周琪,2008.人工湿地污水处理技术原理与数学模型[J].哈尔滨商业大学学报(自然科学版),24(2):156-161.

汪瑾,2003.水杨酸对铝诱导的决明子(*Cassia tora* L.)柠檬酸的分泌及氧化胁迫的调节作用[D].南京:南京农业大学.

王水良,王平,王趁义,2010.铝胁迫下马尾松幼苗有机酸分泌和根际 pH 值的变化[J].生态与农村环境学报,26(1):87-91.

王延平,王华田,2010.植物根分泌的化感物质及其在土壤中的环境行为[J].土壤通报,41(2):501-507.

韦菊阳,陈章和,2013.梭鱼草和芦苇人工湿地对重金属和营养的去除率比较[J].应用与环境生物学报,19(1):179-183.

谢换换,叶志鸿,2021.湿地植物根形态结构和泌氧与盐和重金属吸收、积累、耐性关系的研究进展[J].生态学杂志,40(03):864-875.

徐德福,李映雪,赵晓莉,等,2009.3 种湿地植物对锌的吸收分配及其与根表铁氧化物胶膜的关系[J].西北植物学报,29(1):116-121.

杨俊兴,任红艳,郭庆军,等,2014.湿地植物通气组织和渗氧对其重金属吸收和耐性研究进展[J].土壤,46(3):394-401.

姚银安,杨爱华,胡小京,等,2008.超富集植物重金属吸收转运机制的研究进展[J].生物学通报,43(12):3-5.

张雷,丁艳丽,付涌玉,2015.转 merA 基因金盏菊对环境中汞污染的修复效果[J].贵州农业科学,43(2):193-197.

张永志,赵首萍,徐明飞,2009.不同蒸腾作用对番茄幼苗吸收 Pb、Cd 的影响[J].生态环境学报,18(2):515-518.

招文锐,杨兵,朱新民,等,2001.人工湿地处理凡口铅锌矿金属废水的稳定性分析[J].生态科学,20(4):16-20.

第4章

湿地植物的重金属耐性

植物在生长的过程中,会面临着生物胁迫和非生物胁迫,重金属污染属于非生物胁迫。根据在生物系统中的作用,重金属可分为必需和非必需。植物生命周期中的生理和生化过程需要铜、铁、锰、镍和锌等基本重金属(Cempel et al.,2006);但是,过量的金属会抑制种子萌发和幼苗生长,破坏抗氧化酶和膜系统,引起染色体畸变,导致植物死亡。此外,金属离子还通过引起植物营养失衡、产生大量自由基和氧化应激等二次胁迫,严重干扰植物代谢(He et al.,2018)。非必需重金属如 Pb、Cd、As、Hg 含有剧毒,在植物生长过程中没有已知的功能(Fasani et al.,2018),可以造成环境污染,严重影响作物的各种生理生化过程,降低农业生产力(Clemens et al.,2006)。为了避免金属毒性的破坏性后果,植物需要一种机制在生理限度内管理重要的金属浓度(即 Zn、Mn、Cu)并减少对非必需金属的吸收。植物中金属离子(例如 Cd^{2+} 或 Hg^{2+})的高积累会与蛋白质的自由巯基结合而阻碍植物发育,并破坏体内平衡。因此,抑制土壤和植物中金属离子浓度的增加也具有极其重要的意义(Noman et al.,2017)。

4.1 植物重金属耐性

目前,关于植物的重金属耐性的定义已有大量的研究。Baker(1987)认为植物对重金属抗性的获得可通过两种途径,金属排斥性和耐性。这两种途径并不排斥,往往能统一作用于一个植物上。一些植物可通过某种外部机制保护自己,如限制重金属离子跨膜吸收、与体外分泌物络合等机制使其不吸收环境中高含量的重金属从而免受毒害,称之为金属排斥性。在这种情况下,植物体内重金属的浓度并不高。耐性是指植物体内具有某些特定的生理机制,使植物能生存于高含量的重金属环境中而不受伤害,此时植物体内具有较高浓度的重金属。Tomsett(1988)认为植物对重金属的抗性即植物能生存于某一特定的含量较高的重金属环境中而不会出现生长率下降或死亡等毒害症状。例如,芦苇对重金属有很高的抗性,在其他植物都不能生长的环境中,芦苇能正常生长,甚至还能完成生活史。任何一种生物,无论它是否生长在富含重金属元素的环境中,都有一定的能力去应付非必需元素或过量的必需元素所带来的潜在影响。

金属的耐性(或敏感)程度在不同的植物物种之间、同一种植物的不同种群(或生态型)之间以及同一种群内部的不同个体之间可能是不同的。大量的实验表明,对于同一个植物物种,生活在金属污染地区的种群通常要比生长在正常土壤上的种群的金属耐性高。一般情况下,植物对某一种金属具有耐性并不意味着对另一种金属也具有耐性,这就是所谓的专一耐性,而且这种已获得的耐性水平与土壤中某种特定金属的浓度相关。在金属污染的土壤中,常会有两种或两种以上的金属同时以毒性的浓度存在。Pb、Zn、Cd等一些重金属通常共存于金属矿石里,而多金属耐性植物就随之出现。多金属耐性常与这些金属同时以高浓度存在于土壤中相联系。共存耐性是指植物对某一种以毒性浓度存在于土壤中的金属的耐性能使它有能力对另一种并不存在或并不以很高浓度存在于生长环境里的金属产生的耐性。共存耐性已在细菌、真菌、苔藓和高等植物中被发现。

植物中的重金属主要通过根系从土壤中选择性吸收或扩散进入。植物体内积累的重金属主要集中在根中,只有一小部分被转运到地上组织。此外,一小部分沉积的重金属颗粒直接从叶片表面吸收到叶片内部。在水生环境中,重金属可作用于沉水植物的所有部分。受重金属污染的影响,植物会表现出一些常见的毒性症状,包括植物生长减慢,光合作用机制和必需养分分布紊乱,水平衡改变,褪绿和衰老,最终导致植物死亡。在受重金属(HMs)污染区域生长的植物通常会积累更高数量的 HMs,因此会发生食物链污染。

植物对重金属的毒性表现出不同的反应,例如金属离子的迁移、排斥、螯合、间隔化,增加了一般的应激反应机制,例如乙烯的产生和应激蛋白的释放。金属结合配体及其在植物中的作用是已知的,这些作用包括利用植物天然存在的配体(例如有机酸、氨基酸、肽和多肽)对重金属进行解毒(Vunain et al. ,2016)。在污染土壤中已发现的常见重金属包括砷、镉、铬、铜、汞、铅和锌(Yadav et al. ,2010)。植物在分子、生化、生理和细胞水平上有一系列复杂的重金属解毒策略,从而减少暴露和积累的不利影响(Nagajyoti et al. ,2010;Zhao et al. ,2010)。

4.1.1　植物耐重金属基因的研究

植物中重金属的吸收和转运是由多种分子介导的,包括金属离子转运蛋白和络合剂。这些专门的转运蛋白(通道蛋白)或 H^+ 偶联的载体蛋白位于根细胞的质膜中,对于从土壤中吸收重金属离子至关重要。它们可以跨细胞膜转运特定的金属,并介导金属从根向芽的迁移(Dalcorso et al. ,2019)。植物中重金属吸收、转运和积累过程主要包括以下几个过程:土壤重金属向根区迁移,根系吸收重金属离子,质外体和共质体途径运输,从根系细胞装载到木质部,木质部长距离运输,从木质部卸载和细胞的跨膜运输等(吴志超,2015)。随着科学技术的发展,科学家已发现许多基因参与到植物吸收和转运重金属的不同过程中,其中包括 PCR、CDF、重金属 ATP 酶、ABC 转运体、MATE、NRAMP 和 ZIP等基因家族的多个成员(Eroglu et al. ,2016;Eroglu et al. ,2017;Huang et al. ,2016;Li et al. ,2017;Song et al. ,2004)。目前,通过基因敲除(沉默)或异源表达方法研究金属离子转运蛋白的功能已逐渐成为一个研究热点。植物激活各种信号通路和防御机制,合成胁迫相关蛋白,以响应重金属危害(Mourato et al. ,2015)。

4.1.1.1　锌铁转运蛋白家族

锌铁转运蛋白家族(ZIP)是优先参与铁和锌吸收和积累的蛋白质。ZIP 是 Zn 转运蛋白家族(ZRT)和 Fe 转运蛋白家族(IRT)的合称,主要用于重金属从胞外到胞内的运输,如水稻中的 Os ZIP1、Os ZIP4 和 Os ZIP6 在缺锌的情况下,根部转运锌;Os IRT1 和 Os IRT2 在缺铁的情况下,根部吸收 Fe 和转运 Cd;拟南芥中的 At ZIP1、At ZIP2、At ZIP3、At ZIP4、At ZIP5 和 At ZIP9 在缺锌时根部转运锌(杨茹月等,2019)。同时,它们也可能参与镉反应和镍的耐受。拟南芥包含 3 个 IRT(铁调节转运体)基因,控制着不同金属离子的转运。IRT1、IRT2 和 IRT3 的表达随锌水平的升高而升高,表明它们可能参与了对拟南芥锌-铁稳态的调控。IRT1 和 IRT2 的表达与 *A. helleri* 的超积累能力呈负相关。IRT1 过度表达导致铁、锰、钴、锌在拟南芥植株中积累过多,对拟南芥生长产生不利影响。但是,IRT3 在拟南芥中的过度表达对铁和锌的积累有不同的影响:锌在芽中的积累增加,而铁在转基因系的根中的积累增加。这类蛋白中另一种参与锌的特异摄取和转运的蛋白质是 ZNT,ZNT 控制其在黑斑藻中的长距离转运。与野生型相比,过度表达 Nc ZNT 的拟南芥能够在其根部(及其枝条,尽管程度较小)积累更高水平的锌。然而,与同一物种的 IRT1 过度表达植物一样,它们对高剂量锌的敏感性增加。以上发现表明,这些蛋白的表达必须受到严格控制,并且对其表达或活性的调控可能对离子稳态产生负面影响(Ovecka et al.,2014)。有研究表明 Zm ZIP 基因编码功能性 Zn 或 Fe 转运蛋白,可能负责植物细胞中二价金属离子的吸收、转运、解毒和储存。Zm ZIP 基因在胚和胚乳中的各种表达方式表明,它们可能在胚和胚乳发育的不同阶段对离子转运和储存至关重要(Li et al.,2013)。因此,筛选出能够提高植物锌含量和降低其他有毒金属含量的植物至关重要。

4.1.1.2　重金属转运蛋白

重金属相关蛋白(HMP)在植物细胞中的重金属转运和排毒过程起关键作用。HMP 是含有重金属转运蛋白(HMA)结构域的金属蛋白或金属伴侣蛋白(Tehseen et al.,2010;Zhang et al.,2018)。HMA 结构域是保守的,包含约 30 个氨基酸残基。它们存在于几种蛋白质中,这些蛋白质可转运或解毒重金属,并含有 2 个半胱氨酸残基,它们结合并转移 Cu^{2+}、Cd^{2+}、Co^{2+}、Zn^{2+} 和其他重金属离子。通常,包含 HMA 结构域的植物蛋白属于以下组之一:HPPs(与重金属相关的植物蛋白)、HIPPs(与重金属相关的异戊二烯化植物蛋白)(De et al.,2013)、ATX1-like(Puig et al.,2007)和 P_{1B}-ATPase(Pedersen et al.,2012)。P_{1B}-ATPase,又称重金属 ATP 酶(HMAs),在 Cd 转运中也起着重要作用。例如,重金属 ATPase2(HMA2)定位于根尖周细胞的质膜上,而它们则在细胞外释放锌和镉,通过木质部负载参与了镉和锌的根-芽转移。Ta HMA2 过度表达改善了小麦和水稻的根冠锌/镉转运,Os HMA2 突变体显示水稻的根冠锌/镉转运率降低。重金属 ATPase4(HMA4)定位于双子叶植物根周围细胞质膜上,也参与了双子叶植物木质部过程中的根向茎转移和 Zn 的转运。据报道,用 RNA 干扰法敲除镰刀菌中的 Ah HMA4,从而降低了植株中锌和镉的积累。Liedschulte 等(2017)发现烟草中 Nt HMA4 基因的敲除导致 Cd 的根-茎易位减少了 90% 以上。然而,在单子叶植物中,HMA4 的作用是将铜隔离到根液泡中,从而限制了铜在根和茎之间的转移。此外,重金属 ATPase3(HMA3)是 Cd 的液泡膜定位转运蛋白,参与了 Cd 在根细胞液泡中的固存。Os HMA3 的沉默导致 Cd 向根移位增加,而 Os HMA3 的过度表达则产生相反的效果。研究发现 Os HMA3 能够控制根摄取 Cd 的转运速率(Miyadate et al.,2011)。Os HMA4 将铜隔离在根细胞液泡中,限制铜向籽粒的运输和积累。在拟南芥中,铜含量高诱导了铜的 ATP 酶 At HMA5 的易位,并导致过量的铜从胞质溶胶向质膜的流出(Agarwal et al.,2006;Kobayashi et al.,2008)。HPP 和 HIPP 进化包含最大数量的 HMP,但只有少数基因功能已经被研究过。At HIPP3 被确定为与压力相关的上游调控基因,还参与水杨酸依赖性病原体应答途径以及花和种子的发育(Zschiesche et al.,2015)。水稻中功能性 Os HMA3 基因的过度表达大大降低了小麦籽粒中 Cd 的积累(Zhang et al.,2020)。

4.1.1.3 阳离子扩散促进者

阳离子扩散促进者(CDF)蛋白家族的成员作为 Zn、Cd、Co 和/或 Ni 与质子的反转运蛋白,定位于液泡膜。At MTP1 是一种对 Zn 有高度选择性的 Zn^{2+}/H^+ 逆向转运蛋白,以 V-ATP 酶依赖的方式从细胞溶质空泡转运(Kawachi et al.,2008)。At MTP1 过度表达可提高拟南芥对锌的耐受性,而拟南芥 At MTP1 突变体比野生型更易受锌的影响(Kawachi et al.,2009)。最近研究表明,At MTP1 中的一个特定氨基酸序列对其选择性和细胞质锌含量相关。一些序列中的点突变赋予酵母对 Co 和 Cd 的耐受性(Kawachi et al.,2012),这表明该蛋白的工程化可能提供了一种拓宽其离子特异性的一般途径。At MTP3 在拟南芥中过度表达时,赋予了锌的耐受性,并促进了根和莲座叶中锌的积累。At MTP11 与选择性 Mn^{2+} 耐受和积累有关。对于来自其他植物物种的 CDF 家族的蛋白质,如定位于质膜的 Os MTP1,它们具有更广泛的离子特异性。然而,酵母中 Os MTP1 的过度表达增加了对锌、镉和镍的耐受性。MTP1 是另一种 CDF,在两种具有不同超积累能力的生态型东南景天的差异表达中,显示了其提高重金属耐受性的潜力。在超累积生态型中,Sa MTP1 转录本的含量是非超累积生态型的 80 倍。遏蓝菜属 MTP1 同源物被称为 Dtgmtp1 给予 Zn 耐受性,当在拟南芥中表达时,它显著地增加了锌转运蛋白(ZIP3、ZIP4、ZIP5 和 ZIP9)在茎和根中的表达,这表明它可能是 ZIP 转运家族成员中的激活剂(Ovecka et al.,2014)。

4.1.1.4 自然抗性相关巨噬细胞蛋白转运蛋白

自然抗性相关巨噬细胞蛋白(NRAMP)家族是跨膜蛋白,被认为是真菌、动物、植物和细菌中具有多种同系物普遍存在的金属转运蛋白家族(Chen et al.,2017;Chen et al.,2017;Qin et al.,2017;Bozzi et al.,2016;Wu et al.,2016)。Nramp5 是天然抗性相关巨噬细胞蛋白转运蛋白家族的一员,是镉和锰从土壤进入根细胞的主要转运蛋白,它定位于植物根的质膜。在水稻 Os Nramp5 RNAi 敲除系(水稻)和大麦的 Hv Nramp5 基因敲除系中,发现根和芽中镉含量降低(Yang et al.,2019)。NRAMP 基因家族编码介导许多过渡金属转运完整膜蛋白。一项过度表达研究表明,At NRAMP1、At NRAMP3、At NRAMP4 和 Os NRAMP1(但不是 Os RAMP2 和 At RAMP2)参与了铁的转运和高浓度铁的耐受。但是,在镉耐受性方面发现了相反的效果:过度表达 Nramp3 的根系生长对镉敏感。此外,At NRAMP3 可能与 At IRT1 竞争摄取铁,因为 At NRAMP3 的过度表达降低了后者蛋白的表达。在水稻中,Os NRAMP1 定位于内胚层和细胞质膜上,参与铁的吸收。当在拟南芥中表达时,Os NRAMP1 增加了根和芽中 As 和 Cd 的耐受性。水稻的一个重要特性是其积累大量锰,这种吸收和积累是由定位在质膜上 NRAMP5 的根特异蛋白控制的。除了对锰的影响外,它还促进镉和铁的吸收和积累(Ovecka et al.,2014)。因此,该基因功能的解析将会为水稻育种提供新方向。

4.1.1.5 黄色条纹蛋白

黄色条纹蛋白(YSL 家族蛋白)属于重金属的吸收蛋白,主要位于质膜上,少数位于细胞器膜上。该基因最早在玉米根部发现,作为载体参与 Fe-PC 螯合物的运输,为作物提供生长必需的 Fe 元素。YSL 家族蛋白的作用原理是,在缺 Fe 环境中,植物体内合成大量麦根酸(MAs)类物质并分泌至根部,麦根酸类物质与 Fe^{3+} 螯合形成络合物,最终 YSL 家族蛋白将络合物转运至细胞内,该功能只能在禾本科植物中实现。还有研究发现,在缺 Fe 条件下,水稻 Os YSL2、Os YSL6、Os YSL8、Os YSL9、Os YSL13、Os YSL15、Os YSL16、Os YSL18 等基因表达水平上调,增强了植物对 Fe^{2+} 或 Fe^{3+} 的吸收和转运能力(刘淑艳等,2009)。目前,已经发现了许多 YSL 家族蛋白成员在不同植物体内、不同组织间转运重金属的情况。例如拟南芥中的 At YSL2、At YSL6 和 At YSL12 在缺铁的情况下,地上部分能够转运铁等(杨茹月等,2019)。已发现 YSL 家族蛋白参与 Cu-NA 转运。例如拟南芥 YSL2(At YSL2)转运 Fe(Ⅱ)-NA 和 Cu-NA(Didonato et al.,2004)。At YSL2 的转录水平受铁和铜的调控(Didonato et al.,2004)。重要的是,拟南芥小泛素样修饰物(SUMO)E3 连接酶 SIZ1 调节 At YSL1 和 At YSL3 的表达,在植物体内对铜的耐受性过高(Chen et al.,2011)。此外,水稻 YSL16 参与通过韧皮部转运将 Cu-NA 输送至发育中的年轻组织和种子。锌和铁的缺乏使 Os YSL16 的表达上调,而锰和铜的缺乏则不引起上调。酵母表达分析表明,Os YSL16 转运 Cu-NA,但不转运离子性 Cu 和 DMA 复合物。敲除 Os YSL16 导致 Cu-NA 从老叶到年轻叶以及从旗叶到圆锥花序的转运显著减少(Zheng et al.,2012)。Osysl16 突变体显示出较低的花粉活力,可以通过添加铜来挽救花粉(Zhang et al.,2018)。除铜易位外,Os YSL16 还通过转运 Fe(Ⅲ)-DMA 参与水稻植物中的铁分配(Lee et al.,2012;Kakei et al.,2012)。有研究鉴定了 5 个花生 YSL 基因。其中,根中的铁缺乏诱导 Ah YSL1 的表达,Ah YSL1 在花生玉米间作系统中对铁的获取过程中起作用(Xiong et al.,2013)。

4.1.1.6 CAX 转运器

阳离子/质子交换剂(CAXs)是一类二级离子转运蛋白,与细胞生理功能的增加有关。CAX 主要是 Ca^{2+} 外向转运蛋白,介导 Ca^{2+} 从胞质中隔离,通常进入液泡。一些 CAX 亚型具有广泛的底物特异性,提供了转运痕量金属离子(如 Mn^{2+}、Cd^{2+}、Ca^{2+})的能力。近年来,基因组分析已开始揭示 CAX 在绿色谱系中的扩展及其在非植物物种中的存在。尽管在 CAX 蛋白质的三级结构中似乎存在显著的保守性,但是在物种和单个同工型之间 CAX 的功能存在多样性。例如,在盐生植物中,已经证明了 CAXs 在耐盐性中发挥作用,而在金属超富集植物中,CAXs 与镉的转运和耐受性有关。CAX 蛋白参与各种非生物应激反应途径,在某些情况下作为细胞质 Ca^{2+} 信号传导的调节剂,有证据表明 CAX 充当 pH 值调节剂(Pittman et al.,2016)。拟南芥中的 CAX1 为液泡 H^+/Ca^{2+} 转运体,和 CAX3 一起,可增加茎中 Mn^{2+} 和 Zn^{2+} 的浓度,降低茎中 Ca^{2+} 和 Mg^{2+} 的浓度。CAX2 具有转运

Ca^{2+}、Cd^{2+}、Mn^{2+}的活性,在烟草中表达 CAX2,可增加 Mn^{2+}耐性(郑珊等,2006)。

4.1.1.7　植物螯合素

植物螯合素(PCs)是由重金属诱导合成的金属结合肽。它们将重金属与其巯基螯合,生成的金属-植物螯合物被隔离在液泡中。然而,植物螯合素合成酶(PCS)基因的过度表达并不总是对重金属耐受产生有利影响。例如,小麦 Ta PCS1 在水稻中的异源过度表达增加了镉敏感性,显著增加了镉在芽中的积累,但在根中未出现同样现象(Wang et al.,2012)。另一方面,缺乏植物螯合素合成酶的拟南芥突变体 cad1-3 和 cad1-6 表现出明显的锌超敏反应和根锌积累水平的降低(Tennstedt et al.,2009)。最近对水生植物金鱼藻植物螯合酶 Cd PCS1 的研究表明,该蛋白在烟草、大肠杆菌(Shukla et al.,2012)或拟南芥(Shukla et al.,2013)中的表达增强了植物螯合素的合成以及镉和砷的积累。还有研究表明 Nn PCS1 是一种来源于神圣莲花(莲藕,一种潜在的重金属水污染的植物修复剂)的植物螯合素合成酶,与相对于野生型的镉积累增加相关(Liu et al.,2012)。另一个具有潜在生物技术相关性的发现是 At PCS 与半胱氨酸脱硫酶共表达可促进好氧条件下的亚硫酸盐生产和随后的亚硫酸盐沉淀。与过度表达两种酶中一种的对照相比,这些蛋白共同表达的植物积累的砷量更大(Tsai et al.,2012)。

4.1.1.8　金属硫蛋白

金属硫蛋白(MTs)是富含半胱氨酸的蛋白,在金属稳态中起重要作用,并能抵抗重金属毒性、DNA 损伤和氧化应激。金属硫蛋白存在于植物的根、茎、叶、花、果实和种子等组织中,可以显著提高植物对 Cd、Cu 等重金属的耐受性(杨茹月等,2019)。其作用方式通常与它们清除活性氧(ROS)的能力有关(Hassinen et al.,2011;Leszczyszyn et al.,2013)。当在蚕豆中表达时,拟南芥金属硫蛋白 At MT2a 和 At MT3 保护细胞叶绿体免于因暴露于 Cd 引起的降解。这种作用是由于细胞中 ROS 含量的变化(Leszczyszyn et al.,2013)。Br MT1 是一种来自大白菜的金属硫蛋白,可以增强对镉和氧化应激的耐受性(Kim et al.,2007)。金属硫蛋白控制 ROS 水平的能力在其他非生物胁迫的耐受性中也很重要,如在过量表达了陆地棉 Gh MT3a 的转基因烟草植物中所证明的一样(Xue et al.,2009)。除了在 ROS 调节中的作用外,金属硫蛋白还控制重金属的积累。过量表达 Os MT1A 的水稻中的锌(Yang et al.,2009)和拟南芥中种子特异性的 At MT4A 基因的铜和锌(Rodr et al.,2010)已经证明了这一点。金属硫蛋白的过度表达通常赋予重金属耐受性增加。过度表达木豆 Cc MT1 的拟南芥植物对铜和镉的耐受性更高,而大蒜金属硫蛋白 As MT2b 和香芋蛋白 Ce MT2b 同时赋予了镉耐受性并促进了镉的积累(Haiyan et al.,2006)。

4.1.2　质外体中的细胞壁在植物重金属胁迫响应中的作用

质外体是指植物细胞质膜外包含细胞壁和细胞间隙的部分。研究表明,质外体并非静止的结构性屏障,同时具有动态特性,参与植物水和营养物质运输、防御反应、胞间信号转导、细胞壁维持等多种生理过程。此外,质外体可以限制离子转运,维持细胞内环境稳态,保障各项生理代谢的有序进行,为植物适应各种逆境提供了重要的屏障结构

（Farvardin et al.，2020）。目前，重金属对植物的毒害作用、植物对重金属的耐受机制等问题的研究受到国内外的普遍关注（Shi et al.，2021；蔡斌等，2021）。本部分着重介绍植物细胞壁、质外体 ROS 的产生及抗氧化系统在重金属胁迫响应中的作用，以期对植物重金属胁迫响应机制有更深入的理解，对于阐明污染的生物学效应及制定重金属污染的治理措施提供参考。

镉在臂形草根质外体中积累量高于共质体，表明质外体可限制重金属离子的移动（Rabêlo et al.，2020）。铅主要以低迁移活性的化学形态固定在博落回根细胞壁中（蔡斌等，2021）。磷酸铅是印度芥菜细胞壁中铅的主要固定形式（杨文蕾，2020）。这些研究结果表明，重金属环境可诱导植物体内金属超积累，质外体作为防御性屏障能够固定重金属离子，限制其进入胞质，进而缓解重金属毒性。

4.1.2.1　细胞壁多糖在植物重金属胁迫响应中的作用

多糖（包括纤维素、半纤维素和果胶）作为细胞壁的主要成分，参与植物细胞形态维持、组织发育、物质运输和信号转导，在植物胁迫响应中具有重要作用（张保才和周奕华，2015）。细胞壁多糖的负电基团参与了质外体积累金属离子的过程（曹升等，2020）。逆境条件下，负电基团通过吸附、络合等作用结合介质中的金属阳离子，减少重金属离子的跨膜转运，从而保护原生质体，缓解重金属毒害。例如，类芦细胞壁中 Pb^{2+} 主要与果胶中的羟基基团、纤维素和半纤维素中的羧基基团以及细胞壁蛋白上的氨基官能团结合（曹升等，2020）。Lai 等（2020）研究发现，镉胁迫下，甘薯根细胞壁中果胶和蛋白质能够结合 Cd^{2+}，且根微观结构被破坏。水生植物黑藻细胞壁中半纤维素Ⅰ和纤维素结合铜的能力强于果胶和半纤维素Ⅱ（Shi et al.，2021）。

当外界环境中重金属浓度超过植物耐受阈值时，植物细胞可以通过质外体接受的刺激对细胞壁进行修饰，改变细胞壁多糖的含量及组成，从而增强吸附及固定重金属的能力（杨晓远等，2020）。例如，质外体在克服铝毒性中起着重要作用，特别是通过修饰细胞壁多糖成分限制了根的伸长并提高了对重金属的耐性。最近研究发现，暴露于 Al 的乌龙草根系中，Al^{3+} 和 Ca^{2+} 竞争果胶结合位点，形成 Al^{3+}-胶复合体，进而增加细胞壁刚性，限制细胞的延伸，根系生长受到抑制；此外，果胶组成和分布的变化会改变植物细胞壁的延伸性、硬度、孔隙率和黏附性（Silva et al.，2020）。

4.1.2.2　木质素在植物重金属胁迫响应中的作用

大量研究证实，植物组织的木质化是不同植物物种应对重金属胁迫的一般反应（Cesarino，2019）。木质素合成是植物胁迫响应的典型防御机制，三种木质素单体（对香豆醇、松柏醇、芥子醇）在细胞质合成后被运送到质外体，经过氧化物酶（POD）和漆酶（LAC）的催化形成酚类聚合物——木质素。研究证实，重金属胁迫抑制植物正常生长，大量木质素沉积于根系内皮层细胞壁，增强细胞壁的机械性，限制金属离子进入细胞，从而激活适应性防御机制，抑制重金属进入木质部或从维管束向地上部分转运（Kovác et al.，2018）。例如，高浓度铁诱导水稻根尖内胚层、外皮层和木质部增厚，根系木质化程度提高；同时，铁胁迫下，水稻耐性品种根木质化程度较易感品种升高，并且植物细胞通过根细胞壁重塑以避免摄入过量铁（Mehrabanjoubani et al.，2019；Stein et al.，2019）。

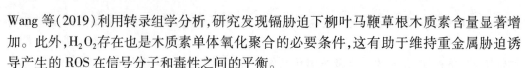

Wang 等(2019)利用转录组学分析,研究发现镉胁迫下柳叶马鞭草根木质素含量显著增加。此外,H_2O_2 存在也是木质素单体氧化聚合的必要条件,这有助于维持重金属胁迫诱导产生的 ROS 在信号分子和毒性之间的平衡。

目前,参与木质素合成的相关蛋白在植物耐重金属毒性中的作用引起广泛关注。Li 等(2020)开展了毛竹漆酶基因全基因组分析,发现漆酶基因 PeLAC10 的过度表达增加了木质素含量并有助于提高转基因拟南芥对非生物胁迫的耐受性。同样地,漆酶基因 GhLac1 的过度表达可增加陆地棉根中木质化程度,提高对外界环境胁迫的耐受性(Hu et al.,2018)。有研究报道高水平的铜诱导葡萄中苯丙氨酸解氨酶(PAL)活性先升高后降低,这与木质素的积累相关(Wang et al.,2019)。这些结果表明,过量重金属能诱导植物细胞内木质素合成相关蛋白含量及基因表达的改变,导致植物木质化程度提高,促使细胞壁增厚,进而限制金属离子向胞内移动,一定程度上有助于植物抵抗外界环境压力。

4.1.2.3　质外体蛋白在植物重金属胁迫响应中的作用

质外体中结构蛋白和胁迫响应蛋白等多种蛋白质在植物重金属胁迫响应中具有重要作用。细胞壁结构蛋白能以共价键与多糖交联,影响细胞壁的抗降解能力和强度,在植物生长发育和抗逆过程中发挥重要作用(芮海云等,2019)。细胞壁结构蛋白主要分为3 类,即富含脯氨酸蛋白(PRPs)、富含甘氨酸蛋白(GRPs)和富含羟脯氨酸糖蛋白(HRGP)家族。其中,HRGP 家族主要包括伸展蛋白、茄科凝集素和阿拉伯半乳糖蛋白(AGPs)等(芮海云等,2019)。Yang 等(2011)等研究发现,铝能诱导菜豆根尖 HRGP 基因表达上调,导致细胞壁增厚,减轻铝在根尖中的积累。已有研究发现(Sujkowska-Rybkowska et al.,2014),在铝胁迫下豌豆根瘤组织中伸展蛋白基因表达上调。而低浓度铝胁迫(≤1 mmol·L^{-1})诱导茶树根系伸展蛋白活性升高,有利于根细胞膨大、伸长及不定根形成,从而促进茶树根系的生长,缓解铝毒害(宁秋燕等,2018)。

胁迫响应蛋白是植物逆境胁迫响应的反应蛋白,能够影响植物细胞壁组成和结构,进而提高植物对重金属的耐受性(肖京林等,2020)。植物内含量最丰富的胁迫响应蛋白是病程相关蛋白(PR),包括几丁质酶、索马甜蛋白、1,3-葡糖苷酶和类萌发素蛋白等。其中,几丁质酶、1,3-葡糖苷酶和索马甜蛋白都是糖苷水解酶(芮海云等,2019)。Wang 等(2015)通过使用 RT-PCR 和 RACE 方法在白骨壤中克隆编码酸性和碱性Ⅲ类几丁质酶(AmCHI Ⅲ)的全长 cDNA 序列,发现叶中 AmCHI Ⅲ mRNA 的表达在镉和铅胁迫下显著上调。暴露于 Cd、Hg、Ni、Pb 4 种重金属下矮向日葵叶片中几丁质酶和类索马甜蛋白丰度上调(Walliwalagedara et al.,2010)。Mészáros 等(2014)通过分析大豆金属敏感型和耐型品种几丁质酶同工型的基因表达,发现几丁质酶的表达模式在不同金属胁迫下存在差异,而同一金属胁迫下耐型品种表达上调更为显著;此外,高表达的几丁质酶,参与根系细胞生长分裂和分化,有助于大豆适应环境压力,缓解重金属毒性。类萌发素蛋白(GLPs)属于铜蛋白超家族(Dunwell et al.,2000),包括草酸氧化酶(OXO)、多酚氧化酶(PPO)、超氧化物歧化酶(SOD)、ADP 葡萄糖焦磷酸酶和磷酸二酯酶(Cheng et al.,2014),是植物质外体中普遍存在的一类非常重要的胁迫响应蛋白。龙水庭等(2020)采用 iTRAQ 技术发现,暴露于甲基汞的水稻根尖中 GLP 基因表达下调,且该基因产物具有与金属离子结合的能力。总之,胁迫响应蛋白作为质外体蛋白参与植物细胞的多种生理反应,在植物生长发育和胁迫响应中表现出不同的生物学功能,其含量及基因的过度表达是植物细胞响应逆境的普遍反映,有助于植物适应重金属环境。

4.1.3　质外体抗氧化系统在植物重金属胁迫响应中的作用

4.1.3.1　重金属胁迫诱导质外体 ROS 产生

正常环境下,植物机体内代谢产生的活性氧保持在一个含量较低的稳态,而当植物面对胁迫时,活性氧的产生和清除平衡被破坏,细胞内活性氧超积累,导致细胞损伤并作为细胞信号激活植物胁迫响应途径。不同的亚细胞区室均可产生 ROS,如线粒体、叶绿体和过氧化物酶体。据报道,质外体也是 ROS 产生的位点,但其 ROS 水平远低于细胞中的(RoyChoudhury et al. ,2012)。

许多研究表明,重金属胁迫导致的最明显和最易观察的结果之一是植物质外体中 ROS 的过量生成。例如,在 Cd、Cu、Zn 胁迫下,可以观察到呼吸爆发氧化酶同源物(RBOHs)或脂氧合酶(LOX)的表达增加,质外体 ROS 含量升高(Remans et al. ,2012;2010;Cuypers et al. ,2011)。已有研究表明,Zn 在毛蕊花的根中积累会导致叶和根质外体中产生大量 H_2O_2(Morina et al. ,2010)。暴露于 Fe、Cu、Zn 的小麦幼苗根中质外体 H_2O_2 和 ·OH 含量均增加(Yang et al. ,2017)。

重金属胁迫诱导 ROS 在植物质外体中大量积累,而质外体 ROS 会攻击生物大分子如脂质、蛋白质和核酸等,导致膜脂过氧化,进而影响细胞膜通透性,使植物出现表观毒害现象。例如,质外体 H_2O_2 含量与石竹组培苗玻璃化关系密切,且 MDA 含量高于正常组(张换换等,2021;张静雪等,2015)。也有结果表明,Fe 和 Zn 处理下,小麦幼苗根质外体 ROS 含量增加,MDA 含量也呈同样趋势(Ma et al. ,2017)。因此,重金属胁迫下,大量 ROS 积累于植物细胞质外体,同时激活质外体抗氧化系统,以限制其对植物的损害,这有助于植物适应环境逆境(Kärkönen et al. ,2015)。

4.1.3.2　质外体抗氧化酶在植物重金属胁迫响应中的作用

质外体产生的 ROS 也需要在质外体中进行解毒,因此几乎所有类型的细胞抗氧化酶及抗氧剂都存在于其中,但是这些抗氧化剂酶和抗氧化剂的活性或浓度都非常低。抗氧化酶系统主要包括 SOD、POD、过氧化氢酶(CAT)和抗坏血酸-谷胱甘肽循环(AGC)等。

SOD 是针对 ROS 酶促防御系统的首个金属蛋白酶,能催化 O_2^- 并将其歧化为 H_2O_2 和 O_2(杨舒贻等,2016)。研究表明,在番茄、小麦、大麦和柑橘等植物中多种非生物胁迫因素(例如干旱、盐和重金属)都会诱导 SOD 基因表达上调。POD 对植物具有保护和毒害的双重效应,在胁迫或衰老的初期能够清除植物体内某些氧化酶(如 SOD)产生的过量 ROS,也可以在植物衰老后期或响应外界环境胁迫而参与叶绿素的降解,并诱导 ROS 的大量积累。POD 产生的质外体 ROS 可以激活 RBOH 的转录,从而诱导质外体 ROS 响应胁迫而进一步积累(O'Brien et al. ,2012)。CAT 是酶促抗氧化系统末端的 H_2O_2 清除剂,可将 H_2O_2 快速分解为 H_2O 和 O_2,协同 SOD 清除植物体内 $O_2^-·$ 和 H_2O_2,抑制 ·OH 的产生。Eising 等(1990)已通过免疫金标技术和免疫荧光显微镜在向日葵子叶木质部细胞壁中检测到 CAT,证实质外体空间 CAT 的存在。

抗坏血酸过氧化物酶（APX）、谷胱甘肽还原酶（GR）、脱氢抗坏血酸还原酶（DHAR）和单脱氢抗坏血酸还原酶（MDHAR）等抗氧化酶可以通过 AGC 共同作用,将抗坏血酸（AsA）和谷胱甘肽（GSH）作为电子供体来分解 H_2O_2。据报道,大麦、燕麦和豌豆叶片质外体中都发现了所有的 AGC 酶,但它们的活性仅为细胞总活性的 $0.2\% \sim 2.8\%$（Hernández et al.,2001）。然而,通过研究其他植物质外体抗氧化酶系统发现,质外体中的 AGC 酶并非都具有抗氧化活性,因此,研究者推测 AGC 可能不是整个周期都发生在质外体中,而是仅发生了某些酶促反应（De Pinto et al.,2004）。此外,质外体中低效率的抗氧化系统使 ROS 易于积累,这也是质外体 ROS 信号传导的前提条件（Farvardin et al.,2020）。

在铝胁迫下,紫花苜蓿根尖细胞壁 POD 活性增加,且敏感基因型紫花苜蓿氧化酶活性的升高更为显著（姜娜等,2020）。暴露于镉胁迫的龙葵,其叶片中细胞壁结合酶 NADH-过氧化物酶（NADH-POD）、愈创木酚过氧化物酶（GPOD）和松柏醇过氧化物酶（CAPX）活性均升高,质外体汁液中 H_2O_2 含量、CAT 和 APX 同工酶活性均显著升高（王小明等,2020）。同样地,镉胁迫下豌豆根中 NADH-POD 和 GPOD 活性增加,叶片和根质外体汁液中分别含有活性较高的 SOD 和 APX,且 H_2O_2 在质外体中积累（Rui et al.,2016;Zhang et al.,2011）。据报道,锌胁迫导致玉米胚根和胚芽长度减少,细胞壁Ⅲ类 POD 活性升高（Díaz-Pontoneset al.,2021）。我们的研究结果显示,暴露于 Zn、Fe、Cu 胁迫下的小麦幼苗,其根系质外体 H_2O_2 和·OH 含量均显著增加,且质外体 POD,CAT 和 GR 的活性均高于对照,而质外体 SOD 和 APX 活性降低;此外,Fe 或 Cu 单独胁迫诱导的 ROS 积累与 PAO 和 DAO 活性无关（杨颖丽等,2014,2015）。总之,质外体抗氧化酶的存在能够降低 ROS 积累引起的细胞损害,有助于植物细胞缓解重金属毒性。

4.1.3.3　质外体抗氧化剂在植物重金属胁迫响应中的作用

除酶促抗氧化系统剂外,植物质外体中还存在低分子非酶促抗氧化剂,例如,已经提到的 AsA 和 GSH 以及 α-生育酚、类黄酮、泛醌、多胺、甘露醇和脯氨酸等。

在植物中发现的许多类型的低分子抗氧化剂中,AsA 和 GSH 由于能在过氧化物酶作用下与 H_2O_2 快速反应,因此,在质外体非酶促抗氧化系统中具有重要作用（Czarnocka et al.,2018）。ASA 作为抗氧化剂可直接清除 ROS,参与保护细胞膜完整。GSH 是由谷氨酸、半胱氨酸和甘氨酸残基组成的可溶性含硫化合物,其作为抗氧化剂具有多种功能,例如,螯合金属离子、抑制蛋白质合成、诱导防御基因的表达。然而,在大多数植物中,质外体 ASA 和 GSH 最多占总含量的 10%（Noctor et al.,1998）。此外,与胞质抗氧化剂相比,质外体 ASA 和 GSH 通常易被氧化。已有研究发现,质外体中氧化态抗坏血酸的量达到 $75\% \sim 99\%$（De Pinto et al.,2004）,而质外体 GSH 中约有 $45\% \sim 55\%$ 处于氧化状态（Hernández et al.,2001）。酚类化合物是一类含酚基团的非均相分子,近万种化合物可以归为这一类,包括各种次级代谢物,如类黄酮、单宁、羟基肉桂酸和木质素等,均具有抗氧化特性。酚类化合物可通过囊泡介导的转运或特定的膜转运蛋白（包括 GST-类黄酮复合物）释放到质外体空间,并结合在细胞壁上。但因为酚类化合物在质外体浓度过低,其清除活性氧的能力较弱。脯氨酸是植物细胞中重要的渗透剂,也是活性氧的重要清除剂。然而,研究发现植物质外体脯氨酸含量极低,豆和甘蔗质外体中脯氨酸含量仅为 1 ~

20 μmol·L^{-1}；近年来的研究表明，脯氨酸生物合成的受阻会导致植物细胞壁缺陷，从而推测脯氨酸参与细胞壁延伸和修饰的过程，但是大多数研究者对于脯氨酸质外体抗氧化作用持怀疑态度（Tejera et al.，2006；Sobahan et al.，2009；Kavi Kishor et al.，2015）。生育酚能自我分解以清除植物细胞内过量的 ROS，防止膜质过氧化。由于质外体中生育酚含量极低，部分研究者怀疑质外体生育酚的存在，但也有研究表明，拟南芥突变体中缺乏生育酚会导致细胞壁缺陷（Maeda et al.，2006）。然而，目前植物重金属胁迫响应中质外体抗氧化剂作用的相关报道甚少，还有待进一步的研究。

4.2　湿地植物重金属固有耐性

与许多旱生植物通过基因变异和进化获得某种重金属耐性的方式不同，研究发现一些生存在金属污染环境中的湿地植物种群与生长在非污染地区的种群的金属耐性程度并没有显著差别。这种耐性称为固有（或先天）耐性。已经证实具有对重金属有先天耐性的湿地植物有 *T. latifolia*，*P. Australia*，*G. fluitans*，*L. hexandra*，*P. fugax*（Matthews et al.，2004b；Deng et al.，2005）。

目前对于湿地植物对某些重金属具有固有耐性的原因仍不清楚。Matthews 等（2004a）发现 *G. fluitans* 对锌有先天耐性。同时其地上部分也富集较多的锌。其原因可能是其地上部分将锌进行区域化，如分布在液泡，从而减少了锌的毒害。

湿地植物具有固有耐性的原因可能和湿地植物根际生物地球化学性质有关。与湿地土壤厌氧和还原性物质高的特点有所不同，湿地植物根际土壤是氧化和通气的，这种情况会提高根际土壤的 Eh 和降低根际的 pH 值，从而增加了根际重金属的移动性，因而会导致湿地植物根际金属浓度增高。因此会导致一些湿地植物进化获得对某些金属耐性。

但是目前关于湿地植物是否对重金属具有固有耐性机制的研究并不多，需要更多的研究来为湿地植物具有固有耐性这一结论提供理论支持。

除湿地植物外，一些陆生植物，如 *A. virginnus*，*T. goesingense* 和 *S. cataractae* 也对重金属具有固有耐性。

4.3　湿地植物对重金属的耐性策略

重金属可分为两大类，一类指在生物的生理生化过程包括氧化还原反应、合成酶和色素中发挥了必要作用的元素，比如 Cr、Co、Cu、Mn、Mo、Fe、Se、Zn 等。但是该类重金属浓度过高也会给植物本身及生态系统带来负面影响（Nagajyoti et al.，2010）。而另外一类非必需元素则指未发现明确的功能并可能通过与上述几种元素竞争活性酶或膜蛋白位点而对植物产生毒性的元素（Torres et al.，2008；宋香静等，2017），比如 As、Cd、Hg、Pb 等。

4.3.1　植物不同器官对重金属离子的去除作用

研究已证实湿地植物具有较强的重金属富集能力（Kabatapendias，2010；Mishra et

al.,2009；谢辉等,2010)，富集效果因重金属的种类、浓度和毒性而异,且不同植物之间也差异甚大。如浮萍对 Zn、Fe、Mn 有较好的富集效果,芦苇更多地富集 Pb、Mn、Cr,而香蒲和黑三棱则倾向于富集 Pb 和 Zn。作为滨海湿地中重要的植物类型,海草对重金属也具有很高的生物富集作用,因为它们既可以通过叶片与水体相互作用,又可以通过根系与底泥相互作用,因此,叶片和根系都可以成为重金属离子吸收的位点(Romero et al.,2006)。

湿地植物富集重金属之后的耐受对策包括分隔策略和去除策略两类。分隔策略指大量的重金属离子在植物的根系累积,累积作用主要通过主动和被动吸收作用(Vodyanitskii et al.,2015)。去除策略则指重金属离子更倾向累积于植物的临时器官比如叶片(Bonanno et al.,2017)。对植物自身而言,还包括植物的解毒作用。总之,去除机制主要指植物的生理活动与不同的重金属形态之间的相互作用。

大部分的湿地植物更多地采用分隔策略吸收重金属离子,例如常见的湿地植物芦苇、香蒲和大米草均表现为重金属离子大部分集中于植物的根部,从而消除重金属可能对植物的光合作用器官所产生的毒害作用(Phillips et al.,2015),这种策略会导致植物的不同器官中重金属离子的含量有较大差异。较多的研究表明根系能够大量吸收重金属,一方面根系能够分泌出黏性物质,将过多的重金属储存在黏液层上,从而选择性地屏蔽高浓度的重金属进入植物根部;另一方面,湿地植物通过根系释放氧气等氧化物从而增加植物根际的氧化还原电位并使根系表面形成铁、锰氧化物胶膜。此外,根系相比其他植物器官能为重金属离子提供更多的吸附位点,从而导致根系相比植物其他器官吸收更多的重金属离子。重金属的耐受作用主要由植物的生理生化特征和生长速率决定,同时与重金属离子的形态和化学性质有关(Madejón et al.,2007；Yang et al.,2009)。因此,根系吸收是重金属离子被植物吸收的最主要途径,这也导致了有根系的物种也可以强烈影响底泥中的离子含量。部分湿地植物则主要通过去除策略去除重金属离子,重金属离子活跃地从根转移至叶片中,并通过叶片的定期凋落而完成重金属离子的去除(Llagostera et al.,2011)。此外,有些植物内部存在解毒机制,比如海草中的波喜荡草细胞中的有机酸可以和重金属离子 Ni^{2+} 发生螯合作用(Marschner et al.,1988)。

重金属离子的迁移速率在不同植物之间以及同一植物不同器官之间差异较大。研究表明:在大部分湿地植物中,重金属离子从根到茎和叶的迁移速率最低,这也解释了大部分扎根的水生植物在根部能够累积更多的重金属离子,从而有利于维持植物稳定性(Bonanno et al.,2017)。而对于海草来说,重金属离子在植物内部的迁移速率较快,因此相比普通湿地植物来说有较高的植物提取作用。

4.3.2 根际环境影响植物对重金属离子的去除

不同的植物对重金属的吸收和迁移转化能力有显著差异,研究表明:滨海湿地的入侵植物互花米草相比芦苇可吸收更多的汞、铅和铬等重金属,因为互花米草可以将这些重金属元素转移至叶片而芦苇则只能将重金属元素转移至根和茎(Weis et al.,2004)。但是大部分的湿地植物都不属于超积累植物,因此重金属元素基本都是富集在植物的根部。植物可通过其自身的通气组织将氧气运输至根部,并通过根系分泌至根际环境使重金属离子氧化促进其移动性。研究表明:红树植物海榄雌通过根系分泌的氧气氧化螯合重金属离子的硫化物,使重金属离子恢复可交换态,从而促进植物的吸收(DeLacerda et al.,1993)。

植物还可以通过根系分泌物和微生物活动改变根际环境,影响重金属的分布、积累及生物有效性,从而达到减轻重金属胁迫的目的(Jan et al.,2016)。植物根系分泌的有机酸可改变根际的 pH 值,这种酸化在很大程度上也促进了重金属的可移动性。除此之外,湿地植物广阔的根际区域为可降解重金属的微生物提供了非常有利的生存环境。根系分泌物如氨基酸、糖、酶等物质可以显著影响根际微生物的活性(宋香静等,2017),促进它们催化氧化-还原反应和形成螯合物等提高土壤中重金属的溶解度和移动性,从而促进植物对重金属的吸收和积累(陈英旭,2008)。除此之外,微生物还可以通过与植物共生形成菌根来影响植物对重金属的吸收。

⇨ 参考文献

AGARWAL M,HAO Y,KAPOOR A,et al,2006. A R2R3 type MYB transcription factor is involved in the cold regulation of CBF genes and in acquired freezing tolerance[J]. The Journal of Biological Chemistry,281(49):37636-37645.

BAKER A J M,1987. Metal tolerance[J]. New Phytologist,106:93-111.

BONANNO G,BORG J A,DI MARTINO V,2017. Levels of heavy metals in wetland and marine vascular plants and their bio monitoring potential:A comparative assessment[J]. Science of The Total Environment,576:796-806.

BONANNO G,BORG J A,DI MARTINO V,2017. Levels of heavy metals in wetland and marine vascular plants and their biomonitoring potential:A comparative assessment[J]. Science of The Total Environment,576:796-806.

BOZZI A T,BANE L B,WEIHOFEN W A,et al,2016. Conserved methionine dictates substrate preference in Nrampfamily divalent metal transporters[J]. Proceedings of the National Academy of Sciences of the United States of America,113(37):10310-10315.

CEMPEL M,NIKEL G,2006. Nickel:A review of its sources and environmental toxicology [J]. Polish Journal of Environmental Studies,15(3):375-382.

CESARINO I,2019,Structural features and regulation of lignin deposited upon biotic and abiotic stresses[J]. Current Opinion in Biotechnology,56:209-214.

CHEN C C,CHEN Y Y,TANG I C,et al,2011. Arabidopsis SUMO E3 ligase SIZ1 is involved in excess copper tolerance [J]. Plant Physiology,156(4):2225-2234.

CHEN S,HAN X,FANG J,et al,2017. Sedum alfredii SaNramp6 metal transporter contributes to cadmium accumulation in transgenic Arabidopsis thaliana[J]. Scientific Reports,7 (1):13318.

CHEN Z,TANG Y T,YAO A J,et al,2017. Mitigation of Cd accumulation in paddy rice (*Oryza sativa* L.) by Fe fertilization[J]. Environmental Pollution,231(Pt 1):549-559.

CHENG X, HUANG X J, LIU S Y, 2014. Characterization of germin-like protein with polyphenol oxidase activity from Satsuma mandarine[J] Biochem. Biophys Res Commun, 449 (3):313-318.

CLEMENS S, 2006. Toxic metal accumulation, responses to exposure and mechanisms of tolerance in plants[J]. Biochimie, 88(11):1707-1719.

CUYPERS A, SMEETS K, RUYTINX J, 2011, The cellular redox state as a modulator in cadmium and copper responses in Arabidopsis thaliana seedlings[J]. Journal of Plant Physiology, 168(4):309-316.

CZARNOCKA W, KARPIńSKI S, 2018. Friend or foe? Reactive oxygen species production, scavenging and signaling in plant response to environmental stresses[J]. Free Radic Biol Med, 122:4-20.

DALCORSO G, FASANI E, MANARA A, et al, 2019. Heavy metal pollutions: State of the art and innovation in phytoreme-diation [J]. International Journal of Molecular Ences, 20 (14):3412.

DE ABREU-NETO J B, TURCHETTO-ZOLET A C, DEOLIVEIRA L F, et al, 2013. Heavy metal-associated isoprenylated plant protein (HIPP): Characterization of a family of proteins exclusive to plants[J]. Febs Journal, 280(7):1604-1616.

DE LACERDA L D, CARVALHO C, TANIZAKI K, et al, 1993. The biogeochemistry and trace metals distribution of mangrove rhizospheres[J]. Biotropica, 25:252-257.

DE PINTO M C, DE GARA L, 2004, Changes in the ascorbate metabolism of apoplastic and symplastic spaces are associated with cell differentiation[J]. J Exp Bot, 55(408):2559-2569.

DíAZ-PONTONES D M, CORONA-CARRILLO J I, HERRERA-MIRANDA C, et al, 2021. Excess zinc alters cell wall class III peroxidase activity and flavonoid content in the maize scutellum[J]. Plants, 10(2):197.

DIDONATO R J, ROBERTS L A, SANDERSON T, et al, 2004. Arabidopsis yellow stripe-like 2 (YSL2): A metal-regulated gene encoding a plasma membrane transporter of nicotianamine-metal complexes[J]. The Plant Journal, 39(3):403-414.

DUNWELL J M, KHURI S, GANE P J, 2000. Microbial relatives of the seed storage proteins of higher plants: conservation of structure and diversification of function during evolution of the cupin superfamily[J]. Microbiol Mol Biol Rev, 64(1):153-179.

EISING R, TRELEASE R N, NI W T, 1990. Biogenesis of catalase in glyoxysomes and leaf-type peroxisomes of sunflower cotyledons[J]. Arch Biochem Biophys, 278(1):258-264.

EROGLU S, GIEHL R F H, MEIER B, et al, 2017. Metal tolerance protein 8 mediates manganese homeostasis and iron reallocation during seed development and germination [J]. Plant Physiology, 174(3):1633-1647.

EROGLU S, MEIER B, VON WIREN N, et al, 2016. The vacuolar manganese transporter MTP8 determines tolerance to iron deficiency-induced chlorosis in Arabidopsis[J]. Plant Physiology,170(2):1030-1045.

FARVARDIN A,GONZáLEZ-HERNáNDEZ A I,LLORENS E,et al,2020. The Apoplast: A Key Player in Plant Survival[J]. Antioxidants,9(7):604.

FASANI E,MANARA A,MARTINI F,et al,2018. The potential of genetic engineering of plants for the remediation of soils contaminated with heavy metals[J]. Plant,Cell & Environment,41(5):1201-1232.

HAIYAN Z,DAI X,WENTAO H E,et al,2006. Functional characterization of cadmium-responsive garlic gene AsMT2b:A new member of metallothionein family[J]. Chinese Science Bulletin,51(4):409-416.

HASSINEN V H,TERVAHAUTA A I,SCHAT H,et al,2011. Plant metallothioneins-metal chelators with ROS scavenging activity? [J]. Plant Biology (Stuttgart,Germany),13(2): 225-232.

HE H,LI Y,HE L F,2018. The central role of hydrogen sulfide in plant responses to toxic metal stress[J]. Ecotoxicology and Environmental Safety,157:403-408.

HERNáNDEZ J A, FERRER M A, JIMéNEZ A, et al, 2001. Antioxidant systems and $O_2^- \cdot /H_2O_2$ production in the apoplast of pea leaves. Its relation with salt-induced necrotic lesions in minor veins[J]. Plant Physiol,127(3):817-831.

HU Q,MIN L,YANG X Y,et al,2018. Laccase GhLac1 modulates broad-spectrum biotic stress tolerance via manipulating phenylpropanoid pathway and jasmonic acid synthesis[J]. Plant Physiology,176(2):1808-1823.

HUANG X Y,DENG F,YAMAJI N,et al,2016. A heavy metal P-type ATPase OsHMA4 prevents copper accumulation in rice grain[J]. Nature Communications,7:12138.

JAN V, TEREZA B, 2016. Accumulation of heavy metals in aboveground biomass of Phragmites australis in horizontal flow constructed wetlands for wastewater treatment:A review [J]. Chemical Engineering Journal,290(15):232-242.

KABATAPENDIASA,2010. Trace Elements in Soils and Plants,Fourth Edition[M]. Florida:CRC Press.

KAKEI Y,ISHIMARU Y,KOBAYASHI T,et al,2012. OsYSL16 plays a role in the allocation of iron[J]. Plant Molecular Biology,79(6):583-594.

KäRKöNEN A,KUCHITSU K,2015. Reactive oxygen species in cell wall metabolism and development in plants[J]. Phytochemistry,112:22-32.

KAVI K P B,HIMA K P,SUNITA M S,et al,2015. Role of proline in cell wall synthesis and plant development and its implications in plant ontogeny[J]. Front Plant Sci,6:544.

KAWACHI M,KOBAE Y,KOGAWA S,et al,2012. Amino acid screening based on structural modeling identifies critical residues for the function,ion selectivity and structure of Arabidopsis MTP1[J]. Febs Journal,279(13):2339-2356.

KAWACHI M,KOBAE Y,MIMURA T,et al,2008. Deletion of a histidine-rich loop of At-MTP1,a vacuolar Zn^{2+}/H^+ antiporter of Arabidopsis thaliana,stimulates the transport activity

[J]. The Journal of Biological Chemistry,283(13):8374-8383.

KAWACHI M,KOBAE Y,MORI H,et al,2009. A mutant strain Arabidopsis thaliana that lacks vacuolar membrane zinc transporter MTP1 revealed the latent tolerance to excessive zinc [J]. Plant Cell Physiology,50(6):1156-1170.

KIM S H,LEE H S,SONG W Y,et al,2007. Chloroplast-targeted BrMT1 (Brassica rapa type-1 metallothionein) enhances resistance to cadmium and ros in transgenicatabidopsis plants[J]. Journal of Plant Biology,50(1):1-7.

KOBAYASHI Y,KURODA K,KIMURA K,et al,2008. Amino acid polymorphisms in strictly conserved domains of a Ptype ATPase HMA5 are involved in the mechanism of copper tolerance variation in Arabidopsis[J]. Plant Physiology,148(2):969-980.

KOVáC J,LUX A,VACULíK M,2018. Formation of a subero-lignified apical deposit in root tip of radish (Raphanus sativus) as a response to copper stress[J]. Ann Bot,122(5):823-831.

LAI J L,LIU Z W,LI C,et al,2020. Analysis of accumulation and phytotoxicity mechanism of uranium and cadmium in two sweet potato cultivars[J]. Journal of Hazardous Materials,409:124997.

LEE S,RYOO N,JEON J S,et al,2012. Activation of rice Yellow Stripe1-Like 16 (OsYSL16) enhances iron efficiency[J]. Molecules and Cells,33(2):117-126.

LESZCZYSZYN O I,IMAM H T,BLINDAUER C A,2013. Diversity and distribution of plant metallothioneins:a review of structure,properties and functions[J]. Metallomics,5(9):1146-1169.

LI L C,YANG K B,WANG S N,et al,2020. Genome-wide analysis of laccase genes in moso bamboo highlights PeLAC10 involved in lignin biosynthesis and in response to abiotic stresses[J]. Plant Cell Rep,39(6):751-763.

LI Q,LI Y,WU X,et al,2017. Metal transport protein 8 in Camellia sinensis confers superior manganese tolerance when expressed in yeast and Arabidopsis thaliana[J]. Scientific Reports,7:39915.

LI S,ZHOU X,HUANG Y,et al,2013. Identification and characterization of the zinc-regulated transporters,iron-regulated transporter-like protein (ZIP) gene family in maize[J]. BMC Plant Biology,13:114.

LIEDSCHULTE V,LAPARRA H,BATTEY J N,et al,2017. Impairing both HMA4 homeologs is required for cadmium reduction in tobacco[J]. Plant, Cell & Environment,40(3):364-377.

LIU Z,GU C,CHEN F,et al,2012. Heterologous expression of a Nelumbo nucifera phytochelatin synthase gene enhances cadmium tolerance in Arabidopsis thaliana[J]. Applied Biochemistry Biotechnology,166(3):722-734.

LLAGOSTERA I,PéREZ M,ROMERO J,2011. Trace metal content in the seagrass Cymodocea nodosa:differential accumulation in plant organs[J]. Aquatic botany,95:124-128.

Ma T,Duan X H,Yang Y Y,et al,2017. Zinc-alleviating effects on iron-induced phytotoxicity in roots of Triticum aestivum[J]. Biologia Plantarum,61(4):733-740.

MADEJóN P,MURILLO J,MARAóN T,et al,2007. Factors affecting accumulation of thallium and other trace elements in two wild Brassicaceae spontaneously growing on soils contaminated by tailings dam waste[J]. Chemosphere,67:20-28.

MAEDA H,SONG W,SAGE T L,et al,2006. Tocopherols play a crucial role in low-temperature adaptation and Phloem loading in Arabidopsis[J]. Plant Cell,18(10):2710-2732.

MARSCHNER H,RIMMINGTON G,1988. Mineral nutrition of higher plants[J]. Plant Cell and Environment,11:147-148.

MATTHEWS D,MORAN B M,MCCABE P F,et al,2004a. Zinc tolerance,uptake,accumulation and distribution in plants and protoplasts of five European populations of the wetland grass *Glyceria fluitans*[J]. Aquatic Botany,80:39-52.

MATTHEWS D J,MORAN B M,OTTE M L,2004b. Screening the wetland plant species *Alisma plantago-aquatica*,*Carex rostrata* and *Phalaris arundinacea* for innate tolerance to zinc and comparison with *Eriophorum angustifolium* and *Festucarubra Merlin*[J]. Environmental Pollution,134:343-351.

MEHRABANJOUBANI P,ABDOLZADEH A,SADEGHIPOUR H R,et al,2019. Silicon increases cell wall thickening and lignification in rice (*Oryza sativa*) root tip under excess Fe nutrition[J]. Plant Physiology and Biochemistry,144(C):264-273.

MéSZáROS P,RYBANSKY L,SPIEß N,S014,Plant chitinase responses to different metal-type stresses reveal specificity[J]. Plant Cell Rep. ,33(11):1789-1799.

MIYADATE H,ADACHI S,HIRAIZUMI A,et al,2011. OsHMA3,a P_{1B}-type of ATPase affects root-to-shoot cadmium translocation in rice by mediating efflux into vacuoles[J]. New Phytologist,189(1):190-199.

MORINA F,JOVANOVIC L,MOJOVIC M,et al,2010. Zinc-induced oxidative stress in Verbascum thapsus is caused by an accumulation of reactive oxygen species and quinhydrone in the cell wall[J]. Physiol Plant,140(3):209-224.

MOURATO M P,MOREIRA I N,LEITO I,et al,2015. Effect of heavy metals in plants of the genus brassica[J]. International Journal of Molecular Sciences,16(8):17975-17998.

NAGAJYOTI P C,LEE K D,SREEKANTH T V M,2010. Heavy metals,occurrence and toxicity for plants:A review[J]. Environmental Chemistry Letters,8(3):199-216.

NAGAJYOTI P C,LEE K D,SREEKANTH T V M,2010. Heavy metals,occurrence and toxicity for plants:a review[J]. Environmental Chemistry Letters,8:199-216.

NOCTOR G,FOYER C H,1998. Ascorbate and glutahione:keeping active oxygen under control[J]. Annu Rev Plant Physiol Plant Mol Bio,49:249-279.

NOMAN A,AQEEL M,2017. miRNA-based heavy metal homeostasis and plant growth [J]. Environmental Science and Pollution Research International,24(11):10068-10082.

O'BRIEN J A,DAUDI A,FINCH P,et al,2012. A peroxidase-dependent apoplastic oxidative burst in cultured Arabidopsis cells functions in MAMP-elicited defense[J]. Plant Physiol, 158(4):2013-2027.

OVECKA M,TAKAC T,2014. Managing heavy metal toxicity stress in plants:Biological and biotechnological tools[J]. Biotechnology Advances,32(1):73-86.

PEDERSEN C N,AXELSEN K B,HARPER J F, et al,2012. Evolution of plant P-type ATPases[J]. Frontiers in Plant Science,3:31.

PHILLIPS D, HUMAN L, ADAMS J,2015. Wetland plants as indicators of heavy metal contamination[J]. Marine pollution bulletin,92:227-232.

PITTMAN J K,HIRSCHI K D,2016. CAX-ing a wide net:Cation/H^+ transporters in metal remediation and abiotic stress signalling[J]. Plant Biology,18(5):741-749.

PUIG S,MIRA H,DORCEY E, et al,2007. Higher plants possess two different types of ATX1-like copper chaperones[J]. Biochemical and Biophysical Research Communications, 354(2):385-390.

QIN L,HAN P,CHEN L,et al,2017. Genome-wide identification and expression analysis of NRAMP family genes in soybean (*Glycine Max* L.)[J]. Frontiers in Plant Science,8:1436.

RABêLO F H S,GAZIOLA S A,ROSSI M L,et al,2020. Unravelling the mechanisms controlling Cd accumulation and Cd-tolerance in Brachiaria decumbens and Panicum maximum under summer and winter weather conditions[J]. Physiologia Plantarum,173(1):20-44.

REMANS T,OPDENAKKER K,SMEETS K,et al,2010. Metal-specific and NADPH oxidase dependent changes in lipoxygenase and NADPH oxidase gene expression in Arabidopsis thaliana exposed to cadmium or excess copper[J]. Functional Plant Biology,37(6):532-544.

RODR GUEZ-CELMA J,RELLÁN-ALVAREZ R,ABAD A A, et al,2010. Changes induced by two levels of cadmium toxicity in the 2-DE protein profile of tomato roots[J]. Journal of Proteomics,73(9):1694-1706.

ROMERO J,LEE K S,PéREZ M, et al,2006. Nutrient dynamics in seagrass ecosystems [J]. Seagrasses:Biology,Ecology and Conservation,227-254.

ROYCHOUDHURY A,THOMPSON E A,2012. Ascertainment correction for a population tree via a pruning algorithm for likelihood computation[J]. Theor Popul Biol,82(1):59-65.

RUI H,CHEN C,ZHANG X,et al,2016. Cd-induced oxidative stress and lignification in the roots of two *Vicia sativa* L. varieties with different Cd tolerances[J]. J Hazard Mater,15 (301):304-313.

SHI D L,ZHUANG K,CHEN Y H, et al,2021. Phytotoxicity and accumulation of Cu in mature and young leaves of submerged macrophyte *Hydrilla verticillata* (L. f.) Royle[J]. Ecotoxicology and Environmental Safety,208:111684.

SHUKLA D,KESARI R,MISHRA S, et al,2012. Expression of phytochelatin synthase from aquatic macrophyte *Ceratophyllum demersum* L. enhances cadmium and arsenic accumulation in tobacco[J]. Plant Cell Report,31(9):1687-1699.

SHUKLA D,KESARI R,TIWARI M,et al,2013. Expression of Ceratophyllum demersum phytochelatin synthase, CdPCS1, in Escherichia coli and Arabidopsis enhances heavy metal (loid)s accumulation[J]. Protoplasma,250(6):1263–1272.

SILVA T F, FERREIRA B G, DOS SANTOS I R M, et al,2020. Immunocytochemistry and density functional theory evidence the competition of aluminum and calcium for pectin binding in Urochloa decumbens roots[J]. Plant Physiology and Biochemistry,153:64–71.

SOBAHAN M A, ARIAS C R, OKUMA E, et al,2009. Exogenous proline and glycinebetaine suppress apoplastic flow to reduce Na^+ uptake in rice seedlings[J]. Biosci Biotechnol Biochem,73(9):2037–2042.

SONG W Y, MARTINOIA E, LEE J, et al,2004. A novel family of cys–rich membrane proteins mediates cadmium resistance in Arabidopsis[J]. Plant Physiology,135(2):1027–1039.

STEIN R J, DUARTE G L, SCHEUNEMANN L, et al,2019. Genotype variation in Rice (*Oryza sativa* L.) tolerance to Fe toxicity might be linked to root cell wall lignification[J]. Frontiers in Plant Science,10:746.

SUJKOWSKA–RYBKOWSKA M, BORUCKI W,2014. Accumulation and localization of extensin protein in apoplast of pea root nodule under aluminum stress[J]. Micron,67:10–19.

TEHSEEN M, CAIRNS N, SHERSON S, et al,2010. Metallochaperone–like genes in Arabidopsis thaliana[J]. Metallomics,2(8):556–564.

TEJERA N, ORTEGA E, RODES R, et al,2006. Nitrogen compounds in the apoplastic sap of sugarcane stem:some implications in the association with endophytes[J]. J Plant Physiol,163(1):80–85.

TENNSTEDT P, PEISKER D, BOTTCHER C, et al,2009. Phytochelatin synthesis is essential for the detoxification of excess zinc and contributes significantly to the accumulation of zinc [J]. Plant Physiology,149(2):938–948.

TOMSETT A B, THURMAN D A,1988. Molecular biology of metal tolerance of plants [J]. Plant, Cell and Environment,11:383–394.

TORRES M A, BARROSB M P, CAMPOSA S C G, et al,2008. Biochemical biomarkers in algae and marine pollution:A review[J]. Ecotoxicology and Environmental Safety,71:1–15.

TSAI S L, SINGH S, DASILVA N A, et al,2012. Co–expression of Arabidopsis thaliana phytochelatin synthase and Treponema denticola cysteine desulfhydrase for enhanced arsenic accumulation [J]. Biotechnology and Bioengineering,109(2):605–608.

VODYANITSKII Y N, SHOBA S,2015. Biogeochemistry of carbon, iron, and heavy metals in wetlands (Analytical review) [J]. Moscow University soil science bulletin,70:89–97.

VUNAIN E, MISHRA A K, MAMBA B B,2016. Dendrimers, mesoporous silicas and chitosan–based nanosorbents for the removal of heavy–metal ions:A review[J]. International Journal of Biological Macromolecules,86:570–586.

WALLIWALAGEDARA C, ATKINSON I, VAN KEULENH, et al,2010. Differential expression of proteins induced by lead in the dwarf sunflower Helianthus annuus[J]. Phytochemistry,71(13):1460-1465.

WANG F,WANG Z,ZHU C,2012. Heteroexpression of the wheat phytochelatin synthase gene (TaPCS1) in rice enhances cadmium sensitivity[J]. Acta Biochimica Et Biophysica Sinica,44(10):886-893.

WANG L H,AN M J,HUANG W D,et al,2019. Melatonin and phenolics biosynthesis-related genes in Vitis vinifera cell suspension cultures are regulated by temperature and copper stress[J]. Plant Cell Tiss Organ Cult,138:475-488.

WANG L Y,WANG Y S,ZHANG J P,2015. Molecular cloning of class III chitinase gene from avicennia marina and its expression analysis in response to cadmium and lead stress[J]. Ecotoxicology,24(7-8):1697-1704.

WEIS J S,WEIS P,2004. Metal uptake,transport and release by wetland plants:implications for phytoremediation and restoration [J]. Environment International,30:685-700.

WU D,YAMAJI N,YAMANE M,et al,2016. The HvNramp5 transporter mediates uptake of cadmium and manganese,but not iron[J]. Plant Physiology,172(3):1899-1910.

XIONG H, KAKEI Y, KOBAYASHI T, et al, 2013. Molecular evidence for phytosiderophore-induced improvement of iron nutrition of peanut intercropped with maize in calcareous soil[J]. Plant,Cell & Environment,36(10):1888-1902.

XUE T,LI X,ZHU W,et al,2009. Cotton metallothionein GhMT3a,a reactive oxygen species scavenger,increased tolerance against abiotic stress in transgenic tobacco and yeast[J]. Journal of Experimental Botany,60(1):339-349.

YADAV S K,2010. Heavy metals toxicity in plants:An overview on the role of glutathione and phytochelatins in heavy metal stress tolerance of plants[J]. South African Journal of Botany,76(2):167-179.

YANG H,XU Z,LIU R,et al,2019. Lanthanum reduces the cadmium accumulation by suppressing expression of transporter genes involved in cadmium uptake and translocation in wheat[J]. Plant and Soil,441:235-252.

YANG J,YE Z,2009. Metal accumulation and tolerance in wetland plants[J]. Frontiers of Biology in China,4:282-288.

YANG Y L,MA T,DING F,et al,2017. Interactive zinc,iron,and copper-induced phytotoxicity in wheat roots[J]. Environ Sci Pollut Res Int,24(1):395-404.

YANG Z,WU Y,LI Y,et al,2009. OsMT1a,a type 1 metallothionein,plays the pivotal role in zinc homeostasis and drought tolerance in rice[J]. Plant Molecular Biology,70(1-2):219-229.

YANG Z B,ETICHA D,ROTTER B,et al,2011. Physiological and molecular analysis of polyethylene glycol-induced reduction of aluminium accumulation in the root tips of common bean (Phaseolus vulgaris)[J]. New Phytol,192(1):99-113.

ZHANG C,LU W,YANG Y,et al,2018. OsYSL16 is required for preferential Cu distribution to floral organs in rice[J]. Plant Cell Physiology,59(10):2039-2051.

Zhang F, Zhang H, Xia Y, et al, 2011. Exogenous application of salicylic acid alleviates cadmium toxicity and reduces hydrogen peroxide accumulation in root apoplasts of Phaseolus aureus and *Vicia sativa*［J］. Plant Cell Rep,30(8):1475-1483.

ZHANG L,GAO C,CHEN C,et al,2020. Overexpression of rice OsHMA3 in wheat greatly decreases cadmium accumulation in wheat grains［J］. Environmental Science & Technology,54 (16):10100-10108.

ZHANG X D,SUN J Y,YOU Y Y,et al,2018. Identification of Cd-responsive RNA helicase genes and expression of a putative BnRH 24 mediated by miR158 in canola (*Brassica napus*)［J］. Ecotoxicology and Environmental Safety,157:159-168.

ZHAO F J, MCGRATH S P, MEHARG A A, 2010. Arsenic as a food chain contaminant:mechanisms of plant uptake and metabolism and mitigation strategies［J］. Annual Review of Plant Biology,61:535-559.

ZHENG L,YAMAJI N,YOKOSHO K,et al,2012. YSL16 is a phloem-localized transporter of the copper-nicotianamine complex that is responsible for copper distribution in rice［J］. Plant Cell,24(9):3767-3782.

ZSCHIESCHE W, BARTH O, DANIEL K, et al, 2015. The zincbinding nuclear protein HIPP3 acts as an upstream regulator of the salicylate-dependent plant immunity pathway and of flowering time in Arabidopsis thaliana［J］. New Phytologist,207(4):1084-1096.

蔡斌,陈永华,杜露,等,2021. 博落回对铅的耐性、富集及生理响应研究［J］. 农业现代化研究,42(2):339-348.

曹升,罗洁文,胡华英,等,2020. 类芦根细胞壁对铅的吸附固定机制［J］. 农业环境科学学报,39(3):496-503.

陈英旭,2008. 土壤重金属的植物污染化学［M］. 北京:科学出版社.

姜娜,任健,罗富成,等,2020. 铝胁迫对不同耐铝基因型紫花苜蓿根尖及细胞壁氧化酶活性的影响［J］. 中国草地学报,42(6):15-22.

刘淑艳,王雪丽,刘培,2019. 植物修复土壤重金属污染研究进展［J］. 北京农业,18:74-76.

龙水庭,韦艳,徐晓航,等,2020. 基于 iTRAQ 技术筛选水稻根尖甲基汞胁迫响应差异蛋白及其生物信息学分析［J］. 生态学杂志,39(8):2792-2801.

宁秋燕,范凯,王敏,等,2018. 茶树根系 XTHs 和伸展蛋白对不同浓度铝的响应［J］. 浙江农业学报,30(6):961-969.

芮海云,刘清泉,沈振国,2019. 质外体蛋白质在植物重金属耐性中的作用［J］. 生物学杂志,36(3):88-91.

宋香静,李胜男,郭嘉,等,2017. 环境变化对湿地植物根系的影响研究［J］. 水生态学杂志,38(2):1-9.

吴志超,2015. 高低镉积累油菜品种筛选及其生化机制研究［D］. 武汉:华中农业大学.

肖京林,覃美,凌桂芝,等,2020. 植物细胞壁对有害金属与盐分耐受性作用研究进展

[J].广东农业科学,47(9):73-80.

谢辉,谢光炎,杜青平,等,2010.湿地植物对矿山废水重金属去除的影响[J].环境科学与技术,33(12):476-480.

杨茹月,李彤彤,杨天华,等,2019.植物基因工程修复土壤重金属污染研究进展[J].环境科学研究,32(8):1294-1303.

杨舒贻,陈晓阳,惠文凯,等,2016.逆境胁迫下植物抗氧化酶系统响应研究进展[J].福建农林大学学报(自然科学版),45(5):481-489.

杨文蕾,2020.砷和铅联合暴露对其在印度芥菜中吸收和转运的影响[D].北京:中国地质大学.

杨晓远,王海娟,王宏镔,2020.龙葵(*Solanum nigrum* L.)超富集镉的生理和分子机制研究进展[J].生态毒理学报,15(6):72-81.

杨颖丽,丁凡,段晓晖,等,2015.铁或铜胁迫下小麦幼苗根抗氧化体系的响应[J].兰州大学学报(自然科学版),51(2):248-254.

杨颖丽,段晓晖,丁凡,等,2014.锌对铁胁迫下小麦幼苗脯氨酸代谢的影响[J].西北师范大学学报(自然科学版),50(6):77-81,87.

张保才,周奕华,2015.植物细胞壁形成机制的新进展[J].中国科学:生命科学,45(6):544-556.

张换换,孙丹,夏秀英,2021.质外体过氧化氢对石竹玻璃化的影响[J].分子植物育种,19(3):954-961.

张静雪,高弘扬,辛学锐,等,2015.石竹玻璃化苗的水分及活性氧代谢变化[J].植物生理学报,51(8):1315-1321.

郑姗,邱栋梁,2006.植物重金属污染的分子生物学研究进展[J].农业环境科学学报,S2:792-798.

第 5 章

红树植物重金属吸收及耐性机制

红树林是指自然分布于热带和亚热带海陆交汇的潮间带木本植物群落,是海滩上特有的森林类型。红树林生态系统处于海洋与陆地的动态交界面,遭受海水周期性浸淹,因而在结构与功能上具有既不同于陆地生态系统也不同于海洋生态系统的特性。作为独特的海陆边缘生态系统红树林是非常珍贵的生物资源。木本植物的红树林作为初级生产者为林区动物、微生物提供食物与营养,为鸟类、昆虫、鱼虾等提供栖息、繁衍场所。因此,红树植物对维护生态平衡保护海岸生态系统起着重要的作用。近年来,由于江河流域工农业的发展,沿海城市人口与经济的增长,大量排放的污染物汇集于河口、海湾区,而使这些地区的重金属污染日趋严重,特别是在直接向红树林区倾污排废的地区更是如此。重金属污染物可以通过食物链不断富集于生物体内,对生物及人类健康具有极大的危害。红树林生态系统中的重金属污染问题已引起国际社会和国内外生态学者们的极大关注并对此进行了大量研究。

红树林是独特的湿地生态系统类型之一,主要分布于热带、亚热带沿海僻静海湾、河口,是防治浪潮、水土流失、洪水、风暴和海啸的一个天然屏障。然而,由于其沉积物富含有机质和具有低氧化还原性,易使重金属在红树林沉积物中累积并超标,会对潮间带的生态系统造成威胁。此外,潮间带复杂的水文状况和理化条件极易使沉积下来的污染物重新进入生态系统中,进而对生态系统造成二次污染。

5.1 重金属对红树植物生长及形态结构的影响

红树植物对重金属污染具有较高的耐受性,但高浓度的重金属胁迫对红树植物的生长和形态结构会造成损伤性影响。Walsh 和 Rigby(1979)对大红树幼苗进行重金属胁迫研究发现,大红树对重金属具有高耐受性,当土壤中 Pb、Cd、Hg 的浓度分别高达 250 $\mu g \cdot g^{-1}$、500 $\mu g \cdot g^{-1}$ 和 100 $\mu g \cdot g^{-1}$ 时,大红树幼苗未见明显受害症状。MacFarlane 和 Burchett (2002)用不同浓度的 Zn、Pb 对白骨壤进行抗性研究发现,Zn、Pb 浓度分别为 500 $\mu g \cdot g^{-1}$ 和 400 $\mu g \cdot g^{-1}$ 时,植株的死亡率增加,植株高度受到明显的抑制,最大叶面积变小,生物量降低,表现出显著的植物毒害;当这两种重金属浓度稍低时,植株仍能正常地生长,其影响不明显(MacFarlane et al.,2002)。林志芬等(2003)用砂培实验研究秋茄对 Cd 的吸收积累和净化作用,结果显示:当 Cd 浓度为 0 ~ 100 mg · L^{-1} 时,秋茄种苗的萌发率都与

161

对照组相一致,之后随着处理浓度的增加,萌发百分数下降。杨盛昌和吴琦(2003)研究认为,当 Cd 浓度低于 0.5 μg·L^{-1} 时,桐花树种苗生长略受促进;当浓度超过 0.5 μg·L^{-1} 时,桐花树植株生长即受抑制。

关于红树植物对重金属胁迫的生长响应的研究开展得较早,大量研究结果均表明红树植物能忍受一定程度的重金属胁迫。早在 1979 年 Walsh 等(1979)就利用土培实验,研究了大红树幼苗对 Pb、Cd、Hg 胁迫的生长响应,并发现在实验浓度范围内 Pb 对大红树的生长基本无影响,而 Cd、Hg 则会抑制植物生长。Thomas 和 Eong(1984)在红茄冬和白海榄幼苗的砂培实验中发现,两种植物幼苗在 250 mg·kg^{-1}、500 mg·kg^{-1} 的 Zn 或 Pb 的培养土中的生长情况和对照相近。MacFarlane 和 Burchett(2002)在白骨壤土培实验中发现,当 Cu、Zn 分别为 380 mg·kg^{-1}、392 mg·kg^{-1} 时,其生物量是对照组的一半;Cu、Zn 浓度分别高达 800 mg·kg^{-1}、1 000 mg·kg^{-1} 时,白骨壤不能萌发;但 Pb 却对白骨壤幼苗的生长基本没影响。Chiu 等(1995)对秋茄重金属耐性的研究结果表明,秋茄可在 Zn、Cu 均为 400 mg·kg^{-1} 的土壤生长,但根、叶生长明显受到抑制。

郑逢中等(1994)研究了 Cd 对秋茄生长的影响,当 Cd 浓度为 25 mg·L^{-1} 时,秋茄的生长受到明显抑制,50 d 后叶片出现褪绿、萎蔫,根系受害严重呈黑褐色,70 d 后植株陆续死亡。Wong 等(1997)发现,桐花幼苗在 10 倍浓度人工污水灌溉下的一些生长形态指标,如基径、生物量、树高与对照组没有显著差异。Yim 和 Tam(1999)用不同浓度重金属的人工污水处理木榄幼苗时,发现高浓度污水时,植物明显受害,叶片提前变黄、生物量减少。但中、轻浓度的污水对木榄幼苗生长的影响不明显。

目前,关于红树植物对重金属胁迫的生长响应的相关研究均是对一种或少数几种红树植物单因子栽培实验,所涉及的金属元素也仅限于 Pb、Zn、Cu、Hg、Cd。并且由于实验条件不一致,如栽培条件、重金属胁迫持续时间、植物生命周期等不同均可能导致实验结果差异较大。关于在同一培养条件下多种红树植物对重金属胁迫生长、生理响应的比较,以及造成红树植物重金属耐性差异的机制有待研究。

5.2 红树植物对重金属的吸收及分布特征

5.2.1 红树植物对重金属的吸收与分布

植物能吸收环境中的污染物并累积于植物体内,不同植物吸收有害物质的能力不同,同一植物不同器官、组织对有害物质的吸收亦不一样。陈荣华等(1988)用含不同浓度 Hg(10^{-8} ~ 10^{-6} mol·L^{-1})海水浇灌砂土培养秋茄和桐花树种苗,其结果:桐花树幼苗各器官中 Hg 的含量均高于秋茄幼苗相应器官中 Hg 的含量,且这两种植物所吸收的 Hg 在体内分布均表现为根系含量最高,叶其次,茎的吸收量最少。Chiu 等(1995)在研究土壤中不同浓度 Cu、Zn、Pb 的含量与秋茄种苗各部位所吸收分布量的关系时发现:根系中 Zn 含量与土壤中 Zn 含量呈强正相关,叶中 Zn 含量与土壤中 Zn 含量呈正相关;在低浓度 Cu 的土壤中,根系中 Cu 的含量与其土壤中 Cu 的含量呈正相关,而叶中 Cu 的含量不随土壤中 Cu 含量的升高而变化;Pb 只在根系中少量积累。这与一些学者研究重金属在其他红树植物体内的吸收分布结果相一致（MacFarlane et al.，2002；MacFarlane et al.，2003）：大部分的 Cu、Zn 主要在植物根部累积，叶片中富集量较少，Pb 只在根部少量富集且几乎不被运输到地上部位。MacFarlane 和 Burchett（2001）发现，Cu、Zn、Pb 在白骨壤的根、叶器官内的各组织中的分布也存在差异：Zn 在根部的韧皮部、木质部、内表皮、表皮软组织、表皮细胞壁的富集呈递增关系，在叶片中则主要分布于各种腺体细胞壁中，其他组织器官的细胞壁中 Zn 的含量均高于其在细胞器中的含量。Cu、Pb 在根部的分布与 Zn 在根部的分布相似，只是在含量上要远远低于 Zn 的含量。

由此可见，在实验条件下，红树植物幼苗对重金属有较高的吸收和富集能力。而且红树植物各物种对吸收到体内的重金属尽管在量上存在差异，但在植物体内的分布却十分相似。这种把吸收到体内的有害物质尽可能地分布于远离细胞原生质的部位，有助于植物在有害物质的胁迫条件下正常生长、发育。

重金属元素在红树植物体内的分布因重金属种类、植物种类以及器官组织的不同而异，植物各器官的重金属含量通常与基质环境重金属含量呈正相关，并与植物生长阶段和季节有关。福建九龙江口潮间带 5 种红树植物叶片对重金属元素的累积含量大小均表现为 Mn>Zn>Cu>Pb>Cd，不同树种的元素含量大都有明显差异，叶片对 Pb 的富集能力最低，随叶片从幼叶-成熟叶-黄叶的生长发育，Mn、Pb、Cd 含量上升，而 Cu、Zn 则下降，叶片重金属含量随季节的变化而变化，变化规律与物种及元素种类有关。可见，红树植物叶片对林地土壤重金属元素的富集能力是低的，有利于对红树林生态系统的各级消费者提供洁净的食物。章金鸿等（2000）对深圳福田红树林研究结果表明，不同部位的 Cd 含量，秋茄为根>枝>茎>叶，桐花树和白骨壤均为根>茎>叶>枝；Cu 在秋茄、桐花树中各部位含量大小大致为茎>根>胚轴（或花）>叶>枝，而在白骨壤中为根>茎>叶>枝；Zn 在秋茄、桐花树中各部位含量大小为根>茎>枝>叶>胚轴（或花），在白骨壤中为根>茎>叶>枝；Pb 在秋茄、桐花树和白骨壤 3 种植物各部位含量均为根>茎>枝>叶，重金属从根运输到枝、叶，再到花、胚轴的速率，在秋茄中的移动速率为 Cu>Cd>Zn>Pb，在桐花树中为 Cu>Zn>Cd>Pb，在白骨壤中为 Cu>Zn>Cd>Pb。MacFarlane 和 Burchett（2000）研究发现，Cu、Zn、Pb 在白骨壤的根、叶器官内各组织中的分布存在差异，Zn、Pb 主要富集在根部细胞壁，从而阻止其向根部表皮运输，少量分布在叶表面的各种腺体组织中，也是重金属在细胞壁中的浓度高于细胞质中。

5.2.2　红树林沉积物的理化性质与重金属的关系

5.2.2.1　红树林表层沉积物中的重金属含量及与理化性质的关系

红树林表层沉积物可以通过表面吸附、离子交换、絮凝等物理化学过程吸附大量的重金属。一般而言，红树林表层沉积物中重金属含量依次为 Fe>Mn>Zn>Cu＝Pb>Ni>Cr>Cd>Hg；但由于自然环境和人类活动影响，不同区域或是同一区域不同位置的沉积物重金属含量存在显著差异（见表 5-1），这种差异主要是由其生态环境特殊的理化性质、土壤重金属背景值以及附近城市重金属排放情况所引起的（林鹏，1997）。刘景春（2006）、李柳强（2008）等对红树林沉积物的研究表明，红树林沉积物中重金属含量主要是由 pH 值、沉积物机械组成、有机质等环境因子共同决定的。Tam 等（1998）发现红树林沉积物中 Cr、Cu 的含量随有机质含量增大而增大,而 Zn、Ni、Mn 等金属含量却与有机质含量无显著相关性,表层沉积物的重金属迁移与表层土壤容量具有显著相关性。

表 5-1　红树林湿地表层沉积物重金属含量　　　单位:$\mu g \cdot g^{-1}$

红树林地区	Cu	Pb	Zn	Cd	Mn	Hg	Cr	As	参考文献
福建漳江口红树林自然保护区	21.04	63.2	126.65	0.33	—	0.03	61.5	14.29	(Cai et al.,2009)
福建九龙江口浮宫桐花树林	26.6	101	138	0.12	607				(郑文教等,1996a)
福鼎市前岐镇安仁村腰屿秋茄天然林	20.53	—	25.02	3.83					(何东进等,2012)
泉州湾河口湿地秋茄红树林	42.5	73.7	184	0.629	1436		68.1		(于瑞莲等,2013)
珠江口红树林	64.5	35.3	334.7	4.22	—		85		(Li et al.,2007)
香港米铺红树林自然保护区	42.8	52.6	149	1.05	—		22.4	—	(Liang et al.,2003)
香港深水湾地区	80	240	3	—	—		—		(刘景春,2006)
香港汀角	5	19.5	38	—	—		—		(刘景春,2006)
海南岛北部红树林湿地	16.57	14.57	37.2	0.04	—	0.047	41	9.41	(鲁双凤等,2011)
海南三亚	9.5	17.5	53.1	0.13	—	0.06	12.4	7.1	(丘耀文等,2011)
海南东寨港	17.9	19.1	57.3	0.11	—	0.08	39.6	12.9	(丘耀文等,2011)
海南亚龙湾	4.7	14.7	25.7	0.12	—	0.03	11.4	5.2	(丘耀文等,2011)
海南文昌	27	30	89	—	—	0.06	109	15	(Vane et al.,2009)
海南海口	27	33	92	—	—	0.06	122	13	(Vane et al.,2009)
广西北海	3	7	9	—	—	<0.04	9	<3	(Vane et al.,2009)
广西英罗港	18.9	10	46.6	0.077	—		9.27		(郑文教等,1996b)
广西大冠沙	9.8	29.17	75.14	0.19	—		14.42	5.48	(李柳强等,2008)
广西北仑河口	5.69	23.55	49.28	0.17	—		12.15	4.71	(李柳强等,2008)
广西钦州湾	17.08	46.74	65.08	0.07	—		13.41	9.69	(李柳强等,2008)
广西山口	17.64	81.79	75.75	0.08	—	15.16	11.58	—	(李柳强等,2008)
湛江(高桥)红树林自然保护区	13.88	64.42	34.82	0.05	—		19.93	9.83	(李柳强等,2008)
广东台山	30.94	67.67	79.93	0.12	—		19.87	19.16	(李柳强等,2008)

续表 5-1

红树林地区	Cu	Pb	Zn	Cd	Mn	Hg	Cr	As	参考文献
深圳福田红树林自然保护区	69.80	133.34	193.72	0.98	—	—	30.28	8.73	(李柳强等,2008)
云霄	18.06	30.81	84.18	0.10			3.63	10.01	(李柳强等,2008)
福建龙海浮宫	28.96	180.12	148.63	0.13			29.92	8.28	(李柳强等,2008)
泉州洛阳桥	34	167.21	106.77	0.06		18.64	5.31	—	(李柳强等,2008)
盐田鹅湾	21.48	77.01	80.15	0.26		21.84	7.25		(李柳强等,2008)
福鼎姚家屿	22.79	51.98	82.01	0.12			20.32	10.19	(李柳强等,2008)

5.2.2.2　红树林表层沉积物中重金属的形态分析

由于人为活动和本身特性的影响,红树林沉积物已成为重金属天然的储存地。沉积物中的重金属不仅以单一的离子存在,而且还以复杂的结合态存在。刘景春(2006)发现一般情况下我国红树林沉积物中重金属以残渣态为主,其次是有机质-硫化态。若沉积物沙化则以有机质-硫化态为主,有机质-硫化态由沉积物中的有机质含量和硫化物含量共同制约,有机质和硫化物越多则有机质-硫化态的重金属就越多。氧化还原电位的高低直接影响铁锰氧化物结合态在沉积物中所占的比例,电位越高所占比例就越高。

红树林不同位置上表层沉积物的重金属含量、存在形态均表现出一定的差异性。即使是同一重金属在不同的红树林地区其各项指标也不尽相同。在对深圳福田红树林与广西北仑河口红树林对比分析时发现:福田红树林沉积物中铬含量高达 84.13 $\mu g \cdot g^{-1}$,是北仑河口红树林的 13 倍。对湛江高桥红树林沉积物中镉含量垂直分析发现,从表层到底层,Cd 随着深度增加浓度越来越低,由表层的 0.15 $\mu g \cdot g^{-1}$ 下降到 -20 cm 处的 0.02 $\mu g \cdot g^{-1}$(李柳强,2008)。

5.3　重金属对红树植物生理生化代谢的影响

5.3.1　重金属对红树植物抗氧化系统的影响

在重金属对红树植物抗氧化系统影响方面的研究主要集中于对其膜脂过氧化及抗氧化酶系统的研究上。杨盛昌和吴琦(2003)通过砂培实验研究 Cd 对桐花树幼苗叶片的影响时发现,当培养液中 Cd 浓度低于 0.5 $\mu g \cdot L^{-1}$ 时,随 Cd 浓度的增加,桐花树幼苗叶片过氧化物酶和超氧化物歧化酶活性均有所提高,而当高于 0.5 $\mu g \cdot L^{-1}$ 时,过氧化物酶(POD)和超氧化物歧化酶(SOD)活性均出现不同程度的下降;不同 Cd 浓度下,桐花树叶片的细胞膜透性变化不大,但膜脂过氧化作用随着 Cd 浓度的增加而不断增强。李裕红等(2007)在研究 Cd^{2+} 胁迫对水培桐花树幼苗根系的影响时发现以 0.25～10 $mg \cdot L^{-1}$ Cd^{2+} 处理桐花树幼苗,其根系活力随胁迫浓度升高而下降,而 MDA 含量及 POD、CAT 活性均表现为诱导升高,并随 Cd^{2+} 浓度的增加而逐渐上升。张凤琴等(2006)研究认为木榄

幼苗遭受 Zn^{2+}、Pb^{2+}、Cd^{2+}、Hg^{2+} 复合重金属污染时,根系与叶片中 SOD 和 POD 活性均呈先升后降的趋势,但叶片中的 POD 和 SOD 变化幅度比根系中的变化幅度明显要低;叶片中 CAT 的活性与污染程度几乎没有关系,保持相对平稳,只在高度污染(15 倍污水)时 CAT 的活性才有下降的趋势,而根部 CAT 的活性随着污染程度的增加而增加,但在中、低度污染(15 倍污水下)时 CAT 的活性明显下降但仍高于对照组水平;另外,木榄幼苗叶片中 MDA 的含量与遭受的复合重金属污染程度呈正相关,且随着 SOD、POD 和 CAT 活性的下降,而膜脂过氧化作用加剧。陈怀宇等(2006)通过土培实验研究铅胁迫对桐花树幼苗膜脂过氧化及抗氧化保护酶的影响,结果表明:桐花树幼苗受铅胁迫源于时间和浓度的双重影响。Pb^{2+} 胁迫浓度越高,使桐花树幼苗膜脂过氧化而引起的膜伤害越大;在 Pb^{2+} 浓度不超过 2 g·kg^{-1} 鲜土时,POD、CAT 活性随铅浓度的升高而上升,但 3 g·kg^{-1} 鲜土的高浓度 Pb^{2+} 胁迫使桐花树幼苗 POD、CAT 酶的防御保护能力发生障碍,POD、CAT 活性下降低于对照。在一定浓度的重金属胁迫范围,红树植物抗氧化保护酶的活性上升、抗氧化保护能力加强均是植物细胞通过自身的防御机制对重金属污染作出的一种应激反应,通过自身的防御机制对毒物作出的保护性反应。研究普遍认为抗氧化保护酶可作为环境毒物的敏感指示者,能从生理水平提示逆境给红树植物带来的伤害。

5.3.2 重金属对红树植物光合作用与营养代谢的影响

在环境胁迫条件下,红树植物能在减少水分的同时进行最大的光合 CO_2 固定,以抵抗胁迫的影响。用正常、5 倍、10 倍浓度富含 Mn、Zn、Cu、Ni、Pb、Cr、Cd 及有机氮等污染物的人工污水对温室中模拟的秋茄湿地系统持续灌污 1 年,在排污 1 周、3 个月、11 个月和结束后 2 个月对污水处理组及对照组植株秋茄幼苗的光合速率和温室中光通量密度、CO_2 浓度、叶片温度进行同步测定,植株光合速率的实测值和计算值均显示,排污初期正常浓度组变化小,而 5 倍、10 倍浓度组稍下降;排污后期正常浓度组显著上升,较高浓度组恢复正常;停止排污 2 个月,各组间无显著差异。由光合速率研究结果提示秋茄苗对人工污水的耐受力和抗性较强,对高浓度污水有逐渐适应的过程。缪绅裕和陈桂珠(2001)等利用模拟秋茄湿地系统研究表明,秋茄幼苗可通过扩大其叶面积来弥补可能因污水污染所致叶绿素含量降低而给光合作用带来的损失。杨盛昌等(2003)在研究 Cd 对桐花树幼苗影响的结果显示:不同 Cd 浓度对桐花树幼苗叶片叶绿素含量的影响不同,在 Cd 浓度低于 0.5 μg·L^{-1} 时,桐花树幼苗叶片的叶绿素含量随 Cd 浓度的增加呈上升趋势,低浓度 Cd 胁迫对桐花树幼苗叶片的叶绿素合成有促进作用。当培养液中 Cd 浓度超过 0.5 μg·L^{-1} 时,叶片叶绿素含量开始下降,且叶绿素 a 与叶绿素 b 的比值随培养液中 Cd 浓度的增加而降低,说明较高浓度的 Cd 胁迫对桐花树幼苗叶片的叶绿素 a、叶绿素 b 均有一定的破坏作用,且对叶绿素 a 的破坏作用更为明显。氮素由于其对动植物体的重要性,被称为"生命元素",蛋白质的代谢在很大程度上是氮素的代谢。逆境对植物氮素代谢的影响是植物逆境生理研究的重要内容之一。谷氨酰胺合成酶(GS)和谷氨酸合成酶(GOGAT)耦联形成的循环反应是高等植物体内氨同化的主要途径。杨俊兴在研究 Pb^{2+} 对桐花树幼苗谷氨酸合成酶和谷氨酰胺合成酶活性的影响时发现外源 Pb^{2+} 处理使桐花树幼苗根、茎、叶谷氨酸合成酶和谷氨酰胺合成酶活性降低,且根 NADH-GOGAT 活性

受 Pb^{2+} 胁迫抑制的程度明显大于茎、叶。

5.3.3　重金属对红树植物有机溶质累积的影响

覃光球等(2006)土培研究红树植物秋茄幼苗在 Cd 胁迫下叶片可溶性糖和脯氨酸的含量变化,研究表明:浓度小于 20 mg · kg^{-1} 的 Cd 胁迫使秋茄叶片可溶性糖含量增加,在土壤 Cd 浓度为 20 mg · kg^{-1} 时,达到最高值,Cd 浓度高于 20 mg · kg^{-1} 时,可溶性糖含量迅速下降,但仍高于对照;脯氨酸的含量在土壤 Cd 浓度达到 40 mg · kg^{-1} 时,达到最大值,土壤 Cd 浓度达到 50 mg · kg^{-1} 时,降至 813 mg · g^{-1},但仍高于对照。吴桂容等(2006)采用土培方法研究浓度为 0.5~50 mg · kg^{-1} 的 Cd 对桐花树幼苗的生长及渗透调节的影响。结果表明:当 Cd 浓度为 0.5 mg · kg^{-1} 时,可刺激幼苗叶及根中淀粉合成,含量高于对照,叶片中淀粉含量变化趋势总体随 Cd 浓度增加而下降;可溶性糖、可溶性蛋白及脯氨酸的质量分数均随着 Cd 浓度的增加出现不同程度的先升后降的趋势。Ravikumar 等(2007)在研究 Hg 和 Zn 对 Manakudi 红树林生态系统的影响时发现:较高浓度的 Hg 和 Zn 胁迫使红树植物体内的蛋白质和糖类含量呈下降趋势,而在较高浓度 Hg 和 Zn 胁迫下,红树植物体内蛋白质和糖类的含量上升。红树植物可通过渗透调节以增加体内有机溶质的累积来抵抗重金属污染的不利影响。

5.3.4　重金属对红树植物次生代谢的影响

植物次生代谢物是指植物中一大类并非植物生长发育所必需的小分子有机化合物。植物单宁,又称植物多酚,是一类广泛存在于植物体内的多元酚化合物,在维管植物中的含量仅次于纤维素、半纤维素和木质素,主要存在于植物的皮、根、叶、果中,含量可达 20% ,单宁对红树植物所处的特殊生态环境有着重要的生态适应意义。红树植物体内的单宁等能与重金属离子结合形成难溶的化合物或络合物,降低重金属离子的毒性。林益明等(2005)认为:单宁对红树植物繁殖体的发育过程有着重要意义,同时单宁还有抑制微生物活动、杀灭病原菌的效能,增强了红树植物的抗病能力和抗海水腐蚀的能力。覃光球等(2006)以 0~50 mg · kg^{-1} 土壤 Cd 胁迫秋茄幼苗时发现,在 Cd 浓度为 30 mg · kg^{-1} 时,秋茄幼苗单宁含量达到最高值,而在 50 mg · kg^{-1} 土壤 Cd 浓度下,单宁含量虽然下降但仍高于对照。

5.4　红树植物抗重金属污染的机制

5.4.1　红树植物对重金属污染的抗性

Walsh 等(1979)采用人工模拟室内栽培研究了不同浓度的 Pb 对大红树种苗生长的影响。结果发现:种苗在 Pb 浓度为 0~250 µg · g^{-1} 的土壤中生长 3 个月后,其胚轴、茎、根和叶的生长都未受到影响。Thomas 和 Eong(1984)用含不同浓度 Zn、Pb 砂土培养红茄冬和白海榄雌幼苗进行其抗性研究。结果表明:这两种幼苗在含 Pb 50~250 mg · g^{-1}、Zn 10~500 mg · g^{-1} 培养土中生长情况与其对照样相似。陈荣华和林鹏(1988)用含不同浓度 Hg 浇灌进行砂培秋茄、桐花树和白骨壤种苗的研究,结果显示:当 Hg 浓度达到 10^{-5} mol·L^{-1} 时秋茄和桐花树种苗的萌芽受抑制;而白骨壤则表现出更强的抗性,在此浓度下仍能正常萌芽和展叶。另外,幼苗用 Hg 浓度为 10^{-5} mol·L^{-1} 水浇灌生长一个月后,秋茄幼苗根变短呈黑褐色;桐花树幼苗的胚轴萎缩植株茎叶扭曲根系少,且根表呈黄褐色,整个植株不断枯萎;白骨壤幼苗表现出植株矮小、叶片小、子叶萎缩只有侧根而无根毛,根尖呈黑色。郑逢中等(1994)分别在盐度 10‰ 的人工海水和盐度 10‰ 的土壤(NaCl 调制)环境中对秋茄种苗进行砂培和土培,用不同浓度 Cd 水浇灌研究秋茄种苗对不同浓度 Cd 的抗性。其结果:当 Cd 浓度不高于 50 mg·L^{-1} 时,两种培养方式中种苗的萌芽和展叶都不受抑制;当浓度超过 50 mg·L^{-1} 时,对种苗伤害程度从植株外形看与高浓度的 Hg 对种苗伤害的程度相似——根长变短,根毛少,呈褐色叶片枯萎植株死亡。这与杨盛昌和吴琦(2003)用不同浓度 Cd 对桐花树种苗生长影响的研究结果一致。目前,对红树植物重金属抗性的研究限于 Zn、Pb、Hg、Cd 等少数元素的单因子栽培实验,且大多仅以形态指标来评价重金属的毒性(王文卿等,1999)。有关复合重金属对红树植物影响的研究刚刚起步,如:MacFarlane 和 Burchett(2002)同时用不同浓度的 Zn、Pb 对白骨壤进行抗性研究发现高浓度的 Zn(500 μg·g^{-1})、Pb(400 μg·g^{-1})培养时植株的死亡率增加,植株高度受到明显的抑制,最大叶面积变小,生物量降低,表现出显著的植物毒害现象;当这两种重金属浓度稍低时,植株仍能正常地生长,其影响不明显。Yim 和 Tam(1999)用含不同浓度的 Cu、Zn、Cd、Cr、Ni 配置成 3 个级别的人工污水对木榄种苗进行抗性研究,结果显示高级别的人工污水(Cu、Zn、Cd、Cr、Ni 的含量分别为 30 mg·L^{-1},50 mg·L^{-1},2 mg·L^{-1},20 mg·L^{-1},30 mg·L^{-1})所处理的植株明显受到损伤,成熟叶提前变黄、脱落,生物量变少;而中轻度级的人工污水对木榄幼苗的生长影响不明显。环境中过量的重金属对植物是一种不利因素,它们会限制植物的正常生长与发育。但长期生活在重金属污染环境中的红树植物表现出了一定的抗性,不同红树植物对同一重金属的抗性存在差异,同一红树植物对不同重金属的抗性也不一致。这是由于红树植物在长期生长进化过程中对重金属污染产生了相应的抗性,保证了植株在不利环境中顺利完成其生活史。潮间带特殊的环境决定了红树植物的生长与土壤条件之间存在密切关系。不同的土壤条件造就不同的红树植物群落,同时不同的红树植物也对土壤理化性状产生影响。

红树植物是目前唯一已知的盐生植物,主要有秋茄、桐花树、海莲和木榄等(Li et al.,1997)。红树林主要分布于沿海潮间带泥质滩涂上,为了适应土壤通气不良、盐渍生境以及潮汐风浪冲击的生长环境,形成了独特的支柱根、呼吸根等根系结构,其盘根错节的根系可以对水体起到很好的缓冲作用,能够沉降水体中的悬浮颗粒物。郑逢中等(1994)和缪绅裕等(1999)还发现红树植物不同组织对水体中 Cu、Ni、Hg 等重金属都有一定的富集作用。

红树植物幼苗对 Hg、Pb、Cd、Zn 等的耐性较高,如大红树幼苗的土培研究可以忍受 Pb、Cd、Hg 的质量分数分别高达 0.025%、0.05%、0.1%;白海榄幼苗能忍受 Pb 和 Zn 的质量分数为 0.05%。另外,研究表明相同条件下拒盐红树植物对重金属的耐性比泌盐红树植物高,这种现象的出现不仅与重金属元素的理化特性有关,还与植物体种类特性有关。此外,研究还发现低浓度重金属能促进红树植物幼苗生长。因此,不同红树植物对不同的低浓度重金属都具有一定的抗性,但承受的浓度限值却不一样。

5.4.2　红树植物对重金属的防御机制

长期生活在多种重金属污染环境中的红树植物,可能通过以下几种机制来防御这种胁迫。

5.4.2.1　排出体外

这种降解重金属毒害的方式在微生物和动物体的试验中得以证实,如把受到 3 种砷化合物污染的鱼移养于自来水中,鱼能迅速将体内积累的砷向水中释放(江行玉等,2001)。Nies 和 Siler(1989)研究不同耐性植物的金属离子吸收与代谢关系时,认为耐性植物的原生质膜有主动排出金属离子的作用。红树植物吸收到体内的重金属离子也能被其排出体外,如白骨壤种苗在 500 μg · g^{-1} Zn 处理的土壤中培养 7 个月后,通过 X 射线能谱-扫描电镜分析发现:叶片中过剩的 Zn^{2+}能够有效地通过叶表面的盐生腺体和其他腺体以及具有腺体功能的表皮毛排出体外,减少体内的吸收量,减轻重金属 Zn 对植株的毒害(MarFarlane et al. ,1999)。该现象证实了 Drennran 和 Pammenter(1982)所推测的耐盐植物白骨壤叶表面应具有丰富的腺体组织,用来排出体内所吸收的过剩离子,从而维持植物在盐生环境中渗透压的平稳,保证植株的正常生长。另外,红树植物还可以把有害的物质包括重金属离子转移到老叶中,通过老叶脱落达到有害成分的排除。

Baker 等(1981)认为,排斥和富集是高等植物耐受环境中高浓度重金属的两种基本策略。一些红树植物,如白骨壤、桐花的叶片具有泌盐功能,它们能通过叶表面的盐生腺体将积累在叶片内多余的盐重新排出体外。MacFarlance 和 Burchett(1999)通过收集和分析白骨壤叶片分泌物,发现在 Zn、Cu 污染下,白骨壤分泌的盐晶中的 Zn、Cu 的含量显著高于对照,并通过 X 射线能谱-扫描电镜证实了白骨壤叶表面盐生腺体在分泌掉体内多余盐分的同时,也可以将 Zn、Cu 排出体外,从而减少重金属对植物的毒害。但目前对此方面的研究仅限于白骨壤,其他红树植物是否存在这一机制还不得而知。

5.4.2.2　根部富集

一般情况下,植物吸收到体内的重金属主要积累在根部,地上部位含量极低,这在一定程度上提高了植物的抗性。大量研究表明,红树植物的根部是金属离子主要的富集部位,特别是重金属 Pb^{2+}、Cd^{2+}等(Miao et al. ,1998)。MacFarlane 和 Burchett(2000)利用 X 射线能谱-扫描电镜对 Cu、Pb、Zn 在白骨壤根系中的微区分布进行了研究,并发现白骨壤根系的外皮层及凯氏带是阻止根部吸收以及向地上部分传输过多重金属的重要屏障。目前,对上述现象有以下几种观点:红树植物为盐生植物,其耐盐机制使之对各元素的吸收具有高度的选择性(王文卿等,1999);红树植物的根具有发达的凯氏带防止根部吸收过多的重金属和运输有害物质(王文卿和林鹏,1999);红树植物所生长环境的特殊性其根际环境特别是根际 pH 值变化、Eh 状况,根系分泌物,根际微生物效应,金属有机成分的改变等可能影响了红树植物根系对重金属的吸收和运输(杨晔等,2001)。

5.4.2.3　抗氧化系统的增强

重金属胁迫与其他形式的氧化胁迫相似,能导致大量的活性氧自由基产生,自由基能损伤主要的生物大分子蛋白质和核酸,引起膜脂过氧化。但植物体内的多种抗氧化防卫系统能够清除自由基,保护细胞免受伤害(黄玉山等,1997)。植物在受到重金属胁迫时会产生活性氧自由基,要清除这些自由基维持自身的正常生长主要依赖于抗氧化酶类[超氧化物歧化酶(SOD)、过氧化氢酶(CAT)、过氧化物酶(POD)、谷胱甘肽还原酶(GR)]和抗氧化剂类物质[抗坏血酸(ASA)、谷胱甘肽(GSH)和生育酚(VE)等]。一些植物对重金属响应的共同特征是它们组织中 POD 总活性明显升高,因此,有人建议将植物组织中 POD 活性水平的变化作为反映污染胁迫的灵敏指标。MacFarlane 和 Burchett (2001)研究白骨壤组织中 POD 的活性水平与土壤中不同浓度的 Cu、Zn、Pb 的关系时发现:当 Cu 浓度为 $0 \sim 800 \ \mu g \cdot g^{-1}$ 时,POD 总活性呈线性递增;当 Pb 浓度为 $0 \sim 800 \ \mu g \cdot g^{-1}$ 时,POD 总活性有增加的趋势,但并不呈线性关系;当 Zn 浓度为 $0 \sim 1\ 000 \ \mu g \cdot g^{-1}$ 时,其含量与白骨壤组织中 POD 总活性呈强的正相关。杨盛昌和吴琦(2003)发现 Cd 浓度 $\leqslant$ $0.5 \ \mu g \cdot L^{-1}$ 时,桐花树幼苗中的 POD 和 SOD 活性均有所提高,但当浓度 $>0.5 \ \mu g \cdot L^{-1}$ 时,POD 和 SOD 活性都出现了不同程度的下降,这可能是植物体内所产生的活性氧自由基超过了它们的清除能力极限,对植物组织细胞中的多种功能膜及酶系造成了破坏,抑制了它们活性的增加。

综上所述,红树植物抗重金属污染机制涉及植物复杂的生理、生化等多种代谢过程,应全面考虑重金属离子是如何进入植物体内及在植物体内的运输(环境→细胞间→细胞内→细胞器→组织→系统)和重金属离子在细胞内的活动等(重金属的累积、代谢、对细胞功能的破坏及被螯合、区域化等)才能弄清楚红树植物的整体抗性机制。

5.4.2.4　根际微环境调节

关于根际微环境对红树植物重金属耐性的相关研究工作才刚起步,目前还尚无深入的机制性研究。红树植物根系的生命活动会直接影响根际土壤的微环境,如 pH 值、Eh 及微生物群落结构。Liu 等(2008)发现,秋茄根系的生命活动会降低根际区域的 pH 值、增加 Eh;同时也会改变根际区域 Cd 的存在形态,与非根际区域相比,根际区域重金属毒性较高的可交换态 Cd 及碳酸盐结合态 Cd 较少,而重金属毒性较低的铁、锰氧化物结合态 Cd 和有机质 Cd 较多,因此在一定程度上可以减轻 Cd 对植物的毒害。Krishnan 等(2007)发现红树林底泥中的一些细菌可减轻重金属 Fe、Mn 对植物的毒害。Lu 等(2007)研究表明,秋茄根际分泌的小分子有机酸可以改变 Cd 的存在形态,并由此猜测红树根系分泌的小分子有机酸对秋茄幼苗重金属耐性起重要作用。另外,高含量的 Fe、S 及有机质(均对 Eh 十分敏感)是红树林底泥的一个重要特征,红树植物根系的存在会调控重金属与它们的螯合与吸附。如 Wilson 等(2005)发现白骨壤、白皮红树和大红树均可在根表形成铁锰氧化膜,俗称铁膜。铁膜的形成则可以与重金属吸附或与之共沉淀,将重金属滞留在植株体外(Hu et al.,2006),从而提高植物的重金属耐性。红树林根系密集区由于其渗氧作用,显著抑制了生物毒性相对较低的重金属硫化物在根际的形成。

5.4.2.5　细胞调节和基因调控

高等植物可通过多种细胞调节机制来降低重金属毒性(Hall,2002),如细胞壁沉淀、细胞区域隔离、膜上运输调控、螯合作用等。目前,关于红树植物重金属胁迫细胞调节机制的研究很少。只有 MacFarlance 和 Burchett(1999)发现白骨壤的细胞壁中的 Pb、Zn、Cu 含量明显高于非细胞壁组分。对红树植物而言,关于重金属的细胞区域隔离、重金属结合蛋白、重金属在质膜上的行为特征等的研究都是空白。

(1)细胞壁沉淀　植物细胞壁中的有机化合物能与重金属形成沉淀来降低它的毒性。禾秆蹄盖蕨系细胞壁中积累了大量的 Cu、Zn、Cd,占整个细胞总量的 70% ~ 90%。MacFarlance 和 Burchett(1999)发现红树植物白骨壤的细胞壁积累了大量的 Zn^{2+},这可能是 Zn^{2+} 与细胞壁上的多聚半乳糖醛酸和碳水化合物形成沉淀,大大降低了细胞质中自由的金属离子浓度,阻止了金属离子对植物正常代谢的干扰。

(2)细胞区域隔离　还有一些植物($T.\ geosingense$,$T.\ caerulescens$ 和 $H.\ lanatus$ 等)可以把重金属离子运输到液泡或其他细胞器中进行区域化的隔离,这可能是由于液泡等细胞器中含有的各种蛋白质、糖、有机酸、有机碱等物质,这些物质都能与重金属结合成稳定的络合物。

(3)螯合作用　植物细胞质中游离的重金属离子可以与肌醇六磷酸、苹果酸盐、柠檬酸盐、谷胱甘肽、草酸盐和组氨酸以及金属螯合蛋白等形成稳定的螯合物,从而降低重金属的毒性。这在其他耐性植物上已得到广泛的研究尤其是金属硫蛋白(MT)和植物螯合素(PC)。植物在金属胁迫后能产生低分子量的 MT 和 PC。MT 是一类富含半胱氨基酸残基的金属结合蛋白,由于巯基含量高,对重金属亲和力大,能与多种重金属(Cu、Zn、Pb、Hg、Cd)螯合,以降低重金属的毒性。PC 是另一类重金属专一性诱导的结合蛋白,它广泛存在于植物界中,目前已在许多单子叶植物、双子叶植物、裸子植物、藻类植物中均发现有 PC 的存在。其结构为(r–谷氨酸–甲胱氨酸)n–谷氨酸,$n = 2 ~ 8$。实验表明,Cd、Pb、Zn、Sb、Ag、Cu、Te、W 都可诱导 PC,目前已分离提纯 Cd–PC 结合体、Cu–PC 结合体、Zn–PC 结合体。对于红树植物而言,其体内是否存在多种酸、盐、金属螯合蛋白或植物螯合素与重金属离子形成稳定螯合物,达到降解重金属的毒害等机制是研究方向。

随着研究的深入,对于植物重金属耐性机理的研究已渐渐深入到分子、基因水平。植物重金属耐性的机制是由多基因控制的,如重金属转运蛋白基因、重金属结合蛋白、植物螯合肽合酶以及 PvSR2、Ubiquitin 等抗性相关基因。但关于红树植物重金属耐性基因调控方面的研究也几近空白,仅 Mendoza 等(2007)发现,在低浓度的 Cd^{2+}、Cu^{2+} 刺激下,黑皮红树叶片 AvPCS 的表达在 4 h 内显著上升,但 AvMt2 在 16 h 内只有少量上升。并指出基因 AvPCS 表达的激增可能对减轻 Cd^{2+}、Cu^{2+} 毒害起一定的作用。

5.4.2.6　生理调节机制

与其他形式的逆境胁迫相似,植物在受到一定程度的重金属胁迫时,也会产生大量活性氧自由基,引起膜脂伤害。但红树植物有一套完整的生理调节机制,保护植物免受重金属伤害,维持其正常生长。MacFarlane 和 Burchett(2001)发现,高浓度的 Zn、Cu 胁迫显著增加白骨壤叶片中过氧化物酶(POD)活性,并指出叶片中 POD 活性与土壤 Zn 和 Cu 含量正相关。Caregnato 等(2008)还发现,白骨壤叶片中谷胱甘肽还原酶(GR)活性与土壤 Zn 含量正相关。国内的学者们也做了一些关于红树植物对重金属生理响应的相关研究工作。如 Zhang 等(2007)分别用不同浓度的重金属污水灌溉桐花树、木榄幼苗,随着重金属胁迫的加强,桐花树、木榄幼苗的过氧化物酶、过氧化氢酶(CAT)、超氧化物歧化酶(SOD)的活性均随着重金属胁迫的加强,出现先增强、后减弱的趋势。陈桂奎等(1999)用10倍浓度的人工污水浇灌白骨壤,结果发现叶片中游离脯氨酸含量、叶片相对电导率及束缚水/自由水比例均显著增加。

5.5 红树林湿地生态系统

5.5.1 红树林湿地特征

5.5.1.1 环境特征

红树林生态系统是指位于热带、亚热带海岸潮间带,包括种类丰富的动物群落、红树木本植物群落、微生物群落的复杂而独特的生态系统。红树植物作为这种特殊生态系统中的初级生产者,对维持红树林生态系统的平衡具有重要的作用。红树林沉积物不同于海草场、盐沼和光滩,具有强酸性、强还原性等特征。近年来,随着沿海地区经济的发展,大面积的沿海水域受到工业废弃物、污染物的影响。重金属元素是主要的污染物之一。大量研究表明位于河口湾潮滩上的红树林区可能是重金属元素的富集区。因此,研究红树林生态系统中重金属累积的规律,可以为海岸带重金属污染的监测提供科学依据。杨俊兴就红树林生态系统的特点、对重金属元素的富集作用、对重金属污染的净化作用三方面进行系统阐述并展望了应用前景。

不同类型的红树林湿地有不同的地形学和水文学特征,根据地形学元素,提出五种分类方案,包括波浪控制、潮汐控制、河流控制,大多数情况下是这几种元素的组合控制。同盐沼一样,红树林生长在有充足防护能够避免高能波浪的地区,典型的分布区有:①能够得到保护的浅水海湾;②能够得到保护的河口;③潟湖;④半岛以及岛屿的下风向区;⑤能够得到保护的海上航道;⑥沙嘴的背面;⑦近岸海区或者砾滩小岛。没有植被的海岸带和有障碍物的沙丘往往能够保护红树林,它们的后面经常可以形成红树林群落。

除了要求物理的保护措施之外,潮汐和径流也会对红树林沼泽的范围和能量造成影响。潮汐为红树林湿地提供了重要的能量补充,输入了营养物质,稳定了土壤的盐度,有利于土壤通风。盐水提高了红树的竞争力,潮汐为红树种子的运动与分布提供了条件。潮汐使得在红树林群落边缘的营养物质能够循环,这样就能够为底栖滤食性生物(例如牡蛎、海绵、藤壶)和底栖动物(例如蜗牛、蟹类)提供食物。同盐沼湿地一样,红树林处于高潮线与低潮线之间。大多数红树林湿地潮位处于 $0.5 \sim 3$ m,红树可以耐受洪水变化的范围较大。

另一方面,红树也往往生长在远离潮汐的内陆河流岸边。这些红树生长依靠河道流水中的物质,它们的营养物来源于河流径流、偶尔的潮汐流以及滨岸带稳定的地表水。

红树林湿地的一个显著特点是有盐度,且盐度变化范围广。红树林有以下几个特点:①红树林湿地的盐度年际变化大。②盐分不是红树生长的必需条件,而是与不耐盐植物竞争的优势所在。③红树林湿地盐度一般较高,土壤间隙的盐度波动低于土层表面。④由于土壤中盐度释放缓慢,防止了盐度快速的析出。土壤中的盐度向内陆扩散要比一般潮汐所能到达的地方还要远。

盐度的季节性变化是多种因素共同作用的结果,这些因素包括潮水高度、高潮持续的时间、降雨强度、雨水的季节性变化,以及通过河流、溪湾、径流进入红树林湿地的淡水流量和季节性变化等。一般情况下,夏天或者洪水期,红树林底质中盐的浓度降到最低,在冬季和早春的干旱季节浓度最高。

在河岸生长的红树林湿地,由于常常有淡水流入,盐度低于普通的海水浓度。在低洼地发育的红树林湿地由于蒸发等原因,盐度却高于海水。在没有潮汐交换的低洼地盐度最高。

红树林与其所在的生境相互作用,共同构成了红树林生态系统。红树林的生境不同于一般的沙质滩涂,而是周期性经受海水浸泡的河口港湾潮间带环境。潮间带土壤具盐渍化特征,酸性较强、缺氧。土壤含有丰富的植物残体和有机质,有机质含量大多数在2.5%以上,甚至高达 10%,平均为 4.48%(林益明等,2001)。红树植物为了适应潮间带高盐环境,在生理生化及形态方面形成了一系列适应机制,具有特化的板状根、气根、支柱根、笋状及指状呼吸根和一套独特的平衡盐分的机制。红树植物通过根系拒盐、叶片泌盐、叶片肉质化、脉内再循环、通过衰老器官的脱落排盐等途径来维持体内盐分平衡(张宜辉等,2007)。红树植物叶片的渗透压较高,其树皮中的单宁含量较高,能适应高盐、高渗透压的环境,确保了离子运输的通畅。特化的根系有利于红树植物的呼吸和抵抗风浪冲击(赵萌莉,2000)。

5.5.1.2　生物特征

在南北纬 25°之间的热带和亚热带地区盐沼湿地就被红树林湿地所替代。全球的红树林湿地估计有 240 000 km²,大多数在南北纬 0°~10°。

红树林湿地分为三种——旧大陆红树林湿地、新大陆红树林湿地和西非红树林湿地。目前大约存在 68 种红树。红树林主要分布在印度-西太平洋地区(旧大陆的一部分),这里的红树林具有丰富的物种多样性,约有 36 种,而在美洲只约有 10 种。所以,有人认为印度-西太平洋地区是红树林分布的中心区域。目前,世界上最完整的红树林在马来西亚和密克罗尼西亚(西太平洋菲律宾东部的小岛)。

在旧大陆发现的红树和在美洲新大陆以及在西非发现的红树物种之间存在种间隔离现象。红树中原始的种类美国红树和海榄群落在旧大陆和新大陆上包括不同的种,这说明物种的独立形成过程。

我国红树林分布范围很广,自然分布从海南岛的南端至福建福鼎。20 世纪 60 年代起,浙江温州乐清就开始引种秋茄,并在西门岛获得了成功,因此,温州乐清可视为人工种植的北缘。

我国红树林分布以广东和海南岛为盛,有 21 科 28 属 38 种(见表 5-2),其中红树科 9 种,占全世界红树科的 53%。但是,由于我国热带面积少,红树林大部分分布在亚热带南缘,加之南方沿海人类经济活动干扰大,因此成熟的红树林面积很小,多为次生林,呈小乔木林或灌丛状。除了广东、广西、海南岛和香港的滨海自然保护区外,其余岸段的红树林均为零星或片段分布,普遍具有结构单一、幼林化的特点。我国红树林的群落结构比较简单,发育较好的红树林一般可分乔木、灌木和草本植物三层,还常见有鱼藤、球兰和眼树莲等藤本和附生植物。红树林植物具有非常显著的适应水淹生境的生理学特征,

湿地植物重金属吸收及耐性机理研究

如支柱根(气生根)、呼吸根和板根等各种特化的根系,此外还有特殊的胎生繁殖现象,即它的种子在没有离开母树时就开始发芽,生长成为绿色棒状或纺锤形的胚轴,到发育成熟时,脱离母树而坠入淤泥中,或随潮水去往其他滩涂,能很快生根发芽,长为幼树。

表 5-2　中国红树植物的种类及分布

科名	种名	分布							
		海南	香港	澳门	广东	广西	台湾	福建	浙江
梧桐科	银叶树	+							
玉蕊科*	玉蕊	+							
	滨玉蕊							+	
紫金牛科	桐花树	+	+	+	+	+	+	+	
海桑科	杯萼海桑	+							
	海桑	+							
	海南海桑	+							
	大叶海桑	+							
使君子科	红榄李	+							
	榄李	+	+		+	+	+		
红树科	柱果木榄	+							
	木榄	+	+		+	+	+	+	
	海莲	+							
	尖瓣海莲	+							
	角果木	+	+		+		+		
	秋茄	+	+	+	+	+	+	+	+
	红树	+							
	红海榄	+	+		+		+		
	红茄冬						+		
大戟科	海漆	+	+		+		+		
楝科	木果楝	+							
马鞭草科	海榄雌*	+	+	+	+	+	+	+	
爵床科	小花老鼠簕	+			+				
	老鼠簕	+	+	+	+	+	+	+	
	厦门老鼠簕							+	
茜草科	瓶花木	+							
棕榈科	水椰	+							
种树合计	27	24	9	4	10	9	10	7	1

根据红树林的生境和组成种类的特点,划分为海滩红树林和海岸半红树林两类。海滩红树林指分布在海潮间歇性淹没的海滩上的红树林,亦称为"典型红树林",在我国南亚热带,热带海滩分布广,面积大,种类组成丰富,约占红树林总种数的 60%。海岸半红树林指分布在海岸堤边、海潮一般不易抵达,只有大潮或特大潮时才偶有海水淹没的地段上的群落。由于所在地受海潮浸渍机会少,加之雨水的淋溶冲洗,因而土壤有脱盐现象,pH 值一般比海滩红树林低。土壤较坚硬,为重壤或沙壤土。海岸半红树林组成种类较复杂,以非红树科的两栖性植物为主,包括喜盐和耐盐的木本植物常见的主要种有:银叶树、黄槿、莲叶桐、水黄皮、海杧果、玉蕊以及卤蕨等,约占红树林总种类的 40%。海岸半红树林分布面积很小,常与海滩红树林邻接,呈带状或小片状分布。它是红树林演替最后阶段的类型。

越来越多的研究证明了红树林对于当地经济发展的重要性。红树林具有显著的防风消浪、固堤护岸作用。据测算覆盖度大于 40%、宽度 100 m 左右、高度 2.5~4.0 m 的红树林,其消浪系数能达到 80%,当台风登陆海岸带时,有红树林防护的岸段受到的损伤能显著小于直接暴露在台风之下的裸露岸滩。2004 年印度洋海啸给当地带来了巨大的人员伤亡和经济损失,虽然研究者对红树林在如此大规模海啸中的作用有所争议,但是,砍伐红树林并将旅游设施直接建设在海边被一致认为是增加伤亡损失的重要因素之一,而红树林恢复工作也在海啸过后受到了东南亚各国的重视。此外,红树林具有很强的环境净化功能,研究表明,目前广东沿海红树林每年每公顷可从林地和海水中吸收的氮、磷分别为 93.9 kg 和 55.3 kg;如果通过红树林生态恢复工程,再增加 1×10^4 hm^2 红树林的话,则年可吸收氮、磷分别为 1 884 t 和 1 110 t,削弱了进入近海水体的营养盐和污染物质,大大降低甚至避免赤潮的发生,避免沿海水产养殖遭受损失。另外,红树林的各种气生根和呼吸根发达,在减慢海水流速的同时,沉积了大量的泥沙,达到促淤造陆的效益。红树林的底层水流缓慢,是各种鱼、虾、蟹和贝类的优良栖息场所,也是各种水禽和候鸟的重要觅食栖息和繁殖场所。

潮间带环境物质与能量波动大,多数种类植物不能生长。相对于复杂的、多层次的陆生生态系统,如热带雨林生态系统,中国的红树林生态系统的群落结构相对简单,红树林植物的物种多样性较低(林益明等,2001;Liang,1996)。该生态系统为沿海众多的鸟类、鱼类、蟹类等生物提供了栖息地。在红树林生态系统中,红树植物、浮游植物和底栖藻类为生产者,丰富的动物群落为消费者,微生物为分解者。

5.5.2　红树林生态系统对重金属的净化作用

5.5.2.1　红树林沉积物对重金属元素的富集作用

红树林生态系统对重金属元素的净化作用是以其对重金属元素富集作用为基础的。该生态系统具有特殊的物理化学环境,受其特化根系的制约,潮水在流经该生态系统时流动速度较为缓慢。红树林沉积物腐殖质富含黏粒及有机质。悬浮颗粒的表面积较大,有利于低流速的潮水中悬浮颗粒的沉积。大量悬浮颗粒对重金属元素的吸附使沉积物能够积聚大量的重金属元素,以至于红树林沉积物常常成为重金属污染物的源和库。缪绅裕等(1999)用实验证明了在人工模拟秋茄湿地系统中,土壤对重金属元素的吸附积累作用大大强于植株吸收作用。Harbision 等和 Lacerda 的研究从侧面证实了红树林沉积物对重金属元素的富集作用(1999)。一般认为,悬浮颗粒的理化性质,如有机质含量等与重金属离子的吸附量存在显著相关。何斌源等(1996)的研究表明,广西英罗港沉积物中的重金属含量分布规律与有机质相似;而刘景春等(2006)的研究表明,在福建漳江口红树林湿地保护区的重金属元素含量与沉积物理化性状的相关分析结果不完全一致,并有可能存在相伴沉积作用。杨俊兴认为,悬浮颗粒对重金属离子的吸附量之间的关系要比想象的更复杂。同一种重金属元素受地域性差异影响显著,雨水冲刷、潮汐作用、人类活动等都会影响重金属元素的空间分布。

红树林腐殖质是一种结构复杂的天然有机物,大量活性官能团对重金属离子有很强的吸附作用。目前一般认为,红树林沉积物对重金属元素的沉积作用可以分为络合吸附和沉淀吸附两种作用方式。前者通过悬浮颗粒经离子交换、表面吸附、螯合、胶溶和絮凝等过程和重金属粒子作用,后者通过沉积物中的其他离子(尤其是 S^{2-})与重金属离子形成难溶沉淀。林鹏认为除了低潮流速度、高黏粒含量、高有机质含量能促进重金属的沉淀和固定以外,悬浮颗粒中的 N、S 官能团数量、富里酸(FA)含量、S^{2-} 含量、单宁含量等也对重金属的沉淀与固定有极大的影响。

(1)单宁 一种鞣酸类物质,具有鞣皮性的植物成分,结构复杂。按化学结构可分为水解单宁和缩合单宁,可使蛋白质、生物碱沉淀,可与重金属特别是铁离子(Fe^{3+})结合而形成深绿色乃至紫色的络合物。一般认为,高单宁含量与红树植物的耐盐性有关。

(2)富里酸 一种参与构成土壤腐殖质的腐殖酸。官能团中酚羟基和甲氧基的数目比较多。金属离子会与腐殖质形成可溶性的稳定螯合物,而富里酸中的活性官能团促进了这一过程。富里酸对重金属的沉积有多方面的作用。研究表明,FA 的存在能降低底泥体系的 pH 值,导致吸附在 Fe/Mn 氧化物上重金属离子的释放(余贵芬等,2002)。与此同时使腐殖质中重金属离子各形态的含量比例发生变化。碳酸盐结合态、Fe/Mn 氧化物结合态和残渣态向有机质结合态和可溶态转化,提高了生物可利用性(汪斌等,2006)。腐殖酸对重金属沉积与释放的影响有待进一步研究。影响该过程的主要因素包括重金属元素的种类、腐殖酸活性官能团的数量、分子量的大小、溶解度等。

(3)S^{2-} 含量 红树植物各器官中 S^{2-} 含量很高,每年通过凋落物及根系向沉积物提供 S,结果使沉积物表面含一层硫。研究表明:通常南方土壤平均含硫量为 300 mg·kg^{-1}(刘崇群,1992),近海沉积物含硫量为 1.30 g·kg^{-1}(韦启番,1985),红树林沉积物中含硫量为 0.20% 左右(龚子同等,1994)。S 在厌氧环境下被还原成 S^{2-},S^{2-} 能与多种重金属离子如 Zn^{2+}、Cu^{2+}、Hg^{2+}、Pb^{2+} 等形成浓度积很小的金属硫化物。

(4)有机质中 N、S 官能团含量 腐殖质中的有机质中含较多的 N、S 官能团,它们对重金属的螯合能力很强,络合物稳定系数大。值得注意的是,进入水体的凋落叶片具有固氮的能力。这种固氮能力可能是腐殖质形成的必要条件并依赖于落叶中某些化学物质(如单宁)的作用。

按照 Tessier 的 5 级分组法,重金属元素以下列几种主要形态存在于沉积物中:一部分以化学迁移性较高的形式存在,包括可交换态(水溶态)和碳酸盐结合态,一部分与某些有机物结合或以硫化物的形式存在(有机质结合态),另一部分与铁锰氧化物结合(Fe/

Mn 氧化物结合态),残渣态。谢陈笑等(2006)利用欧共体标准物质局三步分级提取法分析了漳江口红树林区沉积物中重金属形态。实验结果表明:有机物结合态含量最高。由此,可以推测沉淀吸附作用在沉积物对重金属离子的吸附过程中占优势。

可以推测,重金属在沉积物中的沉积主要依赖沉淀吸附作用,而络合吸附作用则在红树植物吸收重金属离子的过程中起到主导作用,尤其是离子交换作用。Horsfall 等(2005)利用红树植物吸收经 MMA 处理的 Pb^{2+} 溶液,在 pH=5 时单位生物量的吸附能力比不用 MMA 的对照组高出 2.7 倍。

上述几个因素都是有利于与重金属形成稳定的络合物或沉淀物。沉淀吸附作用和络合吸附作用是红树植物富集作用的主要方面。值得注意的是沉积物的强还原性、强酸性、高盐含量的性质不利于重金属与有机质形成络合物。这三种理化条件可能有利于不同于沉淀吸附和络合吸附的某种未知的沉淀途径。

5.5.2.2　红树植物叶片对重金属元素的吸附和富集

人们最初对红树植物重金属耐性的认识来自红树植物幼苗的沙培实验。Walsh 等于1979—1989 年间开展了一系列沙培、土培实验。研究证明:红茄冬、红海榄、秋茄等红树植物的幼苗对重金属元素(Pd、Cd、Hg 等)有很强的耐性(Lin et al. ,1997)。红树植物具有对重金属元素的富集能力,其能力大小随红树植物的种类及植株部位的不同而不同(章金鸿等,2001)。红树叶片碎屑对重金属离子的吸收是目前研究较为透彻的一个领域。

在重金属的累积和迁移过程中,叶片是一个极其重要的器官。在多种重金属离子共存的条件下,红树植物的落叶碎屑对重金属元素表现出很高的选择吸附性,较高的潜在吸附容量以及相对于单一重金属离子条件处理下更高的重金属离子吸附总量。凋落的叶片以有机碎屑的形式,一部分从河口入海,成为海洋动物的食物;另一部分滞留于红树林区,成为沉积物的一部分,参与重金属元素的沉积作用。叶片在红树林生态系统的能量流动、物质循环中扮演了一个极其重要的角色。王文卿等研究表明,在同一生境条件下,不同种红树植物叶片 Hg 含量有显著差异。红树植物对各种重金属的吸收量随季节的变化而有所不同。

红树植物叶片由于其含有特殊的化学物质,对重金属离子的吸附力很强。相同类群植物叶片碎屑对 Cu、Pb、Ni、Cd 的吸附能力具有相似的规律,而不同类群植物则不同。且叶片对重金属离子的吸附具有选择性。叶片中富含的单宁被认为与汞的沉积作用有关。林鹏等通过测量红树植物叶片降解过程中单宁含量与汞吸附量的变化发现,随着叶片的降解,单宁含量降低,而汞的吸附量逐渐增大。叶片降解过程中形成的有机颗粒能吸附汞离子。单宁伴随着叶片的降解而不断释放。其本身具有与蛋白质和其他化合物发生交联的能力可以促进有机颗粒的形成。

除此之外,凋落叶片分解后,一些稳定、难分解的物质(如木质素等)中含有某些化学物质,它们可能通过络合作用与重金属元素形成稳定的化合物。该途径在重金属沉积作用中究竟起到多大作用,还有待进一步研究。

林鹏等研究表明,红树植物叶片对多数重金属元素的富集系数往往在 1.0 以下,其对重金属元素的富集能力是低的,但并不绝对。研究发现 Cd 是一类较特殊的元素,不仅

在植被中所占比例高达20%,且主要积累在叶片中。因此不排除 Cd 通过食物链进行放大的可能性(王文卿等,1997)。

5.5.2.3 红树植物根系对重金属元素的吸附和富集

红树植物根系是重金属元素富集的主要部位。Cu、Pb、Zn、Cd 这些重金属元素主要储存于植物的根、茎等部位,避免了向环境中的扩散。这一观点已被普遍接受,与黄玉环(2003)利用原子吸收光谱测定红树植物不同部位的重金属含量所得结果相符。

对于大多数植物,在重金属元素含量如此之高的环境中生存几乎不可能。红树植物的根系作为重金属元素主要的富集部位,必然具有一套特殊的机制来减弱和中和重金属元素造成的毒害。关于这种机制,目前有两种主流观点:一种观点认为强重金属耐性可能是由于根或根表面不具毒性的金属硫化物的形成;另一种观点认为红树植物具有发达的通气组织,过量的氧气输入造成硫化氢和金属硫化物被氧化,从而减少对根系的毒害。两种途径可能是协同的关系,该机制不是由简单的单一途径构成。在根系表面形成的金属硫化物可以随脱落的死根一起,参与形成腐殖质。因此,可以构成根系—腐殖质—根系的硫元素循环途径。从重金属元素在红树植物体内的分布特点可以看出:红树植物可以为次级消费者提供受污染程度较小的叶片作为食物。

5.5.2.4 其他富集途径

红树林生态系统不仅包括红树植物,还包括大量的微生物、底栖藻类、浮游植物以及底栖动物等一些次级消费者。一些生物同样在重金属元素富集的过程中起到重要的作用。Tam(1998)通过研究表明,低浓度重金属离子能促进部分微生物的生长。部分重金属元素如 Cu、Zn、Cd 等可能被微生物吸附,一定程度上也会对污水在起到了净化作用。红树林沉积物是重金属元素的重要富集区,沉积物也为一些底栖生物提供了栖息地。它们直接以沉积物中含有的重金属元素的有机颗粒为食物,或通过体表吸附和表面膜渗透等方式在体内积累重金属元素(王菊英等,1992)。一些具有固氮能力的底栖藻类,如颤藻和鞘丝藻等具有除去 Fe^{2+} 和硫化物的能力。此外,部分藻类如菱形藻、硅藻等还具有吸收富集重金属元素的特性(林碧琴等,1998)。红树林生态系统中各个群落之间不是孤立的,彼此之间存在着频繁的物质和能量交流。重金属元素可以通过食物链传递,其空间分布在一定程度上是与生态系统内众多物种分布于不同的特定区域有关。目前大多数研究主要集中于重金属元素在红树植物体内的迁移和分布规律,对于在同一生态系统内的其他物种,如微生物、底栖藻类等对重金属元素的富集,以及重金属元素在整个红树林生态系统内的动态分布规律还有待进一步的研究。

5.5.2.5 重金属在红树林湿地的分布与迁移

红树林湿地,由于其固有的一些特性,如具有发达的根系、富含有机质、Fe、S 等,使得其较一般潮滩更易于富集重金属(Alongi et al.,2005)。就整个红树林湿地生态系统而言,红树林底泥是重金属主要的储存库,红树植物和凋落物所占的比例很少(Tam et al.,1997)。此外,红树植物生命周期长,且每年通过落叶向环境输出重金属量很小,因此红树林湿地还是一个较为稳定的重金属库。Silva 等(2006)在研究重金属在巴西红树林中的分布与迁移规律中发现,红树林通过落叶向土壤释放 Fe、Al、Zn、Ni 的年平均速率仅分别为 0.56 mol·hm^{-2}、1.11 mol·hm^{-2}、0.02 mol·hm^{-2}、0.07 mol·hm^{-2}；Cu、Pb、Cr、Cd 的年平均释放速率不到 0.02 mol·hm^{-2}。

　　一般说来，红树林底泥重金属含量大体上表现为 Fe > Mn > Zn > Cu、Pb > Ni > Cd（Kruitwagen et al.，2008）。但由于红树林底泥土壤背景值、机械组成、理化特性的差异，不同红树林区底泥重金属含量变化范围较大，同一红树林湿地不同位置上重金属含量有时也可能存在较大差异（Marini et al.，2008）。在澳大利亚南部 Baker 港红树林，底泥重金属含量与有机质含量、黏粒（<63 μm）含量呈正相关。阿联酋、澳大利亚昆士兰州东南部的红树林区底泥中重金属分布也有类似规律（Kruitwagen et al.，2008；Marini et al.，2008）。但也有一些相关研究得出了不同的结果，如 Tam 和 Yao（1998）在对香港红树林底泥重金属分布的研究中发现，只有 Cr、Ni、Mn 的含量与有机质含量呈显著正相关，其他几种重金属含量则与有机质含量没有显著相关。重金属在红树林底泥中的垂直分布也存在显著差异，重金属主要富集在红树林底泥的表层，只有在表层土壤饱和后，重金属才会向土壤下层迁移。

　　此外，一些研究结果还表明，潮汐、季节、人为等因素也会影响重金属在红树林湿地中的分布（Praveena et al.，2008；Essien et al.，2008；Yu et al.，2008）。

5.5.2.6　红树林湿地重金属净化效应

　　由于红树林湿地的存在，涨潮时海水涌入红树林湿地，就犹如给海水过滤一次。有研究发现涨潮时海水中的悬浮物颗粒及重金属含量远高于退潮时（Lacerda et al.，1987；Machado et al.，2008）。另外，由于红树林湿地将大量的重金属污染物沉积于底泥中，从而对整个海湾河口生态系统起重金属净化作用。近年来，人工红树林湿地重金属处理技术由于其高效、易操作、无副作用等优点，受到许多国内外学者们的青睐。陈桂珠等（2000）发现白骨壤人工模拟湿地对污水中重金属净化效果显著，重金属平均净化效率分别为 Pb 98%、Zn 90%、Cd 95%、Ni 94%。秋茄人工模拟湿地对重金属的净化效果也十分显著，去除了污水中超过 90% 的 Pb、Ni、Cd。他们还发现随着污水中重金属含量的升高，秋茄人工模拟湿地重金属去除效率明显提高，如在正常浓度的重金属污水下，Zn 的净化效率不足 50%，而在 5 倍、10 倍浓度的重金属污水下，Zn 的净化效率均超过 90%。这一结果与缪绅裕和陈桂珠（1999）对秋茄人工模拟湿地重金属污染污水的净化效果的研究报道类似。根据物质平衡模型，秋茄模拟湿地污水处理系统的使用寿命至少为 20 d。此外，在实验中还发现，桐花和木榄混交林对重金属废水的净化效果比单一纯林好。但目前，大部分研究还只是停留在室内模拟和可行性分析上，离应用和推广还存在一距离。筛选重金属净化效果好的红树植物及搭配方式，及探寻易推广的人工红树林湿地重金属污水处理模式已迫在眉睫。

5.5.3　我国红树林湿地资源、保护现状和主要威胁

　　红树林是生长在热带、亚热带海岸潮间带，受周期性潮水浸淹，由红树植物为主体的常绿乔木或灌木组成的湿地木本植物群落。红树林为适应海岸潮间带的环境，形成了独特的形态结构和生理生态特性，不但具有防风消浪、保护堤岸、促淤造陆、净化环境、改善生态状况等多种功能，而且还是水禽重要的栖息地，也是鱼、虾、蟹、贝类生长繁殖的场

所。红树林湿地作为重要的湿地类型,已被列入拉姆萨尔公约国第四届成员国大会制订的拉姆萨尔湿地分类系统及中国湿地资源调查分类系统。红树林湿地已成为国际上湿地生态保护和生物多样性保护的重要对象。然而,自20世纪50年代以来,在自然因素和人为干扰的双重驱动下,红树林遭受了较大的破坏,全球35%的红树林已经消失,中国近50%的红树林也已经消失,从20世纪50年代的42 001.0 hm²(国家海洋局,1996)下降至2000年的22 024.9 hm²(国家林业局森林资源管理司,2002)。因此,加强中国红树林湿地保护管理和生态恢复工作迫在眉睫(廖宝文等,2010)。

为了更好地开展全国红树林的管理和保护,国家林业局于2001年组织开展了全国红树林资源调查工作,在一定程度上摸清了当时全国红树林资源状况,为2001年以后的全国红树林资源保护和管理奠定了坚实的基础。为了更进一步掌握中国湿地资源现状,使中国湿地保护管理工作全面与国际接轨,从2009年开始,国家林业局组织开展了第二次全国湿地资源调查工作(注:未包括港澳台和海南省三沙市),2013年12月结束。此次调查工作进一步摸清了中国红树林湿地资源的基本状况。

中国红树林湿地资源调查方法主要通过遥感技术,按照国家湿地调查技术规定,事先进行判断区划,然后,辅以GPS定位、地形图和其他高分辨率卫片,对所有全部图斑进行野外实地调查验证,并在ARCGIS10.0中求算面积。并进行动物、植物、水文与其他环境因子的调查。通过省和国家的质量检查,组织地方与国家专家进行成果评审。中国红树林湿地资源调查的具体技术流程如下:

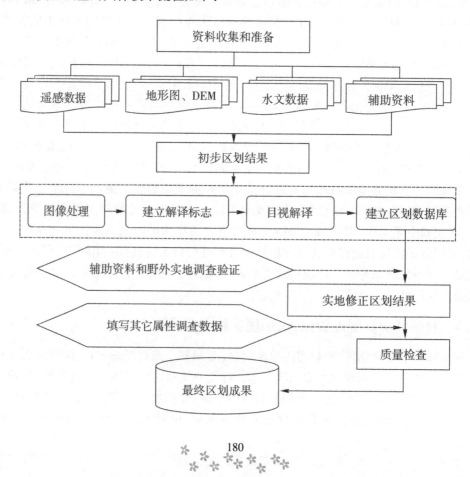

5.5.3.1　中国红树林湿地资源结果与分析

（1）面积与分布　第二次全国湿地资源调查结果显示，中国红树林湿地分布范围北起浙江温州乐清湾，西至广西壮族自治区（以下简称广西）中越边境的北仑河口，南至海南三亚，海岸线长达 14 000 多千米，现有红树林面积 34 472.14 hm²，行政区划涉及浙江、福建、广东、广西和海南五省区的 50 余个县级单位，详见表 5-3。

表 5-3　中国红树林分布面积统计

行政区	面积	占全国比例	分布区
浙江	20.11	0.06	
台州市	11.18	0.03	玉环市
温州市	8.93	0.03	乐清市
福建	1 184.02	3.43	
福州市	128.64	0.37	福清市
宁德市	39.45	0.11	福鼎市
莆田市	36.34	0.11	秀屿区
泉州市	298.16	0.86	丰泽区,惠安县
厦门市	25.18	0.07	海沧区,翔安区
漳州市	656.25	1.90	龙海市,云霄县,漳浦县
广东	19 751.23	57.30	
潮州市	105.78	0.31	饶平县
广州市	233.17	0.68	广州市辖区
惠州市	423.21	1.23	惠东县,惠阳区
江门市	1 228.80	3.56	台山市
茂名市	255.02	0.74	电白区
汕头市	558.80	1.62	澄海区,汕头市市辖区
汕尾市	61.08	0.18	海丰县
深圳市	176.28	0.51	深圳市
阳江市	1 326.03	3.85	恩平市,阳东区,阳江市市辖区,阳西县
湛江市	14 273.86	41.41	东海岛,雷州市,廉江市,遂溪县,吴川市,徐闻县,湛江市市辖区
中山市	93.43	0.27	中山市
珠海市	1 015.77	2.95	珠海市市辖区
广西	8 780.73	25.47	
北海市	3 038.83	8.82	海城区,合浦县,铁山港区,银海区

续表 5-3

行政区	面积	占全国比例	分布区
防城港市	2 138.48	6.20	东兴市,防城区,港口区
钦州市	3 603.42	10.45	钦南区
海南	4 736.05	13.74	
海口市	1 796.76	5.21	龙华区,美兰区
海南省	2 698.15	7.83	澄迈县,儋州市,东方市,临高县,陵水县,万宁市,文昌市
三亚市	241.14	0.70	三亚市
总计	34 472.14	100	

按省级行政区统计,红树林分布面积从高到低依次为广东、广西、海南、福建、浙江,分别占全国红树林面积的比例为57.30%、25.47%、13.74%、3.43%和0.06%。

按地级市统计,红树林分布面积从高到低的前3个地级市分别为湛江、钦州、北海,占全国红树林面积比例分别为41.41%、10.45%和8.82%。

按县级市统计,红树林分布面积大于1 000 hm²的县域有钦南区(10.31%)、东海岛(9.59%)、雷州市(8.81%)、廉江市(8.57%)、湛江市(8.03%)、合浦县(7.55%)、美兰区(5.14%)和文昌市(4.90%)、台山市(3.59%)、徐闻县(2.98%)和珠海市(2.95%),这些区域均分布在北纬22.5°以南。

(2)面积变化情况　从总体上来说,中国红树林面积呈现先减少后增加的趋势(见表5-4),从20世纪50年代的42 001 hm²迅速减少到2000年的22 024.9 hm²,后又快速增加到2013年的34 472.14 hm²,这主要是由于2000年以后,中国政府更加重视湿地的保护和恢复工作,实施了一批红树林生态恢复和修复工程项目,主要采取人工造林的方式增加了红树林面积。从省级层面看,海南红树林面积近年来保持相对稳定,但与20世纪50年代相比减少幅度较大,约减少52.6%;广西红树林面积近年来保持稳定且有一定增长,基本恢复到20世纪50年代87.8%的规模;广东红树林面积近年来呈现了较快增长势头,基本恢复到20世纪50年代92.8%的规模;福建红树林面积近年来稳定增长,已经达到了20世纪50年代的1.6倍;浙江红树林面积基本保持稳定。

表 5-4　中国红树林分布面积变化表

资源来源	面积/hm²								
	海南	广西	广东	福建	台湾	浙江	香港	澳门	合计
20世纪50年代调查(国家海洋局,1996)	992	10 000	21 289	720					42 001
海岸带植被调查(国家海洋局,1996)	4 667	8 000	4 000	368					17 035
海岸带林业调查(国家海洋局,1996)	4 800	8 014	8 053	416					21 283

续表 5-4

资源来源	面积/hm²								
	海南	广西	广东	福建	台湾	浙江	香港	澳门	合计
海岸带地貌调查(陈吉余,1995)	4 800	4 667	8 200	2 000	3 333				23 000
廖宝文等(1992)	4 836	6 170	4 667	416	120				16 209
范航清(1993)	4 836	5 654	3 813	250	300				14 853
林鹏等(1995)	4 836	4 523	3 813	260	120	8	85	1	13 646
何明海等(1995)	4 836	5 654	3 526	360	120	8	85	1	14 590
张乔民等(1997)	4 836	5 654	3 813	360	120	8	85	1	14 877
国家林业局2001年调查(国家林业局森林资源管理司,2002)	3 930.3	8 374.9	9 084	615.1	0	20.6	0	0	22 024.9
吴培强(2012)	4 891.2	6 594.5	12 130.9	941.9		19.9			24 578.4
贾明明(2014)	4 033	8 425	16 348	3 437	485	268			32 996
但新球(2016)	4 736.05	8 780.73	19 751.23	1 184.02		20.11			34 472.14

5.5.3.2　中国红树林湿地资源现有保护形式

（1）红树林湿地自然保护区　调查结果显示（见表5-5），全国红树林分布区域现有各级各类自然保护区共计28个，保护红树林湿地面积共26 093.06 hm²。其中，国家级保护区7个，保护红树林湿地面积17 776.62 hm²；省级自然保护区10个，保护红树林湿地面积5 429.69 hm²；市县级自然保护区11个，保护红树林湿地面积2 886.75 hm²。按保护对象分，有21个自然保护区以保护红树林及其生态系统为主，4个以保护鸟类及其生境为主，3个以保护海洋水产资源、鱼类资源及海草床等为主，此外还有1个以海南特有青皮林（注：青皮不是红树植物）为主要保护对象。

表5-5　中国红树林分布区域自然保护区一览表

省区市（区域）	自然保护区名称	保护区级别	保护区内红树林面积/hm²
广东	湛江红树林	国家级	14 256.42
	内伶仃岛-福田	国家级	176.28
	大亚湾水产资源	省级	93
	海丰鸟类	省级	61.08
	淇澳-担杆岛	省级	761.64
	电白红树林	市级	218.57
	惠东红树林	市级	330.21
	镇海湾红树林	县级	1 174.52
	恩平红树林	县级	245.99
	江城平冈红树林	县级	232.98
	程村豪光红树林	县级	275.04

续表 5-5

省区市(区域)	自然保护区名称	保护区级别	保护区内红树林面积/hm²
广西	北仑河口红树林	国家级	663.33
	山口红树林	国家级	776.26
	茅尾海红树林	省级	2 053.73
福建	厦门海洋珍稀物种	国家级	25.18
	漳江口红树林	国家级	108.36
	泉州湾河口湿地	省级	298.16
	九龙江口红树林	省级	348.41
	福清兴化湾鸟类	县级	71.15
海南	东寨港红树林	国家级	1 770.79
	清澜港红树林	省级	1 688.47
	万宁青皮林	省级	57.60
	新村港与黎安港海草	省级	9.39
	东方黑脸琵鹭	省级	58.21
	亚龙湾青梅港	市级	53.35
	三亚河红树林	市级	133.37
	铁炉港红树林	市级	35.55
	花场湾沿岸红树林	县级	116.02

（2）红树林湿地公园　近年来,湿地公园已成为湿地保护体系的重要组成部分,成为湿地自然保护区的有力补充,本次调查范围内有各级红树林湿地公园共 9 个(见表 5-6),其中国家级湿地公园 6 个,省级湿地公园 3 个,共保护红树林湿地面积 883.53 hm²。这些湿地公园都是以红树林保护为主要特色。

表 5-6　中国红树林湿地公园一览表

省区市(区域)	湿地公园名称	级别	湿地公园内红树林面积/hm²
广东	湛江湖光红树林湿地公园	省级	233.17
	茂名大洲岛湿地公园	省级	36.45
	广州南沙湿地公园	省级	17.44
	海陵岛红树林湿地公园(试点)	国家级	25
	九龙山红树林湿地公园	国家级	127.7
	翠亨湾国家湿地公园(试点)	国家级	50.07

续表 5-6

省区市(区域)	湿地公园名称	级别	湿地公园内红树林面积/hm²
海南	新盈红树林国家级湿地公园	国家级	189.44
广西	北海滨海国家湿地公园	国家级	193.08
浙江	玉环漩门湾湿地公园(试点)	国家级	11.18

(3)其他保护形式　在红树林分布区域共有 6 个国际重要湿地分布有红树林,占中国(不含港澳台)45 个国际重要湿地的 13.3%,这 6 个国际重要湿地分别是广东湛江红树林国家级自然保护区、广东海丰鸟类省级自然保护区、广西北仑河口国家级自然保护区、广西山口红树林生态国家级自然保护区、海南东寨港国家级自然保护区和福建漳江口红树林国家级自然保护区。此外,红树林分布区域还有三都湾湿地、福清湾湿地、晋江河口和泉州湾湿地、九龙江河口湿地、东山湾湿地、珠江三角洲湿地、东寨港湿地、清澜港湿地、洋浦港湿地、钦州湾湿地、山口红树林湿地、北仑河口湿地等 12 个列入中国湿地保护行动计划的重要湿地。

5.5.3.3　中国红树林湿地面临的主要威胁

根据对有红树林分布的 53 个重点调查湿地威胁因子的调查结果,中国红树林所遭受的主要威胁因子有污染、围垦、基建和城市建设、过度捕捞和采集、外来物种入侵(见表 5-7),这 5 个因子威胁重点调查湿地的个数分别为 31、20、18、18 和 11,影响频次分别为 58.5%、37.7%、34.0%、34.0% 和 20.8%。其中,过半数以上重点调查湿地受污染影响;而围垦、基建和城市建设、过度捕捞和采集也分别影响了 1/3 以上的重点调查湿地。

表 5-7　中国红树林面临的主要威胁

威胁因子	受威胁重点调查湿地个数	影响频次
污染	31	58.5%
围垦	20	37.7%
基建和城市建设	18	34.0%
过度捕捞和采集	18	34.0%
外来物种入侵	11	20.8%
泥沙淤积	7	13.2%
其他	6	11.3%
非法狩猎	4	7.5%
引排水的负面影响	1	1.9%
沙化	1	1.9%

5.5.4 深圳湾红树林湿地修复项目

基于自然的解决方案 NBS 是指一系列保护、可持续管理和恢复自然的或改变了的生态系统的行动,从而有效地、适应性地解决社会挑战,同时提供人类福祉和生物多样性。红树林湿地生态系统有"海岸卫士""蓝碳明星""天然物种库"等美称,红树林能吸收二氧化碳、调节气候、净化水质、抵御海啸与台风、养育丰富的鱼类和底栖动物,发挥着重要的生态系统服务功能。深圳湾湿地毗邻深圳和香港两个国际大都市,是全球九条候鸟迁飞路线之一——东亚-西澳大利亚迁飞区(EAAFP)候鸟越冬地和"中转站",每年有约 10 万只迁徙候鸟在此越冬或经停。

为了有效保护这片处于特大城市腹地的红树林湿地系统,深圳市政府在深圳湾滨海区启动了系列滨海红树林湿地修复行动,通过红树林湿地保护、可持续管理、重新种植红树林等方法,保证了红树林总面积不再减少并逐步扩大,扭转了红树林湿地系统生态功能退化趋势的曲线。

5.5.4.1 问题

城市建设用地急剧扩张,红树林面积减少;工业废水和居民城市污水直排,造成湿地有害污染物增加及自然净化功能退化;滨海河口河道硬质化,隔绝了陆地生态与水体生态的物质能量交换;基围鱼塘功能退化,候鸟栖息觅食的生态功能降低;薇甘菊、银合欢等外来入侵植物分布面积大和虫害爆发频繁,占据了本地生物物种的生态位并使湿地生物群落结构单一、脆弱性增大。

5.5.4.2 目标

恢复红树林湿地功能,服务鸟类栖息和城市可持续发展。

5.5.4.3 措施

当地政府坚持陆海统筹,强化海洋生态环境保护,新建了污水处理厂,完善雨污分流管网系统,严控陆源污染,实施了系列污染治理"先导工程",使海洋水体综合污染指数下降 32.5%。

在生态修复方面,按照既服务于鸟类等生物需求,又同时满足城市发展和市民需求的原则,通过入湾河道综合治理,鱼塘水鸟栖息地功能恢复,外来物种及病虫害防控及新种红树林等措施,系统恢复深圳湾滨海红树林湿地生态系统的结构与功能,同时开展丰富有趣的自然教育,提高公众参与的积极性。图 5-1 所示为深圳湾湿地项目示意图,项目共计投资 3 亿多元,其中政府投资约 2.7 亿元,社会投资约 3 000 万元。

图5-1　深圳湾湿地示意图

（1）治理河道　凤塘河是纵穿福田红树林湿地的最重要河流。"三面光"形态的凤塘河,断面简单且护岸表面坚硬光滑,坡面上无法生长植被,河道功能仅为单纯性过水,丧失了红树林湿地河口生态系统应当具有的生物栖息地、屏障和过滤,以及物质流、能量流、信息流的输移通道等功能。

针对凤塘河的问题,一是改变河道的形态和结构,将凤塘河河道硬化变为软化,对凤塘河及其支流的河岸进行改造,去除表面的硬质结构,降低河道高程,并将其削成较缓的边坡,边坡处铺设一定厚度的腐殖土,修复河道的土壤环境以利植物生长。二是根据从外滩到内岸区域生境特点,配置不同的植物群落,修复河岸植被,建立完整的"红树—半红树—岸基植物"生态系统,从而使得凤塘河恢复红树林湿地河口生态系统的主要功能。

（2）修复鱼塘生境　基围鱼塘为鸟类提供了高潮位栖息地,对鸟类的保护具有积极的作用。福田红树林保护区基围鱼塘面积约 66.67 hm²,占该区总面积的 18%。但存在水位过深,生境单一,无法满足不同鸟类的栖息需求。

通过借鉴对岸香港米埔保护区的鱼塘管理经验,广东内伶仃-福田国家级自然保护区管理局联合红树林基金会以满足不同水鸟生境为目的,对保护区内的 2 号、3 号、4 号鱼塘进行了修复,将原来的人工养殖鱼塘转为为鸟类的栖息地(见图5-2)。

鱼塘生态恢复区形成了深水水域、浅水水域和中央光滩(湖心岛)镶嵌分布的格局。其中,中央光滩面积为 4.17 hm²;浅水水域面积 13.50 hm²,设计水深为 0~0.6 m;深水水域面积为 4.83 hm²,设计水深为 1.5~2.0 m;堤岸上种植芦苇群落,以满足不同水鸟对生境的需求。此外,为了进一步为水鸟创造适宜的生境,夏季,将中央光滩的水位控制在0.3 m 以上,将中央光滩完全淹没,以阻止缓坡上植物的生长;冬季,将中央光滩水位控制在 0~0.1 m,形成光滩和浅水滩涂,供水鸟利用。

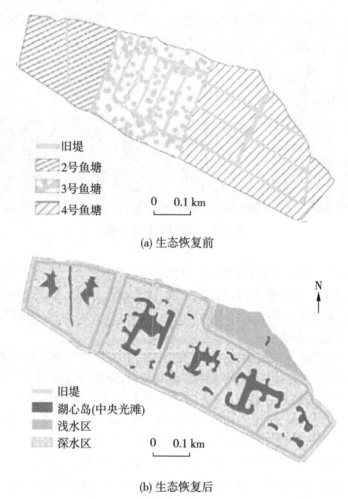

（a）生态恢复前

（b）生态恢复后

图 5-2　2 号～4 号鱼塘生态恢复前后的湿地分布示意图
（广东内伶仃-福田国家级自然保护区内）

2015 年 9 月至 2019 年 5 月的水鸟调查数据显示,广东内伶仃岛-福田国家级自然保护区 2 号、3 号、4 号鱼塘生态修复前后,该区的水鸟群落物种和种群数量发生明显变化。水鸟物种数量和种群数量分别增加了 28 种和 13 737 只,春、秋迁徙季水鸟群落的物种和种群数量也明显增加,而且水鸟群落的多样性水平有明显提高。

（3）防治病虫害和外来入侵物种　红树林害虫天敌主要生活在基围鱼塘塘堤的灌草丛中。通过恢复堤岸草本植物群落,为害虫天敌提供必要的栖息环境,从而增加害虫天敌种类和数量,是红树林病虫害防治的有效措施。本项目在红树林群落与基围鱼塘之间的过渡地带,大幅度种植适宜红树林害虫天敌栖息的稀疏灌木丛和低矮草本植物,例如:禾本科、莎草科、菊科、鸭跖草科、马鞭草科、爵床科等草本植物,并降低高大乔木树种高度和密度,营造出适宜蜘蛛、蜜蜂、蝇类等昆虫栖息环境,恢复天敌昆虫种类和种群数量;与此同时,保障红树林群落子系统和基围鱼塘子系统的整体连通性,确保昆虫从基围鱼塘迁移到红树林的路线畅通,从而吸引害虫天敌入住红树林,以阻止虫害的继续蔓延和扩散。

对外来物种入侵,通过清淤工程将湿生草本入侵种连根去除,种植优良本地湿地植物,例如:秋茄、桐花树、老鼠簕和木榄等。而对于陆地上的外来入侵植物,先进行人工清除,再补植本地乡土植物,后期通过日常管理进行清除,每年定期清理,以控制其生长。对深圳湾主要的有害植物薇甘菊,除了人工拔除及生物防除方法,还采用阻断薇甘菊光合作用的方式进行生态调控。

(4)种植红树林及营造滩涂　红树林生态恢复项目(包括种植红树林及营造滩涂)实施范围约 220 hm²。在深圳湾西部沙河口以恢复本土红树林为主,营造鸟类栖息滩涂并人工营造滩涂,为短脚鸻鹬类水鸟提供了停歇地;在深圳湾沙河口及福田国家红树林自然保护区凤塘河口,共种植红树林约 30.2 hm²。使用无瓣海桑作为造林先锋树种,在非宜林滩涂上营造无瓣海桑林,利用其防风固岸和促淤造陆的功能适当提高待恢复滩涂的高程,显著改善中低潮带滩涂的造林环境,从而达到乡土红树林植物的生长要求,为乡土红树林植物在非宜林滩涂上造林提供有利生境。待无瓣海桑树苗种植 2～3 年后,人工清除所有无瓣海桑,配置乡土红树植物,种植于无瓣海桑清除后的林地上。乡土红树林成林效果良好,且未见有无瓣海桑植株分布。(见彩插)

(5)开展自然教育　红树林基金会(MCF)与福田区教育局、福田区科学技术协会、保护区管理局合作开展"福田区中小学生红树林科普教育活动项目",每月为福田区的学校开放预约课程。在福田红树林生态公园开展《深圳湾的小钥匙》《打绿怪》《周四定点观鸟》等活动,在红树林保护区开展《走进海上森林》《探访鸟儿乐园》《探秘潮间带》等活动,将环境保育和公园场域相结合,推动滨海湿地保护的意识提高,发展滨海湿地保护的支持者群,已举办了上千场活动,直接服务中小学生等公众超过 20 万人。

(6)加强深港合作　深港两地在深圳湾滨海红树林湿地保护修复方面开展了一系列工作。广东内伶仃岛-福田国家级自然保护区管理局、红树林基金会、深圳观鸟协会与香港渔农署、香港米埔保护区、香港观鸟会之间建立了长期稳定的合作关系。通过合作交流、学习、借鉴香港在鱼塘管理、自然教育等方面先进经验,进一步开拓了思路和视野。每年联合举行深港滨海湿地保育论坛,两地政府还联合启动了治理深圳河工程,先后完成了河道清淤、堤防巩固、排污口整治、水面保洁等一系列工程。

5.5.4.4　成效

(1)生物多样性增加　修复区内红树林湿地功能恢复,生物多样性不断提升。秋茄、木榄、桐花树、老鼠簕等植物丰富度增加,植被覆盖率达 95% 以上。修复区内动物多样性也更加丰富,特别是鱼塘修复后,成为水鸟高潮位栖息地,种类和数量均显著增加。一系列修复措施实施后,对维护深圳湾在候鸟迁徙路线上的生态地位和价值起到了十分重要的作用,特别是对濒危珍稀鸟类黑脸琵鹭数量的稳步增长起到了积极作用,全球黑脸琵鹭数量从 2000 年的 825 只增加到 2020 年的 4 864 只,深圳湾的数量从 135 只增加到 361 只。

(2)碳汇及调节气候　红树林是滨海湿地蓝碳的重要组成部分之一。广东内伶仃岛-福田国家级自然保护区管理局综合运用了 2014 年保护国际、世界自然保护联盟和联合国教科文组织联合共同起草的《蓝碳行动计划》的实地调查和定位观测法,研究发现深圳湾每 100 hm² 红树林每年从大气中吸收近 4 000 t 二氧化碳。红树林对于碳固定、缓解气候变化,推动实现碳中和具有重要作用。同时,通过固定大气中的二氧化碳来减缓地球的温室效应是红树林生态系统的重要功能之一。深圳湾水面开阔,沿岸分布大面积红树林,通过水的汽化和植物的蒸腾作用达到散热降温、直接调节区域性的气候的效果,大大缓解了深圳市的城市热岛效应。

（3）营养物质积累与循环价值　红树林每年从水体和土壤吸收大量动物难以利用的 C、H、N 元素,并将这些元素的大部分归到水体中供动植物再利用。深圳湾 50 年生天然红树林群落 C、H、N 现存量分别为每平方米 14 117.7 g、1 446.4 g、158.5 g,群落年净固定碳元素每平方米 798.51 g,结合氢元素每平方米 86.31 g 和吸收氮元素每平方米 12.33 g。植物固定结合的 C、H、N 以凋落物的形式归还到周围的环境中,供动植物再利用。红树林湿地系统是自然辅助的高生产率的生态系统,具有高光合率、高呼吸率、高归还率的特点。

（4）实现生态系统与社会和谐发展　通过修复红树林生态系统,保持了红树林修复区与周边环境的协调性和连续性,构建连接海与城市、鸟类与人类的自然纽带,提升海岸交错带湿地生态系统的综合功能。同时,强化深圳湾海滨湿地和红树林特色,有效改善区域环境和人居环境,也对周边地区的发展起到正面推动作用,有力地提升了片区的各项价值。深圳湾滨海红树林湿地已成为城市生态文明建设的示范基地,是市民和国内外游客休闲、旅游的胜地,每年为超过 1 000 万人次提供浏览、休闲和科普教育服务。

5.5.4.5　讨论

一是充分体现 NBS 的内涵。通过设立红树林湿地自然保护区立法来有效保护剩余的红树林生态系统;通过清除入侵物种、人工干预退化生态鱼塘、防治病虫害等对深圳湾区湿地系统进行可持续管理;通过新种植或补种红树林恢复已改变的滨海湿地生态系统系等系列行动,充分体现了基于自然的解决方案 NBS 的内涵。

二是人类可以有所作为。基于自然,但不能从强干扰的一个极端走向撂荒不作为的另一个极端。本案例退化鱼塘基于鸟类保护的人工干预成功案例,以及崇明东滩抛荒鱼塘的自然演替过程对水鸟群落负面影响的研究成果,再次证明了对复杂生态系统恢复要采用适应性管理,通过人工协助自然正向演替。人类要有所作为。

三是跨界合作很重要。跨行政区、跨部门、跨层级合作与交流很重要。本案例技术模式学习对岸米埔保护区模式,鱼塘退化修复积极与红树林基金会合作,自然教育委托红树林基金会进行,这些跨界的合作,使本案例充分吸收世界先进理念经验技术,自然教育与能力高水平呈现,成为可持续发展的典范。

2020 年 8 月,自然资源部、国家林草局颁布的《红树林保护修复专项行动计划（2020—2025 年）》提出,在适宜恢复区域营造红树林,在退化区域实施抚育和提质改造,扩大红树林面积,提升红树林生态系统质量和功能。这将为打破行政区域界限,与港澳红树林湿地保护区合作,实现整个深圳湾（后海湾）红树林湿地生态系统整体恢复,提供有力的支持。

参考文献

ALONGI D M, TZNER J P, TROTT L A, et al, 2005. Rapid sediment accumulation and microbial mineralization in forests of the mangrove Kandelia candel in the Jiulongjiang Estuary, China[J]. Estuarine, Coastal and Shelf Science, 63:605-618.

CAI M G, WANG Y, QIU C R, et al, 2009. Heavy metals in surface sediments from mangrove zone in Zhangjiang River estuary, South China[J]. International Conference on Environmental Science and Information Application Technology:34-38.

CARGNATO F F, KOLLER C E, MACFRLANE G R, et al, 2008. The glutathione antioxidant system as a biomarker suite for assessment of heavy metal exposure and effect in the grey mangrove, *Avicennia marina* (Forsk.) Vierh[J]. Marine Pollution Bulletin, 56:1119-1127.

CHEN R H, LIN P, 1988. Study on the effect of three seedlings of mangrove trees to Hg and salt[J]. Journal of Xiamen University, 27(1):110-115.

CHIU C Y, HSIW F S, CHEN S S, et al, 1995. Reduced toxicity of Cu and Zn to mangrove seedlings in saline environments[J]. Bot Bull Acad Sin, 36:19-24.

Drennran P, Pammenter N W, 1982. Physiology of salt excretion in the mangrove, Avicennia marina (Forsk.) Vierh[J]. New Phylol, 91:597-606.

ESSIEN J P, BENSON N U, ANTAI S P, 2008. Seasonal dynamics of physicochemical properties and heavy metal burdens in mangrove sediments and surface water of the brackish Qua Iboe estuary, Nigeria[J]. Toxicological and Environmental Chemistry, 90(2):259-273.

HARBISON P, 1986. Mangrove muds—a sink and a source for trace metals[J]. Marine Pollution Bulletin, 17(6):246-250.

HORSFALL M, OGBAN F, AKPORHONOR E E, 2005. Biosorption of Pb^{2+} from Aqueous Solution by Waste Biomass of Aerial Roots of Rhizophora mangle (Red Mangrove)[J]. Chemistry & Biodiversity, 2(9):1246-1255.

HU Z Y, ZHU Y G, LI M, et al, 2006. Sulfur(S)—induced enhancement of iron plaque formation in the rhizosphere reduces arsenic accumulation in rice (*Oryza sativa* L.) seedlings[J]. Environmental Pollution, 147(2):387-393.

JIANG X Y, ZHAO K F, 2001. Mechanism of heavy metal injury and resistance of plants [J]. Chin J Appl Environ Biol, 7(1):92-99.

KRISHNAN K P, FERNANDES S O, CHANDAN G S, et al, 2007. Bacterial contribution to mitigation of iron and manganese in mangrove sediments[J]. Marine Pollution Bulletin, 54:1427-1423.

KRUITWAGEN G, PRATAP H B, COVACI A, et al, 2008. Status of pollution in mangrove ecosystems along coast of Tanzania[J]. Marine Pollution Bulletin, 56(5):1022-1031.

LACERDA L D, PFEIFFER W C, FISZMAN M, 1987. Heavy metal distribution, availability and fate in Sepetiba Bay, S. E. Brazil[J]. Science of the Total Environment, 65:163-167.

LI M S, LEE S Y, 1997. Mangroves of China: a brief review[J]. Forest Ecology and Management,96:241-259.

LI Q S,WU Z F,CHU B,et al,2007. Heavy metals in coastal wetland sediments of the Pearl River Estuary,China[J]. Environmental Pollution,149:158-164.

LIANG S C,1996. Studies of the mangrove communities in Yingluo Bay of Guangxi[J]. Acta phytoecologica Sinica,20(4):310-321.

LIANG Y,WONG M H,2003. Spatial and temporal organic and heavy metal pollution at Mai Po Marshes Nature Reserve,Hong Kong[J]. Chemosphere,52:1647-1658.

LIN P,ZHEN W,LI Z,1997. Distribution and accumulation of heavy metals in Avicennia marina community in Shenzhen,China[J]. Journal of Environment Sciences,9(4):472-479.

LIU J C,YAN C L,ZHANG R F,et al,2008. Speciation changes of cadmium in mangrove [*Kandelia candel* (L.)] Rhizosphere Sediments[J]. Bulletin of Environmental Contamination and Toxicology,80:231-236.

LU H L,YAN C L,LIU J C,2007. Low-molecular-weight organic acids exuded by Mangrove (*Kandelia candel* (L.) Druce) roots and their effect on cadmium species change in the rhizosphere[J]. Environmental and Experimental Botany,61:159-166.

MACFARLANE G R,BURCHETT M D,2002. Toxicity,growth and accumulation relationships of copper,lead and zinc in the grey mangrove *Avicennia marina* (Forsk.) Vierh[J]. Marine Environmental Research,54:65-84.

MacFarlane G R,Burchett M D,1999. Zinc distribution and excretion in the leaves of the grey mangrove,*Avicennia marina* (Forsk.) Vierh[J]. Environmental Experimental Botany,41:167-175.

MACFARLANE G R,BURCHETT M D,2000. Cellular distribution of copper,lead and zinc in the grey mangrove *Avicennia marina* (Forsk) Vierh[J]. Aquatic Botany,68:45-59.

MACFARLANE G R,BURCHETT M D,2002. Toxicity growth and accumulation relationships of copper lead and zinc in the grey mangrove *Avicennia marina* (Forsk.) Vierh[J]. Marine Environ Res,54:65-84.

MACFARLANE G R,BURCHETT M D,2001. Photosynthetic pigments and peroxidase activity as indicators of heavy metal stress in the grey mangrove,*Avicennia marina* (Forsk.) Vierh[J]. Marine Pollu Bullt,42(3):233-240.

MACFARLANE G R,PULKOWNIK A,BURCHETT M D,2003. Accumulation and distribution of heavy metals in the grey mangrove,*Avicennia marina* (Forsk.) Vierh.:biological indication potential[J]. Environ Pollut,123:139-151.

MACHADO E C,MACHADO W,BELLIDO L F,et al,2008. Removal of zinc from tidal water by sediments of a mangrove ecosystem:a radiotracer study[J]. Water,Air and Soil Pollution,192:77-83.

MARINI M E J,JIMÉNEZ M F S,OSUNA F P,2008. Trance metals accumulation patterns in a mangrove lagoon ecosystem,Mazatlán Harbor,southeast gulf of California[J]. Journal of Environmental Science and Health,43(9):995-1005.

MENDOZA G D,MORENO A Q,PEREZ Z O,2007. Coordinated responses of phytochelatin synthase and metallothionein genes in black mangrove, Avicennia Germinans, exposed to cadmium and copper[J]. Aquatic Toxicology,83:306-314.

MIAO S Y,CHEN G Z,1998. Allocation and migration of lead in a simulated wetland system of Kandelia candel[J]. China Environ Sci,18(1):48-51.

PRAVEENA S M,AHMED A,RADOJEVIC M,et al,2008. Heavy metals in mangrove surface sediment of Mengkabong lagoon,Sabah:multivariate and geoaccumulation index approaches[J]. International Journal of Environmental Research,2(2):139-148.

RAUSER W E,ACKERLEY C A,1987. Localization of Cadmium in granules within differentiating and mature root cells[J]. Can J Bot,65:643-646

RAVIKUMAR S,WILLIAMS G P,SHANTHY S,et al,2007. Effect of heavy metals(Hg and Zn) on the growth and phosphate solubilising activity in halophilic phosphobacteria isolated from Manakudi mangrove[J]. Journal of Environmental Biology,28(1):109-114.

SILVA C A R E,SILVA A P D,OLIVEIRA S R D,2006. Concentration,stock and transport rate of heavy metals in a tropical red mangrove,Natal,Brazil[J]. Marine Chemistry,99:2-11.

TAM N F Y,WANG Y S,1997. Accumulation and distribution of heavy metals in a simulated mangrove system treated with sewage[J]. Hydrobiologia,352:67-75.

TAM N F Y,YAO M W Y,1998. Normalisation and heavy metal contamination in mangrove sediments[J]. The Science of the Total Environment,216:33-39.

TAM N F Y,YAO M W Y,1998. Normalisation and heavy metal contamination in mangrove sediments[J]. The Science of the Total Environment,216:33-39.

THOMAS S,EONG O J,1984. Effects of the heavy metals Zn and Pb on Rnucromata and Aalba seedlings [A]. In E. Soepadmo,A.

VANE C H, HARRISON I, KIM A W, 2009. Organic and metal contamination in surface mangrove sediments of South China[J]. Marine Pollution Bulletin,58:134-144.

WALSH G E,RIGBY R,1979. Resistance of the mangrove (Rhizpohora mangle (L.)) seedlings to Pb,cadmium and mercury[J]. Biotropica,11(1):22-27.

WANG J,1991. Computer-simulated evaluation of possible mechanisms for quenching heavy metal ion activity in plant vacuoles[J]. Plant Physiol,97:1154-1160.

WANG W Q, LI P,1999. Studies on the heavy metal pollution in mangrove ecosystems [J]. Marine Sciences,3:45-48.

WILSON M,BRUNO B,GUERIROS S D,et al,2005. Trace metals in mangrove seedlings: role of iron plaque formation[J]. Wetlands Ecology and Management,13:199-206.

WONG Y S,LUO G H,KWAN KM F,1997. Peroxidation damage of oxygen free radicals induced by Cadmium to plant[J]. Acta Bot Sin,39:522-526.

WONG Y S,TAM N F Y,CHEN G Z,et al,1997. Response of Aegiceras corniculatum to synthetic sewage under simulated tidal conditions[J]. Hydrobiologia,352:89-96.

YANG S C,WU Q,2003. Effect of Cd on growth and physiological characteristics of Aegiceras comrinculatum seedlings[J]. Marine Environmental Science,22(1):38-42.

YANG Y,CHEN Y X,SUN Z S,2001. Progress on effects of heavy metal pollution in rhizosphere[J]. Agroenviron Mental Protection,20(1):55-58.

YIM M W,TAM N F Y,1999. Effects of wastewater-borne heavy metal on mangrove plants and soil microbial activities[J]. Marine Pollution Bulletin,69(1):179-186.

YU R L,YUAN X,ZHAO Y H,et al,2008. Heavy metal pollution in intertidal sediment from Quanzhou Bay,China[J]. Journal of Environmental Sciences,20(6):664-669.

ZHANG F Q,WANG Y S,LOU Z P,et al,2007. Effect of heavy metal stress on antioxidative enzymes and lipid peroxidation in leaves and roots of two mangrove plant seedlings (Kandelia candle and Bruguiera gymnorrhiza)[J]. Chemosphere,67:44-50.

ZHENG F Z,LIN P,ZHENG W J,1994. Study on the tolerance of Kandelia candel mangrove seedlings to cadmium[J]. Acta Ecol Sin,14(4):408-414.

陈桂葵,陈桂珠,黄玉山,等,1999. 人工污水对白骨壤幼苗生理生态特性的影响[J]. 应用生态学报,10(1):95-98.

陈桂珠,陈桂葵,谭凤仪,等,2000. 白骨壤模拟湿地系统对污水的净化效应[J]. 海洋环境科学,19(4):23-26.

陈怀宇,李裕红,韦炜,等,2006. Pb^{2+}对桐花树幼苗抗氧化酶活性及脂质过氧化的影响[J]. 泉州师范学院学报,24(2):94-99.

陈吉余,1995. 中国海岸带地貌[M]. 北京:海洋出版社.

陈克林,1994. 湿地保护与合理利用指南[M]. 北京:中国林业出版社.

陈荣华,林鹏,1988. 汞和盐度对三种红树种苗生长影响初探[J]. 厦门大学学报(自然科学版),27(1):110-115.

程皓,陈桂珠,叶志鸿,2009. 红树林重金属污染生态学研究进展[J]. 生态学报,29(07):3893-3900.

但新球,廖宝文,吴照柏,等,2016. 中国红树林湿地资源、保护现状和主要威胁[J]. 生态环境学报,25(07):1237-1243.

范航清,1993. 成立"中国红树林研究中心"的必要性和中心的任务[J]. 广西科学院学报,9(2):122-129.

龚子同,张效朴,1994. 中国的红树林与酸性硫酸盐土[J]. 土壤学报,31(1):86-94.

国家海洋局,1996. 中国海洋21世纪议程行动计划[Z]. 北京:国家海洋局:30-33.

国家林业和草原局,2002. 全国红树林资源报告[R].

何东进,郑开基,王韧,2012. 闽东滨海湿地不同起源秋茄林重金属元素 Zn、Cd、Cu 的累积与分布特征比较[J]. 福建农林大学学报(自然科学版),41(2):187-192.

何明海,范航清,1995. 我国红树林保护与管理的现状[C]//范航清,梁士楚. 中国红树林研究与管理. 北京:科学出版社:173-202.

黄玉环,2003. 原子吸收光谱法测定红树林中的重金属[J]. 福建分析测试,12(3):1812-1814.

贾明明,2014.1973—2013 年中国红树林动态变化遥感分析[D]. 长春:中国科学院东北地理与农业生态研究所.

李柳强,丁振华,刘金铃,2008.中国主要红树林表层沉积物中重金属的分布特征及其影响因素[J].海洋学报(中文版),30(5):160-164.

李柳强,2008.中国红树林湿地重金属污染研究[D].厦门:厦门大学.

李裕红,王荣富,应朝阳,2007.桐花树幼苗根系对镉胁迫的抗氧化生理响应[J].福建农业学报,193-196.

廖宝文,李玫,陈玉军,等,2010.中国红树林恢复与重建技术[M].北京:科学出版社.

廖宝文,郑德璋,郑松发,1992.我国东南沿海防护林的特殊类型:红树林[J].广东林业科技,1:30-33.

林碧琴,谢班琦,1998.浙江省-藻类与水体污染监测[M].辽宁:辽宁大学出版社.

林鹏,傅勤,1995.中国红树林环境生态及经济利用[M].北京:高等教育出版社.

林鹏,1995.中国红树林生态系[M].北京:科学出版社.

林益明,向平,林鹏,2005.红树林单宁的研究进展[J].海洋科学,29(3):59-61.

林益明,林鹏,2001.中国红树林生态系统的植物种类、多样性、功能及其保护[J].海洋湖沼通报,3:8-15.

林志芬,钟萍,殷克东,等,2003.秋茄对镉-甲胺磷混合物的吸收积累及其致毒作用[J].生态科学,22(4):346-348.

刘崇群,1992.中国土壤硫素研究概况[M].南京:江苏科学技术出版社.

刘景春,严重玲,2006.福建漳江口红树林湿地沉积物中四种重金属的空间分布特征[J].亚热带植物科学,35(4):1-5.

刘景春,2006.福建红树林湿地沉积物重金属的环境地球化学研究[D].厦门:厦门大学.

鲁双凤,王鹏,王军广,2011.琼北红树林湿地表层沉积物重金属含量及环境质量评价[J].江苏农业科学,39(4):431-435.

缪绅裕,陈桂珠,2001.人工污水对秋茄幼苗形态及解剖构造的影响[J].植物研究.21(1):57-63.

缪绅裕,陈桂珠,1999.模拟秋茄湿地系统中镍、铜的分布积累与迁移[J].环境科学学报,19(5):545-549.

丘耀文,余克服,2011.海南红树林湿地沉积物中重金属的累积[J].热带海洋学报,30(2):102-108.

覃光球,严重玲,韦莉莉,2006.秋茄幼苗叶片单宁、可溶性糖和脯氨酸含量 Cd 胁迫的响应[J].生态学报,26(10):3366-3371.

汪斌,庄严,谭建新,等,2006.低浓度富里酸对底泥中重金属铅的生物有效性影响[J].农业环境科学学报,25(5):1182-1187.

王菊英,张曼平,1992.重金属的存在形态与生态毒性[J].海洋湖沼通报,2:83-93.

王文卿,郑文教,林鹏,1997.九龙江口红树植物叶片重金属元素含量及动态[J].台湾海峡,16(2):233-238.

王文卿,林鹏,1999.红树林生态系统重金属污染的研究[J].海洋科学,3:45-47.

韦启番,1985.硫的某些土壤生物地球特征及其实践意义[M].北京:科学出版社.

吴桂容,严重玲,2006.镉对桐花树幼苗生长及渗透调节的影响[J].生态环境,15(5):1003-1008.

吴培强,2012.近20年来我国红树林资源变化遥感监测与分析[D].青岛:国家海洋局第一海洋研究所.

谢陈笑,丁振华,高卫强,等,2006.漳江口红树林区沉积物中Cu、Zn、Cr的分布及形态特征[J].厦门大学学报:自然科学版,45(5):100-104.

杨盛昌,吴琦,2003.Cd对桐花树幼苗生长某些生理特性的影响[J].海洋环境科学,22(1):38-42.

尹超,耿俊杰,黄亮亮,等,2015.我国红树林湿地重金属污染研究进展[J].工业安全与环保,41(12):83-86.

于瑞莲,胡恭任,赵金秀,2013.泉州湾河口湿地秋茄红树林中重金属的分布、迁移和储量[J].环境化学,32(1):125-131.

余贵芬,蒋新,和文祥,等,2002.腐植酸对红壤中铅镉赋存形态及活性的影响[J].环境科学学报,22(4):508-513.

张凤琴,王友绍,董俊德,等,2006.重金属污染对木榄幼苗几种保护酶及膜脂质过氧化作用的影响[J].热带海洋学报,25(2):68-69.

张凤琴,王友绍,殷建平,等,2005.红树植物抗重金属污染研究进展[J].云南植物研究,3:225-231.

张乔民,张叶春,孙淑杰,1997.中国红树林和红树林海岸的现状与管理[C]//中国科学院海南热带海洋生物实验站.热带海洋研究(五).北京:科学出版社:143-151.

张宜辉,王文卿,林鹏,2007.红树植物的盐分平衡机制[J].海洋科学,31(11):86-90.

章金鸿,李玫,潘南明,2000.深圳福田红树林对重金属Cu,Pb,Zn,Cd的吸收,累积与循环[J].云南环境科学,19(S1):54-55.

章金鸿,汪晖,陈桂珠,等,2001.重金属Cu、Pb、Zn、Cd在深圳福田红树林中的迁移、累积与循环[J].广州环境科学,16(2):36-39.

赵萌莉,林鹏,2000.红树植物多样性及其研究进展[J].生物多样性,8(2):192-197.

郑逢中,林鹏,郑文教,1994.红树植物秋茄幼苗对镉耐性的研究[J].生态学报,14(4):408-414.

郑文教,连玉武,郑逢中,等,1996.广西英罗湾红海榄林重金属元素的累积及动态[J].植物生态学报,20(1):20-27.

郑文教,王文卿,林鹏,1996.九龙江口桐花树红树林对重金属的吸收与累积[J].应用与环境生物学报,2(3):207-208.

第6章

水稻重金属吸收及耐性机制

6.1 水稻重金属的吸收、转运和积累特性研究

丰富的矿产资源促进经济稳步增长，带来巨大经济利益的同时，由于矿山过度开发，以及未处理工业废水、矿渣废水任意排放，造成水体重金属污染，进而导致污灌区农田土壤重金属镉、汞、铬、铅、砷等含量显著增加。特别是矿产资源丰富的地区，例如湖南郴州（雷鸣等，2008），湖南衡阳（李贵等，2017），云南安宁、东川、会泽、陆良、个旧、金平、文山、马关、腾冲、玉溪、兰坪 11 个重金属污染防控区（严红梅等，2017），均有典型矿区的水稻田，其部分重金属含量远超当地土壤背景值。据我国农业部 20 世纪末开展的全国污灌区调查报告显示，在约 140 万 hm² 污灌区中，重金属污染土地面积占 64.8%，其中轻度、中度、重度污染分别为 46.7%、9.7%、8.4%（陈志良等，2002）。由此引发的农作物重金属污染问题尤为严重。我国每年重金属污染粮食高达千万吨，因重金属污染而减产的粮食亦高达数千万吨，致使经济损失高达百亿元（王敬中，2006）。《全国土壤污染状况调查公报》（2014）指出，我国土壤重金属点位超标率为 19.4%，其中 Cd 点位超标率高达7.0%（王玉军等，2014）。矿产开采、冶炼过程中产生大量废水对污灌区农田土壤造成的重金属污染等生态环境问题已严重阻碍农业可持续发展，并对食品安全和人体健康带来极大风险（Gomez et al.，2014）。因此，农田土壤重金属污染问题，随采矿业的发展已成为土壤污染最为严重的问题之一。

水稻因其富含微量营养元素、维生素和必需氨基酸等，是世界众多国家的主要粮食作物（Rohman et al.，2014）。水稻生长过程中易从土壤中吸收累积重金属，导致谷粒重金属含量超标。研究发现，与其他谷类作物相比，水稻易从土壤中吸收 Cd、Pb、As 等元素（Carey et al.，2010），而水稻植株累积 Cd 的同时会抑制营养元素锌、铁、镁等的吸收（Liu et al.，2003）。与吸入和皮肤接触等方式相比，食物摄入是人类暴露潜在污染物的主要途径（Jallad et al.，2015）。例如，食用 Cd 污染大米导致的慢性 Cd 中毒极端事件（痛痛病）（Nogawa et al.，2004；Inaba et al.，2005）。此外，As 及其化合物已被国际癌症组织确认为致癌物，关于大米 As 污染亦有大量报道，而在大米中 As 以有机和无机两种形式存在，其中无机砷毒性远大于有机砷（Jones，2007；陈少波等，2013）。Lee 等（2008）研究表明，食用受污染土壤种植的水稻是废弃矿区周边居民暴露 As 的主要途径。

据调查,在亚洲国家,进入人体的 Cd 食物来源中,大米占到约 40%(Watanabe et al.,2000),因而水稻 Cd 污染问题不容忽视。近年来,我国耕地(包括水稻田)的 Cd 污染相当严重。调查发现,我国 Cd 污染农田面积已达到 2 000 万亩,每年生产的 Cd 超标农产品大约 14.6 亿 kg(胡培松,2004)。曾思坚等对广州市近郊的污灌区进行普查结果表明:在所有调查点的土壤中,Cd、Pb、Hg、Zn 等重金属含量均超过广东省土壤背景值,Cd 含量平均达 2.1 mg·kg^{-1},最严重的达 640 mg·kg^{-1}。土壤污染还引起农作物污染,污染区的稻谷 Cd 含量平均达 0.45 mg·kg^{-1},为清灌区的 18.8 倍,最高达 4.7 mg·kg^{-1}(曾思坚,1995)。Cheng 等曾对我国东南地区 31 个城市谷粒中 Pb/Cd 含量调查,结果表明,有 95.9%谷粒中 Cd 含量超过 0.2 ng·g^{-1}(Cheng et al.,2005)。近年来,湖南(Williams et al.,2009)、贵州(Huang et al.,2009)、广东(Zhuang et al.,2009)和江苏(Hang et al.,2009)等地均发现"问题大米"。重金属一旦被体内消化、吸收代谢后(Pearson et al.,2007),可在人体内持续存在,排泄期长达数十年,因此被归类为潜在有毒元素。此外,由于亚洲、拉丁美洲等部分地区以大米为主食,且以大米为原料的食品制成品消费率极高,导致其食品安全问题尤为突出(Williams et al.,2007)。由此,水稻重金属的吸收累积特征及其潜在食品安全风险和人体健康风险分析值得重点关注。

6.1.1 水稻重金属含量特征

大米作为主食被广泛食用,长期食用重金属污染大米具有潜在的人体健康风险(Ai et al.,2017)。目前,中国市售大米基本符合国家安全标准。Cheng 等(2006)调查了中国 6 个省份 31 个地区的 269 份精米/胚乳,结果表明,样品中 Cd、Pb 浓度分别为(0.08±0.06)mg·kg^{-1}、(0.11±0.06)mg·kg^{-1}。Qian 等(2010)于 2005—2008 年,对中国市售精米重金属含量进行调查,发现 Cd、Pb、Hg、As 平均含量分别为 0.05 mg·kg^{-1}、0.062 mg·kg^{-1}、0.006 mg·kg^{-1}、0.12 mg·kg^{-1},Cd、Pb 和 Hg 含量均低于食品安全污染物限量标准 0.2 mg·kg^{-1}、0.2 mg·kg^{-1}、0.02 mg·kg^{-1}。Cheng 等(2004)调查亦发现,上海周边 35 个稻田大米中 As 平均浓度为 0.12 mg·kg^{-1},浓度区间介于 0.06~0.19 ng·g^{-1}。Zhu 等(2008,2013)调查 11 个省份的市售大米(n=230),发现 Asi 均值低于食品安全污染物限量标准 0.15 mg·kg^{-1}。

矿产开发过程中随着淋溶作用、污水灌溉等进入土壤环境中的重金属,通过土壤吸附等作用过程被土壤颗粒固定。如孟加拉国、印度等部分地区由于使用 As 污染地下水灌溉,导致农业土壤 As 浓度升高(Abedin et al.,2002;Meharg et al.,2003;Williams et al.,2006)。土壤中重金属富集及重金属污灌可导致当地谷物、蔬菜和其他农产品中的重金属浓度升高(Abedin et al.,2002),给周边农田土壤和作物带来极大的生态环境风险和食品安全风险(方满等,1998)。中国南方个别地区大米 Cd 含量超过食品安全污染物限量标准(0.2 mg·kg^{-1})。例如,Williams 等(2009)对湖南不同地区水稻重金属状况的调查研究发现,稻田土壤 Cd 对水稻影响最大的是常宁市(衡阳),其次为清水塘区(株洲)>月塘区(湘潭)>冷水江市(娄底),从常宁市采集的全谷 Cd 含量中值为 2.27 mg·kg^{-1},谷粒 Cd 浓度介于 0.05~0.33 mg·kg^{-1};而郴州地区的 As 浓度最高可达 0.72 mg·kg^{-1};平均浓度最低的是湘北地区;Pb 含量普遍较低(<0.1 mg·kg^{-1})。湖南矿区谷物 As 平均浓

度为 0.3 mg·kg⁻¹(Lei et al.,2013),是当地土壤背景值(0.16 mg·kg⁻¹)的 2 倍(Huang et al.,2006)。湖南北部某县 60% 大米样品 As 含量>0.2 mg·kg⁻¹,11% 样品>1.0 mg·kg⁻¹(Du et al.,2013);湖南中部地区76% 大米样品 Cd 含量超过标准限值,最高可达 4.8 mg·kg⁻¹(Zhu et al.,2016)。在韩国 Dongjeong 矿周边耕地中也发现类似结果,即谷物 Cd 平均含量为 0.2 mg·kg⁻¹,为当地土壤背景值(0.09 mg·kg⁻¹)的 2 倍(Chung et al.,2005)。同样在贵州铊-汞-砷矿周边水稻与无污染对照地区相比,其籽粒 Cd 浓度增加 2~3 倍(Xiao et al.,2004)。

　　As 和 Cd 均被国际癌症研究机构(IARC)列为人类致癌物,无机砷[亚砷酸盐-As(Ⅲ)和砷酸盐-As(Ⅴ)]是毒性较强的砷化合物(2012),As(Ⅲ)是 Ⅰ 类致癌物质,它与红细胞中的蛋白质结合可在肝脏和肾脏中积累(Shen et al.,2013);有机砷则是无机砷的代谢产物,如毒性较小的 MMA(单甲基砷)和 DMA(二甲基砷)(Lewchalermvong et al.,2018)。大量研究表明,大米中 Asi 和 DMA 占主导地位(Zhao et al.,2013;Batista et al.,2011)。例如,Zhu 等(2008)研究发现,As(Ⅲ)、As(Ⅴ)、DMA 和 MMA 均在大米提取物中检出,而中国大米以 As(Ⅲ)为主,美国大米则以 DMA 为主,中国大米 As 平均浓度和中值为 0.096 mg·kg⁻¹ 和 0.090 mg·kg⁻¹(Schoof et al.,1999;Williams et al.,2005);美国大米 As 平均浓度为(0.13±0.02)mg·kg⁻¹,略高于中国大米(Lei et al.,2013)。Ma 等(2016)从湖南省 40 个县采集水稻籽粒样品,检测发现 As(Ⅲ)为主要形态,其次为 DMA、As(Ⅴ)和 MMA。Zhu 等(2008)也发现,大米中约50% As 为 Asi(>0.05 mg·kg⁻¹),最高可达 0.8 mg·kg⁻¹(Zavala et al.,2008);而未抛光大米中 Asi 浓度为 0.26~0.52 mg·kg⁻¹,超过食品卫生标准 Asi=0.15 mg·kg⁻¹(Zhu et al.,2008)。众多研究均表明,Asi 是大米中主要 As 形态,大米 Asi 污染已成为全球性食品安全问题(Lei et al.,2013;Zhu et al.,2008)。

　　前期研究表明,鱼类摄入是人类甲基汞(Me-Hg)的主要暴露途径(Feng et al.,2008;Zhang et al.,2010),然而,近期研究发现,水稻能吸收沉积物中的甲基汞,并通过食用大米而被人体吸收(Strickman et al.,2017),尤其是在贵州等中国内陆地区水稻是 Me-Hg 暴露的主要途径(Li et al.,2012)。研究表明,中国 15 个省份大米样品中,Me-Hg 浓度区间为 0.002~0.01 mg·kg⁻¹(Shi et al.,2005),而在中国西南部贵州省的汞矿区,水稻 Me-Hg 高达 0.17 mg·kg⁻¹(Zhang et al.,2010;Qiu et al.,2008)。Feng 等(2008)发现,贵州汞矿区水稻籽粒中甲基汞含量高达 0.18 mg·kg⁻¹,摄食大米是当地居民甲基汞暴露的重要途径。然而不同地区大米中甲基汞含量差异较大,污染严重地区大米给当地居民带来潜在危害。因此,有必要开展更广泛的大米汞污染调查与人体健康风险评价研究。此外,我国居民膳食结构存在较大的地域性差异,中国南方的内陆地区以大米为主食,东南沿海地区对鱼类的摄入则大于大米。因此,需针对性地对不同膳食结构区域的人群开展甲基汞暴露健康风险评价,并通过合理化膳食结构,降低居民的甲基汞摄入风险。

6.1.2　水稻重金属分布特征

　　重金属在水稻植株中分布和再分配随时间呈动态变化(郦逸根等,2004),As、Cd、Pb 表现为根>>芽>谷壳>全粒(关共凑等,2006)。在水稻生命周期中,水稻根部及茎叶中重金属积累在分蘖期最大,随后逐渐降低,茎叶中重金属在拔节期最低(郦逸根等,2004)。这是由于根部、茎部在分蘖期生长代谢旺盛,加速土壤重金属的吸收和根-地上部的迁移,随根部化学性状稳定及原生质泌溢和茎部代谢机制减弱,根、茎吸收重金属逐渐减少(关共凑等,2006)。此外,Lei 等(2011)研究发现,约 30.1% ~ 88.1% As,11.2% ~ 43.5% Cd,14.0% ~ 33.9% Pb 可积累在根表铁膜中。

As 优先积累于籽粒外表皮和糊粉层(Moore et al.,2010)。Meharg 等(2008)利用同步辐射 X 射线荧光技术(S-XRF)分析美国、中国和孟加拉国去壳和未去壳水稻籽粒中 As 分布特征,发现 As 均匀分布于整个籽粒中;而在未去壳籽粒中,As 主要分布于表皮和糊粉层。此外,Cu、Fe、Mn、Zn 的分布与 As 紧密相关,而 Cd、Ni 的分布明显不同,均匀分布于胚乳。水稻吸收的 As 主要集中在麸皮层(Meharg et al.,2008),与精米相比,大米样品麸皮中 As 含量显著较高,导致糙米 As 含量高于精米(Ren et al.,2006)。例如,Meharg 等(2008)对田间采集、超市购买和盆栽试验的精米(n=39)和糙米(n=45)全谷 As 形态的广泛调查表明,糙米比精米 Asi 含量更高。Rahman 等(2007)研究发现,麸皮层使整个谷粒 As 含量增加约 20%,且麸皮以 Asi 为主(Naito et al.,2015)。此外,水稻籽粒中 As 以 Asi 和 DMA 为主。研究发现,随土壤中 As 浓度增加(4 ~ 138 mg·kg^{-1}),籽粒 DMA 含量亦增加,DMA 通过木质部和韧皮部转运到籽粒;DMA 在韧皮部和木质部的迁移效率均高于 As(Ⅲ),As(Ⅲ)主要通过韧皮部转运,90% As(Ⅲ)和 55% DMA 由韧皮部转运至籽粒(Zhao et al.,2013)。水稻根系和木质部中 Asi 主要形态是 As(Ⅲ)(贾炎等,2012),同时 As(Ⅲ)主要积累于根中(Carey et al.,2011),较少储存于茎和叶,微量被转移至籽粒(Zheng et al.,2011;Zhao et al.,2012);而 DMA 储存于胚乳中(Zheng et al.,2013),导致 DMA 在精米中含量更高(Sun et al.,2008)。例如,Lomax 等(2012)将 36 株不同生长期的水稻暴露于 10 μmol·L^{-1} DMA 中,发现 DMA 优先积累于籽粒中。

6.1.3　重金属污染水稻食品安全风险及人体健康风险分析

食品安全问题已引起人们的广泛关注,特别是日常消费的大宗主食食品。大米是我国居民的重要主食,其食品安全风险和人体健康风险尤被重视。近年来,环境污染日益加剧,重金属污染"问题大米"已引起关注,尤其是 Cd 和 As。Chen 等(2018)对湖南湘潭地区 200 份水稻样品分析结果发现,居民饮食 Cd 月均允许摄入量为 66.5 ~ 116 μg·kg^{-1} 体重(BW),其中儿童(4 ~ 11 岁)的单位体重摄入量最高,是世卫组织食品添加剂专家委员会建议食用量(25 μg·kg^{-1}BW)(Organization et al.,2002)的 2.7 ~ 4.6 倍,膳食 Cd 摄入量的危险系数中值是允许摄入量的 2.4 倍,对人体健康具有潜在风险。Hensawang 等(2017)研究发现,水稻 As 非致癌风险(危害熵 HQ)>阈值 1,其中 2.1 ~ 4.9 岁儿童的非致癌风险明显高于其他年龄组。此外,Al-Saleh 等(2017)研究发现,虽浸泡、漂洗能在一定程度上减少大米重金属含量,但无论浸泡、漂洗还是未浸泡处理,大米 As 的致癌风险仍超过 10^{-4}(人类一生中患癌症的概率为 1∶10 000)(USEPA,1989)。因此,长期食用重金属污染大米,可能对人类,特别是弱势群体(孕妇、儿童、老年人、病人等)造成潜在的人体健康风险(Ai et al.,2017)。

重金属总量可用于评估人体健康风险,但只有能被人体吸收部分的重金属可给人体带来健康损伤,所以重金属总量难以准确反映人体可吸收部分重金属的量,因此,基于重金属总量的评价结果易高估其人体健康风险。环境污染物在胃肠道微生物作用下,通过代谢反应过程,产生更易生物富集、毒性更大的代谢产物。小肠是物质吸收的主要场所,进而进入肝脏并最终进入体内循环,但只有胃肠系统溶出的重金属才可被小肠吸收而进入血液。因此,为评估污染物对人体造成损害的可能性及其损害程度,常采用人体健康风险来描述人体暴露污染物后,出现不良健康效应的概率。而生物有效性是污染物人体健康风险的常用评估指标(Wragg et al.,2002),可快速筛选、甄别具有潜在危害的污染物,该方法已应用于土壤和食物 Pb、As、Cd 等重金属的人体健康风险评估(Ruby et al.,1996)。

生物有效性分析常分为体内和体外两种方法。体内方法则利用人体指标或模式动物活体,分析污染物的生物有效性。前期关于人体的研究通过测定摄入重金属污染大米后,血液、尿液或粪便中重金属总浓度及其代谢产物中的含量以评估其风险(Taylor et al.,2017)。如 Zhao 等(2017)对以大米为主食的 119 名非吸烟者尿液中 Cd 的测定值与基于稳态小鼠动力学模型大米中 Cd 相对生物利用度(RBA)的预测值进行比较,发现尿液中 Cd 平均值为 1.08 $\mu g \cdot g^{-1}$ 肌酐,相较小麦(19.9%)和蔬菜(8.4%),大米是主要 Cd 贡献源(71.1%)。后期动物模型的使用,可更为快速方便地分析重金属污染大米对神经、肾脏、生殖等的不利影响。如 Hosen 等(2016)给 Wistar 大鼠喂食 As 含量为(46.3±0.01)$mg \cdot kg^{-1}$ 的米粉 150 d 后发现,含 As 米粉喂食引起血液参数和血清指标异常,且导致 HGB、红细胞总量显著减少。Li 等(2017)则建立了一种稳态小鼠模型,测定大米中 As 相对生物利用度,发现不同 As 形态表现出不同的剂量反应,尿排泄因子 DMAV(0.46)<Asi(0.63~0.69),表明与 Asi 相比,有机 As 吸收较低。虽然大鼠和人体重金属代谢存在差异,但通过对动物器官重金属浓度及形态分析,可初步评估大米重金属的人体健康风险,为进一步研究重金属的人体慢性毒性效应(如长期食用污染大米对发育、神经的影响等)提供基础数据和信息。

体外方法利用人体胃肠模拟系统(iv HGSS),基于人体胃肠道生理机能,模拟食物消化过程和行为,常用于生物活体的替代试验研究,具有简单、快捷,且可避免伦理问题的优势(Oomen et al.,2003)。Laird 等(2007)在模拟人体胃肠微生物菌群条件下,利用半连续稳态胃肠模拟系统研究了泰国 4 个污染大米中重金属的胃肠消化过程,结果表明,小肠部位 2%~20%、结肠部位 4%~70% 重金属可被生物转化,结肠微生物可增加重金属的生物利用率。Yeung 等(2003)采用体外试验研究大米布丁、麦片等食品中 Fe 的生物有效性,研究发现,添加葡萄干使大米布丁膳食中的铁含量增加>20%,对麦片则没有影响。

重金属在人体消化过程中影响因素诸多,包括营养特性、胃肠道微生物、纤维素、金属种类、形态和食品加工方法等(Sun et al.,2012;Zhuang et al.,2016)。在众多胃肠模拟研究中,口腔(模拟唾液)消化过程易被忽略,将影响对食物中重金属生物有效性的评估。例如,忽略口腔消化过程后,大米中 Cd、As 的生物有效性被高估(Zhuang et al.,2016)。此外,不同研究方法模拟液与反应条件的差异(见表 6-1),亦会导致研究结果的不同,如动态体外消化过程具有简单、快速、低成本的优点,但该过程只模拟胃阶段的消化反应;

由于生物原理提取实验(PBET)对 Pb 的生物可给性提取与动物实验结果吻合度较好,因此得到广泛运用;而酶消化实验在胃蛋白酶的基础上增加了胰酶反应过程,是一种简单和低成本的体外消化过程;RIVM(Rijksinstituut voor Volksgezondheid en Milieu)消化方法则模拟口腔、胃相和肠相的消化过程,能更准确地预测重金属在人体内的吸收转运或生物利用度。体外胃肠液模拟方法更注重体内消化液对重金属的消化吸收,不同模拟方法中反应体系 pH 值存在差异,关于其对胃肠道微生物作用的影响研究较少。因此,应加强反应体系环境的统一以及肠道微生物对体外胃肠液模拟评估污染物生物有效性影响的深入研究,以提高评估方法的准确性。

表6-1 不同体外模拟方法

方法	模拟液	反映环境	参考文献
动态体外消化过程	胃蛋白酶	pH = 2,37 ℃,水浴	(Signes et al. ,2012)
生物原理提取实验(PBET)	胃阶段:胃蛋白酶、柠檬酸钠、乳酸、苹果酸钠、乙酸	pH = 1.5,37 ℃,震荡	(Zhuang et al. ,2016; Sun et al. ,2019)
	胃肠阶段:胆盐、胰酶	pH = 7,37 ℃,震荡	
酶消化实验	胃蛋白酶	pH = 2,37 ℃	(Suliburska et al. ,2014)
	胰酶	pH = 6.8~7,37 ℃	
RIVM	口腔:唾液	pH = 6.8,37 ℃,震荡	(Lyu et al. ,2018)
	胃:胃液	pH = 2.5,37 ℃,震荡	
	小肠:十二指肠汁、胆汁	pH = 6.5,37 ℃,震荡	

人类通过膳食途径摄入 Cd、As 等重(类)金属,大米是膳食 Cd、As 摄入的主要来源,我国 65% 以上的人口以大米为主食(周素梅,2014)。因此,重金属污染大米的食品安全风险及人体健康风险已成为全球重点关注的问题之一。目前,中国市售大米基本符合国家安全标准,但某些矿区及污灌区水稻籽粒中重金属超过食品安全标准限值,其中以 As 和 Cd 污染尤为突出。研究发现,水稻中重金属累积于不同部位,转移至谷粒中较少,但 As、Cd 均匀分布于整个谷粒,且 As 以 Asi 和 DMA 为主要形态。此外,大米亦是内陆部分 Hg 污染地区居民 Me-Hg 暴露的主要途径。因此,污染大米具有潜在人体健康风险。然而,研究发现抛光和清洗可一定程度上降低籽粒中 As 含量。此外,合理的烹饪方法可降低大米重金属含量,当水:米 = 2:1(V/V)时,可使 As 含量降低 3.5%~19.7%,Cd 含量降低 3.7%~10.3%;而水:米 = 6:1(V/V)蒸煮可使大米中 As 的生物可利用性降低 37%~58%,Cd 降低 46%~61%(Zhuang et al. ,2016)。体外胃肠模拟试验研究发现,肠道微生物可增加重金属的生物有效性,对居民尤其是弱势群体(孕妇、儿童、老年人、病人等)的健康造成严重威胁。然而,人体健康风险评估的体外模拟试验过程中,更注重胃肠液的作用,忽略了胃肠道微生物菌群的功能作用,因此应加强对人体胃肠道微生物种类及其功能对食物中重金属毒性动力学及毒性效应的影响研究。

基于土壤 As、Cd 污染,导致大米中 As、Cd 含量超标问题,以及内陆居民 Me-Hg 暴露等健康风险,大米食用对人类健康的影响尤为值得关注。面对中国人多地少以及部分耕地土壤重金属污染严重的现实状况,有必要对污染地区制定长期有效的监测方案,以减少大米对 As、Cd、Me-Hg 的吸收与积累。研究发现,在重金属胁迫条件下,可通过根际铁膜(Syuet et al.,2013)、膜脂过氧化(Yamaguchi et al.,2014)、富硅肥料使用(Ma et al.,2008)及基因调控(Hu et al.,2016)等途径减少水稻对重金属的吸收累积。此外,在轻度 Cd 污染土壤中种植旱稻,通过优化土壤大量和微量营养元素配置,可大幅减少重金属 Cd 的毒害和积累(罗方舟等,2015)。因此,加强对水稻重金属解毒机制及防控措施的研究,以降低水稻重金属吸收与积累,对保障人类尤其是矿区周边居民的食品安全和人体健康具有重要意义。

6.1.4　镉在水稻中的吸收、运输和积累

镉在土壤中具有很强的生物有效性,容易被水稻等农作物所吸收,从而导致稻米中镉的含量超标,长期食用镉超标大米可能会引发"痛痛病"。镉是水稻的非必需元素,镉可以通过铁、锰、钙、锌等水稻必需元素的离子通道进入作物体内(Clemens,2006)。水稻作为对重金属镉吸收能力较强的一种作物,即使在浓度很低的土壤环境下也会使得稻米中镉含量上升。镉污染不仅会导致稻米中镉超标,还能明显抑制水稻对一些必需元素的吸收,如锰、锌等。镉作为对生物体有毒害作用的一种重金属元素,通常在浓度较低的情况下会对人体造成一定危害,但在该浓度下水稻等植物并不会出现可视的一些胁迫表现(Nocito et al.,2011)。镉进入植物细胞后,首先会影响线粒体和叶绿体的工作,干扰电子链上的电子传递(Heyno et al.,2008;Dalcorso et al.,2008)。然后胁迫诱导产生过多的超氧自由基(O^{2-}),导致细胞膜系统的过氧化(Collin et al.,2008)。此外,镉能够改变叶片中叶绿体的超微结构,抑制叶肉细胞的生长,降低叶绿体中叶绿素的含量,最终导致水稻叶片光合作用下降(Rascio et al.,2008)。但不同水稻品种对重金属镉的吸收程度均不相同,一般可分为高镉水稻累积品种和低镉水稻累积品种。低镉水稻累积品种较高镉水稻累积品种而言,对镉的吸收弱得多。水稻对镉的吸收还与当地土壤质地有很大联系,南方地区是水稻的主产区,但南方地区的酸性土壤普遍加重了水稻吸收镉的风险,高镉污染区大约有 80% 的稻米存在镉超标问题,平均镉含量约为国家标准的 5.3 倍(杨菲等,2015)。

6.1.4.1　根对镉吸收

重金属镉虽然不是植物生长的必需元素,但当污染土壤中积累到较高水平时,镉易被植物的根系吸收,并具有很强向植物的地上部分转运的能力。目前较多研究表明,一般低浓度的镉能促进植物的生长,而高浓度镉则明显抑制植物生长(Clemens et al.,2002)。

研究表明,植物吸收运输 Cd 主要通过三步,首先通过根从土壤溶液中吸收 Cd,然后经过木质部的装载和运输到地上部,最后经过韧皮部向籽粒中进一步迁移;根系吸收 Cd 并将其转移至根系中柱有质外体途径和共质体途径两种途径。质外体途径属于被动吸收,不需要消耗能量,主要是通过细胞壁和细胞间隙等质外空间进行;共质体途径属于主

动吸收,需要消耗代谢能量,通过细胞内原生质流动和通过细胞之间相连的细胞质通道进行(孟桂元等,2012)。也有研究表明,Cd 吸收是一个不需要结合部位的选择性过程,细胞壁中的负电荷使金属离子在细胞膜外富集起来,从而增加了跨膜梯度,可推动金属离子进入细胞中(Wojcik et al. ,2005)。

培养液中 K^+ 浓度增大时并不影响水稻根系对 Cd 的吸收,而 Ca^{2+} 和 Mg^{2+} 则会显著降低外部 Cd^{2+} 进入水稻根系。由此认为,Cd^{2+} 是通过与 Ca^{2+} 和 Mg^{2+} 竞争离子通道而进入到水稻根系中(Kim et al. ,2002)。此外,也有研究表明一些转运蛋白在植物对 Cd 的吸收中发挥着重要作用。如有研究发现,当土壤中有效铁(Fe)含量下降时,水稻体吸收的 Cd 量会随之增加,进一步指出,土壤中的 Cd 会通过水稻体内 OsIRT1 和 OsIRT2 基因编码的 Fe 转运体而被根系吸收并转移至细胞内。而近来研究发现,不同 Cd 浓度处理下,共质体 Cd 吸收始终是两种不同 Cd 积累品种水稻的主要 Cd 吸收方式,且随处理浓度的增大呈"饱和吸收"的变化趋势,而质外体 Cd 吸收则与处理浓度间呈明显线性正相关关系(Uraguchi et al. ,2009)。

6.1.4.2 镉的运输

在 Cd 进入根系中柱木质部之前,主要经过三个过程:根系细胞的固定及区室化、共质体运输到中柱,最后释放进木质部中。Cd 从根到茎、叶的运输是通过木质部液。由于内皮层的凯氏带会阻碍 Cd 进入根部维管束,因此 Cd^{2+} 必须先进入根系共质体系统然后再被转移至根系中柱的木质部(Tester et al. ,2001)。但也有研究指出,在还未形成凯氏带的根系部位 Cd^{2+} 和 Cd 的结合物可能只通过质外体途径进入到根系木质部(Berkelaar et al. ,2003)。尽管 Cd 通过质外体或者共质体途径进入到木质部的相对程度还不清楚,但是随着根际周围 Cd 浓度的升高,通过质外体途径进入木质部的 Cd 将可能随之增多(Craig et al. ,2010)。进入维管束的金属离子可能是在蒸腾作用下随着质流向地上部分运输,因此会受到根压和蒸腾作用的影响,蒸腾作用越强,Cd 通过木质部向地上部转运的就越快越多(Hart et al. ,2005)。对不同植物研究表明,Cd 在植物木质部中的运输形态有所差异,如玉米(自由离子)(Florijn et al. ,1992),矮菜豆(水溶性离子态),大豆、番茄(阴离子复合物)(Catldo et al. ,1981)。

最近研究发现,木质部装载及运输对植物地上部和籽粒中重金属的积累起决定作用,通过木质部向地上部转运是决定水稻茎干及籽粒中 Cd 含量的最主要和常见的生理过程(Uraguchi et al. ,2009)。Tanaka 等(2003)研究发现,通过韧皮部进入到水稻籽粒中的 Cd 占总量的 90% 以上,可知韧皮部运输对水稻籽粒 Cd 积累具有重要作用。

6.1.4.3 镉在根和地上部分的积累

同一植物的不同部位以及不同物种或品种间,在 Cd 积累量方面存在较大差异。一般情况下,大多数植物吸收的 Cd 主要积累在根系,而地上部各组织中的含量一般较低。Cd 在根系中主要分布在质外体或形成磷酸盐、碳酸盐沉淀,或与细胞壁结合。近来研究结果表明,植物积累 Cd 的机制主要通过与细胞壁的结合、与有机化合物形成金属螯合物及区域化分布等途径,从而进行解毒。目前已经普遍认为重金属在植物体内的积累,细胞水平上主要在液泡及质外体,组织水平上主要在表皮细胞、亚表皮细胞及表皮毛中。

如发现芥菜叶肉细胞是一个重要储存 Cd 的部位,起着非常重要的积累作用(Ku et al.,2000)。Wagner 和 Yeargan 比较了烟草属 10 个物种积累 Cd 情况的差异,发现不同种积累 Cd 的特性不同。他们还观察了黄花烟草和红花烟草成熟植株叶片和根中 Cd 的积累情况,发现叶片中 Cd 的含量随叶龄增加而增加,说明 Cd 是永久性积累,而根中的 Cd 主要积累在细根中,主根和大的分枝中较少。

Chardonnens 等(1998)研究发现,Cd 敏感生态型白玉草的叶片中 Cd 含量比耐 Cd 生态型的高,随培养液中 Cd 浓度、处理时间增加叶片中的 Cd 浓度增大。De Knecht 等(1992)认为耐 Cd 白玉草植株比敏感型植株表现出较高的 Cd 根、茎叶比,他们认为耐性植物的根细胞将 Cd 运输到液泡中的效率更高。进一步的研究还发现,叶肉细胞的 Cd 浓度低于叶片整体水平,上表皮中 Cd 浓度与叶片整体相当,而下表皮中的 Cd 浓度远远高于叶片整体水平,说明 Cd 积累在下表皮中,这些 Cd 可能存在于细胞壁和液泡中,在芥菜中也发现大量 Cd 分布于叶表皮及表皮毛中。叶菜中 Cd 的这种分布式样对于尽量减少 Cd 对叶片功能的伤害非常重要,因为叶片的光合作用功能主要由叶肉细胞来完成,而表皮及表皮毛主要起保护作用,其中积累 Cd 很可能是植物解毒的机制之一。

不同植物的 Cd 积累量的差异不仅表现在营养器官,种子中也不同,如普通小麦和圆锥小麦都是北美普遍种植的作物,虽然后者根、茎、叶中 Cd 的积累量低于前者,但圆锥小麦籽粒中 Cd 的含量明显高于普通小麦,常给种植者和消费者带来经济和健康问题。

Cd 在水稻植株中的迁移能力比 Cr、Zn、Cu、Pb 都要高,这些重金属在水稻植株不同部位的积累分布是:根部>根基茎>主茎>穗>籽实>叶部。水稻分蘖期重金属在根部、茎干部和叶片的积累量达到最大,随着时间的延长,在根部积累的重金属越来越少;在茎干部积累的重金属在拔节期降至最小,随后含量又稍微上升;叶片上的重金属含量在拔节期迅速下降,随后趋于稳定(莫争等,2002)。

6.1.4.4 水稻镉吸收的影响因素

Cd 通过水稻根部进入机体,向地上部分迁移,不同的水稻品种在不同生长环境下吸收、积累 Cd 的效应存在显著性差异(Liu et al.,2003,2005),这种差异的产生往往受到多种因素的影响,包括 pH 值、Eh、Cl、Zn、Fe、水稻品种、有机质、淹水时间、微生物活动等,这些因素综合起来影响水稻对 Cd 的吸收,研究这些影响因子的作用机制对于开发对 Cd 低吸收积累的作物品种和控制环境 Cd 对人体造成的健康危害具有重要的现实意义(Liu et al.,2003,2005)。

(1)pH 值 pH 值是影响水稻根吸收 Cd 的最主要因素之一。在土壤中,Cd 往往以多种结合态形式存在,包括水溶态、可交换态、碳酸盐态、有机结合态和残渣态,这些存在的形态的多少决定了 Cd 的有效态含量。在一定 pH 值条件下,这些结合态处于动态平衡,当土壤中 pH 值改变时,原有的平衡就会发生偏移,达到新的平衡,从而改变了各形态 Cd 的比例,改变了总 Cd 在土壤中的移动性和生物有效性,进而影响植物对 Cd 吸收。中碱性条件下,水溶性的 Cd 质量分数比值占总 Cd 的 3%,而当 pH 值下降至 4.57 时,水稻土壤中水溶态 Cd 质量分数可达到 48.39%,对 Cd 污染的土壤进行治理时,控制土壤 pH 值大于 6.5 是减少 Cd 对生态系统危害的关键(杨忠芳等,2005)。大量研究表明,在一定 pH 值范围内,植物吸收 Cd 量与土壤 pH 值呈负相关,但相同实验在水培环境中有不同结果,Zhang 等研究结果显示,水稻茎部 Cd 积累量在 pH = 5.0 时达到最大值,而根部积累 Cd 的量随 pH 值的升高而升高,原因可能是水培环境与土壤环境有很大不同,Cd 主要以水溶态形式存在,在根表 Cd^{2+} 会与 H^+ 争夺结合位点,当 pH 值升高时,根表会释放正离子结合位点,使得更多的 Cd 结合并被吸收(Zhang et al. ,2007)。

(2)Eh 氧化还原值(Eh)也是影响土壤中 Cd 生物有效性的主要因素之一。有研究指出,随着稻田 Eh 的增大,土壤中水溶性 Cd 含量、水稻吸收 Cd 的总量及地上部 Cd 量随之增加,因为当土壤处于还原条件时,随着氧化还原电位的降低,硫还原为 S^{2-} 的量增加,与土壤中的 Fe^{2+}、Cd^{2+} 和 Hg^{2+} 等离子形成沉淀,从而使土壤溶液中重金属元素的浓度降低,当土壤处于氧化状态,可使根际的一些硫化物发生氧化,从而使 Cd 等重金属元素释放出来。另外,土壤处于氧化状态时,水稻根表形成的铁氧化物胶膜也会吸附土壤中的 Cd,从而影响根系对 Cd 的吸收(刘敏超等,2001)。

(3)Cl^- Cl^- 能够促进水稻对 Cd 吸收。衣纯真等(1994)研究了 KCl、K_2SO_4、KNO_3 这 3 种钾肥对水稻吸收 Cd 的影响,结果表明,KCl 促进水稻对 Cd 的吸收,而 K_2SO_4 则可降低水稻对 Cd 的吸收,其原因是 Cl^- 能增加土壤中 Cd 的有效性,而 SO_4^{2-} 经一系列转化后与 Cd 能形成 CdS 沉淀降低了土壤中 Cd 的有效性。在加入 Cl^- 的条件下,大量被土壤结合的 Cd 将会被解离出来,然后以 $CdCl_n^{2-n}$ 的形式存在于土壤溶液中,从而提高了 Cd 在土壤中的移动性和生物可利用性。其机制主要来自两方面,一方面是 Cd 通过自由扩散形式完成向植物根部运输,Cl^- 可以提高 Cd 在土壤中的移动性;另一方面是植物根会选择性吸收 $CdCl_n^{2-n}$ 的 Cd(Weggler et al. ,2000)。但有水培实验亦有相反结果,实验表明,Cl^- 会降低水稻根对 Cd 吸收,其主要原因是营养液中大部分 Cd 都以离子形式存在,Cl^- 加入形成的 $CdCl_n^{2-n}$ 限制了 Cd 的移动性而不利于水稻根对 Cd 的吸收,说明植物优先吸收自由状态的 Cd,而对重金属配合物的吸收上表现为缓效性(王芳等,2006)。

(4)Zn Zn 和 Cd 在元素周期表中处于同一族元素,具有相同的核外电子结构及相似的化学性质,在自然界中常常相伴而生。矿物开采中,Cd 作为锌矿开采的副产品被开采出来(Lassen et al. ,2003)。关于 Zn/Cd 在植物中的相互作用,目前国内外研究结论主要有拮抗和协同两种作用。

①拮抗作用 Cd 为非必需元素,而 Zn 为植物体必需元素,调节并参与多种酶的代谢活动,对植物正常生长起着重要的作用,由于 Zn 和 Cd 具有相似核外电子构型和化学性质,在植物对其吸收的过程中由于竞争关系形成拮抗效应(Kuikier et al. ,2002)。植物组织内 Zn 含量的增加会抑制 Cd 在细胞之间的传递。Hart 等用 Zn^{2+}、Cd^{2+} 处理两种小麦(*Triticum aestivum* L. 和 *Triticum turgidum* L. var. durum)的研究结果发现,两种小麦根部吸收 Zn^{2+}、Cd^{2+} 动力学曲线完全符合米氏方程中的竞争性抑制曲线,揭示了在根细胞质膜上存在一个可以同时结合转运 Zn^{2+}、Cd^{2+} 转运系统。目前关于 Zn、Cd 在植物体内的转运的拮抗机制研究主要集中在旱生植物,以水稻为材料的研究很少(Hart et al. ,2005)。

②协同效应 很多研究表明,Zn 可以促进植物对 Cd 的吸收。目前,关于协同效应的解释主要有三个方面,一是土壤 Zn^{2+} 的加入可以提高生物有效性 Cd 的含量,从而提高植物体中 Cd 含量。二是 Zn^{2+} 加入可以进一步破坏抗氧化酶系统,使植物吸收更多 Cd,在对不同浓度 Cd^{2+} 处理的水车前加入 Zn^{2+} 后,其体内的 SOD、POD、CAT 酶的活性均有不同

程度降低,并且随着 Zn^{2+} 浓度增大,酶活性逐渐降低,Cd 的含量也显著增加(Lasat et al.,2000)。三是从基因方面,Lasat 等克隆并筛选出编码 Zn 转运子的基因 ZNT1,并且证明 ZNT1 会增加植物对 Cd 的吸收,同时序列分析 ZNT1 所对应的 cDNA 同编码 Fe 转运子的基因 IRT1 具有较高的同源性(徐勤松等,2003)。

Zn-Cd 复合污染对植物影响是复杂的,出现不同的研究结果可能是土壤的质地、植物种类及结合部位、Zn/Cd 含量以及其比例等因素,具体机制还需要做进一步研究探讨。

(5)铁膜 湿地植物(含水稻)在其进化过程中产生了一系列适应浸水环境的特征,如植物的通气组织、根系的泌氧能力以及相关微生物活动,这些特性使得根际处于相对的氧化状态,还原性的锰、铁在根际会被氧化而在根表形成红棕色的铁锰氧化物胶膜,从而影响了植物对有毒的还原性物质的吸收。

水稻根表铁膜对介质中 Cd 的吸收及其在水稻体内的转移有重要作用,铁膜既可以促进,也可以抑制水稻根系对 Cd 的吸收,水稻根表铁膜的厚度决定起作用程度(刘敏超等,2001;Liu et al.,2008)。李花粉(1997)的研究表明,当根表铁膜较薄时,铁膜会促进水稻对 Cd 的吸收,在铁膜数量达到 20.825 Femg·kg^{-1} 根干重时,这种促进作用达到最大,而后随着铁膜数量的继续增加,铁膜反而会抑制水稻根系对 Cd 的吸收,原因可能在于根-铁膜界面的 Cd 的数量有限,吸附于铁膜外表的 Cd 需要经过解吸附跨越铁膜等复杂过程之后才能到达根表进而被根系吸收,故吸收反而下降。Liu 等(2008)通过对水稻的水培实验,发现铁膜中和植株中 Cd 的含量明显随营养液中铁的增加而降低,铁膜中 Cd 的比例明显低于植株中 Cd 的比例,认为铁膜不是阻止 Cd 的吸收和转运的主要屏障。Cd 的吸收和转运与植物的铁营养水平相关,植株中的高铁浓度会对过量的重金属造成耐性,因为在叶片中铁与重金属竞争代谢敏感位点。刘敏超等(2001)认为根表等铁膜是土壤中 Cd 进入水稻体内的界面,铁氧化物胶膜的物理化学性质直接影响土壤中的 Cd 进入植物体内。

(6)水稻品种之间 影响水稻吸收 Cd 的因素中,除了外在的环境因素外,水稻间的品种差异也是主要的因素,大量研究表明,不同水稻品种由于基因型的不同,而导致植物生理特性、形态结构的差异,最终表现在对重金属元素吸收和分配以及耐性上存在很大的差异(Cheng et al.,2005;Liu et al.,2003;Yu et al.,2006)。吴启堂等(1999)在对 20 多个品种水稻吸收积累 Cd 的研究发现,品种间积累 Cd 差异可达 1 倍以上,Hsu 和 Kao(2003)发现,相同 Cd 处理下,不同水稻品种根部分泌的脱落酸(ABA)也有很大差异,而 ABA 在水稻 Cd 耐性方面起到重要作用,从而造成耐性方面差异。对于同一品种水稻,不同器官对 Cd 的积累量也是有差异的,其中以根的积累量最强,一般以根>茎>叶>籽粒(或糙米)的顺序递减。对不同水稻进行研究发现,糙米中的 Cd 浓度和积累速率与水稻产量呈显著正相关(吴启堂等,1999;李坤权等,2003)。

(7)其他因素 此外,影响水稻吸收 Cd 的因素还有淹水时间、土壤类型及其有机质含量、其他金属元素(如 Pb、Cu 等)、微生物活动等。研究发现,长时间淹水或加有机质都会降低水稻土壤中可溶性 Cd^{2+} 浓度(Kashem et al.,2001b);土壤中不同类型和数量的有机质可以通过与重金属螯合成复杂的化合物影响 Cd 的可溶性,Zeng 等在三个污染田种植 138 个水稻品种,调查发现水稻对 Pb 和 Cd 的吸收呈显著负相关;Liu 等(2008)对铁膜的研究中发现,水稻对铁的吸收可以降低 Cd 毒害效应。土壤中存在由一些有机质(腐殖酸、多糖、糖醛酸、蛋白和 DNA 等)组成且具有重金属结合位点的胞外聚合物(EPS),研究发现在 pH 值范围为 4 ~ 8,EPS 上的 Cu、Cd、Pb 结合位点显著减少(Comte et al.,2008)。另外,根际微生物的活动也会影响到水稻对 Cd 的吸收积累,丛枝菌根真菌(AMF)可以减少水稻对 Cd 吸收,研究发现接种 AMF 的 Cd 积累要低于没有接种的植物(谢翔宇等,2013)。

6.1.5 砷在水稻中的吸收、运输和积累

砷是自然环境中普遍存在的一种变价元素,是一种无阈值类致癌物质,可导致人体皮肤癌等多类癌症,并可能诱发心血管和神经系统疾病(Liu et al.,2018;Wang et al.,2018)。砷在环境中无处不在,自然界中砷主要来自地壳,砷通常以无机化合物的形态(主要为毒砂)赋存于岩石中,平均浓度 <10 mg·kg^{-1}。随着岩石的风化,砷的无机含氧阴离子(如亚砷酸根和砷酸根)进入环境中,在环境中具有较强的地质背景特征。由于地理环境因素致使居民长期摄入过量砷,从而导致地方性砷中毒事件在世界各地均有报道,成为最突出的健康地质问题之一。矿山开采、肥料、农药和电池工业等人为活动,也会带来砷在环境水体和土壤中的污染和扩散,并通过用水和食物链等途径进入人体,威胁人类健康(Fendorf et al.,2010;Zhu et al.,2014)。

水稻是一类多熟农作物,大米是世界上消费最多的主食之一(Yu et al.,2019),它提供了人类所需 70% 的能量和 50% 的蛋白质(Kumarathilaka et al.,2018)。预计到 2050 年,大米产量需要增长 60% ~ 70% 才可以满足届时亚洲人口增长对主食的需求(Tian et al.,2006)。砷在大米中的含量普遍高于玉米等多种作物,大米中砷含量水平为几个到几百个 ng·g^{-1} 不等。在一些特殊的砷污染地区,大米中的砷含量可高达700 ng·g^{-1}(Xue et al.,2017)。已有研究证实大米和大米制品是导致全球范围内人口摄入过量砷的重要途径之一(Sohn et al.,2014),而南亚和东南亚人群风险最高(Meharg et al.,2009)。在欧洲和美国人群饮食结构中来自大米的砷摄入量仅次于海产品,位居第二(Fu et al.,2011)。已有研究发现食用含有砷的大米,会显著增加人类尤其是婴幼儿的癌症风险(Fakhri et al.,2018)。因此,如何在增加大米产量的同时,控制大米中的砷含量成为保障未来食品安全和控制健康风险的重要问题之一。

控制大米中砷浓度、减少人体砷摄入的方法有多种。最普遍、最直接的方法自然是降低水稻种植土壤中的砷含量(Ye et al.,2011);其次,也可以通过改进大米烹饪方式(Raab et al.,2009)等途径来减少砷的人体摄入;而更为经济有效的方法,则是通过水稻灌溉、施肥等农艺活动减少水稻对砷的吸收,降低大米中砷含量,这也是当前国际上农业科学、环境科学和食品安全等领域的前沿热点问题。不同的农艺活动在控制水稻吸收砷的过程中会受到复杂的环境因素作用,且存在不同程度的局限性,探索特定条件下合理的农艺活动以控制水稻对砷的吸收显得尤为关键。

综合运用多种农艺方法进行水稻耕作,是未来控制水稻对砷吸收的重要途径;新型农艺方法在控制水稻吸收砷过程中的应用,气候变化对大米中砷食品安全问题带来的深刻影响,以及砷形态非破坏原位与活体分析技术研究,是未来在全球尺度上更科学有效

地控制大米中的砷含量、降低人体健康风险的关键,也是我们面临的艰巨挑战和未来重点发展方向。

6.1.5.1　水稻中的砷形态及其健康风险

水稻可以吸收土壤中不同形态的砷,并在吸收和输送砷的过程中发生砷的形态转化。认识水稻中砷的浓度水平和形态特征,建立不同形态砷的分析方法,对于控制水稻中砷的含量、降低人体健康风险具有重要意义。

(1)水稻中砷的主要形态及含量特征　自然界中砷的形态复杂多变。目前,在环境和生物样品中已发现了近一百种不同的砷形态(Taylor et al.,2017)。在生物样品中,最常见的砷形态主要包括亚砷酸盐[As(Ⅲ)]、砷酸盐[As(Ⅴ)]、一甲基砷酸[MMA(Ⅴ)]、一甲基亚砷酸[MMA(Ⅲ)]、二甲基砷酸[DMA(Ⅴ)]、二甲基亚砷酸[DMA(Ⅲ)]、砷胆碱(AsB)、四甲基砷(Pradeep et al.,2012)。砷形态受砷的原子结构特征和配位原子特性影响,当参与生物代谢过程时,每个砷原子可与C(甲基)、O和(或)S(硫醇)等元素(基团)共享3个或5个电子。砷的形态也与其所处的生物环境相关,在不同条件下还会发生形态转化。

大米中存在As(Ⅲ)、As(Ⅴ)、DMA(Ⅴ)、MMA(Ⅴ)和AsB等几种典型的砷形态(Zhao et al.,2013;Williams et al.,2005)。一项对巴西大米中砷的研究发现了5种砷形态,其含量范围为 $8 \sim 88$ ng·g^{-1},是总砷浓度的 $3.6\% \sim 39\%$(Batista et al.,2011)。此外,有研究比较了印度、日本和泰国大米中砷的形态,发现大多数大米样品中含有砷 $(25.81 \sim 312.44$ ng·g$^{-1})$,其中包括 $3.54 \sim 25.81$ ng·g^{-1} 的AsB、$9.62 \sim 194.93$ ng·g^{-1} 的As(Ⅲ)、$17.63 \sim 78.33$ ng·g^{-1} 的As(Ⅴ)、$9.47 \sim 73.22$ ng·g^{-1} 的MMA(Ⅴ)以及 $13.43 \sim 101.15$ ng·g^{-1} 的DMA(Ⅴ)(Mandal et al.,2007)。除了这5种砷形态,也有报道揭示了大米中含有四甲基砷(Tetra)等其他砷形态,约占大米中总砷浓度的 5.8%(Hansen et al.,2011)。此外,水稻也可以通过甲基化降低无机砷的毒性(Quaghebeur et al.,2003;Raab et al.,2005)。

(2)砷的毒性特征及大米砷摄入特征　砷的毒性与其化学形态密切相关。通常来说,As(Ⅲ)毒性高于As(Ⅴ),无机砷毒性高于有机砷,这是由于无机砷更容易与细胞中的含巯基酶结合,影响细胞的代谢和生理功能。砷的毒性通常随其甲基化程度升高而降低(Leermakers et al.,2006),这也表明甲基化代谢产物(如MMA和DMA)可能是生物的解毒产物。一些有机砷,如DMA(Ⅴ)和MMA(Ⅴ),可诱发氧化性组织损伤或直接干扰细胞分裂过程,具有致癌性(Halder et al.,2014)。

通过食用大米及其加工食品,人体可以摄入不同水平和不同形态的砷。世界卫生组织对大米中无机砷的含量限制值为 0.2 mg·kg^{-1},然而,由于每个地区地质背景和人群饮食结构存在差异,故而不同人群通过食用本地大米带来的砷暴露风险也不同。研究发现巴西几个不同地区人群从本地大米中摄入的无机砷可达到每日人体临界耐受摄入量的 10%(Batista et al.,2011)。人体中砷的形态与大米中的砷形态有关,研究发现人体的尿液和血液中的AsB和大米中AsB浓度呈正相关(Mandal et al.,2007)。因此,随着每个地区大米中砷的含量、形态、毒性以及人群饮食结构的差异而产生的健康风险问题已成为不可忽视的食品安全和健康风险问题之一,对大米中的砷标准制定和砷的健康风险评价需要综合考虑不同地区以及大米中砷的形态差异。

(3)砷形态的典型分析方法　化学破坏分析和原位形态分析是两类重要的砷形态分析方法,在环境和生物样品的砷形态分析中有广泛应用,两类方法各具优势,也都存在一定的局限性。

化学破坏分析法的主要原理是将样品中的砷化学提取到溶液中并通过联用技术进行定性和定量检测,如气相色谱-原子吸收光谱、气相色谱-原子荧光光谱、气相色谱-微波诱导等离子体发射光谱、气相色谱-电感耦合等离子体质谱、高效液相色谱-电感耦合等离子体质谱,其优点在于可以对 ng 级别的砷形态进行精确的定量分析,是比较主流和成熟的砷形态分析技术。但化学破坏分析法存在以下几个局限性:首先,化学提取会带来砷的形态转化,导致分析失误。例如,DMMTA 的毒性与无机砷相当,而普通的酸提取会将 DMMTA 转化为 DMA(V)(Dixit et al.,2015)。如果提取介质的 pH>7.2 时,As(III)可能会被氧化为 As(V)(Meharg et al.,2002)。有研究表明2%的酸提取浓度可以有效降低大米中的砷形态转化(Maher et al.,2013)。从植物中提取砷形态时,一些砷的络合形态可能会发生改变,例如 PC-As(III)复合物可能游离成植物螯合素(PC)和游离As(III)(Meharg et al.,2002)。其次,色谱技术对于某些砷形态的分离能力有限,从而导致将多种砷形态错误地记入同一种砷形态的定量数据中。如采用阴离子交换色谱进行砷形态分离时,四甲基砷和 As(III)会共洗脱,造成两种形态被错误地定性和定量分析。

与化学破坏分析法相比,原位形态分析技术如 X 射线吸收光谱(XAS)技术可以在不破坏化学样品的情况下获得砷与周围原子的配位特征以及样品中砷的形态及其质量分数(Pickering,2000)。近年来 XAS 技术在地质、环境和生物样品中 As 的原位形态定性和定量分析中有广泛应用,例如已有研究应用 XAS 技术分析了超富集蕨类植物中 As 的形态,并揭示了 As(III)在蕨类植物体内可以转化为 As 的巯基结合态(Webb et al.,2003)。XAS 技术也存在一些挑战,如样品中砷含量较低时,难获得高信噪比的 XAS 谱图,含量较低的砷形态可能在线性拟合中误差较大,某些不同形态的砷可能具有十分接近的 XAS 特征谱图,也会给定性分析带来一定的挑战。

水稻中砷的吸收和代谢,以及砷的毒性都与砷的形态密切相关,因此水稻中砷的形态分析技术对研究水稻吸收砷及砷的人体健康风险具有重要意义。由于大米中的砷浓度通常<300 ng·g^{-1},而部分形态的砷浓度只有几个 ng·kg^{-1},这为大米中砷的形态分析带来一定的挑战。

6.1.5.2　水稻对砷的吸收和输送机制

水稻对砷存在特殊的吸收、输送和解毒机制,了解砷从土壤进入水稻根系、向上输送并进入籽粒中的途径,是控制水稻对砷的吸收、减少大米中砷含量的重要前提。

(1)铁膜在水稻吸收砷过程中的作用　根是水稻吸收砷的主要部位,为适应厌氧环境,水稻非常容易在根表形成一层金属氧化膜(Fu et al.,2010),主要为赤铁矿(α-FeO)、磁赤铁矿(γ-FeO)、针铁矿(α-FeOOH)、纤铁矿(γ-FeOOH)和无定形氢氧化铁等,称为铁膜或铁斑块(Zhang et al.,2012)。铁膜本身的形成受到复杂因素的影响,铁膜的形成对砷进入水稻起着决定作用。

首先,铁膜的形成能力与根系泌氧水平及根际氧化还原条件有关。根际铁氧化过程受到根系泌氧水平的影响（Wu et al. ,2012；Yang et al. ,2014），而高根系泌氧基因型的水稻可诱导更多的铁膜（Wu et al. ,2011；Wang et al. ,2013）。由于不同的生长时期水稻根系的泌氧水平不同，根系铁膜含量也存在差异。例如根系泌氧从分蘖期到抽穗期迅速增加，但在灌浆期显著减少，导致成熟期铁膜显著减少（Wang et al. ,2013）。也有研究发现铁膜的形成与硫代硫酸盐歧化反应生成的硫化物还原有关（Li et al. ,2018）。当土壤由淹水环境转为干燥环境时，土壤基质从还原性条件转变为好氧性条件（Yamaguchi et al. ,2014），可溶性二价铁被氧化成不溶性三价铁氧化物，减少了可溶性铁离子对根际的供应，抑制了铁膜的形成（Chen et al. ,2008；Du et al. ,2013）。

其次，铁膜在水稻吸收砷的过程中可以对土壤中的砷起到吸附、屏蔽或缓冲作用。铁膜对很多金属和类金属都具有很好的吸附能力。多项研究发现铁膜中 Cd、As、Sb、Hg、Se、Pb 等与 Fe 浓度呈显著正相关（Chen et al. ,2008；Du et al. ,2013；Liu et al. ,2019；Liu et al. ,2019；Huang et al. ,2012）。铁膜对砷的吸附作用主要机制是，铁膜中的铁氧化物/氢氧化物与砷有很强的亲和力，它在砷进入根系之前将砷吸附，从而减少根系吸收。水培条件下，水稻根系铁膜的形成可以显著降低水稻对砷的吸收（Chen et al. ,2005；Xu et al. ,2008）。水稻根表铁膜可以吸附约 73% ~ 90% 的砷，是水稻植株吸收和转运砷的屏障（Syu et al. ,2013；Lei et al. ,2011；Wu et al. ,2016）。然而，也有研究发现，虽然随着根表铁膜数量的增加，根际砷浓度也随之增加，而水稻中的砷浓度并没有增加，说明铁膜是砷进入水稻体内的缓冲带（Liu et al. ,2004）。铁膜对不同形态砷的吸附能力存在差异。与 As(Ⅲ) 相比，氧化物对 As(Ⅴ) 有较高的亲和力，在缺氧土壤条件下，As(Ⅴ) 与 Fe(Ⅲ)、Fe(Ⅱ) 离子的快速共沉淀有利于 As 的固定，防止其还原为 As(Ⅲ)，因此 As(Ⅴ) 在土壤溶液中的生物利用度较低（Farooqa et al. ,2016）。研究表明 As(Ⅲ) 是淹水条件下土壤中主要的砷形态，但铁膜吸附的 As(Ⅴ) 约占总砷的 78%（Seyfferth et al. ,2010；Liu et al. ,2006），表明铁膜可以更有效吸附 As(Ⅴ)。

（2）砷在水稻中的吸收转运、向上输送和进入谷粒的特征及影响因素　在水稻根系中，砷主要通过共用 Si、P 等重要营养元素的转运体进入根中，不同形态的砷具有不同的转运体。As(Ⅴ) 作为磷酸盐类似物通过 OsPT8 等 PO_4^{3-} 转运体被吸收。而 As(Ⅲ) 可以通过 $Si(OH)_4$ 转运体，如水蛋白通道 OsNIP2;1(Lsi1)，被水稻吸收（Jian et al. ,2008）。部分甲基砷，如 DMA(Ⅴ) 和 MMA(Ⅴ)，也可以被 $Si(OH)_4$ 转运蛋白吸收。水稻根部对甲基砷的吸收能力低于对无机砷的吸收能力。

不同形态的砷的向上输送通道和输送速度存在差异。砷在水稻中的向上输送也是通过共用转运蛋白发生，水稻中 Lsi1 和 Lsi2 两种 Si 转运蛋白都可以介导硅酸从根细胞通过质外体沿中柱向芽的输送，也因此可以向上输送 As(Ⅲ)（Jian et al. ,2007；Ma et al. ,2006）。有研究发现与巯基结合的还原形态砷在植物中通过液泡膜和囊泡向上运输（Schat et al. ,2006；Duan et al. ,2005）。有机砷在植物体内的向上输送效率高于无机砷（Andrea et al. ,2007）。

砷进入水稻谷粒的过程会受到水稻中砷的形态、水稻中其他元素含量、水稻的生长时期以及土壤中砷的含量影响。首先，不同形态的砷在谷粒中的输送和装载效率存在差异。韧皮部是 As(Ⅲ) 向籽粒运输的主要组织，在韧皮部和木质部，有机砷比 As(Ⅲ) 的流动性强得多。韧皮部也会拦截砷进入籽粒,有研究发现韧皮部节点拦截了 90% 的砷(Carey et al. ,2010)。其次,植物体中的营养元素也会影响砷向籽粒的转移,例如茎中氮浓度升高时,砷从茎到籽粒中的转运系数降低(Bhattacharyya et al. ,2003;Islam et al. ,2004)。同时,在水稻不同的生长发育阶段,谷粒中砷的装载途径也不同。有研究发现水稻开花前吸收的砷主要通过韧皮部由茎叶组织运输到达籽粒,而开花后吸收的砷主要通过木质部运输到达水稻籽粒(Liu et al. ,2017)。此外,水稻籽粒中的砷浓度也与土壤中砷的浓度有关。在土壤砷含量较低时,谷粒中砷含量随着土壤中砷浓度增加而增加,在土壤砷浓度较高时趋于稳定(Adomako et al. ,2009;Lu et al. ,2009),这是由于砷浓度的增加使水稻某些代谢活动受到干扰,从而阻碍了砷向籽粒的装载(Adomako et al. ,2009)。

6.1.5.3　土壤中影响水稻吸收砷的因素

水稻从土壤中吸收砷的能力主要与土壤中砷的浓度、形态和生物有效性有关,受到 pH 值、氧化还原特征、土壤有机质结构、共存元素以及水稻品种等因素的影响(Smith et al. ,1998;Marin et al. ,2003;Yamaguchi et al. ,2011;Toxicology et al. ,2001)。

(1)土壤 pH 值和氧化还原条件对土壤环境中砷的形态和可迁移性的影响　土壤 pH 值和氧化还原条件在不同的地域存在很大差异,它们可以决定土壤中砷的主要形态,从而决定着土壤中砷的生物有效性和可迁移性。

首先,土壤 pH 值和氧化还原条件都会影响土壤中砷的主要形态,从而影响水稻对砷的吸收。在氧化条件下,砷酸(H_3AsO_4)是 pH<2 时的优势形态,H_2AsO^- 和 $HAsO_2^{4-}$ 是 pH 值在 2~11 范围内的优势形态。在还原条件下,亚砷酸(H_3AsO_3)是优势形态,在较低的 pH 值水平下转化为 $H_2AsO_3^-$,在较高的 pH 值水平下(pH>12)转化为 $HAsO_2^-$(Smedley et al. ,2002;Bissen et al. ,2003)。因此,不同地区的水稻田 pH 值和氧化还原条件直接决定了砷在进入水稻根系之前的主要形态特征。

pH 值会影响砷在土壤中的吸附和释放。通常,土壤酸化时,铁和铝氧化合物的溶解会促进砷的释放和迁移(Signes-Pastor et al. ,2007),从而促进水稻对砷的吸收。然而,也有研究发现高 pH 值会促进水稻对砷的吸收。例如在 pH=6.5~8.5 时,土壤 pH 与水稻籽粒总砷浓度呈正相关(Ahmed et al. ,2011)。这是因为高 pH 值会引起负表面电荷,从而促进 As(Ⅲ)和 As(Ⅴ)在土壤溶液中的解吸。同时,在 pH 值相对较高时,土壤黏土含量较低,也会促进砷的释放(Li et al. ,2009)。pH 值对不同形态的砷在固液中的分配也存在差异。流动相的 pH 值不仅影响着流动相缓冲盐的组分构成,也影响着不同形态砷化合物的离子形式,在液相分离过程中起着至关重要的作用(董会军等,2019)。例如,与 As(Ⅴ)相比,As(Ⅲ)更容易从土壤固相释放到土壤溶液中,在低 pH 值条件下,两者溶解度有很大差异(Yamaguchi et al. ,2011)。与 As(Ⅲ)相比,As(Ⅴ)在土壤-溶液体系中的分配更容易受到 pH 值的影响(Dixit et al. ,2003)。

土壤氧化还原条件也会影响砷的吸附和释放。还原条件下水稻根际的砷溶解度更高,导致水稻中含有更高浓度的砷(Ara et al. ,2009;Xu et al. ,2008)。在 Eh 降低时,土壤中的 Fe 在铁还原菌的联合作用下发生还原溶解(Zobrist et al. ,2000),吸附在铁氧化物上的砷被解吸并释放到根际溶液中(Nickson et al. ,2000)。

(2)土壤有机质对砷的吸附和释放的影响　土壤中的有机质分子大小、结构、官能团特征和溶解性存在很大差异,不同的有机质对水稻吸收砷的过程有不同的影响。天然有机物的存在主要通过竞争有效的吸附位点、形成络合物、改变位点表面的氧化还原化学性质和砷形态来控制砷的吸附和释放(Wang et al.,2006)。

首先,土壤有机质可以通过从氧化物表面抢夺砷的吸附点位,从而导致砷在土壤溶液中的释放。金属氧化物与土壤有机质具有很强的亲和力,可与—COOH、苯酚/邻苯二酚的 —OH 官能团发生配体交换反应,与砷竞争吸收位点(Weng et al.,2009;Redman et al.,2002;Grafe et al.,2001),造成砷的解吸和释放。例如,腐殖质在赤铁矿和针铁矿上与砷存在共同的吸附点位,从而导致砷从赤铁矿和针铁矿表面解吸下来。腐殖质还可以通过非生物氧化还原促进砷从土壤中释放(Blodau et al.,2006;Kappler et al.,2009)。

其次,有机质对砷具有很高的亲和力,可以形成有机质-砷的络合物(Paikaray et al.,2005;Williams et al.,2011;Kathleen et al.,2007)。例如,可溶性腐殖质可以直接与 As(V)(Sigg et al.,2006;Warwick et al.,2005)或 As(III)络合(Liu et al.,2010)。另外,一些有机质具有发达的孔结构,可以通过物理吸附促进砷扩散到孔中(Khan et al.,2014)。例如,生物炭含有可通过表面络合控制砷吸附的氧化官能团(即醇、酚和羧基)(Beiyuan et al.,2017)。已有研究发现腐殖质、铁和 As(III)或 As(V)的三元络合物形成的桥接作用是控制砷络合形态的主要机制(Cai et al.,2011)。土壤中的 pH-Eh 可以通过与腐殖质相关的 FeOOH 或 MnOOH 的还原性溶解将砷释放(Reza et al.,2010)。

有机质对砷的络合可能会增加,也可能会降低砷的生物可利用性。例如,溶解性有机质在土壤中具有很好的迁移能力,它将原本被吸附的砷抢夺下来后,促进了砷的可移动性。但是溶解性有机质与砷络合所形成的不溶性复合物也会降低土壤溶液中砷的生物可利用性(Das et al.,2008)。

(3)土壤环境中的共存元素对水稻吸收砷的影响　水稻的生长和代谢需要多种元素参与,如 P、Si、S、Fe、Mn 等,这些共存元素可以和砷发生竞争或协同吸收作用,对水稻吸收砷的影响也是不可忽视的。

首先,由于水稻中不同形态的砷有不同的吸收通道,与砷共用通道的物质都可能与砷的吸收形成竞争关系。由于 As(III)和 As(V)会分别与 $Si(OH)_4$ 和 PO_4^{3-} 共用相同的吸收通道,Si 和 P 与砷存在竞争吸收关系(Jiang et al.,2014)。同时,还有一些可以共用 Si 和 P 吸收通道的元素如硒[Se(IV)](Zhao et al.,2010;Zhang et al.,2014),也与砷存在竞争吸收关系。研究也证实培养液中添加 Se(IV)能显著降低砷在水稻幼芽中的积累(Younoussa et al.,2018)。

其次,在水稻生长过程中,很多氧化还原过程与一些特殊的元素或物质相关,它们通常与砷的形态转化密切相关,且受到的影响因素也较为复杂。如硫的生物地球化学过程在水稻生长环境中的氧化还原条件的周期性变化中有主导作用,水稻生长季节长期淹水导致土壤缺氧,可以加剧硫代硫酸盐歧化反应,改变砷的形态。Mn 和 Fe 在水稻土壤中也可以参与氧化还原反应。砷污染稻田土壤中的锰氧化物可能通过 FeOOH 的还原溶解而阻碍高迁移率 As(III)的释放(Ehlert et al.,2014;Lafferty et al.,2010)。在水稻根部形成的锰斑块可能会更容易促进水稻根际中的 As(III)氧化(Liu et al.,2005)。

另外,有些元素对砷在水稻中的解毒能力有重要作用。如硫在某些砷解毒的蛋白质表达过程中有重要作用,可以介导木质部的 As(Ⅲ)外排。硫还可以促进水稻根中植物螯合素(PC)和谷胱甘肽(GSH)的形成(Zhang et al. ,2011),与砷络合并进行液泡隔离(Zhao et al. ,2008)。水稻中 NO 的抗氧化能力可以抑制活性氧,保护细胞免受非生物胁迫(Wang et al. ,2005)。外源供应的 NO 对水稻砷诱导的毒性有显著的抗性,并且对砷诱导的氧化应激有改善作用(Singh et al. ,2009)。

此外,一些其他的共存毒性元素可能会干扰到植物的生长和代谢,从而抑制水稻对砷的吸收。例如有研究发现 Hg^{2+} 对 As(Ⅲ)和 As(Ⅴ)的吸收均有抑制作用,但是这种抑制作用可能是 Hg 对植物带来的应激反应导致的,而非 Hg^{2+} 与 As(Ⅲ)和 As(Ⅴ)对水通道蛋白的竞争作用导致(Meharg et al. ,2002)。

6.2 水稻根表铁锰氧化物膜对其重金属吸收影响的研究

铁膜是水生植物适应淹水环境的重要机制之一。20 世纪 60 年代,在研究水生植物和沼泽植物的根系氧化活性时,发现根部周围有铁的氧化物存在,并在根际形成了铁氧化的"边界"。水生植物根表铁膜的形成与其根际微环境密切相关。首先,水生植物根系在长期进化过程中形成了发达的通气组织(Colmer,2003),使大气中的氧气进入到植物根系,而且根部有径向渗氧的能力,使根系处于相对氧化状态,从而逃避缺氧胁迫。其次,地壳中大量存在的铁、锰元素在淹水条件下,由于物理化学和生物作用,高价态的铁、锰氧化物被还原,使土壤中的铁、锰的低价离子增加,在根际氧化作用下形成铁、锰的氧化物或氢氧化物,聚集在根表面形成富含铁、锰元素的氧化物胶膜,因铁元素占主要成分,故简称铁膜(刘春英等,2014)。张西科等(1996)用营养液培养法研究了水稻铁膜对锌吸收的影响;衣纯真等(1994)研究发现水稻根部的积累的铁氧化物和铁膜厚度与水稻镉含量正相关。近年来,越来越多的研究表明,根际铁膜在水稻等水生植物金属元素下手转运中发挥着重要作用。

6.2.1 铁膜的形成、形态与分类以及分布特征

6.2.1.1 铁膜的形成

铁膜的形成需要具备两个大条件:①铁、锰的大量存在;②氧化环境的存在(刘文菊等,2005)。铁元素在地壳元素排行中第 4,虽然大部分为 Fe^{3+} 氧化物,但在氧化还原电位为 120 mV 左右时会被大量还原为 Fe^{2+}(何春娥等,2004),锰在地壳中含量为第 10,丰度仅次于第一大过渡元素铁。在湿地土壤中(氧化还原电位一般为 0 ~ 200 mV)中铁主要以低价形式存在,但土壤锰氧化还原的临界氧化还原电位在 300 ~ 700 mV。而在水稻根际由于 Fe^{2+} 较 Mn^{2+} 容易被氧化,所以铁、锰氧化物胶膜仍以铁胶膜居主要地位,而锰胶膜相对较少(袁可能,1983);而通气组织输送的 O_2 为水生植物根际有氧呼吸提供了条件。研究发现,植物的根系氧化力主要来自 4 个方面(Neubauer et al. ,2007):①通气组织和根系渗氧为其提供了 O_2;②根系氧化酶(过氧化物酶、过氧化氢酶、超氧化物歧化酶、谷胱甘肽过氧化物酶等)的存在;③氧化性物质和有机酸(过氧化氢、乙醛酸、草酸、甲酸等)的存在,有机酸在酶的作用下可分解形成 CO_2 等;④氧化性微生物(铁氧化细菌、甲烷氧化

细菌等)的存在。

铁膜形成也受根际环境(CO_2、pH 值、锰元素等)以及水分和植物种类等因素的影响。Wang 等(1999)发现,CO_2 促进除根尖外根系铁膜的形成。在水培条件下,过量的 CO_2 易于形成针铁矿,无 CO_2 或低 CO_2 时 Fe^{2+} 快速氧化和水解形成纤铁矿。在一定 pH 值(3 ~ 6)范围内,水培的植物铁膜数量与 pH 值正相关。研究发现,芦苇生长在 pH 值较高(6.0)条件下形成的铁膜较厚,pH 值较低(3.5)时形成的铁膜相对很薄(Batty et al.,2000)。然而,在土培时,两者不具备相关性。锰元素的存在也增加了铁膜的吸附能力,锰的氧化物虽然在铁膜中所占比例不大,但锰膜比铁膜的表面活性和催化能力更强,对重金属的吸附更大(Ye et al.,2001)。

水分条件对铁膜的影响主要因为非淹水土壤处于好气状态,植物向根系输送的 O_2 少,铁的有效性差,淹水条件时根际铁主要分布于根表铁膜,干旱条件则主要集中在根组织中。吕世华等(1999)发现,不同土壤水分影响铁膜数量分布顺序依次为淹水>干湿交替>湿润。不同的植物种类其根表铁膜也存在差异,铁耐性的单子叶植物形成铁的氢氧化物组成的红色铁膜,且分布从根尖到根基部逐渐增厚,具有区域性和颜色的渐进性;铁敏感的双子叶植物根表铁膜为铁-磷的淡黄色化合物,并均匀分布根表。对于相同的植物不同品种间形成的铁膜数量差异也很大,刘敏超等(2001)发现 14 个水稻品种间根表铁膜的数量相差 2.6 倍。不同品种水稻通气组织和泌氧能力的差异是影响铁膜形成的关键因素(Wu et al.,2012);在植物的不同生长阶段铁膜数量也有差异,植物生长的旺盛期形成的铁膜数量最多,生长后期根系老化,泌氧能力下降,铁氧化物被还原,铁膜作用退化。

6.2.1.2　根系铁膜形态与分类

研究发现,植物根表铁膜主要由结晶态和无定型态氧化物和氢氧化物组成,Bacha 等(1977)利用 X 射线衍射技术发现水稻铁膜的主要成分是纤铁矿和针铁矿等结晶态物质;Hansel 等(2001)利用 X 射线吸收光谱技术发现藕草和香蒲的根表铁膜由结晶态水铁矿、针铁矿、菱铁矿和纤铁矿组成;Liu 等(2006)采用 X 射线吸收近边结构和 X 射线吸收精细结构谱技术分析水稻根表铁膜形态。结果表明,80% 以上是水铁矿,剩下为针铁矿。与此同时,利用扫描电镜发现香蒲的细胞表面和胞间沉积的铁膜的主要成分为无定型态的铁。室内培养一般以磷酸铁的形式存在,而在田间培养条件下一般为碳酸铁含量较高(Batty et al.,2000)。温度较高时更易形成结晶态的铁。但无论是结晶态还是无定型态,其共同点是均认为三价铁是铁膜的主要成分。

6.2.1.3　铁膜在植物根系分布特征

根表铁膜分布存在分生区少、成熟区多的特征。研究发现,在幼嫩的主根根尖和新生根毛上一般铁膜形成较少或没有铁膜,铁膜主要分布在成熟的根系表面,并且向根际土壤扩展 15 ~ 17 μm(Batty et al.,2002)。电镜观察结果显示,铁膜在根表的沉积可以分为光滑型和粗糙型两类。光滑型为铁的氧化物在根表皮细胞壁外形成光滑中空的多面体;粗糙型则是根系的外部细胞沿切向壁向内塌陷,铁的氧化物和土壤颗粒填充破裂的细胞壁,形成不规则表面粗糙的铁细胞。目前,研究认为粗糙型是根表铁膜主要存在形式。Lee 等(2013)用显微镜观察水稻根表铁膜,发现其主要附着在外表皮细胞,向内渗透到皮质或者通气组织,但很少到内皮层。然而,Batty 等(2000;2002)发现,芦苇的铁膜并不渗入细胞和组织中,而是不均匀分布沉积在细胞外。目前,对于铁膜的沉积模式说法不一,可以推测,铁膜的具体形态可能与根际多种环境因素相关,如植物种类,土壤类型,根际微生物活动等,因此关于植物根表铁膜的沉积模型还有待进一步研究。

6.2.2 铁膜对水稻重金属镉、砷吸收转运的影响

铁膜是水生植物根系重金属的吸收屏障(障碍层)。铁膜是一种两性胶体膜,电荷来源于表面基团对质子的吸附解析,铁膜中的氧化物和氢氧化物与自然界中的氧化物有类似的化学性质,有很高的比表面积和 —OH 官能团具有明显的化学吸附效应,并表现出一定的氧化还原作用,能与重金属离子和阴、阳离子作用,铁膜可通过离子之间的吸附解吸、氧化还原、有机无机的络合等作用改变根际环境中重金属阳离子和养分的存在形态,从而影响这些离子的生物有效性(Robinson et al.,2006;Hinsinger et al.,2006)。

根表覆有铁膜是水生植物适应胁迫环境的适应机制之一,植物在拮抗重金属毒害方面主要有外在抗性机制和内在抗性机制两大类。根表淀积的铁膜从两个方面均能减轻重金属对植物的毒害:外在抗性机制方面,铁膜能将有害元素吸附、沉淀固定根系表面,将其阻止在细胞以外;内在抗性机制方面,铁膜提供并促进有益元素进入植物体内,与重金属竞争代谢敏感位点。同时,因为 Fe^{2+} 氧化过程中释放 H^+,降低根际 pH 值,提高根际土壤可交换态以及有机态重金属的含量,影响重金属和有害元素的形态转化和迁移过程。

铁膜起着根系重金属元素的过滤器的功能。根表铁膜能通过物理吸附和化学沉淀的方式阻碍重金属元素吸收和转运。研究表明,铁膜既可通过化学作用(如活化的 H^+ 竞争吸附位点等)吸附游离态的金属离子,又可作为物理屏障阻碍重金属离子进入植物根系细胞内部;另一种认为,根表铁膜对重金属并不能阻碍吸收,甚至起到促进作用,因为铁膜的存在抑制了根的生长,不利于植物的生长发育,如 Ye 等(1997a,1997b,1998)研究发现,香蒲幼苗覆盖的铁膜并没有提高植物对重金属的耐性,也没有利于其生长;还有一种观点认为,根表铁膜对重金属的抑制用与铁膜厚度以及根际微环境有关,铁膜对锌元素的作用确实证明了这一点,而且当根际 pH 值较低时,根系周围存在大量的 H^+ 将与其他金属离子竞争电荷位点,从而有效抑制金属离子的吸收。

锌作为植物的必需营养元素,植物主要吸收 Zn^{2+}。植物对锌的吸收一般随着铁膜的增加,先增加后减少。Otte 等(1989)在研究根表铁膜影响盐生植物(如紫菀)锌的吸收时发现,在一定范围内,随铁膜厚度的增加,锌吸附量不断增加,铁膜厚度将会大于 $2\,000\ \mu mol \cdot cm^{-1}$,锌在铁膜上的富集就会减少,植物的吸收量也随之下降。Zhang 等(1998)等研究发现,如果根表铁膜数量超过 $12.1\ g \cdot kg^{-1}$ 时,水稻对锌的吸收量逐渐减少,超过 $24.9\ g \cdot kg^{-1}$ 时,锌的吸收量反而低于无铁膜时。因为在铁膜表面有较多的负电荷,增加了锌的附着位点,铁膜成为锌的富集库,但当铁膜增厚时,锌虽然增多了但锌要被活化吸收要经过解吸附和跨膜等复杂过程,所以植物锌的吸收量反而下降。

Liu 等(2007)、刘敏超等(2001)发现,根表铁膜能影响水稻对镉的吸收。当根表铁

膜较薄时促进水稻对镉的吸收,随着铁膜厚度的增加,铁膜开始抑制对镉的吸收。刘文菊等(1999)通过水培实验也发现,水稻根表铁膜对介质中镉吸收及其在水稻体内的转移起重要作用,既可促进也可抑制水稻根系对镉的吸收。Liu 等(2007a)通过对水稻的水培实验发现,铁膜及植株中镉含量与营养液中铁浓度负相关,植株中镉的含量明显高于铁膜中镉的含量,认为在镉的吸收和转运的过程中与植物的铁营养水平相关,在叶片中铁与重金属竞争代谢敏感位点,根组织本身比根表铁膜起到更重要的屏障作用。Liu 等(2007b)还发现,营养液中供应磷不影响镉在铁膜上的吸附,但显著提高了水稻根中和地上部镉的含量,加铁后减弱了磷对水稻根中和地上部镉累积程度。

砷是一种类金属,单质砷无毒性,砷化合物均有毒性。As^{3+} 比 As^{5+} 毒性大,约为 60 倍,砷对铁的氧化物有高度的亲和性,铁膜对 As^{3+}、As^{5+} 均有较强的吸附能力。Norra 等(2005)发现,可移动的砷大都与铁的氧化物或水合铁矿吸附或者共沉淀结合在一起。铁与砷在植物吸收上高度相关,根系中砷浓度与铁膜及根中铁的浓度达到显著水平,地上组织中砷、铁的浓度的相关系数为 0.907。紫菀曾被称为"沼泽植物过滤器",在沉积、过滤重金属和非金属中根际氧化形成的铁膜起了至关重要的作用。Doyle 等(1997)发现,盐生植物紫菀根际氧化作用形成的铁膜可通过氧化还原反应将毒性强的 As^{3+} 转化为 As^{5+},降低植物毒害作用。关于铁膜对于 As^{3+} 和 As^{5+} 的吸附程度,刘文菊等(2005)和 Chen 等(2005)均发现,水稻根系铁膜对 As^{5+} 有更强的吸附能力。As^{3+} 大多集中在水稻根组织,而 As^{5+} 集中在根表铁膜中,这种不同的吸附部位和程度,使得铁膜作为重金属吸收的屏障,减少水稻根系砷吸收量。

6.3　钝化剂和叶面肥对水稻生长和重金属吸收的影响

6.3.1　土壤原位钝化剂

原位钝化技术是指向土壤中添加钝化材料,通过改变土壤 pH 值、氧化还原电位和根际微生物反应等条件来改变重金属赋存形态,降低其生物有效性,从而减少其在农产品中的累积。因其应用简便易行和效果确切成为目前广泛应用的实用技术。钝化材料的研发、筛选和应用受到广泛重视(见图 6-1)。

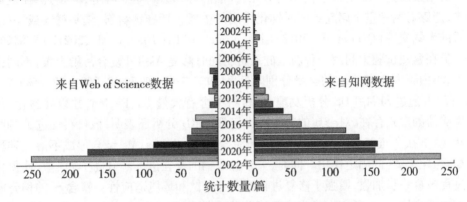

图6-1　近20年土壤钝化剂研究的文献发表趋势

6.3.1.1 钝化剂种类

重金属钝化剂种类繁多,主要分为无机钝化剂、有机钝化剂、新型钝化材料和复合型钝化剂(徐持平等,2018),如何根据区域气候–土壤–作物条件,选择高适配和高效率的钝化材料成为实际应用中的难题。

(1)无机钝化剂　土壤重金属无机钝化剂通常包括含硅、钙、磷、硫和铁等元素的材料。最常见的 Cd 钝化剂包括含 Ca 物质、含 P 物质、含 Si 物质、金属氧化物和黏土矿物等。石灰等含钙物质主要是通过升高土壤 pH 值以及通过自身水解产生 OH^- 和 CO_3^{2-},与 Cd 形成氢氧化物沉淀、碳酸盐沉淀或金属氧化物等溶解度较低的化合物,降低 Cd 的生物有效性。此外,丰富的 Ca^{2+} 能够与 Cd^{2+} 形成竞争机制,减少作物对 Cd 的吸收(Zhu et al.,2016;Luo et al.,2020)。无机类含 P 材料对 Cd 也有较好的钝化效果,其钝化机制主要包括提高土壤 pH 值,或通过离子交换、表面络合、溶解和沉淀等相互作用形成难溶的金属正磷酸盐,含磷酸盐的矿物还能通过吸附或同晶替代固定 Cd(Tan et al.,2022)。单硅酸盐和硅肥等含硅材料能够将土壤中的有效态 Cd 转化为有机结合态和残渣态 Cd,降低其生物有效性。此外,施硅还能够降低 Cd 在作物组织质外体以及共质体中的运输(Adrees et al.,2015),进入植物体内的多硅酸和硅溶胶能吸附 Cd,减少其在细胞膜上的流动,单硅酸也可以直接沉淀土壤溶液和植物组织液中的 Cd^{2+}(Adrees et al.,2015;Klotzbücher et al.,2015);金属及其氧化物,常见的包括零价铁和赤泥等在土壤中能够通过水解反应提高 pH 值,还能够在作物根系表面形成铁膜,阻止根系对 Cd 的吸收,因其较大的比表面积和特殊的两性性质,可通过专性吸附和共沉淀来钝化 Cd(Qiao et al.,2018);沸石和海泡石等黏土矿物因其大量可交换阳离子以及较大比表面积,可以通过离子交换和共沉淀的方式固定 Cd(李英等,2021)。As 的化学性质与 Cd 相反,利用升高 pH 值来降低活性的方法对 As 反而会有活化作用。因此,常见的石灰类材料、普通生物炭和黏土矿物等对阳离子重金属钝化效果显著的材料并不适用于 As。目前用于 As 污染修复的钝化材料主要包括某些铁基材料、含硅类物质和改性生物炭等,大部分铁基材料都是利用铁氧化物表面的正电荷与土壤中的 As 酸盐形成复合物,从而固定 As(Hou et al.,2020);含硅类材料能够对 As 进行专性吸附,同时能够调节作物中与 As 转运相关的基因表达,从而使作物对 As 的吸收转运能力降低(Zhang et al.,2020)。改性生物炭对 As 固定效果的增强多是由于引入了铁和钙等元素(熊静等,2019;辜娇峰等,2016)。在众多钝化剂中,能够对两种重金属起到同时钝化作用的主要包括硅钙材料、铁基材料或经硅/铁改性后的生物炭等(Qiao et al.,2018;Islam et al.,2021a;Islam et al.,2021b)。例如,有研究人员在盆栽试验中利用一种新型硅铁材料同时修复 As-Cd 复合污染土壤,不同施用浓度下,小白菜中 As 和 Cd 的含量分别降低 84.0%～94.0% 和 38.0%～87.0%(Yao et al.,2017)。通过 SEM-EDS 分析发现,该材料中含有大量 Ca、Fe、Mn,并以硅酸盐、氧化物和磷酸盐的形式存在,对金属的吸附能力极强;XRD 分析还表明,该材料促进了 Cd^{2+} 以硅酸盐、磷酸盐和氢氧化物的形式沉淀,砷酸盐与 Fe、Al、Ca、Mg 结合形成不溶性砷酸盐化合物,强化了 As 的固定作用。同时,大量硅酸钙的存在进一步升高了 pH 值,使得化学沉淀过程被进一步加强,增强了修复过程的不可逆性和环境适应性。富含 Si 的稻壳能够提供植物可利用 Si,有研究人员将水稻壳作为土壤改良剂应用于复合污染土壤修复,在淹水条件下,稻壳改良剂提供的 Si 能够使水稻籽粒中无机 As 含量降低 16.0%~41.0%,而籽粒中的 Cd 几乎未检出(Wu et al.,2016)。稻壳改良剂提供大量的 Si 使得土壤孔隙水中的外源 Si 显著增加,这一变化促使控制水稻根系 Si(As)转运蛋白表达的基因下调,总而降低水稻对 As 的吸收;此外,淹水条件使得铁氧化物溶解,更多游离态铁与无定形铁在根系表面形成的铁膜也阻碍了 As 和 Cd 的吸收;富 Si 的材料还能够刺激 As 的甲基化,降低籽粒中 As 的毒性;对 Cd 的阻控效果主要源于提高了土壤 pH 值;同时高 Si 含量提高了水稻的产量,形成了对 Cd 的生物稀释(Seyfferth et al.,2019)。有研究人员从钢铁厂的工业副产品中选择了一种铁基脱硫材料,其含有大量的植物营养元素且重金属背景成分低,应用于 As-Cd 符合污染土壤修复后,土壤有效 Cd 和有效 As 分别减少了 88.0%~89.6% 和 37.9%~69.9%,籽粒中的 Cd 和无机 As 分别减少了 26.4%~51.6% 和 33.3%~42.7%;同时,由于该材料中富含 Ca、Si、Fe、S 等元素,水稻根系产生了大量的铁膜,有利于 Cd 和 As 的固定。该材料对 Cd 的吸附过程中发生共沉淀,产生大量的 $Cd(OH)_2$、释放出的 Ca^{2+}、Fe^{2+} 与 Cd^{2+} 产生的竞争作用;形成 Fe-As 和 Ca-As 络合物是该材料分别降低 Cd 和 As 含量的主要机制(Feng et al.,2022)。以上研究均表明铁在 As-Cd 复合污染土壤的修复中起到关键作用。铁基材料对 As 的固定作用明显,能够弥补石灰、生物炭等仅对阳离子重金属起修复作用的缺陷。同时,铁易于与生物炭和硅钙类材料结合,对 As 和 Cd 的修复效果显著且稳定,对于土壤环境条件改变的适应性更强。

　　(2)有机钝化剂　近年来,有机钝化剂被广泛用于阳离子重金属污染土壤的修复。有机质可与 Cd^{2+} 等存在强烈的空间集群特征,能通过离子交换、吸附、螯合、絮凝和沉淀等一系列反应,与 Cd 形成难溶的絮凝态物质(丁翔等,2021)。腐殖质(HS)是有机物料的主体,土壤对重金属离子的固定主要依靠黏土矿物对腐殖质与重金属离子所形成配位化合物的吸附(安礼航等,2020)。而腐殖质对土壤固定重金属离子的影响是多重的,影响因素包括 HS 的相对分子质量和胡富比等。有研究表明,当添加的 HAs 的相对分子质量<1 000 时,会促进土壤对 Cd 的吸附,而当添加的 HAs 相对分子质量>1 000 时,土壤对 Cd 的吸附被抑制,从而固定土壤中的 Cd(罗梅,2020)。荧光光谱分析的结果也表明,相对分子质量高的 HAs 与 Cd 形成的络合物强度高于相对分子质量低的 HAs。胡富比(H/F)指腐殖酸中胡敏酸(HA)与富里酸(FA)的比值,有研究表明该比值是决定腐殖酸活性组分对重金属活性作用的重要指标。在相同的 HAs 添加量下,当 H/F≥7/3 时,土壤中的 Pb 更多地转化为低活性的有机结合态和残渣态;而当 H/F≤5/5 时,交换态和碳酸盐结合态 Pd 的含量显著增加(王青清,2017)。与 Cd 不同,HS 对 As 的影响是多重的。土壤中的有机质可以与铁/铝氧化物发生化学反应,改变铁/铝氧化物对 As 的吸附效果,进而影响土壤中 As 的迁移和转化(赵慧超,2021)。有研究评估了一种 HAs 对土壤中 As 有效性以及迁移能力的影响,结果显示 HAs 的施用能够显著降低土壤 As 的有效性,同时胡萝卜根与叶片中 As 的含量与对照相比降低了约 20.0%(Caporale et al.,2018)。此外,煤基腐殖酸也被发现能对土壤中的 As 起固定作用,使得土壤中有效态 As 的含量降幅为 31.1%~42.2%,同时抑制小白菜对 As 的吸收。但该研究中某几种煤基腐殖酸对 As 起到活化作用,有些还表现出低浓度活化,高浓度抑制的效果(郭凌,2016)。Qiao 等(2019)系统阐述了稻田土壤中 HS 对 As 的作用机制,通过比较 FA(富里酸)、HA(胡敏酸)和

HM(胡敏素)对 As 还原及释放效果发现,3 种 HS 均促进 As 的释放,且释放效果大小为 FA>HA>HM,其促进 As 释放的机制主要在于 HS 经过微生物的还原,能提供 As 酸盐还原所需的电子;同时,HS(特别是 FA)为土壤中的微生物提供了大量碳源,增强了微生物的活性,提高了其相对丰度。HS 对土壤 As 的作用效果还不稳定,相关研究大多数证明 HS 对 As 主要起到活化作用,部分发现钝化作用的研究也没有提出明确的作用机制,钝化/活化的临界点还很模糊,因此就目前的研究来看,HS 用于 As 污染土壤的修复还不太成熟。

(3)新型钝化材料 随着材料技术的不断进步和发展,近年来对新型复合材料的研究不断加深。新型材料大多是基础钝化材料经过改性而成的物质。目前针对土壤 As-Cd 复合污染研究最多的包括改性生物炭、改性铁基材料、层状双氢氧化物、纳米材料和某些复配材料等(Qiao et al. ,2018;Islam et al. ,2021a;Islam et al. ,2021b;Wan et al. ,2020;Yang et al. ,2022;Xiang et al. ,2019)。大多数新型材料不仅能够有效钝化 As 和 Cd 的生物有效性,同时能在多个层面改善土壤的肥力或提高作物的产量,具有一举多得的效果。层状双氢氧化物具有较高的热稳定性、较大的比表面积、低细胞毒性、低成本和易再生等特点,近年来成了土壤修复新兴材料。有研究人员利用合成的腐殖酸与层状双氢氧化物混合材料(HA-LDH)修复矿区土壤,利用青蒿为指示植物,结果发现施用 HA-LDH 后能够使青蒿根和芽中 As 和 Cd 的含量显著降低,Cd 的下降程度最高,根和芽中的 Cd 分别下降 56.0% ~80.0% 和 45.5% ~100%(Xiang et al. ,2019)。同时,两种重金属的残渣态含量都明显升高。此外,铁改性生物炭对土壤中的 As 和 Cd 也有很强的钝化能力(Wu et al. ,2019)。将铁基生物炭作为钝化剂以 $1.5 \ t \cdot hm^{-2}$ 的量施用在水稻与小麦轮作的农田中,小麦季节的土壤有效 Cd、有效 As 含量分别降低 58.0% 和 18.0%,水稻季节的土壤有效 Cd、有效 As 含量分别降低 63.0% 和 14.0%;同时,小麦籽粒与水稻籽粒中的 Cd、As 含量分别下降了 26.0% 和 38.0%,根系 Cd 含量分别下降了 37.0% 和 17.0%。铁基生物炭对 Cd 的固定效果主要是由于升高了土壤的 pH 值,同时生物炭使 Cd 被固定为不溶性的氢氧化物与碳酸盐沉淀。对 As 的固定机制主要包括铁离子或铁(氢)氧化物从生物炭中释放到土壤中形成 $FeAsO_4-H_2O$ 和 $FeAsO_4-2H_2O$ 等复合物或沉淀物;同时,Fe^{3+} 会形成更多的铁氧化物和氢氧化物,增强对 As 的吸附;铁的存在会使根系表面产生大量铁膜,将 As 和 Cd 固定在其上,降低根系的吸收(Tang et al. ,2020)。除铁基生物炭外,钙基生物炭对重金属的钝化效果也十分明显,有研究人员通过磁铁矿和碳酸钙热解稻草合成新型钙基磁性生物炭(Ca-MBC),与普通生物炭对 As 的活化作用相比,Ca-MBC 将土壤中残渣态 As 的比例升高至 97%,生物可利用性 As 含量显著降低,这是因为 Ca-MBC 表面的氧化铁与 As 形成了单齿和双齿的螯合物,对 As 有强烈的吸附作用。同时,普通生物炭与 Ca-MBC 对 Cd 都有明显的固定作用,有效态 Cd 含量下降的百分比都在 60% 以上(Wu et al. ,2020)。Ca-MBC 能够在普通生物炭的基础上显著提高对 As 的固定作用,能够满足目前的复合污染治理需求,同时还能够进一步提高土壤有机质的含量,为生物炭类材料改性提供新的思路。纳米零价铁基材料也是目前研究比较广泛的一类复合污染修复材料,例如 1% 的沸石附载纳米零价铁材料(Z-NZVI)能够分别使土壤有效态 As 和有效态 Cd 降低 91.6% 和 85.0%。值得注意的是,在模拟酸雨淋洗试验时发现,Z–NZVI 能够有效抑制97.7%的 As 和92.8%的 Cd 活化(He et al.,2022),减少重金属二次释放的风险,具有较强的适应性。除合成钝化材料以外,多种材料复配施用也是一种钝化手段。有研究利用复合改良剂(硫酸铁+猪粪+改性生物碳复合材料)显著降低了土壤中交换态 As、Cd 的含量,而铁锰结合态、有机结合态和残渣态含量呈上升趋势,且残渣态的增幅较大(Lebrun et al.,2021)。总体来看,新型钝化材料比传统钝化剂更有针对性,对复合污染的同步钝化效果更好。

钝化技术的本质在于通过不同机制改变 As、Cd 等重金属在土壤中的赋存状态,降低其生物有效性,但无法从根本上降低土壤中重金属的总量。随着土壤性质的变化,重金属存在重新释放的风险。例如,Bian 等(Bian ET AL.,2014)的研究表明,稻田每一年都会经历一次干湿循环并重新添加多种化肥,在此过程中 As、Cd 等重金属极有可能被再次活化。目前仍然缺少对钝化剂效果的持续性及影响因素的系统评价。同时,针对单一或复合污染的土壤钝化材料种类繁多,但在不同土壤上钝化效果差异很大,严重困扰着农技工作者的选择和使用。因此,如何基于土壤性质、污染特征和作物类型,针对性选择适配土壤钝化剂,仍然值得深入研究。

6.3.1.2　氧化还原型钝化技术对镉砷复合污染水稻土的修复

氧化还原型钝化技术是指通过调控土壤氧化还原状态,改变镉和砷的化学价态、形态,从而降低两者在水稻土中有效性的相关技术总称。尽管土壤的氧化还原条件还受控于外部材料的施入等环境扰动,灌溉水分的调节是调控氧化还原状态的主要途径。已有的研究对单独镉和砷污染的水稻土的水分管理已经有了明确的结论,全程淹水利于镉的钝化,好氧处理利于砷的氧化钝化(Liu et al.,2021)。对于镉和砷复合污染的水稻土应采取何种水分管理模式?多数研究已表明间歇灌溉(Hu et al.,2013)、干湿交替(张雨婷等,2022)、湿润灌溉(杨小粉,2020)等管理模式相比于全生育期的旱作、淹水更有利于减少水稻籽粒中镉和砷的积累。但各项研究使用的水稻品种、水稻土种类、污染背景值不同,且水分管理的模式变化多样,导致最终得出的结论并不统一。因此,需了解不同水分管理模式下土壤中镉和砷的化学行为变化,寻找驱动镉和砷化学行为变化的影响因素,才能更好地评价不同水分管理模式对水稻土镉和砷的钝化能力。

(1)土壤氧化还原电位(Eh)、pH 值介导水稻土中镉-砷的原位钝化　水分管理作为一种常用的农艺措施,是调节土壤 Eh 和 pH 值的有效途径。较为粗犷的水分管理已证明可显著降低稻田土壤中镉和砷的有效性,但不同水分管理驱动的 Eh 和 pH 值变化与镉和砷有效浓度的动态变化之间有何对应关系?Zhao 和 Wang(2020)发现在 Eh 为 0 ± 100 mV 区域土壤孔隙水中的镉和砷有效性相对较低。Honma 等(2016)在水稻抽穗期前后三周以淹水为对照进行不同水分管理调控,发现水稻土中溶解态砷和镉的含量与土壤中 Eh、pH 值和溶解 Fe(Ⅱ)浓度的变化相关,且控制镉砷浓度的最佳土壤 Eh 为 -73 mV,pH 为6.2。吴佳等(2018)采用盆栽试验较为精细地研究了 3 cm、6 cm、9 cm 的淹水深度和 -3 cm、-6 cm、-9 cm 潜水位下水稻对镉和砷吸收转运的影响,结果表明,淹水深度为 $-3\sim3$ cm 是土壤 Eh 变化较为显著的区域;湿润灌溉处理易受外界环境、植物生长时期影响,Eh 会在氧化和还原态之间波动。因此,湿润灌溉和间歇灌溉创造的氧化与还原条件的交替是处理镉砷复合污染土壤的有效措施。

水分管理的多样性展现出了不同的钝化结果,在处理实际的镉砷复合污染过程中应因地制宜:镉污染较为严重时应采取以淹水为主导的水分管理;砷污染较为严重时应采取湿润灌溉为主导的水分管理模式;两者污染严重性相似则采取间歇灌溉、湿润灌溉的水分管理模式。然而具体如何进行间歇灌溉和湿润灌溉,灌溉持续时间尚需进一步探讨。Huang 等(2022)通过分段水分管理策略探索了不同生育期镉和砷在水稻根系吸收和各部位迁移累积的贡献,灌浆期籽粒中98%的镉来自根的直接吸收,灌浆期以前95%的砷被植物累积并向籽粒转移;通过分段水分管理的探索,发现灌浆前三个生育期采取好氧与淹水相间,灌浆后期进行排水落干,可以达到稻米的安全标准,同时达到重金属钝化和修复目标。但实际水稻生产中,水分管理较为粗放,长期的湿润好氧处理难度较大。因此,后续的研究需进一步探索精细化的水分管理对土壤-水稻各部位积累镉和砷的贡献,例如,精细划分淹水高度,最终根据籽粒的积累将淹水高度划分多个区段(落干、浅水、深水等),实现在实际大田中水分管理的可操作性。此外,响应国家节水农业的号召,还需不断研发低成本节水农业灌溉装置,实现节水、粮食安全的双重效益。综上,水分管理是一种调控土壤 Eh、pH 值变化的常规农艺措施,成本低且实用价值高,应作为镉砷复合污染土壤钝化修复中优先考虑的方案。

水分管理下产生的氧化还原条件不仅仅调控着土壤的 Eh、pH 值等指标的变化,还同时驱动着土壤中各类元素如硫、锰、铁等的生物地球化学循环,且这类元素的循环对镉和砷的化学形态变化具有显著的调控作用。因此,了解这类元素的循环过程是进一步了解水稻土中镉和砷氧化还原钝化机制的前提。同时将这类元素的单质、氧化物作为外源添加的钝化剂施入土壤,也是一种新型的水稻土修复方案。

(2)不同元素生物地球化学循环介导水稻土中镉-砷的原位钝化 水稻土中硫元素主要来源于大气中 SO_2 的沉降、硫肥的施入等,其在水稻土中的化合价态主要受到土壤 Eh 的调控。在淹水条件下,水稻土中的 SO_4^{2-} 还原为 H_2S,H_2S 会与甲基砷发生巯基化反应,反应生成的二甲基—巯基砷(DMMTA)较甲基砷毒性更强(Dai et al.,2021)。还原条件下形成的 FeS 是调控土壤砷有效性的主要物质,次生 FeS 矿物会与砷形成共沉淀或吸附土壤孔隙水中的亚砷酸盐。S^{2-} 在还原条件下能与镉形成沉淀,这是无机硫控制水稻土中镉的主要途径;有机硫通常以硫醇的形式存在(S—OH),与镉的结合可降低土壤中镉的有效性(Yuan et al.,2021)。CdS 作为硫元素钝化土壤镉的主要化学形态,其溶解受制因素的研究对理解土壤中镉的控释过程至关重要。Huang 等(2021)发现排水过程中,土壤中相互接触的 ZnS、CuS 会与 CdS 形成原电池。ZnS(低电位)的存在抑制了 CdS 的氧化溶解,而 CuS(高电位)的存在促进 CdS 的氧化溶解。在好氧条件下,土壤中 S^{2-} 再次氧化为 SO_4^{2-},镉主要以 $CdSO_4$ 的形式释放至土壤孔隙水中,增加作物对镉的吸收,而砷主要以砷酸盐的形式被土壤颗粒、矿物等固持,有效性较低。

硫元素氧化还原过程介导的土壤镉和砷的迁移、有效性的变化机制,最终将用于指导镉和砷复合污染水稻土的钝化修复治理。已有的研究通过外源添加硫素对镉和砷污染水稻土的修复进行了探索:郑涵(2020)通过外源添加 300 mg·kg^{-1} 的单质硫,显著降低了土壤二乙烯三胺五乙酸(DTPA)-$CaCl_2$-三乙醇胺(TEA)-Cd 占土壤全镉的百分比,且对水稻不同时期镉积累的抑制具有一致性。但众所周知,还原条件下砷的有效性会迅速提高,硫的施入影响又如何? Xu 等(2019)发现硫酸盐(硫浓度为 50 mg·kg^{-1})的加入刺激了微生物对硫酸盐的还原,但同时降低了孔隙水中亚砷酸盐和 Fe^{2+} 的浓度。这可能是因为次生 FeS 矿物的形成与砷形成共沉淀或吸附了土壤孔隙水中的亚砷酸盐。

在水稻土中砷的形态与含氧锰矿物的变化息息相关,尤其是锰含量较高的水稻土。在淹水条件下,土壤中各类元素还原受到其氧化还原电位高低的影响。锰的优先还原延迟了铁的还原,保护了水合氧化铁控制的镉和砷。此外,锰氧化物如常见的水钠锰矿具有强氧化性能,作为电子受体将 As(Ⅲ)氧化为 As(Ⅴ)。锰在还原过程中生成的次生矿物菱锰矿(MnCO$_3$)对 As(Ⅴ)有很强的吸附能力,且 Mn(Ⅱ)与水合铁溶解释放的 As(Ⅴ)会产生砷酸锰沉淀。在局部好氧条件下,水稻根部也会产生根表锰膜,对 As(Ⅴ)具有很强的吸附能力(Kumarathilaka et al.,2018)。综上可知,锰充当了淹水还原条件下砷的缓释剂,对砷的释放具有很强的调控作用,但对镉的调控能力较弱,还原条件下镉仍以 CdS 为主要形态被固定。

在淹水环境下,锰氧化物对砷的氧化还原控制存在短期效果显著、长期效果趋于平缓的现象,Xu 等(2017)进行了长期的土培试验,发现与低锰水稻土相比,高含锰的土壤在淹水后 As(Ⅲ)迁移性能和有效浓度回升速率有所滞缓,这一现象可能是由于淹水初期锰氧化物的表面被 Mn(Ⅱ)和 Fe(Ⅱ)钝化。Morel 和 Hering(1993)研究了 25 ℃、pH=7 情况下两者的氧化还原电位,发现锰氧化物与铁的羟基氧化物同时存在还原条件中时锰氧化物会优先被还原。优先还原的锰矿可作为电子受体,促进铁的次生矿物的产生,提高了矿物吸附态镉和砷的含量。Maguffin 等(2020)发现淹水条件加入纳米级 MnO$_2$ 对限制铁和砷的溶出有显著作用,外加的锰矿在还原阶段改善了土壤的 pH 值,产生的次生矿物砷酸锰可有效控制铁和砷溶解度。

铁的生物地球化学循环是水稻土中镉和砷形态变化的主要调控因素。在淹水条件下,高价态的铁氧化物对土壤中的镉和砷具有较强的固持能力,被还原后的铁氧化物会短暂释放镉和砷进入土壤孔隙水中(Fan et al.,2014),但被释放的镉和砷很快又会被次生矿物再次吸附(胡世文,2022)。同时铁的羟基氧化物的还原伴随着根系水稻土 pH 值的提高,从而限制水稻根部吸收土壤中镉和砷(Lin et al.,2021)。还原条件下 Fe(Ⅱ)的产生为电子传递提供了可能,会介导如砷等一系列元素的还原,但如排水、根际泌氧等环境变化通常使得铁的循环会变得更为复杂。结合前文提到的原电池效应可知低电位的 FeS 在排水过程中可限制 CdS 的溶解。但 Fe(Ⅱ)的氧化过程通常伴随着羟基自由基(·OH)的产生,强氧化作用的羟基自由基促进了砷的氧化以及 CdS 的溶解(Huang et al.,2021)。

根际微域变化是一个氧化还原交替的复杂过程,在局部好氧环境下形成的根表铁膜是阻控镉和砷向水稻迁移的重要屏障。根表铁膜的形成受到生物与非生物转化的双重控制,根际微需氧菌 *Gallionella* spp. 等介导的铁氧化反应(St-Cyr et al.,1989)是铁膜形成的主要生物机制;非生物介导的铁氧化过程较为复杂,即便在淹水条件下,由于水稻的茎和叶可向根部输送氧气,根部呈现氧化、还原交替的环境。根部大量的 Fe(Ⅱ)与少量的氧气发生氧化反应(Thompson et al.,2005),产生的超氧自由基(·O^{2-})与·OH 会作为强氧化剂,催化 Fe(Ⅱ)氧化为 Fe(Ⅲ)(Melton et al.,2014)。同时,值得注意的是根表铁膜对镉和砷的钝化作用是双向的，有研究（Li et al.，2017）表明，根表铁膜的厚度决定水稻根系对镉和砷的吸收情况，那是因为 Cd（Ⅱ）会与 Fe（Ⅱ）在根表进行竞争，低浓度 Fe（Ⅱ）形成的根表铁膜也较薄，根部更容易吸收 Cd（Ⅱ）。

（3）有机质介导水稻土中镉-砷的原位钝化　氧化还原交替下，有机质通过刺激土著微生物的活性来调控土壤中镉和砷的生物有效性，在该过程中有机质扮演着电子供体（Yuan et al.，2019）或者微生物碳源的角色（Wang et al.，2021），通常对镉具有较好的钝化效果，而高 pH 值与生物活性通常会增加砷的有效性。可溶性有机质（DOM）作为有机质中不容忽视的组成部分对重金属镉和砷的作用探索成为最近研究的热点。He 等（He et al.，2020）施入可溶性有机肥，发现可溶性有机碳（DOC）与土壤孔隙水中的砷浓度呈显著正相关。Li 等（2019）发现淹水条件下土壤中的 DOM 之所以利于镉的固定是因为保留了芳香族、疏水性等高分子量成分。Wang 等（2021）通过外部施入低分子型 DOM（乙酸盐、乳酸盐）以及难降解 DOM（蒽醌-2-磺酸盐、腐殖酸）发现土壤功能微生物群落产生了不同反应，低分子型的 DOM 主要作为砷氧化还原的电子供体和微生物的碳源；难降解的 DOM 作为电子供体促进了砷的还原，同时降低了土壤的 Eh、抑制了铁氧化物的溶解和硫酸盐的还原。综上，有机质对镉和砷的氧化还原作用呈现两面性，不同的有机质种类和水分管理模式的配合通常会影响土壤中镉和砷的形态变化。因此，有机质的添加需要根据污染土壤的实际情况，选择合适的有机质种类。

综上可知，单一的氧化还原作用很难同时控制镉和砷两个化学性质相左的元素，但根据前人的研究可以总结出，水分控制配合调控土壤铁、锰、硫等元素的生物地球化学循环过程及有机肥的施入，可有效降低水稻籽粒中镉、砷的积累。在还原条件下铁锰的次生矿物及 FeS、Fe_2S 等矿物对镉和砷均有良好的吸附与共沉淀作用；结合锰基材料延缓土壤 Eh 降低的机制、CdS 的沉淀固持等多种元素协同作用能够有效控制淹水条件下镉和砷的有效性。好氧阶段砷的有效性较低，铁锰矿物对镉、砷的吸附性能较好且利用原电池原理可有效降低镉在排水期间向植物内部的迁移。综上，水分管理前提下元素协同修复镉砷复合污染土壤具有多种装配方案。多种元素的共同耦合作用，将有效控制土壤中镉和砷向水稻内的迁移，为水稻籽粒的安全保驾护航。

6.3.1.3　微生物转化累积型钝化技术对镉砷复合污染水稻土的修复

微生物转化累积型钝化技术是指微生物通过其表面吸附、沉淀、离子交换，并结合其自身对镉和砷的吸收、解毒转化、区室化等钝化作用修复镉砷复合污染土壤的一类环境友好型技术。微生物对重金属的钝化分为 6 种途径（Priyadarshanee et al.，2021）：①细胞表面接触的重金属与 S^{2-}、OH^- 等形成稳定沉淀；②细胞表面的活性基团与重金属发生络合反应；③根据金属离子的交换性能强弱，阳离子重金属会与细胞表面弱吸附态的离子发生离子交换；④细胞表面的比表面积较大，且表面较多的阴离子提供阳离子的吸附位点；⑤金属离子从细胞表面向细胞内部的扩散过程；⑥重金属离子通过转运蛋白从细胞外部向内部转运。土壤中镉和砷的控释过程，离不开功能微生物（砷氧化菌、砷还原菌、硫酸盐还原菌等）的介导，而上述功能菌的丰度变化通常能很好地解释外部施入材料、水分管理等修复措施控制土壤镉和砷浓度变化的原因，是研究镉砷生物转化的重要媒介。过去的研究发现，镉和砷在微生物内的转化累积现象较为普遍，尤其是砷，这也为生物转化累积型钝化技术的实际应用提供了可能。

（1）土壤微生物转化砷的机制　无机砷（iAs）的还原主要依赖于原核微生物中一种 13 000～15 000 的小型砷酸还原酶（ArsC），而真核微生物的还原酶（Acr2p）是由 arr 基因编码（黄思映，2021）。ArsC 砷酸还原酶是由革兰氏阴性菌大肠杆菌 R773 质粒上的 arsRDABC 操纵子表达而来，其中 As（V）还原为 As（Ⅲ）的过程还依赖于谷胱甘肽（GSH）和谷氧还蛋白（Grx）作为电子供体（Martin et al.，2001）。而在革兰氏阳性菌金黄色葡萄球菌中 arsRBC 操纵子编码的 ArsC 蛋白，通过硫氧还蛋白（Trx）为电子供体，实现砷的还原（Dey et al.，1995）。As（V）的异化还原指微生物在厌氧条件下利用 As（V）作为电子受体来降解有机物从而获得自身生长所需的能量，该过程由 Arr 还原酶所催化（Saltikov et al.，2003）。无机砷的氧化既作为一种微生物解毒机制，也是一种砷的钝化过程，在整个砷的循环中具有很重要的意义。自从 1918 年首次报道以来，已从环境中分离出许多异养和自养型微生物，它们参与亚砷酸盐转化为砷酸盐（Rhine et al.，2007）。粪产碱杆菌是最早发现亚砷酸盐氧化酶的异养型菌之一，不会从亚砷酸盐的氧化过程中获取能量，能量需要有机物提供（Rhine et al.，2007）。而另一种化能自养型微生物，仅依靠二氧化碳作为碳源，亚砷酸盐在细胞呼吸中充当电子供体，从而减少氧气或硝酸盐的消耗（Santini et al.，2004）。介导该氧化过程的亚砷酸盐氧化酶早期被命名为 AroA、AroB、AoxA、AoxB 等，现在统一命名为 AioA 和 AioB（Zargar et al.，2012）。Zargar 等（2012）于 2012 年发现了一个新的亚砷酸氧化酶分支-ArxA，同时相继在莫诺湖和热河沉积物中发现了类似的 arxA 序列，研究表明该类细菌是一种化能自养微生物，可将亚砷酸盐的氧化和硝酸盐还原结合。无机砷的氧化还原研究较为深入，而甲基化砷（MAs）的代谢途径仍有许多未知基因参与调控。已有的研究（Huang et al.，2018）揭示 arsM 参与无机砷的甲基化，而 arsI 通过使 C–As 键断裂介导去甲基化的解毒过程。arsH 编码一种还原性辅酶 Ⅱ（NADPH）依赖的单核苷酸氧化酶，氧化三价甲基砷或芳香砷为毒性较低的五价有机砷（Chang et al.，2018）。Zhang 等（2022）发现耐砷细菌黏着箭菌具有一个新的砷抗性基因簇 arsRVK，其中异源基因表达表明 arsV 提高了大肠杆菌 AW3110 更高的 MAs（Ⅲ）抗性和氧化 MAs（Ⅲ）的能力，且编码 arsV 的基因广泛存在于土壤细菌中。

（2）土壤微生物吸收、累积砷的机制　微生物对砷的吸收、累积是砷生物地球化学循环中的重要环节，也是微生物钝化砷的重要过程（Chen et al.，2020）。水甘油通道蛋白（GlpF）是一种主要的内在蛋白；而水通道蛋白（AQPs）是一类双向通道，其中小孔水通道仅允许水分子通过，而甘油通道孔径大，允许甘油等大分子物质通过。在中性条件下，砷主要以 As（OH）$_3$ 的形式存在，因此 GlpF 可作为微生物吸收 As（Ⅲ）的主要媒介（Ghosh et al.，1999）。而在真菌中，主要通过 Fps1p 甘油转运蛋白介导 As（Ⅲ）的转运（Ghosh et al.，1999）。在之后的研究中发现真菌体内还具备 Hxt1–5、Hxt7、Hxt9 等 As（Ⅲ）转运通道蛋白（韩永和，2016）。

砷酸盐作为土壤中砷的主要存在价态形式，虽然毒性与迁移性显著弱于亚砷酸盐，但 As（V）的微生物吸收途径不容忽视。经研究表明，As（V）的细胞吸收主要是由磷酸盐转运蛋白 Pit 与 Pst 介导的（Tsai et al.，2009），其中 Pit 作为 As（V）的主要吸收途径，但同时也发现较高浓度的 As（V）通过 Pst 进入胞内（Mukhopadhyay et al.，2002）。同样，在真菌吸收过程中,无机磷酸盐转运蛋白(Pho87)介导 As(V)的转运(韩永和,2016)。在酿酒酵母细胞中,虽然存在上述的还原基因 arr 所编码的还原酶,但同时被还原的产物 As(Ⅲ)会通过酵母蛋白 Ycf1p(一种 ABC ATPase)与谷胱甘肽(GSH)结合,以 As(GS)$_3$ 的形式进入液泡,这一区室化作用是一种有效的解毒途径(Ghosh et al.,1999)。

在实际修复过程中,通常关注功能菌对土壤各形态砷转变的影响,少有关注微生物对砷的吸收累积情况。Singh 等(2016)发现芽孢杆菌 NBR1014 在培养 36 h 后,细菌生物量中砷酸盐的浓度显著增加,后续的研究表明,生物量中砷的累积随时间增加而增加,最大积累量出现在 12 h。相同的现象在芽孢杆菌 DJ-1 中得到印证(Joshi et al.,2009),该菌胞内累积的砷酸盐,80.4% 在细胞质中,可见生物累积也是生物钝化的重要环节。同时,微生物对砷的吸收还取决于外部条件,如 pH 值、As 的水分活度(a_w)(Ngu et al.,1998)。尽管相关研究主要集中于水环境中,但对水稻土中微生物对砷的吸收也具有借鉴意义。

(3)土壤微生物累积钝化镉的机制　与砷相比,镉的钝化主要依赖于土壤的理化条件,但微生物对镉的吸收、区室化也是修复过程中不容忽视的一部分。作为植物非必需元素,镉在微生物吸收方面缺乏特异性的转运通道,在不同微生物中,镉的吸收转运通道可能有所差异。在罗尔斯通氏菌和酿酒酵母内镉由镁吸收转运系统进入细胞进行积累;在其他菌中,镉通过一些锰的吸收途径进入细胞(Nies et al.,1999)。其中,酵母菌的低亲和系统阳离子转运蛋白 LCT1 位于细胞膜上,参与 Cd(Ⅱ)向胞内的转运(曹德菊,2016)。进入胞内的 Cd(Ⅱ)会与 GSH、PC 等形成螯合体,在 ABC 转运蛋白的作用下以 Cd-(GS)$_2$ 的形式进入液泡(Chen et al.,2020),但液泡的区室化是镉钝化解毒的主要途径(Nies et al.,1999)。

镉的微生物吸收累积过程研究已有诸多报道。Huang 等(2013)指出镉的微生物钝化机制主要体现在高镉浓度环境中,在死细胞和活细胞的表面发生的生物吸附;在低镉环境中,细胞吸收累积为主导。最近的一项研究对微变冢村氏菌、铜绿假单胞菌和台湾贪铜菌三种菌进行了镉的生物累积测试,发现三种菌在培养初期,Cd(Ⅱ)的累积量迅速升高,经过长时间的培养,在 B237 与 E324 中累积的 Cd(Ⅱ)下降,而在 A155 中累积的 Cd(Ⅱ)无显著变化(Limcharoensuk et al.,2015),说明大多数菌对 Cd(Ⅱ)的毒性耐性具有一定的阈值。Zhang 等(2020)研究了土壤动物蚯蚓肠道真菌 QYCD-6 对多种重金属的耐性及修复机制,发现暴露于镉污染环境下,扫描电镜结果显示真菌细胞内产生大量黑斑,这一现象表明镉的肠道真菌解毒机制为生物累积,猜测黑斑产生的机制是 Cd(Ⅱ)与 MTs 螯合的区室化作用。

(4)功能微生物在镉砷污染土壤修复中的应用　微生物作为镉和砷等重金属元素生物地球化学循环的重要参与者(Kaewdoung et al.,2016),其中不乏一些有能力的微生物能够以生物沉淀和生物转化的形式将重金属驱入相对稳定的固相(Yang et al.,2015)。Li 等(2019)将前期筛选出的耐镉贪铜菌施入镉污染的水稻土中 15 d 后,镉污染水稻土的 pH 增加了 1.41 个单位,使供试水稻土中交换性镉降低了 6.5%。李杨等(2020)通过宏观批吸附试验、电位滴定及光谱学手段研究了耐 Cd(Ⅱ)、As(V)的戴尔福特菌的吸附机制,发现该菌表面富含羧基、磷酰基、氨基和羟基等官能团,其中羧基和部分氨基对镉、砷的络合是该菌表面的主要钝化机制。周武先等(2018)将砷氧化菌 DWY-1 接种至淹水砷污染水稻土中,14 d 后孔隙水和土壤底泥中磷酸可提取态的 As(Ⅲ)含量与无接种对照相比分别降低 73.0% 和 80.0%,总砷含量分别降低 32.6% 和 32.9%。Zhang 等(2021)将分离出的耐镉产碱菌株 XT-4 接种至镉污染土壤中,发现 XT-4 的接种提高了根际酸碱度,降低了土壤中氯化钙可提取的镉,使小白菜可食部分的镉浓度降低了28% ~ 40%。

　　水稻土中微生物的累积钝化作用是原位修复的重要组成部分,功能菌的累积、解毒代谢作用依赖多种丰富的功能基因的驱动。因此,土壤功能基因的丰度变化是指示土壤中镉和砷生物有效性高低的重要指标。另一方面,生物修复作为一种环境友好型修复技术,功能菌的筛选、纯化、驯化、应用是近年土壤修复的热点,了解微生物介导的元素转化和累积机制是微生物修复污染土壤的先决条件。未来对于抗/耐镉和砷菌的研究应进一步集中在:①以砷甲基化、硫基甲基化过程为研究重点,进一步探索介导该过程的抗性基因;②以有机无机类的材料作为载体,定殖抗/耐镉和砷菌,形成能够稳定吸附镉和砷的生物膜,或是通过对菌体进行生物、化学处理,提高胞外聚合物吸附镉和砷的能力;③深入挖掘还原条件下镉砷协同钝化的功能微生物资源及作用机制,如在淹水还原条件下将As(Ⅲ)氧化为 As(Ⅴ)的砷氧化菌的筛选及应用研究。

6.3.2　叶面肥

6.3.2.1　叶面肥的发展历程

　　水稻是我国重要的粮食作物,以稻米为主食的人口约占总人口的 65%(辛良杰等,2009)。如何提高水稻的产量和品质是作物学家一直致力研究的课题。目前,在我国水稻生产成本中,肥料一般占 50% 以上。过量和不合理施肥是施肥中存在的主要问题,不仅使肥料利用率下降,污染环境,更会降低水稻产量和品质,影响食品安全。叶面肥在农业应用中有悠久的历史,它是将作物所需要的营养直接喷施于叶面,通过叶面吸收而发挥其功能的一种肥料,具有针对性强、营养吸收快和养分利用率高的特点(秦猛等,2020)。与常规根部施肥相比,叶面施肥具有快速、高效、操作简单和经济等特点,因而通过合理施用叶面肥提高水稻产量和品质具有重要意义。

　　叶面肥在农业生产上的应用已经有 200 多年的历史(见表6-2)。早在18 世纪,就有农民用河泥粪等对水稻进行叶面施用的例子(高贤彪等,1997)。但将叶面肥应用于大面积农业生产开始于 20 世纪 40 至 60 年代,当时主要通过对农作物喷施尿素和草木灰浸液等来促进其生长、提高产量。由于国内历史环境原因,我国直至20 世纪 70 年代末才开始尝试自行研制叶面肥,其中最具代表性的是叶肥一号。此时叶面肥的成分主要是无机盐类,养分浓度低,吸收不稳定,这是叶面肥发展的初期阶段(王祖义等,1981)。20 世纪 60 年代早期,日本和西欧出现了多种类型的商品叶面肥(葛建军等,2008)。人们通过对叶面肥营养机制的研究,在单一的肥料配方中加入了螯合剂和表面活性剂等助剂,从而让叶面肥含有多种类型的养分,并且提高了叶面肥的浓度,成功研制出以螯合态微量元素为主要成分的叶面肥,开始出现了一些作物专用的配方,这就是叶面肥发展的中期阶段(肖艳等,2003)。20 世纪 90 年代以后,叶面肥转向综合发展,趋于多功能化,既可以为水稻提供营养,又兼具促进生长和防病虫害的作用(李婷婷等,2016)。叶面施肥作为一种环保、直接和高效的施肥方式,可以弥补土壤施肥的不足,为作物生长发育过程中针对性提供养分元素和生长调节物质等,有强化营养、矫正生长、提高抗性和促进生育等功能,可提高作物的产量和品质。

表 6-2 叶面肥发展历程

时间	发展阶段	特点
18 世纪	萌芽	河泥粪等原始材料施用
20 世纪 40 至 60 年代	初期	主要是无机盐类,养分浓度低,吸收不稳定
20 世纪 60 至 90 年代	中期	加入助剂,种类多样,提高了浓度,出现作物专用配方
20 世纪 90 年代以后	成熟	综合发展,多功能化

6.3.2.2 叶面肥的种类

叶面肥是指直接向植株叶表面上施用肥料的措施,用于叶面施肥的肥料也可以称为叶面肥。施加叶面肥在中国农业生产上已有悠久历史。文献资料表明,早在 200 年前的清朝时期就有农民使用河泥粪浇施在水稻叶片上,从而促进水稻的生长发育(高贤彪等,1997)。随着农业生产的需要,叶面肥的种类也逐渐繁多,按照其功能和作用大致可分为以下几种。

近年来,我国水稻叶面肥产品与施用技术不断进步,发展十分迅速,从一开始的简单元素复配到如今的多种元素复合,不仅补充了营养元素,更是与激素和农药结合,能够调控植物的生长发育,甚至能预防病虫,通过对叶面施肥强化了水稻对生物胁迫和非生物胁迫的抗逆性。根据水稻叶面肥的组分和功能,通常我们把它分为以下几种类型。

(1)营养型叶面肥　营养型叶面肥主要是施加植株所需的营养元素,包括大量元素、中量元素和微量元素。数量可多可少,少的只添加 1～2 种元素即可,如尿素、磷酸二氢钾等,复杂的可添加数十种甚至更多元素,后者往往是含有铁、锰、锌等微量元素。

营养型叶面肥分为两类,一类是氮、磷、钾以及微量元素等养分含量较高的叶面肥,主要是为作物提供各种营养元素,改善作物的营养状况,尤其适用于为作物生长后期补充各种营养元素(王少鹏,2015;张静,2007),尿素和过磷酸钙浸出液等都属于此类(白玉超,2012)。另一类是含有铁、锰、锌等微量元素的叶面肥,其可改善作物的品质,减轻作物因微量元素不足造成的减产和品质下降的问题。施用此类肥料应尽量选择早上或者傍晚,施肥之前保持土壤湿润。

(2)生物型叶面肥　生物型叶面肥主要包括氨基酸类叶面肥、腐殖酸类叶面肥、甲壳素类叶面肥、海藻酸类叶面肥和糖醇类叶面肥等(李小明等,2017)。其主要作用:促进作物的新陈代谢,加快作物的生长周期,提高作物的抗逆性,有效地预防病虫害。

生物型叶面肥中含微生物体及其代谢物,如氨基酸、核苷酸和核酸类物质等。它的主要作用:刺激作物生长,促进作物代谢,防止或减轻病虫害的发生(张志斌,2009)。

(3)调节型叶面肥　调节型叶面肥主要是添加植物所需要的生长调节剂,主要包括生长素类、赤霉素类、细胞分裂素类和乙烯类等(张志斌等,2009)。其主要作用是调节作物的正常生长和发育,加快作物体内的一些生化反应。

此类叶面肥中含有调节植物生长的物质,如生长素和激素等,主要功能是调控作物的生长发育。适于作物生长前期和中期施用(张志斌,2009)。该类叶面肥成本低、见效快。

(4)肥药型叶面肥　肥药型叶面肥加入了一定的防治病虫害的农药成分,在为植物提供营养的同时,还可一定程度地防治病虫,是一种节省成本和人工、值得推广的肥料。

(5)复合型叶面肥　复合型叶面肥是市场上较为常见的一种叶面肥,其成分相对复杂,既包括调节物质又含有作物所需的营养成分,是一种混合型的叶面肥。特点是营养全、功能好、针对性强,其中含有的螯合剂或者表面活性剂可以很好地使叶面肥附着在叶片上,更有利于作物对叶面肥的吸收。

此类叶面肥种类繁多,复合、混合形式多样,其功能有多种,既可为作物提供全面的营养,又可刺激作物生长,调控发育,激活作物中酶的活性,提高光合作用效率,调节营养物质运输和分配,增强根系对土壤养分吸收利用能力,从而起到养根保叶和延长功能叶性能的作用。

(6)其他型叶面肥　其他型叶面肥主要包括肥药型叶面肥、天然液汁型叶面肥和稀土型叶面肥等。

稀土型叶面肥,加入稀土元素的叶面肥可以促进作物对氮、磷、钾等营养元素的吸收和利用,能够促进水稻种子发芽和出苗,提高植株抗逆性,还可以增加水稻产量,提高稻米品质和叶绿素含量,增强光合作用。

降低重金属吸收的叶面肥,一种尤其适合应用于镉污染区的增产降 Cd 的水稻叶面肥,能使现有水稻增产补铁的同时减少对 Cd 的吸收(雷鸣,2019)。

另外还有天然矿物质类叶面肥、益菌类叶面肥和天然汁液类叶面肥等。

6.3.2.3　叶面肥的特点

叶面肥作为营养强化和防止某些元素缺失所带来病症的一种施肥措施,近年来,已得到迅速推广和大量应用,其优点总结起来为"高、快、好、省"。

(1)效率高　通过叶面肥的施用,可提升作物对肥料的利用率。土壤施肥较叶面施肥而言,存在挥发多、流失快、渗透差等一系列缺点。叶面肥的施用则可以有效防止肥料在运输和吸收过程中的损耗,进而提升作物对肥料的利用率。

(2)吸收快　土壤施肥后,各种营养物质首先是被土壤所吸附,有些营养物质可能还需要一个转化的周期,最后才能进入叶片。营养物质运输越远,其吸收速率也就越慢。直接施用叶面肥可使作物叶片快速吸收各种养分,养分直接穿过叶片进入作物体内,为作物今后生长提供所需要的营养物质。

(3)作用好　叶面肥直接透过叶片进入作物体中,可在较短时间内使作物体内的营养元素大量增加,能够迅速解决作物的缺肥状况。还可以促进作物各个时期的生长发育,增加光合作用率,提高酶活性,加快对有机物的合成和运输,同时利于干物质的积累,提高作物产量,增强品质。

(4)用量省　叶面施肥较土壤施肥而言,通常用量只需要土壤施肥的几分之一甚至几十分之一就能达到预期效果。土壤肥料施用过多可能带来外源重金属污染,加重土壤盐渍化,甚至可以通过土壤的渗透作用污染地下水。采用叶面施肥则可有效避免这一系列问题,既节省了肥料又避免了二次污染。

6.3.2.4　叶面肥的施用方法

(1)肥料选择　叶面肥品种众多,应选择含量高、溶解度高、纯度高和副成分少的叶面肥,如尿素、磷酸二氢钾、磷铵、氯化钾和大量元素水溶肥,这类肥料都适合用作叶面喷肥。

一方面,可根据土壤状况选择叶面肥种类,在土壤肥力差的地区可选择氮、磷、钾含量较高的叶面肥。在土壤微量元素有效性低、水稻出现缺素症状时,选择含有微量元素的叶面肥。也可根据水稻的长势选择叶面肥种类,如水稻叶色发黄和生长缓慢是缺氮的症状,这个时候就应该喷施以氮为主的营养型叶面肥。

另一方面,不同生育时期应选择不同种类的叶面肥。在水稻生长前期可选用调节型叶面肥,调控水稻的生长发育,刺激生长;生长中后期,需肥量大,同时也是影响产量和品质的关键时期,应选用含有大量营养元素的营养型叶面肥,以保证快速补充水稻营养。

(2)喷施浓度　叶面肥浓度过高会灼伤水稻叶片,而浓度过低则达不到施用效果。水稻生育中后期叶面肥喷施尿素的浓度最高可达 2.0% ,磷酸二氢钾的浓度最高为 0.5% ,其他大量元素肥料的浓度不高于 1.0% ,微量元素肥料的浓度不高于 0.2%(李晓,2021)。

(3)喷施时期和次数　一般应选择在水稻拔节孕穗至破口期喷施,喷施时间宜选择在无风天、阴天,或在湿度较大、蒸发量较小的 9:00 前或 16:00 后进行。为了提高喷施效果,叶面喷施应至少进行 2 次,第 1 次以补充氮和磷肥为主,每次喷施应保证叶片正反面都喷到,并保证足够的用水量,为了节约成本,可与防病治虫药剂结合混喷(李晓,2021)。

(4)与土壤施肥配合施用　叶面施肥是土壤施肥的重要补充,必须与土壤施肥相结合,才能充分满足水稻的生长需求,并不能替代土壤施肥。在水稻生长前期和中后期可根据水稻的具体长势情况选择性地进行叶面施肥,以达到增加水稻产量和提升水稻品质的目的。

6.3.2.5　水稻叶与叶面肥的作用机制

水稻属于禾本科植物,水稻叶片由表皮、叶肉和叶脉 3 个部分组成。表皮又细分为上表皮和下表皮,由表皮细胞和气孔组成,水稻叶最外层的壁上覆盖有蜡质层和角质层(李燕婷等,2009)。蜡质层是水稻抵御外界刺激的第一道屏障,不仅可以有效防止病毒侵害,还能防止非气孔性水分散失、降低病虫害和太阳辐射等(Kozio,1984;Flaishman et al.,1995;Jenks et al.,1994)。角质层是覆盖水稻裸露于地面部分的一个连续性的脂类结构疏水层,结构比蜡质层复杂得多,其对营养物质的渗透吸收有一定阻滞作用(李燕婷等,2009)。

水稻叶片与外界进行物质交换主要有 3 种途径(李婷婷等,2016):

(1)通过叶面上的气孔进入水稻内部。在水稻叶上的正反两面均分布着许许多多的气孔,气孔是水稻进行呼吸作用和控制蒸腾作用的结构(杨建昌,2011)。营养物质或者其他物质可以穿过气孔,直接进入到叶肉细胞。

(2)通过角质层亲水小孔进入水稻内部。外源营养物质可以穿过叶片角质层的通道进入植株叶片内部,与角质层中的羟基结合,通过羟基分解或者氢化引起角质层中的小孔通道膨胀或者收缩,进而调控水溶离子与水分的吸收(Schönherr,1976)。前两种途径都具有吸收速效养分的能力。

(3)通过叶片细胞的质外连丝将营养物质进行主动吸收运送到水稻内部。角质层存在一些裂缝,同时存在一些叶片表皮细胞外侧壁上的外质连丝,由质膜表面外凸,透过纤维孔道向外部延伸而成,和质外体空间相互连接。这种纤维孔隙不含原生质,能直接把细胞原生质与外部相连,就像植株根系表面一样,通过主动运输将水稻叶片上的营养物质与养分吸收运输到水稻体内,为水稻以后的生长发育提供营养(吴良欢等,1996)。

水稻叶面肥是营养元素施用于水稻叶面,通过叶片吸收而发挥其基本功能的一种肥料类型。植物养分吸收主要是依靠根系和叶片,叶片是植物的重要营养器官之一,对养分吸收的形态和机制与根相似,符合合理施肥的五大基本原理,即养分归还学说、最小养分律、最适因子律、报酬递减律和因子综合作用律(于广武,2006)。

水稻叶片有上、下两层表皮,由表皮细胞组成,上表皮细胞的外侧有角质层和蜡质层,可以保护表皮组织下的叶肉细胞行使光合和呼吸等功能,不受外界不利条件的影响,叶片表皮上还有许多微小的气孔,行使气体交换的功能。角质层由一种带有羟基和羧基的长碳链脂肪酸聚合物组成,这种聚合物的分子间隙及分子上的羟基和羧基亲水基团可以让水溶液渗透进入叶内,叶片表面的气孔是叶面肥进入叶片更方便的通道。此外还可以通过叶片细胞的质外连丝,主动把营养物质吸收到叶片内部。水稻施用叶面肥具有针对性,且用肥量少、见效快。

6.3.2.6　叶面肥施用对水稻的影响

叶面肥具有肥效好、操作简单、养分吸收快和针对性强等优点,不仅能够调节水稻生理(雷鸣,2019),提高综合肥效,还可提升水稻产量和品质。

(1)增加水稻产量　水稻施用叶面肥可以通过增加有效穗数、穗粒数和千粒重等产量构成因素增加产量。

王康等(2019)研究了不同量的沼液叶面肥对水稻生长和产量的影响,结果表明在合适的范围内,喷施叶面肥浓度越高,对水稻分蘖促进效果越好,而孕穗期和灌浆期喷施低浓度叶面肥可以增加穗粒数和千粒重,从而实现增产。

魏丹等(2005)研究表明,用硒肥作叶面肥处理的水稻各项产量性状均比对照(喷施清水)好,能降低空瘪率,增加千粒重,有显著增产作用。樊俊等(2010)研究表明,喷施 $10\ g \cdot L^{-1}$ 浓度的水稻专用叶面肥,穗粒数比对照增加 17.99 粒,结实率增加 4.6%,穗秕粒数下降 4.33 粒,均达显著水平。Ram 等(2016)在 7 个国家的不同地点对硫酸锌与常用农药联合叶面施用的可行性进行了研究,结果表明叶面锌处理在多数地区都有提高水稻籽粒产量的趋势。锌可以促进水稻蛋白质的代谢,增强茎秆强度,硫酸锌与常用农药联合叶面施用不仅能显著提高穗数和穗粒数,从而提高水稻产量及其构成因素(廖文强,2013;张珍淑等,2014),还可以防治病虫害。

刘玉兰等(2020)研究表明,光碳核肥喷施次数与水稻相对叶绿素含量、叶面积指数、干物质量、千粒重、结实率、产量、糙米率、直链淀粉含量和食味值均呈极显著正相关,与亚白粒率、亚白度和蛋白质含量均呈显著负相关,喷施 4 次光碳核肥效果最佳,能同时提升水稻产量和品质。

李婷婷等(2017)研究了功能型叶面肥对杂交水稻功能叶生理特性和产量的影响,发现在水稻生育后期喷施功能型叶面肥,有利于提高功能叶的光合性能,促进叶片干物质积累,维持功能叶的生理活性,延缓叶片衰老进程,从而提高产量。

(2)改善稻米品质　叶面肥可以降低籽粒亚白粒率与亚白度,提高精米率与糙米率,还可以提升直链淀粉和蛋白质含量等,一些叶面肥能提高稻米中的微量元素和营养质量。

孔令国等(2018)研究了禾嫁春叶面肥对不同氮素水平下水稻生长和大米品质的影响,结果表明禾嫁春叶面肥处理可以提高大米氮、磷、钾、钙、镁、铁、锰、锌和铜等矿质营养元素含量,适量追施氮肥,配合施用禾嫁春叶面肥不仅可以提高水稻产量,而且能够提高大米营养价值。

樊俊等(2010)研究表明,与对照处理相比,喷施专用叶面肥水稻穗粒数、结实率、糙米率、出糙率、整精米率、精米率和粗蛋白含量等均有所提高,秕粒数、亚白粒率和总淀粉含量则有一定程度的降低,由于叶面肥施用量小,其对品质的影响大于对产量的影响。

吕倩等(2010)研究表明,叶面喷施氨基酸铁肥可以显著增加不同水稻品种精米中的铁、蛋白质、赖氨酸等必需氨基酸含量和 15 种氨基酸总量,可作为提高稻米铁含量和营养品质的经济、有效的农艺措施在生产实际中推广应用。

众所周知,稻谷锌含量非常低,但富含抑制锌在饮食中的生物利用度的化合物,如植酸盐(Broadley et al.,2007;Wessells et al.,2012)。水稻一般更容易出现土壤缺锌导致其产量和营养品质大幅下降的现象(Phattarakul et al.,2012)。土壤和叶面施用锌肥被认为是解决作物生产和人类健康中与缺锌有关问题的短期有效办法(Manzeke et al.,2014;Prasad et al.,2014)。叶面施用锌肥时,全粒和胚乳增锌量特别高,对水稻生长有很大的促进作用(Ram et al.,2016)。

(3)减少重金属积累　随着工业制造业的发展,部分农田 Cd 污染问题日益显露和突出(Liu et al.,2014)。Cd 具有较强的水溶性,容易从土壤转运到水稻籽粒中富集起来(杨菲,2015)。水稻是谷类农作物中对 Cd 吸收能力最强的作物(凌启鸿等,2005;Chaney et al.,2004),食用稻米已经成为人体 Cd 的主要摄入源(Chaney et al.,2004),严重危害人体健康(Qiao et al.,2018)。研究表明,叶面喷施技术是一种可以显著影响 Cd 在水稻体内转运的农艺调控措施。杨晓荣等(2020)研究表明,叶面喷施重金属螯合剂 2,3-二巯基丁二酸可显著降低 Cd 在水稻幼苗地上部的累积。叶面喷施硅(Liu et al.,2009)、锌(Wang et al.,2018)和锰(张烁等,2018)等都可以显著降低 Cd 从水稻幼苗根部向地上部转运,减轻水稻中 Cd 的毒害。之前有报道表明,根部施用硅肥也可以减少水稻(Shi et al.,2005)、小麦(Cocker et al.,1998;Nowakowski et al.,1997)和玉米(Liang et al.,2005)幼苗对重金属的吸收和积累,但是因施用于土壤的硅溶解度低,对矿物质和有机质的吸附性强而难以发挥应有的作用(Drees et al.,2018),因此根部施用硅肥需要大量的硅,成本高,施硅量大(Savant et al.,1996)。因此,比起根部施用硅肥,叶面喷施硅肥更加经济有效(Liu et al.,2009)。

张宇鹏等(2020)研究表明,无机硅经叶面吸收后,在减少叶片中铅富集的同时减少了根系对土壤铅的吸收,将经根系吸收的铅富集于茎和稻壳中;而在减少叶片中Cd富集的同时并未减少根系对Cd的吸收,而是将经根系吸收的Cd富集于根和茎中。

6.3.2.7 叶面肥阻控水稻富集镉的机制

镉是一种有毒的重金属元素,具有很强的生物有效性,容易造成生物体的损伤。水稻茎、叶和籽粒中镉的积累主要是源于木质部的运输(Uraguchi et al.,2005)。龙思斯(2016)研究表明,叶片外源喷施镉,导致糙米中镉的含量显著上升,这说明叶片中的镉可以转运到水稻籽粒中。依据水稻叶片中镉含量与籽粒中镉含量呈显著正相关,可以推测通过施加不同类型的叶面肥,来阻控水稻茎、叶中镉向穗部运输的过程,从而达到降低稻米中镉含量的目的。目前,运用叶面肥阻控作物富集镉的种类和机制主要有以下几种。

(1)叶面硅肥的抵抗作用 硅是水稻生长发育的必需元素之一,水稻是一种典型的喜硅植物,硅可以显著促进作物的生长发育、改善作物的抗逆性(Galvez et al.,1987)、提升水稻叶片中叶绿素的含量、提高根系的活力、降低细胞膜的通透性和加强水稻对重金属镉的抗性。硅从叶片进入水稻体内后可向根部移动(Liu et al.,2009),硅可与镉发生沉淀反应,阻止镉的向上运输,从而减少作物地上可食用部位镉的含量(赵颖等,2010)。李柏芳等(2013)研究表明,水稻喷施叶面硅肥可以增产29.6%,稻米中镉的含量下降40.2%。王世华等(2007)研究表明,水稻盆栽喷施有机硅和无机硅后,稻米中镉的含量分别下降44%和53%。

(2)叶面锌、硒肥的拮抗作用 叶面施锌可以使水稻叶中锌、镉共用的亲和性质膜转运蛋白产生锌/镉拮抗作用,从而降低水稻对镉的吸收(虞银江等,2012)。锌还可以与镉竞争细胞上的结合位点,最终达到降低镉含量的目的(Adiloglu,2002)。索炎炎(2012)研究表明,叶面喷施锌肥后可以显著提升水稻的鲜量和增加干物质的积累,还可以降低稻米中镉含量15.4%。硒能与重金属镉相结合形成难溶的CdSeO$_3$,使其难以被作物所吸收。硒还能使重金属在细胞点位上发生移动或者改变细胞膜对重金属镉的通透性,从而影响镉在作物体内的转运(安志装等,2004)。硒和镉都能与蛋白质中半胱氨酸的巯基结合,外源硒供应水平可使水稻体内谷胱甘肽过氧化物酶底物中的谷胱甘肽含量增加,从而减少水稻对镉的吸收(Schützendübel et al.,2001)。管恩相等(2013)研究表明,水稻喷施叶面硒肥可以使稻米增产16.2%,镉含量下降8.6%~17.8%。

(3)叶面铁、钼肥的缓解作用 铁、钼都属于微量元素,其作用是提高细胞内抗氧化系统保护酶的活性,清除重金属产生的大量自由基,降低作物膜脂过氧化程度,保护细胞的完整性,缓解重金属的毒害,达到阻控重金属进入细胞内部的作用(张梅等,2017)。铁是水稻生长发育的必需元素(邵国胜等,2008),其对水稻进行光合作用和呼吸作用都有十分重要的影响。左东峰(1992)研究表明,喷施叶面铁肥可以明显提升作物产量,增加植株叶面积、叶绿素含量以及净光合速率。付力成(2011)研究表明,喷施叶面铁肥可以提高水稻的结实率和千粒重,还能使其增产5.6%。钼肥可以提升作物产量和品质(王琴,2008)。喷施叶面钼肥能增加油菜(赵乃轩等,2009)、花生(郑国栋等,2013)等作物产量。

（4）叶面壳聚糖的吸附和螯合作用　壳聚糖是一种含有大量氨基和羟基的分子，具有很强的离子交换、螯合作用和吸附作用。壳聚糖可以与镉产生吸附和螯合作用，使镉难以进入到作物体内，最终达到降低镉含量的作用。任娜（2008）研究表明，喷施叶面壳聚糖可以改良烟草的经济性状，促进烟叶的生长。顾丽嫱等（2010）研究发现，喷施叶面壳聚糖可以提高火鹤幼苗中叶绿素的含量，同时降低 MDA 含量、可溶性蛋白含量和相对导电率，最终缓解镉的毒害作用。

6.3.2.8　影响叶面肥阻控水稻富集镉的效果因素

叶面肥虽然有一定的降镉效果，但在实际应用中很难只靠单一喷施叶面肥来达到完全阻控镉在水稻体内的富集。同时还有其他一些因素影响叶面肥阻控水稻富集镉的效果。如天气因素，施叶面肥只能选择在无风无雨的天气下，如遇刮风下雨等天气，容易被风吹落或被雨水淋稀。温度因素，温度过高容易造成叶面肥快速蒸发，若温度过低则可能影响作物对叶面肥的吸收。利用率因素，叶面肥由于重力或外力等原因，容易从叶片上滑落，其对作物的养分穿透率较低，吸收量较少。喷施次数因素，叶面肥提供的营养物质相对有限，并不能很好满足作物生长的全部需求，且只能在特定时期进行喷施，一次喷施可能达不到预期效果，所以需要多次喷施，但多次喷施存在费时费工等问题。浓度因素，若叶面肥调配比例不当，浓度过高则容易造成叶片烧伤，甚至还可能促进水稻对镉的吸收（邵国胜等，2008），浓度过低则容易达不到预期效果。

当前水稻受到重金属镉污染已成为事实，尤其是稻米镉问题受到社会的广泛关注。大量数据证明通过喷施叶面肥不仅可以使水稻增加产量、改善水稻品质，还能在一定程度上阻控重金属镉的积累，因此叶面肥拥有十分广阔的应用前景。由于其自身原因及其他因素影响，虽然喷施叶面肥对镉有一定的阻控作用，但稻米依然存在超过国家食品污染物限量标准的现象。同时，与国外相比，中国普遍关注较多的是金属离子类型叶面肥，其他种类叶面肥则运用较少，且研究深度不及国外。再者国内叶面肥尚缺乏统一管理标准，也缺乏相应规范操作技术。因此未来叶面肥需要开展以下几点工作：

（1）与其他阻控措施相结合，如水分管理、提高土壤 pH 值等，确保稻米中镉的浓度达到国家安全生产标准值，从而保证稻米的安全生产。

（2）开展其他种类叶面肥研究，不仅仅是关注金属离子类型叶面肥，还需要开展其他类型叶面肥的研究，在此基础上可将两者相结合，开发出复合型叶面肥，以期达到最佳效果。

（3）继续叶面肥理论基础研究，在现有理论研究基础上深入探讨叶面肥影响作物吸收重金属的机制，为全面了解叶面肥打下坚实的理论研究基础。

（4）加强统一管理和规范操作技术，在不同地区开展叶面肥实验，进一步确定其适用范围，在实践中不断提高，最终完善叶面肥的统一管理及操作技术。

6.3.2.9　叶面肥施用存在的问题及发展趋势

（1）叶面肥施用存在的问题

1）施用方式费时费工　在叶面肥施用方面，目前仍主要依靠人工施用，劳动效率低，经济效益也低。同时叶面肥的施用缺乏技术指导，市场上生产水稻叶面肥的品牌众多，但部分商家只注重效果的夸大宣传,却没有切实有效的技术指导说明(李小明,2017),导致在施用时出现盲目施用,达不到应有的效果,施用不当甚至会造成肥害、减产。

2)种类丰富度仍然不够　目前市面上的叶面肥种类虽然已经有多种,较之前已有很大的进步,但仍然不能满足如今的水稻生产需求,我们需要研究出更多种类的叶面肥来应对生产需要,叶面肥的开发力度仍然有待提高。

3)施用效果参差不齐　市场上叶面肥质量良莠不齐,施肥效果差异较大。虽然近年来随着科学技术的发展,叶面施肥在我国得到迅速推广和应用,但市场上的水稻叶面肥种类繁多,叶面肥质量和价格也高低不一,相差很大。

(2)叶面肥的发展策略与趋势　高产、优质、高效、生态和安全一直是农业发展的综合目标,这就要求施肥必定也要简单易行。叶面施肥简单、方便、清洁,是现代农业"立体施肥"的重要组成部分(姜虹,2016)。大量生产实践已经证明,叶面肥的施用是对土壤施肥的有效补充手段,是一项低成本、高效益的措施。

1)施肥技术机械化　随着科技的进步与发展,科技在农业上的应用也越来越多。人工施肥费时费工,效率低,叶面肥属于水溶肥,具有速溶、均匀的优点,非常适合采用自动化施肥,我国利用无人机进行施肥的技术日趋成熟,在未来,机械化施肥一定会全面代替人工施肥,成为肥料施用的主流方法。

2)肥料多元化　目前市面上的叶面肥种类已经有多种,功效不一,在未来,肥料的种类定会更加多元,更加细分,如针对缺乏某种单一元素的肥料将会被生产出来,具有更强的针对性。

水稻是生长期较长的作物,生长过程中不仅需要足够的营养元素,还可能会遇到各种病虫害以及重金属污染问题,因此复合多功能化也将是水稻叶面肥的主导方向之一,未来生产出的叶面肥不仅能补充水稻生长期间所必需的营养元素以及生长调节剂,同时还具有防治病虫害、减少植株对重金属的吸收作用。

3)成本低廉化　随着国家的产业扶持和肥料生产加工技术的日益成熟,肥料的成本和价格将会越来越低,而市场监管机制的进一步完善也会提高叶面肥的质量,叶面肥的市场会进一步扩大,迎来大范围、大面积推广的浪潮。这也将进一步促进水稻高产、优质、高效、生态和安全综合目标的实现。

4)材料环保化　2014年国家发改委发布的《全国土壤污染状况调查公报》中显示,我国土壤环境状况总体不容乐观。部分地区土壤污染较重,耕地土壤环境质量堪忧,全国土壤点位超标率为16.1%。随着社会的进步,人们环保意识增强,绿色环保的施肥方式将会成为主流。喷施叶面肥可减少化肥和农药的使用量,降低水稻体内的有害物质残留,减少环境污染,保护环境。因此叶面肥喷施将是土壤肥料施用的重要补充。

叶面肥的原材料可从天然物质中获得,如烟草、海藻素和秸秆发酵料等,是对环境友好又对作物具有良好的营养作用和生理调节作用的天然物质。吴嫦华(2006)发明了一种有机硅叶面肥的制作方法,将烧焦的稻壳用水浸出,是一种无污染、无副作用且能提高作物产量的环保叶面肥。运用环境友好的原材料生产叶面肥将会是未来发展的新方向。

6.4 水稻重金属吸收和转运的分子遗传机制研究

由于矿山开采、冶炼、污染水灌溉及过度施用农药化肥等人为活动的长期进行,土壤镉、砷污染加剧。2014 年我国发布的《全国土壤污染状况调查公报》显示,农田土壤 Cd、As 污染物的点位超标率分别为 7.0%、2.7%(中华人民共和国生态环境部,2014)。从全国 4 个水稻主产区的 19 个省份收集了 113 份土壤样品,经检测发现,Cd、As 超标率分别为 33.6%、6.19%(Mu et al.,2019)。由于很多污染农田仍被用于水稻生产,导致稻米 Cd、As 含量超标事件时有发生。对中国南方部分 Cd 污染农田的米样抽检显示,有 56% ~ 87% 的样本 Cd 含量超过国家限量标准值(200 $\mu g \cdot kg^{-1}$)(Wang et al.,2019)。湖南某矿区附近农田的稻米 As 含量平均为 303 $\mu g \cdot kg^{-1}$(Zhu et al.,2008),郴州市工业区附近农田的稻米 As 含量范围高达 500 ~ 7 500 $\mu g \cdot kg^{-1}$,远超国家允许的无机 As 限量标准(200 $\mu g \cdot kg^{-1}$)(Liao et al.,2005)。

水稻是全球约一半人口的主粮,也是人体摄入 Cd 和 As 的主要来源(Rizwan et al.,2016;Li et al.,2011;Meharg et al.,2013)。在美国有毒物质和疾病登记署(ATSDR)2019 年公布的有害物质排名中,Cd 和 As 分别排名第 7 位和第 1 位(ATSDR,2019)。人体长期摄入 Cd,会对肾脏、骨骼、肺部等多个器官造成损害(Nawrot et al.,2010);而长期暴露于 As 也使皮肤、胃、肠道等器官严重受损(Chen et al.,2009)。因此,解决稻米 Cd、As 超标问题对实现水稻安全生产、保障粮食安全具有重大意义,而培育并推广 Cd、As 低积累水稻品种是解决这一问题最经济、有效的方法。本研究主要综述了水稻吸收、转运、积累及耐受 Cd、As 的分子机制,以及 Cd、As 低积累水稻品种培育的进展,并对未来的发展方向提出了几点建议。

6.4.1 土壤中 Cd 和 As 的存在形式及生物有效性

Cd 在土壤中以无机态+2 价形式存在,As 则不同,除+3 价和+5 价的无机态 As,还包括甲基 As。As 的甲基化形式主要包含单甲基砷(MMA)、二甲基砷(DMA)和三甲基砷(TMA)。

土壤的氧化还原状态(Eh)会影响土壤中 Cd、As 的生物有效性。水稻在营养生长期需要长时间灌溉,而在分蘖盛期和成熟前需要排水晒田,因此稻田会经历周期性的淹水和排水。淹水后,由于微生物活动消耗氧气,导致土壤 Eh 降低,硫酸盐被还原为硫化物,Cd^{2+} 与硫化物结合形成不溶的硫化镉沉淀,从而降低了 Cd 的生物有效性(Fulda et al.,2013)。然而在还原状态的土壤条件下,吸附 As 的铁氧化物还原溶解,将 As 释放到土壤溶液中;另外,五价砷[As(V)]也会被还原为三价砷[As(Ⅲ)],而土壤对 As(Ⅲ)的吸附能力弱于 As(V),使得 As(Ⅲ)更容易分布在土壤溶液中,从而增加了 As 在淹水条件下的生物有效性(Xu et al.,2017;Yamaguchi et al.,2011)。稻田排水会使土壤条件从还原状态变为氧化状态,导致相反过程发生,Cd 的生物有效性增加而 As 的生物有效性下降。盆栽试验也证明,有氧条件下生长的水稻比缺氧条件下生长的水稻会积累更多的 Cd、更少的 As(Li et al.,2009;Arao et al.,2009)。

土壤酸碱度(pH 值)也是影响 Cd、As 生物有效性的重要因素。淹水条件下,酸性土壤的 pH 值升高至中性,土壤中铁锰氧化物表面的吸附位点增加,促进对 Cd^{2+} 的吸附,降低了 Cd 的生物有效性(Wang et al.,2019)。研究表明,pH 值(4.7 ~ 6.7)每下降 1 个单位,土壤中的可溶性 Cd 含量增加 0.35 ~ 0.37 倍(Zhu et al.,2016)。与 Cd 相反,土壤 pH 值升高会使 As(Ⅴ)的生物有效性增加,这是由于土壤 pH 值升高伴随其中的 OH^- 也逐渐增多,并与砷酸根[土壤溶液中 As(Ⅴ)的主要存在形式]竞争土壤颗粒表面的吸附位点,从而抑制土壤颗粒对砷酸根的吸附,增加了 As 的生物有效性(陈静等,2004)。在土壤 pH<8 时,As(Ⅲ)主要以非解离的中性分子(亚砷酸)形式存在,这使 pH 值对 As(Ⅲ)的生物有效性影响相对微弱(2021)。以上研究表明,在稻田淹水和排水的过程中,Cd 和 As 的生物有效性呈现相反的变化规律,这可能是稻米中 Cd、As 浓度呈负相关的主要原因(Duan et al.,2017),因此,在 Cd、As 复合污染农田中,同时降低水稻籽粒的 Cd 和 As 积累成为农业生产和环境领域的一大难点。

6.4.2　水稻籽粒积累 Cd 和 As 的分子机制

水稻对 Cd 和 As 的吸收、转运和分配过程涉及多个转运蛋白的跨膜运输。目前已克隆和鉴定出多个参与该过程的 Cd、As 转运体基因。

6.4.2.1　水稻根系对 Cd 和 As 的吸收

根系吸收的 Cd 总量决定了植株整体的 Cd 积累量,目前已发现 Os NRAMP5、Os NRAMP1、Os IRT1、Os IRT2、Os Cd1、Os ZIP5 和 Os ZIP9 等转运体参与水稻对 Cd 的吸收(Sasaki et al.,2012;Chang et al.,2020a;Chang et al.,2020b;Nakanishi et al.,2006;Ishimaru et al.,2006;Yan et al.,2019;Tan et al.,2020)。Os NRAMP5 作为自然抗性相关巨噬细胞蛋白(NRAMP)家族的一员,位于水稻根部外皮层和内皮层质膜的远轴面(见彩插水稻根部 Cd 的吸收和转运),是介导水稻吸收 Cd、Mn 的主效转运蛋白,敲除 Os NRAMP5 显著降低根系对 Cd、Mn 的吸收能力,从而导致地上部和籽粒中的 Cd、Mn 含量下降(Sasaki et al.,2012)。然而,Mn 是植物必需的矿质营养元素,敲除 Os NRAMP5 也增加水稻在低 Mn 稻田中减产的风险(Sasaki et al.,2012)。过度表达 Os NRAMP5 导致植株根部 Cd、Mn 的吸收增强,但由于破坏了 Cd 在根部的横向运输,使得地上部的 Cd 积累减少(Chang et al.,2020a)。Os NRAMP1 与 Os NRAMP5 的功能相似但不冗余,敲除 Os NRAMP1 使水稻根部、地上部和籽粒中的 Cd、Mn 含量显著低于野生型,与敲除 Os NRAMP5 相比,敲除 Os NRAMP1 对 Cd、Mn 吸收的影响更小,而同时敲除这两个基因会导致 Cd、Mn 的吸收大幅下降(Chang et al.,2020b)。在酵母异源表达系统中,Fe 转运体 Os IRT1 和 Os IRT2 显示出 Cd 的内流转运活性,Os IRT1 和 Os IRT2 在缺 Fe 条件下的表达上调,从而促进水稻对 Cd 的吸收(Nakanishi et al.,2006;Ishimaru et al.,2006)。Os Cd1 被证实参与水稻根系对 Cd 的吸收,敲除 Os Cd1 减少了根部对 Cd 的吸收以及地上部 Cd 的积累,同时也造成水稻缺 Mn,引起结实率下降(Yan et al.,2019)。锌铁转运蛋白(ZIP)家族的 Os ZIP5 和 Os ZIP9 也参与根系吸收 Cd 的过程,两者均具有 Cd、Zn 的内流转运活性,oszip5oszip9 双敲除突变体对 Cd、Zn 的吸收能力显著低于野生型;然而,敲除 Os ZIP5 或 Os ZIP9 均会导致籽粒 Zn 含量和产量显著降低(Yan et al.,2019)。

水稻对不同形态 As 的吸收机制不同，As(Ⅲ)是稻田淹水条件下 As 的主要形态。Si 吸收途径是 As(Ⅲ)进入水稻根部的主要方式，已报道硅转运蛋白 Lsi1 和 Lsi2 介导 Si 和 As(Ⅲ)的吸收(Ma et al.，2008；Ma et al.，2006)。Lsi1(Os NIP2;1)属于水通道蛋白家族中的类根瘤素 26 内在蛋白(NIP)亚家族，其定位于根部内皮层、外皮层细胞质膜的远轴面(见彩插水稻根部 As 的吸收与转运)，介导根细胞吸收 Si 和 As(Ⅲ)，而 Lsi2 定位于同一细胞质膜的近轴面，负责将根细胞内的 Si 和 As(Ⅲ)朝中柱方向外排至质外体，促进 Si 和 As(Ⅲ)横向运输至中柱(Ma et al.，2008；Ma et al.，2006)。与 Lsi1 相比，Lsi2 对籽粒 As 积累的影响更大，利用化学诱变剂 N−甲基−N−亚硝基脲(MNU)和 γ 射线分别诱变处理 Taichung−65 和 Koshihikari，共获得两个背景不同的硅吸收突变体 lsi2，其籽粒 As 浓度分别降至各自野生型水稻的 63% 和 51%(Ma et al.，2008；Ma et al.，2006)。然而，敲除 Lsi2 也显著降低水稻对 Si 的吸收和累积，进而引起减产(Ma et al.，2007)。NIP 家族的 Os NIP3;2 也参与水稻侧根对 As(Ⅲ)的吸收，但其对地上部 As 的积累贡献有限(Chen et al.，2017)。甲基化砷也是土壤和稻米中常见的一种有机砷形态。有研究报道，Lsi1 可介导单甲基砷和较少的二甲基砷内流进入水稻根系，与野生型植株相比，诱变处理获得的 lsi1 对 MMA 和 DMA 的吸收能力分别降低 80% 和 50%，而 Lsi2 不参与甲基化砷的吸收和运输(Li et al.，2009)。

As(Ⅴ)主要存在于干水条件下的稻田。由于 As(Ⅴ)与磷酸盐(Pi)具有相似的化学结构，因此磷酸盐转运蛋白也介导 As(Ⅴ)的吸收。目前已发现 Os PT1、Os PT4 和 Os PT8 对 As(Ⅴ)和 Pi 的吸收均有贡献(Kamiya et al.，2013；Cao et al.，2017；Wang et al.，2016)。过度表达 Os PT1 显著增加水稻对 Pi 和 As(Ⅴ)的吸收(Kamiya et al.，2013)。敲除 Os PT4 使水稻对 As(Ⅴ)的吸收减少(Cao et al.，2017)。两种不同背景的 ospt8 突变体对 As(Ⅴ)的吸收能力降低 33% ~57%(Wang et al.，2016)。

6.4.2.2　Cd 和 As 由水稻根系向地上部分的转运

土壤中的 Cd 被水稻根系吸收后，大部分 Cd 被截留在根细胞的液泡中，少部分 Cd 由木质部装载并借助根压和蒸腾作用的动力运输到地上部。Os HMA3、Os ABCC9 均定位于根细胞液泡膜，通过将 Cd 区隔化在根细胞的液泡中，进而调节木质部装载的 Cd 总量(Ueno et al.，2010；Yang et al.，2021)(彩插水稻根部 Cd 的吸收和转运)。未被液泡区隔化的 Cd 通过转运体 Os HMA2、Os ZIP7、Os LCT2、CAL1、CAL2 介导运输至地上部分(Yamaji et al.，2013；Tan et al.，2019；Tang et al.，2021；Luo et al.，2018；Luo et al.，2020)。Os HMA2 是 Zn、Cd 转运体，营养生长阶段主要定位于根部中柱鞘的质膜，与野生型相比，oshma2 突变体显著降低 Zn、Cd 由根到地上部分的转运率(Yamaji et al.，2013)。Os ZIP7 也是 Zn、Cd 转运体，Os ZIP7 敲除后导致 Zn、Cd 从根系向地上部的转运减少(Tan et al.，2019)。Os LCT2 定位于内质网，过度表达 Os LCT2 可抑制 Cd 装载到木质部中，从而使糙米和稻草的 Cd 含量显著降低(Tang et al.，2021)。防御素类蛋白 CAL1 通过特异性地与 Cd 螯合，驱动 Cd 从木质部薄壁细胞的细胞质分泌到木质部导管，从而促进 Cd 由根系运输到地上部(Luo et al.，2018)。CAL1 仅定向调控叶等营养器官的 Cd 积累，但不影响籽粒 Cd 含量(Luo et al.，2018)。防御素类蛋白 CAL2 与 CAL1 的同源性为 66%，其编码基因主要在根表达，且转录水平上不响应 Cd 胁迫，过度表达 CAL2 增加了水稻籽粒、茎叶中的 Cd 含量(Luo et al.,2020)。

木质部装载也是决定水稻籽粒中 As 含量的关键过程。As(Ⅲ)是木质部伤流液中 As 的主要存在形式。Tang 等(Tang et al.,2019)发现 Os ABCC7 在根中柱的木质部薄壁细胞中高表达,蛋白定位于质膜,其对 As(Ⅲ)与植物螯合肽(PCs)复合物以及 As(Ⅲ)与谷胱甘肽复合物具有外排活性,可促进根系 As(Ⅲ)向地上部分的转运。

6.4.2.3　地上部 Cd 和 As 的运输和分配

茎节是地上部 Cd 和 As 的分配的枢纽。根系中的 Cd 和 As 转运到地上部分后,大部分的 Cd 和 As 在水稻茎节处发生由扩大维管束(EVBs)向分散维管束(DVBs)的转移。

目前,已鉴定出转运蛋白 Os LCT1、Os HMA2、Os ZIP7、Os CCX2 参与茎节中 Cd 的运输和分配(Yamaji et al.,2013;Tan et al.,2019;Uraguchi et al.,2011;Hao et al.,2018)。转运蛋白 Os LCT1 主要在水稻生殖生长期的水稻叶片和茎节中表达(见彩插水稻茎节中 Cd、As 的转运),其 RNAi 株系木质部伤流液的 Cd 浓度较野生型无显著变化,而韧皮部伤流液的 Cd 水平接近野生型的一半,这表明 Os LCT1 参与调节韧皮部 Cd 的运输(Uraguchi et al.,2011)。Os HMA2 和 Os ZIP7 不仅参与 Zn、Cd 由根到地上部的转运,也参与茎节中 Zn 和 Cd 的分配;Os HMA2 的 Tos17 插入突变使上部茎节和籽粒的 Zn、Cd 含量较野生型显著降低,敲除 Os ZIP7 也抑制 Cd、Zn 向上部茎节和糙米的运输(Yamaji et al.,2013;Tan et al.,2019)。钙/阳离子反向转运体 Os CCX2 定位于质膜,主要在茎节的木质部区域表达,负责将 Cd 装载到茎节的木质部导管中,Os CCX2 突变导致 Cd 在基部茎节处滞留,使籽粒中的 Cd 含量较野生型降低约一半(Hao et al.,2018)。

有关 As 在水稻地上部运输和分配的研究较少,目前报道的转运体主要有 Lsi2、Os ABCC1 和 Os PTR7(Chen et al.,2015;Song et al.,2014;Tang et al.,2017)。Lsi2 除了在根系表达外,也在茎节高表达,其功能缺失突变导致茎节和旗叶的 As(Ⅲ)含量升高,而籽粒的 As(Ⅲ)积累量显著减少,表明 Lsi2 参与茎节中 As(Ⅲ)的分配(Chen et al.,2015)。Os ABCC1 定位于茎节韧皮部伴胞细胞的液泡膜,负责将 As(Ⅲ)-PCs 复合物隔离在液泡中,从而有效减少了 As(Ⅲ)向籽粒的转运(Song et al.,2014)。Tang 等(2017)研究发现 Os PTR7 参与二甲基砷的长距离转运(见表 6-3)。

表 6-3　水稻 Cd 和 As 转运体的编码基因

基因名称	基因号	主要表达部位	亚细胞定位	功能
Os NRAMP1	LOC_Os07g15460	除中央维管束外的所有根细胞以及叶肉细胞	质膜	参与根部 Cd、Mn 的吸收
Os NRAMP5	LOC_Os07g15370	根部内、外皮层	质膜	参与根部 Cd、Mn 的吸收
Os IRT1	LOC_Os03g46470	根部的表皮、外皮层、靠近内皮层的皮层细胞、中柱	质膜	参与根部 Cd、Fe 的吸收
Os IRT2	LOC_Os03g46454	根部	质膜	参与根部 Cd、Fe 的吸收

续表 6-3

基因名称	基因号	主要表达部位	亚细胞定位	功能
Os Cd1	LOC_Os03g02380	根部内皮层、外皮层、皮层薄壁细胞、中柱细胞	质膜	参与根部 Cd、Mn 的吸收
Os ZIP5	LOC_Os05g39560	大部分组织（如根、茎、叶鞘、叶片、穗、颖壳等）根、茎、颖壳	质膜	参与根部 Zn、Cd 的吸收
Os ZIP9	LOC_Os05g39540	根、茎、颖壳	质膜	参与根部 Zn、Cd 的吸收
Os HMA2	LOC_Os06g48720	根、基部茎、上部茎节	质膜	参与 Zn、Cd 从根部向地上部的转运及地上部的分配
Os HMA3	LOC_Os07g12900	根部	液泡膜	负责将 Cd 隔离在根部液泡中
Os ZIP7	LOC_Os05g10940	根中柱和茎节维管束薄壁细胞	质膜	参与 Zn、Cd 从根部向地上部的转运及地上部的分配
Os CAL1	LOC_Os02g41904/	根、茎节、叶鞘	细胞壁（分泌蛋白）	参与 Cd 从根部向地上部的转运
Os CAL2	LOC_Os04g44130	根尖	细胞壁	参与 Cd 从根部向地上部的转运
Os CCX2	LOC_Os03g45370	茎节的木质部区域	质膜	参与地上部的 Cd 分配
Os LCT1	LOC_Os06g38120	茎节、叶片	质膜	参与地上部的 Cd 分配
Os LCT2	GenBank acces-sion number：MW757982	根部	内质网	参与 Cd 从根部向地上部的转运
Os ABCC9	LOC_Os04g13210	根部	液泡膜	负责将 Cd 隔离在根部液泡中
Os ABCG36	LOC_Os01g42380	根部	质膜	参与根部 Cd 的外排
Lsi1	LOC_Os02g51110	根部内、外皮层	质膜	参与根部 As（Ⅲ）的吸收和外排以及部分 DMA、MMA 的吸收
Lsi2	LOC_Os03g01700	根部内皮层、外皮层、茎节	质膜	参与 As 的根部吸收以及地上部的分配
Os NIP3；2	LOC_Os08g05590	侧根、初生根的中柱	质膜	参与根部 As（Ⅲ）的吸收
Os PTR7	LOC_Os01g04950	地上部、根部	质膜	参与地上部的 DMA 分配
Os ABCC1	LOC_Os04g52900	根、茎节、叶	液泡膜	负责将 As（Ⅲ）-PCs 隔离在液泡

基因名称	基因号	主要表达部位	亚细胞定位	功能
Os ABCC7	LOC_Os04g49900	根部中柱	质膜	参与 As（Ⅲ）-PC2 及 As（Ⅲ）-GS3 从根到地上部的转运
Os PT1	LOC_Os03g05620	根、地上部	质膜	参与根部 As（Ⅴ）的吸收
Os PT4	LOC_Os04g10750	根、胚	质膜	参与根部 As（Ⅴ）的吸收
Os PT8	LOC_Os10g30790	根尖、侧根	质膜	参与根部 As（Ⅴ）的吸收

6.4.3 水稻耐受 Cd、As 胁迫的分子机制

为减轻 Cd 和 As 的毒害作用,水稻形成了耐受 Cd 和 As 的机制,主要包括外排、与硫醇类化合物络合和液泡隔离。

质膜转运蛋白 Os ABCG36 可将 Cd 外排出根细胞,以此来增强水稻对 Cd 的耐受性(Fu et al.,2019)。Zhao 等(2010)研究表明,Lsi1 不仅具有 As（Ⅲ）的内流转运活性,当土壤溶液含 As（Ⅴ）时,Lsi1 将大量的 As（Ⅲ）外排出根细胞,这说明 Lsi1 是双向转运体,具有吸收和外排 As（Ⅲ）的双重功能。而水稻中 As（Ⅴ）的外排首先需要将 As（Ⅴ）还原为 As（Ⅲ）,再由 As（Ⅲ）的转运体介导排出体外,目前在水稻中发现参与砷还原过程的还原酶有 Os HAC1;1、Os HAC1;2 和 Os HAC4(Shi et al.,2016;Xu et al.,2017)。

植物螯合肽是由谷氨酸(Glu)、半胱氨酸(Cys)和甘氨酸(Gly)组成的富含巯基的小分子多肽,它不是由基因直接编码形成,而是由 PC 合成酶(PCS)催化底物谷胱甘肽(GSH)聚合而成(Uraguchi et al.,2017a)。Cd、As 可以与 PCs 螯合形成 PCs-Cd、PCs-As 复合物,从而降低 Cd 和 As 的毒害效应。巯基化合物(包括 Cys、GSH 和 PCs)的合成对重金属解毒有着重要影响。研究表明,敲除 Os PCS2 会增加水稻对 Cd 和 As（Ⅲ）胁迫的敏感性(Uraguchi et al.,2017b;Hayashi et al.,2017)。Os CADT1 突变上调了硫酸盐转运蛋白和硒酸盐转运蛋白的表达,从而增加硫酸盐、硒酸盐的吸收和积累,促进巯基化合物的合成,使更多游离的 Cd^{2+} 被螯合,提高水稻对 Cd 的耐受性,同时也富集硒(Chen et al.,2020)。类似地,osastol1 突变体通过提高水稻对硫酸盐和硒酸盐的吸收,增强了水稻对 As 的耐受性(Sun et al.,2021)。

液泡隔离对水稻耐受 Cd、As 的毒害也十分重要。过度表达 Os HMA3 显著减少 Cd 由根向地上部的转移,这与 Os HMA3 将 Cd 隔离到根部液泡中的功能一致(Lu et al.,2019)。敲除 Os ABCC9 使得突变体比野生型对 Cd 更敏感,并增加根部和地上部的 Cd 含量(Yang et al.,2021)。Os ABCC1 通过将 As（Ⅲ）-PCs 转运至液泡隔离,参与水稻中 As 的解毒过程,敲除 Os ABCC1 导致水稻对 As 的耐受性下降(Song et al.,2014)。

6.4.4 Cd、As 低积累水稻品种的培育

6.4.4.1 Cd 低积累水稻品种的培育

Os NRAMP5 是目前发现的对水稻吸收 Cd 贡献最大的转运蛋白,被广泛应用于 Cd

低积累水稻育种。理化诱变和基因编辑获得的 osnramp5 对 Cd 的吸收均大幅度降低（Lv et al.，2020；王天抗等，2021；Ishikawa et al.，2012；Cao et al.，2019；韶也等，2022；Tang et al.，2017）。对国内外水稻资源进行基因组高通量测序，筛选出 Os NRAMP1 和 Os NRAMP5 同时缺失的珞红 3A 和珞红 4A，经 Cd 污染稻田鉴定，其籽粒 Cd 含量分别为 10 μg·kg^{-1} 和 30 μg·kg^{-1}（Lv et al.，2020；王天抗等，2021）。通过理化诱变处理创制 Cd 低积累水稻新品种是实现种质资源创新的重要技术。Ishikawa 等（2012）利用碳离子束诱变粳稻品种越光，获得 3 个 osnramp5 突变体，籽粒 Cd 积累量均降至对照的 3% 以下。Cao 等（2019）用 EMS 获得籼稻品种 93-11 背景下的 Os NRAMP5 突变体 lcd1，其籽粒 Cd 含量降低 96% 以上且不影响水稻的生长。韶也等（2022）利用高通量靶向测序技术在诱变当代定向筛选到 Os NRAMP5 嵌合突变体，突变体自交后筛选得到 Cd 低积累水稻，并配组成杂交稻组合莲两优 1 号，镉污染田鉴定结果显示，其籽粒 Cd 含量低于 30 μg·kg^{-1}。利用 CRISPR/Cas9 技术同时敲除两系杂交稻骨干亲本华占和隆科 638S 中的 Os NRAMP5 基因，并配组获得隆两优华占背景的 osnramp5，在重度 Cd 污染田鉴定发现，其糙米 Cd 含量低于 50 μg·kg^{-1}，且产量、米质等农艺性状较野生型无显著差异（Tang et al.，2017）。但用 CRISPR/Cas9 编辑黄华占、南粳 46、淮稻 5 号、华占、五丰 B、五山丝苗、中早 35 等不同遗传背景的 Os NRAMP5 均造成不同程度的减产（Wang et al.，2019；Yang et al.，2019；龙起樟等，2019）。不同报道中，敲除 Os NRAMP5 对水稻农艺性状的影响不同，可能是由于突变位点、遗传背景和种植条件不同，造成 osnramp5 地上部 Mn 积累量不同。此外，董家瑜等（2021）发现敲除 Os NRAMP5 降低植株对低 Mn 和高温环境的耐受性。以上研究提示，在利用 Os NRAMP5 突变培育 Cd 低积累水稻品种时，需通过多年多点大田试验确定其适合种植的生态区。

分子标记辅助育种是开展低 Cd 新品种培育的有效策略。目前已有初步尝试，王天抗等（2021）根据珞红 4A 在 7 号染色体缺失处插入的 DNA 片段（Tons），开发出 Tons 分子标记，并借助 Tons 标记在珞红 4A 与 IR28 杂交的 F2 群体中筛选出低 Cd 新材料 Tonys。Os HMA3 启动子在籼粳亚种之间存在自然变异，将来自籼稻两系不育系培矮 64s 的 Os HMA3 强功能等位基因导入籼稻 93-11 中可使 93-11 的籽粒 Cd 含量降低 36.9%，且不影响农艺性状（Liu et al.，2020）。Wang 等（2021）将粳稻品种 IRAT129 的低 Cd 积累基因簇 Os HMA3-Os NRAMP5-Os NRAMP1 整合到 93-11 基因组中，显著降低了 93-11 的籽粒 Cd 含量（减少约 31.8%），且不影响产量。

过度表达 Os HMA3 和下调 Os LCT1 的表达均可降低糙米 Cd 含量，且不影响水稻的生长、产量及其他矿质元素的含量（Uraguchi et al.，2011；Lu et al.，2019），提示转基因技术在 Cd 低积累水稻育种中具有巨大潜力，但因转基因政策的限制，短期内尚不能应用。

6.4.4.2 As 低积累水稻品种的培育

与 Cd 相比，As 低积累水稻育种的报道相对较少。Si、Pi 对水稻生长发育、产量品质和抗逆性等方面至关重要，而 As(Ⅲ) 与 Si 共享转运途径，As(Ⅴ) 与 Pi 共享转运途径，突变 Lsi2 或敲除磷酸盐转运体基因尽管能显著降低籽粒 As 积累，但也不可避免地减少 Si、Pi 的吸收和积累，从而导致稻谷减产和植株生长受抑制的问题（Ma et al.，2008；Ma et al.，2006；Ma et al.，2007）。因此，As 低积累水稻育种迫切需要鉴定更多不影响水稻生长和产量的低 As 优异等位变异。在转基因育种方面,T-DNA 插入 Os PTR7 第 1 个内含子获得 osptr7,该突变体使籽粒 As 含量下降43%,并对籽粒产量和氮含量无明显影响(Tang et al.,2017)。过度表达 Os NIP1;1 或 Os NIP3;3 会影响 As 从根向地上部的转运,使籽粒中的 As 含量显著低于野生型,且对水稻主要农艺性状和产量无负面影响(Sun et al.,2018)。Deng 等(2018)创制了表达两种不同液泡隔离基因(Sc YCF1 和 Os ABCC1)的转基因水稻,同时也表达细菌 γ 谷氨酰半胱氨酸合成酶以增加胞质溶胶中 GSH 和 PCs 的含量,该转基因水稻植株表现出糙米 As 积累量减少70%且不损害农艺性状。

籽粒中 Cd、As 的积累呈显著负相关(Duan et al.,2017),这为 Cd、As 低积累水稻品种的筛选和培育带来难度。目前,Cd、As 低积累品种的筛选及培育报道很少,大量研究集中在通过改良水分管理、施用土壤改良剂等研究集中在通过改良水分管理、施用土壤改良剂等措施来同步降低籽粒的 Cd、As 含量。例如,营养生长期干水处理结合灌浆期淹水处理的水分管理模式为生产符合食品安全规定的稻米提供了一种方法(Huang et al.,2022)。将复合改良剂(石灰石、铁粉、硅肥和钙镁磷肥)施用于中度和重度镉砷复合污染土壤,不仅显著减少稻米 Cd、As 含量,还提升了稻米品质(Jiang et al.,2022)。Ishikawa 等(Ishikawa et al.,2012;Ishikawa et al.,2016)将粳稻越光背景的低 Cd 积累水稻(osnramp5)种植在 3 种水分管理模式(淹水、干湿交替、节水)的大田中,结果发现,与淹水条件相比,在干湿交替和节水条件下的籽粒 As 含量分别降低27%和43.1%,且几乎检测不到籽粒 Cd 含量,但这两种水分管理模式可能对籽粒的产量和品质产生负面影响。

当前,我国部分稻米存在 Cd、As 含量超标的问题,威胁着食品安全和人体健康。近些年来,Cd 和 As 在水稻中吸收、转运、耐受的分子机制研究和 Cd、As 低积累品种的培育已取得了一系列进展,但在以下方面有待加强研究:①水稻 Cd、As 积累的分子机制研究多限于单个转运蛋白的功能解析,不同转运蛋白之间的相互关系及耦合效应研究相对不足,且转运蛋白上游的调控网络研究尚不清晰。②突变 Cd 转运体基因在降低稻米 Cd 积累的同时,可能造成水稻中 Mn、Fe、Zn 等必需矿质元素的缺乏,突变 As 转运体基因在降低稻米 As 积累的同时,可能造成水稻 Si、Pi 等元素的缺乏,已发现的不影响水稻生长发育和主要农艺性状的低 Cd 或低 As 等位基因还不足,因此,迫切需要在水稻自然群体中鉴定更多的低 Cd 和低 As 优异等位变异,以开展 Cd、As 低积累水稻的分子设计育种。③通过基因编辑,可对负责 Cd 积累的主效转运蛋白 Os NRAMP5 和负责 As 积累的主效转运蛋白 Lsi2 进行关键氨基酸残基的定向突变,尝试创制不吸收 Cd、专一性吸收 Mn 的 Os NRAMP5 理想型变异体,以及不吸收 As、专一性吸收 Si 的 Lsi2 理想型变异体。④由于在稻田淹水、排水过程中,籽粒 Cd 和 As 的积累变化规律表现相反,因此 Cd、As 复合污染土壤安全生产水稻面临巨大挑战。目前可通过稻田水分管理、施加土壤改良剂来控制水稻对 Cd、As 的吸收和积累;另外,种植 Os NRAMP5 突变的 Cd 低积累水稻材料并结合干湿交替或节水的水分管理模式也为水稻实现 Cd、As 同降提供了一种可能的途径,但如何规避减产风险需要更多的探索。

6.4.5　水稻 Cd 耐性及其分子机制

Cd 常对植物细胞结构及生理代谢活动产生伤害,然而,植物在长期对环境的适应过程中,也相应产生了多种防御机制,主要包括下列几个方面。

6.4.5.1　限制根对 Cd 的吸收

根系是减少 Cd 毒害的最初且最关键的部位,也是重金属 Cd 进入植物体的第一道屏障。在重金属 Cd 胁迫下,植物根系会分泌一些使根际微环境发生变化的氨基酸、有机酸、多肽和酰胺等物质,导致重金属 Cd 有效性降低进而避免植物吸收过多的 Cd,这是一种有效的外部排斥机制。如水稻缺铁时,其根部表面会形成一层由其自身分泌的粘胶状物质构成的根壳,可对重金属 Cd 的进入起到过滤作用,从而减少根系对 Cd 的吸收。在眼虫藻和白玉草中观察到,Cd 耐性生态型的叶片中 Cd 浓度低于敏感生态型,这些植物可能通过减少对土壤中 Cd 的吸收,降低植物体中 Cd 含量来减轻伤害。而小麦受到 Cd 胁迫时,其根际 pH 值会升高,而根际 Cd 的可提取态也相应减少,从而降低了 Cd 的毒害(常学秀等,2000)。

6.4.5.2　将 Cd 储存在叶表皮及表皮毛中

叶片的生理功能(如光合作用)主要由叶肉细胞来完成,表皮细胞和表皮毛主要起保护作用,有些植物,如芥菜根吸收的 Cd 经木质部运输到地上部分后,大多积累在叶表皮及表皮毛中,叶肉细胞中 Cd 浓度相对低得多,这在一定程度上可减轻叶片细胞结构及生理功能所受的伤害,是植物解毒的机制之一,Foley 和 Singh 还发现一个编码类金属硫蛋白的基因在蚕豆表皮毛中表达(Foley et al. ,1994)。

6.4.5.3　Cd 在液泡中的区域化

目前把 Cd 运输到代谢不活跃的器官或亚细胞区域如植物细胞壁或液泡中,从而达到解毒的目的被认为是一种有效的解毒途径。植物细胞壁是 Cd 进入的第一道屏障,Cd 沉淀在细胞壁上能阻止更多的离子进入细胞原生质体而使其免受伤害。如 Nishzono 发现禾秆蹄盖蕨根系细胞壁中积累大量 Cd,并占整个细胞总量的79% ~90%,细胞中的 Cd 可以通过 Cd 结合肽、Cd^{2+}/H^+ 双向转运系统等穿过液泡膜,进入液泡中(Salt et al. ,1993)。关于液泡膜对 Cd 的转运已有大量研究,在不同有机体中发现不同的基因具有编码转运 Cd 的能力的基因,并在 Cd 的处理条件下大量表达,提高植物对 Cd 的耐性,如酵母中的 YCF1 等(Clemens et al. ,2001)。但这些研究主要以模式生物为研究载体,对水稻的这方面的研究相对较少。

目前认为 Cd 通过跨膜转运储存在液泡中可以减少 Cd 对细胞质基质及细胞器中各种生理代谢活动的伤害,是植物的重要解毒方式之一。在狗筋脉瓶草中,与 Cd 敏感生态型相比,耐 Cd 生态型的根中往往积累较多的 Cd,而地上部分较少,其原因就是根细胞液泡储存了较多的 Cd,减少了 Cd 向地上部分的运输,从而使茎、叶中 Cd 的含量降低;在小麦和圆锥小麦中也发现,前者根吸收的 Cd 通过木质部大量运往茎、叶中,而后者根吸收的 Cd 大多储存在根细胞液泡中,Cd 在液泡中区域化是阻止 Cd 长距离运输的有效途径。

6.4.5.4　植物螯合肽

近年来,大量研究表明,植物体内硫代谢与植物对 Cd 等重金属吸收的胁迫反应机制有密切关系。Grill(1985)用重金属处理蛇根草悬浮细胞后,从中分离出一组重金属结合多肽,将其命名为植物络合素(PC)。PC 由 Glu、Cys、Gly 三种氨基酸组成。PC 或类金属硫蛋白(MT)通过 Cys 上的巯基与金属离子相结合,形成金属硫醇盐配位,为重金属敏感酶类提供了保护机制。PC 是在植物中发现的可用来解毒和维持重金属稳态的最自然产物。植物在 Cd 胁迫条件下通过多种调节机制,增强对硫酸盐的吸收和还原,迅速合成半胱氨酸(Cys)、谷胱甘肽(GSH)和植物螯合肽等代谢物,在植物螯合素合酶的催化作用下合成植物螯合素(PCn),如在 Cd 处理条件下,芥菜叶中的 PCS 蛋白含量显著提高(Heiss et al.,2003);在 Cd 胁迫下的番茄中发现,耐 Cd 细胞系比非耐 Cd 细胞系积累更多的 PC。低分子量的 PC 会和 Cd 形成 PC-Cd 螯合物,从而减少细胞质中游离 Cd 的浓度;同时低分子量 PC-Cd 复合物还可以进入到液泡中,并与液泡中的硫化物形成高分子状态的 PC-Cd 复合物,存储在液泡中,起到了解毒效应,对植物抗 Cd 耐性起到了重要的作用。在体外试验中发现,植物中一些金属敏感酶,对 PC-Cd 复合物的耐性,要比游离 Cd^{2+} 高 100 ~ 1 000 倍,而且 PC 可使受 Cd 毒害的酶恢复活性。Howden 从拟南芥中筛选出一个 Cd 敏感突变体(cad1),进一步证实 PC 在植物耐 Cd 中起重要作用。

参考文献

ABEDIN M J,CRESSER M S,MEHARG A A,et al,2002. Arsenic accumulation and metabolism in rice (*Oryza sativa* L.)[J]. Environmental Science and Technology,36(5):962–968.

ADILOGLU A,2002. The effect of zinc (Zn) application on uptake of cadmium (Cd) in some cereal species[J]. Archives of Agronomy & Soil Science,48(6):553–556.

ADOMAKO E E,SOLAIMAN A R M,WILLIAMS P N,et al,2009. Enhanced transfer of arsenic to grain for Bangladesh grown rice compared to US and EU[J]. Environment International,35(3):476–479.

ADREES M,ALI S,RIZWAN M,et al,2015. Mechanisms of silicon–mediated alleviation of heavy metal toxicity in plants:A review[J]. Ecotoxicology and Environmental Safety,119.

Agency for Toxic Substances and Disease Registry. Delailed data table for the 2019 priority list of hazardous substances, the subject of toxicological profiles [M/OL]. (2020–1–17) [2022–05–04]. https://www. atsdr. cdc. gov/spl/#2019spl

AHMED Z U,PANAULLAH G M,GAUCH H,et al,2011. Genotype and environment effects on rice (*Oryza sativa* L.) grain arsenic concentration in Bangladesh[J]. Plant & Soil,338(1–2):367–382.

AL S I,ABDULJABBAR M,2017. Heavy metals (lead,cadmium,methylmercury,arsenic) in commonly imported rice grains (*Oryza sativa*) sold in Saudi Arabia and their potential health risk[J]. International Journal of Hygiene and Environmental Health,220(7):1168–1178.

ANDREA R,WRIGHT H S,MARCEL J,et al,2007. Pentavalent arsenic can bind to biomolecules[J]. Angewandte Chemie International Edition,46(15):2594–2597.

ARAO T,KAWASAKI A,BABA K,et al,2009. Effects of water management on cadmium and arsenic accumulation and dimethylarsinic acid concentrations in Japanese rice[J]. Environmental Science & Technology,43(24):9361-9367.

ARAO T,KAWASAKI A,BABA K,et al,2009. Effects of water management on cadmium and arsenic accumulation and dimethylarsinic acid concentrations in Japanese rice[J]. Environmental Science & Technology,43(24):9361-9367.

BACHA R E,HOSSNER L R,1977. Characteristics of coatings formed on rice roots as affected by iron and manganese additions[J]. Soil Sci Soc Am J,41:931-935.

BATISTA B L,SOUZA J M O,DESOUZA S S,et al,2011. Speciation of arsenic in rice and estimation of daily intake of different arsenic species by Brazilians through rice consumption[J]. Journal of Hazardous Materials,191(1/2/3):342-348.

BATISTA B L,SOUZA J M O,DE SOUZA S S,et al,2011. Speciation of arsenic in rice and estimation of daily intake of different arsenic species by brazilians through rice consumption[J]. Journal of Hazardous Materials,191(1):342-348.

BATTY L C,BAKER A J M,CURTIS C D,et al,2002. Aluminiumand phosphate uptake by Phragmites australis the role of Fe,Mn and Al root plaques[J]. Ann Bot,89:443-449.

BATTY L C,BAKER A J M,WHEELER B D,et al,2000. The effect of pH and plaque on the uptake of Cu and Mn in Phragmite saustralis (Cav.) Trin ex. Steudel[J]. Ann Bot,86(3):647-653.

BEIYUAN J,AWAD Y M,BECKERS F,et al,2017. Mobility and phytoavailability of As and Pb in a contaminated soil using pine saw dust biochar under systematic change of redox conditions[J]. Chemosphere,178:110-118.

BERKELAAR E J,HALE B A,2003. Cadmium accumulation by durum wheat roots in ligand-buffered hydroponic culture:uptake of Cd ligand complexes or enhanced diffusion[J]. Canadian journal of botany,81(7):755-763.

BHATTACHARYYA P,GHOSH A K,CHAKRABORTY A,et al,2003. Arsenic uptake by rice and accumulation in soil amended with municipal solid waste compost[J]. Communicationsin Soil Science & Plant Analysis,34(19-20):2779-2790.

BIAN R,JOSEPH S,CUI L,et al,2014. A three-year experiment confirms continuous immobilization of cadmium and lead in contaminated paddy field with biochar amendment[J]. Journal of Hazardous Materials,272:121-128.

BIPASHA C,SHEELA S,1997. Effect of cadmium and zinc interaction on metal uptake and regeneration of tolerant plants in linseed Agricuture[J]. Ecosystems and Envimument,61:45-50.

BISSEN M,FRIMMEL F H,2003. Arsenic—A review. Part I:Occurrence,toxicity,speciation,mobility[J]. CLEAN-Soil,Air,Water,31(1):9-18.

BLODAU C,2006. Mobilization of arsenic by dissolved organic matter from iron oxides, soils and sediments[J]. Science of the Total Environment,354(2-3):179-190.

BROADLEY M R,WHITE P J,HAMMOND J P,et al,2007. Zinc in plants[J]. New Phytologist,173:677-702.

CAI Y,2011. Complexation of arsenite with humic acid in the presence of ferric iron[J]. Environmental Science & Technology,45(8):3210-3216.

CAKMAK I,2008. Enrichment of cereal grains with zinc:agronomic or genetic biofortification[J]. Plant Soil,302:1-17.

CAO Y,SUN D,AI H,et al,2017. Knocking out OsPT4 gene decreases arsenate uptake by rice plants and inorganic arsenic accumulation in rice grains[J]. Environmental Science & Technology,51(21):12131-12138.

CAO Z Z,LIN X Y,YANG Y J,et al,2019. Gene identification and transcriptome analysis of low cadmium accumulation rice mutant (lcd1) in response to cadmium stress using MutMap and RNA-seq[J]. BMC Plant Biology,19(1):250.

CAPORALE A G,ADAMO P,AZAM S M G G,et al,2018. May humic acids or mineral fertilisation mitigate arsenic mobility and availability to carrot plants (*Daucus carota* L.) in a volcanic soil polluted by As from irrigation water[J]. Chemosphere,193:464-471.

CAREY A M,NORTON G J,DEACON C,et al,2011. Phloem transport of arsenic species from flag leaf to grain during grain filling[J]. New Phytologist,192(1):87-98.

CAREY A M,SCHECKEL K G,LOMBI E,et al,2010. Grain unloading of arsenic species in rice[J]. Plant Physiology,152:309-319.

CAREY A M,SCHECKEL K G,LOMBI E,et al,2010. Grain unload-ing of arsenic species in rice[J]. Plant Physiology,152(1):309-319.

CATLDO D A,GARLAND T R,WILDUNG R E,1981. Cadmium distribution and chemical fate in soybean plants[J]. Plant Physiology,68(4):835-843.

CHANEY R L,REEVES P G,RYAN J A,et al,2004. An improved understanding of soil Cd risk to humans and low cost methods to phytoextract Cd from cont-aminated soils to prevent soil Cd risks[J]. Biometals,17(5):549-553.

CHANG J D, HUANG S, KONISHI N, et al, 2020. Overexpression of the manganese/cadmium transporter OsNRAMP5 reduces cadmium accumulation in rice grain[J]. Journal of Experimental Botany,71(18):5705-5715.

CHANG J D, HUANG S, YAMAJI N, et al, 2020. OsNRAMP1 transporter contributes to cadmium and manganese uptake in rice[J]. Plant, Cell & Environment,43(10):2476-2491.

CHANG J,YOON I,KIM K,2018. Arsenic biotransformation potential of microbial arsH responses in the biogeochemical cycling of arsenic-contaminated groundwater[J]. Chemosphere,191:729-737.

CHEN C C,DIXON J B,TURNER F T,1980. Iron coating on rice roots:mineralogy and models of development[J]. Soil Sci Soc Am J,44:1113-1119.

CHEN H P,YANG X P,WANG P,et al,2018. Dietary cadmium intake from rice and vegetables and potential health risk:a case study in Xiangtan,southern China[J]. Science of the Total Environment,639(15):271-277.

CHEN J,HUANG X Y,SALT D E,et al,2020. Mutation in OsCADT1 enhances cadmium tolerance and enriches selenium in rice grain[J]. New Phytologist,226(3):838-850.

CHEN S,SUN G,YAN Y,et al,2020. The Great Oxidation Event expanded the genetic repertoire of arsenic metabolism and cycling[J]. Proceedings of the National Academy of Sciencesof the United States of America,117(19):10414-10421.

CHEN X P,KONG W D,HE J Z,et al,2008. Do water regimes affect iron-plaque formation and microbial communities in the rhizosphere of paddy rice? [J]. Journal of Plant Nutrition & Soil Science,171(2):193-199.

CHEN J,WANG X J,ZHU L J,2004. Effect of pH on adsorption and transformation of arsenic in red soil in Guizhou[J]. Soils,36(2):211-214.

CHEN Y,CHEN F,XIE M,et al,2020. The impact of stabilizing amendments on the microbial community and metabolism in cadmium-contaminated paddy soils[J]. Chemical Engineering Journal,395:125132.

CHEN Y,MOORE K L,MILLER A J,et al,2015. The role of nodes in arsenic storage and distribution in rice[J]. Journal of Experimental Botany,66(13):3717-3724.

CHEN Y,PARVEZ F,GAMBLE M,et al,2009. Arsenic exposure at low-to-moderate levels and skin lesions,arsenic metabolism,neurological functions,and biomarkers for respiratory and cardiovascular diseases:Review of recent findings from the Health Effects of Arsenic Longitudinal Study (HEALS) in Bangladesh[J]. Toxicology and Applied Pharmacology,239(2):184-192.

CHEN Y,SUN S K,TANG Z,et al,2017. The Nodulin 26-like intrinsic membrane protein OsNIP3;2 is involved in arsenite uptake by lateral roots in rice[J]. Journal of Experimental Botany,68(11):3007-3016.

CHEN Z,ZHU Y G,LIU W J,et al,2005. Direct evidence showing the effect of root surface iron plaque on arsenite and arsenate uptake into rice (Oryza sativa) roots[J]. New Phytologist,165:91-97.

CHENG F M,ZHAO N C,XU H M,2005. Cadmium and lead contamination in japonica rice grains and its variation among the different locations in southeast China[J]. Science of The Total Environment,359:156-166.

CHENG F M,ZHAO N C,XU H M,et al,2006. Cadmium and lead contamination in japonica rice grains and its variation among the different locations in southeast China[J]. Science of the Total Environment,359(1/2/3):156-166.

CHENG W D,ZHANG G P,YAO H G,et al,2004. Possibility of predicting heavy metal contents in rice grains based on DTPA extracted levels in soil[J]. Communications in Soil Science and Plant Analysis,35(19/20):2731-2745.

CHUNG E,LEE J S,CHON H T,et al,2005. Environmental contamination and bioaccessibility of arsenic and metals around the Dongjeong Au-Ag-Cu mine,Korea[J]. Geochemistry Exploration Environment Analysis,5(1):69-74.

CLEMENS S,MOLECUI A R,2001. Molecular mechanisms of plat metal tolerance and homeostasis[J]. Planta,212:475-486.

CLEMENS S,PALMGREN M G,KRMER U,2002. A long way ahead:understanding and engineering plant metal accumulation[J]. Trends in plant science,7(7):309-315.

CLEMENS S,2006. Toxic metal accumulation,responses to exposure and mechanisms of tolerance in plants[J]. Biochimie,88(11):1707-1719.

COCKER K M,EVANS D E,HODSON M J,1998. The amelioration of aluminum toxicity by silicon in wheat (*Triticum aestivum* L.):malate exudation as evidence for an in planta mechanism[J]. Plant,204(3):318-323.

COLLIN V C,EYMERY F,GENTY B,et al,2008. Vitamin E is essential for the tolerance of Arabidopsis thaliana to metal-induced oxidative stress[J]. Plant Cell & Environment,31(2):244-257.

COLMER T D,2003. Long-distance transport of gases in plants:a perspective on internal aeration and radial oxygen loss from roots[J]. Plant Cell and Environment,26(1):17-36.

COMTE S,GUIBAUD G,BAUDU M,2008. Biosorption properties of extracellular polymeric substances (EPS) towards Cd,Cu and Pb for different pH values[J]. Journal of Hazardous Materials,151:185-193.

CRAIG P D,MLLER I S,2010. Na$^+$ transport in glycophytic plants:what we know and would like to know[J]. Plant,cell & environment,33(4):612-626.

CROWDER A A,MACFIE S M,1986. Seasonal deposition of ferric hydroxide plaque on roots of wetland plants[J]. Can J Bot,64:2120-2124.

DAI J,CHEN C,GAO A X,et al,2021. Dynamics of dimethylated monothioarsenate (DMMTA) in paddy soils and its accumulation in rice grains[J]. Environmental Science & Technology,55(13):8665-8674.

DALCORSO G,FARINATI S,MAISTRI S,et al,2008. How plants cope withcadmium:staking all on metabolism and gene expression[J]. Journal of Integrative,50(10):1268-1280.

DAS K,2008. Mobilisation of arsenic in soils and in rice (*Oryza sativa* L.) plants affected by organic matter and zinc application in irrigation water contaminated with arsenic[J]. Plant Soil & Environment,54(1):30-37.

DENG F,YAMAJI N,MA J F,et al,2018. Engineering rice with lower grain arsenic[J]. Plant Biotechnology Journal,16(10):1691-1699.

DEY S,ROSEN B P,1995. Dual mode of energy coupling by the oxyanion-translocating ArsB protein[J]. Journal of Bacteriology,177(2):385-389.

DIXIT G,SINGH A P,KUMAR A,et al,2015. Sulfur mediated reduction of arsenic toxicity involves efficient thiol metabolism and the antioxidant defense system in rice[J]. Journal of Hazardous Materials,298:241-251.

DIXIT S,HERING J G,2003. Comparison of arsenic (Ⅴ) and arsenic (Ⅲ) sorption onto iron oxideminerals:Implications for arsenic mobility[J]. Environmental Science & Technology,

37(18):4182-4189.

DOYLE M O,OTTE M L,1997. Organism-induced accumulation of iron,zinc and arsenic in wetland oils[J]. Environmental Pollution,96(1):1-11.

DREES L R,WILDING L P,SMECK N E,et al,2018. Silica in soils:quartz and disordered silica polymorphs[J]. Minerals in Soil Environments,1:913-974.

DU J,YAN C,LI Z,2013. Formation of iron plaque on mangrove Kandalar. *Obovata* (S. L.) root surfaces and its role in cadmium uptake and translocation[J]. Marine Pollution Bulletin,74(1):105-109.

DU Y,HU X F,WU X H,et al,2013. Affects of mining activities on Cd pollution to the paddy soils and rice grain in Hunan Province,central south China[J]. Environmental Monitoring and Assessment,185(12):9843-9856.

DUAN G L,ZHU Y G,TONG Y P,et al,2005. Characterization of arsenate reductase in the extract of roots and fronds of chinese brake fern,an arsenic hyperaccumulator[J]. Plant Physiology,138(1):461-469.

DUAN G,SHAO G,TANG Z,et al,2017. Genotypic and environmental variations in grain cadmium and arsenic concentrations among a panel of high yielding rice cultivars[J]. Rice,10(1):9.

EHLERT K,MIKUTTA C,KRETZSCHMAR R,2014. Impact of birnessiteon arsenic and iron speciation during microbial reductionof arsenic – bearing ferrihydrite[J]. EnvironmentalScience & Technology,48(19):11320-11329.

FAKHRI Y,BJRKLUND G,BANDPEI A M,et al,2018. Concentrations of arsenic and lead in rice (*Oryza sativa* L.) in iran:A systematic review and carcinogenic risk assessment [J]. Food and Chemical Toxicology,113:267-277.

FAN J X,WANG Y J,LIU C,et al,2014. Effect of iron oxide reductive dissolution on the transformation and immobilization of arsenic in soils:New insights from X – ray photoelectron and X-ray absorption spectroscopy[J]. Journal of Hazardous Materials,279:212-219.

FAROOQA M A,ISLAMA F,ALIAB B,et al,2016. Arsenic toxicity in plants:Cellular and molecular mechanisms of its transport and metabolism [J]. Environmental & Experimental Botany,132:42-52.

FENDORF S,MICHAEL H A,VAN G A,2010. Spatial and temporal variations of groundwater arsenic in south and southeast Asia[J]. Science,328(5982):1123-1127.

FENG Q,SU S,ZHU Q,et al,2022. Simultaneous mitigation of Cd and As availability in soil-rice continuum via the addition of an Fe-based desulfurization material[J]. Science of the Total Environment,812.

FENG X B,LI P,QIU G L,et al,2008. Human exposure to methyl mercury through rice intake in mercury mining areas,Guizhou Province,China[J]. Environmental Science and Technology,42(1):326-332.

FLAISHMAN M A,HWANG C S,KOLATTUKUDY P E,1995. Involvement of protein phosphorylation in the induction of appressorium formation in Colletotrichum gloeosporioides by its host surface wax and ethylene. [J]. Physiological & Molecular Plant Pathology,47(2): 103-117.

FLORIJN P J,NELEMANS J A,VAN BEUSICHEM M L,1992. The influence of the form of nitrogen nutrition on uptake and distribution of cadmium in lettuce varieties[J]. Journal of plant nutrition,15(11):2405-2416.

FOLEY R C,SINGH K B,1994. Isolation of a Vicia faba metallothioneinlike gene:expression in foliar trichomes[J]. Plant Mol Biol,26:435-444.

FU S,LU Y,ZHANG X,et al,2019. The ABC transporter ABCG36 is required for cadmium tolerance in rice[J]. Journal of Experimental Botany,70(20):5909-5918.

FU Y Q,YU Z W,CAI K Z,et al,2010. Mechanisms of iron plaque formation on root surface of rice plants and their ecological and environmental effects:A review[J]. Plant Nutrition & Fertilizer Science,16(6):1527-1534.

FU Y R,CHEN M L,BI X Y,et al,2011. Occurrence of arsenic in brown rice and its relationship to soil properties from hainan island, China[J]. Environmental Pollution,159(7): 1757-1762.

FULDA B,VOEGELIN A,KRETZSCHMAR R,2013. Redox-controlled changes in cadmium solubility and solid-phase speciation in a paddy soil as affected by reducible sulfate and copper[J]. Environmental Science & Technology,47(22):12775-12783.

GALVEZ L,CLARK R B,GOURLEY L M,et al,1987. Silicon interactions with manganese and aluminum toxicity in sorghum[J]. Journal of Plant Nutrition,10(9-16):1139-1147.

GHOSH M,SHEN J,ROSEN B P,1999. Pathways of As(Ⅲ) detoxification in Saccharomyces cerevisiae[J]. Proceedings of the National Academy of Sciences of the United States of America,96(9):5001-5006.

GOMEZ G M A,SERRANO S,LABORDA F,et al,2014. Spread and partitioning of arsenic in soils from a mine waste site in Madrid province(Spain)[J]. Science of the Total Environment,500/501(1):23-33.

GRAFE M,EICK M J,GROSSL P R,2001. Adsorption of arsenate (Ⅴ) and arsenite(Ⅲ) on goethite in the presence and absence of dissolved organic carbon[J]. Soil Science Society of America Journal,65(6):1680-1687.

GRILL E,WINNACKER E L,ZENK M H,1985. Phytochelatins:the principal heavy-metal complexing peptides of higher plants[J]. Science,230(4726):674-676.

HALDER D,BISWAS A,LEJKOVEC Z,et al,2014. Arsenic species in raw and cooked rice:Implications for human health in rural Bengal[J]. Science of the Total Environment,497: 200-208.

HANG X S,WANG H Y,ZHOU J M,et al,2009. Risk assessment of potentially toxic element pollution in soils and rice(*Oryza sativa*) in a typical area of the Yangtze River Delta[J]. Environmental Pollution,157(8/9):2542-2549.

HANSEL C M,FENDOR F S,SUTTON S,et al,2001. Characterization of Fe plaque and associated metals on the roots of mine-waste impacted aquatic plants[J]. Environ Sci Technol, 35:3863-3868.

HANSEN H R,RAAB A,PRICE A H,et al,2011. Identification of tetramethylarsonium in rice grains with elevated arseniccontent[J]. Journal of Environmental Monitoring,13(1):32-34.

HAO X,ZENG M,WANG J,et al,2018. A node-expressed transporter OsCCX2 is involved in grain cadmium accumulation of rice[J]. Frontiers in Plant Science,9:476.

HART J J,WELCH R M,NORVELL W A,2005. Zinc effects on cadmium accumulation and partitioning innear-isogenic lines of durum wheat that differ in grain cadmium concentration[J]. New Phytol,167:391-401.

HAYASHI S,KURAMATA M,ABE T,et al,2017. Phytochelatin synthase OsPCS1 plays a crucial role in reducing arsenic levels in rice grains[J]. The Plant Journal,91(5):840-848

HE S,WANG X,ZHENG C,et al,2020. Enhanced arsenic depletion by rice plant from flooded paddy soil with soluble organic fertilizer application[J]. Chemosphere,252:126521.

HE Y,FANG T,WANG J,et al,2022. Insight into the stabilization mechanism and long-term effect on As,Cd,and Pb in soil using zeolite-supported nanoscale zero-valent iron[J]. Journal of Cleaner Production,355.

HEISS S,WACHTER A,BOGS J,et al,2003. Phytochelatin synthase (PCS) protein is induced in Brassica juncea leaves after prolonged Cd exposure[J]. Exp Bot,54:1833-1839.

HENSAWANG S,CHANPIWAT P,2017. Health impact assessment of arsenic and cadmium intake via rice consumption in Bangkok,Thailand[J]. Environmental Monitoring & Assessment,189(11):599.

HINSINGER P,PLASSARD C,JAILLARD B,2006. Rhizosphere:a new frontier for soil biogeochemistry[J]. Journal of Geochemical Exploration,88(1/2/3):210-213.

HONMA T,OHBA H,KANEKO-KADOKURA A,et al,2016. Optimal soil Eh,pH,and water management for simultaneously minimizing arsenic and cadmium concentrations in rice grains[J]. Environmental Science & Technology,50(8):4178-4185.

HOSEN S M I,DAS D,KOBI R,et al,2016. Study of arsenic accumulation in rice and e-valuation of protective effects of Chorchorus olitorius leaves against arsenic contaminated rice induced toxicities in Wistar albino rats[J]. BMC Pharmacology & Toxicology,17(1):46.

HOU Q,HAN D,ZHANG Y,et al,2020. The bioaccessibility and fractionation of arsenic in anoxic soils as a function of stabilization using low-cost Fe/Al-based materials:A long-term experiment [J]. Ecotoxicology and Environmental Safety,191.

HSU Y T,KAO C H,2003. Role of abscisic acid in cadmium tolerance of rice(*Oryza sativa* L.) seedlings[J]. Plant Cell and Environment,26:867-874.

HU P J,LI Z,YUAN C,et al,2013. Effect of water management on cadmium and arsenic accumulation by rice(*Oryza sativa* L.) with different metal accumulation capacities[J]. Journal of Soils and Sediments,13(5):916-924.

HU Y,CHENG H F,TAO S,2016. The challenges and solutions for cadmium-contaminated rice in China:a critical review[J]. Environment International,92/93:515-532.

HUANG B Y,ZHAO F J,WANG P,2022. The relative contributions of root uptake and remobilization to the loading of Cd and As into rice grains:Implications in simultaneously controlling grain Cd and As accumulation using a segmented water management strategy[J]. Environmental Pollution,293:118497.

HUANG B Y,ZHAO F J,WANG P,2022. The relative contributions of root uptake and remobilization to the loading of Cd and As into rice grains:Implications in simultaneously controlling grain Cd and As accumulation using a segmented water management strategy[J]. Environmental Pollution,293:118497.

HUANG F,DANG Z,GUO C L,et al,2013. Biosorption of Cd(II) by live and dead cells of Bacillus cereus RC-1 isolated from cadmium-contaminated soil[J]. Colloids and Surfaces B:Biointerfaces,107:11-18.

HUANG H,CHEN H P,KOPITTKE P M,et al,2021. The voltaic effect as a novel mechanism controlling the remobilization of cadmium in paddy soils during drainage[J]. Environmental Science & Technology,55(3):1750-1758.

HUANG H,JI X B,CHENG L Y,et al,2021. Free radicals produced from the oxidation of ferrous sulfides promote the remobilization of cadmium in paddy soils during drainage[J]. Environmental Science & Technology,55(14):9845-9853.

HUANG H,JIA Y,SUN G X,et al,2012. Arsenic speciation and volatilization from flooded paddy soils amended with different organic matters[J]. Environmental Science & Technology,46(4):2163-2168.

HUANG K,XU Y,PACKIANATHAN C,et al,2018. Arsenic methylation by a novel ArsM As(III) S-adenosylmethionine methyltransferase that requires only two conserved cysteine residues[J]. Molecular Microbiology,107(2):265-276.

HUANG R Q,GAO S F,WANG W L,et al,2006. Soil arsenic availability and the transfer of soil arsenic to crops in suburban areas in Fujian Province,southeast China[J]. Science of the Total Environment,368:531-541.

HUANG X F,HU J W,LI C X,et al,2009. Heavy-metal pollution and potential ecological risk assessment of sediments from Baihua Lake,Guizhou[J]. International Journal of Environmental Health Research,19(6):405-419.

IARC Working Group on the Evaluation of Carcinogenic Risks to Humans, 2012. Arsenic,metals,fibres and dusts[J]. IARC Monographs Evaluation Carcinogenesis Risks Human,100(Pt C):35-93,121-145.

INABA T,KOBAYASHI E,SUWAZONO Y,et al,2005. Estimation of cumulative cadmium intake causing Itai itai disease[J]. Toxicology Letters,159(2):192-201.

ISHIKAWA S,ISHIMARU Y,IGURA M,et al,2012. Ion-beam irradiation, gene identification, and marker-assisted breeding in the development of low-cadmium rice[J]. Proceedings of the National Academy of Sciences of the United States of America, 109(47):19166-19171.

ISHIKAWA S, MAKINO T, ITO M, et al, 2016. Low-cadmium rice (*Oryza sativa* L.) cultivar can simultaneously reduce arsenic and cadmium concentrations in rice grains[J]. Soil Science & Plant Nutrition, 62(4):327-339.

ISHIMARU Y, SUZUKI M, TSUKAMOTO T, et al, 2006. Rice plants take up iron as an Fe^{3+}-phytosiderophore and as Fe^{2+}[J]. The Plant Journal, 45(3):335-346.

ISLAM M R, ISLAM S, JAHIRUDDIN M, et al, 2004. Effects of irrigation water arsenic in the rice-rice cropping system [J]. Journal of Biological Sciences, 4(4):542-546.

ISLAM M S, MAGID A S I A, CHEN Y, et al, 2021. Arsenic and cadmium load in rice tissues cultivated in calcium enriched biochar amended paddy soil [J]. Chemosphere, 283:131102.

ISLAM M S, MAGID A S I A, CHEN Y, et al, 2021. Effect of calcium and iron-enriched biochar on arsenic and cadmium accumulation from soil to rice paddy tissues[J]. Science of the Total Environment, 785:147163.

JALLAD K N, 2015. Heavy metal exposure from ingesting rice and its related potential hazardous health risks to humans[J]. Environmental Science & Pollution Research, 22(20):15449-15458.

JENKS M A, JOLY R J, PETERS P J, et al, 1994. Chemically Induced Cuticle Mutation Affecting Epidermal Conductance to Water Vapor and Disease Susceptibility in *Sorghum bicolor* (L.) Moench[J]. Plant Physiology, 105(4):1239-1245.

JIAN F M, YAMAJI N, MITANI N, et al, 2007. An efflux transporter of silicon in rice[J]. Nature, 448(7150):209-212.

JIAN F M, YAMAJI N, MITANI N, et al, 2008. Transporters of arsenite in rice and their role in arsenic accumulation in rice grain[J]. Proceedings of the National Academy of Sciences of the United States of America, 105(29):9931-9935.

JIANG W, HOU Q, YANG Z, 2014. Evaluation of potential effects of soil available phosphorus on soil arsenic availability and paddy rice inorganic arsenic content[J]. Environmental Pollution, 188:159-165.

JIANG Y, ZHOU H, GU J F, et al, 2022. Combined amendment improves soil health and brown rice quality in paddy soils moderately and highly Co-contaminated with Cd and As[J]. Environmental Pollution, 295:118590.

JONES F T, 2007. A broad view of arsenic[J]. Poultry Science, 86(1):2-14.

JOSHI D N, FLORA S J S, KALIA K, 2009. *Bacillus* sp. strain DJ-1, potent arsenic hypertolerant bacterium isolated from the industrial effluent of India[J]. Journal of Hazardous Materials, 166(2/3):1500-1505.

KAEWDOUNG B, SUTJARITVORAKUL T, GADD G M, et al, 2016. Heavy metal tolerance and biotransformation of toxic metal compounds by new isolates of wood-rotting fungi from

Thailand[J]. Geomicrobiology Journal,33(3/4):283-288.

KAMIYA T,ISLAM R,DUAN G,et al,2013. Phosphate deficiency signaling pathway is a target of arsenate and phosphate transporter OsPT1 is involved in As accumulation in shoots of rice[J]. Soil Science & Plant Nutrition,59(4):580-590.

KAPPLER A,2009. Arsenic redox changes by microbially and chemically formed semiquinone radicals and hydroquinones in a humic substance model quinone[J]. Environmental Science & Technology,43(10):3639-3645.

KASHEM M A,SINGH B R,2001b. Metal availability in contaminated soils:Ⅱ. Uptake of Cd,Ni and Zn in rice plants grown under flooded culture with organic matter addition[A]. Nutr Cycl Agroecosys[C].61:257-266.

KATHLEEN A R,ZHONG Q C,MOHAMMAD W R,et al,2007. Mobilization of arsenic during one-year incubations of grey aquifer sands from Araihazar,Bangladesh[J]. Environmental Science & Technology,41(10):3639-3645.

KHAN S,REID B J,LI G,et al,2014. Application of biochar to soil reduces cancer risk via rice consumption:A case study in Miaoqian village,Longyan,China[J]. Environment International,68:154-161.

KIM Y Y,YANG Y Y,LEE Y,2002. Pb and Cd uptake in rice roots[J]. Physiologia Plantarum,116(3):368-372.

KLOTZBÜCHER T,MARXEN A,VETTERLEIN D,et al,2015. Plant-available silicon in paddy soils as a key factor for sustainable rice production in Southeast Asia [J]. Basic and Applied Ecology,16(8):665-673.

KOZIO M J,1984. Gaseous air pollutants and plant metabolism[M]. Butterworths.

KU P H,LOMBI E,ZHAO F J,et al,2000. Cellular compartmentation of cadmium and zinc in relation to other elements in the hyperaccumulation[J]. Arabidopsis halleri. Planta,212(1):75-84.

KUIKIER U,CHANEY R L,2002. Growing rice grain with controlled cadmium concentrations[J]. Plant Nutr,25:1793-1820.

KUMARATHILAKA P,SENEWEERA S,MEHARG A,et al,2018. Arsenic speciation dynamics in paddy rice soil-water environment:Sources,physico-chemical,and biological factors-A review[J]. Water Research,140:403-414.

LAFFERTY B J,GINDER-VOGEL M,SPARKS D L,2010. Arseniteoxidation by a poorly crystalline manganese-oxide 1. Stirred-flow experiments [J]. Environmental Science &Technology,44(22):8460-8466.

LAIRD B D,VAN DE WIELE T R,CORRIVEAU M C,et al,2007. Gastrointestinal microbes increase arsenic bioaccessibility of ingested mine tailings using the simulator of the human intestinal microbial ecosystem[J]. Environmental Science and Technology,41(15):5542-5547.

LASAT M M,PENCE N S,GARVIN D F,2000. Molecular physiology of zinc transport in the hyperaccumulator Thlaspi caerulescens[J]. Exp. Bot,51:71-79.

LASSEN C,HANSEN E,2003. Cadmium Review[M]. Copenhagen:Nordic Council of Ministers.

LEBRUN M,MIARD F,NANDILLON R,et al,2021. Effect of biochar,iron sulfate and poultry manure application on the phytotoxicity of a former tin mine [J]. International Journal of Phytoremediation,23(12):1222-1230.

LEE C H,HSIEH Y C,LIN T H,et al,2013. Iron plaque formation and its effect on arsenic uptake by different genotypes of paddy rice[J]. Plant and Soil,363(1):231-241.

LEE J S,LEE S W,CHON H T,et al,2008. Evaluation of human exposure to arsenic due to rice ingestion in the vicinity of abandoned Myungbong Au-Ag mine site,Korea[J]. Journal of Geochemical Exploration,96(2/3):231-235.

LEERMAKERS M,BAEYENS W,DE GIETER M,et al,2006. Toxic arsenic compounds in environmental samples:Speciation and validation[J]. TrAC Trends in Analytical Chemistry,25 (1):1-10.

LEI M,TIE B Q,WILLIAMS P N,et al,2011. Arsenic,cadmium,and lead pollution and uptake by rice($Oryza\ sativa$ L.) grown in greenhouse[J]. Journal of Soils and Sediments,11 (1):115-123.

LEI M,TIE B Q,ZENG M,et al,2013. An arsenic contaminated field trial to assess the uptake and translocation of arsenic by genotypes of rice[J]. Environmental Geochemistry and Health,35(3):379-390.

LEI M,TIE B,WILLIAMS P N,et al,2011. Arsenic,cadmium,and lead pollution and uptake by rice ($Oryza\ sativa$ L.) grown in greenhouse[J]. Journal of Soils & Sediments,11(1): 115-123.

LEWCHALERMVONG K,RANGKADILOK N,NOOKABKAEW S,et al,2018. Arsenic speciation and accumulation in selected organs after oral administration of rice extracts in Wistar rats[J]. Journal of Agricultural and Food Chemistry,66(12):3199-3209.

LI F,ZHENG Y,TIAN J,et al,2019. $Cupriavidus$ sp. strain Cd02-mediated pH increase favoring bioprecipitation of Cd^{2+} in medium and reduction of cadmium bioavailability in paddy soil[J]. Ecotoxicology and Environmental Safety,184:109655.

LI F,ZHENG Y M,HE J Z,2009. Microbes influence the fractionation of arsenic in paddy soils with different fertilization regimes[J]. Science of the Total Environment,407:2631-2640.

LI G,SUN G X,WILLIAMS P N,et al,2011. Inorganic arsenic in Chinese food and its cancer risk[J]. Environment International,37(7):1219-1225.

Li H B,Li J,ZHAO D,et al,2017. Arsenic relative bioavailability in rice using a mouse arsenic urinary excretion bioassay and its application to assess human health risk[J]. Environmental Science and Technology,51(8):4689-4696.

LI H,LUO N,LI Y W,et al,2017. Cadmium in rice:Transport mechanisms,influencing factors,and minimizing measures[J]. Environmental Pollution,224:622-630.

LI P,FENG X B,YUAN X B,et al,2012. Rice consumption contributes to low level methylmercury exposure in southern China[J]. Environment International,49:18-23.

LI R Y,AGO Y,LIU W J,et al,2009. The rice aquaporin Lsi1 mediates uptake of methylated arsenic species[J]. Plant Physiology,150(4):2071-2080.

LI R Y,STROUD J L,MA J F,et al,2009. Mitigation of arsenic accumulation in rice with water management and silicon fertilization[J]. Environmental Science & Technology,43(10):3778-3783.

LI R Y,AGO Y,LIU W J,et al,2009. The rice aquaporin Lsi1 mediates uptake of methylated arsenic species[J]. Plant Physiology,150(4):2071-2080.

LI Y,LI H L,YU Y,et al,2018. Thio-sulfate amendment reduces mercury accumulation in rice (*Oryza sativa* L.)[J]. Plant & Soil,430:413-422.

LI Z W,HUANG M,LUO N L,et al,2019. Spectroscopic study of the effects of dissolved organic matter compositional changes on availability of cadmium in paddy soil under different water management practices[J]. Chemosphere,225:414-423.

LIANG Y C,WONG J W C,WEI L,2005. Silicon-mediated enhancement of cadmium tolerance in maize (*Zea mays* L.) grown in cadmium contaminated soil[J]. Chemosphere,58(4):475-483.

LIAO X Y,CHEN T B,XIE H,et al,2005. Soil as contamination and its risk assessment in areas near the industrial districts of Chenzhou city,Southern China[J]. Environment International,31(6):791-798.

LIMCHAROENSUK T,SOOKSAWAT N,SUMARNROTE A,et al,2015. Bioaccumulation and biosorption of Cd^{2+} and Zn^{2+} by bacteria isolated from a zinc mine in Thailand[J]. Ecotoxicology and Environmental Safety,122:322-330.

LIN J J,HE F X,OWENS G,et al,2021. How do phytogenic iron oxide nanoparticles drive redox reactions to reduce cadmium availability in a flooded paddy soil[J]. Journal of Hazardous Materials,403:123736.

LIU C L,GAO Z Y,SHANG L G, et al, 2020. Natural variation in the promoter of OsHMA3 contributes to differential grain cadmium accumulation between Indica and Japonica rice[J]. Journal of Integrative Plant Biology,62(3):314-329.

LIU C,LI F,LUO C,et al,2009. Foliar application of two silica sols reduced cadmium accumulation in rice grains[J]. Journal of Hazardous Materials,161(2):1466-1472.

LIU G,CAI Y,2010. Complexation of arsenite with dissolved organic matter:Conditional distribution coefficients and apparent stability constants[J]. Chemosphere,81(7):890-896.

LIU H J,ZHANG J L,CHRISTIE P,2008. Role of iron plaque in Cd uptake by and translocation within rice(*Oryza sativa* L.) seedlings grown in solution culture[J]. Environmental and Experimental Botany,59:314-320.

LIU H J,ZHANG J L,CHRISTIE P,et al,2007. Influence of external zinc and phosphorus supply on Cd uptake by rice (*Oryza sativa* L.) seedlings with root surface iron plaque[J].

Plant Soil,300:105-115.

LIU H J,ZHANG J L,ZHANG F S,2007. Role of iron plaque in Cd uptake by and trans-location within rice (*Oryza sativa* L.) seedlings grown in solution culture[J]. Environ Exp Bot,59:314-320.

LIU H,LIU G,ZHOU Y,et al,2017. Spatial distribution and influence analysis of soil heavy metals in a hilly region of Sichuan Basin [J]. Polish Journal of Environmental Studies, 26(2):725-732.

LIU J G,LIANG J S,LI K Q,et al,2003. Correlations between cadmium and mineral nu-trients in absorption and accumulation in various genotypes of rice under cadmium stress[J]. Chemosphere,52(9):1467-1473.

LIU J,LI K,XU J,2003. Interaction of Cd and five mineral nutrients for uptake and accu-mulation in different rice cultivars and genotypes[J]. Field Crops Res,83:271-281.

LIU J,ZHU Q,ZHANG Z,2005. Variations in cadmium accumulation among rice cultivars and types and the selection of cultivars for reducing cadmium in the diet[J]. Sci Food Agric, 85:147-153.

LIU J,DHUNGANA B,COBB G P,2018. Environmental behavior,potential phytotoxicity, and accumulation of copper oxide nanoparticles and arsenic in rice plants [J]. Environmental Toxicology & Chemistry,37(1):11-20.

LIU J,LUO L Q,2019. Uptake and transport of Pb across the iron plaque of waterlogged dropwort (*Oenanthe javanica* DC.) based on micro-XRF and XANES[J]. Plant and Soil,441 (1):191-205.

LIU M C,LI H F,XIA L J,et al,2000. Differences of cadmium uptake by rice genotypes and rela-tionship between the iron oxide plaque and cadmium uptake[J]. Acta Sci Circ,20 (5):592-596.

LIU W J,HU Y,WILLIAMS P N,et al,2006. Arsenic sequestration in iron plaque,its ac-cumulation and speciation in mature rice plants (*Oryza Sativa* L.)[J]. Environ Sci Technol, 40:5730-5736.

LIU W J,ZHU Y G,HU Y,et al,2006. Arsenic sequestration in iron plaque,its accumula-tion and speciation in mature rice plants (*Oryza sativa* L.)[J]. Environmental Science & Technology,40(18):5730-5736.

LIU W J,ZHU Y G,SMITH F A,et al,2004. Do iron plaque and genotypes affect arsenate uptake and translocation by rice seedlings (*Oryza sativa* L.) grown in solution culture? [J]. Journal of Experimental Botany,403(50):1707-1713.

LIU W J,ZHU Y G,SMITH F,2005. Effects of iron andmanganese plaques on arsenic up-take by rice seedlings(*Oryza sativa* L.) grown in solution culture suppliedwith arsenate and ar-senite[J]. Plant and Soil,277(1-2):127-138.

LIU Y,ZHANG C B,ZHAO Y L,et al,2017. Effects of growing seasons and genotypes on the accumulation of cadmium and mineral nutrients in rice grown in cadmium contaminated soil

[J]. Science of the Total Environment,579:1282-1288.

LIU Z Q,2014. Research advance on the mechanism of cadmium transport in rice[J]. Meteorological and Environmental Research,5(5):48-52.

LIU Z,ZHUANG Z,YU Y,et al,2021. Arsenic transfer and accumulation in the soil-rice system with sulfur application and different water managements [J]. Chemosphere, 269: 128772.

LOMAX C,LIU W J,WU L Y,et al,2012. Methylated arsenic species in plants originate from soil microorganisms[J]. New Phytologist,193(3):665-672.

LONG Q Z,HUANG Y L,TANG X Y,et al,2019. Creation of low-cd-accumulating Indica rice by disruption of OSNRAMP5 gene via CRISPR/Cas9[J]. Chinese Journal of Rice Science,33(5):407-420.

LU C,ZHANG L,TANG Z,et al,2019. Producing cadmium-free Indica rice by overexpressing OsHMA3[J]. Environment International,126:619-626.

LU Y,ADOMAKO E E,SOLAIMAN A R M,et al,2009. Baseline soil variation is a major factor in arsenic accumulation in Bengal Delta paddy rice[J]. Environmental Science & Technology,43:1724-1729.

LUO J S,HUANG J,ZENG D L,et al,2018. A defensin-like protein drives cadmium efflux and allocation in rice[J]. Nature Communications,9(1):645.

LUO J S,XIAO Y,YAO J,et al,2020. Overexpression of a defensin-like gene CAL2 enhances cadmium accumulation in plants[J]. Frontiers in Plant Science,11:217.

LUO W,YANG S,KHAN M A,et al,2020. Mitigation of Cd accumulation in rice with water management and calcium-magnesium phosphate fertilizer in field environment[J]. Environmental Geochemistry and Health,42(11):3877-3886.

LV Q,LI W,SUN Z,et al,2020. Resequencing of 1,143 Indica rice accessions reveals important genetic variations and different heterosis patterns[J]. Nature Communications,11(1): 4778.

LYU Q,HE Q,WU Y,et al,2018. Investigating the bioaccessibility and bioavailability of cadmium in a cooked rice food matrix by using an 11 day rapid caco 2/ HT 29 co culture cellmodel combined with an in vitro digestion model[J]. Biological Trace Element Research,190(2):336-348.

MA J F,TAMAI K,YAMAJI N,et al,2006. A silicon transporter in rice[J]. Nature,440 (7084):688-691.

MA J F,YAMAJI N,MITANI N,et al,2008. Transporters of arsenite in rice and their role in arsenic accumulation in rice grain[J]. PNAS,105(29):9931-9935.

MA J F,YAMAJI N,MITANI N,et al,2007. An efflux transporter of silicon in rice[J]. Nature,448(7150):209-212.

MA J F,TAMAI Y,MITANI K,2006. A silicon transporter in rice [J]. Nature,440 (7084):688-691.

MA L,WANG L,JIA Y Y,et al,2016. Arsenic speciation in locally grown rice grains from Hunan Province,China:spatial distribution and potential health risk[J]. Science of the Total Environment,557/558(1):438-444.

MAGUFFIN S C,ABU-ALI L,TAPPERO R V,et al,2020. Influence of manganese abundances on iron and arsenic solubility in rice paddy soils[J]. Geochimica et Cosmochimica Acta,276:50-69.

MAHER W,FOSTER S,KRIKOWA F,et al,2013. Measurement of inorganic arsenic species in rice after nitric acid extraction by HPLC-ICP-MS:Verification using XANES[J]. Environmental Science & Technology,47(11):5821-5827.

MANDAL B K,SUZUKI K T,ANZAI K,2007. Impact of arsenic in foodstuffs on the people living in the arsenic-affected areas of west Bengal,India[J]. Journal of Environmental Science and Health Part A—Toxic /Hazardous Substances & Environmental Engineering, 42 (12):1741-1752.

MANZEKE G M,MTAMBANENGWE F,NEZOMBA H,et al,2014. Zinc fertilization influence on maize productivity and grain nutritional quality under integrated soil fertility management in Zimbabwe[J]. Field Crops Research,166:128-136.

MARIN A R,MASSCHELEYN P H,PATRICK W H,2003. Soil redox-pH stability of arsenic species and its influence on arsenic uptake by rice[J]. Plant & Soil,152(2):245-253.

MARTIN P,DEMEL S,SHI J,et al,2001. Insights into the structure,solvation,and mechanism of ArsC arsenate reductase,a novel arsenic detoxification enzyme[J]. Structure,9(11): 1071-1081.

MCLAUGHLIN M J,TILLER K G,NAIDU R,2005. Review:The behavior and environmental impact of ntaminants in fertilizers[J]. Australian Journal of Soil Research,34(1):1-54.

MEHARG A A,LOMBI E,WILLIAMS P N,et al,2008. Speciation and localization of arsenic in white and brown rice grains[J]. Environmental Science and Technology,42(4): 1051-1057.

MEHARG A A,NORTON G,DEACON C,et al,2013. Variation in rice cadmium related to human exposure[J]. Environmental Science & Technology,47(11):5613-5618.

MEHARG A A,RAHMAN M,2003. Arsenic contamination of Bangladesh paddy field soils:Implications for rice contribution to arsenic consumption[J]. Environmental Science and Technology,37(2):229-234.

MEHARG A A,HARTLEY W J,2002. Arsenic uptake and metabolism in arsenic resistant and nonresistant plant species[J]. New Phytologist,154(1):29-43.

MEHARG A A,WILLIAMS P N,ADOMAKO E,et al,2009. Geographical variation in total and inorganic arsenic content ofpolished (white) rice[J]. Environmental Science & Technology,43(5):1612-1617.

MEHARG A,JARDINE L,2002. Arsenite transport into paddy rice (*Oryza sativa*) roots

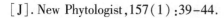

［J］. New Phytologist,157(1):39-44.

MEI X Q,YE Z H,WONG M H,2009. The relationship of root porosity and radial oxygen loss on arsenic tolerance and uptake in rice grains and straw［J］. Environmental Pollution,157(8-9):2550-2557.

MELTON E D,SWANNER E D,BEHRENS S,et al,2014. The interplay of microbially mediated and abiotic reactions in the biogeochemical Fe cycle［J］. Nature Reviews Microbiology,12(12):797-808.

MOORE K L,SCHRODER M,LOMBI E,et al,2010. NanoSIMS analysis of arsenic and selenium in cereal grain［J］. New Phytologist,185:434-445.

MOREL F M M,HERING J G,1993. Principles and applications of aquatic chemistry［M］. New Rork:Wiley.

MU T,WU T,ZHOU T,et al,2019. Geographical variation in arsenic,cadmium,and lead of soils and rice in the major rice producing regions of China［J］. The Science of the Total Environment,677:373-381.

MUKHOPADHYAY R,ROSEN B P,PHUNG L T,et al,2002. Microbial arsenic:From geocycles to genes and enzymes［J］. FEMS Microbiology Reviews,26(3):311-325.

NAITO S,MATSUMOTO E,SHINDOH K,et al,2015. Effects of polishing,cooking,and storing on total arsenic and arsenic species concentrations in rice cultivated in Japan［J］. Food Chemistry,168:294-301.

NAKANISHI H,OGAWA I,ISHIMARU Y,et al,2006. Iron deficiency enhances cadmium uptake and translocation mediated by the Fe^{2+} transporters OsIRT1 and OsIRT2 in rice (Plant Nutrition)［J］. Soil Science & Plant Nutrition,52(4):464-469.

NAWROT T S,STAESSEN J A,ROELS H A,et al,2010. Cadmium exposure in the population:From health risks to strategies of prevention［J］. Biometals:An International Journal on the Role of Metal Ions in Biology,Biochemistry,and Medicine,23(5):769-782.

NEUBAUER S C,TOLEDO D G E,EMERSON D,et al,2007. Returning to their roots:Iron-oxidizing bacteria enhance short-term plaque formation in the wetland-plant rhizosphere［J］. Geomicrobiol J,24:65-73.

NEUMANN P M,1988. Plant growth and leaf- applied chemicals［M］. Plant growth and leaf-applied chemicals. CRC Press.

NGU M,MOYA E,MAGAN N,1998. Tolerance and uptake of cadmium,arsenic and lead by Fusarium pathogens of cereals［J］. International Biodeterioration & Biodegradation,42(1):55-62.

NICKSON R T,MCARTHUR J M,RAVENSCROFT P,et al,2000. Mechanism of arsenic release to groundwater,Bangladesh and west Bengal［J］. Applied Geochemistry,15(4):403-413.

NIES D H,1999. Microbial heavy-metal resistance［J］. Applied Microbiology and Biotechnology,51(6):730-750.

NISH Z H,1987. The role of the root cell w all in the heavy metal tolerance of Athyrium yokoscense[J]. Plant and Soil,101:15-20.

NOCITO F F,LANCILLI C,DENDENA B,et al,2011. Cadmium retention in rice roots is influenced by cadmium availability,chelation andtranslocation[J]. Plant Cell & Environment, 34(6):994-1008.

NOGAWA K,KOBAYASHI E,OKUBO Y,et al,2004. Environmental cadmium exposure, adverse effects and preventive measures in Japan[J]. Biometals,17(5):581-587.

NORRA S,BEMER Z A,AGRAWALA P,et al,2005. Impact of irrigation with As rich groundwater on soil and crops:a geochemical case study in West Bengal Delta Plain,India[J]. Applied Geochemistry,20:1890-1906.

NOWAKOWSKI W,NOWAKOWSKA J,1997. Silicon and copper interaction in the growth of spring wheat seedlings[J]. Biologia Plantarum,39(3):463-466.

OOMEN A G,ROMPELBERG C J M,BRUIL M A,et al,2003. Development of an in vitro digestion model for estimating the bioaccessibility of soil contaminants[J]. Archives of Environmental Contamination and Toxicology,44(3):281-287.

ORGANIZATION W H,2002. Evaluation of certain food additives,seventy first report of the joint FAO/WHO expert committee on food additives[J]. WHO Technical Report Series, 891(956):1-80.

OTTE M L,ROZEMA J,HAARSMA M S,et al,1989. Iron plaque on roots of *Aster tripolium* L. :interaction with zinc uptake[J]. New Phytol,111:309-317.

PAIKARAY S, BANERJEE S, MUKHERJI S, 2005. Sorption of arsenic onto Vindhyan shales:Role of pyrite and organic carbon[J]. Chemical Biology & Drug Design,83(2):198-206.

PAL R, RAI J P,2010. Phytochelatins:Peptides involved in heavy metal detoxification [J]. Applied Biochemistry and Biotechnology,160(3):945-963.

PEARSON G F,GREENWAY G M,BRIMA E I,et al,2007. Rapid arsenic speciation using ion pair LC ICPMS with a monolithic silica column reveals increased urinary DMA excretion after ingestion of rice[J]. Journal of Analytical Atomic Spectrometry,22(4):361-369.

PEUKE A D,JESCHKE W D,DIETZ K J,et al,1998. Foliar application of nitrate or ammonium as sole nitrogen supply in Ricinus communis I. Carbon and nitrogen uptake and inflows [J]. New Phytologist,138(4):675-687.

PHATTARAKUL N,RERKASEM B,LI L J,et al,2012. Biofortification of rice grain with zinc through zinc fertilization in different countries[J]. Plant Soil,361:131-141.

ZOU C Q,ZHANG Y Q,RASHID A,et al,2012. Biofortification of wheat with zinc through zinc fertilization in seven countries[J]. Plant Soil,361:119-130.

PICKERING I J,2000. Reduction and coordination of arsenic in Indian mustard[J]. Plant Physiology,122(4):1171-1178.

PRADEEP A,FILIP T,DU L G,et al,2012. HPLC-ICP-MS method development to monitor arsenic speciation changes by human gut microbiota[J]. Biomedical Chromatography,26(4):524-533.

PRASAD R,SHIVAY Y S,KUMAR D,2014. Agronomic biofortification of cereal grains with iron and zinc[J]. Advances in Agronomy,125:55-91.

PRIYADARSHANEE M,DAS S,2021. Biosorption and removal of toxic heavy metals by metal tolerating bacteria for bioremediation of metal contamination:A comprehensive review[J]. Journal of Environmental Chemical Engineering,9(1):104686.

QIAO J T,LIU T X,WANG X Q,et al,2018. Simultaneous alleviation of cadmium and arsenic accumulation in rice by applying zero-valent iron and biochar to contaminated paddy soils[J]. Chemosphere,195:260-271.

QIAO J T,LIU T X,WANG X Q,et al,2018. Simultaneous alleviation of cadmium and arsenic accumulation in rice by applying zero-valent iron and biochar to contaminated paddy soils[J]. Chemosphere,195:260-271.

QIAO J,LI X,LI F,et al,2019. Humic substances facilitate arsenic reduction and release in flooded paddy soil[J]. Environmental Science & Technology,53(9):5034-5042.

QIU G L,FENG X B,LI P,et al,2008. Methylmercury accumulation in rice(*Oryza sativa* L.) grown at abandoned mercury mines in Guizhou,China[J]. Journal of Agricultural & Food Chemistry,56(7):2465-2468.

QUAGHEBEUR M,RENGEL Z,2003. The distribution of arsenate and arsenite in shoots and roots of Holcus lanatus is influenced by arsenic tolerance and arsenate and phosphate supply[J]. Plant Physiology,132(3):1600-1609.

RAAB A,BASKARAN C,FELDMANN J,et al,2009. Cooking rice in a high water to rice ratio reduces inorganic arsenic content [J]. Journal of Environmental Monitoring,11(1):41-44.

RAAB A,SCHAT H,MEHARG A A,et al,2005. Uptake,translocation and transformation of arsenate and arsenite in sunflower (Helianthus annuus):Formation of arsenic-phytochelatin complexes during exposure to high arsenic concentrations[J]. New Phytologist,168(3):551-558.

RAHMAN M A,HASEGAWA H,RAHMAN M M,et al,2007. Arsenic accumulation in rice(*Oryza sativa* L.) varieties of bangladesh:a glass house study[J]. Water,Air,and Soil Pollution,185(1/2/3/4):53-61.

RAM H,RASHID A,ZHANG W,et al,2016. Biofortification of wheat,rice and common bean by applying foliar zinc fertilizer along with pesticides in seven countries[J]. Plant and Soil,403(1/2):1-13.

RASCIO N,VECCHIA F D,ROCCA N L,et al,2008. Metal accumulation and damage in rice (cv. Vialone nano) seedlings exposed to cadmium[J]. Environmental & Experimental Botany,62(3):267-278.

REDMAN A D,MACALADY D L,AHMANN D,2002. Natural organic matter affects arsenic speciation and sorption onto hematite[J]. Environmental Science & Technology,36(13):2889-2896.

BAI H,JIANG Z,HE M,2018. Relating Cd^{2+} binding by humic acids to molecular weight: A modeling and spectroscopic study[J]. Journal of Environmental Sciences,70(8):157-168.

REN X L,LIU Q L,WU D X,et al,2006. Variations in concentra tion and distribution of health related elements affected by environmental and genotypic differences in rice grains[J]. Rice Science,13(3):170-178.

REZA A H M S,JEAN J S,LEE M K,et al,2010. Implications of organic matter on arsenic mobilization into groundwater:Evidence from northwestern (Chapai-Nawabganj),central (Manikganj) and southeastern (Chandpur) Bangladesh[J]. Water Research,44(17):5556-5574.

RHINE E D,NÍ CHADHAIN S M,ZYLSTRA G J,et al,2007. The arsenite oxidase genes (aroAB) in novel chemoautotrophic arsenite oxidizers[J]. Biochemical and Biophysical Research Communications,354(3):662-667.

RIZWAN M,ALI S,ADREES M,RIZVI H,et al,2016. Cadmium stress in rice:Toxic effects,tolerance mechanisms,and management:A critical review[J]. Environmental Science and Pollution Research International,23(18):17859-17879

ROBINSON B,KIM N,MARCHETTI M,et al,2006. Arsenic hyperac-cumulation by aquatic macrophytes in the Taupo Volcanic Zone,New Zealand[J]. Environmental and Experimental Botany,58(1/2/3):206-215.

ROHMAN A,HELMIYATI S,HAPSARI M,et al,2014. Rice in health and nutrition[J]. International Food Research Journal,21(1):13-24.

RUBY M V,DAVIS A,SCHOOF R,et al,1996. Estimation of lead and arsenic bioavailability using a physiologically based extraction test[J]. Environmental Science and Technology,30(2):422-430.

SALTIKOV C W,NEWMAN D K,2003. Genetic identification of a respiratory arsenate reductase[J]. Proceedings of the National Academy of Sciences of the United States of America,100(19):10983-10988.

SANTINI J M,VANDEN HOVEN R N,2004. Molybdenum-containing arsenite oxidase of the chemolithoautotrophic arsenite oxidizer NT-26[J]. Journal of Bacteriology,186(6):1614-1619.

SASAKI A,YAMAJI N,YOKOSHO K,et al,2012. Nramp5 is a major transporter responsible for manganese and cadmium uptake in rice[J]. The Plant Cell,24(5):2155-2167.

SAVANT N K,SNYDER G H,DATNOFF L E,1996. Silicon management and sustainable rice production[J]. Advances in Agronomy,58(8):151-199.

SCHAT H,2006. Enhanced arsenate reduction by a CDC25-like tyrosine phosphatase explains increased phytochelatin accumulation in arsenate-tolerant Holcus lanatus[J]. Plant Journal,45(6):917-929.

SCHÖNHERR J,1976. Water Perme ability of Isolated Cuticular Membranes:The Effect of Cuticular Waxes on Diffusion of Water[J]. Planta,131(2):159-64.

SCHOOF R A,YOST L J,EICKHOFF J,et al,1999. A market basket survey of inorganic arsenic in food[J]. Food and Chemical Toxicology,37(8):839-846.

SCHÜTZENDÜBEL A,SCHWANZ P,TEICHMANN T,et al,2001. Cadmiuminduced changes in antioxidative systems,hydrogen peroxide content,and differentiation in Scots pine roots[J]. Plant Physiology,127(3):887-898.

SELA M,TELOR E,FRITZ E,et al,1988. Localization and toxic effect s of cadmium,copper,an duranium in Azolla[J]. Plant Physiol,88:30-36.

SEYFFERTH A L,AMARAL D,LIMMER M A,et al,2019. Combined impacts of Si-rich rice residues and flooding extent on grain As and Cd in rice[J]. Environment International,128.

SEYFFERTH A L,WEBB S M,ANDREWS J C,et al,2010. Arsenic localization,speciation,and co-occurrence with iron on rice (*Oryza sativa* L.) roots having variable Fe coatings [J]. American Chemical Society,44(21):8108-8113.

SHEN S W,LI X F,CULLEN W R,et al,2013. Arsenic binding to proteins[J]. Chemical Reviews,113(10):7769-7792.

SHI J B,LIANG L N,JIANG G B,2005. Simultaneous determination of methylmercury and ethylmercury in rice by capillary gas chromatography coupled on line with atomic fluorescence spectrometry[J]. Journal of AOAC International,88(2):665-669.

SHI S,WANG T,CHEN Z,et al,2016. OsHAC1;1 and OsHAC1;2 function as arsenate reductases and regulate arsenic accumulation[J]. Plant Physiology,172(3):1708-1719.

SHI X,ZHANG C,WANG H,et al,2005. Effect of Si on the distribution ofCd in rice seedlings[J]. Plant and Soil,272(1/2):53-60.

SIGG L,2006. Arsenite and arsenate binding to dissolved humic acids:Influence of pH,type of humic acid,and aluminum[J]. Environmental Science & Technology,40(19):6015-6020.

SIGNES PASTOR A J,AL R S W,JENKINS R O,et al,2012. Arsenic bioaccessibility in cooked rice as affected by arsenic in cooking water[J]. Journal of Food Science,77(10/11/12):201-206.

SIGNES-PASTOR A,BURLÓ F,MITRA K,et al,2007. Arsenic biogeochemistry as affected by phosphorus fertilizer addition,redox potential and pH in a west Bengal (India) soil[J]. Geoderma,137(3-4):504-510.

SINGH H P,KAUR S,BATISH D R,et al,2009. Nitric oxidealleviates arsenic toxicity by reducing oxidative damagein the roots of *Oryza sativa* (rice)[J]. Nitric OxideBiology & Chemistry,20(4):289-297.

SINGH N,GUPTA S,MARWA N,et al,2016. Arsenic mediated modifications in Bacillus aryabhattai and their biotechnological applications for arsenic bioremediation [J]. Chemosphere,164:524-534.

SMEDLEY P,KINNIBURGH D,2002. A review of the source,behaviour and distribution of arsenic in natural waters[J]. Applied Geochemistry,17(5):517-568.

SMITH E,NAIDU R,ALSTON A M,1998. Arsenic in the soil environment:A review[J]. Advances in Agronomy,64:149-195.

SOHN E,2014. The toxic side of rice[J]. Nature,514:62-63.

SONG W Y,YAMAKI T,YAMAJI N,et al,2014. A rice ABC transporter,OsABCC1,reduces arsenic accumulation in the grain[J]. Proceedings of the National Academy of Sciences of the United States of America,111(44):15699-15704.

STCYR L,CROWDER A A,1989. Factors affecting iron plaque on the roots of*Phragmites australi*s (Cav.) Trin. ex Steudel[J]. Plant and Soil,116(1):85-93.

STCYR L,CROWDER A A,1990. Manganese and copper in the root plaque of *Phragmites australis* (Cav.) Trin. ex Steudel[J]. Soil Science,149:191-198.

STRICKMAN R J,MITCHELL C P J,2017. Accumulation and translocation of methylmercury and inorganic mercury in*Oryza sativa*:an enriched isotope tracer study[J]. Science of the Total Environment,567(1):1415-1423.

SULIBURSKA J,KREJPCIO Z,2014. Evaluation of the content and bioaccessibility of iron,zinc,calcium and magnesium from groats,rice,leguminous grains and nuts[J]. Journal of Food Science and Technology,51(3):589-594.

SUN G X,WILLIAMS P N,CAREY A M,et al,2008. Inorganic arsenic in rice bran and its products are an order of magnitude higher than in bulk grain[J]. Environmental Science and Technology,42(19):7542-7546.

SUN L D,LIU G X,YANG M,et al,2012. Bioaccessibility of cadmium in fresh and cooked Agaricus blazei Murill assessed by in vitro biomimetic digestion system[J]. Food & Chemical Toxicology,50(5):1729-1733.

SUN S K,CHEN Y,CHE J,et al,2018. Decreasing arsenic accumulation in rice by over-expressing OsNIP1;1 and OsNIP3;3 through disrupting arsenite radial transport in roots[J]. The New Phytologist,219(2):641-653.

SUN S K,XU X,TANG Z,et al,2021. A molecular switch in sulfur metabolism to reduce arsenic and enrich selenium in rice grain[J]. Nature Communications,12(1):1392.

SUN S,ZHOU X F,LI Z,et al,2019. In vitro and in vivo testing to determine Cd bioaccessibility and bioavailability in contaminated rice in relation to mouse chow[J]. International Journal of Environmental Research & Public Health,16(5):871.

SYU C H,JIANG P Y,HUANG H H,et al,2013. Arsenic sequestration in iron plaque and its effect on As uptake by rice plants grown in paddy soils with high contents of As,iron oxides, and organic matter[J]. Soil Science and Plant Nutrition,59(3):463-471.

TAN L,QU M,ZHU Y,et al,2020. ZINC TRANSPORTER5 and ZINC TRANSPORTER9 function synergistically in zinc/cadmium uptake[J]. Plant Physiology,183(3):1235-1249.

TAN L,ZHU Y,FAN T,et al,2019. OsZIP7 functions in xylem loading in roots and inter-vascular transfer in nodes to deliver Zn/Cd to grain in rice[J]. Biochemical and Biophysical Research Communications,512(1):112-118.

TAN Y,ZHOU X,PENG Y,et al,2022. Effects of phosphorus-containing material application on soil cadmium bioavailability:a meta-analysis[J]. Environmental Science and Pollution Research,29(28):42372-42383.

TANAKA K,FUJMAKI S,FUJIWARA T,2003. Cadmium Concentrations in the Phloem Sap of Rice Plants(*Oryza saliva* L.) Treated with a Nutrient Solution Containing Cadmium [J]. Soil science and plant nutrition,49(2):311-313.

TANG L,DONG J,TAN L,et al,2021. Overexpression of OsLCT2,a lowaffinity cation transporter gene,reduces cadmium accumulation in shoots and grains of rice[J]. Rice,14(1):89.

TANG L,MAO B,LI Y,et al,2017. Knockout of OsNramp5 using the CRISPR/Cas9 system produces low Cd-accumulating indica rice without compromising yield[J]. Scientific Reports,7(1):14438.

TANG X,SHEN H,CHEN M,et al,2020. Achieving the safe use of Cd- and As-contaminated agricultural land with an Fe-based biochar:a field study[J]. Science of the Total Environment,706:135898.

TANG Z,CHEN Y,CHEN F,et al,2017. OsPTR7(OsNPF8. 1),a putative peptide transporter in rice,is involved in dimethylarsenate accumulation in rice grain[J]. Plant & Cell Physiology,58(5):904-913.

TANG Z,CHEN Y,MILLER A J,et al,2019. The C-type ATPbinding cassette transporter OsABCC7 is involved in the root-toshoot translocation of arsenic in rice[J]. Plant & Cell Physiology,60(7):1525-1535.

TAYLOR V F,LI Z G,SAYARATH V,et al,2017. Distinct arsenic metabolites following seaweed consumption in humans[J]. Scientific Reports,7:3920.

TAYLOR V,GOODALE B,RAAB A,et al,2017. Human exposure to organic arsenic species from seafood[J]. Science of the Total Environment,580:266-282.

TESTER M,LEIGH R A,2001. Partitioning of nutrient transport processes in roots[J]. Journal of Experimental Botany,52(suppl1):445-458.

THOMPSON A,CHADWICK O A,RANCOURT D G,et al,2005. Iron-oxide crystallinity increases during soil redox oscillations[J]. Geochimica et Cosmochimica Acta,70(7):1710-1727.

TIAN F,FU Q,ZHU Z F,et al,2006. Construction of introgression lines carrying wild rice (*Oryza rufipogon* Griff.) segments in cultivated rice (*Oryza sativa* L.) background and characterization of introgressed segments associated with yield-related traits[J]. Theoretical and Applied Genetics,112(3):570-580.

TOXICOLOGY C,COUNCIL N,SCIENCES N A,2001. Arsenic in drink-ing water:2001 update[M]. National Academies Press.

TSAI S L,SINGH S,CHEN W,2009. Arsenic metabolism by microbes in nature and the impact on arsenic remediation[J]. Current Opinion in Biotechnology,20(6):659-667.

UENO D,YAMAJI N,KONO I,ET AL,2010. Gene limiting cadmium accumulation in rice [J]. Proceedings of the National Academy of Sciences of the United States of America,107 (38):16500-16505.

URAGUCHI S,KAMIYA T,SAKAMOTO T, et al,2011. Low-affinity cation transporter (OsLCT1) regulates cadmium transport into rice grains[J]. Proceedings of the National Academy of Sciences of the United States of America,108(52):20959-20964.

URAGUCHI S,MORI S,KURAMATA M. Root-to-shoot Cd translocation via the xylem is the major process determining shoot and grain cadmium accumulation in rice[J]. Journal of Experimental Botany,2009,60(9):2677-2690.

URAGUCHI S,TANAKA N,HOFMANN C, et al,2017. Phytochelatin synthase has contrasting effects on cadmium and arsenic accumulation in rice grains[J]. Plant & Cell Physiology,58(10):1730-1742.

URAGUCHI S,WATANABE I,YOSHITOMI A, et al,2005. Characteristics of cadmium accumulation and tolerance in novel Cd- accumulating crops, Avena strigosa and Crotalaria juncea[J]. Journal of Experimental Botany,57(12):2955-2965.

US Environmental Protection Agency. Risk Assessment Guidance for Superfund Volume I Human Health Evaluation Manual(Part A) Interim Final[R]. EPA/540/1 89/002,Washington DC,1989:35-52.

WAN X,LI C,PARIKH S J,2020. Simultaneous removal of arsenic,cadmium,and lead from soil by iron-modified magnetic biochar[J]. Environmental Pollution,261.

WANG H,XU C,LUO Z C,et al,2018. Foliar application of Zn can reduce Cd concentrations in rice (*Oryza sativa* L.) under field conditions[J]. Environmental Science and Pollution Research,25:29287-29294.

WANG J,WANG P M,GU Y,et al,2019. Iron-manganese (oxyhydro) oxides,rather than oxidation of sulfides, determine mobilization of Cd during soil drainage in paddy soil systems [J]. Environmental Science & Technology,53(5):2500-2508.

WANG K,YAN T Z,XU S L,et al,2021. Validating a segment on chromosome 7 of Japonica for establishing low-cadmium accumulating indica rice variety[J]. Scientific Reports,11 (1):6053.

WANG P,CHEN H,KOPITTKE P M,et al,2019. Cadmium contamination in agricultural soils of China and the impact on food safety[J]. Environmental Pollution,249:1038-1048.

WANG P,ZHANG W,MAO C,et al,2016. The role of OsPT8 in arsenate uptake and varietal difference in arsenate tolerance in rice [J]. Journal of Experimental Botany, 67 (21): 6051-6059.

WANG S L,MULLIGAN C N,2006. Effect of natural organic matter on arsenic release

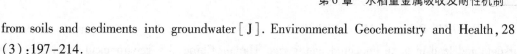

from soils and sediments into groundwater[J]. Environmental Geochemistry and Health,28 (3):197-214.

WANG T G,PEVERLY J H,1996. Oxidation states and fractionation of plaque iron on roots of common reeds[J]. Soil Science Society of America Journal,60(1):323-329.

WANG T G,PEVERLY J H,1999. Iron oxidation states on root surfaces of a wetland plant (*Phragmites australis*)[J]. Soil Science Society of America Journal,63(1):247-252.

WANG T,LI Y,FU Y,et al,2019. Mutation at different sites of metal transporter gene Os-Nramp5 affects Cd accumulation and related agronomic traitsin rice (*Oryza sativa* L.)[J]. Frontiers in Plant Science,10:1081.

WANG X,YAO H,WONG M H,et al,2013. Dynamic changes in radial oxygen loss and iron plaque formation and their effects on cadmium and arsenic accumulation in rice (*Oryza sativa* L.)[J]. Environmental Geochemistry & Health,35(6):779-788.

WANG Y H,ZHANG G L,WANG H L,et al,2021. Effects of different dissolved organic matter on microbial communities and arsenic mobilization in aquifers[J]. Journal of Hazardous Materials,411:125146.

WANG Y S,YANG Z M,2005. Nitric oxide reduces aluminumtoxicity by preventing oxidative stress in the roots of *Cassia tora* L.[J]. Plant & Cell Physiology,46(12):1915-1923.

WANG Z,TAN X,LU G,et al. Soil properties influence kinetics of soil acid phosphatase in response to arsenic toxicity[J]. Ecotoxicology Environmental Safety,2018,147:266-274.

WARWICK P,INAM E,EVANS N,2005. Arsenic's interaction with humic acid[J]. Environmental Chemistry,2:1-18.

WATANABE T,ZHANG Z W,MOON C S,2000. Cadmium exposure of women in general populations in Japan during 1991-1997 compared with 1977-1981[J]. Int Arch Occ and Env Hea,73(1):26-34.

WEBB S M,GAILLARD J F O,MA L Q,et al,2003. XAS speciation of arsenic in a hyper-accumulating fern[J]. Environmental Science & Technology,37(4):754-760.

WEGGLER B K,MCLAUGHLIN M J,GRAHAM R D,2000. Salinity increases cadmium uptake by wheat and Swiss chard from soil amended with biosolids[J]. Australian Journal of Soil Research,38(1):37-45.

WENG L P,VAN RIEMSDIJK W H,HIEMSTRA T,2009. Effects of fulvic and humic acids on arsenate adsorption to goethite:Experiments and modeling[J]. Environmental Science & Technology,43(19):7198-7204.

WESSELLS K R,BROWN K H,2012. Estimating the global prevalence of zinc deficiency: results based on zinc availability in national food supplies and the prevalence of stunting[J]. PLoS ONE,7:e50568.

WILLIAMS P N,ISLAM M R,ADOMAKO E E,et al,2006. Increase in rice grain arsenic for regions of Bangladesh irrigating paddies with elevated arsenic in groundwaters[J]. Environmental Science and Technology,40(16):4903-4908.

WILLIAMS P N,LEI M,SUN G X,et al,2009. Occurrence and partitioning of cadmium, arsenic and lead in mine impacted paddy rice:Hunan,China[J]. Environmental Science and Technology,3(43):637-642.

WILLIAMS P N, PRICE A H, RAAB A, et al, 2005. Variation in arsenic speciation and concentration in paddy rice related to dietary exposure[J]. Environmental Science and Technology,39(15):5531-5540.

WILLIAMS P N,RAAB A,FELDMANN J,et al,2007. Market basket survey shows elevated levels of As in South Central U. S. processed rice compared to California:consequences for human dietary exposure[J]. Environmental Science and Technology,41(7):2178-2183.

WILLIAMS P N,HAO Z,DAVISON W,et al,2011. Organic matter-solid phase interactions are critical for predicting arsenic release and plant uptake in Bangladesh paddy soils[J]. Environmental Science & Technology,45(14):6080-6087.

WILLIAMS P N, PRICE A H, RAAB A, et al, 2005. Variation in arsenic speciation and concentration in paddy rice related to dietary exposure [J]. Environmental Science & Technology,39(15):5531-5540.

WOJCIK M,VANGRONSYELD J,DHAEN J,2005. Cadmium tolerance in Thlaspi caerulescens II. Localization of cadmium in Thlaspi caerulescens[J]. Environ Exp Bot,53(2):163-171.

WRAGG J,CAVE M R. In vitro Methods for the Measurement of the Oral Bioaccessibility of Selected Metals and Metal loids in Soils:a Critical Review[R]. Environmental Agency, 2002:1-34.

WU C,ZOU Q,XUE S G,et al,2016. The effect of silicon on iron plaque formation and arsenic accumulation in rice genotypes with different radial oxygen loss (ROL)[J]. Environmental Pollution,212.

WU C,HUANG L,XUE S G,et al,2016. Oxic and anoxic condi-tions affect arsenic (As) accumulation and arsenite transporter expression in rice[J]. Chemosphere,168(1-7):969-975.

WU C,YE Z H,LI H,et al,2012. Do radial oxygen loss and external aeration affect iron plaque formation and arsenic accumulation and speciation in rice[J]. Journal of Experimental Botany,63(8):2961-2970.

WU C,YE Z,SHU W,et al,2011. Arsenic accumulation and speciation in rice are affected by root aeration and variation of genotypes[J]. Journal of Experimental Botany,62(8):2889-2898.

WU C,ZOU Q,XUE S G,et al,2016. Effect of silicate on arsenic fractionation in soils and its accumulation in rice plants[J]. Chemosphere,165:478-486.

WU J,LI Z,HUANG D,et al,2020. A novel calcium-based magnetic biochar is effective in stabilization of arsenic and cadmium co-contamination in aerobic soils[J]. Journal of Hazardous Materials,387.

WU P,ATA-UL-KARIM S T,SINGH B P,et al,2019. A scientometric review of biochar research in the past 20 years (1998-2018)[J]. Biochar,1(1):23-43.

XIANG Y,KANG F,XIANG Y,et al,2019. Effects of humic acid-modified magnetic Fe3O4/MgAl-layered double hydroxide on the plant growth,soil enzyme activity,and metal availability [J]. Ecotoxicology and Environmental Safety,182.

XIAO T F,GUHA J,BOYLE D,et al,2004. Environmental concerns related to high thallium levels in soils and thallium uptake by plants in southwest Guizhou,China[J]. Science of the Total Environment,318(1):223-244.

XU J,SHI S,WANG L,TANG Z,et al,2017. OsHAC4 is critical for arsenate tolerance and regulates arsenic accumulation in rice. The New Phytologist,215(3):1090-1101

XU X W,CHEN C,WANG P,et al,2017. Control of arsenic mobilization in paddy soils by manganese and iron oxides[J]. Environmental Pollution,231:37-47.

XU X W,WANG P,ZHANG J,et al,2019. Microbial sulfate reduction decreases arsenic mobilization in flooded paddy soils with high potential for microbial Fe reduction[J]. Environmental Pollution,251:952-960.

XU X Y,MCGRATH S P,MEHARG A A,et al,2008. Growing rice aerobically markedly decreases arsenic accumulation [J]. Environmental Science & Technology,42(15):5574-5579.

XUE S,SHI L,WU C,et al,2017. Cadmium,lead,and arsenic contamination in paddy soils of a mining area and their exposure effects on human HEPG2 and keratinocyte cell-lines [J]. Environmental Research,156:23-30.

YAMAGUCHI N,NAKAMURA T,DONG D,et al,2011. Arsenic release from flooded paddy soils is influenced by speciation,Eh,pH,and iron dissolution[J]. Chemosphere,83(7):925-932.

YAMAGUCHI N,OHKURA T,TAKAHASHI Y,et al,2014. Arsenic distribution and speciation near rice roots influenced by iron plaques and redox conditions of the soil matrix[J]. Environmental Science and Technology,48(3):1549-1556.

YAMAGUCHI N,NAKAMURA T,DONG D,et al,2011. Arsenic release from flooded paddy soils is influenced by speciation,Eh,pH,and iron dissolution[J]. Chemosphere,83(7):925-932.

YAMAGUCHI N,OHKURA T,TAKAHASHI Y,et al,2014. Arsenic distribution and speciation near rice roots influenced by iron plaques and redox conditions of the soil matrix[J]. Environmental Science & Technology,48(3):1549-1556.

YAMAJI N,XIA J,MITANI-UENO N,et al,2013. Preferential delivery of zinc to developing tissues in rice is mediated by P-type heavy metal ATPase OsHMA2[J]. Plant Physiology,162(2):927-939.

YAN H,XU W,XIE J,et al,2019. Variation of a major facilitator superfamily gene contributes to differential cadmium accumulation between rice subspecies[J]. Nature Communications,10(1):2562.

YANG C H,ZHAN G Y,HUANG C F,2019. Reduction in cadmium accumulation in Japonica rice grains by CRISPR/Cas9-mediated editing of OsNRAMP5[J]. Journal of Integrative Agriculture,18(3):688-697.

YANG G,FU S,HUANG J,et al,2021. The tonoplast-localized transporter OsABCC9is involved in cadmium tolerance and accumulation in rice[J]. Plant Science,307:110894.

YANG J,TAM N F Y,YE Z,2014. Root porosity,radial oxygen loss and iron plaque on roots of wetland plants in relation to zinc tolerance and accumulation[J]. Plant and Soil,374:815-828.

YANG Y,SONG Y,SCHELLER H V,et al,2015. Community structure of arbuscular mycorrhizal fungi associated with Robinia pseudoacacia in uncontaminated and heavy metal contaminated soils[J]. Soil Biology and Biochemistry,86:146-158.

YANG Z,GONG H,HE F,et al,2022. Iron-doped hydroxyapatite for the simultaneous remediation of lead-,cadmium- and arsenic-co-contaminated soil[J]. Environmental Pollution,312.

YAO A,WANG Y,LING X,et al,2017. Effects of an iron-silicon material,a synthetic zeolite and an alkaline clay on vegetable uptake of As and Cd from a polluted agricultural soil and proposed remediation mechanisms[J]. Environmental Geochemistry and Health,39(2):353-367.

YE W L,KHAN M A,MCGRATH S P,et al,2011. Phytoreme-diation of arsenic contaminated paddy soils with pteris vittata markedly reduces arsenic uptake by rice[J]. Environmental Pollution,159(12):3739-3743.

YE Z H,BAKER A J M,WONG M H,et al,1997. Copper and nickel uptake,accumulation and tolerance in Typhalatifolia with and without iron plaque on the root surface[J]. New Phytologist,136(3):481-488.

YE Z H,BAKER A J M,WONG M H,et al,1998. Zinc,lead and cadmium accumulation and tolerance in Typhalatifolia as affected by iron plaque on the root surface[J]. Aquatic Botany,61(1):55-67.

YE Z H,BAKER A J M,WONG M H,et al,1997. Zinc,lead and cadmium tolerance,uptake and accumulation by the Common Reed, *Phragmites australis* (Cav.) Trin. Ex Steudel [J]. Ann Bot,80(3):363-370.

YE Z H,CHEUNG K C,WONG M H,2001. Copper uptake in Typhalation as affected by iron and manganese plaque on the root surface[J]. Canadian Jouanal of Botany,79:314-320.

YEUNG C K,GLAHN R P,MILLER D D,2003. Iron bioavailability from common raisin containing foods assessed with an in vitro digestion/Caco 2 cell culture model:effects of raisins[J]. Journal of Food Science,68(5):1866-1870.

YOUNOUSSA A,WAN Y,YU Y,et al,2018. Effect of selenium on uptake and translocation of arsenic in rice seedlings (*Oryza sativa* L.)[J]. Ecotoxicology & Environmental Safety,

148:869-875.

YU H,WANG J L,FANG W,2006. Cadmium accumulation in different rice cultivars and screening for pollution-safe cultivars of rice[J]. Science of the Total Environment,370:302-309.

YU L,WITT T,BONILLA M R,et al,2019. New insights into cooked rice quality by measuring modulus,adhesion and cohesion at the level of an individual rice grain[J]. Journal of Food Engineering,240:21-28.

YUAN C L,LI F B,CAO W H,et al,2019. Cadmium solubility in paddy soil amended with organic matter,sulfate,and iron oxide in alternative watering conditions[J]. Journal of Hazardous Materials,378:120672.

YUAN C L,LI Q,SUN Z Y,et al,2021. Effects of natural organic matter on cadmium mobility in paddy soil:A review[J]. Journal of Environmental Sciences,104:204-215.

ZARGAR K,CONRAD A,BERNICK D L,et al,2012. ArxA,a new clade of arsenite oxidase within the DMSO reductase family of molybdenum oxidoreductases[J]. Environmental Microbiology,14(7):1635-1645.

ZAVALA Y J,GERADS R,GüRLEYüK H,et al,2008. Arsenic in rice:II. arsenic speciation in USA grain and implications for human health[J]. Environmental Science and Technology,42 (10):3861-3866.

ZHANG C H,HU Y L,JU T,2007. Effect of solution pH on Cd absorption of rice seedlings[J]. Guangxi Agricultural Sciences,38(4):391-394.

ZHANG C,YING G E,YAO H,et al,2012. Iron oxidation-reduction and its impacts on cadmium bioavailability inpaddy soils:A review[J]. Frontiers of Environmental Science & Engineering,56(3):376-381.

ZHANG D,YIN C,ABBAS N,et al,2020. Multiple heavy metal tolerance and removal by an earthworm gut fungus Trichoderma brevicompactum QYCD-6[J]. Scientific Reports,10 (1):6940.

ZHANG H,FENG X B,LARSSEN T,et al,2010. Bioaccumulation of methyl mercury versus inorganic mercury in rice (*Oryza sativa* L.) grain[J]. Environmental Science and Technology,44(12):4499-4504.

ZHANG H,FENG X B,LARSSEN T,et al,2010. In inland China,rice,rather than fish,is the major pathway for methylmercury exposure[J]. Environmental Health Perspectives,118 (9):1183-1188.

ZHANG J,CHEN J,WU Y F,et al,2022. Oxidation of organoarsenicals and antimonite by a novel flavin monooxygenase widely present in soil bacteria[J]. Environmental Microbiology,24(2):752-761.

ZHANG J,WANG X,ZHANG L X,et al,2021. Reducing cadmium bioavailability and accumulation in vegetable by an alkalizing bacterial strain[J]. Science of the Total Environment,758:143596.

ZHANG J,ZHAO Q Z,DUAN G L,et al,2011. Influence of sulphuron arsenic accumulation and metabolism in rice seedlings[J]. Environmental & Experimental Botany,72(1):34-40.

ZHANG L,HU B,LI W,et al,2014. OSPT2,a phosphate transporter,is involved in the active uptake of selenite in rice[J]. New Phytologist,201(4):1183-1191.

ZHANG S,GENG L,FAN L,et al,2020. Spraying silicon to decrease inorganic arsenic accumulation in rice grain from arsenic-contaminated paddy soil [J]. Science of the Total Environment,704.

ZHANG X K,ZHANG F S,MAO D R,1998. Effect of iron plaque outside roots on nutrient uptake by rice (*Oryza sativa* L.):zinc uptake by Fe-deficient rice[J]. Plant Soil,202:33-39.

ZHAO D,LIU R Y,XIANG P,et al,2017. Applying cadmium relative bioavailability to assess dietary intake from rice to predict cadmium urinary excretion in nonsmokers[J]. Environmental Science & Technology,51(12):6756-6764.

ZHAO F J,AGO Y,MITANI N,et al,2010. The role of the rice aquaporin Lsi1 in arsenite efflux from roots. The New Phytologist,186(2):392-399.

ZHAO F J,STROUD J L,KHAN M A,et al,2012. Arsenic translocation in rice investigated using radioactive 73As tracer[J]. Plant and Soil,350(1/2):413-420.

ZHAO F J,WANG P,2020. Arsenic and cadmium accumulation in rice and mitigation strategies[J]. Plant and Soil,446(1/2):1-21.

ZHAO F J,ZHU Y G,MEHARG A A,2013. Methylated arsenic species in rice:geographical variation,origin,and uptake mechanisms[J]. Environmental Science and Technology,47(9):3957-3966.

ZHAO F J,MA J F,MEHARG A A,et al,2008. Arsenic uptake andmetabolism in plants [J]. New Phytologist,181(4):777-794.

ZHAO F J,MCGRATH S P,MEHARG A A,2010. Arsenic as a food chain contaminant:Mechanisms of plant uptake and metabolism and mitigation strategies[J]. Annual Review of Plant Biology,61(1):535-559.

ZHAO F J,ZHU Y G,MEHARG A A,2013. Methylated arsenic species in rice:Geographical variation,origin,and uptake mechanisms [J]. Environmental Science & Technology,47(9):3957-3966.

ZHENG M Z,CAI C,HU Y,et al,2011. Spatial distribution of arsenic and temporal variation of its concentration in rice[J]. New Phytologist,189(1):200-209.

ZHENG M Z,LI G,SUN G X,et al,2013. Differential toxicity and accumulation of inorganic and methylated arsenic in rice[J]. Plant and Soil,365(1/2):227-238.

ZHU H H,CHEN C,CHAO X,et al,2016. Effects of soil acidification and liming on the phytoavailability of cadmium in paddy soils of central subtropical China[J]. Environmental Pollution,219:99-106.

ZHU Y G, SUN G X, LEI M, et al, 2008. High percentage inorganic arsenic content of mining impacted and nonimpacted Chinese rice[J]. Environmental Science and Technology, 42(13):5008-5013.

ZHU Y G, WILLIAMS P N, MEHARG A A, 2008. Exposure to inorganic arsenic from rice:a global health issue[J]. Environmental Pollution,154(2):169-171.

ZHU Y G,YOSHINAGA M,ZHAO F J,et al,2014. Earth abidesarsenic biotransformations [J]. Annual Review of Earthand Planetary Sciences,42(1):443-467.

ZHUANG P,ZHANG C S,LI Y W, et al,2016. Assessment of influences of cooking on cadmium and arsenic bioaccessibility in rice,using an in vitro physiologically based extraction test[J]. Food Chemistry,213(15):206-214.

ZHUANG P, ZOU B, LI N Y, et al, 2009. Heavy metal contamination in soils and food crops around Dabaoshan mine in Guangdong, China:implication for human health[J]. Environmental Geochemistry & Health,31(6):707-715.

ZOBRIST J,DOWDLE P R,DAVIS J A,et al,2000. Mobilization of arsenite by dissimilatory reduction of adsorbed arsenate[J]. Environmental Science & Technology,34(22):4747-4753.

安礼航,刘敏超,张建强,等,2020.土壤中砷的来源及迁移释放影响因素研究进展[J].土壤,52(2):234-246.

安志装,王校常,严蔚东,等,2004.镉硫交互处理对水稻吸收累积镉及其蛋白疏基含量的影响[J].土壤学报,41(5):728-734.

白玉超,崔国贤,马渊博,等,2012.苎麻叶面施肥研究进展[J].中国麻业科学,34(3):142-145,120.

曹德菊,杨训,张千,等,2016.重金属污染环境的微生物修复原理研究进展[J].安全与环境学报,16(6):315-321.

曾思坚,1995.珠江三角洲经济区农业生态环境现状与对策[J].土壤与环境,4(4):242-245.

常学秀,段昌群,王焕校,2000.根分泌作用与植物对金属毒害的抗性[J].应用生态学报,11(2):315-320.

陈爱葵,王茂意,刘晓海,等,2013.水稻对重金属镉的吸收及耐性机理研究进展[J].生态科学,32(04):514-522.

陈静,王学军,朱立军,2004.pH 对砷在贵州红壤中的吸附的影响[J].土壤,36(2):211-214.

陈少波,余雯静,赵玉兰,2013.食品中砷形态分析及无机砷测定[J].农产品加工(学刊),4(8):80-81+86.

陈志良,仇荣亮,张景书,等,2002.重金属污染土壤的修复技术[J].工程与技术,29(6):21-23.

邓思涵,龙九妹,陈聪颖,等,2020.叶面肥阻控水稻富集镉的研究进展[J].中国农学通报,36(01):1-5.

丁翔,李忠武,徐卫华,等,2021. DOM 对沉积物悬浮颗粒吸附铜的促进作用及机制[J].环境科学,42(8):3837-3846.

董会军,董建芳,王昕洲,等,2019. pH 值对 HPLC-ICP-MS 测定水体中不同形态砷化合物的影响[J].岩矿测试,38(5):510-517.

董家瑜,吴天昊,孙远涛,等,2021.不同锰浓度环境下 OsNRAMP5 突变对水稻耐热性和主要经济性状的影响[J].杂交水稻,36(2):79-88.

董明芳,范稚莲,廖国建,等,2016.根表铁锰氧化物膜及其对水稻重金属吸收影响的研究进展[J].环境污染与防治,38(9):111.

樊俊,郑诗樟,胡红青,等,2010.不同专用叶面肥对水稻和柑橘品质影响的初步研究[J].湖北农业科学,49(3):553-557.

方满,刘洪海,1998.武汉市垃圾堆放场重金属污染调查及控制途径[J].中国环境科学,8(4):54-59.

付力成,2011.叶面喷施锌肥对水稻锌吸收、分配及积累的影响[D].杭州:浙江大学.

高贤彪,卢丽萍,1997.新型肥料施用技术[M].济南:山东科学技术出版社.

高贤彪,卢丽萍,1997.新型肥料施用技术[M].济南:山东科学技术出版社.

葛建军,程光明,夏桂平,2008.叶面肥的种类与发展趋势探析[J].现代农业科技,23:367-368.

辜娇峰,周航,杨文弢,等,2016.复合改良剂对镉砷化学形态及在水稻中累积转运的调控[J].土壤学报,53(6):1576-1585.

顾丽嫱,李春香,高凤菊,等,2010.壳聚糖对镉胁迫下火鹤生理生化指标的影响[J].安徽农业科学,38(17):8934-8935.

关共凑,徐颂,黄金国,2006.重金属在土壤-水稻体系中的分布、变化及迁移规律分析[J].生态环境,15(2):315-318.

管恩相,谭旭生,刘洪,等,2013.叶面施硒对稻米中镉等重金属含量影响的研究初报[J].种子科技,31(5):60-61.

郭凌,2016.煤基腐植酸对土壤砷的活性及作物生长的影响[D].晋中:山西农业大学.

韩永和,王珊珊,2016.微生物耐砷机理及其在砷地球化学循环中的作用[J].微生物学报,56(6):901-910.

何春娥,刘学军,张福锁,2004.植物根表铁膜的形成及其营养与生态环境效应[J].应用生态学报,15(6):1069-1073.

胡培松,2004.土壤有毒重金属镉毒害及镉低积累型水稻筛选与改良[J].中国稻米,2:9-12.

胡世文,刘同旭,李芳柏,等,2022.土壤铁矿物的生物-非生物转化过程及其界面重金属反应机制的研究进展[J].土壤学报,59(1):54-65.

环境保护部,国土资源部,2014.全国土壤污染状况调查公报[J].中国环保产业,36(5):1689-1692.

黄思映,杨旭,钱久李,等,2021.微生物影响稻田土壤中砷转化研究进展[J].土壤,

53(5):890-898.

贾炎,黄海,张思宇,等,2012.无机砷和甲基砷在水稻体内吸收运移的比较研究[J].环境科学学报,32(10):2483-2489.

姜虹,2016.纳米水铁矿合成及生物纳米复合叶面肥的应用[D].南京:南京农业大学.

孔令国,汪永辉,韩晓东,等,2018.禾稼春叶面肥对不同氮素水平下水稻生长及大米品质的影响[J].江苏农业学报,34(4):790-798.

雷鸣,曾敏,王利红,等,2010.湖南市场和污染区稻米中 As、Pb、Cd 污染及其健康风险评价[J].环境科学学报,30(11):2314-2320.

雷鸣,曾敏,郑袁明,等,2008.湖南采矿区和冶炼区水稻土重金属污染及其潜在风险评价[J].环境科学学报,28(6):1212-1220.

雷鸣,邓思涵,陈聪颖,等,2019.一种增产降镉的水稻叶面肥及其使用方法[P].中国,201910510729.6.2019-06-13.

李芳柏,刘传平,2013.农作物重金属阻隔技术新型复合叶面硅肥及其产业化[J].中国科技成果,14(16):77-78.

李贵,童方平,刘振华,2012.衡阳水口山铅锌矿区重金属污染现状的分析[J].中南林业科技大学学报,32(7):105-109.

李花粉,张福锁,毛达如,1997.小麦根表铁氧化物及植物铁载体对植物吸收镉的影响[J].中国环境科学,17(5):433-436.

李坤权,刘建国,陆小龙,2003.水稻不同品种对镉吸收及分配的差异[J].农业环境科学学报,22(5):529-532.

李婷婷,何铁光,胡钧铭,等,2017.功能型叶面肥对杂交水稻叶片生理特性和产量的影响[J].杂交水稻,32(6):55-58.

李婷婷,胡钧铭,韦彩会,等,2016.水稻叶片营养吸收机制及专用叶面肥发展趋势[J].江苏农业科学,44(12):12-16.

李小明,龙惊惊,周悦,等,2017.叶面肥的应用及研究进展[J].安徽农业科学,45(3):127-130.

李晓,2021.水稻生长中后期叶面施肥技术[J].农家致富,15:26.

李燕婷,李秀英,肖艳,等,2009.叶面肥的营养机理及应用研究进展[J].中国农业科学,42(1):162-172.

李杨,周丽,杜辉辉,等,2020.Cd(Ⅱ)与 As(Ⅴ)在一株土壤细菌 Delftia sp. 上的共吸附研究[J].土壤,52(5):935-940.

李英,商建英,黄益宗,等,2021.镉砷复合污染土壤钝化材料研究进展[J].土壤学报,58(4):837-850.

李永旗,李鹏程,刘爱忠,等,2014.棉花叶面施肥研究进展[J].中国农学通报,30(3):15-19.

郦逸根,薛生国,吴小勇,2004.重金属在土壤-水稻系统中的迁移转化规律研究[J].中国地质,31(S1):87-92.

廖文强,2013. 锌肥对水稻产量和籽粒锌含量的影响研究[D]. 南京:南京农业大学.

凌启鸿,张洪程,丁艳锋,等,2005. 水稻高产技术的新发展:精确定量栽培[J]. 中国稻米,1:3-7.

刘春英,陈春丽,弓晓峰,等,2014. 湿地植物根表铁膜研究进展[J]. 生态学报,34(10):2470-2480.

刘敏超,李花粉,夏立江,2001. 根表铁锰氧化物胶膜对不同品种水稻吸镉的影响[J]. 生态学报,21(4):598-602.

刘文菊,张西科,张福锁,1999. 根表铁氧化物和缺铁根分泌物对水稻吸收镉的影响[J]. 土壤学报,6(4):463-469.

刘文菊,朱永官,2005. 湿地植物根表的铁锰氧化物膜[J]. 生态学报,25(2):358-363.

刘玉兰,汪勇,范文忠,等,2020. 叶面喷施光碳核肥对水稻产量和品质的影响[J]. 河南农业科学,49(10):20-25.

龙起樟,黄永兰,唐秀英,等,2019. 利用 CRISPR/Cas9 敲除 OsNramp5 基因创制低镉籼稻[J]. 中国水稻科学,33(5):407-420.

龙思斯,彭亮,杨勇,等,2014. 土壤镉污染的原位钝化控制技术研究进展[J]. 湖南农业科学,22:43-45.

龙思斯,宋正国,雷鸣,等,2016. 不同外源镉对水稻生长和富集镉的影响研究[J]. 农业环境科学学报,35(3):419-424.

龙思斯,2016. 不同镉来源方式对水稻中镉的吸收与原位阻控剂的研究[D]. 长沙:湖南农业大学.

罗方舟,向垒,李慧,等,2015. 丛枝菌根真菌对旱稻生长、Cd 吸收累积和土壤酶活性的影响[J]. 农业环境科学学报,34(6):1090-1095.

罗梅,2020. 腐殖酸不同分子量组分对镉生物活性的调控效应与机制[D]. 重庆:西南大学.

吕倩,吴良欢,徐建龙,等,2010. 叶面喷施氨基酸铁肥对稻米铁含量和营养品质的影响[J]. 浙江大学学报(农业与生命科学版),36(5):528-534.

吕世华,张西科,张福锁,等,1999. 根表铁、锰氧化物胶膜在磷不同浓度下对水稻磷吸收的影响[J]. 西南农业学报(土肥专辑),12(增刊1):7-12.

孟桂元,蒋端生,柏连阳,等,2012. Cd 胁迫下苎麻的生长响应与富集、转运特征研究[J]. 生态科学,31(2):192-196.

莫争,王春霞,陈琴,等,2002. 重金属 Cu,Pb,Zn,Cr,Cd 在水稻植株中的富集和分布[J]. 环境化学,21(2):110-116.

秦猛,刘丽华,郑桂萍,等,2020. 不同叶面肥及施用时期对水稻穗部性状及产量,品质的影响[J]. 河南农业科学,49(9):20-26.

任娜,2008. 壳聚糖叶面肥在烟草上的试验与应用[J]. 农业科技通讯,10:55-56.

韶也,彭彦,毛毕刚,等,2022. M1TDS 技术及镉低积累杂交水稻亲本创制与组合选育[J]. 杂交水稻,37(1):1-11.

邵国胜,陈铭学,王丹英,2008. 稻米镉积累的铁肥调控[J]. 中国科学,38(2):180-

187.

史高玲,周东美,余向阳,2021.水稻和小麦累积镉和砷的机制与阻控对策[J].江苏农业学报,37(5):1333-1343

索炎炎,2012.镉污染条件下叶面喷施锌肥对水稻锌镉积累的影响[D].杭州:浙江大学.

王芳,郑瑞伦,何刃,2006.氯离子和乙二胺四乙酸对镉的植物有效性的影响[J].应用生态学报,17(10):1953-1957.

王敬中,2006.我国每年因重金属污染粮食达 1200 万吨[J].农村实用技术,16(1):27.

王康,吴家旺,戴辉,2019.沼液叶面肥对水稻生长的影响[J].江苏农业科学,47(15):126-129.

王琴,2008.喷施微肥对紫花苜蓿生长及产量和品质的影响[D].杨凌:西北农林科技大学.

王青清,2017.腐殖酸活性组分含量和比例对紫色潮土中铅的形态转化及生物有效性的影响[D].重庆:西南大学.

王少鹏,洪煜丞,黄福先,2015.叶面肥发展现状综述[J].安徽农业科学,43(4):96-98.

王世华,罗群胜,刘传平,2007.叶面施硅对水稻籽实重金属积累的抑制效应[J].生态环境,16(3):875-878.

王天抗,李懿星,宋书锋,2021.水稻籽粒镉低积累资源挖掘及其新材料创制[J].杂交水稻,36(1):68-74

王玉军,刘存,周东美,2014.客观地看待我国耕地土壤环境质量的现状—关于《全国土壤污染状况调查公报》中有关问题的讨论和建议[J].农业环境科学学报,33(8):1465-1473.

王祖义,1981.磷酸二氢钾铵及叶肥一号的肥效[J].浙江化工(2):24-27.

魏丹,杨谦,迟凤琴,2005.叶面喷施硒肥对水稻含硒量及产量的影响[J].土壤肥料,1:39-41.

吴嫦华,2006.一种有机硅叶面肥及其制备方法:中国,200610010247.7[P].2006-06-28.

吴佳,纪雄辉,魏维,2018.水分状况对水稻镉砷吸收转运的影响[J].农业环境科学学报,37(7):1427-1434.

吴良欢,陶勤南,1996.植物细胞对有机养分的吸收及其细胞间转运[J].土壤通报,3:143-145,142.

吴启堂,陈卢,王广寿,1999.水稻不同品种对 Cd 吸收累积的差异和机理研究[J].生态学报,19:104-107.

肖艳,唐永康,曹一平,2003.表面活性剂在叶面肥中的应用与进展[J].磷肥与复肥,68(4):14-15.

谢翔宇,翁铂森,赵素贞,2013.Cd 胁迫下接种丛枝菌根真菌对秋茄幼苗生长与抗氧化酶系统的影响[J].厦门大学学报:自然科学版,52(2):244-253.

辛良杰,李秀彬,2009.近年来我国南方双季稻区复种的变化及其政策启示[J].自然资源学报,24(1):58-65.

熊静,郭丽莉,李书鹏,2019.镉砷污染土壤钝化剂配方优化及效果研究[J].农业环境科学学报,38(8):1909-1918.

徐持平,周卫军,徐庆国,2018.复配钝化剂对污染土壤中铅具有良好的稳定效果[J].基因组学与应用生物学,37(6):2443-2450.

徐勤松,施国新,周红卫,2003.Cd、Zn复合污染对水车前叶绿素含量和活性氧清除系统的影响[J].生态学杂志,22(1):5-8.

严红梅,杜丽娟,和丽忠,2017.云南省不同产地大米重金属砷污染风险分析[J].食品安全质量检测学报,8(9):3654-3660.

杨菲,唐明凤,朱玉兴,2015.水稻对镉的吸收和转运的分子机理[J].杂交水稻,30(3):2-8.

杨建昌,2011.水稻根系形态生理与产量、品质形成及养分吸收利用的关系[J].中国农业科学,44(1):36-46.

杨小粉,伍湘,汪泽钱,2020.水分管理对水稻镉砷吸收积累的影响研究[J].生态环境学报,29(10):2091-2101.

杨晓荣,黄永春,刘仲齐,2020.叶面喷施2,3-二巯基丁二酸对水稻幼苗镉吸收转运及抗氧化系统的影响[J].环境科学,41(7):3441-3448.

杨忠芳,陈岳龙,钱鑑,2005.土壤pH对镉存在形态影响的模拟实验研究[J].地学前缘,12(1):252-260.

衣纯真,李花粉,张福锁,1994.水稻根表及其自由空间的铁氧化物对吸收镉的影响[J].北京农业大学学报,1(4):375-379.

尹朝静,2017.气候变化对中国水稻生产的影响研究[D].武汉:华中农业大学.

于广武,何长兴,陶国臣,2006.可溶性叶面肥及其发展趋势:黄萎叶喷剂的研究新进展[J].腐植酸,3:9-14.

虞银江,廖海兵,陈文荣,2012.水稻吸收、运输锌及其籽粒富集锌的机制[J].中国水稻科学,26(3):365-372.

袁可能,1983.植物营养元素的土壤化学[M].北京:科学出版社.

张静,2007.叶面肥及其在作物上的应用[J].安徽农学通报,13(7):143-144.

张梅华,姜朵朵,于松,2017.叶面肥对农作物阻镉效应机制研究进展[J].大麦与谷类科学,34(3):1-5.

张烁,陆仲烟,唐琦,2018.水稻叶面调理剂的降Cd效果及其对营养元素转运的影响[J].农业环境科学学报,37(11):2507-2513.

张西科,张福锁,毛达如,1996.根表铁氧化物胶膜对水稻吸收Zn的影响[J].应用生态学报,7(3):262-266.

张宇鹏,谭笑潇,陈晓远,2020.无机硅叶面肥及土壤调理剂对水稻铅、镉吸收的影响[J].生态环境学报,29(2):388-393.

张雨婷,朱奇宏,黄道友,等,2022.落干过程对土壤-水稻系统镉和砷形态及有效性的影响[J].土壤学报,60(2):446-457.

张珍淑,漆光成,杨培权,2014.基施锌肥对水稻产量影响试验初探[J].安徽农学通报,20(6):84-85.

张志斌,纳添仓,2009.作物叶面肥施用技术[J].现代农业科技,22:273-275.

赵慧超,2021.水铁矿和有机质对土壤及水中砷吸附迁移行为的影响研究[D].太原:太原科技大学.

赵乃轩,饶孝武,胡质文,2009.不同硼肥叶面喷施对油菜产量的影响[J].湖北植保,5:41-42.

赵颖,李军,2010.硅对水稻吸收镉的影响[J].东北农业大学学报,41(3):59-64.

郑国栋,黄金堂,陈海玲,2013.叶面喷施硼钼肥对花生产量及品质的影响[J].福建农业科技,44(11):52-54.

郑涵,2020.稻田土壤中 Cd 形态与有效性主要影响因子与调控关键技术[D].北京:中国农业科学院.

中华人民共和国生态环境部,2014.全国土壤污染状况调查公报[J].中国环保产业,5:10-11

周素梅,2014.我国传统米制主食发展现状及趋势[J].农业工程技术(农产品加工业),7:23-25.

周武先,段媛媛,游景茂,2018.砷氧化菌 DWY-1 的分离鉴定及其修复砷污染水稻土的可能机理[J].农业环境科学学报,37(12):2746-2754.

左东峰,1992.盐渍土冬小麦叶面喷施硼、锌、铁肥优化配比及增产效应研究[J].中国农业大学学报,3(3):293-298.

第 7 章

不同湿地植物根部渗氧及孔隙度特征比较

　　大量研究发现生长在渍水土壤环境条件下相对于非渍水条件下的湿地植物如芦苇和水稻等根部会发生一些明显的变化如根孔隙度增大,根基部渗氧屏障的形成以防止更多的氧气外泄等。湿地植物根部孔隙度的增加及根基部渗氧屏障的形成能够将更多的氧气输送到根尖和根际厌氧土壤中,因而使得湿地植物更好地适应湿地缺氧的环境。对91 种湿地植物研究发现,在根部通气较好的条件下,大部分植物根部孔隙度范围为10% ~20%,但是同种植物根部在渍水缺氧的条件下测得的孔隙度一般增加 2 ~3 倍。对其他水稻、水甜茅、巴拉草和多穗草等湿地植物研究发现得到类似的结果,在根部氧气充足条件下,根部孔隙度范围为 20% ~25%,根部氧气缺乏条件下,根部孔隙度范围为40% ~50%。目前对于湿地植物在根部缺氧条件下的变化主要集中在根部渗氧屏障的方面。Colmer 等(1998)对水稻的研究发现,根部缺氧时会诱导根基部形成屏障来减少根基部氧气的外泄。并不是所有的湿地植物根部均可形成渗氧屏障,那些根基部形成较强渗氧屏障的植物更有利于生存在渍水的环境。一些研究推测湿地植物根表细胞木质化和木栓化可能是根部渗氧屏障的主要组成部分。现实中许多湿地植物的生活周期中都有着一定时期的旱季和涝季,这些湿地植物根部也就处于一种氧气充足和缺乏的交替环境中。但是目前研究氧气充足和缺氧条件下湿地植物根部渗氧量的变化及与根部孔隙度关系的研究则不多。有研究发现生长在琼脂营养液中的湿地植物所形成的形态和解剖结构与生长在厌氧的湿地环境中极为相似(Colmer et al.,1998)。因此,通过琼脂营养液可较好地模拟厌氧的湿地环境。

　　本章通过琼脂水培模拟厌氧的湿地环境,选用华南地区特别是广东省较为常见的 25种湿地植物,研究其根部在缺氧条件下渗氧量与孔隙度的变化及二者的相关关系。

7.1　试验材料和研究方法

7.1.1　试验材料

　　供试湿地植物共 25 个品种,如表 7-1 所示。

表 7-1　供试湿地植物品种名称

植物名	学名	科属	子叶	引种地	生境
尖尾芋	*Alocasia cucullata*	天南星科	单子叶	广州中山大学	竹园
水花生	*Alternanthera philoxeroides*	苋科	双子叶	广州中山大学	水塘
大苞水竹草	*Aneilema bracteatum*	鸭跖草科	单子叶	珠海淇澳	水塘
合果芋	*Caladiumbicolor*	天南星科	单子叶	广州中山大学	沟边
风车草	*Cyperus alternifolius*	莎草科	单子叶	珠海淇澳	淤泥塘
绿穗莎草	*Cyperus rotundus*	莎草科	单子叶	珠海淇澳	沟边
大叶皇冠草	*Echinodorus amazonicus*	泽泻科	单子叶	珠海淇澳	水塘
红蛋	*Echinodorus baothii*	泽泻科	单子叶	珠海淇澳	水塘
鳢肠	*Eclipta prostrata*	菊科	双子叶	广州中山大学	水塘
黑籽荸荠	*Eleocharis geniculata*	莎草科	单子叶	珠海横琴	湿地
虾钳草	*Euphorbia hirta*	苋科	双子叶	广州中山大学	水塘
圆币草	*Hydrocotyle vulgaris*	伞形科	双子叶	广州花地湾	水塘
蕹菜	*Ipomoea aquatica*	旋花科	双子叶	广州中山大学	水塘
草龙	*Jussiaea linifolia*	柳叶菜科	单子叶	珠海横琴	水塘
水龙	*Jussiaea repens*	柳叶菜科	双子叶	珠海淇澳	水面
短叶水蜈蚣	*Kyllingabrevifolia*	莎草科	单子叶	珠海淇澳	水塘
黄花蔺	*Limnocbaris flova*	花蔺科	单子叶	珠海淇澳	湿地
狐尾藻	*Myriophyllum aquaticum*	小二仙草科	双子叶	珠海淇澳	水面
铺地黍	*Panicum repens*	禾本科	单子叶	珠海淇澳	湿地
雀稗	*Paspalum scrobiculatum*	禾本科	单子叶	珠海淇澳	淤泥塘
田葱	*Philydrum lanuginosum*	田葱科	单子叶	珠海淇澳	湿地
圆叶节节菜	*Rotala rotundifolia*	千屈菜科	双子叶	珠海淇澳	淤泥塘
野荸荠	*Scirpus triqueter*	莎草科	单子叶	珠海淇澳	淤泥塘
小婆婆纳	*Veronica serpyllifolia*	玄参科	双子叶	珠海淇澳	湿地
水芋	*Zantedeschia aethiopica*	天南星科	单子叶	广州花地湾	水塘

7.1.2　研究方法

7.1.2.1　渗氧量测定试验

（1）育苗　所选植物育苗方式分为两种。一种为营养繁殖，一种为种子培育。其中水花生、大苞水竹草、大叶皇冠草、红蛋、圆币草、狐尾藻、铺地黍、圆叶节节菜、野荸荠、尖尾芋、水芋、合果芋、风车草、蕹菜、短叶水蜈蚣和小婆婆纳为营养繁殖；黑籽荸荠、草龙、雀稗、田葱、绿穗莎草、鳢肠、虾钳草、水龙、黄花蔺为种子培育。开始进行实验时,选取生长大小较为一致的植物幼苗,进行实验。

(2)配置0.1%的琼脂基质(Hoagland 溶液) 大量元素(mmol·L^{-1})包括:NH_4NO_3,5.0;K_2SO_4,2.0;$CaCl_2$,4.0;$MgSO_4·7H_2O$,1.5;KH_2PO_4,1.3。微量元素(μmol·L^{-1})包括:Fe(Ⅱ)-EDTA,50;H_3BO_3,10;$ZnSO_4·7H_2O$,1.0;$CuSO_4·5H_2O$,1.0;$MnSO_4·5H_2O$,5.0;$Na_2MoO_4·2H_2O$,0.5;$CoSO_4·7H_2O$,0.25。将大量元素(不包括 $MgSO_4·7H_2O$ 与 KH_2PO_4)溶液中加入琼脂粉,浓度为0.1%,煮沸1 h,其间用磁力搅拌器不断搅拌,待至室温时再加入 $MgSO_4·7H_2O$、KH_2PO_4 与微量元素,并用0.1 mol·L^{-1}的 KOH 或 HCl 将其pH 值调至5.5,以防沉淀生成(Hoagland et al.,1938)。

(3)琼脂处理 将配置好的琼脂溶液和对照(不含琼脂)溶液置于 PVC 桶(直径8 cm,高10 cm)中,每盆溶液为2 L。pH 值通过1 mol·L^{-1} H_2SO_4 或 NaOH 调整到5.5。

从所育湿地植物苗中选择生长一致、苗壮的幼苗,将其移植于处理好的溶液中(移植时须小心不要破坏其根系),用塑料泡沫板悬浮在液面上作为支撑使得植物根部能够悬浮在溶液中。每盆8株,每种植物每个处理4个重复,共60盆;每盆各放入4种苗,各两株。每4天更换一次溶液,31天后收获。整个实验在昼夜温度为28 ℃和16 ℃条件下进行,每隔7天对60个实验用桶进行重新随机排放。

(4)渗氧量的测定 进行渗氧量的测定。具体步骤依据 Kludze 等(1994)的试验方法做了一定的调整,具体步骤如下:

①称取17.637 g 柠檬酸钠溶液,加入300 mL 超纯水,配置成0.2 mol·L^{-1}的柠檬酸钠溶液。向柠檬酸钠溶液中加入30 mL 1.16 mol·L^{-1}的 $TiCl_3$ 溶液,配置成0.2 mol·L^{-1}的柠檬酸钛溶液,此时溶液 pH 值约为2。用饱和碳酸钠溶液将柠檬酸钛溶液的 pH 值调至5.6左右,以适于植物生长。每个处理每个湿地植物品种进行4个重复。

②配置10% Hoagland 营养液。

③向柠檬酸钛溶液和 Hoagland 营养液中通 N_2,赶走其中的 O_2。

以下步骤均需在厌氧的密闭箱中进行。同时持续不断的通 N_2,以防外界 O_2 的氧化。

④向50 mL 的比色管中加入40 mL Hoagland 营养液和5 mL 柠檬酸钛溶液,搅拌均匀。

⑤将湿地植物放入盛有柠檬酸钛溶液的比色管中,根部约在溶液的中部位置。然后加入约2 cm 厚的液体石蜡封住管口,防止外界 O_2 进入氧化溶液。

⑥将比色管取出,放在均匀的白炽灯下反应6 h。

⑦反应6 h 后,用注射器抽取根部附近的溶液,用分光光度计测定 $\lambda = 527$ nm 处溶液中 Ti^{3+} 的吸光值。

⑧配制标准曲线并根据式(7-1)计算各湿地植物的渗氧量。

$$ROL = c(y-z) \tag{7-1}$$

式中:ROL——渗氧量;

　　c——初始加入比色管中柠檬酸钛的体积;

　　y——不放植物的柠檬酸钛溶液中 Ti^{3+} 浓度;

　　z——反应6 h 后柠檬酸钛溶液中 Ti^{3+} 浓度。

(5)孔隙度的测定 依据 Raskin(1983)和 Thomson 等(1990)的试验方法做了一定的

调整,具体步骤如下:

将抽真空 12 h 的蒸馏水注入 25 mL 的耐热比重瓶中,并在室温下称得其质量,然后将称量的根样品置于注水比重瓶中再次称量。从比重瓶中取出根样移入装满蒸馏水的液闪瓶中抽成真空直到没有气泡产生为止,然后将抽成真空后的根样转回到装满水的比重瓶中再次称量。每次测定均记录当时的室温以便于计算时的矫正。孔隙度计算公式如下:

$$孔隙度(\%) = 100 \times [(FA-FB) / (FW+TW-FB)] \tag{7-2}$$

其中,FA 为抽气后比重瓶+水+根样的质量;FB 为抽气前比重瓶+水+根样的质量;FW 为比重瓶+水的质量;TW 为根样的鲜重。

(6)生长指标的测定　31 天后,分别测定每种植物不同处理后的根长,称量每种植物的根部及地上部的干重。

7.2　结果与分析

7.2.1　琼脂条件和水培条件下不同湿地植物幼苗生长

31 天后,供试植物在琼脂条件下和水培条件下都能正常的生长。由表 7-2 和表 7-3 可知,培养一个月后,大部分湿地植物根长、根干重和地上部分干重在琼脂和水培条件下差异极显著($P<0.01$)。与对照相比,琼脂培养条件下,大部分湿地植物根长显著减少,而且有些植物(如绿穗莎草和风车草等)根的外部形态结构发生一些变化,如主根变粗,侧根数量减少等。除根长外,一些植物的生物量也发生了显著变化。生长在琼脂条件下的大部分植物根部生物量显著增加,地上部分干重显著减少($P<0.05$)。如大叶皇冠草的地上部分和根部干重差异与对照相比均是极显著($P<0.01$)。

表 7-2　在琼脂条件和水培条件下生长 31 天后湿地植物根长和生物量
(平均值±标准误,$n=4$)

植物名	根长/cm		地上部分生物量/g		根部生物量/g	
	琼脂	水培	琼脂	水培	琼脂	水培
尖尾芋	12.6±0.8[b]	23.9±2.1[a]	0.95±0.03[b]	1.24±0.03[a]	0.12±0.004[a]	0.06±0.005[b]
水花生	6.6±0.4[b]	11.5±0.8[a]	0.28±0.01[b]	0.32±0.01[a]	0.03±0.003[a]	0.02±0.003[b]
大苞水竹草	19.7±0.8[b]	26.1±0.6[a]	0.33±0.02[b]	0.37±0.01[a]	0.14±0.006[a]	0.09±0.006[b]
合果芋	10.2±0.6[b]	14±0.6[a]	0.36±0.01[b]	0.51±0.05[a]	0.1±0.009[a]	0.07±0.005[b]
风车草	21.5±1.6[b]	36.6±2.3[a]	0.84±0.03[a]	0.93±0.03[a]	0.21±0.02[a]	0.17±0.01[a]
绿穗莎草	15.8±0.6[b]	24.5±1.0[a]	0.37±0.03[b]	0.45±0.02[a]	0.23±0.009[a]	0.14±0.009[b]
大叶皇冠草	33.2±2.1[b]	42.1±0.6[a]	0.38±0.02[b]	0.55±0.04[a]	0.27±0.006[a]	0.18±0.009[b]
红蛋	38.2±0.5[a]	37±0.7[a]	0.26±0.02[b]	0.36±0.01[a]	0.11±0.006[a]	0.09±0.006[a]

续表 7-2

植物名	根长/cm		地上部分生物量/g		根部生物量/g	
	琼脂	水培	琼脂	水培	琼脂	水培
鳢肠	13.9±0.7[b]	30.4±0.9[a]	0.25±0.01[a]	0.24±0.02[a]	0.10±0.006[a]	0.03±0.005[b]
黑籽荸荠	18.4±0.9[b]	26.8±0.5[a]	0.28±0.02[a]	0.31±0.03[a]	0.07±0.006[a]	0.06±0.01[a]
虾钳草	17.1±1.7[b]	22.1±0.5[a]	0.28±0.01[a]	0.24±0.01[a]	0.13±0.009[a]	0.11±0.009[a]
圆币草	5.7±0.2[b]	8.8±0.4[a]	0.08±0.009[a]	0.09±0.005[a]	0.008±0.0004[a]	0.006±0.0005[b]
蕹菜	12.6±0.6[b]	23±0.6[a]	0.43±0.01[a]	0.5±0.05[a]	0.2±0.009[a]	0.16±0.010[b]
草龙	20.3±1.1[b]	28.4±2.4[a]	0.38±0.01[b]	0.44±0.02[a]	0.15±0.005	0.13±0.01
水龙	17.2±0.5[a]	19.2±0.7[a]	0.55±0.03[a]	0.41±0.02[b]	0.07±0.006[a]	0.05±0.005[a]
短叶水蜈蚣	14.7±0.9[b]	24.9±3.3[a]	0.12±0.006[a]	0.06±0.01[b]	0.04±0.005[a]	0.03±0.005[a]
黄花蔺	24.5±0.7[a]	25.4±0.9[a]	0.19±0.01[a]	0.22±0.01[a]	0.06±0.006[a]	0.04±0.005[a]
狐尾藻	33.3±0.8[b]	37.8±0.8[a]	0.55±0.03[a]	0.65±0.05[a]	0.15±0.01[a]	0.12±0.01[a]
铺地黍	10.6±0.9[b]	20.3±0.8[a]	0.17±0.004[b]	0.25±0.01[a]	0.06±0.006[a]	0.03±0.004[b]
雀稗	14±1.1[b]	21.9±0.6[a]	0.24±0.02[a]	0.28±0.03[a]	0.06±0.005[a]	0.04±0.004[b]
田葱	13.2±1.1[b]	23.6±1.1[a]	0.6±0.01[a]	0.68±0.03[a]	0.14±0.004[a]	0.12±0.006[b]
圆叶节节菜	15.2±0.9[b]	24.1±0.9[a]	0.16±0.01[b]	0.21±0.02[a]	0.033±0.005[a]	0.027±0.005[a]
野荸荠	24.9±1.5[b]	37.3±3.6[a]	0.3±0.01[b]	0.33±0.01[a]	0.05±0.005[a]	0.04±0.006[a]
小婆婆纳	9±0.7[b]	17.7±0.5[a]	0.18±0.01[b]	0.24±0.01[a]	0.04±0.005[a]	0.03±0.007[a]
水芋	23±0.7[b]	27.5±0.4[a]	0.28±0.009[b]	0.38±0.01[a]	0.11±0.009[a]	0.09±0.005[a]

注:不同字母表示同种植物在不同处理条件下小于 0.05（T-检验）水平上相关性显著。

表 7-3　湿地植物根长、根部生物量和地上部分生物量的双因素方差分析*

方差	因素	d.f.	MS	F	P
异种	根长	24	441.263	82.439	<0.001
	地上部分生物量	24	0.461	247.749	<0.001
	根部生物量	24	1.947	123.808	<0.001
变形	根长	1	3154.475	589.335	<0.001
	地上部分生物量	1	0.214	114.774	<0.001
	根部生物量	1	0.044	208.316	<0.001
异种×变形	根长	24	33.022	6.169	<0.001
	地上部分生物量	24	0.00968	5.202	<0.001
	根部生物量	24	0.00104	4.937	<0.001

* 在琼脂条件和水培条件下生长 31 天后。

7.2.2　琼脂条件和水培条件下不同湿地植物的渗氧量

由图 7-1 可知,25 种湿地植物在琼脂和水培条件下的渗氧量。结果表明,大部分湿地植物在琼脂条件下的渗氧量要高于对照条件下的渗氧量。差异性分析结果显示,一些湿地植物在琼脂和对照之间的渗氧量差异极其显著($P<0.001$)。如蕹菜在对照条件下的 ROL 为 1.27 $\mu mol\ O_2 \cdot plant^{-1} \cdot h^{-1}$,琼脂条件下的 ROL 增加到 2.8 $\mu mol\ O_2 \cdot plant^{-1} \cdot h^{-1}$。另外,有一些植物则是在琼脂和水培条件下的渗氧量变化极小,如水花生在对照条件下的 ROL 为 1.72 $\mu mol\ O_2 \cdot plant^{-1} \cdot h^{-1}$,琼脂条件下的 ROL 增加到 1.71 $\mu mol\ O_2 \cdot plant^{-1} \cdot h^{-1}$。还有一些植物在非琼脂培养条件下的渗氧量要显著高于琼脂培养条件下的渗氧量,如红蛋在对照条件下的 ROL 为 2.68 $\mu mol\ O_2 \cdot plant^{-1} \cdot h^{-1}$,琼脂条件下的 ROL 为 2.24 $\mu mol\ O_2 \cdot plant^{-1} \cdot h^{-1}$。由此可见,除少部分湿地植物外,大部分湿地植物在琼脂条件下的渗氧量要高于对照条件下的渗氧量。

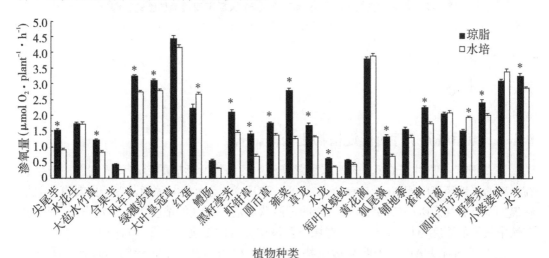

图 7-1　在琼脂条件和水培条件下生长 31 天后不同湿地植物的渗氧量

(平均值±标准误,$n=4$)

注:星号(＊)表示同种植物在琼脂和非琼脂处理条件下渗氧量小于 0.05(T-检验)水平上相关性显著(下同)。

7.2.3　琼脂条件和水培条件下不同湿地植物的孔隙度

图 7-2 为在琼脂和非琼脂处理条件下 25 种湿地植物根部的孔隙度。差异性分析结果表明,与对照相比,琼脂条件下大多湿地植物的孔隙度得到显著提高($P<0.001$),孔隙度提高的范围是 2%～14%。特别是大叶皇冠草,在琼脂条件下其孔隙度由对照的 26% 提高到 40%,显著高于其他供试植物的孔隙度($P<0.001$)。也有些植物的孔隙度受琼脂条件影响不大。如尖尾芋、圆币草、水龙等,琼脂条件下其孔隙度只增加了 2%。

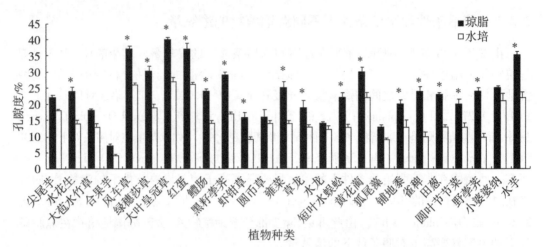

图 7-2　在琼脂条件和水培条件下生长 31 天后不同湿地植物的孔隙度

（平均值±标准误，$n=3$）

7.3　讨论

7.3.1　琼脂培养条件对湿地植物生长的影响

许多研究表明，生长在 0.1% 的琼脂营养液中的植物所形成的形态和解剖结构与生长在厌氧的湿地环境中相似（Colmer et al.，1998；2003a）。这可能与琼脂营养液更能模拟湿地缺氧的特点有关。Deng（2005）对 0.1% 的琼脂营养液中氧气的浓度进行测定发现，琼脂营养液中氧气的浓度为 0.9 mg·L^{-1}，对照营养液中氧气的浓度约为 8.0 mg·L^{-1}。

植物根部对缺氧的一个明显适应特点是减小根的延长。本试验的结果证实了这一特点。在缺氧的琼脂营养液条件下，大部分湿地植物根长与对照相比显著减少（$P<0.01$）。供试湿地植物生物量受琼脂的影响作用也显著（$P<0.01$）。与对照相比，琼脂处理条件下大部分湿地植物地上部分干重显著减少，而根部干重则增加。这和前人的结果较为一致。Colmer（2003b）对 3 种不同生态型的水稻品种研究发现，0.1% 浓度的琼脂条件可以对植物地上部分的影响不显著，但是可以显著提高供试水稻根部的生物量（$P<0.1$）。Deng（2005）对四种湿地植物研究发现，0.1% 浓度的琼脂条件显著减少植物地上部分的鲜重和增加了根部的鲜重（$P<0.05$）。由此可见，湿地植物减少根长和地上部分的生物量，以及增加根部的生物量可能是对根部缺氧的一种形态上的适应，这样可以使得植物提高对氧气的利用效率。

7.3.2　湿地植物渗氧量和孔隙度与 R/S 的相关性

由图 7-3 可知，在琼脂和非琼脂培养条件下，供试湿地植物渗氧量和根部孔隙度成极显著正相关（$P<0.0001$）。由图 7-4 可知，非琼脂培养条件下，供试植物的渗氧量和 R/S 不相关。但在琼脂培养条件下，供试植物的渗氧量和 R/S 则显著相关（$P<0.05$）。本

实验湿地植物渗氧量和孔隙度、R/S 有着较强的相关性是和决定湿地植物渗氧量的因素有着较大的关系的。

湿地植物根部放氧量的大小主要取决于以下几个因素。

（1）地上和地下部分的通气组织。即植物组织孔隙度的大小。有研究表明气体在植物体内扩散或运输的效能与根长成反比,与根的孔隙度成正比（Pezeshki,2001；Colmer,2003b）。此外,孔隙度较高的植物容易形成较深的根系。

（2）根部的呼吸。根部组织对氧气的需求也是影响气体输送的一个重要原因。

（3）根部渗氧屏障。湿地植物根基部渗氧屏障的形成可以防止气体从根部过多的渗透。

在本实验琼脂培养条件下,供试湿地植物根部孔隙度显著提高（$P<0.01$）。特别是有些本身固有较高的根部孔隙度湿地植物也得到了较大的提高,如大叶皇冠草从 27% 提高到 40%,风车草从 26% 提高到 37%。这和前人的研究结果较为一致（Deng,2005）。另外,琼脂培养条件还可以提高非湿地植物根部孔隙度。Wiengweera 等（1997）对小麦的研究发现小麦根部孔隙度从 14.8% 提高到 22.3%。目前认为琼脂条件下湿地植物孔隙度的提高可能是因为根部乙烯含量增加诱导根部更多的通气组织形成。

虽然有研究认为在琼脂培养条件下,湿地植物根基部会有渗氧屏障的形成,防止过多的气体渗透出去,以保证更多的气体能够输送到根尖部分（Colmer et al.,1998,2003a）。但本实验结果显示,琼脂培养条件下,供试植物根长减少,R/S 增加,根部孔隙度增加,这些形态结构的变化都使得植物能够将更多的气体输送到根部以及根际缺氧的环境。

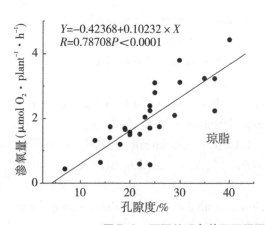
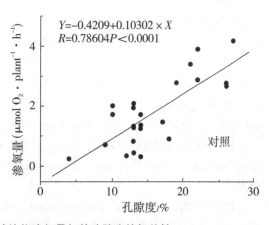

图 7-3　不同处理条件下不同湿地植物渗氧量与其孔隙度的相关性

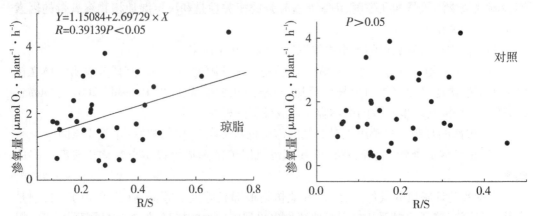

图7-4 不同处理条件下不同湿地植物地下/地上部分与其渗氧量的相关性

⇨ **参考文献**

COLMER T D,GIBBERD M R,WIENGWEERA A,1998. The barrier to radial oxygen loss from roots of rice(*Oryza sativa* L.)is induced by growth in stagnant solution[J]. Journal of Experimental Botany,49(325):1431-1436.

COLMER T D,2003b. Aerenchyma and an inducible barrier to radial oxygen loss facilitate root aeration in upland,paddy and deepwater rice (*Oryza sativa* L.)[J]. Annals of Botany,91：301-309.

COLMER T D,2003a. Long-distance transport of gases in plants:a perspective on internal aeration and radial oxygen loss from roots[J]. Plant,Cell and Environment,26:17-36.

DENG H,2005. Metal(Pb,Zn,Cu,Cd,Fe)Uptake,Tolerance and Radial Oxygen Loss in Typical Wetland Plants[D]. Hong Kong:Hong Kong Baptist University.

HOAGLAND D R,D I ARNON,1998. The Water Culture Method for Growing Plants without Soil[J]. California of Agricultural and Experimental Station,15:221-227.

KLUDE H K,DELAUME R D,PATRICK W H,1994. A colorimetric method for assaying dissolved oxygen loss from container-crown rice roots[J]. Agronomy Journal,86(33):483-487.

PEZESHKI S R,2001. Wetland plant responses to soil flooding[J]. Environmental and Experimental Botany,46:299-312.

RASKIN I,1983. A method for measuring leaf volume,density,thickness,and internal gas volume[J]. Horticultural Science,18:698-699.

THOMSON C J,ARMSTRONG W,WATERS I,et al,1990. Aerenchyma formation and associated oxygen movement in seminal and nodal roots of wheat[J]. Plant Cell Environment,13:395-403.

WIENGWEERA A,GREENWAY H,THOMSON C J,1997. The use of agar nutrient solution to simulate lack of convection in waterlogged soils[J]. Annals of Botany,80:115-123.

第 8 章

湿地植物铅锌耐性与其根部渗氧和孔隙度关系

中国采矿业的发展对生态环境造成了严重的污染（Wong，2003）。对矿山尾矿种植植被有利于稳定环境和控制污染。一般对尾矿进行植被修复是以旱生植被为目标进行的。研究发现附有植被的湿地（如人工湿地）不仅有效地去除采矿的废水，同时这些湿地植物还可以在尾矿上生长（Horne，2000；Ye et al.，2004）。作为人工湿地的主要组成部分之一的湿地植物，对重金属均具有一定的耐性、生长较快和较大的生物量的特点，如宽叶香蒲和芦苇。但是不同的湿地植物对重金属的吸收能力是不同的（Deng et al.，2004）。所以选取合适的湿地植物是提高人工湿地系统效率的关键因素。有大量研究发现旱生植物是通过遗传变异而获得对重金属的耐性的（Whiting et al.，2000）。但是对一些湿地植物的研究则发现，它们对重金属的耐性并不是通过变异而获得的，不论是生长在重金属污染区与否，对重金属的耐性差异不大。如宽叶香蒲、芦苇、细根茎甜茅、东方羊胡子草、灰株苔草和李氏禾（Matthews et al.，2004a，b；Deng et al.，2005）。因此，需要对更多的湿地植物进行研究，为人工湿地提供更多的可行的植物种类。人工湿地系统中植物种类的多样性有利于提高对污染物的去除率和增加其生态系统的稳定性。

另外，湿地植物由于长期生活在厌氧的湿地环境中，发展和进化了一系列的形态特征去适应土壤缺氧的环境（Cronk et al.，2001）。其中，湿地植物与旱生植物在形态结构上最大的不同是，前者在根、茎、叶中存在一个强大的氧气运输系统——通气组织（孔隙度）。通过这个系统，湿地植物可以将空气中的氧气运输到根部，维持根部的有氧呼吸，并且可以氧化根际的有毒元素。湿地植物的通气组织和不定根的形成利于氧输送到根部，这些氧除了满足根部的有氧呼吸之外，其中的一部分会渗到根际土壤中，称之为渗氧（ROL）。植物的渗氧在不同的植物种间有很大的差异。相同的环境条件下，湿地植物的通气组织和渗氧主要取决于其品种（生态型），而且通气组织和渗氧也受一些环境因素的影响，如光照、周围土壤对氧气的需求量及根部的通透性等（Weis et al.，2004；Peter et al.，2005；Laskov et al.，2006）。湿地植物通气组织和渗氧对其能够正常生活在湿地缺氧、还原性元素浓度高这一环境起着至关重要的作用。但是目前，尚没有从湿地植物通气组织（孔隙度）和渗氧的角度来研究与其重金属耐性的关系。

因此本研究选取广东省较为常见但是目前大多尚未研究过的 18 种湿地植物（见表 8-1）来研究湿地植物通气组织（孔隙度）和渗氧与其重金属耐性（Pb 和 Zn）的关系，这些植物均从未被重金属污染区取得。本研究目的是不仅为人工湿地提供植物品种，也为湿地植物重金属耐性机制提供一定的理论基础。

8.1 试验材料和研究方法

8.1.1 试验材料

表8-1所列为供试湿地植物名称。

表8-1 供试湿地植物名称

序号	植物名	学名	科属	子叶	引种地	生境
1	石菖蒲	*Acorus tatarinowii*	天南星科	双子叶	珠海淇澳	湿地
2	尖尾芋	*Alocasia cucullata*	天南星科	单子叶	广州中山大学	竹园
3	水花生	*Alternanthera philoxeroides*	苋科	双子叶	广州中山大学	水塘
4	大苞水竹草	*Aneilema bracteatum*	鸭跖草科	单子叶	珠海淇澳	水塘
5	大叶皇冠草	*Echinodorus amazonicus*	泽泻科	单子叶	珠海淇澳	水塘
6	红蛋	*Echinodorus baothii*	泽泻科	单子叶	珠海淇澳	水塘
7	黑籽荸荠	*Eleocharis geniculata*	莎草科	单子叶	珠海横琴	湿地
8	独穗飘拂草	*Fimbristylis monostachya*	莎草科	单子叶	珠海横琴	湿地
9	圆币草	*Hydrocotyle vulgaris*	伞形科	双子叶	广州花地湾	水塘
10	草龙	*Ludwigiahyssopifolia*	柳叶菜科	单子叶	珠海横琴	水塘
11	狐尾藻	*Myriophyllum aquaticum*	小二仙草科	双子叶	珠海淇澳	水面
12	铺地黍	*Panicum repens*	禾本科	单子叶	珠海淇澳	湿地
13	雀稗	*Paspalum scrobiculatum*	禾本科	单子叶	珠海淇澳	淤泥塘
14	田葱	*Philydrum lanuginosum*	田葱科	单子叶	珠海淇澳	湿地
15	圆叶节节菜	*Rotala rotundifolia*	千屈菜科	双子叶	珠海淇澳	淤泥塘
16	野荸荠	*Scirpus triqueter*	莎草科	单子叶	珠海淇澳	淤泥塘
17	小婆婆纳	*Veronica serpyllifolia*	玄参科	双子叶	珠海淇澳	湿地
18	红波			双子叶	广州花地湾	水塘

8.1.2 研究方法和分析方法

8.1.2.1 湿地植物重金属处理试验

（1）育苗 所选植物育苗方式分为两种。一种为营养繁殖，一种为种子培育。其中石菖蒲、水花生、大苞水竹草、大叶皇冠草、红蛋、圆币草、狐尾藻、铺地黍、圆叶节节菜、野荸荠和小婆婆纳为营养繁殖；尖尾芋、黑籽荸荠、独穗飘拂草、草龙、雀稗、田葱和红波为种子培育。开始进行实验时,选取生长大小较为一致的植物幼苗,进行实验。

(2)配置10%的Hoagland溶液 此部分内容参见第7章7.1.2.1渗氧量测定试验中(2)配置10%的Hoagland溶液;

(3)预试验 通过预试验,选取Pb处理浓度为10 mg·L^{-1}和20 mg·L^{-1}两个梯度,Zn处理浓度为2 mg·L^{-1}和4 mg·L^{-1}两个梯度。这些重金属浓度对植物生长有一定的抑制,但是对植物不致死。具体试验步骤如下:

①向营养液中加入Pb(NO$_3$)$_2$,配成Pb处理浓度(以纯Pb计)梯度为10 mg·L^{-1}、20 mg·L^{-1}的溶液浓度,以Pb10和Pb20表示其浓度,加入ZnSO$_4$·7H$_2$O配成Zn处理浓度(以纯Pb计)梯度为2 mg·L^{-1}和4 mg·L^{-1},以Zn2和Zn4表示其浓度。并设置不加重金属的对照(CK)处理,以CK表示。将配制好的溶液置于PVC盆(长25 cm,宽18 cm,高12 cm)中,每盆溶液为6 L。pH值通过1 mol·L^{-1} H$_2$SO$_4$或NaOH调整到5.5。

②从所育湿地植物苗中选择生长一致、苗壮的幼苗,将其移植于处理好的溶液中(移植时须小心不要破坏其根系),用塑料泡沫板悬浮在液面上作为支撑使得植物根部能够悬浮在溶液中。每盆36株,每个处理4个重复,共20盆;每3天更换一次溶液,3周后收获。整个实验在昼夜温度为28 ℃和16 ℃条件下进行,每隔7天对20个实验用盆进行重新随机排放。

对湿地植物幼苗的生长指标和渗氧指标进行测定;用超纯水洗净植物,将根部与地上部分开,在70 ℃烘干至恒重,待分析。

(4)指标测定

①生长指标的测定 在湿地植物幼苗移植前及收获后分别测量每盆湿地植物最长根长,计算其延长量。

称量根部及地上部的干重。

②Pb和Zn含量的测定 将烘干后的样品剪碎,称量植物样品约0.5 g后放入消化管中,加入5 mL浓硝酸(优级纯),浸泡过夜;放入消化炉内90 ℃ 30 min→140 ℃ 30 min→180 ℃ 1 h→冷却→1 mL HClO$_4$→160 ℃ 20 min→180 ℃ 2 h→冷却后用超纯水定容;用原子吸收光度计(Hitachi-Z-5300)测定消解溶液中Pb和Zn的浓度。为了进行质量控制,测试样品中包含空白和标准物质GSV-2(灌木叶)(中国地矿部物化探研究所)。

③耐性指数 耐性指数(TI)反映湿地植物对重金属的耐性程度。用加重金属的营养液处理中湿地植物最长根的延长量与对照中湿地植物最长根的延长量的比值表示。

8.1.2.2 渗氧量测定试验

此部分内容参见第7章7.1.2.1渗氧量测定试验中(4)渗氧量的测定。

8.1.2.3 根部孔隙度测定试验

此部分内容参见第7章7.1.2.1渗氧量测定试验中(5)孔隙度的测定。

8.1.2.4 数据处理

试验数据采用SPSS10.0及Excel软件进行统计分析。

8.2 结果与分析

8.2.1 不同铅和锌浓度对湿地植物幼苗生长的影响

8.2.1.1 不同铅浓度条件下湿地植物最长根的延长及生物量

由表 8-2 可知,不同湿地植物在不同铅浓度处理下的生长情况。总的来说,Pb 对这些植物的影响有着共同的趋势。与对照相比,大多湿地植物根的延长和干重随着 Pb 浓度的增加而显著减少($P<0.05$)。在 10 mg·L^{-1} Pb 浓度下,只有水花生的根的延长以及大苞水竹草、圆叶节节菜和红波的干重与对照没有显著差异,其余均是显著减少($P<0.05$)。在 20 mg·L^{-1} Pb 浓度下,大多植物的根的延长和干重与对照相比差异则极显著减少($P<0.01$)。

表 8-2 不同铅浓度处理三周后湿地植物最长根的延长和生物量

植物种类	最长根的延长/cm			生物量/g		
	CK	Pb10	Pb20	CK	Pb10	Pb20
石菖蒲	4.38±0.29^a	2.55±0.29^b	1.95±0.04^b	0.66±0.04^a	0.45±0.04^b	0.37±0.05^b
尖尾芋	15.35±1.31^a	6.97±0.22^b	3.17±0.27^c	0.75±0.04^a	0.45±0.02^b	0.23±0.01c
水花生	4.97±0.39^a	4.3±0.06^a	2.17±0.18^b	0.21±0.01^a	0.16±0.01^b	0.13±0.02^b
大苞水竹草	12.72±0.88^a	6.33±0.45^b	5.17±0.22^b	0.24±0.01^a	0.2±0.01^a	0.16±0.01^b
大叶皇冠草	18.23±1.67^a	7.28±0.47^b	3.2±0.06^c	0.32±0.04^a	0.24±0.01^b	0.17±0.01^c
红蛋	9.4±0.47^a	4.12±0.1^b	2.28±0.12^c	0.21±0.01^a	0.12±0.01^b	0.06±0.01^c
黑籽荸荠	4.28±0.67^a	2.38±0.09^b	2.23±0.13^b	0.31±0.02^a	0.16±0.01^b	0.11±0.01^b
独穗飘拂草	3.47±0.22^a	2.07±0.11^b	1.93±0.05^b	0.74±0.03^a	0.35±0.04^b	0.27±0.03^b
圆币草	4.55±0.73^a	1.95±0.04^b	1.28±0.06^b	0.05±0.006^a	0.03±0.004^b	0.02±0.002^b
草龙	16.17±0.13^a	7.72±1.11^b	4.07±0.24^c	0.28±0.02^a	0.17±0.02^b	0.08±0.01^c
狐尾藻	13.82±1.19^a	3.23±0.26^b	1.85±0.17^b	0.18±0.004^a	0.12±0.004^b	0.08±0.002^c
铺地黍	6.12±0.52^a	2.63±0.08^b	2.03±0.15^b	0.21±0.01^a	0.15±0.01^b	0.11±0.01^b
雀稗	3.63±0.09^a	2.97±0.19^b	1.95±0.08^c	0.25±0.004^a	0.15±0.1^b	0.1±0.003^c
田葱	6.32±0.42^a	4.07±0.31^b	2.5±0.15^c	0.7±0.04^a	0.38±0.02^b	0.24±0.02^c
圆叶节节菜	6.18±0.16^a	5.17±0.32^b	2.38±0.11^c	0.13±0.01^a	0.11±0.01^a	0.09±0.01^b
野荸荠	5.05±0.08^a	2.75±0.08^b	2.22±0.06^c	0.28±0.02^a	0.19±0.01^b	0.09±0.01^c
小婆婆纳	4.55±0.15^a	2.62±0.17^b	2.1±0.15^b	0.11±0.01^a	0.09±0.01^b	0.07±0.01^c
红波	6.67±0.23^a	2.75±0.2^b	2.38±0.17^b	0.13±0.03^a	0.12±0.02^{ab}	0.1±0.01^b

注:不同字母表示同种植物同一指标在不同 Pb 处理条件下小于 0.05（LSD 检验）水平上差异性显著;平均值±标准误,$n=6$。

8.2.1.2　不同锌浓度条件下湿地植物最长根的延长及生物量

由表 8-3 可知,不同湿地植物在不同锌浓度处理下的生长情况。与 Pb 处理相比,Zn 处理的植物叶片发白,失绿,特别是在 4 mg·L^{-1} Zn 处理条件下。Zn 对植物生长的影响与 Pb 的趋势大致相同。即与对照相比,大多湿地植物根的延长和干重随着 Zn 浓度的增加而显著减少($P<0.05$)。在 2 mg·L^{-1} Zn 浓度处理下,大叶皇冠草和小婆婆纳的根的延长和干重与对照相比没有明显减少,特别是大叶皇冠草在 4 mg·L^{-1} Zn 浓度处理下,干重与对照仍没有明显差异。

表 8-3　不同锌浓度处理三周后湿地植物最大根的延长和生物量

植物种类	最长根的延长/cm			生物量/g		
	CK	Zn2	Zn4	CK	Zn2	Zn4
石菖蒲	4.38±0.29[a]	3.12±0.15[b]	2.00±0.05[c]	0.66±0.04[a]	0.54±0.03[b]	0.37±0.03[c]
尖尾芋	15.35±1.31[a]	7.95±0.72[b]	4.18±0.45[c]	0.75±0.04[a]	0.31±0.01[b]	0.19±0.02[c]
水花生	4.97±0.39[a]	3.42±0.28[b]	2.22±0.26[c]	0.21±0.01[a]	0.18±0.01[b]	0.15±0.01[c]
大苞水竹草	12.72±0.88[a]	6.22±0.35[b]	4.95±0.25[b]	0.24±0.01[a]	0.21±0.01[a]	0.19±0.01[b]
大叶皇冠草	18.23±1.67[a]	16.93±0.71[a]	10.07±0.86[b]	0.32±0.04[a]	0.31±0.02[a]	0.28±0.01[a]
红蛋	9.40±0.47[a]	8.07±0.35[b]	2.53±0.15[c]	0.21±0.01[a]	0.22±0.01[a]	0.15±0.01[b]
黑籽荸荠	4.28±0.67[a]	2.55±0.1[b]	1.98±0.11[c]	0.31±0.02[a]	0.14±0.01[b]	0.10±0.01[b]
独穗飘拂草	3.47±0.22[a]	2.05±0.05[b]	1.5±0.09[c]	0.74±0.03[a]	0.94±0.04[b]	0.39±0.05[c]
圆币草	4.55±0.73[a]	2.33±0.2[b]	1.48±0.14[b]	0.05±0.006[a]	0.04±0.002[a]	0.03±0.005[a]
草龙	16.17±0.13[a]	8.75±0.23[b]	5.52±0.59[c]	0.28±0.02[a]	0.13±0.01[b]	0.05±0.01[c]
狐尾藻	13.82±1.19[a]	5.38±0.19[b]	1.98±0.12[c]	0.18±0.004[a]	0.09±0.009[b]	0.06±0.002[c]
铺地黍	6.12±0.52[a]	3.42±0.37[b]	1.82±0.21[c]	0.21±0.01[a]	0.13±0.01[b]	0.11±0.01[b]
雀稗	3.63±0.09[a]	2.35±0.08[b]	2.12±0.12[b]	0.25±0.004[a]	0.13±0.01[b]	0.09±0.004[c]
田葱	6.32±0.42[a]	2.4±0.37[b]	2.00±0.15[b]	0.7±0.04[a]	0.37±0.01[b]	0.16±0.02[c]
圆叶节节菜	6.18±0.16[a]	3.67±0.1[b]	2.00±0.23[c]	0.13±0.01[a]	0.11±0.01[a]	0.1±0.01[b]
野荸荠	5.05±0.08[a]	2.5±0.13[b]	2.42±0.28[b]	0.28±0.02[a]	0.21±0.03[a]	0.09±0.01[b]
小婆婆纳	4.55±0.15[a]	4.97±0.29[a]	2.50±0.11[b]	0.11±0.01[a]	0.11±0.02[a]	0.09±0.01[b]
红波	6.67±0.23[a]	2.33±0.07[b]	2.07±0.16[b]	0.13±0.03[a]	0.1±0.01[b]	0.08±0.01[c]

注:不同字母表示同种植物同一指标在不同 Zn 处理条件下小于 0.05(LSD 检验)水平上相关性显著;平均值±标准误,$n=6$。

8.2.2 不同铅和锌浓度处理条件下湿地植物体内重金属含量

8.2.2.1 铅和锌在湿地植物根部及地上部的积累

不同湿地植物对 Pb 和 Zn 的吸收结果见表 8-4 和表 8-5。总的来说,这些植物的地上和地下部分的铅、锌浓度随着 Pb 和 Zn 浓度的增加而增加,根部的重金属浓度要远高于地上部分的重金属浓度。作为对照的植物体内的重金属浓度则相对较低,这也证实了采集到的植物未被重金属所污染。不同湿地植物地上和地下部分对重金属的积累也有较大的差异。根据 Ward 聚类分析法,可将铅锌浓度处理下植物体内铅、锌浓度由高到低将植物分为四类(a>b>c>d)。其中,Pb 地上部分浓度最高的植物是小婆婆纳,为 8 226 mg·kg^{-1},独穗飘拂草浓度最低,为 50 mg·kg^{-1},二者差异极显著($P<0.01$)。红蛋根部 Pb 浓度最高,为 145 402 mg·kg^{-1},铺地黍根部 Pb 浓度最低,为 29 389 mg·kg^{-1}。Zn 地上部分浓度最高的植物是草龙,为 3 196 mg·kg^{-1},独穗飘拂草浓度最低,为 74 mg·kg^{-1}。狐尾藻根部 Zn 浓度最高,为 16 440 mg·kg^{-1},独穗飘拂草根部 Zn 浓度最低,为 2 026 mg·kg^{-1}。由此可见,这些湿地植物对过量的重金属,特别是非必需元素 Pb 的累积主要是在根部。

表 8-4 不同湿地植物在不同铅浓度处理下三周后体内的 Pb 浓度

植物种类	地上部分			根部		
	CK(Pb)	Pb10	Pb20	CK(Pb)	Pb10	Pb20
石菖蒲	6±1	63±4^d	153±5^d	142±17	50 622±3 339^c	66 422±5 615^c
尖尾芋	10±3	114±5^d	205±9^d	16±1	75 944±3 269^b	87 086±736^b
水花生	9±1	2 521±168^c	4 064±406^c	145±5	70 431±698^b	97 036±912^b
大苞水竹草	10±2	4 511±16^a	6 106±446^a	165±12	102 537±1 983^a	114 281±1 121^a
大叶皇冠草	7±1	264±22^d	328±33^d	49±4	62 977±1 089^c	83 041±801^c
红蛋	16±1	3 312±97^b	7 345±53^b	185±5	81 511±1 013^b	145 402±7 658^a
黑籽荸荠	23±3	1 311±112^c	2 332±70^c	95±6	37 239±1 135^d	44 362±690^d
独穗飘拂草	14±1	41±4^d	50±3^d	146±13	18 246±737^d	23 491±1 449^d
圆币草	21±1	4 327±268^a	6 340±415^a	248±8	60 441±1 091^c	94 474±2 212^c
草龙	22±6	2 367±157^c	3 888±163^c	68±10	112 967±8 171^a	138 271±2 088^a
狐尾藻	13±3	3 414±224^b	4 371±171^b	176±5	114 078±7 978^a	134 141±2 984^a
铺地黍	9±1	81±10^d	217±23^d	88±3	21 901±884^d	29 389±1 002^d
雀稗	21±1	1 661±134^c	2 089±119^c	162±15	33 564±811^d	38 392±389^d
田葱	11±3	129±13^d	387±9^d	151±14	34 001±2 617^d	49 051±2 160^d
圆叶节节菜	13±1	4 393±100^a	5 449±160^a	78±5	71 882±1 693^b	91 025±1 635^b

续表8-4

植物种类	地上部分			根部		
	CK(Pb)	Pb10	Pb20	CK(Pb)	Pb10	Pb20
野荸荠	13±2	136±15^d	453±13^d	99±6	40 214±293^d	53 269±205^d
小婆婆纳	18±6	3 476±462^b	8 226±511^a	145±21	81 994±1 508^b	89 207±1 248^b
红波	10±1	1 706±158^c	4 701±399^c	56±11	49 513±3 655^c	60 080±1 130^c

注:同一行不同字母表示不同植物在同一 Pb 处理条件的体内铅浓度下归为不同聚类(a>b>c>d)(Ward 法)(平均值±标准误,$n=3$)。

表8-5 不同湿地植物在不同锌浓度处理下三周后体内的 Zn 浓度

植物种类	地上部分			根部		
	CK(Zn)	Zn2	Zn4	CK(Zn)	Zn2	Zn4
石菖蒲	46±8	54±4^d	97±4^d	265±6	4 410±102^c	6 133±122^c
尖尾芋	105±12	1 216±46^a	1 839±235^a	92±3	4 978±52^c	6 273±72^c
水花生	98±7	648±7^b	1 239±94^b	406±7	3 697±87^c	6 865±74^c
大苞水竹草	82±3	840±73^b	1 145±76^b	651±15	6 108±127^b	6 758±139^c
大叶皇冠草	62±5	394±11^c	598±8^c	203±3	6 824±14^b	9 022±82^b
红蛋	356±13	664±16^b	1 775±139^a	568±8	4 496±183^c	6 137±57^c
黑籽荸荠	76±2	392±7^c	409±20^c	88±3	2 380±79^d	3 549±69^d
独穗飘拂草	43±5	53±4^d	74±8^d	55±3	763±85^d	2 026±79^d
圆币草	194±4	958±20^b	1 264±50^b	440±8	2 939±80^c	4 184±80^c
草龙	119±5	1 101±105^a	3 196±171^a	398±104	8 321±307^a	10 826±258^a
狐尾藻	144±6	387±23^c	464±35^c	744±53	13 350±533^a	16 440±398^a
铺地黍	60±4	215±5^d	314±5^d	216±9	2 133±98^d	2 354±52^d
雀稗	84±6	814±52^b	1 569±160^b	183±3	1 286±56^d	4 149±504^c
田葱	70±2	218±9^d	520±27^d	152±9	3 610±185^c	5 975±80^c
圆叶节节菜	59±2	502±23^c	667±43^c	360±14	6 641±154^b	7 467±158^b
野荸荠	53±4	131±4^d	484±87^d	256±17	1 891±75^d	3 122±23^d
小婆婆纳	215±5	1 177±191^a	1 762±71^a	658±7	13 576±443^a	14 201±182^a
红波	113±5	682±46^b	1 041±115^b	413±35	2 309±103^d	3 856±153^d

注:同一行不同字母表示不同植物在同一 Zn 处理条件的体内铅浓度下归为不同聚类(a>b>c>d)(Ward 法)(平均值±标准误,$n=3$)。

8.2.2.2 不同湿地植物对铅和锌的耐性程度

不同浓度 Pb 和 Zn 处理条件下以根的最大延长得出的耐性指数见表8-6。随着 Pb

和 Zn 浓度的增加,这些植物的耐性指数也随之减小。但是不同种之间耐性指数差异较大。如 10 mg · L^{-1} Pb 处理条件下,水花生的耐性指数是 86%,显著大于狐尾藻的耐性指数 24%($P<0.05$)。2 mg · L^{-1} Zn 处理条件下,小婆婆纳的耐性指数要显著高于狐尾藻的耐性指数($P<0.05$)。同一湿地植物对 Pb 和 Zn 的耐性也各不同。如水花生和圆叶节节菜对 Pb 的耐性较高,但是对锌的耐性不高。大叶皇冠草和小婆婆纳对锌的耐性较高,但是对 Pb 的耐性不高,特别是大叶皇冠草在 20 mg · L^{-1} Pb 浓度处理下的耐性指数仅为 18%。

表 8-6　根据根的最大延长所得不同湿地植物铅锌耐性指数

植物种类	Pb TI		Zn TI	
	10 mg · L^{-1}	20 mg · L^{-1}	2 mg · L^{-1}	4 mg · L^{-1}
石菖蒲	58% ±7%	44% ±1%	71% ±3%	46% ±1%
尖尾芋	45% ±1%	21% ±2%	51% ±5%	27% ±3%
水花生	86% ±1%	43% ±4%	68% ±6%	44% ±5%
大苞水竹草	50% ±4%	41% ±2%	49% ±3%	39% ±9%
大叶皇冠草	40% ±3%	18% ±1%	93% ±4%	55% ±5%
红蛋	44% ±1%	24% ±1%	86% ±4%	27% ±2%
黑籽荸荠	51% ±2%	48% ±3%	54% ±2%	42% ±2%
独穗飘拂草	59% ±3%	55% ±2%	59% ±2%	43% ±3%
圆币草	41% ±1%	28% ±1%	51% ±4%	32% ±3%
草龙	48% ±7%	25% ±1%	54% ±2%	34% ±4%
狐尾藻	24% ±2%	13% ±1%	32% ±5%	14% ±1%
铺地黍	43% ±1%	33% ±2%	56% ±6%	30% ±3%
雀稗	82% ±5%	54% ±2%	65% ±2%	59% ±3%
田葱	65% ±5%	40% ±2%	38% ±6%	32% ±2%
圆叶节节菜	83% ±5%	38% ±2%	60% ±4%	33% ±4%
野荸荠	54% ±2%	43% ±1%	49% ±3%	47% ±6%
小婆婆纳	57% ±4%	46% ±3%	108% ±6%	54% ±2%
红波	42% ±3%	37% ±3%	36% ±1%	32% ±2%

注:平均值±标准误,$n=6$。

8.2.3　不同浓度铅和锌处理条件下湿地植物根部渗氧量

图 8-1 和图 8-2 为不同铅锌浓度处理条件下 18 种湿地植物的渗氧量。差异性分析结果表明,对照处理不同湿地植物之间的渗氧量差异极其显著($P<0.001$)。由图 8-1 可

知,对照处理条件下大叶皇冠草的 ROL 最高,为 4.21 μmol O_2 · $plant^{-1}$ · h^{-1},大苞水竹草的 ROL 最低,为 1.58 μmol O_2 · $plant^{-1}$ · h^{-1}。在不同浓度的铅锌处理后,这些植物的 ROL 与对照相比,均显著降低($P<0.05$)。随着铅锌处理浓度的升高,大多植物的 ROL 也随之降低,在 20 mg · L^{-1} Pb 和 4 mg · L^{-1} Zn 处理下,ROL 降到最低,而且不同湿地植物之间的差异仍极显著($P<0.001$)。在 20 mg · L^{-1} Pb 处理条件下,ROL 最高的铺地黍,为 1.02 μmol O_2 · $plant^{-1}$ · h^{-1},ROL 最低的是大苞水竹草,为 0.23 μmol O_2 · $plant^{-1}$ · h^{-1}。在 4 mg · L^{-1} Zn 处理条件下,ROL 最高的是大叶皇冠草,为 1.65 μmol O_2 · $plant^{-1}$ · h^{-1},ROL 最低是狐尾藻,为 0.27 μmol O_2 · $plant^{-1}$ · h^{-1}。

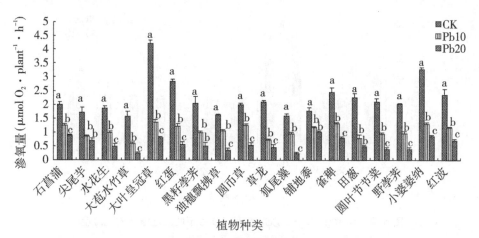

图 8-1　不同 Pb 浓度处理条件下所测湿地植物的渗氧量

(平均值±标准误, n =4)

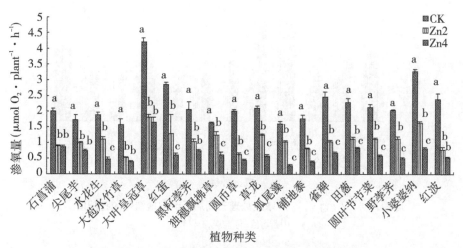

图 8-2　不同 Zn 浓度处理条件下所测湿地植物的渗氧量

(平均值±标准误, n =4)

8.2.4 不同浓度铅和锌处理条件下湿地植物根部孔隙度

图 8-3 和图 8-4 为 10 mg·L⁻¹ Pb 和 2 mg·L⁻¹ Zn 浓度处理条件下 12 种湿地植物的孔隙度。差异性分析结果表明,对照处理条件下,不同湿地植物之间的孔隙度差异极其显著($P<0.001$)。孔隙度最高的是大叶皇冠草为 28%,最低的是狐尾藻为 9%。在 Pb 和 Zn 处理后,大多植物的孔隙度与对照相比显著下降($P<0.05$)。但也有些植物的孔隙度受重金属影响不大。如铅处理条件下的水花生锌处理条件下的水花生、大叶皇冠草、红蛋和小婆婆纳。

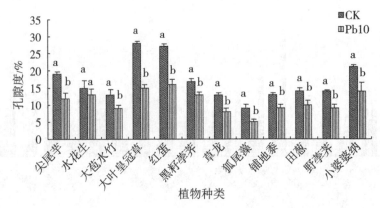

图 8-3 10 mg·L⁻¹Pb 浓度处理三周后不同湿地植物的孔隙度

(平均值±标准误,$n=3$)

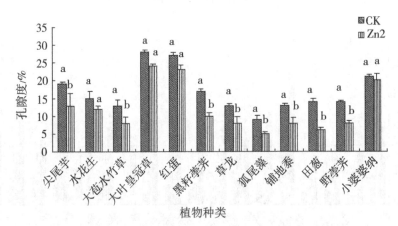

图 8-4 2 mg·L⁻¹Zn 浓度处理三周后所测湿地植物的孔隙度

(平均值±标准误,$n=3$)

8.3　讨论

8.3.1　铅和锌对湿地植物生长的影响

大量实验研究发现,当湿地植物受到高浓度重金属的毒害时,都会表现出一些生长上的抑制,如植株高度的降低,叶片数量和叶面积的减少,生物量的减少及根的分蘖数量和根长减少等(Mendelssohn et al.,2001;MacFarlane et al.,2002)。特别是在受到过量重金属污染时,最直接受害的部位是植物的根系。所以本实验采用处理期间植物根的最大延长的变化来表示植物的铅锌耐性,这种表示方法能够灵敏、直观的比较不同植物的铅锌耐性。

不同铅锌浓度处理对供试湿地植物生长的影响较为明显。随着铅锌处理浓度的升高,除少数植物外,大多植物根的延长以及生物量的积累均受到明显的抑制。当溶液中 Pb 和 Zn 分别处于较高的浓度时,即 20 mg·L^{-1} 和 4 mg·L^{-1} 时,大多数植物根的延长均受到显著抑制。同时生物量也受到抑制,但 Pb 处理条件下植物生物量受到的抑制不如 Zn 处理条件下的明显。Deng 等(2005)对六种湿地植物进行铅锌耐性水培实验也得到类似的结果。一些植物根部在受到 Zn 抑制的同时,叶片也发白,失绿,如狐尾藻和尖尾芋等。

对于不同的金属离子,同一植物的耐性也是不同的。如 Pb 处理条件下,耐性较高的是水花生、雀稗和圆叶节节菜;Zn 处理条件下,耐性较高的则是红蛋、大叶皇冠草和小婆婆纳。这表示不同的湿地植物对不同的重金属可能有着不同的耐受策略。

8.3.2　湿地植物对重金属的吸收、转运和积累特性

供试 18 种湿地植物根部及地上部 Pb 和 Zn 的浓度随水培溶液中 Pb 和 Zn 浓度的升高总体上呈增加趋势。从表 8-3 和表 8-4 可知,Pb 和 Zn 处理条件下,这些湿地植物根部的重金属浓度要显著高于其地上部分。这和许多前人的研究结果类似(Fitzgerald et al.,2003;Deng et al.,2004,2005)。虽然从表 8-6 和表 8-7 可知,湿地植物地上部 Pb 和 Zn 分别与根 Pb 和 Zn 的积累量呈极显著正相关关系,相关系数达 0.673(Pb)和 0.448(Zn)。但湿地植物仍将大部分重金属分布在根部而不向上转运。这种将重金属主要分布在根部而不向地上部分运输的方式可能是众多湿地植物对重金属耐受策略其中的一种。

不同湿地植物对重金属的吸收和分布也有较大的差异。从表 2-4 可知,在 20 mg·L^{-1} Pb 处理条件下,大苞水竹草地上部分 Pb 浓度最高,为 6 106 mg·kg^{-1},独穗飘拂草的地上部分 Pb 浓度最低,为 50 mg·kg^{-1},二者相差极为显著($P<0.001$)。在 4 mg·L^{-1} Zn 处理条件下,草龙地上部分 Zn 浓度最高,为 3 196 mg·kg^{-1},石菖蒲和独穗飘拂草的地上部分 Zn 浓度较低,分别为 97 mg·kg^{-1} 和 74 mg·kg^{-1}。由此可见,不同湿地植物对重金属的吸收和分布是不同的,同一植物对不同重金属的吸收能力也是不同的。影响湿地植物重金属吸收和分布的因素很多,除了不同的种间差异外,还有土壤颗粒大小、有机质含量、营养元素、其他金属离子以及一些环境因子(如 pH 值、Eh、温度和

盐度等）的影响（Fitzgerald et al. ,2003；Fritioff et al. ,2005）。

有研究认为一般植物体内 Pb 浓度超过 27 mg · kg^{-1} 和 Zn 浓度超过 230 mg · kg^{-1} 时可对植物造成毒性。本实验发现铅耐性较高的植物（如水花生）和锌耐性较高的植物（如大叶皇冠草和小婆婆纳）地上部分的铅和锌含量远高于各自的毒性阈值。从这些植物体内含有较高的重金属浓度而对生长没有明显抑制的结果表明，在这些湿地植物体内可能有一种缓解重金属毒害的机制，从而有效地减少重金属对植物的毒害。

综上所述，本研究中湿地植物对 Pb 和 Zn 的积累及转运特征可归纳如下：①根部对 Pb 和 Zn 的积累能力较强。②Pb 和 Zn 被根系吸收后大部分被固定于根部，只有少量被转运至地上部分。③不同湿地植物对重金属的吸收和分布是不同的。可以根据不同湿地对重金属的吸收特点来选择合适的植物作为人工湿地的植物组成部分。如石菖蒲和独穗飘拂草这些地上部分重金属含量较低、根部重金属含量较高的植物，可以利用其根部富集重金属的特点来固定重金属。而另外一些对重金属向地上部分转移较强的植物如大苞水竹草和草龙则可以作为植物提取重金属的材料。

8.3.3　供试湿地植物各相关系数间的关系

图 8-1 结果表明，对照处理条件下，18 种湿地植物之间的渗氧量差异性极其显著。正如众多学者认为的：不同植物其根部渗氧具有很大差异，且同种植物的不同生态型，其根部渗氧差异性也较大。

用柠檬酸钛比色法得到的不同湿地植物的 ROL 值在 0.23 ~ 4.21 μmol O$_2$ · plant^{-1} · h^{-1}。与前人的研究结果相比，差异不大。Kludze 等（1994）对 35 天的 7 种不同品种的水稻幼苗的 ROL 测定，得到的 ROL 范围是 0.61 ~ 1.38 μmol O$_2$ · plant^{-1} · h^{-1}。Sorrell（1999）对灯芯草属的两种湿地植物进行 ROL 测定，得出 *J. effuses* 的 ROL 为 0.95 μmol O$_2$ · plant^{-1} · h^{-1}，片髓灯芯草的 ROL 为 0.45 μmol O$_2$ · plant^{-1} · h^{-1}。在 Eh 为 -250 mV<Eh<-150 mV 的条件下对四种湿地植物香蒲、灯芯草、芦苇和鸢尾的 ROL 进行测定得到较高的结果，ROL 范围为 10.63 ~ 44.06 μmol O$_2$ · plant^{-1} · h^{-1}。但在 Eh 为 +200 mV<Eh<+350 mV 的条件下，ROL 的范围是 6.25 ~ 9.38 μmol O$_2$ · plant^{-1} · h^{-1}。由此可见，在进行植物的渗氧测量时，不仅要考虑到植物本身的参数（如根部生物量和地上部分的生物量）以及根部周围的参数（如氧化还原状况），还要考虑植物周围的环境参数（如温度、湿度和光照）对测量结果造成的影响。

结果中不同湿地植物的孔隙度值为 5% ~ 28%。Colmer（2003a）对一些湿地植物孔隙度的研究做了统计，发现单子叶的湿地植物孔隙度（10% ~ 40%）要高于双子叶的孔隙度（8% ~ 30%）。本研究的结果也和前人的结果类似，本实验单子叶植物的孔隙度范围为 9% ~ 28%，双子叶植物的孔隙度范围为 13% ~ 21%。由表 8-6 和表 8-7 可知湿地植物孔隙度与根部渗氧显著正相关。这与前人的结果是相符合的。即气体在湿地植物体内扩散或运输的效能与根的孔隙度成正比（Pezeshki,2001；Colmer,2003b）。

由表 8-7 和表 8-8 可知湿地植物根部干重与地上部干重呈显著正相关性，说明根部生物量的积累对于地上部生物量的积累有积极的促进作用。而地上部干重与根部和地上部 Pb 和 Zn 含量均呈极显著负相关关系，反映了根部和地上部 Pb 和 Zn 的累积对植物产生了毒性,并对湿地植物的生长产生了抑制作用。ROL 值与 Pb 耐性指数正相关显著,与 Zn 耐性指数正相关极显著。并且 ROL 与 Zn 处理植物地上部和根部干重正相关性显著,与根部孔隙度也呈正相关趋势,说明 ROL 较高的品种根系活力较强,整个植株生命力较强,从而有利于植株干物质的积累,因而增强了对 Pb 和 Zn 的耐性程度。

　　ROL 值与根部 Pb 含量呈显著负相关关系,这可能是湿地植物根部的特殊结构减少了植物对 Pb 的吸收。湿地植物提高向根部输送氧气效率的两个主要因素:①减小气体在根部扩散时的阻力;②减少气体在根部扩散时根部细胞对氧气的需求量。Colmer(2003a)认为湿地植物为了使得氧气更易扩散到根尖部,不仅根部孔隙度增加,减少阻力和对氧气的需求,同时根部表皮木栓化,减少了扩散时氧气的外泄。这些木栓化的表皮不仅可以防止根部运输氧气时的泄露,还可以减少植物对重金属的吸收。

表 8-7　供试湿地植物各相关系数(n=36)

项目	根部生物量	地上部分生物量	根部铅含量	地上部分铅含量	ROL	TI	孔隙度间的泊松积矩
根部生物量	—	0.656**	−0.351*	−0.582**	0.085	0.124	0.06
地上部分生物量	—	—	−0.328	−0.637**	0.175	0.248	0.014
根部铅含量	—	—	—	0.673**	−0.439**	−0.511**	−0.084
地上部分铅含量	—	—	—	—	−0.327	−0.187	−0.085
ROL	—	—	—	—	—	0.393*	0.683*
TI	—	—	—	—	—	—	−0.038

注:* 在 0.05 水平上相关性显著;** 在 0.01 水平上相关性显著。

表 8-8　供试湿地植物各相关系数(n=36)

项目	根部生物量	地上部分生物量	根部锌含量	地上部分锌含量	ROL	TI	孔隙度间的泊松积矩
根部生物量	—	0.611**	−0.15	−0.427**	0.528**	0.24	−0.034
地上部分生物量	—	—	−0.171	−0.459**	0.46**	0.324	0.215
根部锌含量	—	—	—	0.448**	−0.011	−0.12	0.155
地上部分锌含量	—	—	—	—	−0.288	−0.17	0.285
ROL	—	—	—	—	—	0.749**	0.739**
TI	—	—	—	—	—	—	0.912**

注:* 在 0.05 水平上相关性显著;** 在 0.01 水平上相关性显著。

⇨ 参考文献

COLMER T D,2003b. Aerenchyma and an inducible barrier to radial oxygen loss facilitate root aeration in upland,paddy and deepwater rice (*Oryza sativa* L.)［J］. Annals of Botany,91: 301-309.

COLMER T D,2003a. Long-distance transport of gases in plants:a perspective on internal aeration and radial oxygen loss from roots［J］. Plant,Cell and Environment,26:17-36.

CRONK J K,FENNESSY M S. Wetland Plants Biology and Ecology,CRC Press LLC, Washington D. C,2001.

DENG H,YE Z H,WONG M H,2004. Accumulation of lead,zinc,copper and cadmium by twelve wetland plant species thriving in metal contaminated sites in China［J］. Environmental Pollution,132:29-40.

DENG H,YE Z H,WONG M H,2005. Lead and zinc accumulation and tolerance in populations of six wetland plants［J］. Environmental Pollution,141(1):69-80.

DENG H,2005. Metal (Pb,Zn,Cu,Cd,Fe) Uptake,Tolerance and Radial Oxygen Loss in Typical Wetland Plants［D］. Hong Kong:Hong Kong Baptist University.

FITZGERALD E J,CAFFREY J M,NESARATNAM S T,2003. Copper and lead concentrations in salt marsh plants on the Suir Estuary,Ireland［J］. Environmental Pollution,123:67- 74.

FRITIOFF A,KAUTSKY L,GREGER M,2005. Influence of temperature and salinity on heavy metal uptake by submersed plants［J］. Environmental Pollution,133:265-274.

HOAGLAND D R,ARNON D I,1938. The Water Culture Method for Growing Plants without Soil［J］. California of Agricultural and Experimental Station,15:221-227.

HORNE A J P,2000. Phytoremediation by constructed wetlands. In:Raskin I. ,Ensley B. D. (Eds.). *Phytoremediation of Toxic Metals:Using Plants to Clean up the Environment*［J］. John Wiley,New York,13-39.

KLUDZE H K,DELAUME R D,PATRICK W H,1994. A colorimetric method for assaying dissolved oxygen loss from container-crown rice roots［J］. Agronomy Journal,86(33):483- 487.

LASKOV C,HORN O,HUPFER M,2006. Environmental factors regulating the radial oxygen loss from roots of *Myriophyllum spicatum* and *Potamogeton crispus*［J］. Aquatic Botany,84 (7):333-340.

MACFARLANE G R,BURCHETT M D,2002. Toxicity,growth and accumulation relationships of copper,lead and zinc in the grey mangrove,*Avicennia marina* (Forsk.) Vierh［J］. Marine Environment Research,54:65-84.

MATTHEWS D,MORAN B M,MCCABE P F,2004a. Zinc tolerance,uptake,accumulation and distribution in plants and protoplasts of five European populations of the wetland grass

Glyceria fluitans［J］. Aquatic Botany,80:39−52.

MENDELSSOHN I A,MCKEE K L,KONG T,2001. A comparison of physiological indicators of sublethal cadmium stress in wetland plants［J］. Environmental and Experimental Botany,46:263−275.

PETER M B,MARLEEN K,CHRIS B,2005. Radial oxygen loss,a plastic property of dune slack plant species［J］. Plant and Soil,271:351−364.

PEZESHKI S R,2001. Wetland plant responses to soil flooding［J］. Environmental and Experimental Botany,46:299−312.

RASKIN I,1983. A method for measuring leaf volume,density,thickness,and internal gas volume［J］. Horticultural Science,18:698−699.

THOMSON C J,ARMSTRONG W,WATERS I,1990. Aerenchyma formation and associated oxygen movement in seminal and nodal roots of wheat［J］. Plant Cell Environment,13:395−403.

WEIS J S,WEIS P,2004. Metal uptake,transport and release by wetland plants:implications for phytoremediation and restoration［J］. Environment International,30:685−700.

WHITING S N,LEAKE J,MCGRATH S P,2000. Positive responses to Zn and Cd by roots of the Zn and Cd hyperaccumulator *Thlaspi caerulescens*［J］. New Phytologist,145:199−210.

WONG M H,2003. Ecological restoration of mine degraded soils,with emphasis on metal contaminated soils［J］. Chemosphere,50（6）:775−780.

YE Z H,WONG M H,LAN C Y,2004. Use of a wetland system for treating Pb/Zn mine effluent:A case study in southern China from 1984 to 2002［J］. In:M. H. Wong（Ed.）,*Wetland Ecosystems in Asia:Function and Management*,Elsevier,Amsterdam,413−434.

第9章

淹水和非淹水条件下不同湿地植物铅锌的积累和转运

　　湿地植物对重金属的吸收和累积受土壤氧化还原条件的影响较大。大量研究发现植物在淹水条件下(低 Eh)吸收的重金属要低于非淹水条件(高 Eh)。这可能与土壤在水淹条件下其重金属的移动性要低于非淹水条件有关。但是也有研究发现芦苇在淹水条件下对重金属的吸收和累积和非淹水条件下差异不大。这些研究结果不同的原因可能是由于所采用不同的植物和不同的金属元素所致。

　　另有研究发现湿地植物可以增加其根际土壤重金属的移动性。这可能是因为湿地植物根部渗氧到根际土壤,导致根际土壤的 Eh 和 pH 值变化所致,而 Eh 和 pH 值又是影响土壤重金属移动性的重要因素。有研究发现湿地植物的渗氧也可以在根部表面形成氧化铁膜并能吸附固定一定的重金属(Hansel et al.,2002)。湿地植物根部形成铁膜的能力主要受两个因素决定,一是其根部的氧化能力;二是其根际铁的数量(Hansel et al.,2002)。有研究发现湿地植物根部铁膜越厚,其吸附的重金属越多。另有研究发现湿地植物根部在淹水条件下(低 Eh)形成铁膜的数量要高于非淹水条件(高 Eh)(刘文菊等,2001;Deng,2005;刘艳菊等,2007)。由此可见,铁膜对湿地植物重金属的吸收和转运起着重要的作用。但目前关于铁膜对影响湿地植物重金属吸收和累积的研究有着不同的结果(Liu et al.,2004,2005;Liu et al.,2007,2008)。另外,有研究发现湿地植物渗氧可以在氧化根际铁并形成氧化根际,氧化根际可以吸附一些根际其他金属,降低植物对重金属的吸收。但是目前对湿地植物氧化根际如何吸附重金属的研究较少。

　　因此,很有必要研究清楚不同渗氧能力的湿地植物在淹水条件下铁膜形成及铁膜如何影响植物对重金属的吸收和累积的问题。本试验选取 10 种不同渗氧能力的湿地植物,研究其在淹水条件下(低 Eh)和非淹水条件(高 Eh)下铁膜形成及这些根表铁膜和根际氧化如何影响植物对重金属的吸收和累积。

9.1　试验材料和研究方法

9.1.1　试验材料和土壤

　　根据前人试验结果选取 10 种不同渗氧能力的湿地植物作为本试验的试验材料(见表9-1)。

表9-1 供试湿地植物名称

植物名	学名	科属	子叶	引种地	生境
石菖蒲	*Acorus tatarinowii*	天南星科	双子叶	珠海淇澳	湿地
尖尾芋	*Alocasia cucullata*	天南星科	单子叶	广州中山大学	竹园
风车草	*Cyperus alternifolius*	莎草科	单子叶	珠海淇澳	淤泥塘
大叶皇冠草	*Echinodorus amazonicus*	泽泻科	单子叶	珠海淇澳	水塘
红蛋	*Echinodorus baothii*	泽泻科	单子叶	珠海淇澳	水塘
黑籽荸荠	*Eleocharis geniculata*	莎草科	单子叶	珠海横琴	湿地
圆币草	*Hydrocotyle vulgaris*	伞形科	双子叶	广州花地湾	水塘
铺地黍	*Panicum repens*	禾本科	单子叶	珠海淇澳	湿地
野荸荠	*Scirpus triqueter*	莎草科	单子叶	珠海淇澳	淤泥塘
小婆婆纳	*Veronica serpyllifolia*	玄参科	双子叶	珠海淇澳	湿地

供试土壤取自广东韶关凡口(FK)Pb/Zn 矿区附近的 Pb、Zn 污染土壤和韶关重阳(CY)矿区附近的 Pb、Zn、As、Fe、Cu 等复合金属元素污染土壤(0~20 cm)。其基本理化性质见表9-2。

表9-2 供试土壤的基本理化性质

性质	土壤		性质	土壤	
	FK	CY		FK	CY
pH 值	5.63	6.31	总铅量/(mg·kg^{-1})	684.86	312.39
总氮量/(g·kg^{-1})	1.629	0.692	有效态铅含量/(mg·kg^{-1})	86.75	15.22
总磷量/(g·kg^{-1})	0.815	0.486	总锌量/(mg·kg^{-1})	774.53	457.98
总钾量/(g·kg^{-1})	12.7	12.71	有效态锌含量/(mg·kg^{-1})	46.48	43.59
有效态磷含量/(mg·kg^{-1})	11.76	1.95	总铁量/(g·kg^{-1})	18.06	15.66
有效态钾含量/(mg·kg^{-1})	143.5	40.8	有效态铁含量/(mg·kg^{-1})	1 031	3 065
有机质/(g·kg^{-1})	33.07	11.61	总锰量/(mg·kg^{-1})	138.23	1 031.85
阳离子交换量/(cmol·kg^{-1})	7.6	4.89	有效态锰含量/(mg·kg^{-1})	10.71	37.81

9.1.2 研究和分析方法

9.1.2.1 根际袋的准备及土壤干湿处理

采用孔径400目(30 μm)尼龙网制成高 8 cm、直径 4 cm 根际袋(见图9-1),放入高 11 cm、底径 9 cm、口径 13 cm 的 PVC 盆。将取自污染地的污染土风干,磨碎,过 2 mm 筛。

将洗净后的河砂装入根际带内,每袋 50 g,表示为根际砂。根际带外(盆内)装土 950 g,视为非根际土。每盆沙土的质量为 1 000 g。

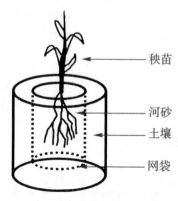

秧苗

河砂
土壤
网袋

图 9-1　根际袋示意图

实验土壤分为两种处理:淹水和非淹水。其中淹水条件控制为土壤装好后淹水,高出土面约 2 cm,平衡 2 周。非淹水条件控制为其土壤持水量的 70%,通过称量法来控制。其中每种实验土壤每种植物处理设为 6 重复,即 6 个盆子,每个盆子里面放两株幼苗。10 种湿地植物共计 240 盆。在温室培育 3 个月后收获。试验期间温度为 18～28 ℃,光照为自然光,相对湿度为 65%～85%。

9.1.2.2　试验处理

(1)湿地植物根际 pH 值和 Eh 的测定　收获植物前,分别测定每种处理每种植物根际的 pH 值和 Eh。所用仪器计型号为 pH/Oxdi 340i(新加坡制造)。

(2)湿地植物根表铁膜的提取　将植物收获后用超纯水洗干净根部,然后用 DCB 法(Taylor et al.,1983b)提取湿地植物根表铁膜,提取液定容后用 ICP-AES 进行测定溶液中的 Pb、Zn、Fe、Mn 含量。植株根表 Fe、Mn 膜数量采用 mg·kg^{-1}(根干重)为单位。

湿地植物提取铁膜后将植物用超纯水洗净,于 65 ℃烘箱中烘干至恒重,将地上部分和地下部分分开,分别称量并计算其地上部分和地下部分干重。

将烘干后的样品剪碎,称量植物样约 0.5 g 后放入消化管中,加入 5 mL 浓硝酸(优级纯),浸泡过夜;放入消化炉内 90 ℃ 30 min→140 ℃ 30 min→180 ℃ 1 h→冷却→1 mL HClO$_4$→160 ℃ 20 min→180 ℃ 2 h→冷却后用超纯水定容;然后用原子荧光光度计(Hitachi-Z-5300)测定消解溶液中 Pb、Zn、Fe、Mn 的浓度。为了进行质量控制,测试样品中包含空白和标准物质 GSV-2(灌木叶片)(中国地矿部物化探研究所)。

植物铁膜及体内对重金属的吸收按照(Liu et al.,2004)的方法计算。

(3)湿地植物根部渗氧的测定　将未放入根际袋中的湿地植物取出后用超纯水洗干净根部,洗去根部所带的河砂,然后测定其根部渗氧量。

(4)根际砂的处理　取出根际袋中的河砂用超纯水洗干净,然后风干。同样采取 DCB 法(Taylor et al.,1983b)提取根际砂中铁膜,提取液定容后用 ICP-AES 进行测定其中的 Pb、Zn、Fe、Mn 浓度。

9.2　结果与分析

9.2.1　淹水条件和非淹水条件下植物根际的 Eh 和 pH 值

由表9-3可知,在淹水和非淹水处理三个月后,供试植物根际土的 Eh 和 pH 值有显著变化。与非淹水条件相比,淹水条件下植物根际的 Eh 显著降低,pH 值则显著增加 0.2～0.6 个单位($P<0.05$)。

表9-3　淹水和非淹水土培处理三个月后湿地植物根际的 Eh 和 pH 值

植物种类	pH 值				Eh(mV)			
	FK		CY		FK		CY	
	W	D	W	D	W	D	W	D
石菖蒲	5.8*	5.6	6.3*	6.0	3*	229	56*	225
尖尾芋	6.1*	5.7	6.4*	6.3	−41*	201	35*	187
风车草	6.0*	5.8	6.1*	6.2	16*	214	41*	272
大叶皇冠草	5.8*	5.7	6.2*	6.0	44*	239	89*	279
红蛋	5.9*	5.9	6.2*	6.1	37*	229	74*	222
黑籽荸荠	6.2*	5.6	6.5*	6.4	−87*	155	−55*	165
圆币草	6.3*	5.6	6.3*	6.3	−60*	177	−42*	143
铺地黍	5.9*	5.7	6.1*	6.1	−16*	188	34*	217
野荸荠	5.8*	5.7	6.2*	6.0	14*	192	47*	234
小婆婆纳	5.8*	5.8	6.2*	6.1	21*	217	69*	223

注:星号(*)表示同一植物在淹水和非淹水条件的差异显著($P<0.05$),平均值,$n=3$。

9.2.2　淹水条件和非淹水条件下湿地植物幼苗的生长

由表9-4可知,三个月后湿地植物在两种污染土上的生长情况。除尖尾芋外,淹水条件下的大多供试植物地上和地下的生物量均显著高于非淹水条件下的生物量($P<0.05$)。而且同种植物在两种污染土上的生长情况也不相同。淹水条件下生长在 FK 污染土的同种植物的生物量明显高于生长在 CY 污染土的。非淹水条件下,同种湿地植物在两种污染土的生物量差异不大。

表9-4 淹水和非淹水条件下土培处理三个月后湿地植物的生物量

单位:g·plant⁻¹

植物种类	FK 地上部分生物量 W	D	FK 根部生物量 W	D	CY 地上部分生物量 W	D	CY 根部生物量 W	D
石菖蒲	3.91±0.09*	1.76±0.09	0.79±0.17*	0.12±0.03	2.17±0.01*	1.30±0.12	0.29±0.12*	0.12±0.01
尖尾芋	2.92±0.60	2.42±0.21	0.81±0.03	0.71±0.07	1.71±0.19	1.14±0.07	0.66±0.08*	0.28±0.04
风车草	7.69±0.77*	2.52±0.04	1.74±0.05*	0.26±0.05	3.40±0.44*	1.02±0.11	0.63±0.21*	0.22±0.06
大叶皇冠草	3.68±0.35*	0.52±0.10	0.74±0.17*	0.13±0.04	1.32±0.25*	0.29±0.05	0.29±0.08*	0.13±0.02
红蛋	2.57±0.20*	0.17±0.03	0.89±0.05*	0.07±0.02	1.26±0.15*	0.14±0.02	0.36±0.12*	0.04±0.01
黑籽荸荠	0.32±0.04*	0.13±0.03	0.22±0.03*	0.04±0.003	0.23±0.01*	0.07±0.01	0.15±0.02*	0.05±0.01
圆币草	1.80±0.10*	0.74±0.10	0.62±0.04*	0.30±0.05	0.37±0.06	0.35±0.06	0.32±0.04	0.25±0.06
铺地黍	7.55±0.52*	1.19±0.17	2.32±0.72*	0.09±0.05	2.29±0.4*	0.63±0.05	0.80±0.08*	0.06±0.01
野荸荠	2.73±0.17*	1.17±0.15	0.61±0.08*	0.13±0.05	2.07±0.09*	0.58±0.05	0.28±0.04*	0.14±0.04
小婆婆纳	2.54±0.34	0.35±0.01	1.00±0.04*	0.13±0.06	1.73±0.02*	0.86±0.11	0.70±0.12*	0.41±0.06

注:星号（*）表示同一植物在淹水和非淹水条件的差异显著（P<0.05），平均值±标准误,n=3。

9.2.3　淹水条件和非淹水条件下湿地植物渗氧量

图 9-2 给出了三个月后淹水和非淹水条件下供试植物的渗氧量。差异性分析结果表明，大多湿地植物淹水条件下的渗氧量显著高于非淹水条件下的（$P<0.05$）。不同水分处理条件下不同植物之间的渗氧量差异较大。淹水条件下，生长在 FK 土和 CY 土的大叶皇冠草的渗氧量均最高，分别为 5.18 μmol $O_2 \cdot$ plant$^{-1} \cdot$ h^{-1}和 4.22 μmol $O_2 \cdot$ plant$^{-1} \cdot$ h^{-1}，显著高于其他供试植物的渗氧量。但在非淹水条件下，生长于两种污染土的大叶皇冠草的渗氧量显著下降，分别为 2.85 μmol $O_2 \cdot$ plant$^{-1} \cdot$ h^{-1}和 2.02 μmol $O_2 \cdot$ plant$^{-1} \cdot$ h^{-1}，和非淹水条件下风车草、红蛋的渗氧量差异不大。

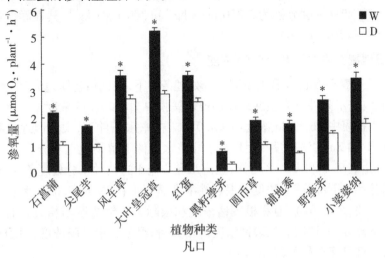

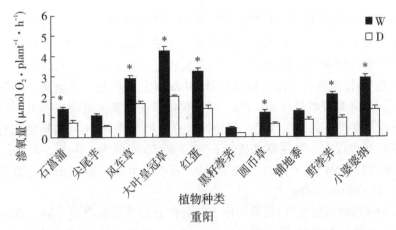

图 9-2　淹水和非淹水土培处理三个月后下湿地植物的渗氧量

（平均值±标准误，$n=3$）

9.2.4　淹水和非淹水条件下湿地植物铅和锌的吸收和累积

9.2.4.1　湿地植物根表铁膜和根际土中铅和锰的浓度

由表 9-5 和表 9-6 可以看出不同水分处理条件下，供试植物根表铁锰膜和根际铁锰膜浓度有着相似的趋势:淹水条件下大多湿地植物根表铁锰和根际土中铁锰浓度显著高于非淹水条件下的铁锰浓度($P<0.05$)。而且在相同的水分处理条件下,大多湿地植物根际土中铁的浓度要显著高于其根表铁的浓度($P<0.05$),但大多湿地根际土锰的浓度则没有明显高于其根表锰浓度的趋势。生长在 FK 污染土上的植物根表和根际土铁的浓度要远高于其根表和根际土锰的浓度,而生长在 CY 污染土上的植物根表和根际土铁和锰的浓度差异不大,这主要是因为 CY 污染土含有较高的 Mn。

此外,不同湿地植物在相同水分处理条件下,其根表和根际铁锰膜形成的程度也存在显著差异($P<0.01$)。以淹水 FK 土为例,大叶皇冠草根表铁和锰浓度分别为 11 402 mg·kg^{-1} 和 357 mg·kg^{-1},其根际铁和锰浓度为 21 870 mg·kg^{-1} 和 1 078 mg·kg^{-1};而尖尾芋根表铁和锰浓度分别为 2 330 mg·kg^{-1} 和 200 mg·kg^{-1},其根际铁和锰浓度为 8 682 mg·kg^{-1} 和 567 mg·kg^{-1}。

9.2.4.2　湿地植物体内的 Pb 和 Zn 浓度

由表 9-7 和表 9-8 可以看出不同水分处理条件下,供试植物体内的 Pb 和 Zn 浓度有着相似的趋势:淹水条件下大多湿地植物根表铁膜中 Pb 和 Zn 的浓度显著高于非淹水条件下植物根表铁膜中 Pb 和 Zn 浓度($P<0.05$)。在淹水条件下,大多湿地植物地上部分和地下部分 Pb 和 Zn 的浓度没有明显高于非淹水条件下植物地上部分和地下部分的 Pb 和 Zn 浓度。由表 9-7 和表 9-8 可知,在淹水和非淹水这两种水分处理条件下,供试湿地植物地上部分和地下部分 Pb 浓度和根表铁浓度显著正相关($P<0.05$),和根际土中铁浓度极显著正相关($P<0.01$),但和根表锰浓度和根际土中锰浓度不相关。而供试植物地上部分和地下部分 Zn 浓度和根表铁浓度不相关,和根际土中铁膜浓度、根表锰浓度和根际土中锰浓度极显著正相关($P<0.01$)。

9.2.4.3　湿地植物根表铁膜和体内的 Pb 和 Zn 分布及累积

由表 9-9 至表 9-12 可知,不同水分处理条件下,Pb 和 Zn 在供试植物根表、根系和地上部分的分配比例及植物对 Pb 和 Zn 的总吸收量。供试植物对 Pb 和 Zn 的总吸收量有着相似的趋势:淹水条件下湿地植物对 Pb 和 Zn 的总吸收量要显著高于非淹水条件下的植物对 Pb 和 Zn 总吸收量($P<0.05$)。只有尖尾芋在非淹水处理条件下,对 Zn 的总吸收量要高于淹水条件下的总吸收量。在同种水分处理条件下,不同湿地植物对 Pb 和 Zn 的总吸收量差异也较大。如在淹水条件下,红蛋对 Pb 吸收为 1 040 μg·plant^{-1},而尖尾芋对 Pb 的吸收只有 94 μg·plant^{-1};红蛋对 Zn 吸收为 1 895 μg·plant^{-1},而黑籽荸荠对 Zn 的吸收只有 128 μg·plant^{-1}。

Pb 和 Zn 在湿地植物根表、根系和地上部分的分配比例也有所不同。在两种水分处理条件下,Pb 主要分布在根系,达到总铅量的 40% ~60%,其次是分布在根表,占 20% ~40%,仅有 20% 左右的 Pb 分布在地上部分。Zn 的分布受水分处理影响较大,在淹水条件下,Zn 主要分布在根系,其次是根表,最后是地上部分;在非淹水处理条件下,Zn 则主要分布在地上部分,其次是根系,最后是根表。

表9-5　不同湿地植物在淹水和非淹水条件下三个月后根表和根际铁的浓度

单位：mg·kg^{-1}

植物种类	根表				根际			
	FK		CY		FK		CY	
	W	D	W	D	W	D	W	D
石菖蒲	7 924±518*b	4 504±761b	6 351±518*a	4 325±609a	10 417±754*a	6 485±621a	4 650±279*b	3 567±167a
尖尾芋	2 330±223*b	1 733±90a	2 176±86*b	1 398±31b	8 682±294*a	6 808±352a	5 990±340*a	12 272±1 717a
风车草	3 879±137*b	1 706±28b	7 566±230*a	4 645±166b	8 498±361*a	3 342±138a	3 805±163*b	2 876±258b
大叶皇冠草	11 402±705*b	7 646±322b	9 167±315*b	13 488±741a	21 870±712*a	17 262±1 004a	17 280±269*a	11 467±558a
红蛋	13 125±813*b	6 479±135b	9 596±506*b	7 320±193b	27 642±608*a	20 932±1 516a	18 855±413*a	16 442±1 576a
黑籽荸荠	3 379±332*b	2 788±79b	6 135±127*a	3 686±343a	8 527±333*a	5 232±210a	6 982±454*a	3 393±268a
圆币草	4 740±351*a	3 202±92b	6 205±141*a	3 706±202b	3 052±226*b	4 747±651a	4 568±298*b	3 052±226a
铺地黍	3 303±53*a	988±115b	3 509±195*b	1 469±217b	3 235±205*a	5 645±559a	5 167±396*a	3 235±205a
野荸荠	4 151±47*a	2 821±396b	6 244±406*a	2 506±116b	3 228±171*a	5 969±230a	4 727±272*b	3 228±171a
小婆婆纳	9 440±749*a	5 384±165b	8 052±429*a	3 858±256b	8 010±463*b	13 233±9 556a	12 488±655*a	8 010±463a

注：星号（*）表示同一植物在淹水和非淹水条件下的差异显著（T-检验）水平；不同字母表示同种植物根表和根际铁在（T-检验）水平上差异显著（P<0.05）；平均值±标准误。n=3。

表9-6 不同湿地植物在淹水和非淹水条件下三个月后根表和根际锰的浓度

单位:mg·kg⁻¹

植物种类	根表				根际			
	FK		CY		FK		CY	
	W	D	W	D	W	D	W	D
石菖蒲	156±6*b	80±4b	5 645±508*a	3 073±251a	535±61*a	672±37a	1 832±199*b	695±103b
尖尾芋	69±3*b	39±5b	3 262±152*b	1 547±283a	575±24a	535±51a	4 003±289*a	1 875±133a
风车草	97±8*b	47±2b	7 287±277*a	3 652±189a	700±58*a	610±19a	2 800±94*b	1 863±179b
大叶皇冠草	357±39*b	200±6b	14 363±1 407*a	8 375±349a	1 078±69*a	567±64a	3 933±99b	3 900±121b
红蛋	384±19*b	189±4b	12 692±693*a	8 028±346a	738±94*a	497±41a	6 738±243*b	5 613±226b
黑籽荸荠	83±5b	57±6b	3 715±352*a	2 255±215a	417±29*a	528±23a	1 527±652*b	1 228±43b
圆币草	114±10*b	80±8b	4 244±295*a	2 357±271a	587±51*a	457±52a	3 567±406*b	2 427±182a
铺地黍	71±3b	64±6b	3 470±144*a	991±58b	572±38*a	553±22a	3 592±134*a	2 838±284a
野荸荠	99±7*b	50±9b	5 115±159*a	2 494±209a	808±65*a	647±65a	2 373±107*b	1 222±59b
小婆婆纳	292±11*b	161±5b	769±263*b	4 135±417a	613±45a	682±25a	2 888±97*a	1 723±36b

注:星号(*)表示同一植物在淹水和非淹水条件的差异显著(T-检验),不同字母表示同种植物根表和根际锰在(T-检验)水平上差异显著($P<0.05$);平均值±标准误,$n=3$。

表 9-7　不同湿地植物在淹水和非淹水凡口土培三个月后体内的 Pb 和 Zn 浓度

单位:mg·kg⁻¹

植物种类	地上部分铅浓度		根系铅浓度		根表铅浓度		地上部分锌浓度		根系锌浓度		根表锌浓度	
	W	D	W	D	W	D	W	D	W	D	W	D
石菖蒲	6±1ᶜ	2±1ᶜ	161±20*ᵇ	322±26ᵃ	181±16*ᵇ	68±12ᵇ	88±7ᶜ	99±4ᶜ	442±27*ᵇ	731±25ᵇ	302±35*ᵃ	69±17ᵇ
尖尾芋	4±2*ᶜ	37±6ᵃ	74±15*ᶜ	127±6ᵇ	28±6*ᶜ	182±20ᵃ	81±10*ᶜ	828±33ᵃ	157±16*ᶜ	420±14ᶜ	82±14*ᶜ	16±3ᶜ
风车草	26±2ᵇ	15±3	252±28*ᵇ	183±13ᵇ	43±13ᶜ	70±4ᵇ	27±2*ᶜ	113±3ᶜ	388±23ᶜ	385±26ᵇ	133±8*ᵇ	80±6ᵇ
大叶皇冠草	48±5*ᵃ	8±1ᶜ	488±58*ᵃ	386±16ᵃ	153±11ᵇ	130±9ᵃ	154±4*ᵇ	386±10ᵇ	604±34ᵇ	535±24ᵇ	279±13*ᵃ	149±22ᵃ
红蛋	5±2*ᶜ	16±1ᵇ	391±22ᵃ	318±7ᵃ	341±36*ᵃ	167±14ᵃ	188±8*ᵇ	569±19ᵇ	606±21ᵇ	530±25ᵇ	248±10*ᵃ	120±9ᵃ
黑籽荸荠	9±1ᶜ	5±1ᶜ	254±16*ᵇ	23±1ᶜ	239±21*ᵃ	148±9ᵃ	72±5ᶜ	78±5ᶜ	373±21ᶜ	110±7ᶜ	142±9*ᵇ	85±8ᵇ
圆币草	17±2*ᵇ	34±2ᵃ	84±4*ᶜ	141±14ᵇ	36±3ᶜ	47±10ᶜ	412±23*ᵃ	485±15ᵇ	245±17*ᶜ	343±9ᶜ	113±6ᶜ	85±5ᵇ
铺地黍	5±2*ᶜ	14±1ᵇ	324±19*ᵃ	142±12ᵇ	99±8*ᶜ	30±7ᶜ	149±15*ᶜ	309±11ᵇ	579±20*ᵇ	1088±23ᵃ	106±4ᶜ	78±6ᶜ
野荸荠	6±2ᶜ	4±1ᶜ	325±31*ᵃ	73±8ᶜ	94±4ᶜ	53±13ᶜ	80±3ᶜ	145±11ᶜ	663±29*ᵇ	311±7ᶜ	144±13*ᵇ	86±5ᵇ
小婆婆纳	36±5ᵃ	29±1ᵃ	163±6ᵇ	112±7ᵇ	134±5*ᵇ	49±5ᵇ	517±10ᵃ	457±21ᵇ	808±39*ᵃ	489±9ᶜ	213±10*ᵃ	134±14ᵃ

注:星号(*)表示同一植物在淹水和非淹水条件作的差异显著(T-检验),不同字母表示不同植物按照体内同种重金属浓度下归为不同聚类(Ward 法);平均值±标准误,n=3。

表9-8 不同湿地植物在淹水和非淹水重阳土培三个月后体内的 Pb 和 Zn 浓度

单位:mg·kg^{-1}

植物种类	地上部分铅浓度		根系铅浓度		根表铅浓度		地上部分锌浓度		根系锌浓度		根表锌浓度	
	W	D	W	D	W	D	W	D	W	D	W	D
石菖蒲	3±1^c	4±1^c	78±6*	16±1^c	77±8*	39±3^c	27±3^c	49±4^c	197±9^{*b}	542±27^a	97±5^b	78±7^b
尖尾芋	6±1^c	7±1^b	50±3*	23±4^c	81±7	93±15^b	37±4^{*c}	86±5^c	79±4^{*c}	143±4^c	57±10^{*c}	27±3^c
风车草	10±1^b	7±2^b	46±3*	82±9^b	101±7*	42±4^c	27±2^c	36±2^c	55±6^{*c}	138±8^c	87±4^{*b}	50±3^c
大叶皇冠草	3±1^{*c}	30±4^a	356±7*	117±3^a	283±24	340±16^a	102±4^b	95±6^b	146±7^{*b}	398±18^a	172±13^{*a}	127±10^a
红蛋	35±2^{*a}	9±2^b	407±22*	134±6^a	232±18*	348±28^a	253±15^{*b}	112±6^b	192±8^{*b}	115±10^c	203±11^{*a}	152±10^a
黑籽荸荠	4±1^c	4±1^c	96±4*	11±1^c	135±17	100±2^b	148±12^{*b}	46±3^c	343±23^{*a}	82±9^c	97±6^b	70±4^b
圆币草	38±3^{*a}	4±1^c	51±5	60±3^b	50±3	37±9^c	526±17^{*a}	67±2^c	616±26^{*a}	96±5^c	90±8^b	76±5^b
铺地黍	4±1^c	3±1^c	226±13*	38±1^c	62±17	25±6^c	29±3^{*c}	125±8^b	144±5^b	138±7^c	98±9^{*b}	66±5^b
野荸荠	2±1^c	8±2^b	365±13*	84±8^b	70±3	47±2^c	37±6^{*c}	128±8^b	104±7^{*c}	224±14^b	103±16^{*b}	61±9^b
小婆婆纳	14±1^{*b}	7±1^b	85±5*	27±2^c	57±6*	27±2^c	334±23^{*b}	172±10^a	288±5^a	209±12^b	112±7^b	96±4^b

注:星号(＊)表示同一植物在淹水和非淹水条件的差异显著(T-检验),不同字母表示不同植物按照体内同种重金属浓度下归为不同聚类(a>b>c)(Ward法);平均值±标准误,n=3。

表9-9　不同湿地植物在淹水和非淹水凡口土培三个月后体内的铅的吸收及分布

植物种类	铅的总吸收量/ ($\mu g \cdot plant^{-1}$)		铅的分布					
			地上部分		根系		根表	
	W	D	W	D	W	D	W	D
石菖蒲	289±51 * b	50±13 b	8±2 c	8±1 c	43±4 * c	76±2 a	49±4 * a	16±2 c
尖尾芋	94±15 * c	307±27 a	13±1 * b	29±5 b	63±5 * a	29±4 c	24±4 * b	41±3 b
风车草	691±108 * b	104±25 b	29±2 a	37±3 a	61±3 a	45±2	10±2 c	17±1 c
大叶皇冠草	643±119 * b	72±21 b	28±3 * a	9±3 c	55±2 b	68±5 a	17±1 c	23±2 b
红蛋	667±29 * b	37±7 c	2±0.3 * c	8±2 c	53±4 b	60±2 a	46±4 a	31±2 b
黑籽荸荠	111±11 * c	8±1 c	2±0.4 * c	8±3 c	50±3 * b	12±2 c	47±3 * a	80±3 a
圆币草	105±3 * c	79±7 b	29±3 a	32±4 b	50±4 b	51±4 b	21±1 b	17±3 c
铺地黍	1 040±331 * a	33±6 c	6±2 * c	57±15 a	72±4 * a	34±7 b	22±2 * b	9±2 c
野荸荠	269±25 * b	23±8 c	6±1 * c	27±12 b	72±6 * a	41±3 b	21±4 b	32±3 b
小婆婆纳	390±48 * b	30±9 c	23±3 * a	40±10 a	42±2 c	41±6 b	34±3 * a	19±4 c

注:星号(＊)表示同一植物在淹水和非淹水条件的差异显著(T-检验),不同字母表示不同植物按照体内同种重金属浓度下归为不同聚类(a>b>c)(Ward 法);平均值±标准误差,$n=3$。

表9-10　不同湿地植物在淹水和非淹水凡口土培三个月后体内的锌的吸收及分布

植物种类	锌的总吸收量/ ($\mu g \cdot plant^{-1}$)		锌的分布					
			地上部分		根系		根表	
	W	D	W	D	W	D	W	D
石菖蒲	665±162 * b	268±14 b	10±2 * c	66±6 b	53±4 b	31±5 a	36±3 * a	3±1 b
尖尾芋	257±14 * c	2 317±23 a	26±4 * b	87±3 a	49±4 * b	16±4 b	25±3 * b	1±0.2 c
风车草	971±291 * b	402±21 b	5±1 * c	71±4 b	71±2 * a	24±3 a	24±2 * b	5±1 b
大叶皇冠草	761±170 * b	290±13 b	15±3 * c	68±11 b	58±2 * b	25±4 a	27±2 * b	6±2 b
红蛋	932±62 * b	138±9 b	18±2 * b	67±6 b	58±6 * b	27±5 a	24±4 * b	6±1 b
黑籽荸荠	128±13 * c	19±1 c	12±1 * c	53±9 c	64±4 * a	26±4 a	24±1 b	21±5 a
圆币草	499±33 c	490±78 b	51±3 a	74±2 b	41±5 * c	21±2 b	14±2 * c	5±1 b
铺地黍	1 895±556 * a	476±31 b	18±2 * b	78±11 a	70±6 * a	20±3 b	13±3 * c	2±1 c
野荸荠	537±48 * b	222±19 b	9±2 * c	76±8 a	75±7 * a	19±5 b	16±1 * c	5±2 b
小婆婆纳	1 559±260 * a	238±42 b	34±5 * a	70±9 b	53±5 * b	23±7 a	14±2 * c	6±2 b

注:星号(＊)表示同一植物在淹水和非淹水条件的差异显著(T-检验),不同字母表示不同植物按照体内同种重金属浓度下归为不同聚类(a>b>c)(Ward 法);平均值±标准误差,$n=3$。

表9-11　不同湿地植物在淹水和非淹水重阳土培三个月后体内的铅的吸收及分布

植物种类	铅的总吸收量/ ($\mu g \cdot plant^{-1}$)		铅的分布					
			地上部分		根系		根表	
	W	D	W	D	W	D	W	D
石菖蒲	52±16 *c	12±1c	17±4 *b	45±4a	43±6 *b	17±3b	40±3a	39±1b
尖尾芋	97±10 *c	40±5a	11±1 *b	22±4b	34±3 *c	15±1b	55±3a	63±5a
风车草	131±31 *b	34±7a	31±5 *a	21±1b	22±2 *c	52±3a	47±6 *a	27±4c
大叶皇冠草	194±43 *a	69±5a	2±0.3 *c	13±3a	54±2 *b	22±1b	43±3 *a	65±1a
红蛋	278±56 *a	20±4b	18±4 *b	7±2c	52±5 *b	26±2b	29±1 *b	67±5a
黑籽荸荠	36±2 *c	6±1b	3±1c	5±1c	42±2 *b	10±1c	57±2 *a	85±3a
圆币草	47±7 *c	27±6b	21±4 *b	7±2c	35±3 *c	58±2a	35±2b	35±4b
铺地黍	245±6 *a	6±1b	3±1 *c	31±6a	76±4 *a	42±5b	20±4c	27±4c
野荸荠	125±15 *b	22±5b	3±0.4 *c	23±6b	82±6 *a	49±5a	16±1 *c	28±4c
小婆婆纳	124±17 *b	28±4b	21±5b	20±4b	47±3b	40±3a	32±2b	40±3b

注:星号(＊)表示同一植物在淹水和非淹水条件的差异显著(T-检验),不同字母表示不同植物按照体内同种重金属浓度下归为不同聚类(a>b>c)（Ward 法）;平均值±标准误,$n=3$。

表9-12　不同湿地植物在淹水和非淹水重阳土培三个月后体内的锌的吸收及分布

植物种类	锌的总吸收量/ ($\mu g \cdot plant^{-1}$)		锌的分布					
			地上部分		根系		根表	
	W	D	W	D	W	D	W	D
石菖蒲	142±37c	135±9b	44±6b	47±3b	37±3b	46±3a	18±2 *b	7±1c
尖尾芋	157±35c	145±11b	41±1 *b	68±2a	35±2 *b	27±2b	24±3 *a	5±1c
风车草	178±35 *c	78±15b	53±8b	48±5b	18±2 *c	38±3a	29±6 *a	14±2b
大叶皇冠草	229±10 *c	98±6b	59±8 *a	29±5b	18±4 *c	54±6a	23±7a	17±1b
红蛋	464±93 *b	27±4c	71±5a	60±8b	14±2c	16±2c	15±3b	23±4a
黑籽荸荠	102±13 *c	11±1c	33±1b	28±2c	52±3 *a	39±2b	15±1 *b	34±3a
圆币草	419±53 *b	66±13c	46±3b	37±4b	47±3a	35±2a	7±1 *c	28±4a
铺地黍	266±48 *b	92±9b	25±2 *c	86±3a	44±2 *a	9±2c	31±2 *a	5±1c
野荸荠	135±24c	113±18b	56±3a	68±5a	22±3c	27±4b	22±3 *a	7±2c
小婆婆纳	858±13 *a	274±43a	67±7a	55±2b	24±5c	31±2b	9±2c	14±1b

注:星号(＊)表示同一植物在淹水和非淹水条件的差异显著(T-检验),不同字母表示不同植物按照体内同种重金属浓度下归为不同聚类(a>b>c)（Ward 法）;平均值±标准误,$n=3$。

9.3 讨 论

9.3.1 不同水分条件和土壤类型对湿地植物生长的影响

试验结果表明,不同的培养土壤和水分处理对湿地植物生长均有较大的影响(见表 9-13)。与非淹水条件相比,淹水条件显著提高了供试湿地植物的生物量。而且生长在不同类型的污染土壤的同种湿地植物的生物量也有较大的差异。生长在 FK 污染土上的植物生物量要显著高于生长在 CY 污染土的植物的生物量($P<0.05$)。这主要是因为 FK 污染土主要是 Pb、Zn 污染,CY 污染土除了存在 Pb、Zn 污染外,还有 As、Cu 等污染。相比之下,CY 污染土对植物的毒性要大于 FK 污染土。另外,在同种水分和土壤处理条件下,不同湿地植物之间根系和地上部分的生物量均存在显著差异($P<0.05$)。

表 9-13 湿地植物地上部分生物量和根部生物量的三因素分析[*]

因素	地上部分生物量	根部生物量
异种(Sp)	72.152[**]	12.171[**]
水分处理(W)	470.552[**]	33.984[**]
培养土壤(Sub)	207.395[**]	0.689[**]
Sp×W	28.75[**]	6.414[**]
Sp×Sub	17.188[**]	2.282[**]
W×Sub	113.17[**]	92.143[**]
Sp×W×Sub	8.956[**]	4.48[**]

注:双星号(＊ ＊)表示在 0.01 水平差异显著($P<0.01$)。[*]淹水和非淹水土培处理三个月后。

9.3.2 水分处理对湿地植物铁锰膜的形成及铁锰膜对重金属的吸收的影响

试验结果表明,与非淹水处理条件相比,淹水处理条件显著提高了湿地植物根表铁的浓度($P<0.05$)。这和前人的研究结果相一致(刘文菊等,2001;Deng,2005;刘艳菊等,2007)。其原因可能是因为在淹水条件下,土壤的氧化还原电位降低,Fe^{2+} 浓度增加,从而使得更多的 Fe^{2+} 与植物根表接触,由于湿地植物根系具有放氧的特点,使还原态 Fe^{2+} 被氧化而在根表沉积形成较厚的铁膜。同样,与非淹水条件相比,淹水处理条件提高了湿地植物根表锰的浓度,但锰增加的幅度不如铁增加的明显。这也和前人的研究结果较为类似(曾祥忠等,2001)。其原因可能是因为土壤 Mn 氧化还原电位的临界值(Eh)在+300 ～ +700 mV,要高于土壤 Fe 的氧化还原电位的临界值在+100 ～ +300 mV,因而湿地植物根际 Fe^{2+} 较 Mn^{2+} 更易氧化。曾祥忠等(2001)对水稻进行铁和锰处理,发现进入水稻根际微区的 Fe^{2+} 更多地被氧化在根系表面或根质外体,而进入水稻根际微区的 Mn^{2+} 则较多地被

吸收转移到水稻地上部分。这和本实验的结果较为一致。在两种水分处理条件下,湿地植物根际土铁的浓度要显著高于根表铁的浓度,而锰则是根表锰的浓度要显著高于根际土锰的浓度。

由表9-14和表9-15可知,水分处理不仅影响根表铁锰和根际土铁锰的浓度,而且还影响Pb和Zn在植物体内的分布。分析结果表明,只有植物根部Zn含量不受水分处理的影响,但是在水分处理条件下,供试植物根表铁膜中Zn含量仍与水分处理显著相关。由此可见,湿地植物根表铁锰和根际土中铁锰对Pb和Zn的吸收有着较大的影响。

试验结果表明,不同湿地植物形成根表和根际铁锰数量的能力是不同的。铁锰氧化物胶膜的形成一般需要满足:①植物生长介质中必须要有充足的铁、锰元素;②铁锰氧化物胶膜形成部位有局部的氧化环境。由表9-16和表9-17可知,湿地植物的渗氧量和根表铁锰浓度和根际土铁浓度显著正相关($P<0.05$)。由此可见,湿地植物的渗氧量是根表和根际土铁锰氧化物形成重要因素之一。

从大量对铁膜的研究结果来看,总的观点认为铁膜是湿地植物对还原性逆境的一种适应性反应,这种氧化膜的存在可能促使一些污染物和养分元素进入根系的屏障或富集库。就本试验结果来看,随着根表和根际铁膜数量的增加,富集在铁膜中的Pb和Zn也显著增加。这和前人研究铁膜富集重金属的结果较为一致。Ye等(1997c,2001)研究发现有铁膜诱导形成宽叶香蒲根表沉积的Cu浓度明显高于没有铁膜形成的对照。本试验结果表明铅的总吸收量的20%~40%沉积在根表铁膜,锌的总吸收量的10%~30%左右沉积在根表铁膜,这一比例和其他重金属元素Cu和Ni在香蒲根表铁膜的沉积量(30%~40%)较为一致(Ye et al.,2001)。根据前人对铁膜富集重金属的研究发现,对一些以阳离子形态存在的重金属元素(Zn、Pb、Cd、Cu、Ni等)来说,吸附在根表铁膜上的比例均小于总量的50%,大部分累积在根部组织中(Ye et al.,2001)。其可能的原因是铁氧化物膜在不同的pH值下,对以阴离子和阳离子形态存在的污染物和营养物质的结合方式和能力是不同的(Batty et al.,2000)。

从本试验结果来看,尽管随着铁膜的数量增加,根部富集的Pb和Zn也增加。但表9-7和表9-8显示Pb和Zn转移到植物地上部分的量也有着较大的差异。对铅元素来说,虽然淹水条件下,根表的铁膜数量增加,但与非淹水条件相比,两种水分处理条件下,植物地上部分Pb浓度并没有明显的差异,这暗示铁膜可能是Pb进入根系的一个缓冲库,可以将介质中的Pb吸附到铁膜上,再转移到根部组织富集起来。对锌元素来说,与非淹水条件相比,植物在淹水条件下地上部分的Zn浓度显著降低,这表明铁膜数量的增加有效地降低了Zn向地上部分运输。这和前人关于铁膜富集Zn的研究结果较为一致。这些研究认为铁膜对Zn的富集作用可能在一定程度上取决于铁膜的数量。Otte等(1989)发现湿地植物紫菀根表铁膜能富集Zn,当铁膜数量在500~2 000 nmol Fe cm^{-2}时则能促进植物对Zn的吸收,当铁膜数量不在这个范围时则对Zn的吸收较低。Zhang等(1999)对水稻研究也发现铁膜对Zn的富集作用同样受一定的数量范围限制。

表9-14 体内铅浓度、根表铁锰膜铁浓度、根际铁锰浓度和渗氧的三因素方差分析

因素	体内铅浓度		根表铁锰膜铁锰浓度			根际铁锰浓度		渗氧量
	地上部分	根系	根表	铁浓度	锰浓度	铁浓度	锰浓度	
异种(Sp)	98.302**	204.838**	149.905**	226.921**	111.568**	277.57**	76.338**	237.85**
水分处理(W)	12.251**	497.478**	31.328**	405.913**	251.367**	278.736**	102.415**	741.612**
培养土壤(Sub)	164.121**	571.439**	0.352	24.867**	2648.146**	368.313**	1738.346**	170.863**
Sp×W	25.017**	70.47**	13.234**	13.854**	5.589**	13.681**	2.509*	20.13**
Sp×Sub	35.071**	26.693**	29.661**	19.484**	100.378**	15.289**	72.081**	4.606**
W×Sub	15.807**	32.742**	18.801**	14.604**	227.787**	73.739**	71.718**	3.083
Sp×W×Sub	109.348**	20.479**	19.893**	22.388**	4.81**	8.632**	3.798*	1.768

注:双星号($**$)表示在0.01水平差异显著($P<0.01$),单星号($*$)表示在0.05水平差异显著($P<0.05$);淹水和非淹水条件三个月后湿地植物体内(物种,水分处理,土壤类型)。

表9-15 湿地植物体内锌浓度、根表铁锰膜铁浓度、根际铁锰浓度和渗氧的三因素方差分析

因素	体内锌浓度			根表铁锰膜铁锰浓度		根际铁锰浓度		渗氧量
	地上部分	根系	根表	铁浓度	锰浓度	铁浓度	锰浓度	
异种(Sp)	455.996**	135.74**	86.368**	226.921**	111.568**	277.57**	76.238**	237.85**
水分处理(W)	230.239**	0.08	17.608**	405.913**	251.367**	278.736**	102.415**	741.612**
培养土壤(Sub)	1 502.469**	2 375.498**	463.779**	24.867**	2 648.146**	368.313**	1 738.46**	170.863**
Sp×W	197.512**	128.221**	0.28	13.854**	5.589**	13.681*	2.509*	20.133**
Sp×Sub	112.79**	131.738**	23.859**	19.484**	100.378**	15.289**	72.081**	4.606**
W×Sub	1 016.501**	1.266	17.608**	14.604**	227.787**	73.739**	71.718**	3.083
Sp×W×Sub	127.619**	88.235**	0.28	22.388**	4.81**	8.632**	3.798**	1.768

注:双星号(**)表示在0.01水平差异显著(P<0.01),单星号(*)表示在0.05水平差异显著(P<0.05);淹水和非淹水条件三个月后(物种,水分处理,土壤类型)。

表 9-16　供试湿地植物根部与地上部铅含量及分布

项目	体内铅浓度		根表铁锰膜铁锰浓度			根际铁锰浓度		铅含量		渗氧量
	根系	根表	铁浓度	锰浓度	铁浓度	锰浓度	地上部分	根部		
地上部分铅浓度	ns	ns	0.195*	ns	0.351**	ns	0.528**	−0.192**	0.32*
根系铅浓度		0.448**	0.414**	ns	0.551**	ns	−0.295**	0.676**	0.618*
根表铅浓度			0.529**	ns	0.524**	ns	−0.465**	ns	0.291*
根表铁锰膜铁浓度				0.567**	0.539**	0.299**	−0.241**	ns	0.672*
根表铁锰膜锰浓度					ns	0.818**	−0.187*	ns	0.231*
根际铁浓度						ns	ns	0.21*	0.678*
根际锰浓度							ns	ns	ns
地上部分铅含量								−0.379**	ns
根部铅含量									0.393*

注：双星号（＊＊）表示在 0.01 水平差异异显著（P<0.01），单星号（＊）表示在 0.05 水平差异异显著（P<0.05）。根表铁锰浓度，根际锰浓度和渗氧量之间的泊松矩矩相关系数（n=120）。

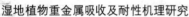

表9-17 供试湿地植物根部与地上部锌含量及分布

项目	体内锌浓度		根表铁锰膜铁锰浓度		根际铁锰锰浓度		锌含量		渗氧量
	根系	根表	铁浓度	锰浓度	铁浓度	锰浓度	地上部分	根部	
地上部分锌浓度	0.423**	ns	ns	-0.206*	0.308**	-0.194*	0.409**	-0.225*	ns
根系锌浓度		0.293**	ns	-0.42**	0.293**	-0.452**	ns	0.326*	0.206*
根表锌浓度			0.704*	ns	0.685**	ns	-0.435**	0.323**	0.68*
根表铁锰膜铁浓度				0.567**	0.539**	0.299**	-0.28*	0.2*	0.672*
根表铁锰膜锰浓度					ns	0.818**	ns	-0.291**	0.231*
根际铁浓度						ns	ns	ns	0.678*
根际锰浓度							ns	-0.295**	ns
地上部分锌含量								-0.194**	-0.222*
根部锌含量									0.185*

注:双星号（＊＊）表示在0.01水平差异显著（$P<0.01$），单星号（＊）表示在0.05水平差异显著（$P<0.05$）。根表铁锰浓度，根际铁锰浓度和渗氧量之间的泊松矩相关系数（$n=120$）。

由此可见,不同氧化能力的湿地植物形成铁膜的能力不同。渗氧能力较强的植物根表形成铁膜的能力也较高,同时渗氧能力较强的植物根部的生物量也较高。这样有着较高和较强渗氧能力的植物根部生物量的植物其根表面积也相应较大,其根表铁膜能够容纳铁数量的饱和能力较强,这样就能够富集较高浓度重金属如 Pb 和 Zn 等。对于渗氧能力较弱和根部生物量较低的植物,其根表铁膜容纳铁数量的饱和能力较弱,其根表铁膜的沉积很快达到饱和。因此,当周围介质重金属浓度继续增加时,铁膜对重金属的富集作用也达到饱和。

⇨ 参考文献

BATTY L C,BAKER A J M,WHEELER B D,2000. The effect of pH and plaque on the uptake of Cu and Mn in *Phragmites australis* (Cav.) Trin ex,Steudel[J]. Annals of Botany,86:647-653.

DENG H,2005. Metal (Pb,Zn,Cu,Cd,Fe) Uptake,Tolerance and Radial Oxygen Loss in Typical Wetland Plants[D]. Hong Kong:Hong Kong Baptist University.

HANSEL C M,FORCE M J,FENDORF S,2002. Spatial and temporal association of As and Fe species on aquatic plant roots[J]. Environment,Science and Technology,36:1988-1994.

LIU H J,ZHANG J L,CHRISTIE P,2008. Influence of iron plaque on uptake and accumulation of Cd by rice (*Oryza sativa* L.) seedlings grown in soil[J]. Science of the Total Environment,394(2-3):361-368.

LIU H J,ZHANG J L,ZHANG F S,2007. Role of iron plaque in Cd uptake by and translocation within rice (*Oryza sativa* L.) seedlings grown in solution culture[J]. Journal of Experimental Botany,59:314-320.

LIU W J,ZHU Y G,SMITH F A,2004. Do iron plaque and genotypes affect arsenate uptake and translocation by rice seedlings (*Oryza sativa* L.) grown in solution culture[J]. Journal of Experimental Botany,55(403):1707-1713.

LIU W J,ZHU Y G,SMITH F A,2005. Effects of iron and manganese plaques on arsenic uptake by rice seedlings (*Oryza sativa* L.) grown in solution culture supplied with arsenate and arsenite[J]. Plant and Soil,277:127-138.

OTTEM L,ROZEMA J,KOSTER L,1989. Iron plaque on roots of *Aster tripolium* L.,interaction with zinc uptake[J]. New Phytologist,111:309-317.

TAYLOR G J,CROWDER A A,1983b. Uptake and accumulation of copper,nickel,and iron by Typha latifolia grown in solution culture[J]. Canadian Journal of Botany,61:1825-1830.

YE Z H,BAKER A J M,WONG M H,1997c. Copper and nickel uptake,accumulation and tolerance in Typha latifolia with and without iron plaque on the root surface[J]. New Phytologist,136:481-488.

YE Z H,WHITING S N,LIN Z Q,2001. Removal and distribution of iron,manganese,cobalt and nickle within a Pennsylvania constructed wetland treating coal combustion by-product leachate[J]. Journal of Environmental Quality,30:1464-1473.

ZHANG X K,ZHANG F S,MAO D R,1999. Effect of iron plaque outside roots on nutrient uptake by rice (*Oryza sativa* L.):Phosphorus uptake[J]. Plant and Soil,209(2):187-192.

曾祥忠,吕世华,刘文菊,2001. 根表铁,锰氧化物胶膜对水稻铁,锰和磷,锌营养的影响[J]. 西南农业学报,14(4):34-38.

刘文菊,尹君,李习平,2001. 根表铁膜对水稻吸收污灌土壤中的锌的影响[J]. 土壤与环境,10(4):270-272.

刘艳菊,朱永官,丁辉,2007. 水稻根表铁膜对水稻根吸收铅的影响[J]. 环境化学,26(3):327-330.

第 10 章

湿地植物根部渗氧对根际 pH 值、Eh、铁的氧化及铅锌化学形态的影响

湿地植物能够生长在淹水、缺氧和还原的土壤中是因为它们地上部分能够将空气中的氧气输送到根部用来供根呼吸。湿地植物地上部分将这些氧气输送到根部除了满足根部呼吸外,还可以引起植物根际一些变化,如 pH 值的变化和根际铁的氧化。铁的氧化主要是氧气和土壤中的 Fe^{2+} 反应生成难溶的氢氧化铁。根际 pH 值的变化可能是由两方面的原因导致,一是植物吸收土壤中的阳离子较多,为保持土壤离子平衡,根向土壤分泌质子;二是植物根和土壤之间的二氧化碳传递,植物根部呼吸产生的二氧化碳传送到土壤导致被土壤吸收。根际 pH 值的变化和铁的氧化会对湿地植物根际环境产生一定的影响,这些影响对根际土壤重金属形态变化有较大的影响。近年来有关根际环境与土壤重金属形态变化已有大量的报道。许多研究者利用根际袋和根际箱等来研究根际土壤中元素形态及有效性的变化。Youssef 等(1997)研究土壤中 Ni 的迁移并发现小麦根际土壤中 Ni 的有效性高于非根际。陈有鑑等(2003)研究了不同生长时期的玉米根际土壤 Pb、Cd、Pb、Zn、Cr 的变化并发现不同重金属在根际土壤中的相对变化有较大的幅度。Lin 等(2003,2004)研究发现水稻根际土壤溶液中铅含量高于非根际并发现 Pb 的存在可提高根际 Cd 的有效性。Liu 等(2008)研究红树植物狭叶秋茄树则发现根际有效态的 Cd 低于非根际。

上述研究一般采用人工加入重金属的方式处理土壤。考虑到重金属形态分布变化的动力学过程,用这样的土壤获得的结果不能简单地推广到实际污染土壤。本研究的目的在于运用根箱法及经典的 Tessier 连续提取法来研究种植在实际污染土壤中的不同渗氧能力的湿地植物的根际 pH 值、氧化还原电位(Eh)、铁的氧化及重金属化学形态的变化,从而一方面可以揭示渗氧在湿地植物根际的重金属形态变化中的作用,另一方面也为湿地植物修复重金属污染土壤提供理论指导和依据。

10.1　试验材料和研究方法

10.1.1　试验材料和土壤

10.1.1.1　试验材料

根据前人试验结果选取 5 种不同渗氧能力的湿地植物作为本试验的试验材料(见表10-1)。

表 10-1 供试湿地植物名称

植物名	学名	科属	子叶	引种地	生境
大叶皇冠草	*Echinodorus amazonicus*	泽泻科	单子叶	珠海淇澳	水塘
黑籽荸荠	*Eleocharis geniculata*	莎草科	单子叶	珠海横琴	湿地
圆币草	*Hydrocotyle vulgaris*	伞形科	双子叶	广州花地湾	水塘
草龙	*Jussiaea linifolia*	柳叶菜科	单子叶	珠海横琴	水塘
小婆婆纳	*Veronica serpyllifolia*	玄参科	双子叶	珠海淇澳	湿地

10.1.1.2 试验土壤

试验所用土为韶关凡口铅锌矿附近农田的污染土(FK)和大宝山铅锌铜铁复合矿附近农田污染土(CY),使得研究结果更加接近实际情况。土壤基本理化性质见表9-2。

10.1.2 研究和分析方法

10.1.2.1 根际箱的设计及土壤处理

用有机玻璃制成规格为 15 cm(底边)×15 cm(底边)×12 cm(高)的箱子,顶部开口(图 10-1)。每个根际箱内分为几个部分,每个部分之间被带有机玻璃框架的尼龙网(孔径 50 μm)相隔开,尼龙网的面积为 15×12 cm²,塑料框架的厚度为 2 mm。根际箱的中间由两个框架相对拼合而成一个区间,厚度为 4 mm。以这个区间的中间线为中心,在左右两边距中心 4 mm、8 mm、40 mm 处分别插入尼龙网框架,这样根际箱内部就被分为中间(0～2 mm)(种植植物)、距中心 2～4 mm(根际,表示为 S_1)、4～8 mm(近根际,表示为 S_2)、8～40 mm(近非根际,表示为 S_3)、大于 40 mm(非根际,表示为 S_4)的几个部分。

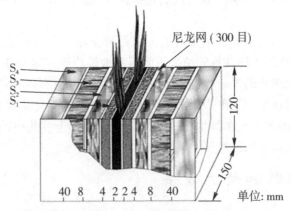

图 10-1 根际箱示意图

所用两种污染土壤均是采自于 20 cm 的表层土,自然风干后磨碎,除去石砾、植物残体,过 1 mm 筛备用。选取生长良好、大小一致的植物幼苗,移栽进每个根际箱的中间部分,每个根际箱移栽两株植物,每种土壤每种植物做 4 个重复,全部在淹水的条件下培养

5 个月后收获。试验期间温度为 18 ~ 28 ℃,光照为自然光,相对湿度为 65% ~ 85%。

10.1.2.2　试验处理

(1)湿地植物根际 pH 值和 Eh 的测定　收获植物前,分别测定每种处理每种植物近根际(S_2)土壤 Eh。植物收获后,小心取出根际箱内各个部分的土壤,风干,磨碎,过 0.2 mm 的筛。pH 值的测定,先用去离子水:土 = 2.5:1 混合,达平衡后,用 pH 计测定。所用仪器计型号为 pH/Oxdi 340i(新加坡制)。

(2)湿地植物根表铁膜的提取　五个月后,将放入根际箱中的湿地植物收获后用超纯水洗干净根部,用 DCB 法(Taylor et al. ,1983b)提取湿地植物根表铁膜,提取液定容后用 ICP-AES 进行测定溶液中的 Pb、Zn、Fe、Mn 元素含量。植株根表 Fe、Mn 胶膜数量采用 mg · kg⁻¹(根干重)为单位。

湿地植物提取铁膜后将植物用超纯水洗净,于 65 ℃烘箱中烘干至恒重,将地上部分和根部分开,分别称量并计算其地上部分和根部干重。

将烘干后的样品剪碎,称量植物样约 0.5 g 后放入消化管中,加入 5 mL 浓硝酸(优级纯),浸泡过夜;放入消化炉内 90 ℃ 30 min→140 ℃ 30 min→180 ℃ 1 h→冷却→1 mL HClO$_4$→160 ℃ 20 min→180 ℃ 2 h→冷却后用超纯水定容;用原子荧光光度计(Hitachi-Z-5300)测定消解溶液中 Pb、Zn、Fe、Mn 的浓度。为了进行质量控制,测试样品中包含空白和标准物质 GSV-2(灌木叶片)(中国地矿部物化探研究所)。

(3)土壤可提取态 Fe^{3+} 和 Fe^{2+} 的测定　植物收获后,测定 S_1、S_2、S_3 和 S_4 层土壤可溶性铁的浓度(Fe^{3+} 和 Fe^{2+})。测定方法采用 Begg 等(1994)的方法。

(4)土壤 Pb 和 Zn 化学形态的测定　用连续提取法(Tissier et al. ,1979)提取土壤中各个形态的重金属。实验步骤见表 10-2。

表 10-2　铅锌连续提取操作步骤

步骤	提取步骤	重金属形态
1	称量 1.0 g 样品,加 8 mL 1 mol · L⁻¹ MgCl$_2$(pH=7),室温下搅拌 1 h	可交换态(EX)
2	残渣中加 8 mL 1 mol · L⁻¹ CH$_3$COONa(CH$_3$COOH 调至 pH=5),室温下放置 5 h	碳酸盐结合态(WSA)
3	残渣中加 20 mL 0.04 mol · L⁻¹ NH$_2$OH · HCl 和 25% CH$_3$COOH 混合液,96 ℃下适当搅拌 6 h	锰氧化物结合态(OX)
4	残渣中加 3 mL 0.02 mol · L⁻¹ HNO$_3$ 和 5 mL 30% H$_2$O$_2$(pH=2),85 ℃下适当搅拌 2 h;加 3 mL 30% H$_2$O$_2$,85 ℃下适当搅拌 3 h;加 5 mL 3.2 mol · L⁻¹ CH$_3$COONH$_4$ 和 20% HNO$_3$ 混合液,室温下连续搅拌 0.5 h	有机质结合态(OM)
5	残渣中加 3 mL 蒸馏水、7.5 mL HCl 和 2.5 mL HNO$_3$;静置一整夜,加热消化	残渣态(RES)

(5)土壤 Pb 和 Zn 移动性因子的测定　重金属的移动性因子(MF)采用 Kabala 和

Singh(2001)定义的公式：

$$MF = \frac{EX + WSA}{EX + WSA + OX + OM + RES} \times 100\% \qquad (10-1)$$

10.2 结果与分析

10.2.1 根际箱条件下湿地植物根际土的 pH 值和 Eh 变化

10.2.1.1 根际箱条件下湿地植物根际土的 pH 值

从图 10-2 可知,未种植物的 FK 土和 CY 土即对照土的 pH 值均显著高于根际土 pH 值($P<0.05$)。与非根际土相比,种植五个月后五种供试植物的根际土的 pH 值均显著下降,并且是根际土的 pH 值显著低于近根际和非根际土的 pH 值($P<0.05$)。生长于 FK 土的五种供试植物根际 pH 值下降范围是 $0.1 \sim 0.3$,CY 土的根际 pH 值下降范围是 $0.2 \sim 0.4$。五种供试植物非根际土的 pH 值则和对照土的 pH 值差异不大。五种供试植物之间的根际 pH 值也有所不同。FK 土培条件下,草龙的根际 pH 值是最低的,为 5.72,CY 土培条件下,大叶皇冠草的根际 pH 是最低的,为 6.17。

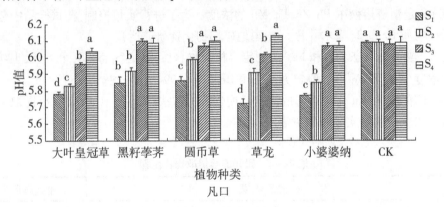

凡口

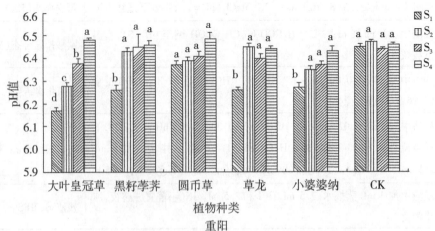

重阳

图 10-2 种植物五个月后根际和非根际土壤的 pH 值

(平均值±标准误, $n=4$)

10.2.1.2 根际箱条件下湿地植物近根际土的 Eh

从图 10-3 可知,不栽种植物的两种土壤的 Eh 显著低于栽种植物的土壤的 Eh($P<0.05$)。因为根际(S_1)设计宽度只有 2 mm,测定 Eh 时,电极不能插入其中。故选择近根际(S_2)土的 Eh 来进行测定。五种供试湿地植物在两种污染土壤中的 Eh 趋势基本一致。其中放氧能力较强的大叶皇冠草和小婆婆纳两种植物近根际(S_2)的 Eh 显著高于其他三种植物($P<0.05$)。供试植物在两种土的 Eh 也有所不同。生长于 FK 土上的植物的近根际 Eh 则显著高于 CY 土中的 Eh($P<0.05$)。

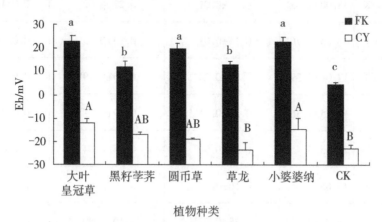

图 10-3 种植植物五个月后近根际(S_2)土壤的 Eh

(平均值 ± 标准误,n =4)

10.2.2 根际箱条件下湿地植物幼苗的生长

由表 10-3 可知,5 种供试湿地植物在 FK 土中的株高和生物量(总重、地上部分干重和根部的干重)大都显著高于生长在 CY 土中的同种植物($P<0.05$)。与生长在 FK 土中的植物相比,草龙和大叶皇冠草的株高和干重(总重)下降幅度最大。草龙的株高和干重(总重)分别下降了 48.5% 和 30%;大叶皇冠草的株高和干重(总重)则分别下降了 47.1% 和 66.2%。其余三种植物株高和干重变化差异不大。造成这种情况的原因可能是不同土壤的理化性质和不同的重金属毒性导致的,如 FK 土的一些营养元素如 N、P 等高于 CY 土。而且 CY 土除了 Pb、Zn 污染外,还有其他污染如 As、Cu 等。

表10-3　种植植物五个月后的株高和生物量

植物种类	土壤	株高/cm	干重/($g \cdot plant^{-1}$)	地上部分生物量/($g \cdot plant^{-1}$)	根部生物量/($g \cdot plant^{-1}$)
大叶皇冠草	FK	33.03±4.03[a]	2.07±0.48[a]	1.84±0.43[a]	0.221±0.054[a]
	CY	17.50±1.80[b]	0.70±0.07[b]	0.53±0.09[b]	0.174±0.038[b]
黑籽荸荠	FK	38.08±2.93[a]	0.27±0.01[a]	0.22±0.02[a]	0.044±0.080[a]
	CY	34.35±1.76[a]	0.16±0.01[b]	0.19±0.15[a]	0.022±0.004[b]
圆币草	FK	17.08±2.39[a]	1.00±0.24[a]	0.95±0.19[a]	0.040±0.065[a]
	CY	10.25±1.36[b]	0.55±0.14[b]	0.39±0.11[b]	0.032±0.037[b]
草龙	FK	26.55±3.45[a]	0.23±0.04[a]	0.16±0.04[a]	0.066±0.009[a]
	CY	13.65±1.45[b]	0.16±0.01[b]	0.10±0.01[b]	0.058±0.013[a]
小婆婆纳	FK	44.03±3.50[a]	1.18±0.21[a]	1.10±0.20[a]	0.078±0.033[a]
	CY	47.35±4.72[a]	0.84±0.07[b]	0.77±0.07[b]	0.069±0.006[a]

注:不同字母表示同种植物在不同污染土壤上于0.05（T-检验）水平上差异显著;平均值±标准误,n=4。

10.2.3　根际箱条件下湿地植物体内和根表铁膜对铅和锌的吸收

由表10-4和表10-5可知,生长在两种污染土中的五种湿地植物体内和根表铁膜重金属含量。同第9章试验结果较为一致,五种供试植物根表富集的铁膜数量显著高于锰膜数量($P<0.05$)。生长于FK土的五种植物根表铁膜中的Pb和Zn浓度之间没有显著差异,而生长于CY土中的植物根表铁膜之间Pb和Zn浓度之间有显著差异($P<0.05$)。Pb在植物体内主要分布在植物根部,其次是根表铁膜,地上部分最少。而Zn在植物体内由高到低的分布顺序为根表铁膜>根部>地上部分。

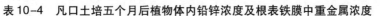

表 10-4　凡口土培五个月后植物体内铅锌浓度及根表铁膜中重金属浓度

单位:mg·kg^{-1}

植物种类	根部		地上部分		根表铁膜			
	Pb	Zn	Pb	Zn	Pb	Zn	Fe	Mn
大叶皇冠草	642±65^a	1 144±86^a	158±6^b	349±30^c	348±91^a	842±63^a	136 062±19 499^a	2 318±531^a
黑籽荸荠	397±53^b	880±53^b	91±10^c	250±31^d	380±19^a	927±43^a	67 918±13 748^b	1 994±329^a
圆币草	180±11^c	182±2^c	52±13^d	495±9^b	301±96^a	843±342^a	67 988±13 748^b	1 860±678^a
草龙	502±49^b	593±28^c	55±13^d	231±5^d	358±20^a	812±28^a	42 295±4 408^b	1 269±178^a
小婆婆纳	367±18^b	794±46^b	190±7^a	527±24^a	266±23^a	757±46^a	51 977±11 855^b	988±302^b

注:同一列不同字母表示不同植物在 0.05(LSD 检验)水平上差异显著;凡口土培五个月后,平均值±标准误,n=3。

表 10-5　重阳土培五个月后植物体内铅锌浓度及根表铁膜中重金属浓度

单位:mg·kg^{-1}

植物种类	根部		地上部分		根表铁膜			
	Pb	Zn	Pb	Zn	Pb	Zn	Fe	Mn
大叶皇冠草	561±74^a	429±41^a	17±5^b	246±24^b	171±3^b	499±95^a	64 662±14 033^a	22 135±2 106^a
黑籽荸荠	130±5^b	327±9^b	50±7^a	177±20^{bc}	281±9^a	460±23^a	33 973±9 710^b	5 764±1 671^c
圆币草	93±12^b	226±10^c	38±2^{ab}	162±18^c	50±9^c	347±32^{ab}	7 483±243^c	1 435±72^d
草龙	106±4^b	197±8^c	31±9^b	197±13^{bc}	135±7^b	285±14^b	12 133±488^b	4 410±455^{cd}
小婆婆纳	132±17^b	358±31^{ab}	59±12^a	336±37^a	176±42^b	222±51^b	20 953±2 773^b	9 904±1 301^b

注:同一列不同字母表示不同植物在 0.05(LSD 检验)水平上差异显著;重阳土培五个月后,平均值±标准误,n=3。

10.2.4　根际箱条件下湿地植物根际 Fe^{2+} 和 Fe^{3+} 浓度

由表 10-6 和表 10-7 可知,未种植物的两种污染对照土的 Fe^{2+} 和 Fe^{3+} 浓度均显著高于供试根际土的 Fe^{2+} 和 Fe^{3+} 浓度(P<0.05),而和供试植物的非根际土的 Fe^{2+} 和 Fe^{3+} 浓度差异不大。五种供试植物根际土的 Fe^{2+} 和 Fe^{3+} 浓度也显著低于其非根际土的 Fe^{2+} 和 Fe^{3+} 浓度(P<0.05)。并且五种供试植物之间根际土的 Fe^{2+} 和 Fe^{3+} 浓度差异也较为显著(P<0.05)。生长于两种污染土的大叶皇冠草根际 Fe^{2+} 浓度显著低于其他四种植物(P<0.05)。生长于 FK 土的草龙根际 Fe^{3+} 浓度显著低于其他四种植物(P<0.05),而生长于 CY 土的大叶皇冠草根际的 Fe^{3+} 浓度最低。

表10-6 凡口土塔五个月后根际和非根际土的可提取态 Fe^{2+} 和 Fe^{3+} 浓度

单位：mmol·kg^{-1}

植物种类	Fe^{2+}				Fe^{3+}			
	S_1	S_2	S_3	S_4	S_1	S_2	S_3	S_4
大叶皇冠草	1.65±0.04[b-C]	2.17±0.08[bc-B]	2.79±0.08[c-A]	2.91±0.02[c-A]	2.34±0.09[d-C]	2.54±0.07[bc-C]	3.05±0.04[c-B]	3.32±0.06[b-A]
黑籽荸荠	2.15±0.05[b-C]	2.37±0.07[b-B]	3.00±0.01[c-A]	3.13±0.07[bc-A]	2.94±0.08[b-BC]	3.39±0.05[a-A]	3.17±0.06[bc-AB]	2.90±0.12[bc-C]
圆币草	1.94±0.07[b-B]	1.96±0.10[c-B]	3.31±0.06[b-A]	3.46±0.20[b-A]	2.23±0.04[d-C]	2.78±0.05[a-B]	3.65±0.06[a-A]	3.93±0.20[a-A]
草龙	2.03±0.03[b-D]	2.28±0.06[bc-C]	2.83±0.04[c-B]	3.26±0.07[bc-A]	2.29±0.05[d-C]	2.40±0.07[c-C]	3.10±0.10[c-B]	3.39±0.14[b-A]
小婆婆纳	1.87±0.11[b-D]	2.10±0.04[bc-C]	2.90±0.05[c-B]	3.19±0.06[bc-A]	2.70±0.05[c-C]	2.50±0.03[bc-C]	3.18±0.05[bc-B]	3.52±0.18[b-A]
CK	5.02±0.41[a-A]	4.86±0.26[a-A]	4.97±0.19[a-A]	4.87±0.38[a-A]	3.62±0.17[a-A]	3.56±0.10[a-A]	3.39±0.14[b-A]	3.36±0.03[b-A]

注：小写字母表示不同植物在0.05（LSD 检验）水平上相关性显著，大写字母表示同种植物根际和非根际在0.05（LSD 检验）水平上差异显著，平均值±标准误，$n=4$。

表 10-7　重阴土培五个月后根际和非根际土的可提取态 Fe²⁺和 Fe³⁺浓度

单位：mmol·kg⁻¹

植物种类	Fe^{2+}				Fe^{3+}			
	S_1	S_2	S_3	S_4	S_1	S_2	S_3	S_4
大叶皇冠草	0.70±0.22[c-B]	0.87±0.05[c-B]	1.14±0.09[b-A]	1.28±0.01[b-A]	2.44±0.15[c-B]	2.93±0.24[d-B]	4.35±0.27[b-B]	4.43±0.14[bc-A]
黑籽荸荠	0.73±0.12[c-B]	0.86±0.11[c-B]	1.07±0.07[c-A]	1.11±0.05[c-A]	3.19±0.12[c-C]	3.39±0.32[c-C]	4.60±0.23[ab-B]	5.20±0.17[ab-A]
圆币草	0.86±0.14[b-C]	1.09±0.21[b-B]	1.22±0.09[b-A]	1.22±0.12[bc-A]	2.6±0.1[bc-C]	3.31±0.17[bc-B]	5.08±0.42[a-A]	5.24±0.30[a-A]
草龙	0.89±0.15[b-B]	1.01±0.07[b-B]	1.1±0.12[bc-B]	1.18±0.14[bc-A]	3.15±0.08[b-B]	3.46±0.35[bc-B]	4.5±0.26[ab-B]	4.72±0.27[b-A]
小婆婆纳	0.89±0.12[b-C]	0.97±0.06[bc-B]	1.1±0.08[bc-B]	1.24±0.09[bc-A]	2.64±0.21[c-D]	3.77±0.12[b-C]	4.6±0.34[ab-B]	5.13±0.32[ab-A]
CK	1.89±0.18[a-A]	1.56±0.08[a-A]	1.7±0.14[a-A]	1.55±0.11[a-A]	5.09±0.14[a-A]	5.24±0.19[a-A]	5.07±0.35[a-A]	5.23±0.16[a-A]

注：小写字母表示不同植物在 0.05（LSD 检验）水平上相关性显著，大写字母表示同种植物根际和非根际在 0.05（LSD 检验）水平上差异显著；平均值±标准误，$n=4$。

10.2.5 根际箱条件下湿地植物根际铅和锌形态变化

10.2.5.1 生长在凡口污染土的植物根际铅和锌形态变化

由表 10-8 和表 10-9 可知生长于 FK 污染土五种植物根际和非根际土中 Pb 和 Zn 形态变化分布。在根际(S_1)和非根际(S_2、S_3、S_4)土中,Pb 形态主要以铁锰氧化态(OX)为主(34.33% ~ 42.08%),其次是残渣态(RES)(20.69% ~ 24.18%)、有机态(OM)(16.88% ~ 21.02%)、碳酸盐结合态(WSA)(15.68% ~ 25.31%)。可交换态(EX)由于含量较低检测不出。与 S_3 和 S_4 土相比,S_1 和 S_2 土的 WSA-Pb 和 RES-Pb 浓度显著降低,OX-Pb 和 OM-Pb 浓度则显著增加($P<0.05$)。Zn 形态主要以 RES 为主(39.06% ~ 45.75%),其次是 OX(30.56% ~ 37.30%)、OM(12.83% ~ 17.34%)、WSA(5.89% ~ 10.10%)和 EX(0.01% ~ 0.10%)。与 Pb 分布不同,S_1 和 S_2 土的 WSA-Zn 和 OX-Zn 浓度显著降低,OM-Zn 和 RES-Zn 浓度则显著升高($P<0.05$)。五种供试植物根际(S_1)的铅锌形态含量差异较大,大叶皇冠草根际 WSA-Pb 和 WSA-Zn 显著低于其他植物,OM-Pb、RES-Pb 和 RES-Zn 则显著高于其他植物($P<0.05$)。

表 10-8 植物生长在凡口土五个月后根际和非根际土铅形态分布

铅形态分布	植物种类	S_1	S_2	S_3	S_4
WSA-Pb	大叶皇冠草	15.68%[c-C]	17.15%[d-B]	21.06%[d-A]	21.51%[d-A]
	黑籽荸荠	19.00%[a-C]	20.44%[b-B]	22.89%[b-A]	23.38%[b-A]
	圆币草	19.01%[a-C]	20.42%[b-B]	22.31%[c-A]	22.42%[c-A]
	草龙	19.69%[a-B]	22.57%[a-A]	25.31%[a-A]	25.11%[a-A]
	小婆婆纳	17.51%[b-C]	19.16%[c-B]	22.10%[c-A]	22.13%[c-A]
OX-Pb	大叶皇冠草	41.41%[a-A]	40.29%[a-B]	38.13%[b-C]	38.22%[b-C]
	黑籽荸荠	39.87%[b-A]	38.79%[b-B]	36.53%[a-C]	35.57%[a-D]
	圆币草	40.90%[ab-A]	39.71%[b-B]	35.65%[d-C]	35.67%[d-C]
	草龙	38.60%[c-A]	36.34%[c-B]	34.33%[c-C]	34.36%[c-C]
	小婆婆纳	42.08%[a-A]	39.03%[b-B]	36.03%[cd-D]	37.36%[bc-C]
OM-Pb	大叶皇冠草	21.31%[a-A]	20.34%[a-B]	18.24%[a-C]	17.73%[b-D]
	黑籽荸荠	19.26%[b-A]	18.98%[b-B]	17.30%[b-C]	16.88%[b-D]
	圆币草	18.85%[c-B]	19.73%[b-A]	19.01%[a-A]	19.25%[a-A]
	草龙	21.02%[b-A]	20.20%[b-B]	17.82%[b-C]	17.74%[b-C]
	小婆婆纳	19.05%[c-B]	20.21%[a-A]	18.81%[a-B]	17.83%[b-C]

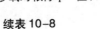

续表 10-8

铅形态分布	植物种类	S₁	S₂	S₃	S₄
RES-Pb	大叶皇冠草	21.60%$^{a-B}$	22.22%$^{a-A}$	22.56%$^{bc-A}$	22.55%$^{b-A}$
	黑籽荸荠	21.20%$^{a-C}$	21.79%$^{b-C}$	23.28%$^{a-B}$	24.18%$^{a-A}$
	圆币草	21.24%$^{a-B}$	20.14%$^{c-C}$	23.03%$^{bc-A}$	22.66%$^{b-A}$
	草龙	20.69%$^{b-B}$	20.89%$^{c-B}$	22.53%$^{c-A}$	22.79%$^{b-A}$
	小婆婆纳	21.36%$^{a-B}$	21.60%$^{b-B}$	23.07%$^{b-A}$	22.68%$^{b-A}$

注:小写字母表示不同植物在 0.05（LSD 检验）水平上差异显著,大写字母表示同种植物根际和非根际在 0.05（LSD 检验）水平上差异显著(下同);平均值,$n=4$。

表 10-9　植物生长在凡口土五个月后根际和非根际土锌形态分布

锌形态分布	植物种类	S₁	S₂	S₃	S₄
EX-Zn	大叶皇冠草	0.10%$^{a-A}$	0.07%$^{a-A}$	0.03%$^{b-B}$	0.03%$^{ab-B}$
	黑籽荸荠	0.05%$^{d-A}$	0.04%$^{c-A}$	0.03%$^{c-B}$	0.01%$^{b-B}$
	圆币草	0.05%$^{c-A}$	0.05%$^{b-A}$	0.04%$^{a-B}$	0.03%$^{a-C}$
	草龙	0.05%$^{d-A}$	0.03%$^{c-B}$	0.03%$^{b-C}$	0.02%$^{ab-C}$
	小婆婆纳	0.08%$^{b-A}$	0.05%$^{b-A}$	0.03%$^{bc-B}$	0.03%$^{a-B}$
WSA-Zn	大叶皇冠草	5.89%$^{c-D}$	7.45%$^{d-C}$	8.79%$^{c-B}$	9.65%$^{a-A}$
	黑籽荸荠	7.06%$^{b-C}$	8.37%$^{b-B}$	9.44%$^{b-A}$	9.68%$^{a-A}$
	圆币草	7.42%$^{a-C}$	9.26%$^{a-B}$	10.10%$^{a-A}$	9.80%$^{a-AB}$
	草龙	7.44%$^{ab-C}$	8.08%$^{c-B}$	9.54%$^{bc-A}$	9.49%$^{b-A}$
	小婆婆纳	7.23%$^{b-C}$	8.45%$^{b-B}$	10.24%$^{a-A}$	9.99%$^{a-A}$
OX-Zn	大叶皇冠草	32.32%$^{c-B}$	33.32%$^{c-B}$	35.89%$^{c-A}$	35.93%$^{b-A}$
	黑籽荸荠	34.45%$^{a-A}$	35.90%$^{a-B}$	36.78%$^{a-A}$	36.66%$^{a-A}$
	圆币草	33.80%$^{a-C}$	35.08%$^{a-B}$	36.19%$^{ab-A}$	36.79%$^{a-A}$
	草龙	30.56%$^{d-B}$	33.11%$^{d-A}$	35.34%$^{d-A}$	35.00%$^{c-A}$
	小婆婆纳	32.93%$^{b-D}$	33.86%$^{b-C}$	36.41%$^{b-B}$	37.30%$^{a-A}$
OM-Zn	大叶皇冠草	15.94%$^{bc-A}$	15.34%$^{b-A}$	14.08%$^{a-B}$	14.13%$^{a-B}$
	黑籽荸荠	14.54%$^{d-A}$	13.81%$^{c-A}$	13.09%$^{b-BC}$	12.83%$^{b-C}$
	圆币草	16.47%$^{a-A}$	14.61%$^{b-B}$	13.58%$^{ab-C}$	13.95%$^{a-C}$
	草龙	17.34%$^{c-A}$	14.59%$^{c-B}$	12.83%$^{a-B}$	13.31%$^{a-B}$
	小婆婆纳	16.29%$^{b-A}$	15.65%$^{a-A}$	13.94%$^{a-B}$	13.61%$^{ab-B}$

续表 10-9

锌形态分布	植物种类	S_1	S_2	S_3	S_4
RES-Zn	大叶皇冠草	45.75% a-A	43.83% b-A	41.21% a-B	40.26% ab-B
	黑籽荸荠	43.89% b-A	41.87% c-B	40.67% a-BC	40.81% a-C
	圆币草	42.26% bc-A	41.00% c-B	40.09% a-C	39.44% bc-D
	草龙	44.62% c-A	44.18% a-A	42.26% a-B	42.17% ab-B
	小婆婆纳	43.46% bc-A	41.98% a-A	39.38% b-B	39.06% c-B

注:小写字母表示不同植物在0.05(LSD检验)水平上差异显著,大写字母表示同种植物根际和非根际在0.05(LSD检验)水平上差异显著(下同);平均值,$n=4$。

10.2.5.2 生长在重阳污染土的植物根际铅和锌形态变化

由表10-10和表10-11可知生长于CY污染土五种植物根际和非根际Pb和Zn形态变化分布。Pb形态分布与FK土有所不同,Pb形态分布由高到低为RES(36.39%~47.54%),其次是OX(30.16%~41.64%)、OM(8.85%~14.1%)、WSA(6.89%~12.37%)。EX-Pb和EX-Zn由于含量较低均检测不出。与FK土五种植物根际Pb变化趋势相同,S_1和S_2土的WSA-Pb和RES-Pb浓度显著降低,OX-Pb和OM-Pb浓度则显著增加($P<0.05$)。Zn形态主要以RES为主(48.88%~52.23%),其次是OX(29.18%~33.04%)、OM(7.8%~12.5%)、WSA(6.3%~10.27%)。植物根际S_1和近根际S_2土的WSA-Zn和OX-Zn浓度显著降低,OM-Zn和RES-Zn浓度则显著升高($P<0.05$)。生长于CY的五种供试植物中,大叶皇冠草根际(S_1)WSA-Pb和WSA-Zn显著低于其他植物,OM-Pb和RES-Zn则显著高于其他植物($P<0.05$)。

表 10-10　植物生长在重阳土五个月后根际和非根际土铅形态分布

铅形态分布	植物种类	S_1	S_2	S_3	S_4
WSA-Pb	大叶皇冠草	6.89% c-D	8.52% c-C	10.49% a-B	11.56% b-A
	黑籽荸荠	8.85% ab-B	9.84% b-B	11.15% a-A	11.83% a-A
	圆币草	8.20% b-D	9.96% b-C	11.23% a-B	12.46% a-A
	草龙	9.84% a-C	10.49% ab-C	11.81% a-B	12.13% a-A
	小婆婆纳	7.21% c-C	11.21% a-A	11.37% a-A	12.37% a-A
OX-Pb	大叶皇冠草	41.64% a-A	38.03% a-B	36.72% a-C	33.77% a-C
	黑籽荸荠	38.03% b-A	37.05% a-A	35.41% a-B	32.46% b-C
	圆币草	39.02% ab-A	36.85% b-B	34.75% b-C	33.44% ab-C
	草龙	37.70% b-A	34.10% c-B	31.80% c-C	30.16% c-C
	小婆婆纳	39.67% a-A	37.87% a-A	33.44% b-B	34.10% a-B

铅形态分布	植物种类	S_1	S_2	S_3	S_4
OM-Pb	大叶皇冠草	15.08% [a-A]	12.46% [a-B]	11.15% [a-C]	10.82% [a-C]
	黑籽荸荠	12.79% [c-A]	11.33% [ab-AB]	10.49% [a-B]	9.51% [a-B]
	圆币草	12.13% [c-A]	10.57% [b-AB]	9.51% [b-B]	8.85% [b-B]
	草龙	13.11% [bc-A]	11.87% [a-AB]	11.34% [a-B]	10.16% [a-B]
	小婆婆纳	14.10% [a-A]	12.14% [a-B]	10.16% [a-C]	9.51% [a-C]
RES-Pb	大叶皇冠草	36.39% [b-B]	40.98% [b-A]	41.64% [b-A]	41.31% [d-A]
	黑籽荸荠	40.33% [a-C]	41.97% [a-C]	42.95% [b-B]	46.23% [ab-A]
	圆币草	40.66% [a-C]	42.32% [a-B]	44.26% [a-A]	45.25% [b-A]
	草龙	39.34% [a-C]	43.61% [a-B]	45.25% [a-A]	47.54% [a-A]
	小婆婆纳	39.02% [ab-B]	40.66% [b-B]	44.59% [a-A]	43.93% [c-A]

注：小写字母表示不同植物在 0.05（LSD 检验）水平上差异显著，大写字母表示同种植物根际和非根际在 0.05（LSD 检验）水平上差异显著（下同）；平均值，$n=4$。

表 10-11　植物生长在重阳土五个月后根际和非根际土锌形态分布

铅形态分布	植物种类	S_1	S_2	S_3	S_4
WSA-Zn	大叶皇冠草	6.30% [c-C]	8.13% [b-B]	9.45% [b-A]	9.67% [b-A]
	黑籽荸荠	7.59% [a-C]	8.93% [a-B]	10.04% [a-A]	10.27% [a-A]
	圆币草	7.14% [b-C]	7.81% [b-B]	9.38% [b-A]	9.82% [ab-A]
	草龙	7.81% [a-C]	8.93% [a-B]	9.82% [a-A]	9.60% [b-A]
	小婆婆纳	7.14% [b-C]	8.04% [b-B]	9.15% [a-A]	9.60% [a-A]
OX-Zn	大叶皇冠草	29.18% [a-B]	30.13% [b-A]	31.92% [a-A]	32.59% [a-A]
	黑籽荸荠	30.36% [a-A]	31.03% [a-A]	31.70% [a-A]	32.81% [a-A]
	圆币草	30.36% [a-A]	30.80% [a-A]	32.59% [a-A]	32.14% [a-A]
	草龙	30.58% [a-B]	31.70% [a-A]	32.37% [a-A]	33.04% [a-A]
	小婆婆纳	29.91% [a-B]	31.70% [a-A]	32.81% [a-A]	32.37% [a-A]
OM-Zn	大叶皇冠草	12.50% [a-A]	10.49% [ab-B]	7.81% [a-C]	8.26% [a-C]
	黑籽荸荠	10.71% [b-A]	9.15% [b-A]	7.81% [a-B]	8.48% [a-B]
	圆币草	10.71% [b-A]	10.04% [a-A]	8.17% [a-B]	9.15% [a-A]
	草龙	11.38% [a-A]	9.60% [a-B]	8.93% [a-B]	8.48% [a-C]
	小婆婆纳	11.61% [a-A]	10.04% [a-A]	8.26% [a-B]	7.80% [b-B]

续表 10-11

铅形态分布	植物种类	S_1	S_2	S_3	S_4
RES-Zn	大叶皇冠草	52.23%[a-A]	51.34%[a-A]	50.89%[a-A]	49.55%[a-B]
	黑籽荸荠	51.34%[a-A]	50.89%[a-A]	50.45%[a-A]	48.44%[a-B]
	圆币草	51.79%[a-A]	51.34%[a-A]	49.33%[a-A]	48.89%[a-B]
	草龙	50.22%[b-A]	49.78%[b-A]	48.88%[b-A]	48.89%[a-A]
	小婆婆纳	51.34%[a-A]	50.22%[a-A]	49.78%[a-A]	50.22%[a-A]

注:小写字母表示不同植物在 0.05(LSD 检验)水平上差异显著,大写字母表示同种植物根际和非根际在 0.05(LSD 检验)水平上差异显著(下同);平均值,$n=4$。

10.2.6 根际箱条件下湿地植物根际铅和锌的移动性

由表 10-12 和表 10-13 可知,五种供试植物对其根际和非根际的 Pb 和 Zn 移动性的影响。生长于 FK 和 CY 土中的五种供试植物的根际土的(S_1)Pb 和 Zn 的移动因子(MF)均显著低于非根际(S_2、S_3、S_4)土的 MF($P<0.05$)。S_2、S_3 和 S_4 土之间 Pb 和 Zn 的移动性因子则没有显著差异。五种供试植物根际土 Pb 和 Zn 移动因子也有显著差异。大叶皇冠草根际土(S_1)的 Pb 和 Zn 的移动因子则显著低于其他四种植物($P<0.05$)。

表 10-12　植物生长在凡口土五个月后根际和非根际土铅和锌的移动性因子

植物种类	Pb				Zn			
	S_1	S_2	S_3	S_4	S_1	S_2	S_3	S_4
大叶皇冠草	15.68%[c-C]	17.15%[c-B]	21.06%[c-A]	21.51%[b-A]	5.98%[b-C]	7.51%[b-B]	8.82%[b-A]	9.67%[a-A]
黑籽荸荠	19.00%[a-B]	20.44%[b-B]	22.89%[b-A]	23.38%[b-A]	7.12%[a-B]	8.41%[a-AB]	9.47%[a-A]	9.69%[a-A]
圆币草	19.01%[a-B]	20.42%[b-B]	22.31%[b-A]	22.42%[b-A]	7.47%[a-B]	9.31%[a-A]	10.13%[a-A]	9.82%[a-A]
草龙	19.69%[a-C]	22.57%[a-B]	25.31%[a-A]	25.11%[a-A]	7.49%[a-B]	8.11%[a-AB]	9.57%[a-A]	9.51%[a-A]
小婆婆纳	17.51%[b-B]	19.16%[b-A]	22.10%[bc-A]	22.13%[b-A]	7.31%[a-B]	8.51%[a-B]	10.27%[a-A]	10.02%[a-A]

注:小写字母表示不同植物在 0.05(LSD 检验)水平上差异显著,大写字母表示同种植物根际和非根际在 0.05(LSD 检验)水平上差异显著(下同);平均值,$n=4$。

表 10-13　植物生长在重阳土五个月后根际和非根际土铅和锌的移动性因子

植物种类	Pb				Zn			
	S_1	S_2	S_3	S_4	S_1	S_2	S_3	S_4
大叶皇冠草	6.89%[b-C]	8.52%[b-B]	10.49%[a-A]	11.56%[a-A]	6.30%[b-B]	8.13%[a-A]	9.45%[a-A]	9.67%[a-A]
黑籽荸荠	8.85%[a-B]	9.84%[ab-AB]	11.15%[a-A]	11.83%[a-A]	7.59%[a-B]	8.93%[a-AB]	10.04%[a-A]	10.27%[a-A]
圆币草	8.20%[a-B]	9.96%[ab-AB]	11.23%[a-A]	12.46%[a-A]	7.14%[a-B]	7.81%[a-B]	9.38%[a-A]	9.82%[a-A]
草龙	9.84%[a-B]	10.49%[a-AB]	11.81%[a-A]	12.13%[a-A]	7.81%[a-B]	8.93%[a-AB]	9.82%[a-A]	9.60%[a-A]
小婆婆纳	7.21%[b-B]	11.21%[a-A]	11.37%[a-A]	12.37%[a-A]	7.14%[ab-B]	8.04%[a-AB]	9.15%[a-A]	9.60%[a-A]

注:小写字母表示不同植物在 0.05(LSD 检验)水平上差异显著,大写字母表示同种植物根际和非根际在 0.05(LSD 检验)水平上差异显著(下同);平均值,$n=4$。

10.3　讨论

10.3.1　湿地植物在根际箱的生长情况

实验结果表明,五种供试湿地植物均能在根际箱中生长。和第 9 章实验结果一致,生长在 FK 土的植物生物量显著高于生长于 CY 土的植物的生物量($P<0.05$)。特别是大叶皇冠草,生长于 FK 污染土五个月后,其根系基本上铺满 2 mm 宽的中间层。

10.3.2　湿地植物根部渗氧对根际 pH 值、Eh 及 Fe^{2+} 和 Fe^{3+} 浓度的影响

在淹水条件下,土壤的 pH 值是缓慢变化的。有研究认为,酸性土壤在淹水还原状态下,pH 值会逐渐提高,并达到中性左右;而碱性土壤在淹水还原条件下,pH 值会降至中性左右。本实验结果表明,未种植植物的对照土的 pH 值在淹水五个月后,pH 值上升 0.2~0.5 个单位,更接近中性。而种植植物根际土(S_1)的 pH 值则下降了 0.1~0.4 个单位。这五种供试植物根际 pH 值下降可能是根系对阴阳离子吸收不平衡造成的。一些研究发现水稻在淹水条件下,对氮的吸收主要是氨基盐为主,在其中的过程中根系会分泌一些质子来平衡阴阳离子吸收的不平衡(Hinsinger et al. ,2003)。另外,造成根际 pH 值不同于非根际的因素很多,除了根系对阴阳离子吸收的不平衡和呼吸和微生物代谢产生的二氧化碳外,根系分泌的有机物也有一定的影响,此外,植物的种类、土壤的缓冲性能、肥料类型等都会影响到根际的 pH 值。

湿地植物由于具有根系放氧功能,根际 Eh 要高于非根际。本实验的结果也证实了这一点。五种植物近根际土(S_2)的 Eh 均高于未种植植物的土的 Eh。其中放氧能力较强的大叶皇冠草和小婆婆纳两种植物的 Eh 高于其他三种植物的 Eh。另外,植物生长在 FK 土的 Eh 值大于 CY 土中的 Eh。导致这种情况的原因可能是因为 FK 土和 CY 土不同的土壤理化性质所致。

五种供试植物根际(S_1)土的 Fe^{2+} 和 Fe^{3+} 浓度显著低于非根际(S_3 和 S_4)土的 Fe^{2+} 浓度。这五种供试植物根际 Fe^{2+} 浓度下降的原因可能是根系对 Fe^{2+} 吸收和氧化造成的。与 Fe^{3+} 相比,Fe^{2+} 的可溶性明显提高,更容易被植物吸收(唐罗忠等,2005)。土壤在淹水状态下,土壤中的高价位的 Fe^{3+}、Mn^{4+} 等离子会被还原为 Fe^{2+}、Mn^{2+} 等离子。淹水条件下,Fe^{2+} 含量的增加从一定程度上增大了根系与土壤中 Fe^{2+} 的接触机会,由于湿地植物根部的放氧作用,使得根际还原态 Fe^{2+} 被氧化而在根表和根际沉积下来。五种供试植物根际 Fe^{3+} 浓度下降的原因可能是 Fe^{3+} 转化 Fe^{2+} 转化所导致。虽然五种植物近根际土(S_2)的 Eh 均高于未种植植物的土的 Eh,但是数值均低于 50 mV,但从五种植物根表富集了较多的铁膜来看,植物根表和根际(S_1)的 Eh 要明显高于近根际(S_2)。Masscheleyn 等(1991)研究认为植物根际 Eh 为 100~200 mV 左右时,植物根表才能形成较多的铁膜。唐罗忠等(2005)研究发现 Eh 高于 200 mV 时,湿地土壤中 Fe^{2+} 浓度很低,但 Eh 低于 200 mV 时,湿地土壤中的 Fe^{2+} 浓度不断提高,说明 Fe^{3+} 转化 Fe^{2+} 转化所导致。但也有研究发现 Eh 高于 200 mV 时,土壤仍然会有较高的 Fe^{2+} 浓度存在(潘淑贞,1999)。这些研究结果表明,

土壤种类不同,即土壤性质不同,会出现不同的研究结果。同时土壤 pH 值对铁化合物的溶解性影响很大,这也就决定了铁还原反应的难易程度。研究发现,铁还原的临界 Eh 在 pH 值为 6~7 时约为 100 mV,pH 值为 5 时约为 300 mV,pH 值为 8 时约为 -100 mV。就本实验结果来看,五种湿地植物根际 pH 值范围在 6~7,Eh 也在 100~200 mV 左右,满足铁的还原条件,同时根系放氧将根际 Fe^{2+} 氧化,由此可见根际土壤 Fe^{2+} 和 Fe^{3+} 浓度的降低是和环境吻合的。

10.3.3　湿地植物根部渗氧对根际铅和锌形态的影响

　　本实验结果表明,在淹水条件下,土壤 Eh 降低,pH 值则升高,趋近于中性。有研究报道,土壤的 Eh 和 pH 值变化时,土壤中重金属的化学形态也会随之发生变化,因而会影响其在土壤中的移动性(Weis et al.,2004)。一些早期的研究报道湿地土壤中重金属的移动性要低于旱地土壤。近年来的研究则发现不同的重金属的移动性在淹水条件下有着不同的变化。Deng(2005)研究发现淹水条件下,土壤中可溶性铅的含量增加,而可溶性锌的含量降低,并认为可溶性铅含量增加的原因是和土壤中铁含量的增加是显著正相关的,而锌则和铁含量不相关。肖思思等(2006)报道,淹水条件下显著降低了植物对 Cd 的吸收。Sun 等(2007)报道淹水条件下土壤 Cd 的移动性显著降低,Pb 的移动性也降低,但不显著。由此可见,湿地土壤中的一部分重金属被土壤吸附固定下来,从而降低了毒性。一些研究发现当湿地土壤 Eh 升高时,一些土壤中的重金属从硫化物的中释放到周围环境中(Bostick et al.,2001)。

　　如前所述,湿地植物由于具有根系放氧功能,根际 Eh 要高于非根际。那么关于湿地植物根系放氧(ROL)对根际土重金属移动性是否具有促进作用? 目前关于湿地植物根系 ROL 对根际重金属的影响研究较多,并有着不同的结果。一些研究认为湿地植物根系 ROL 对根际重金属移动性有促进作用。Wright 等(1999)报道淹水条件下,湿地植物根系 Eh 升高的同时伴随着可溶性重金属浓度升高。Bravin 等(2008)报道淹水条件下,水稻根际 As 的移动性主要由根际氧化还原程度所决定。Vigneault 等(2001)和 Jacob 等(2003)报道湿地植物根部 ROL 也可以通过诱导金属硫化物的溶解来增加根际重金属的浓度。但也有研究报道湿地植物 ROL 能降低根际重金属的移动性。Roden 等(1996)报道湿地植物 ROL 可以通过氧化根际铁来和其他金属发生共沉降的方式减少根际重金属的移动性。

　　本实验采用五步连续提取法将重金属形态分为可交换态(EX)、碳酸盐结合态(WSA)、铁锰氧化态(OX)、有机态(OM)和残渣态(RES)。本实验结果表明,与非根际(S_2、S_3 和 S_4)土相比,五种供试植物根际(S_1)土的 Pb 和 Zn 的移动因子(mobility factor,MF)均显著降低。与非根际土相比,根际土(S_1)的 WSA-Pb 和 RES-Pb 浓度降低,OX-Pb 和 OM-Pb 浓度升高;根际土的 WSA-Zn 和 OX-Zn 浓度降低,OM-Zn 和 RES-Zn 浓度升高。由此可见,供试植物根际 WSA-Zn 和 WSA-Pb 降低是导致其根际 Pb 和 Zn 移动性降低的主要原因。其中可交换态(EX)比较容易为植物吸收利用,同时也是重金属对植物产生污染的主要形态,本实验结果表明可交换态(EX)金属只占总量的很小一部分,如 EX-Pb 浓度较低,检测不出;EX-Zn 仅占 Zn 总量的 0.1% 左右。碳酸盐结合态(WSA)是被吸附于碳酸盐表面或者以共沉淀的形式存在,其迁移活动能力受土壤 pH 值的影响很大,在这五种形态中是移动性较强的一种。由实验结果可知,根际(S_1)土的 WSA-Pb 和 WSA-Zn 均显著低于非根际(S_2、S_3、S_4)。这可能是由于根际酸化引起的。湿地植物 ROL 氧化根际的 Fe^{2+} 的过程中释放的质子会不断地溶解碳酸盐结合态重金属,导致重金属从这种形态释放出来。同时这些释放出来的重金属可能会被土壤中的铁锰氧化物吸附并形成铁锰氧化态重金属。从本试验结果来看,根际(S_1)OX-Pb 浓度显著升高,OX-Zn 浓度则有所下降。这其中的原因可能和根际铁含量的升高有关。有大量研究报道淹水条件下,湿地植物根际铁含量增加,而且这些铁大部分是无定形铁(莫争等,2002;Deng,2005)。根际无定形铁的增加将会导致铁锰氧化态重金属浓度的升高。无定形铁对 Pb 的吸附能力大于针铁矿和赤铁矿。由此可见,本试验根际 OX-Pb 浓度升高的原因可能和根际铁浓度升高密切相关。这和 Deng(2005)的研究结果较为一致。Deng(2005)报道淹水条件下,湿地土壤中可溶性铅含量和铁含量呈显著正相关,但可溶性锌含量和铁含量则不相关。铁锰氧化态是一个对环境因素比较敏感的结合态,在淹水条件下土壤 Eh 和 pH 值的变化会使得 OX 变得不稳定。根际(S_1)OX-Zn 浓度下降可能是根际 pH 值和 Eh 变化导致的,其释放的金属可能被植物根际微生物和根系分泌的有机物质所结合,形成 OM-Zn。根际(S_1)土 OM-Pb 浓度也升高,可能也是这个原因所致。同时本试验结果表明,渗氧能力较强和根系生物量最高的大叶皇冠草的根际(S_1)的 Pb 和 Zn 的移动因子(MF)是最低的,这说明大叶皇冠草根系的 ROL 对根际 WSA-Pb 和 WSA-Zn 的降低效应作用是最显著的。由此可见,湿地植物通过根系 ROL 对其根际土 pH 值和 Eh 的影响,导致其根际 Pb 和 Zn 在可交换态,碳酸盐结合态,铁锰氧化态,有机态之间相互转化,形成一个动态的平衡变化过程。

参考文献

BOSTICK B C,HANSEL C M,LA FORCE M J,2001. Seasonal fluctuations in zinc speciation within a contaminated wetland[J]. Environmental Science and Technology,35:3823-3829.

BRAVIN M N,TRAVASSAC F,LE F M,2008. Oxygen input controls the spatial and temporal dynamics of arsenic at the surface of a flooded paddy soil and in the rhizosphere of lowland rice (*Oryza sativa* L.):a microcosm study[J]. Plant and Soil,312(1-2):207-218.

DENG H,2005. Metal (Pb,Zn,Cu,Cd,Fe) Uptake,Tolerance and Radial Oxygen Loss in Typical Wetland Plants[D]. Hong Kong:Hong Kong Baptist University.

HINSINGER P,PLASSARD C,TANG C,2003. Origins of root-mediated pH changes in the rhizosphere and their responses to environmental constraints:a review[J]. Plant and Soil,248:43-59.

JACOB D L,OTTEM L,2003. Conflicting processes in the wetland plant rhizosphere:metal retention or mobilization[J]. Water,Air and Soil Pollution,3:91-104.

LIN Q,CHEN Y X,CHEN H M,2003. Chemical behavior of Cd in rice rhizosphere[J].

Chemosphere,50:755-761.

LIN Q,CHEN Y X,HE Y F,et al,2004. Root-induced changes of lead availability in the rhizosphere of *Oryza sativa* L[J]. Agriculture,Ecosystems and Environment,104:605-613.

LIU H J,ZHANG J L,CHRISTIE P,2008. Influence of iron plaque on uptake and accumulation of Cd by rice (*Oryza sativa* L.) seedlings grown in soil[J]. Science of the Total Environment,394(2-3):361-368.

MASSCHELEYN P H,DELAUNE R D,PATRICK W H J,1991. Effect of redox potential and pH on arsenic speciation and solubility in a contaminated soil[J]. Environment,Science and Technology,25:1414-1419.

RODEN E E,WETZEL R G,1996. Organic carbon oxidation and suppression of methane production by microbial Fe(Ⅱ) oxide reduction in vegetated freshwater wetland sediments [J]. Limnology and Oceanography,41:1733-1748.

SUN L,CHEN S,CHAO L,2007. Effects of flooding on changes in Eh,pH and speciation of cadmium and lead in contaminated soil[J]. Bulletin of Environmental Contamination and Toxicology,79:514-518.

TAYLOR G J,CROWDER A A,1983b. Uptake and accumulation of copper,nickel,and iron by Typha latifolia grown in solution culture[J]. Canadian Journal of Botany,61:1825-1830.

VIGNEAULT B,CAMPBELL G C,TESSIER A,2001. Geochemical changes in sulfidic mine tailings stored under a shallow water cover[J]. Water Research,35(4):1066-1076.

WEIS J S,WEIS P,2004. Metal uptake,transport and release by wetland plants:implications for phytoremediation and restoration[J]. Environment International,30:685-700.

WRIGHT D J,OTTEM L,1999. Wetland plant effects on the biogeochemistry of metals beyond the rhizosphere[J]. Biology and Environment:Proceedings of the Royal Irish Academy,99B(1):3-10.

YOUSSEF R A,ABD E F,HILAL M H,1997. Studies on the movement on Ni in wheat rizosphere using rhizosphere technique[J]. Egyptisan Journal of Soil Science,37:175-187.

陈有鑑,黄艺,曹军,2003. 玉米根际土壤中不同重金属的形态变化[J]. 土壤学报,40(3):367-373.

莫争,王春霞,2002. 重金属 Cd,Pb,Cu,Zn,Cr 在土壤中的形态分布和转化[J]. 农业环境保护,21(2):221-227.

潘淑贞,1999. 潜育化水稻土物质的转化及其区分的指标体系. 马毅杰,陈家坊著. 水稻土物质变化与生态环境[M]. 北京:科学出版社.

唐罗忠,生原喜久雄,户田浩人,2005. 湿地林土壤的 Fe^{2+},Eh 及 pH 值的变化[J]. 生态学报,25(1):103-107.

肖思思,李恋卿,潘根兴,2006. 持续淹水和干湿交替预培养对 2 种水稻土中 Cd 形态分配及高丹草 Cd 吸收的影响[J]. 环境科学,27(2):351-355.

第 11 章

不同湿地植物铅锌的累积及其
抗氧化酶的响应

随着重金属污染植物修复技术的兴起,对超富集植物和耐重金属植物的研究日益引起重视。近年来,研究发现一些湿地植物对水体中的重金属有着较强的吸收作用。有研究发现鸭草和水葫芦能够吸收大于其干重 0.5% 并能富集高于其周围重金属浓度 1 000 倍的浓度,它们体内吸收 Cd 和 Cu 的浓度范围分别为 6 000 ~ 130 000 mg·kg^{-1}DW 和 6 000 ~ 7 000 mg·kg^{-1}DW(Zayed et al.,1998;Zhu et al.,1999)。

另外一些湿地植物地上部分能够富集较高的重金属浓度而不影响其生长,如南美蟛蜞菊和马醉香地上部分能够富集 148 mg·kg^{-1}Cd 和 95 mg·kg^{-1}Cu 而不出现抑制生长的现象(Qian et al.,1999)。

不同湿地植物对重金属的耐受策略也是不同的。虽然大部分湿地植物是通过采取将重金属排斥在体外的策略,但是也有一些湿地植物地上部分富集浓度较高的重金属,这些植物体内应该具有相应的缓解重金属毒害的机制。

重金属对植物体内的毒害可导致植物体内氧化胁迫。近年来国内外对重金属导致植物氧化胁迫的研究比较多,其中对一些水生植物如藻类的研究越来越受到重视(Tripathi et al.,2000;Pinto et al.,2003,Tripathi et al.,2006)。Pinto 等(2003)认为植物除了将重金属排除在体外的策略外,还可能通过调节体内的抗氧化系统来缓解重金属导致体内的氧化胁迫。抗氧化系统主要包括抗氧化酶类[如超氧化物歧化酶(SOD)、过氧化物酶(POD)、过氧化氢酶(CAT)等]和抗氧化物质[如还原型谷胱甘肽(GSH)、抗坏血酸(ASA)和维生素 C 等]。一些研究首先发现一些超富集植物在受到重金属胁迫时体内的抗氧化酶含量升高来缓解重金属带来的毒害。

前期关于抗氧化系统的研究主要以对重金属有富集作用的旱生植物为主。Cd 富集植物黄花香雪球在受到 Ni 和 Cd 胁迫时,体内的 SOD 活性显著升高。Cd 超富集植物天蓝遏蓝菜在受到 Cd 胁迫时,体内的 CAT 含量变化与受到 Cd 毒害的胁迫程度有着较强的相关。Thomas 等(2004)对 Pb 富集植物豆科植物研究发现,在受到 500 mg·L^{-1} Pb(NO$_3$)$_2$ 胁迫时,体内的抗坏血酸过氧化物酶(APX)、POD、SOD 和 CAT 都显著升高。芦苇和宽叶香蒲这两种植物在受到 Cd 胁迫时,采取不同的策略来缓解 Cd 毒害。芦苇是通过提高体内的谷胱甘肽还原酶、过氧化氢酶和过氧化物酶来缓解 Cd 毒害;而宽叶香蒲是通过提高体内的硫醇含量和 Cd 螯合来缓解 Cd 毒害。但是抗氧化系统和渗透调节物质在植物,特别是湿地植物对重金属导致的氧化胁迫中的作用需要进一步的研究来证实。

目前,对利用湿地植物对污染水体修复的研究主要集中在水体中氮、磷等去除方面,但对重金属富集和耐受能力的机制研究不多。选取 18 种不同氧化能力的湿地植物,主要是挺水植物,来研究在不同 Pb 和 Zn 浓度污染条件下的生长状况、对重金属的富集能力及抗氧化酶的变化,旨在筛选水体重金属污染修复植物,探索重金属对植物毒害和植物对重金属的耐性机理,为水体重金属污染植物修复技术提供理论依据。

11.1 试验材料和研究方法

11.1.1 试验材料和土壤

不同供试湿地植物名称见表 11-1。

表 11-1 供试湿地植物名称

植物名称	学名	科属	子叶	引种地	生境
石菖蒲	*Acorus tatarinowii*	天南星科	双子叶	珠海淇澳	湿地
尖尾芋	*Alocasia cucullata*	天南星科	单子叶	广州中山大学	竹园
水花生	*Alternanthera philoxeroides*	苋科	双子叶	广州中山大学	水塘
水蕨	*Ceratopteris thalictroides*	水蕨科	蕨类	珠海淇澳	水塘
风车草	*Cyperus alternifolius*	莎草科	单子叶	珠海淇澳	淤泥塘
大叶皇冠草	*Echinodorus amazonicus*	泽泻科	单子叶	珠海淇澳	水塘
红蛋	*Echinodorus baothii*	泽泻科	单子叶	珠海淇澳	水塘
黑籽荸荠	*Eleocharis geniculata*	莎草科	单子叶	珠海横琴	湿地
独穗飘拂草	*Fimbristylis monostachya*	莎草科	单子叶	珠海横琴	湿地
圆币草	*Hydrocotyle vulgaris*	伞形科	双子叶	广州花地湾	水塘
草龙	*Jussiaea linifolia*	柳叶菜科	单子叶	珠海横琴	水塘
铺地黍	*Panicum repens*	禾本科	单子叶	珠海淇澳	湿地
雀稗	*Paspalum scrobiculatum*	禾本科	单子叶	珠海淇澳	淤泥塘
田葱	*Philydrum lanuginosum*	田葱科	单子叶	珠海淇澳	湿地
圆叶节节菜	*Rotala rotundifolia*	千屈菜科	双子叶	珠海淇澳	淤泥塘
野荸荠	*Scirpus triqueter*	莎草科	单子叶	珠海淇澳	淤泥塘
小婆婆纳	*Veronica serpyllifolia*	玄参科	双子叶	珠海淇澳	湿地
水芋	*Zantedeschia aethiopica*	天南星科	单子叶	广州花地湾	水塘

11.1.2 研究和分析方法

11.1.2.1 育苗

所选植物育苗方式分为两种。一种为营养繁殖,一种为种子培育。其中,石菖蒲、水花生、风车草、大叶皇冠草、红蛋、圆币草、铺地黍、圆叶节节菜、野荸荠和小婆婆纳为营养繁殖,尖尾芋、黑籽荸荠、水芋、独穗飘拂草、草龙、雀稗、田葱和水蕨为种子培育。

11.1.2.2 配置实验铅锌用土

供试土壤取自华南农业大学农场的水稻土(0~20 cm 耕作层)。其基本理化性质如下:pH(土:水 = 1:2.5)= 5.17,有机质含量 17.54 g·kg^{-1},全氮 0.836 g·kg^{-1},全磷 0.723 g·kg^{-1},全钾 28.58 g·kg^{-1},有效磷 28.74 mg·kg^{-1},有效钾 63.95 mg·kg^{-1},土壤总铅 36.08 mg·kg^{-1},土壤总锌为 73.15 mg·kg^{-1},阳离子交换量为 0.273 cmol·kg^{-1}。相关的分析方法参照《土壤农化分分析》(鲍士旦,2000)。土壤自然风干后,过 2 mm 的筛,然后和基肥混匀,150 mgN·kg^{-1} 土,100 mgP·kg^{-1} 土和 150 mgK·kg^{-1} 土。Pb 和 Zn 分别以 Pb(NO$_3$)$_2$ 和 Zn(SO$_4$)·7H$_2$O 水溶液的方式添加到土壤中并充分混匀,Pb 投加浓度分别为 0(对照)、900 mg·kg^{-1}、1 800 mg·kg^{-1}。Zn 投加浓度分别为 0(对照)、600 mg·kg^{-1}、1 200 mg·kg^{-1}。土壤静置于室内,经过 3 个干湿过程,平衡 2 个月后,过 5 mm 的筛。盆栽实验采用白色塑料底部无孔花盆(直径约为 15 cm,高度约为 10 cm),每盆 Pb 和 Zn 污染土的用量为 1 kg。栽种时,选取大小较为一致的幼苗,每盆 2 株,每个处理设置 4 个重复。共计 360 盆。盆栽实验在中山大学生科院网室内进行。为了使生长条件较为一致,各盆栽植物按随机区组排列,并且每周调整位置。每天用去离子水灌溉,使盆栽土壤水位保持在 3 cm 左右。盆栽实验共计 4 个月。期间网室气温变化范围是 18~36 ℃。收获后,植物分为地上和地下两个部分。先用自来水冲洗,接着用去离子水冲洗 3 次,最后用纸巾将样品表面的水吸干。所有植物样品都放在 70 ℃ 于烘箱烘至恒重,再称干重。烘干后的植物样品粉碎备用。

11.1.2.3 指标测定

(1)生长指标的测定 在湿地植物幼苗移植前及收获后分别测量每种湿地植物株高,计算其延长量。称量根部及地上部的干重。

(2)Pb 和 Zn 含量的测定 将烘干后的样品剪碎,称量植物样约 0.5 g 后放入消化管中,加入 5 mL 浓硝酸(优级纯),浸泡过夜;放入消化炉内 90 ℃ 30 min→140 ℃ 30 min→180 ℃ 1 h→冷却→1 mL HClO$_4$→160 ℃ 20 min→180 ℃ 2 h→冷却后用超纯水定容;然后用原子荧光光度计(Hitachi-Z-5300)测定消解溶液中 Pb 和 Zn 的浓度。为了进行质量控制,测试样品中包含空白和标准物质 GBW(0763)(灌木叶)(中国地矿部物化探研究所)。Pb 和 Zn 的回收率为 96% ±10%。

(3)抗氧化物酶含量的测定 参照李忠光等(2002)的单一提取系统,提取抗氧化酶。提取液为:50 mmol·L^{-1} Tris-HCl 缓冲液,pH = 7.0,内含 20% 甘油、1 mmol·L^{-1} EDTA、1 mmol·L^{-1} ASA(抗坏血酸)、1 mmol·L^{-1} DTT(二硫苏糖醇)、1 mmol·L^{-1} GSH(还原型谷胱甘肽)、5 mmol·L^{-1} MgCl$_2$。准确称取经上样品,加入预冷的提取液 3 mL 和少许

石英砂,充分冰浴研磨后,转入离心管中,再用 2 mL 提取液洗研钵,合并提取液并于 4 ℃下 10 000 g 离心 20 min,取上清液用于酶活性的测定。

愈创木酚过氧化物酶(GPX,EC 1.11.1.7)的测定按照 Chance 和 Maehly(1955)的方法,并作如下修改:反应混合液为 50 mmol · L^{-1} Tris-HCl 缓冲液,pH = 7.0,内含 0.1 mmol · L^{-1} EDTA、10 mmol · L^{-1} 愈创木酚、5 mmol · L^{-1} H$_2$O$_2$。测定时,反应混合液先在 25 ℃ 水浴中预热。取反应混合液 2.990 mL,立即加入酶液 10 μL 以启动反应,终体积为 3 mL,每隔 30 s 读出 OD$_{470}$ 的增加值。取 0.5 ~ 3.5 min 时间段,即 3 min 反应时间来计算酶活性(以每分钟内 A$_{470}$ 变化 0.01 为一个愈创木酚过氧化物酶活性单位)。

过氧化氢酶(CAT,EC 1.11.1.6)的测定:按照 Aebi(1984)的方法,并作如下修改:反应混合液为 50 mmol · L^{-1} Tris-HCl 缓冲液,pH = 7.0,内含 0.1 mmol · L^{-1} EDTA。测定时,反应混合液和 750 mmol · L^{-1} H$_2$O$_2$ 预先在 25 ℃ 水浴中预热。取反应混合液 2.90 mL,加入酶液 50 μL,封口并于 25 ℃ 下水浴中预热 5 min,到时加入 750 mmol · L^{-1} H$_2$O 250 μL(终浓度为 12.5 mmol · L^{-1})以启动反应,终体积为 3 mL,每隔 30 s 读出 OD$_{240}$ 的减少值。取 0.5 ~ 3.5 min 时间段,即 3 min 反应时间来计算酶活性。

超氧化物歧化酶(SOD,EC 1.15.11)活性的测定:参照 Giannopolitis 和 Ries(1977)的方法,反应混合液为 50 mmol · L^{-1} Tris-HCl 缓冲液,pH = 7.8,内含 0.1 mmol · L^{-1} EDTA、0.1 mmol · L^{-1} NBT(氮蓝四唑)、13.37 mmol · L^{-1} 蛋氨酸。测定时,反应混合液和 0.1 mmol · L^{-1} 核黄素溶液(用内含 0.1 mmol · L^{-1} EDTA 的 pH = 7.8 的 50 mmol · L^{-1} Tris-HCl 缓冲液配制)预先于 25 ℃ 水浴中预热。取反应混合液 2.85 mL(最大光还原管为 2.90 mL,不加酶液),加入酶液 50 μL,再加入核黄素溶液 100 μL,终体积为 3 mL,25 ℃ 下距离 120 W(30 瓦/管)日光灯 7 cm(光强约 1 500 lux)进行光化还原反应 40 min,到时用黑布蒙住,在无灯光照射的室内快速测定 OD$_{560}$(以抑 NBT 光化学还原的 50% 作为一个酶活性单位)。

(4)蛋白质含量的测定　采用考马斯亮蓝法 G-250 法(张志良,1990)。

11.1.2.4　数据分析

$$耐性指数\ TI = \frac{重金属处理中植物的生物量}{对照中的生物量} \times 100 \qquad (11-1)$$

$$富集系数\ BCF = \frac{地上或地下部分重金属含量}{土壤中重金属含量} \qquad (11-2)$$

$$根系对重金属的滞留率 = \frac{地下部分重金属含量 - 地上部分重金属含量}{地下部分重金属含量} \times 100$$
$$(11-3)$$

试验数据用 SPSS 软件进行方差分析(ANOVA)和 LSD 检验。

11.2　结果与分析

11.2.1　不同铅和锌浓度对湿地植物幼苗生长的影响

11.2.1.1　不同铅和锌浓度条件下湿地植物外伤症状

表 11-2 给出土培条件下不同浓度 Pb 和 Zn 对不同湿地植物的外部伤害情况。

表 11-2　Pb 和 Zn 处理条件下湿地植物外伤症状

植物种类	Pb 外伤症状		Zn 外伤症状	
	900 mg·kg^{-1}	1 800 mg·kg^{-1}	600 mg·kg^{-1}	1 200 mg·kg^{-1}
石菖蒲	正常生长	正常生长	正常生长	轻度伤害
尖尾芋	正常生长	中度伤害	中度伤害	重度伤害
水花生	正常生长	轻度伤害	中度伤害	重度伤害
水蕨	正常生长	正常生长	死亡	死亡
风车草	正常生长	中度伤害	中度伤害	死亡
大叶皇冠草	中度伤害	重度伤害	中度伤害	重度伤害
红蛋	中度伤害	重度伤害	中度伤害	重度伤害
黑籽荸荠	中度伤害	重度伤害	中度伤害	重度伤害
独穗飘拂草	轻度伤害	中度伤害	中度伤害	重度伤害
圆币草	中度伤害	重度伤害	中度伤害	死亡
草龙	中度伤害	重度伤害	死亡	死亡
铺地黍	轻度伤害	中度伤害	中度伤害	重度伤害
雀稗	轻度伤害	中度伤害	中度伤害	重度伤害
田葱	重度伤害	死亡	重度伤害	死亡
圆叶节节菜	中度伤害	重度伤害	重度伤害	死亡
野荸荠	中度伤害	重度伤害	中度伤害	重度伤害
小婆婆纳	中度伤害	重度伤害	中度伤害	重度伤害
水芋	正常生长	正常生长	中度伤害	重度伤害

大部分湿地植物在土培 15 天前长势正常,随后在高浓度的 Pb 和 Zn 处理条件下,植物的外伤症状表现出来。本实验高浓度的 Pb 处理对植物的毒害没有高浓度的 Zn 处理明显,在土培一个月后,1 200 mg·kg^{-1} Zn 浓度条件下,水蕨、风车草、圆币草、草龙、田葱和圆叶节节菜死亡,大部分植物受到重度伤害,植物矮小,叶片失绿,并伴有老叶脱落,只

有石菖蒲受到轻度伤害,能够继续生长。600 mg·kg⁻¹ Zn 浓度条件下,只有草龙和水蕨死亡。在 1 800 mg·kg⁻¹ Pb 浓度条件下,只有田葱死亡,但是大部分植物受到重度伤害,叶尖发黑,生长受到严重的抑制,只有水蕨、石菖蒲和水芋能够正常生长。在 900 mg·kg⁻¹ Pb 浓度条件下,大部分植物只受到中度伤害,能够存活并继续生长。

11.2.1.2　不同铅和锌浓度条件下湿地植物的生长状况

表 11-3 和表 11-4 给出了土培 4 个月不同铅锌浓度处理后不同湿地植物的生长状况。随着 Pb 和 Zn 处理浓度的增加,与对照相比,大部分湿地植物的株高、生物量、地下与地上生物量比(R/S)和耐性指数也显著降低($P<0.05$)。1 800 mg·kg⁻¹ Pb 处理条件下,只有石菖蒲和水芋能保持较高的耐性(80% 和 62%),其他植物的生长受到严重的抑制。而在 900 mg·kg⁻¹ Pb 处理条件下,大部分植物能保持较高的耐性。1 200 mg·kg⁻¹ Zn 处理条件下,只有石菖蒲能保持较高的耐性(83%),其余植物生长受到严重抑制。600 mg·kg⁻¹ Zn 处理条件下,石菖蒲、独穗飘拂草和野荸荠有较高的耐性,其余植物生长受到严重抑制。

表 11-3　Pb 处理条件下湿地植物生长状况

植物种类	处理	株高/cm	生物量/ (g·plant⁻¹)	地下与地上生物量比 (R/S)	耐性指数 TI
石菖蒲	CK	25±0.5ᵃ	2.85±0.19ᵃ	0.13±0.009ᵃ	—
	900 mg·kg⁻¹	26±1.1ᵃ	2.34±0.13ᵇ	0.06±0.006ᵇ	82%±4%
	1 800 mg·kg⁻¹	20±1.3ᵇ	2.29±0.09ᵇ	0.02±0.005ᶜ	80%±3%
尖尾芋	CK	22±0.6ᵃ	3.61±0.09ᵃ	0.24±0.009ᵃ	—
	900 mg·kg⁻¹	16±0.9ᵇ	2.83±0.13ᵇ	0.12±0.006ᵇ	78%±4%
	1 800 mg·kg⁻¹	13±0.7ᵇ	0.82±0.06ᶜ	0.06±0.006ᶜ	23%±2%
水花生	CK	45±1.6ᵃ	1.22±0.08ᵃ	0.12±0.006ᵃ	—
	900 mg·kg⁻¹	40±0.6ᵃ	0.81±0.03ᵇ	0.11±0.011ᵃ	66%±3%
	1 800 mg·kg⁻¹	26±1.1ᵇ	0.66±0.02ᵇ	0.10±0.003ᵇ	54%±1%
水蕨	CK	38±1.6ᵃ	1.78±0.04ᵃ	0.26±0.011ᵃ	—
	900 mg·kg⁻¹	36±1.1ᵃ	1.09±0.13ᵇ	0.19±0.013ᵇ	61%±7%
	1 800 mg·kg⁻¹	29±0.7ᵇ	0.57±0.04ᶜ	0.13±0.010ᵇ	32%±2%
风车草	CK	42±0.9ᵃ	3.40±0.24ᵃ	0.27±0.027ᵃ	—
	900 mg·kg⁻¹	38±0.7ᵃᵇ	1.67±0.04ᵇ	0.14±0.013ᵇ	49%±1%
	1 800 mg·kg⁻¹	34±1.5ᵇ	1.20±0.03ᵇ	0.12±0.020ᵇ	35%±1%

续表 11-3

植物种类	处理	株高/cm	生物量/ （g·plant⁻¹）	地下与地上生物量比 （R/S）	耐性指数 TI
大叶皇冠草	CK	16±0.9ᵃ	2.54±0.20ᵃ	0.37±0.018ᵃ	—
	900 mg·kg⁻¹	10±0.7ᵇ	1.36±0.14ᵇ	0.18±0.010ᵇ	53%±5%
	1 800 mg·kg⁻¹	5±0.7ᶜ	0.29±0.04ᶜ	0.23±0.048ᵇ	12%±2%
红蛋	CK	12±0.4ᵃ	0.93±0.07ᵃ	0.21±0.070ᵃ	—
	900 mg·kg⁻¹	8±0.5ᵇ	0.40±0.02ᵇ	0.15±0.019ᵃ	43%±2%
	1 800 mg·kg⁻¹	7±0.9ᵇ	0.28±0.05ᵇ	0.08±0.009ᵇ	3%±5%
黑籽荸荠	CK	29±1.1ᵃ	0.57±0.05ᵃ	0.24±0.009ᵃ	—
	900 mg·kg⁻¹	21±1.2ᵇ	0.24±0.01ᵇ	0.16±0.004ᵇ	42%±1%
	1 800 mg·kg⁻¹	12±0.7ᶜ	0.18±0.01ᵇ	0.13±0.006ᵇ	31%±1%
独穗飘拂草	CK	37±2.3ᵃ	1.11±0.05ᵃ	0.17±0.029ᵃ	—
	900 mg·kg⁻¹	23±1.2ᵇ	0.73±0.07ᵇ	0.10±0.050ᵃᵇ	66%±7%
	1 800 mg·kg⁻¹	19±0.9ᵇ	0.51±0.08ᵇ	0.07±0.010ᵇ	46%±7%
圆币草	CK	17±0.2ᵃ	3.97±0.47ᵃ	0.24±0.005ᵃ	—
	900 mg·kg⁻¹	13±0.7ᵃ	2.24±0.07ᵇ	0.16±0.016ᵇ	57%±2%
	1 800 mg·kg⁻¹	5±0.9ᵇ	0.53±0.07ᶜ	0.07±0.005ᶜ	14%±2%
草龙	CK	47±2.1ᵃ	2.81±0.17ᵃ	0.31±0.021ᵃ	—
	900 mg·kg⁻¹	31±2.2ᵇ	1.53±0.23ᵇ	0.24±0.004ᵃ	55%±6%
	1 800 mg·kg⁻¹	19±2.1ᶜ	0.27±0.03ᶜ	0.09±0.009ᵇ	1%±1%
铺地黍	CK	63±1.3ᵃ	2.73±0.26ᵃ	0.27±0.015	—
	900 mg·kg⁻¹	58±2.3ᵃ	2.22±0.10ᵃ	0.20±0.020ᵃ	81%±4%
	1 800 mg·kg⁻¹	46±2ᵇ	0.53±0.05ᵇ	0.20±0.010ᵃ	19%±2%
雀稗	CK	76±2.6ᵃ	0.67±0.04ᵃ	0.30±0.025ᵃ	—
	900 mg·kg⁻¹	62±2.3ᵇ	0.47±0.02ᵇ	0.21±0.018ᵃ	70%±3%
	1 800 mg·kg⁻¹	45±1.1ᶜ	0.40±0.02ᵇ	0.13±0.020ᵇ	59%±3%
田葱	CK	50±2.9ᵃ	1.80±0.09ᵃ	0.22±0.013ᵃ	—
	900 mg·kg⁻¹	28±1.9ᵇ	0.78±0.07ᵇ	0.16±0.017ᵇ	43%±4%
	1 800 mg·kg⁻¹	—	0.35±0.08ᶜ	—	
圆叶节节菜	CK	28±2.3ᵃ	2.83±0.07ᵃ	0.17±0.009ᵃ	—
	900 mg·kg⁻¹	10±0.7ᵇ	1.17±0.03ᵇ	0.08±0.009ᵇ	41%±1%
	1 800 mg·kg⁻¹	5±0.2ᶜ	0.12±0.01ᶜ	0.03±0.008ᶜ	5%±0.3%

续表 11-3

植物种类	处理	株高/cm	生物量/ ($g \cdot plant^{-1}$)	地下与地上生物量比 (R/S)	耐性指数 TI
野荸荠	CK	63 ± 2^a	0.80 ± 0.12^a	0.29 ± 0.018^a	—
	$900 \ mg \cdot kg^{-1}$	39 ± 3.3^b	0.52 ± 0.06^b	0.22 ± 0.013^{ab}	$64\%\pm8\%$
	$1\ 800 \ mg \cdot kg^{-1}$	22 ± 1.6^c	0.25 ± 0.04^c	0.14 ± 0.010^b	$31\%\pm5\%$
小婆婆纳	CK	11 ± 0.5^a	2.16 ± 0.27^a	0.17 ± 0.009^a	—
	$900 \ mg \cdot kg^{-1}$	8 ± 0.7^b	0.62 ± 0.10^b	0.11 ± 0.009^b	$29\%\pm5\%$
	$1\ 800 \ mg \cdot kg^{-1}$	6 ± 0.4^b	0.41 ± 0.02^b	0.1 ± 0.009^b	$9\%\pm1\%$
水芋	CK	50 ± 2.7^a	6.50 ± 0.11^a	0.26 ± 0.011^a	—
	$900 \ mg \cdot kg^{-1}$	46 ± 1.2^a	5.33 ± 0.18^a	0.21 ± 0.005^b	$82\%\pm3\%$
	$1\ 800 \ mg \cdot kg^{-1}$	34 ± 2.8^b	4.02 ± 0.20^b	0.19 ± 0.010^b	$62\%\pm13\%$

注:不同字母表示同种植物在不同 Pb 处理条件下于 0.05(LSD 检验)水平上相关性显著。

表 11-4　Zn 处理条件下湿地植物生长状况

植物种类	处理	株高/cm	生物量/ ($g \cdot plant^{-1}$)	地下与地上生物 量比(R/S)	耐性指数 TI
石菖蒲	CK	25 ± 0.5^a	2.85 ± 0.19^a	0.13 ± 0.009^a	—
	$600 \ mg \cdot kg^{-1}$	28 ± 1.1^a	2.30 ± 0.06^b	0.02 ± 0.004^b	$82\%\pm6\%$
	$1\ 200 \ mg \cdot kg^{-1}$	23 ± 1.3^a	2.32 ± 0.10^b	0.02 ± 0.005^b	$83\%\pm4\%$
尖尾芋	CK	22 ± 0.6^a	3.61 ± 0.09^a	0.24 ± 0.009^a	—
	$600 \ mg \cdot kg^{-1}$	8 ± 1.3^b	0.69 ± 0.04^b	0.05 ± 0.005^b	$19\%\pm1\%$
	$1\ 200 \ mg \cdot kg^{-1}$	3 ± 0.5^b	0.30 ± 0.05^c	0.03 ± 0.005^b	$8\%\pm1\%$
水花生	CK	45 ± 1.6^a	1.22 ± 0.08^a	0.12 ± 0.006^a	—
	$600 \ mg \cdot kg^{-1}$	13 ± 0.7^b	0.25 ± 0.03^b	0.07 ± 0.004^b	$21\%\pm2\%$
	$1\ 200 \ mg \cdot kg^{-1}$	9 ± 0.8^b	0.23 ± 0.02^b	0.02 ± 0.003^c	$19\%\pm1\%$
水蕨	CK	38 ± 1.6	1.78 ± 0.04	0.26 ± 0.011	—
	$600 \ mg \cdot kg^{-1}$	—	—	—	—
	$1\ 200 \ mg \cdot kg^{-1}$	—	—	—	—
风车草	CK	42 ± 0.9^a	3.4 ± 0.24^a	0.27 ± 0.027^a	—
	$600 \ mg \cdot kg^{-1}$	11 ± 1^b	0.69 ± 0.18^b	0.09 ± 0.011^b	$21\%\pm6\%$
	$1\ 200 \ mg \cdot kg^{-1}$	5 ± 1.7^c	0.23 ± 0.01^c	0.06 ± 0.005^c	$6\%\pm1\%$

续表 11-4

植物种类	处理	株高/cm	生物量/ ($g \cdot plant^{-1}$)	地下与地上生物 量比(R/S)	耐性指数 TI
大叶皇冠草	CK	16 ± 0.9^a	2.54 ± 0.20^a	0.37 ± 0.018^a	—
	$600 \; mg \cdot kg^{-1}$	7 ± 0.4^b	0.37 ± 0.05^b	0.23 ± 0.048^b	$14\%\pm1\%$
	$1\,200 \; mg \cdot kg^{-1}$	4 ± 0.2^b	0.16 ± 0.03^c	0.11 ± 0.008^c	$6\%\pm1\%$
红蛋	CK	12 ± 0.4^a	0.93 ± 0.07^a	0.21 ± 0.07^a	—
	$600 \; mg \cdot kg^{-1}$	7 ± 0.2^b	0.37 ± 0.01^b	0.03 ± 0.005^b	$40\%\pm3\%$
	$1\,200 \; mg \cdot kg^{-1}$	4 ± 0.1^b	0.32 ± 0.02^b	0.03 ± 0.009^b	$36\%\pm5\%$
黑籽荸荠	CK	29 ± 1.1^a	0.57 ± 0.05^a	0.24 ± 0.009^a	—
	$600 \; mg \cdot kg^{-1}$	9 ± 0.6^b	0.14 ± 0.01^b	0.17 ± 0.020^b	$26\%\pm5\%$
	$1\,200 \; mg \cdot kg^{-1}$	5 ± 0.2^b	0.11 ± 0.01^b	0.28 ± 0.180^a	$20\%\pm1\%$
独穗飘拂草	CK	37 ± 2.3^a	1.11 ± 0.05^a	0.17 ± 0.029^a	—
	$600 \; mg \cdot kg^{-1}$	20 ± 0.9^b	0.86 ± 0.08^b	0.1 ± 0.020^{ab}	$82\%\pm5\%$
	$1\,200 \; mg \cdot kg^{-1}$	18 ± 0.4^b	0.31 ± 0.03^c	0.05 ± 0.005^b	$29\%\pm4\%$
圆币草	CK	17 ± 0.2^a	3.97 ± 0.47^a	0.24 ± 0.005^a	—
	$600 \; mg \cdot kg^{-1}$	2 ± 0.3^b	0.14 ± 0.01^b	0.14 ± 0.010^b	$4\%\pm0.3\%$
	$1\,200 \; mg \cdot kg^{-1}$	—	—	—	—
草龙	CK	47 ± 2.1	2.81 ± 0.17	0.31 ± 0.021	
	$600 \; mg \cdot kg^{-1}$	—	—	—	—
	$1\,200 \; mg \cdot kg^{-1}$	—	—	—	—
铺地黍	CK	63 ± 1.3^a	2.73 ± 0.26^a	0.27 ± 0.015^a	—
	$600 \; mg \cdot kg^{-1}$	47 ± 2.8^b	0.62 ± 0.03^b	0.15 ± 0.006^b	$24\%\pm3\%$
	$1\,200 \; mg \cdot kg^{-1}$	12 ± 0.6^c	0.15 ± 0.01^c	0.03 ± 0.003^c	$6\%\pm1\%$
雀稗	CK	76 ± 2.6^a	0.67 ± 0.04^a	0.30 ± 0.030^a	—
	$600 \; mg \cdot kg^{-1}$	63 ± 2.3^a	0.33 ± 0.05^b	0.18 ± 0.010^b	$49\%\pm5\%$
	$1\,200 \; mg \cdot kg^{-1}$	27 ± 1.7^b	0.14 ± 0.01^c	0.06 ± 0.010^c	$21\%\pm1\%$
田葱	CK	50 ± 2.9^a	1.80 ± 0.09^a	0.22 ± 0.013^{ab}	—
	$600 \; mg \cdot kg^{-1}$	19 ± 0.7^b	0.35 ± 0.04^b	0.16 ± 0.020	$20\%\pm3\%$
	$1\,200 \; mg \cdot kg^{-1}$	—	—	—	—
圆叶节节菜	CK	28 ± 2.3^a	2.83 ± 0.07^a	0.17 ± 0.009^a	—
	$600 \; mg \cdot kg^{-1}$	7 ± 0.4^b	0.23 ± 0.01^b	0.08 ± 0.010^b	$8\%\pm1\%$
	$1\,200 \; mg \cdot kg^{-1}$	—	—	—	—

续表 11-4

植物种类	处理	株高/cm	生物量/ ($g \cdot plant^{-1}$)	地下与地上生物 量比(R/S)	耐性指数 TI
野荸荠	CK	63±2[a]	0.80±0.12[a]	0.29±0.018[a]	—
	600 mg·kg⁻¹	14±0.8[b]	0.61±0.03[b]	0.18±0.020[b]	76%±6%
	1 200 mg·kg⁻¹	10±0.6[b]	0.34±0.02[c]	0.1±0.005[c]	43%±2%
小婆婆纳	CK	11±0.5[a]	2.16±0.27[a]	0.17±0.009[a]	—
	600 mg·kg⁻¹	7±0.6[b]	0.19±0.02[b]	0.15±0.006[b]	9%±1%
	1 200 mg·kg⁻¹	2±0.1[c]	0.15±0.01[b]	0.08±0.009[b]	7%±1%
水芋	CK	50±2.7[a]	6.50±0.11[a]	0.26±0.011[a]	—
	600 mg·kg⁻¹	18±1[b]	1.30±0.08[b]	0.12±0.006[b]	20%±1%
	1 200 mg·kg⁻¹	2±0.3[c]	0.17±0.03[c]	0.04±0.010[c]	3%±0.4%

注:不同字母表示同种植物在不同 Zn 处理条件下于 0.05 (LSD 检验)水平上相关性显著。

11.2.2 不同铅和锌浓度处理条件下湿地植物体内重金属含量

11.2.2.1 不同铅浓度条件下湿地植物重金属含量

由表 11-5 湿地植物可知,供试湿地植物体内 Pb 含量随着 Pb 处理浓度的增加而升高。在不同浓度 Pb 浓度处理条件下,大多数植物地下部分 Pb 含量均高于地上部分 Pb 含量。例外的是,在土壤 Pb 含量为 1 800 mg·kg⁻¹时,红蛋地上部(叶片)Pb 含量高达 18 650 mg·kg⁻¹,高于其地下部分(根部 10 612 mg·kg⁻¹)。在相同 Pb 处理条件下,不同湿地植物地上部分 Pb 含量有极显著差异($P<0.01$)。如土壤在 1 800 mg·kg⁻¹时,水芋地上部分(叶片)的 Pb 含量只有 49 mg·kg⁻¹,而红蛋和小婆婆纳的地上部分(叶片)的 Pb 含量高达 18 650 和 5 286 mg·kg⁻¹。随着 Pb 处理浓度的增加,供试植物地下部分的生物富集系数也随之升高,地下部分(根部)的生物富集系数要高于地上部分的生物富集系数。同时大部分供试植物根系对 Pb 有着较强的滞留效应,在不同 Pb 浓度处理条件下,大部分植物根系对 Pb 的平均滞留率大于80%。

表 11-5 铅处理条件下湿地植物体内铅浓度、富集系数和滞留率

植物种类	处理	铅浓度/(mg·kg⁻¹)		富集系数(BCF)		滞留率
		地上部分	地下部分	地上部分	地下部分	
石菖蒲	CK	6±0.6[a]	31±1.5[a]	0.17	0.86	81%
	900 mg·kg⁻¹	13±1[a]	1 315±18[b]	0.01	1.46	99%
	1 800 mg·kg⁻¹	107±10[b]	8 222±140[c]	0.12	4.57	97%

续表 11-5

植物种类	处理	铅浓度/(mg·kg⁻¹)		富集系数(BCF)		滞留率
		地上部分	地下部分	地上部分	地下部分	
尖尾芋	CK	11±1.2ᵃ	36±2.2ᵃ	0.31	1.00	69%
	900 mg·kg⁻¹	43±4.8ᵇ	2 092±145ᵇ	0.05	2.32	98%
	1 800 mg·kg⁻¹	114±7ᶜ	6 979±119ᶜ	0.06	3.88	98%
水花生	CK	22±1.2ᵃ	37±4.7ᵃ	0.61	1.03	41%
	900 mg·kg⁻¹	43±1.2ᵇ	2 084±115ᵇ	0.05	2.31	98%
	1 800 mg·kg⁻¹	295±16ᶜ	7 448±56ᶜ	0.16	4.14	96%
水蕨	CK	18±1.8ᵃ	65±10.5ᵃ	0.50	1.81	72%
	900 mg·kg⁻¹	89±5.5ᵇ	3 950±2.2ᵇ	0.10	4.39	98%
	1 800 mg·kg⁻¹	312±17ᶜ	8 470±1 207ᶜ	0.17	4.71	96%
风车草	CK	3±0.9ᵃ	34±4.8ᵃ	0.08	0.04	91%
	900 mg·kg⁻¹	73±2.3ᵇ	1 607±168ᵇ	0.08	1.79	95%
	1 800 mg·kg⁻¹	146±6ᶜ	3 373±178ᶜ	0.08	1.87	96%
大叶皇冠草	CK	10±0.6ᵃ	22±0.9ᵃ	0.28	0.61	55%
	900 mg·kg⁻¹	84±4.4ᵇ	3 164±115ᵇ	0.09	3.52	97%
	1 800 mg·kg⁻¹	2 329±156ᶜ	6 261±412ᶜ	1.29	3.48	63%
红蛋	CK	14±1.2ᵃ	25±2.9ᵃ	0.39	0.69	44%
	900 mg·kg⁻¹	738±34ᵇ	3 148±395ᵇ	0.82	3.50	77%
	1 800 mg·kg⁻¹	18 650±596ᶜ	10 612±445ᶜ	10.36	5.90	—
黑籽荸荠	CK	36±5ᵃ	45±2.2ᵃ	1.00	1.25	20%
	900 mg·kg⁻¹	437±32ᵇ	2 769±170ᵇ	0.49	3.08	84%
	1 800 mg·kg⁻¹	1 905±135ᶜ	8 236±249ᶜ	1.06	4.58	77%
独穗飘拂草	CK	9±0.9ᵃ	60±3.5ᵃ	0.25	1.67	85%
	900 mg·kg⁻¹	46±6.1ᵇ	1 715±40ᵇ	0.05	1.91	97%
	1 800 mg·kg⁻¹	177±23ᶜ	4 892±121ᶜ	0.10	2.72	96%
圆币草	CK	6±0.9ᵃ	22±1.2ᵃ	0.17	0.61	73%
	900 mg·kg⁻¹	116±7.2ᵇ	1 112±86ᵇ	0.13	1.24	90%
	1 800 mg·kg⁻¹	535±27ᶜ	3 732±281ᶜ	0.30	2.07	86%
草龙	CK	7±0.9ᵃ	18±4.3ᵃ	0.19	0.50	61%
	900 mg·kg⁻¹	234±32ᵇ	3 962±545ᵇ	0.26	4.40	94%
	1 800 mg·kg⁻¹	186±19ᶜ	17 620±687ᶜ	0.10	9.79	99%

植物种类	处理	铅浓度/(mg·kg⁻¹)		富集系数(BCF)		滞留率
		地上部分	地下部分	地上部分	地下部分	
铺地黍	CK	4±0.3ᵃ	37±1.2ᵃ	0.11	1.03	89%
	900 mg·kg⁻¹	106±4ᵇ	1 994±155ᵇ	0.12	2.22	95%
	1 800 mg·kg⁻¹	308±42ᶜ	5 104±87ᶜ	0.17	2.84	94%
雀稗	CK	33±0.9ᵃ	94±4.9ᵃ	0.92	2.61	65%
	900 mg·kg⁻¹	98±6ᵇ	1 461±161ᵇ	0.11	1.62	93%
	1 800 mg·kg⁻¹	220±4ᶜ	2 477±132ᶜ	0.12	1.38	91%
田葱	CK	8±1.2ᵃ	29±1.2ᵃ	0.22	0.81	72%
	900 mg·kg⁻¹	384±80ᵇ	6 374±224ᵇ	0.43	7.09	94%
	1 800 mg·kg⁻¹	—	—	—	—	—
圆叶节节菜	CK	27±3.4ᵃ	59±2.9ᵃ	0.75	1.64	54%
	900 mg·kg⁻¹	749±29ᵇ	4 891±339ᵇ	0.83	5.43	85%
	1 800 mg·kg⁻¹	3 581±312ᶜ	13 582±683ᶜ	1.99	7.55	74%
野荸荠	CK	6±0.9ᵃ	61±1.9ᵃ	0.17	1.69	90%
	900 mg·kg⁻¹	78±8ᵇ	4 590±296ᵇ	0.09	5.10	98%
	1 800 mg·kg⁻¹	2 130±103ᶜ	4 891±319ᵇ	1.18	2.72	56%
小婆婆纳	CK	12±1.3ᵃ	21±2ᵃ	0.33	0.58	43%
	900 mg·kg⁻¹	216±56ᵇ	2 141±107ᵇ	0.24	2.38	90%
	1 800 mg·kg⁻¹	5 286±431ᶜ	8 245±216ᶜ	2.94	4.58	36%
水芋	CK	5±0.6ᵃ	62±5.5ᵃ	0.14	1.72	92%
	900 mg·kg⁻¹	25±2ᵇ	1 884±69ᵇ	0.03	2.09	99%
	1 800 mg·kg⁻¹	49±4ᵇ	5 330±214ᶜ	0.03	3.07	99%

注:不同字母表示同种植物在不同 Pb 处理条件下于 0.05(LSD 检验)水平上相关性显著。

11.2.2.2 不同锌浓度条件下湿地植物重金属含量

表 11-6 给出了不同 Zn 浓度条件下供试植物吸收 Zn 的情况。从表中可以发现,供试植物体内 Zn 含量随着 Zn 处理浓度的增加而显著升高($P<0.05$)。在不同 Zn 浓度处理条件下,大部分植物地下部分 Zn 浓度远高于地上部分。但有两种植物例外,红蛋和田葱在对照和 Zn 处理条件下,地上部分(叶片)的 Zn 含量均高于地下部分(根部)。随着 Zn 处理浓度的增加,供试植物地上和地下部分的生物富集系数也随之升高,大部分植物的地下部分(根部)的生物富集系数要高于地上部分的生物富集系数。少数植物的地上部分生物富集系数高于地下部分,如大叶皇冠草、红蛋和田葱。在 1 200 mg·kg⁻¹ Zn 处

理条件下,石菖蒲地下部分的生物富集系数高达 32.91。而在 600 mg·kg⁻¹ Zn 处理条件下,红蛋地上部分的生物富集系数则最高,为 33.65。在不同 Pb 浓度处理条件下,大部分供试植物根系对 Zn 的滞留率差异较大,如石菖蒲、尖尾芋和水芋在 1 200 mg·kg⁻¹ Zn 浓度处理条件下,仍能保持一定的滞留率。而红蛋、田葱和大叶皇冠草等几种植物在 1 200 mg·kg⁻¹ Zn 处理条件下,滞留率均小于 0。

表 11-6　锌处理条件下湿地植物体内锌浓度、富集系数和滞留率

植物种类	处理	锌浓度/(mg·kg⁻¹)		富集系数(BCF)		滞留率
		地上部分	地下部分	地上部分	地下部分	
石菖蒲	CK	63±6ᵃ	144±3ᵃ	0.86	1.97	56%
	600 mg·kg⁻¹	2 253±132ᵇ	17 496±1 450ᵇ	3.76	29.16	87%
	1 200 mg·kg⁻¹	6 372±151ᶜ	39 487±2 310ᶜ	5.31	32.91	84%
尖尾芋	CK	74±10ᵃ	122±5ᵃ	1.01	1.67	39%
	600 mg·kg⁻¹	2 528±108ᵇ	6 196±274ᵇ	4.21	10.33	59%
	1 200 mg·kg⁻¹	6 138±169ᶜ	9 914±247ᶜ	5.12	8.26	38%
水花生	CK	222±61ᵃ	479±30ᵃ	3.04	6.56	54%
	600 mg·kg⁻¹	1 032±25ᵇ	2 418±124ᵇ	1.72	4.03	57%
	1 200 mg·kg⁻¹	2 700±183ᶜ	—	2.25	—	
水蕨	CK	82±7	198±14	1.12	2.71	59%
	600 mg·kg⁻¹	—	—	—	—	
	1 200 mg·kg⁻¹	—	—	—	—	
风车草	CK	47±1ᵃ	165±19ᵃ	0.64	2.26	72%
	600 mg·kg⁻¹	2 301±347ᵇ	5 309±103ᵇ	3.84	8.85	57%
	1 200 mg·kg⁻¹	19 096±990ᶜ	20 359±586ᶜ	15.91	16.97	6%
大叶皇冠草	CK	98±9ᵃ	151±1ᵃ	1.34	2.07	35%
	600 mg·kg⁻¹	16 244±399ᵇ	10 867±788ᵇ	27.07	18.11	<0
	1 200 mg·kg⁻¹	19 192±689ᵇ	8 110±407ᵇ	15.99	6.76	<0
红蛋	CK	1 158±33ᵃ	204±26ᵃ	15.86	2.79	<0
	600 mg·kg⁻¹	20 187±349ᵇ	8 122±834ᵇ	33.65	13.54	<0
	1 200 mg·kg⁻¹	23 840±1 677ᵇ	8 704±376ᵇ	19.87	7.25	<0
黑籽荸荠	CK	187±3ᵃ	240±8ᵃ	2.56	3.29	22%
	600 mg·kg⁻¹	6 695±471ᵇ	3 759±337ᵇ	11.16	6.27	<0
	1 200 mg·kg⁻¹	10 255±191ᶜ	7 958±263ᶜ	8.55	6.63	<0

续表 11-6

植物种类	处理	锌浓度/(mg·kg⁻¹)		富集系数(BCF)		滞留率
		地上部分	地下部分	地上部分	地下部分	
独穗飘拂草	CK	63±9ᵃ	90±3ᵃ	0.86	1.23	30%
	600 mg·kg⁻¹	1 355±144ᵇ	2 181±112ᵇ	2.26	3.64	38%
	1 200 mg·kg⁻¹	5 255±301ᶜ	4 596±261ᶜ	4.38	3.83	<0
圆币草	CK	73±3ᵃ	131±14ᵃ	1.00	1.79	44%
	600 mg·kg⁻¹	1 592±296ᵇ	3 748±45ᵇ	2.65	6.25	58%
	1 200 mg·kg⁻¹	5 806	8 023	4.84	6.69	28%
草龙	CK	162±34	282±12	2.22	3.86	43%
	600 mg·kg⁻¹	—	—	—	—	—
	1 200 mg·kg⁻¹	—	—	—	—	—
铺地黍	CK	119±4ᵃ	147±2ᵃ	1.63	2.01	19%
	600 mg·kg⁻¹	1 473±170ᵇ	7 463±169ᵇ	2.46	12.44	80%
	1 200 mg·kg⁻¹	18 604±4 512ᶜ	13 031±309ᶜ	15.5	10.86	<0
雀稗	CK	158±2ᵃ	465±72ᵃ	2.16	6.37	66%
	600 mg·kg⁻¹	883±76ᵇ	2 288±108ᵇ	1.47	3.81	61%
	1 200 mg·kg⁻¹	6 554±96ᶜ	9 555±137ᶜ	5.46	7.96	31%
田葱	CK	1 629±232ᵃ	463±49ᵃ	22.32	6.34	<0
	600 mg·kg⁻¹	14 854±657ᵇ	3 831±238ᵇ	24.76	6.39	<0
	1 200 mg·kg⁻¹	—	—	—	—	—
圆叶节节菜	CK	332±18ᵃ	529±29ᵃ	4.55	7.25	37%
	600 mg·kg⁻¹	527±63ᵇ	7 531±428ᵇ	0.88	12.55	93%
	1 200 mg·kg⁻¹	—	—	—	—	—
野荸荠	CK	154±25ᵃ	432±23ᵃ	2.11	5.92	64%
	600 mg·kg⁻¹	10 880±984ᵇ	3 683±315ᵇ	18.13	6.14	<0
	1 200 mg·kg⁻¹	13 200±240ᶜ	5 592±102ᶜ	11.00	4.66	<0
小婆婆纳	CK	327±17ᵃ	481±13ᵃ	4.48	6.59	32%
	600 mg·kg⁻¹	11 710±282ᵇ	4 526±806ᵇ	19.52	7.54	<0
	1 200 mg·kg⁻¹	12 307±561ᶜ	8 456±434ᶜ	10.26	7.05	<0
水芋	CK	46±2ᵃ	139±3ᵃ	0.63	1.90	67%
	600 mg·kg⁻¹	3 897±95ᵇ	6 872±222ᵇ	6.50	11.45	43%
	1 200 mg·kg⁻¹	5 380±343ᶜ	8 301±223ᵇ	4.48	6.92	35%

注:不同字母表示同种植物在不同 Zn 处理条件下于 0.05(LSD 检验)水平上相关性显著。

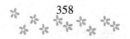

11.2.3　不同铅和锌浓度条件下湿地植物的抗氧化酶

11.2.3.1　不同铅浓度条件下湿地植物的抗氧化酶

表 11-7 给出了不同 Pb 浓度处理条件下供试植物叶片可溶性蛋白、SOD、POD 和 CAT 的浓度。随着 Pb 处理浓度的增加,大多数供试植物叶片的可溶性蛋白浓度显著降低($P<0.05$)。但不同植物可溶性蛋白降低的幅度差异较大。如在 1 800 mg·kg^{-1} Pb 处理条件下,石菖蒲的可溶性蛋白下降幅度为 0.07%,而圆叶节节菜叶片的可溶性蛋白下降幅度为 92%。在 900 mg·kg^{-1} Pb 处理下,大多数供试植物的 SOD 和 POD 与对照相比,显著增加($P<0.05$)。在 1 800 mg·kg^{-1} Pb 处理条件下,一部分植物的叶片的 SOD 和 POD 的活性显著高于对照和 900 mg·kg^{-1} Pb 处理条件;另外一部分植物叶片的 SOD 和 POD 活性则显著下降($P<0.05$)。随着不同 Pb 处理浓度的增加,大多数供试植物叶片的 CAT 浓度则差异不大。

表 11-7　不同 Pb 浓度条件下湿地植物叶片抗氧化酶含量

植物种类	处理	可溶性蛋白/ (mg·g^{-1})	SOD/U	POD(ΔOD_{470})/U	CAT(ΔOD_{240})/U
石菖蒲	CK	4.4±0.18[a]	57±5[b]	308±11.3[b]	22±2.3[a]
	900 mg·kg^{-1}	4.26±0.11[a]	85±4[a]	345±3.3[a]	24±3.7[a]
	1 800 mg·kg^{-1}	4.11±0.07[a]	93±8[a]	358±5.8[a]	24±1.7[a]
尖尾芋	CK	3.39±0.11[a]	95±3[b]	289±14.1[b]	49±3.3[a]
	900 mg·kg^{-1}	2.64±0.10[b]	136±4[a]	309±10[b]	40±4.1[b]
	1 800 mg·kg^{-1}	0.78±0.06[c]	150±2[a]	355±6.3[a]	49±5.7[a]
水花生	CK	1.99±0.13[a]	63±6[a]	153±8.2[b]	42±3.3[a]
	900 mg·kg^{-1}	1.47±0.07[b]	81±4[a]	189±16[a]	41±4.0[a]
	1 800 mg·kg^{-1}	0.99±0.08[c]	86±3[a]	201±10[a]	39±2.3[a]
水蕨	CK	2.44±0.18[a]	85±6[b]	120±15.8[b]	55±5.3[a]
	900 mg·kg^{-1}	1.47±0.14[b]	82±9[b]	217±12.3[a]	48±3.9[a]
	1 800 mg·kg^{-1}	0.72±0.05[c]	117±4[a]	250±17[a]	43±3.9[a]
风车草	CK	2.16±0.10[a]	27±3[b]	395±12.5[c]	53±6.5[a]
	900 mg·kg^{-1}	1.21±0.07[b]	68±6[a]	448±13.5[b]	52±3.7[a]
	1 800 mg·kg^{-1}	0.95±0.09[c]	55±7[a]	505±12.4[a]	54±3.4[a]
大叶皇冠草	CK	3.57±0.19[a]	56±5[b]	412±7.2[a]	71±3.3[a]
	900 mg·kg^{-1}	1.68±0.09[b]	87±4[a]	476±5.4[a]	61±4.3[a]
	1 800 mg·kg^{-1}	0.36±0.10[c]	21±2[c]	163±20.6[b]	68±6.2[a]

续表 11-7

植物种类	处理	可溶性蛋白/ $(mg \cdot g^{-1})$	SOD/U	POD(ΔOD_{470})/U	CAT(ΔOD_{240})/U
红蛋	CK	1.26 ± 0.17^a	45 ± 5^b	214 ± 15.1^b	80 ± 2.5^a
	900 mg·kg^{-1}	0.52 ± 0.07^b	88 ± 6^a	389 ± 18.6^a	82 ± 3.9^a
	1 800 mg·kg^{-1}	0.11 ± 0.02^c	9 ± 2^c	75 ± 12.4^c	77 ± 4.6^a
黑籽荸荠	CK	0.65 ± 0.05^a	36 ± 4^b	176 ± 17.4^b	59 ± 3.8^a
	900 mg·kg^{-1}	0.35 ± 0.04^b	55 ± 5^a	248 ± 13.2^a	65 ± 6.7^a
	1 800 mg·kg^{-1}	0.15 ± 0.02^c	47 ± 5^{ab}	271 ± 13^a	62 ± 4.2^a
独穗飘拂草	CK	0.37 ± 0.03^a	20 ± 1^b	249 ± 18.6^b	41 ± 2.6^b
	900 mg·kg^{-1}	0.21 ± 0.01^b	38 ± 3^a	284 ± 10^{ab}	59 ± 1.6^a
	1 800 mg·kg^{-1}	0.18 ± 0.01^b	37 ± 8^a	316 ± 9.7^a	50 ± 2.4^a
圆币草	CK	2.48 ± 0.10^a	54 ± 8^a	299 ± 12.4^b	83 ± 4.2^a
	900 mg·kg^{-1}	1.21 ± 0.13^b	75 ± 7^a	368 ± 21.2^a	83 ± 4.1^a
	1 800 mg·kg^{-1}	0.24 ± 0.04^c	25 ± 4^b	92 ± 21^c	84 ± 9.3^a
草龙	CK	0.59 ± 0.05^a	55 ± 4^b	214 ± 19^a	67 ± 4.8^a
	900 mg·kg^{-1}	0.28 ± 0.02^b	97 ± 6^a	278 ± 14^a	72 ± 4.9^a
	1 800 mg·kg^{-1}	0.08 ± 0.02^c	9 ± 2^c	57 ± 16^b	72 ± 2.2^a
铺地黍	CK	3.22 ± 0.12^a	84 ± 6^a	446 ± 18^a	50 ± 3.7^a
	900 mg·kg^{-1}	2.30 ± 0.10^b	88 ± 6^a	467 ± 4^a	52 ± 5.4^a
	1 800 mg·kg^{-1}	0.61 ± 0.05^c	95 ± 4^a	188 ± 7^b	54 ± 7.4^a
雀稗	CK	1.34 ± 0.07^a	52 ± 4^c	312 ± 15^a	40 ± 3.8^a
	900 mg·kg^{-1}	0.75 ± 0.08^b	94 ± 3^a	371 ± 9^a	49 ± 5^a
	1 800 mg·kg^{-1}	0.15 ± 0.03^c	73 ± 5^b	330 ± 13^a	46 ± 6.7^a
田葱	CK	2.30 ± 0.11^a	53 ± 5^b	194 ± 13^b	64 ± 6.8^a
	900 mg·kg^{-1}	0.96 ± 0.16^b	76 ± 4^a	284 ± 12^a	54 ± 3.4^a
	1 800 mg·kg^{-1}	—	—	—	—
圆叶节节菜	CK	1.14 ± 0.13^a	27 ± 3^a	116 ± 12^b	48 ± 3.9^a
	900 mg·kg^{-1}	0.35 ± 0.05^b	34 ± 8^a	192 ± 10^a	39 ± 3.2^b
	1 800 mg·kg^{-1}	0.09 ± 0.01^c	11 ± 3^b	61 ± 18^c	37 ± 2.9^b
野荸荠	CK	1.55 ± 0.10^a	48 ± 3^a	186 ± 16^b	54 ± 10.6^a
	900 mg·kg^{-1}	0.76 ± 0.05^b	59 ± 3^a	280 ± 9^a	63 ± 13.4^a
	1 800 mg·kg^{-1}	0.46 ± 0.04^c	26 ± 4^b	293 ± 21^a	54 ± 8.2^a

续表 11-7

植物种类	处理	可溶性蛋白/ $(mg \cdot g^{-1})$	SOD/U	POD(ΔOD_{470})/U	CAT(ΔOD_{240})/U
小婆婆纳	CK	1.82 ± 0.15^a	51 ± 4^a	320 ± 15^a	58 ± 8.4^a
	$900\ mg \cdot kg^{-1}$	0.61 ± 0.09^b	35 ± 4^b	342 ± 22^a	65 ± 12.1^a
	$1\ 800\ mg \cdot kg^{-1}$	0.17 ± 0.03^c	22 ± 3^c	143 ± 29^b	55 ± 5.3^a
水芋	CK	2.16 ± 0.10^a	77 ± 5^b	289 ± 8^b	57 ± 3.5^a
	$900\ mg \cdot kg^{-1}$	1.84 ± 0.12^b	90 ± 5^{ab}	327 ± 23^{ab}	58 ± 10.2^a
	$1\ 800\ mg \cdot kg^{-1}$	1.49 ± 0.10^b	102 ± 8^a	369 ± 23^a	58 ± 8^a

注:不同字母表示同种植物在不同 Pb 处理条件下于 0.05（LSD 检验）水平上相关性显著。

11.2.3.2　不同锌浓度条件下湿地植物的抗氧化酶

由表 11-8 可知不同 Zn 浓度处理条件下供试植物叶片可溶性蛋白、SOD、POD 和 CAT 的浓度。在 600 mg · kg^{-1} Zn 处理条件下,与对照相比,大多数供试植物叶片的可溶性蛋白浓度显著降低($P<0.05$)。不同植物可溶性蛋白降低的幅度差异较大。石菖蒲的可溶性蛋白下降幅度为 11.3% ,而圆币草叶片的可溶性蛋白下降幅度为 94.8%。在 600 mg · kg^{-1} Zn 浓度处理条件下,一部分植物如石菖蒲、尖尾芋和水花生等的叶片的 SOD 和 POD 的活性显著高于对照;另外一部分植物如圆币草、圆叶节节菜等叶片的 SOD 和 POD 活性则显著低于对照($P<0.05$)。大多数供试植物叶片的 CAT 浓度在 600 mg · kg^{-1} Zn 处理条件下则显著高于对照。

表 11-8　不同锌浓度条件下湿地植物叶片抗氧化酶含量

植物种类	处理	可溶性蛋白/ $(mg \cdot g^{-1})$	SOD/U	POD(ΔOD_{470})/U	CAT(ΔOD_{240})/U
石菖蒲	CK	4.4 ± 0.18^a	57 ± 4.7^b	308 ± 11.3^b	22 ± 2.3^b
	$600\ mg \cdot kg^{-1}$	3.9 ± 0.08^a	115 ± 5^a	385 ± 3.8^a	42 ± 4.3^a
尖尾芋	CK	3.39 ± 0.11^a	95 ± 3.1^b	289 ± 14.1^b	49 ± 3.3^b
	$600\ mg \cdot kg^{-1}$	0.67 ± 0.04^b	149 ± 4.9^a	380 ± 10^a	62 ± 4.1^a
水花生	CK	1.99 ± 0.13^a	63 ± 6.1^b	153 ± 8.2^b	42 ± 3.3^b
	$600\ mg \cdot kg^{-1}$	0.6 ± 0.07^b	100 ± 4.9^a	281 ± 12.6^a	54 ± 2.9^a
水蕨	CK	2.44 ± 0.18	85 ± 6	120 ± 15.8	55 ± 5.3
	$600\ mg \cdot kg^{-1}$	—	—	—	—
风车草	CK	2.16 ± 0.1^a	27 ± 2.8^b	395 ± 12.5^b	53 ± 6.5^a
	$600\ mg \cdot kg^{-1}$	0.43 ± 0.06^b	87 ± 4^a	475 ± 15.2^a	58 ± 6.6^a

续表 11-8

植物种类	处理	可溶性蛋白/ $(mg \cdot g^{-1})$	SOD/U	POD(ΔOD_{470})/U	CAT(ΔOD_{240})/U
大叶皇冠草	CK	3.57±0.19[a]	56±5[a]	412±7.2[b]	71±3.3[a]
	600 mg · kg^{-1}	0.36±0.04[b]	36±3.5[b]	480±9.2[a]	82±3.8[a]
红蛋	CK	1.26±0.17[a]	45±5.3[b]	214±15.1[b]	80±2.5[a]
	600 mg · kg^{-1}	0.54±0.04[b]	82±6.8[a]	351±11[a]	91±1.2[a]
黑籽荸荠	CK	0.65±0.05[a]	36±3.8[b]	176±17.4[b]	59±3.8[b]
	600 mg · kg^{-1}	0.28±0.02[b]	69±5.1[a]	309±12.7[a]	83±3.5[a]
独穗飘拂草	CK	0.37±0.03[a]	20±1.2[a]	249±18.6[a]	41±2.6[b]
	600 mg · kg^{-1}	0.27±0.02[b]	17±2.6[a]	280±13.6[a]	60±2.4[a]
圆币草	CK	2.48±0.1[a]	54±8.4[a]	299±12.4[a]	83±4.2[b]
	600 mg · kg^{-1}	0.13±0.03[b]	9±1.2[b]	57±9.1[b]	110±6.4[a]
草龙	CK	0.59±0.05	55±3.6	214±19.2	67±4.8
	600 mg · kg^{-1}	—	—	—	—
铺地黍	CK	3.22±0.12[a]	84±6.3[b]	446±17.8[b]	50±3.7[b]
	600 mg · kg^{-1}	1.95±0.16[b]	113±7.9[a]	503±16[a]	85±4.2[a]
雀稗	CK	1.34±0.07[a]	52±4[a]	312±15.3[a]	40±3.8[b]
	600 mg · kg^{-1}	0.24±0.04[b]	64±7[a]	363±11.3[a]	67±5.2[a]
田葱	CK	2.3±0.11[a]	53±4.5[a]	194±13.1[b]	64±6.8[b]
	600 mg · kg^{-1}	0.47±0.05[b]	28±3.6[b]	268±19.5[a]	82±8.4[a]
圆叶节节菜	CK	1.14±0.13[a]	27±3.2[a]	116±12[a]	48±3.9[b]
	600 mg · kg^{-1}	0.18±0.02[b]	9±2.2[b]	57±5.3[b]	66±5.7[a]
野荸荠	CK	1.55±0.10[a]	48±2.5[b]	186±15.8[b]	54±11[b]
	600 mg · kg^{-1}	0.96±0.14[b]	76±7[a]	315±13.7[a]	83±7.2[a]
小婆婆纳	CK	1.82±0.15[a]	51±3.9[a]	320±14.7[a]	58±8.4[b]
	600 mg · kg^{-1}	0.44±0.07[b]	9±1.3[b]	95±13.2[b]	88±5.6[a]
水芋	CK	2.16±0.10[a]	77±4.6[b]	289±8.2[b]	57±3.5[b]
	600 mg · kg^{-1}	0.48±0.04[b]	124±4.5[a]	407±19[a]	84±8.4[a]

注:不同字母表示同种植物在不同 Zn 处理条件下于 0.05 (LSD 检验) 水平上相关性显著。

11.3 讨论

11.3.1 铅和锌对湿地植物生长的影响

在高等植物中,重金属的毒害主要表现在抑制植物水分的吸收和运输,抑制光合作用、呼吸作用,抑制氮素代谢及细胞分裂,从而使植物出现褪绿、萎黄、矮化、物候期延迟和生物量下降,严重可以致死。本实验中大部分湿地植物幼苗生长受到 Pb 和 Zn 的抑制,这种抑制是光合作用、呼吸作用、蒸腾作用等方面受到破坏的综合结果,因为它们是植物最基本的生理活动,一旦受到抑制必然会导致整个植株代谢过程紊乱,生长发育受到影响,表现为株高降低、生物量减少、R/S 降低。R/S 是衡量植物受到环境胁迫的一个较为有效的指标。本实验中,高浓度的 Pb 和 Zn 处理均使得植物的 R/S 显著降低,表明重金属对植物根部的毒害比地上部分更加直接。

另外,叶片褪绿是植物受到重金属毒害的普遍现象。在本实验中,Pb 和 Zn 处理均引起叶片褪绿。特别是 Zn 处理条件下,叶片褪绿、发白,易脱落,茎干发软。褪绿是重金属进入叶片内积累到一定量时,叶绿素受到破坏而发生的现象。叶绿素含量下降的原因:一是重金属抑制原叶绿素酸酯还原酶;二是影响氨基-γ-酮戊酸的合成,这两种物质都是叶绿素生物合成所必需的。叶绿素含量的下降会影响光合作用,对植物生长发育产生负面影响而出现毒害效应。

11.3.2　湿地植物对重金属的吸收、转运和积累特性

土壤 Pb 和 Zn 浓度高于 400 mg·kg^{-1}时,便会对植物造成毒害。有研究发现水生植物地上部分正常的铅含量一般是 6.3～9.9 mg·kg^{-1},地上部分铅浓度超过 27 mg·kg^{-1}便可对植物造成毒害(Outridge et al.,1991)。本实验研究结果发现,大部分湿地植物均能够在 900 mg·kg^{-1} Pb 和 600 mg·kg^{-1} Zn 处理条件下继续生长,甚至在 1 800 mg·kg^{-1} Pb 处理条件下,也有一部分湿地植物能够继续生长(石菖蒲、水蕨和水芋)。但在 1 200 mg·kg^{-1} Zn 处理条件下,只有极少植物能够继续生长(石菖蒲)。Baker(1981)认为植物对重金属的抗性可通过避性和耐性两个途径。避性是指一些植物可通过某种外部机制保护自己,使其不吸收环境中高含量的重金属从而免受毒害,称之为避性。在这种情况下,植物体内重金属的浓度并不高。耐性是指植物体内具有某些特定的生理机制,使植物能生存于高含量的重金属环境中而不受伤害,此时植物体内具有较高浓度的重金属。本实验结果发现,在 900 mg·kg^{-1}和 1 800 mg·kg^{-1} Pb 和处理浓度下,Pb 耐性较高的植物石菖蒲和水芋,地上部分铅含量分别为 13 mg·kg^{-1}和 107 mg·kg^{-1}、25 mg·kg^{-1}和 49 mg·kg^{-1},其浓度远低于其他植物的地上部分铅含量,但是石菖蒲和水芋的根部仍富集了较高浓度的 Pb,根部铅含量分别为 1 315 mg·kg^{-1}和 8 222 mg·kg^{-1}、1 884 mg·kg^{-1}和 5 330 mg·kg^{-1}。地上部分铅含量较低的主要原因可能是这些植物对 Pb 耐性较高的缘故。这种将重金属不向地上部分转运而对重金属具有较高耐性的湿地植物已经有大量的报道(Batty et al.,2002;Panich-pat et al.,2004;Deng et al.,2004,2005)。

Zn 是植物所必需元素。一般植物地上部分锌含量为 66 mg·kg^{-1},超过 230 mg·kg^{-1}时便会对植物造成毒害(Long et al.,2003)。本实验结果发现在 600 mg·kg^{-1}和 1 200 mg·kg^{-1} Zn 处理条件下,只有石菖蒲、独穗飘拂草和野荸荠能保持较高的耐性,其余植物生长均受到严重抑制。与 Pb 吸收不同的是,这些 Zn 耐性较高的植物体内含有较高浓度的 Zn,在两个 Zn 浓度条件下,石菖蒲、独穗飘拂草和野荸荠地上部分的锌含量分别为 2 253 mg·kg^{-1}和 6 372 mg·kg^{-1}、1 355 mg·kg^{-1}和 5 255 mg·kg^{-1}、10 880 mg·kg^{-1}和

13 200 mg·kg^{-1}。这些植物地上部分锌含量远高于正常条件下的锌含量,说明除了减少重金属向上转运的策略外,这些植物对体内过量的 Zn 有着相应的解毒机制。Davies 等(1991)对旱生耐 Zn 植物紫草茅研究发现,高浓度的 Zn 处理可以诱导植物根部细胞内的液泡增多,以便将过量的锌储存起来避免毒害。类似的研究结果在一些湿地植物如宽叶香蒲和芦苇等中也得到了证实(Matthews et al.,2004a)。推测本实验 Zn 耐性较高的植物可能也采取类似的策略,虽然体内累积较多的 Zn,但是通过将其区域化如富集在液泡中来减少过量 Zn 带来的毒害。

11.3.3　铅和锌对湿地植物抗氧化酶的影响

SOD、POD 和 CAT 是植物抗氧化酶系统中三种重要的酶,它们协同作用减少活性氧自由基对细胞膜系统的伤害。本实验中 Pb 和 Zn 处理引起了供试湿地植物 SOD、POD 和 CAT 活性的变化,反映了重金属胁迫使活性氧自由基增多,膜脂过氧化加剧。综合实验结果,Pb 和 Zn 处理引起了供试湿地植物 SOD、POD 和 CAT 活性的变化方式有所不同。在 900 mg·kg^{-1} Pb 处理条件下,大部分供试植物叶片 SOD 和 POD 活性上升,参与清除自由基;在 1 800 mg·kg^{-1} Pb 处理条件下,有些植物叶片 SOD 和 POD 活性显著下降,可能因为过高的 Pb 浓度使得其保护酶系统受到破坏,因而使得 SOD 和 POD 活性下降,植物对自由基和过氧化物的防御能力减弱。但这两种 Pb 处理条件下,供试植物叶片的 CAT 活性变化不大。这可能是因为植物体内缓解 Pb 引起的氧化胁迫主要是 SOD 和 POD 这两种酶起作用。在 600 mg·kg^{-1} Zn 作用下,一部分供试植物叶片 SOD 和 POD 活性显著升高,另一部植物其原因叶片 SOD 和 POD 活性显著下降;大部分植物叶片的 CAT 活性显著升高。Pb 和 Zn 处理引起了供试湿地植物 SOD、POD 和 CAT 活性不同的变化方式可能是 Pb 和 Zn 这两种重金属对植物危害的方式和机制不同造成的。Pb 是植物非必需元素,即使在 Pb 浓度较高的时候,大部分供试植物仍将 Pb 分布在根部不向地上部分转运,因而植物受到 Pb 的毒害是慢性的,植物体内的保护酶系统主要是以 SOD 和 POD 为主;锌元素是植物必需元素,当环境 Zn 浓度过高时,植物体内的保护酶系统主要是以 CAT 为主来维持植物细胞内自由基平衡,防止被自由基毒害。

11.3.4　不同湿地植物相关参数与铅锌积累转运的相关关系

由表 11-9 和表 11-10 可知土培 Pb 和 Zn 处理条件下湿地植物根部干重与地上部分干重呈正相关性,说明根部生物量的积累对于地上部分生物量的积累有积极的促进作用。而地上部分干重与根部和地上部分 Pb 和 Zn 含量均呈极显著负相关关系,反映了根部和地上部分 Pb 和 Zn 的累积对植物产生了毒性,并对湿地植物的生长产生了抑制作用。同时土培 Pb 和 Zn 处理条件下,湿地植物叶片可溶性蛋白含量和生物量显著正相关,和体内 Pb 和 Zn 含量显著负相关,说明叶片中可溶性蛋白对重金属胁迫表现显著,更能直接地反映出重金属对植物的伤害。Pb 处理条件下,耐性指数与地上部分和根部干重显著正相关,与地上部分和根部 Pb 含量显著负相关。而且 SOD 和 POD 含量和生物量、Pb 耐性指数显著正相关,说明 Pb 处理条件下,大部分供试植物是通过升高 SOD 和 POD 含量来缓解 Pb 带来的氧化胁迫。

表 11-9　铅处理条件下湿地植物的相关系数（n = 36）

项目	根部生物量	地上部分生物量	根部铅含量	地上部分铅含量	TI	SOD	POD	CAT	可溶性蛋白	滞留率
根部生物量	—	0.875**	-0.738**	-0.803**	0.655**	0.334*	0.338*	0.023	0.739**	-0.097
地上部分生物量	—	—	-0.58**	-0.733**	0.671**	0.399**	0.399**	-0.151	0.8**	0.127
根部铅含量	—	—	—	0.856**	-0.657**	0.01	-0.205	-0.073	-0.608**	0.454*
地上部分铅含量	—	—	—	—	-0.801**	-0.145	-0.235	0.112	-0.737**	0.095
TI	—	—	—	—	—	0.585**	0.551**	-0.362*	0.702**	0.556*
SOD	—	—	—	—	—	—	0.468**	-0.239	0.489**	0.493**
POD	—	—	—	—	—	—	—	-0.071	0.417**	0.331*
CAT	—	—	—	—	—	—	—	—	-0.271	-0.209
可溶性蛋白	—	—	—	—	—	—	—	—	—	0.043

表11-10　铅处理条件下湿地植物的相关系数(n = 36)

项目	根部生物量	地上部分生物量	根部锌含量	地上部分锌含量	TI	SOD	POD	CAT	可溶性蛋白	滞留率
根部生物量	—	0.865**	-0.818**	-0.782**	0.324	0.012	0.041	0.419*	0.688**	-0.302
地上部分生物量	—	—	-0.616**	-0.65**	0.489	0.226	0.162	0.499**	0.765**	-0.201
根部铅含量	—	—	—	0.870**	-0.214	0.133	0.208	0.473**	-0.523**	0.445*
地上部分铅含量	—	—	—	—	-0.08	0.081	0.144	0.626**	-0.543**	0.149
TI	—	—	—	—	—	0.353	0.305	-0.325	0.38	-0.073
SOD	—	—	—	—	—	—	0.558**	-0.068	0.39**	0.17
POD	—	—	—	—	—	—	—	0.069	0.194	0.053
CAT	—	—	—	—	—	—	—	—	-0.463**	0.053
可溶性蛋白	—	—	—	—	—	—	—	—	—	-0.015

在 Zn 处理条件下,SOD 和 POD 与植物生物量和体内重金属浓度相关均不显著,但 CAT 含量与生物量和体内 Zn 含量显著正相关。Pb 和 Zn 处理条件下,供试植物抗氧化酶系统出现不同的反应可能是 Pb 和 Zn 两种污染给供试植物带来的胁迫强度有关。本实验结果显示在 900 mg·kg^{-1}和 1 800 mg·kg^{-1} Pb 处理条件下,仍有一部分植物能够继续生长,这表明 Pb 带来的氧化胁迫仍在植物抗氧化胁迫系统调节的范围,这时植物主要通过 SOD 和 POD 来缓解 Pb 带来的氧化胁迫。而在 600 mg·kg^{-1} Zn 处理条件下,大部分供试植物生长均受到较为严重的抑制,特别是 1 200 mg·kg^{-1} Zn 处理条件下,有部分植物死亡。这表明 Zn 给大部分植物带来的氧化胁迫已经超出了 SOD 和 POD 能够清除的范围。CAT 含量和植物生物量和植物体内的 Zn 含量显著正相关,说明在高浓度 Zn 处理条件下,CAT 仍能保持较高的活性,清除细胞内过多的过氧化氢。

另外,除了抗氧化系统外湿地植物还可能存在其他的解毒机制。有研究对藻类植物栅藻研究发现在低浓度的 Cu 和 Zn 处理条件下,是其抗氧化系统在缓解其重金属带来的氧化胁迫,同时体内的巯基含量增加和并通过 Cu^{2+}和 Zn^{2+}螯合来减少重金属的毒害。但是在高浓度的 Cu 和 Zn 处理条件下,则是渗透调节物质脯氨酸在缓解重金属带来的氧化胁迫中起主要作用(Tripathi et al.,2006)。同时还有一些类似的研究结果认为脯氨酸在缓解重金属导致的氧化胁迫中起重要作用(Siripornadulsil et al.,2002;Tripathi et al.,2004)。除了脯氨酸,还有一些其他的渗透调节物质如甜菜碱、甘露醇和水杨酸等也可能在缓解重金属导致的氧化胁迫起重要作用(Tripathi et al.,2006)。

⇨ 参考文献

AEBI H,1984. Catalase in vitro[J]. Methods in Enzymology,105:121-126.

BAKER A J M,1981. Accumulators and excluders-strategies in the response of plants to heavy metals[J]. Journal of Plant Nutrition,3:643-654.

BATTY L C,BAKER A J M,WHEELER B D,2002. Aluminium and phosphate uptake by Phragmites australis:the role of Fe,Mn and Al root plaques[J]. Annals of Botany,89(4):443-449.

CHANCE B,MAEHLY A C,1955. Assay of catalase and peroxidase[J]. Methods in Enzymology,2:764-775.

DAVIES K L,DAVIES M S,FRANCIS D,1991. Zinc-induced vacuolation in root meristematic cells of *Festuca rubra* L. [J]. Plant,Cell and Environment,14:399-406.

DENG H,YE Z H,WONG M H,2004. Accumulation of lead,zinc,copper and cadmium by twelve wetland plant species thriving in metal contaminated sites in China[J]. Environmental Pollution,132:29-40.

DENG H,YE Z H,WONG M H,2005. Lead and zinc accumulation and tolerance in populations of six wetland plants[J]. Environmental Pollution,141(1):69-80.

GIANNOPOLITIS C N,RIES S K,1977. Superoxide dismutase. I. occurrence in high plants[J]. Plant Physiology,59:309-314.

LONG X X,YANG X E,NI W Z,2003. Assessing zinc thresholds for phytoxicity and potential dietary toxicity in selected vegetable crops[J]. Communications in Soil Science and Plant Analysis,34:1421-1434.

MATTHEWS D,MORAN B M,MCCABE P F,2004a. Zinc tolerance,uptake,accumulation and distribution in plants and protoplasts of five European populations of the wetland grass *Glyceria fluitans*[J]. Aquatic Botany,80:39-52.

OUTRIDGE P M,NOLLER B N,1991. Accumulation of toxic trace elements by freshwater vascular plants[J]. Reviews of Environmental Contamination and Toxicology,121:1-63.

PANICH-PAT T, POKETHITIYOOK P, KRUATRACHUE M, 2004. Removal of lead from contaminated soils by Typha angustifolia[J]. Water,Air and Soil Pollution,155(1-4):159-171.

PINTO E,SIGAUD-KUTNER T C S,LEITAO M A S,2003. Heavy metal-induced oxidative stress in algae[J]. Journal of Phycology,39:1008-1018.

QIAN J H,ZAYED A,ZHU Y L,1999. Phytoaccumulation of trace elements by wetland plants:III. Uptake and accumulation of ten trace elements by twelve plant species[J]. Journal of Environmental Quality,28:1448-1455.

SIRIPORNADULSIL S,TRAINA S,VERMA D P S,2002. Molecular mechanisms of proline-mediated tolerance to toxic heavy metal in transgenic microalgae[J]. Plant Cell,14:2837-2847.

TRIPATHI B N,GAUR J P,2004. Relationship between Copper and zinc-induced oxidative stress and proline accumulation in *Scenedesmus* sp[J]. Planta,219:397-404.

TRIPATHI B N,MEHTA S K,AMAR A,2006. Oxidative stress in *Scenedesmus* sp. during short-and long-term exposure to Cu^{2+} and Zn^{2+}[J]. Chemosphere,62:538-544.

TRIPATHI B N,SINGH A,GAUR J P,2000. Impact of heavy metal pollution on algal assemblages[J]. Environmental Sciences,9:1-7.

ZAYED A,GOWTHAMAN S,TERRY N,1998. Phytoaccumulation of trace elements by wetland plants:I. Duckweed[J]. Journal of Environmental Quality,27:715-721.

ZHU D,SCHWAB A P,BANKS M K,1999. Heavy metal leaching from mine tailings as affected by plants[J]. Journal of Environmental Quality,28:1727-17.

张志良,瞿伟菁,1980. 植物生理学实验指导[M]. 北京:高等教育出版社.

第12章

湿地植物重金属耐性机制分析

12.1 湿地植物通气组织和渗氧与重金属耐性关系的探讨

目前相关研究表明,湿地植物通气组织和渗氧对植物重金属耐性有重要作用(Mei et al.,2009;Li et al.,2011;Wang et al.,2011;Wu et al.,2011)。Mei 等(2009)对 25 个水稻品种研究发现高渗氧能力的水稻品种在 As 污染土壤中生长有较高的产量。杨俊兴(2008)通过水培试验研究发现具有高渗氧能力的湿地植物在受到 Zn 胁迫时,仍能保持较高的生物量和渗氧能力。结合前人研究结果,通气组织和渗氧提高耐性机理主要有以下 4 点:

(1)重金属转运能力 Li 等(2011)通过水培试验发现高渗氧能力的湿地植物具有较低的 As 转运能力,同时用土培试验进一步验证了这一结论。Wang 等(2011)通过田间试验发现了高渗氧能力的水稻转运较少的 Cd 到地上部分,他们通过水培试验发现,高渗氧品种的水稻地下部分即根部、根表和根际铁膜中的 Cd 浓度要显著高于低渗氧水稻品种,但对地上部分测定发现,高渗氧品种的水稻秸秆和籽粒镉含量显著低于低渗氧品种。有室内试验研究发现,高渗氧能力的水稻品种同样具有较低的 As 转运能力(Mei et al.,2009;Mei et al.,2012;Wu et al.,2011)。Mei 等(2012)研究发现,同一水稻品种根系的渗氧率在抽穗期要显著高于分蘖期,而且与低渗氧品种水稻相比,高渗氧品种的水稻根系渗氧率在抽穗期提高的幅度尤为明显。因此,他们认为高渗氧品种水稻根系渗氧能力在水稻抽穗期间的提高对降低其地上部分对 As 的吸收转运有着较为重要的作用。

(2)铁膜 湿地植物根部的渗氧能力被认为是控制铁膜形成的最重要的生物因素。最近,Pi 等(2010)报道了湿地植物的渗氧能力与铁膜形成程度有显著正相关。因此,也可说铁膜的形成是湿地植物根部渗氧偶联的根际效应之一。此外,铁膜不仅是在根表形成,从铁膜的量和厚度来看,更主要的是在根际形成。结合大量对铁膜的研究结果来看,总的观点认为浸水条件下湿地植物能通过渗氧在根表和根际形成较厚的铁膜,可作为重金属污染物(Zn、Pb、Cd、Cu、Ni 等)和类金属污染物(As)进入根系的屏障或富集库,减少了植物对重金属污染物向上的转运(Ye et al.,2001;Hu et al.,2007)。有研究指出根表铁膜对重金属的吸附能力具有一定的饱和性,同时进一步指出吸附在根表铁膜上的比例一般小于总量的 50%,大部分累积在根部组织中(Li et al.,2011;Liu et al.,2011)。与根表铁膜相比,有研究发现根际铁膜能吸附更多的重金属污染物(Fan et al.,2010)。

(3)根部渗氧屏障　有研究证实湿地植物在渗氧的同时,也通过对根部的结构进行调整对根部的渗氧量进行限制,即根部存在着限制渗氧的屏障,即渗氧屏障(Visser et al.,2000;Mcdonald et al.,2002)。许多研究发现湿地植物根部表层有软木脂和木质素累积现象,并认为这种累积起着渗氧屏障的作用(Visser et al.,2000)。另外一些外界刺激如重金属胁迫也可以使湿地植物根部表层的软木脂和木质素累积,使得植物能够缓解重金属胁迫的威胁(Ederli et al.,2004)。最近,有研究进一步证实红树植物在受到 Zn 和 Cu 胁迫时,根部外表皮木质化形成渗氧屏障的同时也降低了植物对 Zn 和 Cu 的吸收(Cheng et al.,2010;Cheng et al.,2012)。综合以上研究结果可知,湿地植物根部渗氧和渗氧屏障是协调的,渗氧屏障不仅使得湿地植物更适应浸水环境,而且会阻止过量重金属进入根内,起到一定的防御作用。

(4)根际重金属移动性　最近,Yang 等(2010,2012,2014)通过根际袋和根际箱试验发现渗氧能力较强和根系生物量高的湿地植物可显著降低其根际 Pb、Zn 移动性。Mei 等(2012)也发现高渗氧能力水稻能显著降低根际 As 的有效性。由此可见,湿地植物通过根系 ROL 对根际微环境的影响,如对 pH 值、Eh 和铁膜厚度等的影响会有效地降低根际重金属有效性,从而在一定程度上减少植物对重金属的吸收。

12.2　湿地植物对根际环境的影响与重金属移动性的关系

淹水条件下土壤中重金属的化学形态也会随之发生变化,因而会影响其在土壤中的移动性(Weis et al.,2004)。淹水条件可降低土壤中重金属的移动性。可能的原因是土壤还原性物质如硫化物的浓度较高,一些重金属如 Pb、Zn 和 Cd 同硫化物结合生成沉淀,导致土壤中重金属移动性降低。湿地植物的 ROL 可以提高根际 Eh,这样会氧化根际土壤中的硫化物,使得一些重金属释放出来,因而会导致重金属移动性升高。Wright 和 Otte(1999)报道湿地植物根际 Eh 升高的同时伴随着可溶性 Fe 浓度的升高。Deng(2005)研究发现湿地植物根际孔隙水中可溶性 Zn 浓度升高,并且 Zn 浓度与植物的 ROL 为正相关关系。另一些研究报道湿地植物 ROL 可以氧化根际铁,并通过铁氧化物吸附其他重金属来减少重金属的移动性。但是湿地植物通过 ROL 氧化铁降低重金属移动性并不稳定,通常随着植物的生长周期而波动。由此可见,湿地植物对土壤重金属移动性的影响主要取决于两个主要因素:湿地植物的放氧能力和土壤的物理化学性质。湿地植物 ROL 的高低直接影响着根际 Eh 的高低,另外,在氧化根际 Fe^{2+} 的过程中会释放一些质子,这样会导致根际 pH 值的变化。Eh 和 pH 值是影响土壤重金属移动性的两个重要因素。湿地植物 ROL 通过对根际土 Eh 和 pH 值的影响,而间接影响着根际重金属移动性。但是湿地植物 ROL 并不是一个非常稳定的量,影响的因素很多,如根的生物量、根的密度、根的年龄、种间差异及一些环境因素(光照、温度等)(Peter et al.,2005)。土壤的一些理化性质如硫化物的含量、一些对 Eh 敏感的金属如铁和锰等、有机质含量和微生物均会影响重金属移动的因素。有机质含量的高低不仅可以影响土壤的 Eh,而且还可以和土壤中的重金属螯合或交换来改变土壤重金属的移动性。同时土壤中的微生物对根际铁的氧化和还原也起一定的作用。本研究的结果也表明,湿地植物 ROL 使根际 Eh 升高,pH 值降低,伴随着对根际铁的氧化的同时根际 Fe^{2+} 和 Fe^{3+} 浓度降低,土壤中 Pb 和 Zn 的移动性降低,并且 Pb 和 Zn 移动性降低的幅度和植物的放氧能力和根部生物量有较强的关系(见第 6 章)。

　　综上所述,湿地植物 ROL 虽然可能会导致根际硫化物氧化,释放一些重金属,同时导致根际孔隙水酸化,pH 值降低,也可能会增加重金属的移动性。同时湿地也可以长时间地作为重金属的库,起到稳定的作用。目前尚没有关于湿地植物可以大规模地提高重金属移动性的报道。因此从长远看,湿地植物对重金属污染修复特别是尾矿的修复具有利大于弊的作用。首先,一些湿地植物具有先天重金属耐性,可以为植物修复过程中植物材料的获得提供相当程度的便利,人们可以在更大的地域空间范围来找到所需植物材料,而不一定非到重金属污染区采集植物繁殖体;其次,大多湿地植物对营养要求较低,能够适应尾矿的生存条件;再次,大多湿地植物是将重金属富集在根部和根际而少量向地上部分转移,对重金属能够起到一个较好的稳定作用;最后,湿地植物对重金属有着较好的过滤作用,并能一定程度上降低重金属的移动性。

12.3　湿地植物抗氧化系统对重金属胁迫的响应机制

　　重金属对植物体内的毒害可以导致植物体内氧化胁迫。近年来国内外对重金属导致植物氧化胁迫的研究比较多,其中对一些水生植物如藻类的研究越来越受到重视(Tripathi et al. ,2000;Pinto et al. ,2003;Tripathi et al. ,2005)。一些植物对重金属的共同响应是它们组织中 POD 总活性明显升高。Pinto 等(2003)认为植物除了将重金属排除在体外的策略外,还可能通过调节体内的抗氧化系统来缓解重金属导致体内的氧化胁迫。抗氧化系统包括一些抗氧化酶(SOD、CAT、POD 等)和一些抗氧化物质(GSH、维生素 C、ASA 等)。Tripathi 等(2005)报道藻类植物栅藻在 Cu 和 Zn 胁迫条件下,SOD、POD 和 CAT 均有不同程度的升高,植物体内硫醇的含量也有所降低,体内渗透调节物质脯氨酸含量升高。他们认为硫醇含量减少可能是和重金属螯合所致,脯氨酸含量增加对调节体内重金属浓度过多导致的渗透胁迫有重要作用。目前,随着利用湿地植物治理污水的方法的普及,国内关于湿地植物抗氧化系统对重金属胁迫的机理研究也逐渐增加(王正秋等,2002;周守标等,2007)。这些研究均认为植物在受到重金属胁迫时,体内 SOD 和 POD 含量的升高有利于缓解体内的氧化胁迫。

　　一些研究表明,湿地植物在较高浓度 Pb 和 Zn 胁迫条件下,其抗氧化系统也起到一定的缓解作用。在 900 $mg \cdot kg^{-1}$ 和 1 800 $mg \cdot kg^{-1}$ Pb 条件下,供试验植物 Pb 耐性指数与叶片 SOD、POD 和可溶性蛋白含量极显著正相关($P<0.01$),与 CAT 含量显著正相关($P<0.05$)。在 600 $mg \cdot kg^{-1}$ 和 1 200 $mg \cdot kg^{-1}$ Zn 条件下,供试植物 Zn 耐性指数与抗氧化酶则不相关,只有 CAT 和体内 Zn 含量显著正相关($P<0.05$)。这种原因可能是土培时 Pb 和 Zn 对植物的胁迫强度不同造成的。大部分供试植物在 900 $mg \cdot kg^{-1}$ 和 1 800 $mg \cdot kg^{-1}$ Pb 胁迫条件下,能够进行一定的生长,特别是水芹在 1 800 $mg \cdot kg^{-1}$ Pb 处理条件下,生物量和对照差异很小,生长基本没有受到抑制。而在 600 $mg \cdot kg^{-1}$ 和 1 200 $mg \cdot kg^{-1}$ Zn 胁迫条件下,大部分植物生长受到严重抑制。这和前人研究较为吻合。周守标等(2007)报

道,菰和菖蒲在低浓度重金属胁迫下,SOD 和 POD 含量升高,而在中等浓度重金属胁迫条件下,SOD 和 POD 含量均下降。由此可见,当植物受到的重金属胁迫较强时,抗氧化系统遭到破坏,失去缓解作用。

此外,有研究报道一些湿地植物体内有着较高的有机酸和硫醇等物质来缓解体内过量重金属带来的毒害(Fediuc et al.,2002;Deng,2005)。同时还有一些研究结果报道脯氨酸在缓解重金属导致的氧化胁迫中起重要作用(Siripornadulsil et al.,2002;Tripathi et al.,2004)。除了脯氨酸,还有一些其他的渗透调节物质如甜菜碱、甘露醇和水杨酸等也可能在缓解重金属导致的氧化胁迫起重要作用(Tripathi et al.,2005)。对于湿地植物的金属耐性和抗氧化系统之间的研究,是涉及多策略、多层次、多环节的复杂机制,尤其在复合金属污染土壤中,受到各种金属元素的不同的作用,这种机制可能会变得更加复杂,需要对其进行不同层次、不同方向的细致、综合的研究。

参考文献

CHENG H,LIU Y,TAM N F Y,2010. The role of radial oxygen loss and root anatomy on zinc uptake and tolerance in mangrove seedlings[J]. Environmental Pollution,158(5):1189–1196.

CHENG H,TAM N F Y,WANG Y S,2012. Effects of copper on growth,radial oxygen loss and root permeability of seedlings of the mangroves Bruguiera gymnorrhiza and Rhizophora stylosa[J]. Plant and Soil,359(1/2):255–266.

DENG H,YE Z H,WONG M H,2005. Lead and zinc accumulation and tolerance in populations of six wetland plants[J]. Environmental Pollution,141(1):69–80.

EDERLI L,REALE L,FERRANTI F,2004. Responses induced by high concentration of cadmium in Phragmites australis roots[J]. Physiologia Plantarum,121(1):66–74.

FAN J L,HU Z Y,ZIADI N,2010. Excessive sulfur supply reduces cadmium accumulation in brown rice (*Oryza sativa* L.)[J]. Environmental Pollution,158(2):409–415.

FEDIUC E,ERDEI L,2002. Physiological and biochemical aspects of cadmium toxicity and protective mechanisms induced in Phragmites australis and Typha latifolia[J]. Journal of Plant Physiology,159:265–271.

HU Z Y,ZHU Y G,LI M,2007. Sulfur (S)–induced enhancement of iron plaque formation in the rhizosphere reduces arsenic accumulation in rice(*Oryza sativa* L.) seedlings[J]. Environmental Pollution,147(2):387–393.

JACOB D L,OTTE M L,2003. Conflicting processes in the wetland plant rhizosphere:metal retention or mobilization[J] Water,Air and Soil Pollution,3:91–104.

LI H,YE ZH,WEI Z J,et al,2011. Root porosity and radial oxygen loss related to arsenic tolerance and uptake in wetland plants[J]. Environmental Pollution,159(1):30–37.

LIU J G,LENG X M,WANG M X,2011. Iron plaque formation on roots of different rice cultivars and the relation with lead uptake[J]. Ecotoxicology and Environmental Safety,74

(5):1304-1309.

MCDONALD M P,GALWEY N W,COLMER T D,2002. Similarity and diversity in adventitious root anatomy as related to root aeration among a range of wetland and dryland grass species[J]. Plant,Cell and Environment,25(3):441-451.

MEI X Q,WONG M H,YANG Y,2012. The effects of radial oxygen loss on arsenic tolerance and uptake in rice and on its rhizosphere[J]. Environmental Pollution,165:109-117.

MEI X Q,YE Z H,WONG M H,2009. The relationship of root porosity and radial oxygen loss on arsenic tolerance and uptake in rice grains and straw[J]. Environmental Pollution,157(8/9):2550-2557.

PETER M B,MARLEEN K,CHRIS B,2005. Radial oxygen loss,a plastic property of dune slack plant species[J]. Plant and Soil,271:351-364.

PI N,TAM N F Y,WONG M H,2010. Effects of wastewater discharge on formation of Fe plaque on root surface and radial oxygen loss of mangrove roots[J]. Environmental Pollution,158(2):381-387.

PINTO E,SIGAUD-KUTNER T C S,LEITAO M A S,2003. Heavy metal-induced oxidative stress in algae[J]. Journal of Phycology,39:1008-1018.

SIRIPORNADULSIL S,TRAINA S,VERMA D P S,2002. Molecular mechanisms of proline-mediated tolerance to toxic heavy metal in transgenic microalgae[J]. Plant Cell,14:2837-2847.

TRIPATHI B N,MEHTA S K,AMAR A,2006. Oxidative stress in Scenedesmus sp. during short-and long-term exposure to Cu^{2+} and Zn^{2+}[J]. Chemosphere,62:538-544.

TRIPATHI B N,SINGH A,GAUR J P,2000. Impact of heavy metal pollution on algal assemblages[J]. Environmental Sciences,9:1-7.

VISSER E J W,COLMER T D,BLOM C W P M,2000. Changes in growth,porosity,and radial oxygen loss from adventitious roots of selected mono-and dicotyledonous wetland species with contrasting types of aerenchyma[J]. Plant,Cell and Environment,23(11):1237-1245.

WEIS J S,WEIS P,2004. Metal uptake,transport and release by wetland plants:implications for phytoremediation and restoration[J]. Environment International,30:685-700.

WRIGHT D J,OTTE M L,1999. Wetland plant effects on the biogeochemistry of metals beyond the rhizosphere[J]. Biology and Environment:Proceedings of the Royal Irish Academy,99B(1):3-10.

WU C,YE Z H,SHU W S,2011. Arsenic accumulation and speciation in rice are affected by root aeration and variation of genotypes[J]. Journal of Experimental Botany,62(8):2889-2898.

YANG J X,LIU Y,YE ZH,2012. Root-induced changes (pH,Eh,Fe^{2+} and speciation of Pb and Zn) in rhizosphere soils of four wetland plants with different ROL[J]. Pedosphere,22(4):518-527.

YANG J X,MA Z L,YE ZH,2010. Heavy metal (Pb,Zn) uptake and chemical changes in rhizosphere soils of four wetland plants with different ROL[J]. Journal of Environmental Sciences,22(5):696-702.

YANG J X,TAM N F Y,YE Z H,2014. Root porosity,radial oxygen loss and iron plaque on roots of wetland plants in relation to zinc tolerance and accumulation[J]. Plant and Soil, 374:815-828.

YE ZH,WHITING S N,LIN Z Q,2001. Removal and distribution of iron,manganese,cobalt and nickel within a Pennsylvania constructed wetland treating coal combustion by-product leachate[J]. Journal of Environmental Quality,30(4):1464-1473.

王正秋,江行玉,王长海,2002. 铅,镉和锌污染对芦苇幼苗氧化胁迫和抗氧化能力的影响[J]. 过程工程学报,6(2):558-563.

周守标,王春景,杨海军,2007. 菰和菖蒲对重金属的胁迫反应及其富集能力[J]. 生态学报,27(1):281-287.